计算机“十四五”精品教材

中文版 Office 2016 办公自动化实训教程

（含微课）

主　编　王　芬　王新艳　贾晓霞
副主编　陈晓佳　杨　涛　李　健　肖　坚　李　倩

哈尔滨工程大学出版社
Harbin Engineering University Press

内容简介

本书主要内容包括 Word 2016 基本知识、Word 文档格式的设置、文档页面的美化与设置、办公表格的编辑与应用、Excel 2016 表格制作基本知识、专业 Excel 办公表格的制作、公式和函数的使用、工作表数据的管理与分析、PowerPoint 2016 演示文稿快速制作、动画与多媒体元素的应用，以及演示文稿的放映与导出。本书注重理论知识与实际应用相结合，以实例操作为主线，深入浅出地讲解了 Office 2016 在办公自动化领域的各种应用知识。

本书既可作为应用型本科院校和职业院校的教材，也适合具有一定 Office 操作技能并希望进一步提高的读者阅读，同时也是电脑办公人员和电脑初学者的最佳自学教材。

图书在版编目（CIP）数据

中文版 Office 2016 办公自动化实训教程 ： 含微课 / 王芬，王新艳，贾晓霞主编. —哈尔滨 ： 哈尔滨工程大学出版社，2021.1

ISBN 978-7-5661-2865-2

Ⅰ. ①中… Ⅱ. ①王… ②王… ③贾… Ⅲ. ①办公自动化－应用软件－教材 Ⅳ. ①TP317.1

中国版本图书馆 CIP 数据核字（2021）第 016732 号

责任编辑 张 曦
封面设计 赵俊红

出版发行 哈尔滨工程大学出版社
社　　址 哈尔滨市南岗区南通大街 145 号
邮政编码 150001
发行电话 0451-82519328
传　　真 0451-82519699
经　　销 新华书店
印　　刷 唐山唐文印刷有限公司
开　　本 787 mm×1 092 mm 1/16
印　　张 16.5
字　　数 420 千字
版　　次 2021 年 1 月第 1 版
印　　次 2021 年 1 月第 1 次印刷
定　　价 68.00 元
http：//www.hrbeupress.com
E-mail：heupress@hrbeu.edu.cn

前言

Office 2016 办公软件套装中的 Word 2016、Excel 2016 和 PowerPoint 2016 是现代化办公中不可或缺的重要工具，也是每位职场人士高效办公的得力助手。本书系统地介绍了 Word 2016、Excel 2016 和 PowerPoint 2016 的软件功能及其应用方法，帮助读者全面掌握 Word、Excel 和 PowerPoint 在办公自动化中的应用技术。

本书采用通俗简洁的语言、典型丰富的实例，系统地讲解了初学者需要掌握的 Office 办公自动化知识。本书主要具有以下几个特点。

（1）内容全面，注重实用。本书结合初学者的学习特点，立足实用，全面讲解了 Office 办公自动化应用知识，力求让读者全面掌握实操技能，在学习上不做无用功，让学习效果事半功倍。

（2）精选实例，即学即会。为了便于读者即学即用，本书摒弃传统枯燥的知识讲解方式，而是将大量际办公实例贯穿全书，让读者在学会实例制作方法的同时，熟练掌握软件操作技能。

（3）图解教学，直观易懂。本书采用图解教学的体例形式，一步一图，以图析文，便于读者在学习过程中直观、清晰地了解操作过程，更易于知识的理解和掌握，从而提升学习的效果。

（4）资源丰富，下载方便。本书配套资源非常丰富，其中包括所有实例的素材文件，以及由专业人员精心录制的所有实例视频等。

本书共分为 11 章，主要内容包括 Word 2016 基本知识、Word 文档格式的设置、文档页面的美化、办公表格的编辑与应用、Excel 2016 表格制作基本知识、Excel 办公表格的制作专、公式和函数的使用、工作表数据的管理与分析、PowerPoint 2016 演示文稿的制作、动画与多媒体元素的应用，以及演示文稿的放映与导出。

本书由山东劳动职业技术学院的王芬、临沂大学的王新艳和陕西省榆林市神木职业技术学院的贾晓霞担任主编，由广东建设职业技术学院的陈晓佳、漯河职业技术学院的杨涛、平顶山工业职业技术学院的李健、湖南外贸职业学院的肖坚、陕西电子信息职业技术学院的李倩担任副主编。本书的相关资料可扫封底的微信二维码或登录 www.bjzzwh.com 获得。

本书在编写过程中难免有疏漏和不当之处，敬请各位专家及读者不吝赐教。

编者

目 录

第 1 章　Word 2016 基本知识……………………1

【本章导读】……………………………………1

【本章目标】……………………………………1

1.1　Word 2016 工作窗口……………………1

实训 1　快速访问工具栏的自定义……3

实训 2　功能区的自定义…………………4

1.2　Word 2016 文档基本操作……………6

实训 1　文档的新建与保存……………6

实训 2　文档的打开与关闭……………7

实训 3　文档视图的切换…………………9

实训 4　撤销、恢复与重复操作………10

1.3　文本的编辑…………………………………11

实训 1　文本的选择……………………11

实训 2　文本的复制、剪切与删除……13

实训 3　文本的查找与替换……………15

实训 4　键入自动替换功能的设置……17

1.4　综合实训：“授权委托书”内容的编辑……………………………………18

本章小结……………………………………19

本章练习……………………………………19

第 2 章　Word 文档格式的设置……………21

【本章导读】……………………………………21

【本章目标】……………………………………21

2.1　文本格式的设置…………………………21

实训 1　文本字体格式的设置…………21

实训 2　文本效果的设置………………23

实训 3　显示文本的突出………………23

实训 4　首字下沉的设置………………24

2.2　段落格式的设置…………………………25

实训 1　文本对齐的设置………………25

实训 2　设置段落间距和行距…………27

实训 3　段落缩进的设置………………28

2.3　格式的复制与替换………………………31

实训 1　格式刷复制文本与段落格式的使用……………………31

实训 2　文本格式的替换………………32

2.4　项目符号和编号的添加…………………34

实训 1　项目符号的添加………………34

实训 2　编号的插入……………………35

实训 3　自动套用项目符号和编号格式的设置………………37

2.5　运用样式设置文档格式…………………37

实训 1　认识样式………………………37

实训 2　内置标题样式的应用…………38

实训 3　标题格式的修改与更新………39

实训 4　新标题样式的创建……………41

实训 5　正文样式的设置与创建………42

实训 6　正文样式的修改………………43

2.6　综合实训：合同文档的编排……………45

本章小结……………………………………49

本章练习……………………………………50

第 3 章　文档页面的美化与设置……………51

【本章导读】……………………………………51

【本章目标】……51
3.1 图片的插入与编辑……51
实训 1 图片的插入与更换……51
实训 2 图片环绕方式的设置……52
实训 3 图片样式的设置……53
实训 4 图片的裁剪……55
实训 5 图片背景的删除……56
3.2 形状和文本框的使用……57
实训 1 图形的绘制……57
实训 2 图形的排列……59
实训 3 图形的组合……59
实训 4 在形状中输入文本……60
实训 5 文本效果的添加……61
实训 6 图形的复制与对齐……62
3.3 SmartArt 图形的使用……62
实训 1 SmartArt 图形的插入……63
实训 2 SmartArt 图形样式的设置……64
3.4 文档页面格式的设置……65
实训 1 页边距的设置……65
实训 2 纸张与文字方向的设置……66
实训 3 纸张大小的设置……67
实训 4 水印的添加……67
实训 5 页面背景的设置……69
实训 6 页面边框的添加……70
实训 7 分隔符的使用……71
3.5 目录与脚注的添加……73
实训 1 目录的插入与设置……73
实训 2 脚注的插入与设置……76
3.6 综合实训：企业刊物首页的制作……78
实训 1 设计刊头……78
实训 2 制作内容导读栏……80
实训 3 编排首页内容……82
本章小结……83
本章练习……83
第 4 章 办公表格的编辑与应用……85
【本章导读】……85
【本章目标】……85
4.1 表格的创建……85
实训 1 通过“插入表格”命令插入表格……85
实训 2 通过绘制表格插入表格……86
4.2 表格布局的编辑……87
实训 1 选择单元格……87
实训 2 输入文本并设置字体格式……88
实训 3 表格与单元格对齐方式的设置……89
实训 4 表格与单元格大小的设置……89
实训 5 插入行、列或单元格……91
实训 6 删除行、列或单元格……92
实训 7 合并单元格……93
实训 8 拆分单元格……93
实训 9 编辑表格标题……94
4.3 表格的美化……94
实训 1 单元格底纹的设置……94
实训 2 单元格边框样式的设置……95
4.4 综合实训：职位说明表的制作……98
本章小结……103
本章练习……103
第 5 章 Excel 2016 表格制作基本知识……105
【本章导读】……105
【本章目标】……105
5.1 Excel 工作表的基本操作……105
实训 1 工作表的插入与删除……106

实训 2　工作表的移动或复制………107

实训 3　工作表的保护………………108

实训 4　使用密码保护可编辑区域…110

实训 5　工作簿结构的保护…………111

5.2　Excel 单元格的基本操作…………112

实训 1　选择与定位单元格…………112

实训 2　行或列操作…………………114

实训 3　合并单元格…………………115

实训 4　应用单元格样式……………116

5.3　数据的输入与填充…………………119

实训 1　数据的快速输入……………119

实训 2　使用填充柄快速填充数据…120

实训 3　使用快捷键填充相同数据…121

实训 4　序列的填充…………………121

实训 5　数据的快速填充……………122

实训 6　数据的复制和移动…………124

实训 7　数据的转置…………………126

实训 8　选择性粘贴…………………127

5.4　数据验证的设置……………………127

实训 1　限制用户输入………………127

实训 2　下拉菜单的创建……………128

实训 3　无效数据的校验……………130

5.5　综合实例："产品销售记录"工作表的编辑……………………132

本章小结……………………………………134

课后习题……………………………………135

第 6 章　专业 Excel 办公表格的制作……136

【本章导读】………………………………136

【本章目标】………………………………136

6.1　单元格数字格式的设置……………136

实训 1　预设数字格式的应用………136

实训 2　自定义日期格式……………137

实训 3　自定义数字格式的准则……139

6.2　智能表格的创建与使用……………141

实训 1　智能表格的创建……………141

实训 2　智能表格的使用……………142

6.3　条件格式的设置……………………144

实训 1　默认可视化格式的应用……144

实训 2　多种条件格式的叠加………145

实训 3　数据条规则的编辑…………146

实训 4　图标集规则的编辑…………148

6.4　综合实例："公司收益表"的编辑与美化……………………150

本章小结……………………………………151

课后习题……………………………………152

第 7 章　公式和函数的使用………………153

【本章导读】………………………………153

【本章目标】………………………………153

7.1　公式的应用…………………………153

实训 1　公式的输入与修改…………154

实训 2　公式求值……………………156

7.2　函数的应用…………………………157

实训 1　获取函数帮助………………157

实训 2　数学函数……………………158

实训 3　逻辑函数……………………159

实训 4　统计函数……………………160

实训 5　文本函数……………………161

实训 6　日期与时间函数……………161

实训 7　查找和引用函数……………162

7.3　综合实训：电脑报价单的制作……163

本章小结……………………………………165

本章练习……………………………………166

第 8 章　工作表数据的管理与分析 ········ 167
【本章导读】 ···························· 167
【本章目标】 ···························· 167
8.1　汇总数据的筛选、排序与分类 ····· 167
实训 1　自动筛选 ······················ 167
实训 2　高级筛选 ······················ 168
实训 3　排序数据 ······················ 169
实训 4　分类汇总数据 ·················· 171
8.2　合并计算 ························· 173
8.3　图表分析数据的使用 ·············· 174
实训 1　为所选数据创建图表 ············ 174
实训 2　组合图表的创建 ················ 175
实训 3　图表格式的设置 ················ 177
8.4　数据透视表管理与分析数据的使用 ········ 180
实训 1　数据透视表的创建 ·············· 180
实训 2　字段的设置 ···················· 181
实训 3　数据的排序和筛选 ·············· 182
实训 4　数据透视图的创建 ·············· 182
8.5　综合实训：图表和数据透视表分析销售记录的使用 ············ 184
本章小结 ·································· 187
本章练习 ·································· 187
第 9 章　PowerPoint 2016 演示文稿快速制作 ························ 189
【本章导读】 ···························· 189
【本章目标】 ···························· 189
9.1　PowerPoint 2016 基本知识 ········· 189
实训　设置幻灯片大小和方向 ········· 191
9.2　幻灯片的基本操作 ················ 192
实训 1　幻灯片的新建 ·················· 192
实训 2　幻灯片的选择 ·················· 193
实训 3　幻灯片的复制 ·················· 193
实训 4　幻灯片的移动 ·················· 194
实训 5　节组织幻灯片的使用 ·········· 195
9.3　幻灯片的添加与编辑 ·············· 197
实训 1　新建幻灯片并输入文本 ········ 197
实训 2　文本与图片的插入 ············ 198
实训 3　表格的插入 ···················· 200
实训 4　大纲视图编辑内容的使用 ···· 203
实训 5　将文本转换为 SmartArt 图形 ······························ 204
实训 6　文本效果的设置 ················ 205
9.4　主题的使用 ······················· 208
实训 1　应用主题样式 ·················· 208
实训 2　应用变体样式 ·················· 209
9.5　使用幻灯片母版 ·················· 211
实训 1　认识幻灯片版式 ················ 211
实训 2　自定义幻灯片母版 ············ 212
实训 3　创建与应用新版式 ············ 213
9.6　综合实训：为“客户服务行业趋势报告”PPT 设计节版式 ·············· 214
本章小结 ·································· 216
本章练习 ·································· 217
第 10 章　动画与多媒体元素的应用 ······· 218
【本章导读】 ···························· 218
【本章目标】 ···························· 218
10.1　幻灯片切换动画的使用 ··········· 218
实训 1　切换动画的应用 ················ 218
实训 2　切换声音的设置 ················ 219
10.2　使幻灯片对象动起来 ············· 220
实训 1　为幻灯片对象应用动画 ······· 220

实训 2　动画窗格调整动画的使用 …… 222
实训 3　更多动画效果的设置 …… 224
实训 4　为幻灯片对象添加多个动画 …… 224
实训 5　为 SmartArt 图形添加动画 …… 226
实训 6　为幻灯片母版添加动画 …… 227
实训 7　为动画添加触发器 …… 228
10.3　音频和视频的应用 …… 228
实训 1　插入背景音乐 …… 229
实训 2　插入视频文件 …… 230
实训 3　为视频添加触发器 …… 231
10.4　综合实例：为演示文稿节标题幻灯片应用动画 …… 233
本章小结 …… 236
本章练习 …… 237
第 11 章　演示文稿的放映与导出 …… 238
【本章导读】 …… 238
【本章目标】 …… 238
11.1　为幻灯片对象添加链接 …… 238
实训 1　超链接的插入 …… 238
实训 2　动作的插入 …… 239
11.2　幻灯片的放映 …… 240
实训 1　放映指定的幻灯片 …… 240
实训 2　排列计时 …… 242
实训 3　录制幻灯片演示 …… 242
实训 4　幻灯片放映的设置 …… 243
实训 5　幻灯片放映的控制 …… 244
11.3　演示文稿的导出 …… 246
实训 1　导出为 PDF 文件 …… 246
实训 2　导出为视频 …… 247
实训 3　导出为图片 …… 248
11.4　综合实训：“客户服务行业趋势报告”演示文稿的放映 …… 249
本章小结 …… 251
本章练习 …… 251

第 1 章 Word 2016 基本知识

【本章导读】

Word 是目前应用非常广泛的文字处理软件，它可以帮助用户轻松、快捷地创建各种精美文档。本章将引领读者学习 Word 2016 的基础入门知识，其中包括熟悉 Word 2016 的工作窗口，Word 文档的基本操作及编辑文本的方法等。

【本章目标】

- 了解 Word 2016 工作窗口
- 掌握 Word 2016 文档基本操作
- 掌握如何编辑文本

1.1 Word 2016 工作窗口

Office 2016 中各个组件的工作窗口基本相似，只要熟悉其中一个组件的工作窗口，再了解其他组件就会非常容易了。用户也可以根据需要自定义 Office 2016 的工作窗口，如自定义快速访问工具栏、自定义功能区等。下面将以 Word 2016 的工作窗口为例进行详细介绍。

在使用软件之前，首先应熟悉它的工作窗口，了解各部分的功能，这样操作起来才会更加快捷。启动 Word 2016 程序，即可打开 Word 2016 的工作窗口，如图 1-1 所示。

图 1-1 Word 2016 工作窗口

1．标题栏

标题栏位于 Word 2016 工作窗口的最上方，由文档名称、“功能区显示选项”按钮、“最小化”按钮、“最大化/向下还原”按钮和“关闭”按钮组成。单击不同的按钮，可以对功能区和文档窗口的大小进行相应的调整操作。

2．快速访问工具栏

在 Word 2016 中，快速访问工具栏位于工作窗口的左上角，其中包括“新建”“保存”和“撤销”等常用命令按钮。单击其中的某个按钮，即可执行相应的操作。用户还可以根据需要自定义快速访问工具栏中的按钮及其排列顺序。

3．功能区

功能区包括 4 个基本组成部分，具体内容如下所述。

- **选项卡**：位于功能区的顶部，每个选项卡都代表着在特定程序中执行的一组核心任务。
- **组**：显示在选项卡上，是相关命令的集合。组将用户所需执行的某种类型任务的一组命令直观地汇集在一起，便于用户使用。
- **命令**：按组来排列，命令可以是按钮、菜单或可供输入信息的文本框。
- **“请告诉我”文本框**：该文本框位于选项卡的右侧，从中搜索内容可以快速获取帮助。

此外，单击功能区右下方的“折叠功能区”按钮^，或按【Ctrl+F1】组合键，或双击选项卡，均可隐藏功能区，以增大显示空间。

4．编辑区

编辑区也称工作区，位于窗口中央，是用于进行文字输入、文本及图片编辑的工作区域。通过选择不同的视图方式可以改变基本工作区对各项编辑显示的方式，系统默认显示的是页面视图。

5．标尺

标尺分为水平标尺和垂直标尺两种，分别位于文档编辑区的上方和左侧。标尺上有数字、刻度和各种标记。无论是排版，还是制表和定位，标尺都起着非常重要的作用。

6．滚动条

滚动条是窗口右侧和下方用于移动窗口显示区的长条。当页面内容较多或太宽时，就会自动显示滚动条。拖动滚动条中的滑块或单击滚动条两端的调节按钮，可以滚动显示文档中的内容。

7．状态栏和视图区

状态栏位于工作窗口底端的左半部分，用于显示当前 Word 文档的相关信息，如当前文档的页码、总页数、字数，以及当前光标在文档中的位置等。状态栏的右侧为视图栏，其中包括视图按钮组、调节页面显示比例滑块和当前显示比例按钮等。

实训 1　快速访问工具栏的自定义

快速访问工具栏位于工作窗口的左上方，独立于功能区上选项卡中的命令，用于放置常用的命令。用户可以根据需要在快速访问工具栏中添加或删除命令，具体操作方法如下所述。

Step 01 单击“自定义快速访问工具栏”下拉按钮，选择“打印预览和打印”选项，如图 1-2 所示。

Step 02 将“打印预览和打印”按钮添加到快速访问工具栏。选择“插入”选项卡，在“插图”组中右击“形状”按钮，选择“添加到快速访问工具栏”命令，如图 1-3 所示。

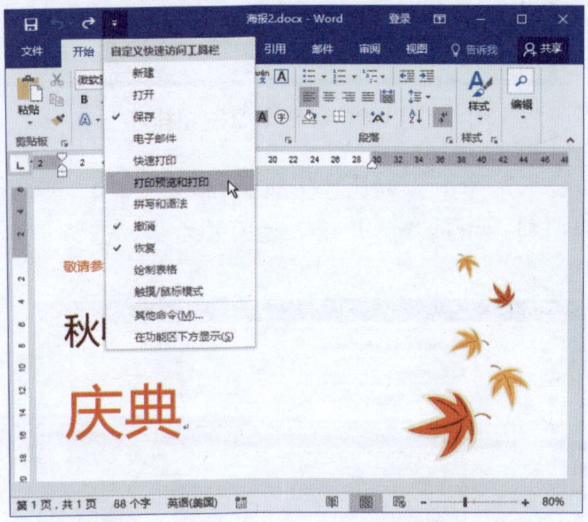

图 1-2　选择“打印预览和打印”选项

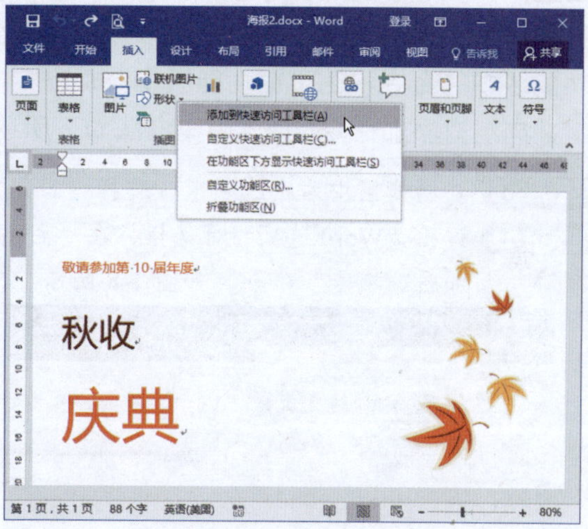

图 1-3　选择“添加到快速访问工具栏”命令

Step 03 将“绘制形状”按钮添加到快速访问工具栏。在快速访问工具栏中右击“绘制形状”按钮，选择“从快速访问工具栏删除”命令，即可删除该命令，如图 1-4 所示。

Step 04 利用快捷键可以快速调用快速访问工具栏中的命令，按住【Alt】键可以显示相应的快捷键，如图 1-5 所示。

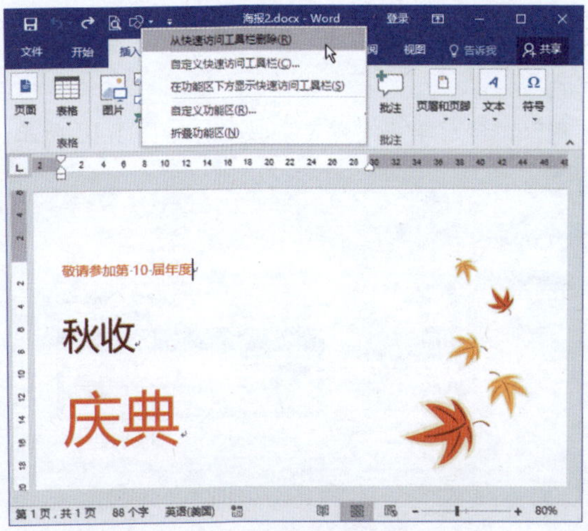

图 1-4　删除命令

图 1-5　利用快捷键调用命令

Step 05 在“自定义快速访问工具栏”下拉列表中选择“其他命令”选项，将弹出“Word 选项”对话框，选择命令选项，单击“上移”按钮▲或“下移”按钮▼，可以调整命令按钮在快速访问工具栏中的排列顺序，如图 1-6 所示。

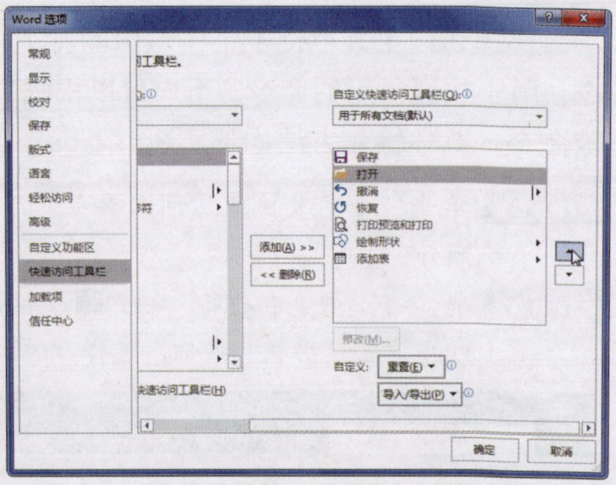

图 1-6　调整命令按钮排序

实训 2　功能区的自定义

通过对功能区进行个性化设置，可以使其按照用户需要的方式排列选项卡或命令。用户可以添加或隐藏功能区中的命令，还可在功能区中添加自定义组并向组内添加命令，具体操作方法如下所述。

Step 01 在功能区中右击选项卡，选择“自定义功能区”命令，如图 1-7 所示。

Step 02 弹出“Word 选项”对话框，在“主选项卡”列表中选择“开始”选项并右击，选择“添加新选项卡”命令，如图 1-8 所示。

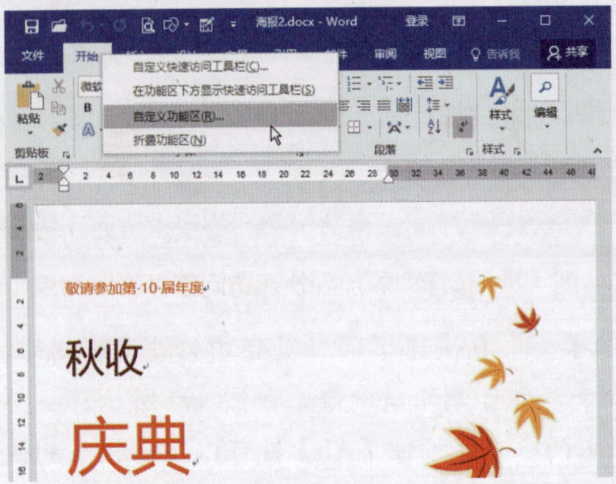

图 1-7　自定义功能区

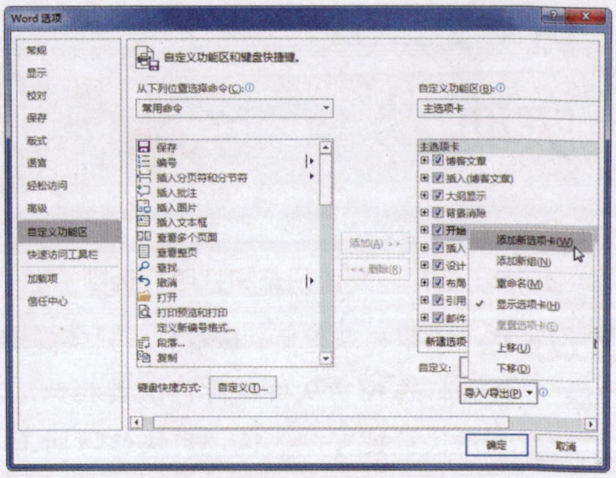

图 1-8　添加新选项卡

Step 03 在“开始”选项卡下添加“新建选项卡(自定义)”选项。右击“新建选项卡(自定义)”选项，选择“重命名”命令，如图 1-9 所示。

Step 04 弹出“重命名”对话框，输入名称，如“常用”，然后单击“确定”按钮，如图 1-10 所示。

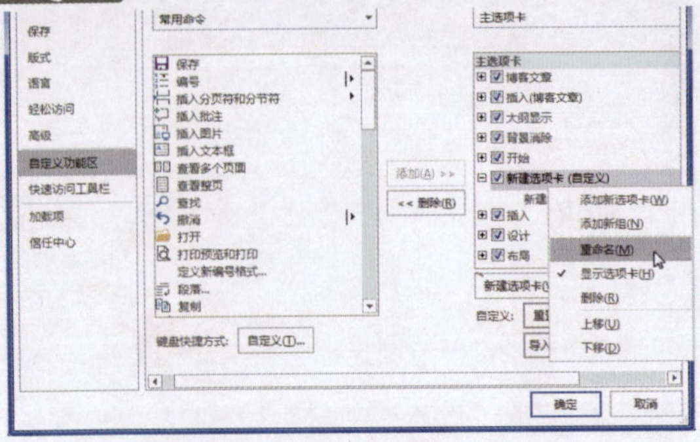

图 1-9　选择“重命名”命令

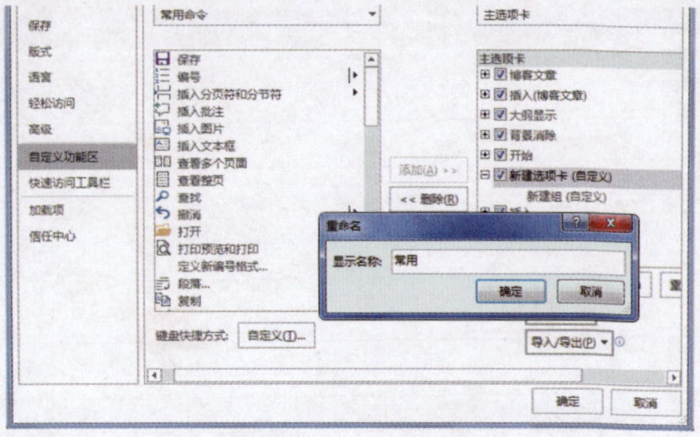

图 1-10　重命名选项卡

Step 05 在该选项卡下选择“新建组（自定义）”选项，在左侧“常用命令”列表框中选择“插入图片”命令，然后单击“添加”按钮，如图 1-11 所示。

Step 06 将“插入图片”命令添加到“新建组（自定义）”中。采用同样的方法，继续为该组添加其他命令，如图 1-12 所示。

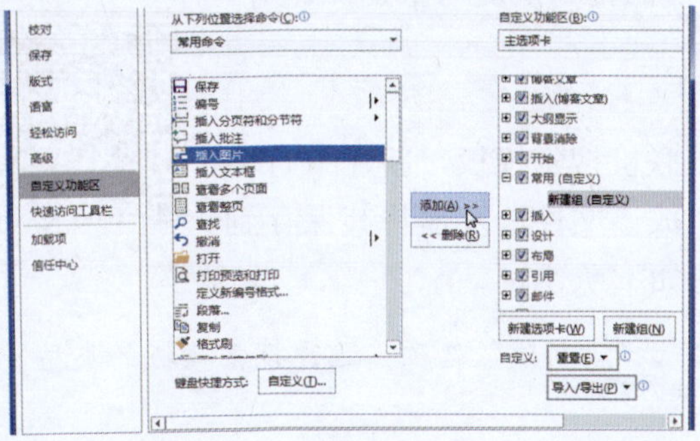

图 1-11　添加“插入图片”命令

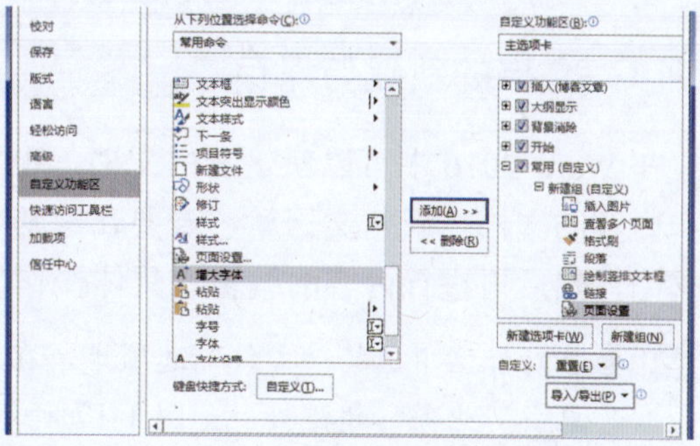

图 1-12　添加其他命令

Step 07 在“从下列位置选择命令”下拉列表框中选择“不在功能区中的命令”选项，选择所需的命令，然后单击“添加”按钮，如图 1-13 所示。

Step 08 在右侧选择命令，单击“上移”按钮▲或“下移”按钮▼，即可调整其排列顺序，如图 1-14 所示。

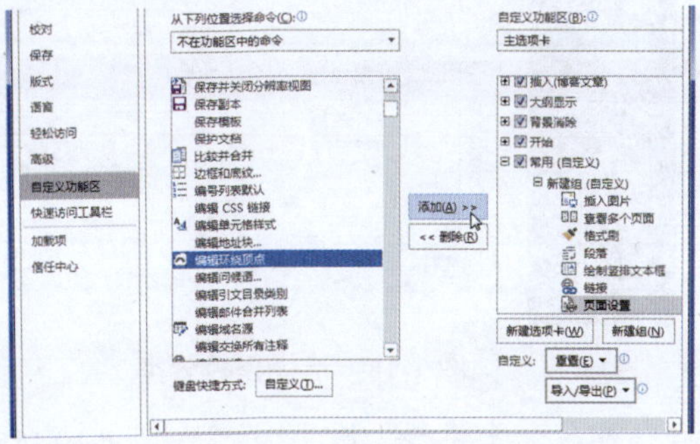

图 1-13　添加不常用的命令

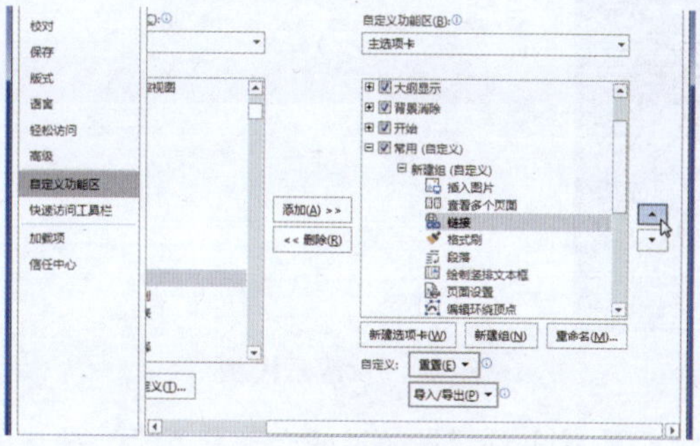

图 1-14　调整命令排序

Step 09 右击某个命令，选择“删除”命令，即可将其删除，完成设置后单击“确定”按钮，如图 1-15 所示。

Step 10 在功能区中可以看到创建的选项卡及其中添加的命令，如图 1-16 所示。

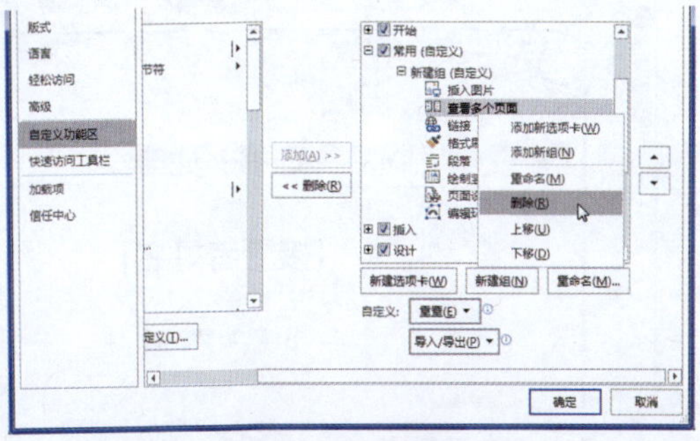

图 1-15　删除命令

图 1-16　查看自定义功能区效果

1.2 Word 2016 文档基本操作

在学习 Word 2016 的使用方法之前，首先要掌握 Word 2016 文档的基本操作，如新建与保存文档、打开与关闭文档、切换视图方式，以及撤销、恢复与重复操作等。

实训 1 文档的新建与保存

在 Word 2016 中可以新建空白文档，也可以联机搜索模板，新建带有格式和内容的文档。新建文档后，若要在电脑中生成该文件，还需将其保存到电脑中，然后再进行内容的编辑，具体操作方法如下所述。

Step 01 在功能区中选择“文件”选项卡，在左侧选择“新建”选项，选择搜索模板的类型，如单击“业务”超链接，如图 1-17 所示。

Step 02 在右侧“分类”列表中选择“教育”选项，在模板列表中选择所需的模板，如“荣誉证书”模板，如图 1-18 所示。

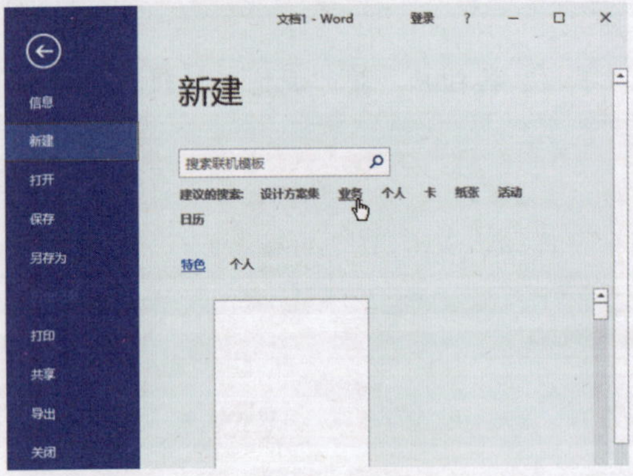

图 1-17 搜索模板

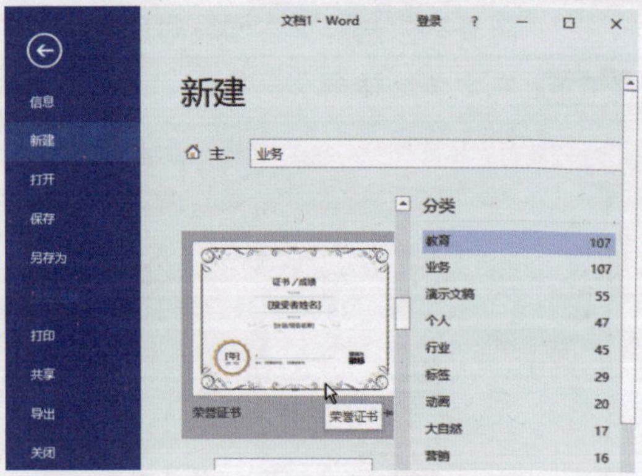

图 1-18 选择模板分类

Step 03 弹出该模板的说明和预览界面，确认要使用该模板，单击“创建”按钮，如图 1-19 所示。

Step 04 开始下载所选模板文件，下载完成后会自动创建一个基于该模板的 Word 文档。在快速访问工具栏中单击“保存”按钮，如图 1-20 所示。

图 1-19 预览模板

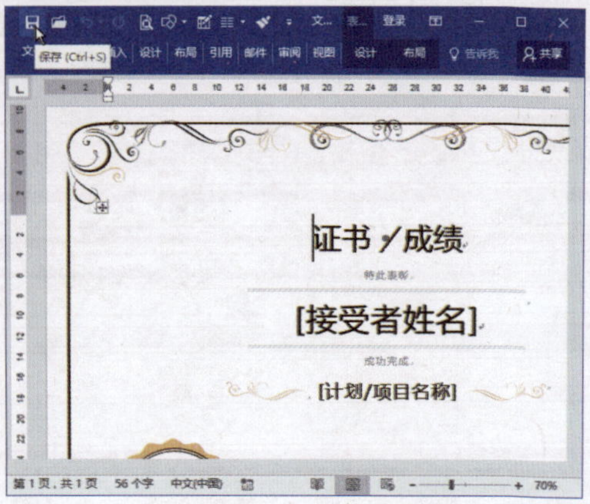

图 1-20 创建模板文档

Step 05 打开“另存为”窗口，在右侧可以选择最近访问的文件夹作为保存位置。若要保存到其他位置，则单击“浏览”按钮，如图 1-21 所示。

Step 06 弹出“另存为”对话框，选择保存位置，输入文件名，然后单击“保存”按钮，如图 1-22 所示。

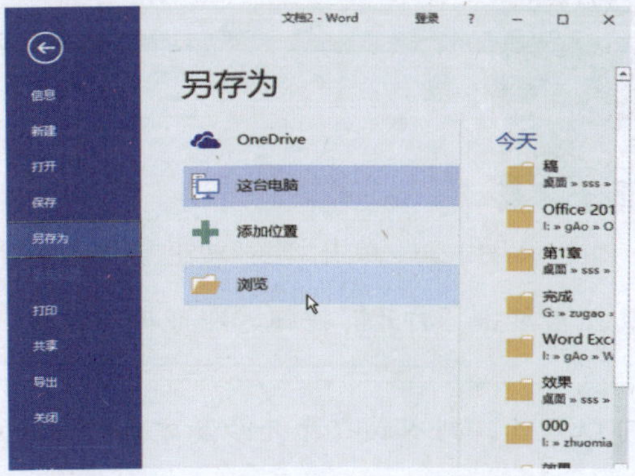

图 1-21　单击“浏览”按钮

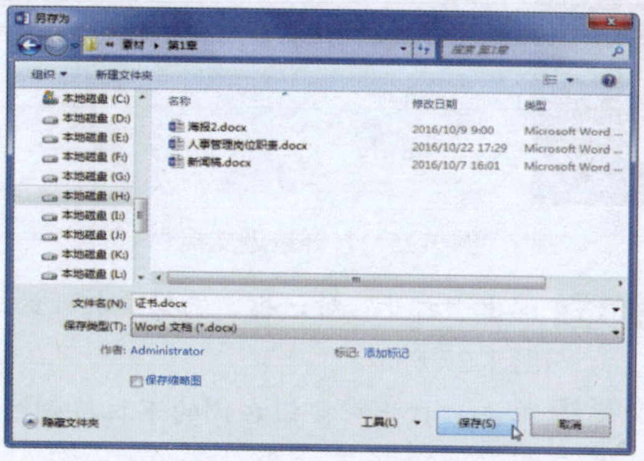

图 1-22　保存文档

Step 07 对文档进行编辑后，按【Ctrl+S】组合键或单击“保存”按钮即可保存文档，如图 1-23 所示。

Step 08 要将文档另存一份或保存为其他格式，可直接按【F12】键，弹出“另存为”对话框，在“保存类型”下拉列表中选择需要的类型，然后单击“保存”按钮，如图 1-24 所示。

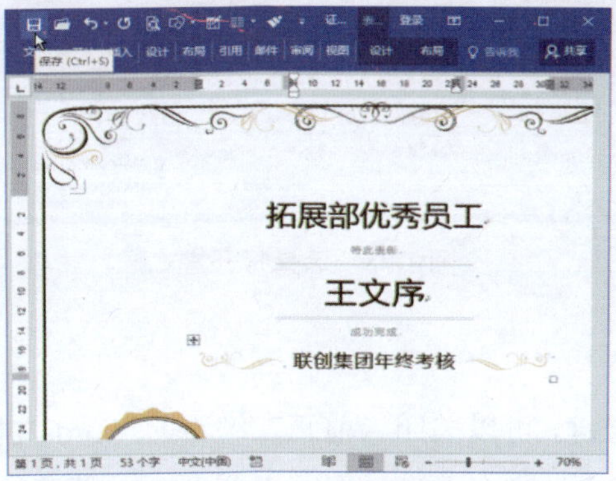

图 1-23　单击“保存”按钮

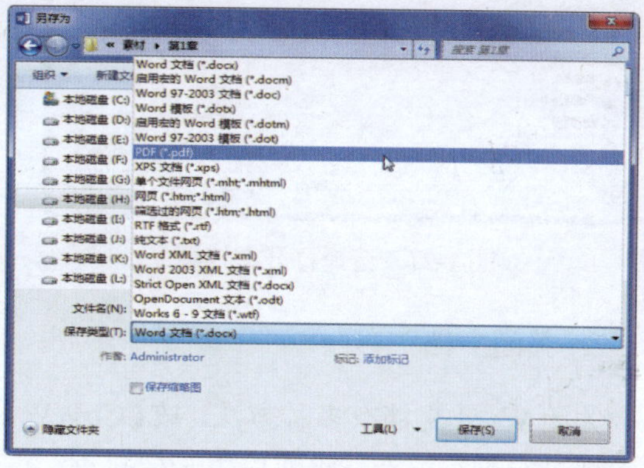

图 1-24　选择保存类型

实训 2　文档的打开与关闭

1. 打开文档

对于电脑中已经存在的 Word 文档，直接双击该文档即可使用 Word 2016 程序将其打开，也可在“文件”选项卡下快速打开最近使用的文档，具体操作方法如下所述。

Step 01 选择“文件”选项卡，在左侧选择“打开”命令，选择“最近”选项，在右侧列表中选择要打开的文档即可将其打开，如图 1-25 所示。

Step 02 选择“这台电脑”选项，在右侧选择一个最近使用的位置，单击↑按钮可返回到上一级目录，单击“浏览”按钮，如图 1-26 所示。

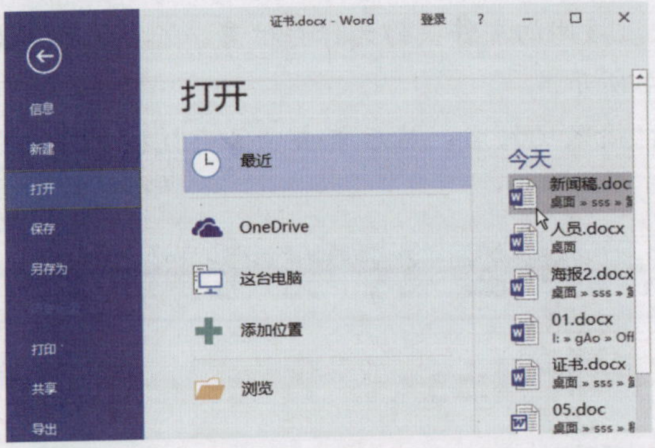

图 1-25　打开最近文档

图 1-26　单击"浏览"按钮

Step 03 弹出"打开"对话框，选择要打开的文档，然后单击"打开"按钮，即可将其打开，如图 1-27 所示。

Step 04 单击"打开"按钮右侧的下拉按钮，还可以只读、副本或打开并修复方式打开文档，如图 1-28 所示。

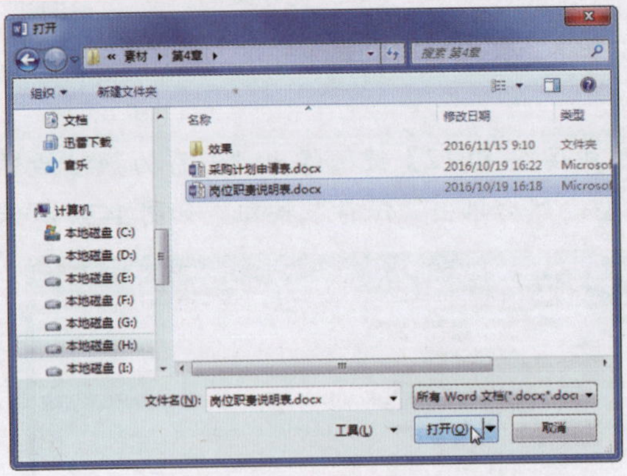

图 1-27　选择打开文档

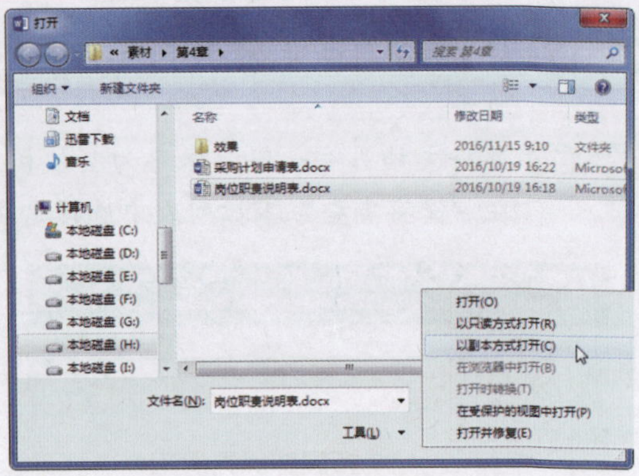

图 1-28　选择打开方式

2. 关闭文档

关闭 Word 文档有多种方法，按【Ctrl+W】组合键，可以关闭当前正在编辑的 Word 文档。若文档没有进行保存，将弹出提示信息框，提示是否要保存文档，如图 1-29 所示。要关闭所有打开的 Word 文档，可在任务栏中右击 Word 2016 图标，选择"关闭所有窗口"命令，如图 1-30 所示。

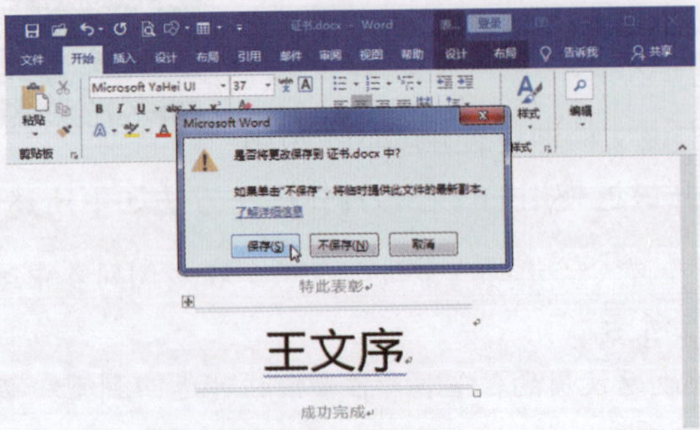

图 1-29　关闭文档

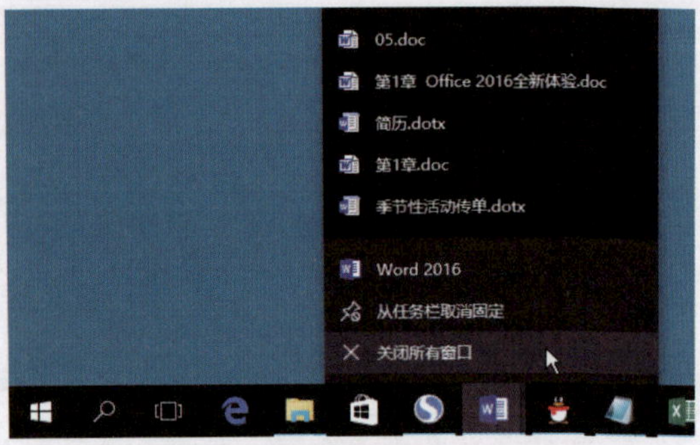

图 1-30　关闭所有文档

实训 3　文档视图的切换

在 Word 2016 中，使用不同的视图模式可以很方便地进行不同类型的编辑操作。Word 2016 提供了页面视图、大纲视图、阅读版式视图、草稿视图与 Web 版式视图五种视图模式，下面将分别对其进行简要介绍。

1．页面视图

页面视图是默认和最常用的视图模式，其最大的特点是"所见即所得"。文档排版的效果即为打印的效果，因此可显示元素都会显示在实际位置。若要更改视图方式，可以选择"视图"选项卡，在"视图"组中单击相应的按钮即可，如图 1-31 所示。

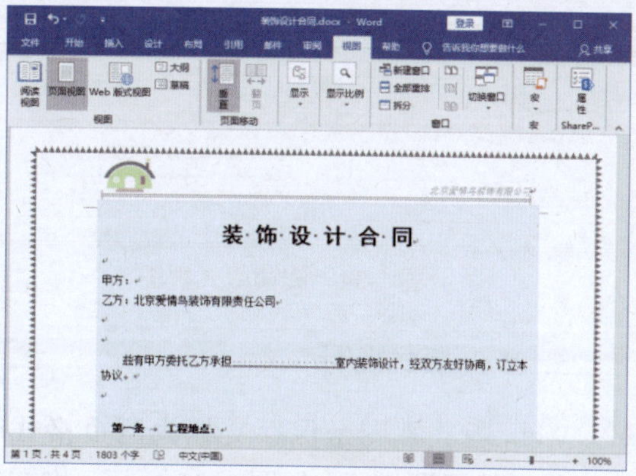

图 1-31　页面视图

2．大纲视图

顾名思义，大纲视图是专门用于编辑文档结构的。在大纲视图下，可以方便地查看与修改文档结构，在"显示级别"下拉列表中选择"3 级"选项，如图 1-32 所示，此时在大纲视图中仅显示 3 级级别的文档标题结构，如图 1-33 所示。若要退出大纲视图，可单击状态栏中的"普通视图"按钮。

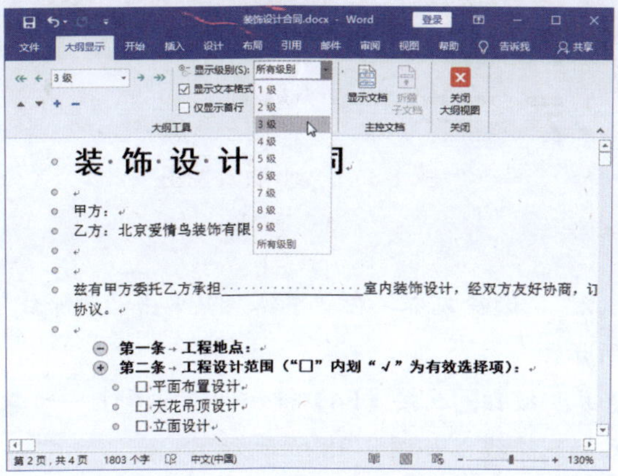

图 1-32　大纲视图

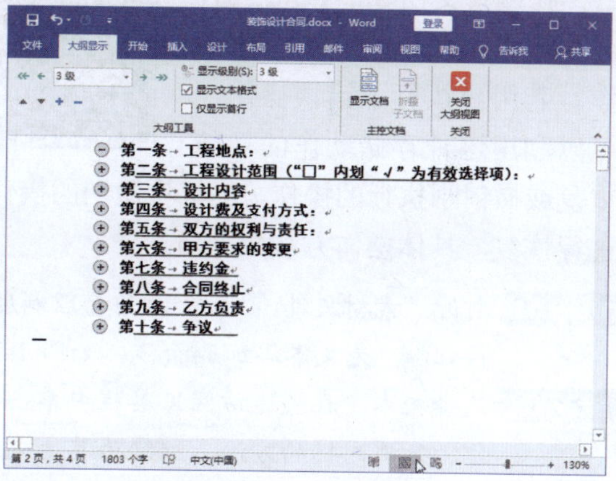

图 1-33　显示文档标题

3．阅读版式视图

阅读版式视图是为了方便阅读文档而设立的视图模式，用户可以像阅读电子书籍一样阅读文档，还可以更改页面颜色，但无法对文档内容进行修改，如图 1-34 所示。

4．草稿视图

草稿视图主要用于编辑正文文本，即录入与编辑工作，如图 1-35 所示。一些美化和排版的操作在草稿视图下则不方便操作，如设置页眉/页脚、页边距等。

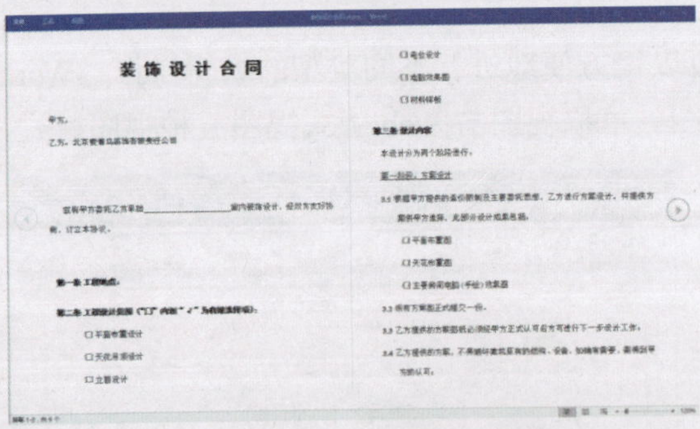

图 1-34　阅读版式视图

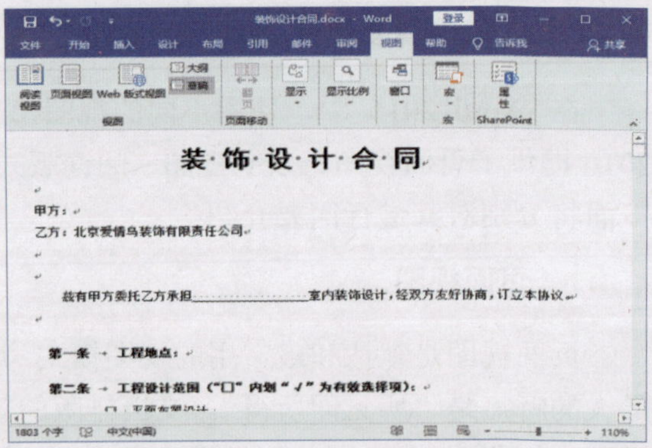

图 1-35　草稿视图

5．Web 版式视图

Web 版式视图是保存文档为网页格式时建议使用的视图模式，如图 1-36 所示。将文档保存为网页时，此视图下的效果与发布到网上的效果是一致的。

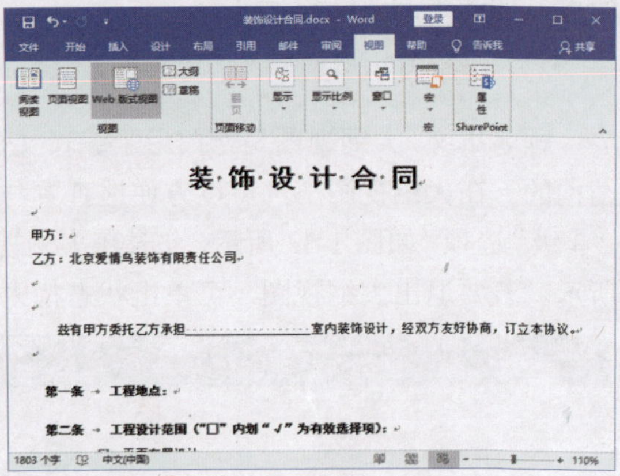

图 1-36　Web 版式视图

实训 4　撤销、恢复与重复操作

在编辑文档时，Word 2016 会自动记录最近所执行的操作。若用户执行了错误操作，可以利用这种存储动作的功能重复或撤销刚执行的操作，还可将撤销的操作进行恢复，具体操作方法如下所述。

Step 01 打开"素材文件\第 1 章\财务管理制度.docx"，选择文本，在"字体"中单击"删除线"按钮abc，为文本添加删除线，如图 1-37 所示。

Step 02 选择文本，在快速访问工具栏中单击"重复"按钮或按【F4】键，即可重复上一步操作。采用同样的方法，继续为其他文本添加删除线，如图 1-38 所示。

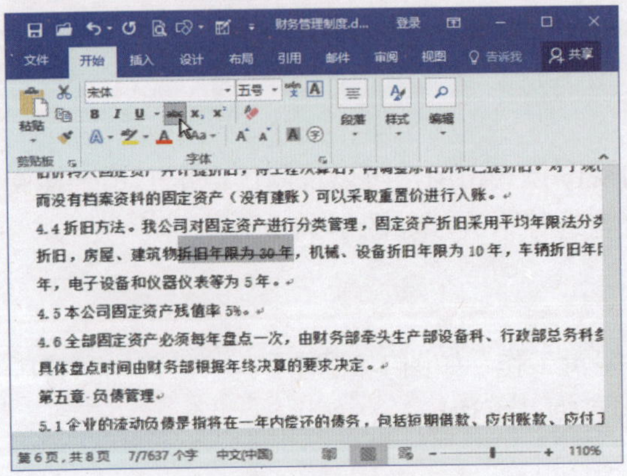

图 1-37　添加删除线

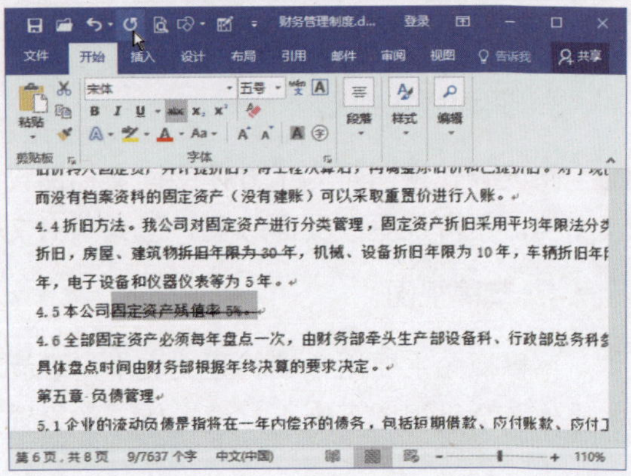

图 1-38　重复操作

Step 03 在快速访问工具栏中单击“撤销”按钮或按【Ctrl+Z】组合键，可以撤销上一步操作。单击“撤销”按钮右侧的下拉按钮，在弹出的下拉列表中可选择撤销到哪一步，如图 1-39 所示。

Step 04 撤销操作后，“重复”按钮变为“恢复”按钮，单击该按钮或按【Ctrl+Y】组合键，可以恢复撤销的操作，如图 1-40 所示。

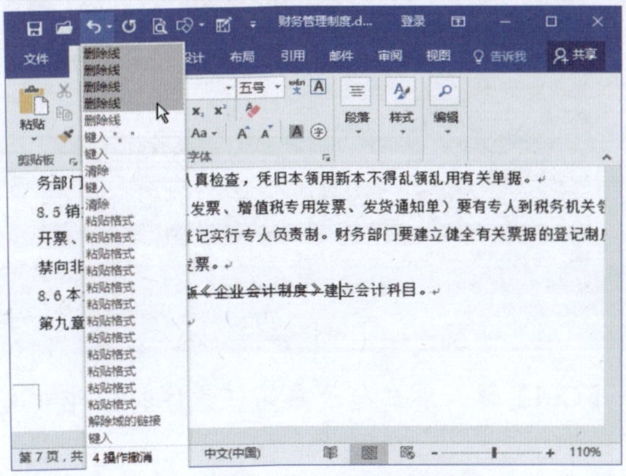

图 1-39 撤销操作

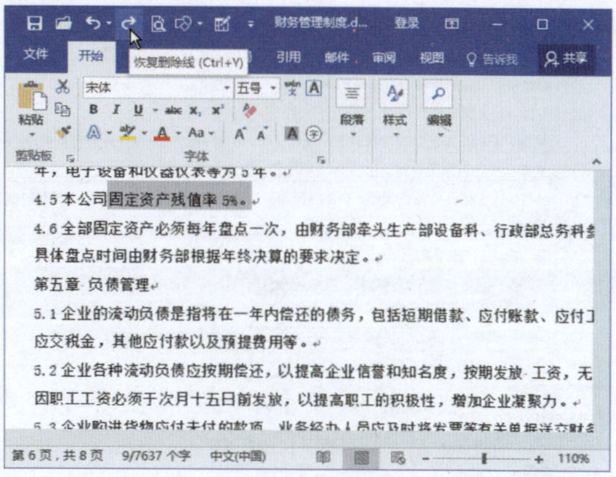

图 1-40 恢复操作

1.3 文本的编辑

下面将详细介绍如何在 Word 2016 中编辑文本，其中包括选择文本，复制、剪切与删除文本，查找与替换文本，以及自动替换文本等。

实训 1 文本的选择

在对文本进行操作时，应先将其选中，在 Word 2016 中可以采用多种方法选择文档中不同的文本，具体操作方法如下所述。

Step 01 将光标定位在文本起始位置，按住【Shift】键，单击要选择文本的末尾位置，或直接拖动鼠标，即可选择连续的文本，如图 1-41 所示。

Step 02 按住【Alt】键的同时拖动鼠标，即可选择连续的文本块，如图 1-42 所示。

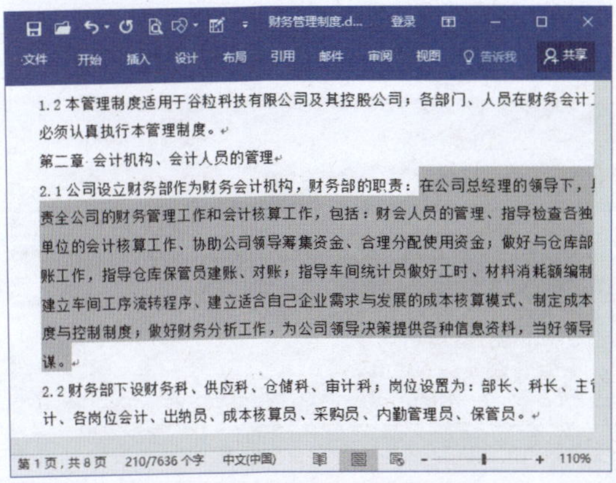

图 1-41 选择连续的文本

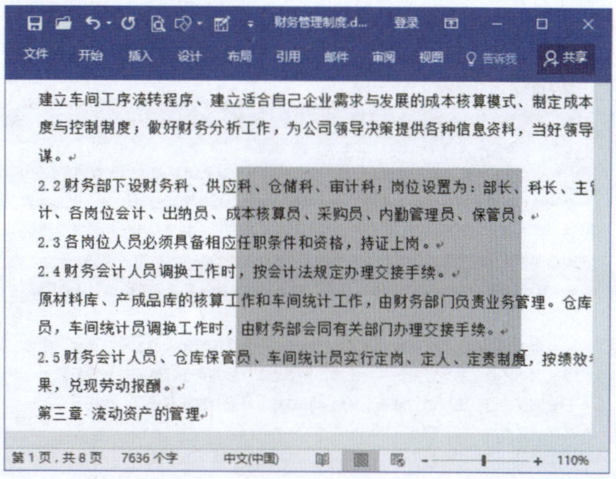

图 1-42 选择连续的文本块

Step 03 选择文本，然后按住【Ctrl】键，继续拖动鼠标选择其他文本，即可选择不连续的文本，如图 1-43 所示。

Step 04 将鼠标指针移至某行的左端，当指针变为↗形状时单击鼠标左键，即可选择对应的整行文本，单击并拖动鼠标可以选择多行文本，如图 1-44 所示。

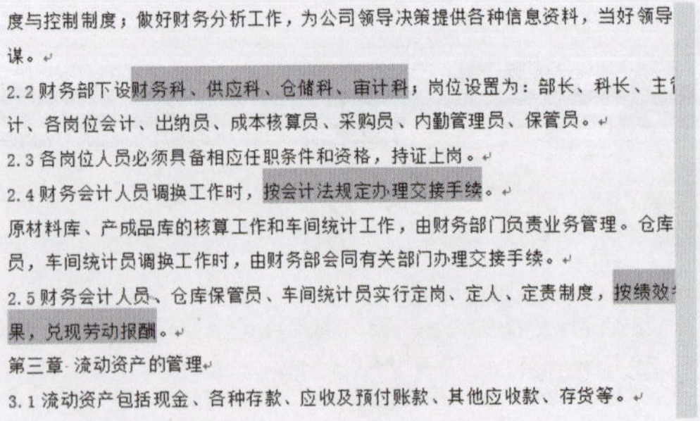

图 1-43　选择不连续的文本

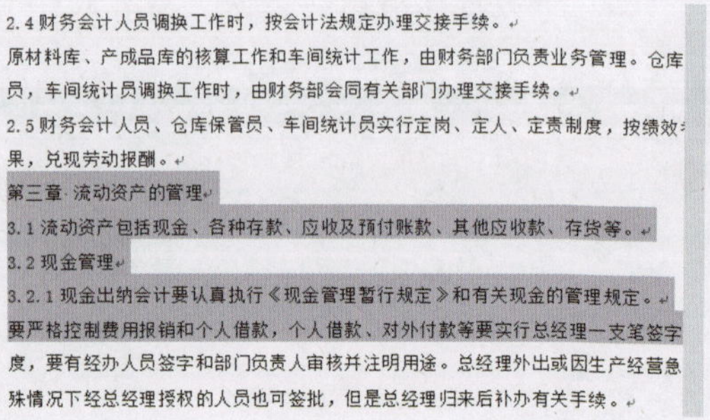

图 1-44　选择多行文本

Step 05 若要选择以句号结尾的完整句子，则按住【Ctrl】键，单击句子内的任意字符，即可选择整句，如图 1-45 所示。

Step 06 在段落中连续 3 次快速单击鼠标左键，即可选择整个段落，如图 1-46 所示。

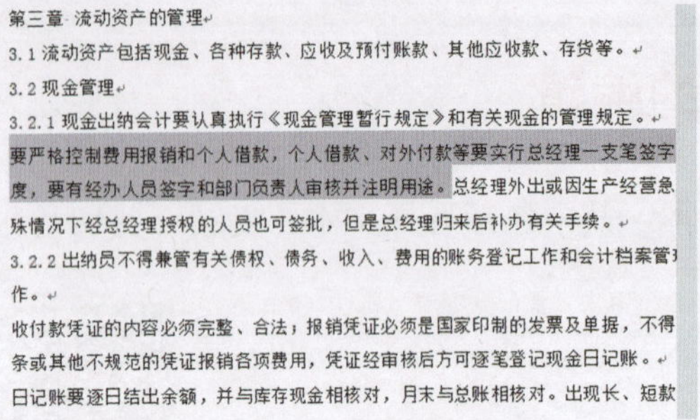

图 1-45　选择整句

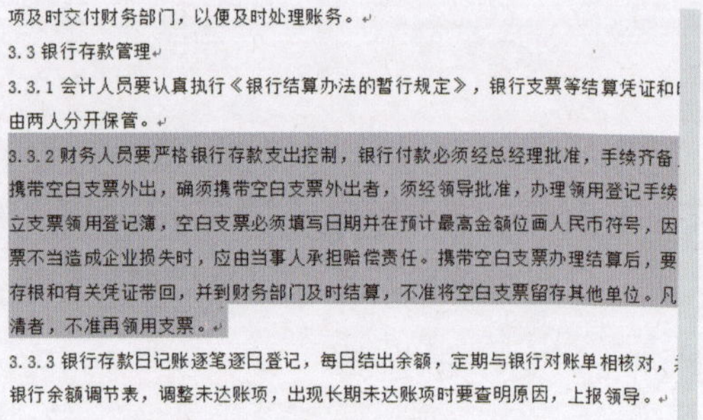

图 1-46　选择整个段落

Step 07 在词语中双击鼠标左键，即可选择词语。按住【Ctrl】键的同时双击词语，可以继续选择其他词语，如图 1-47 所示。

Step 08 在文档中按【Ctrl+A】组合键，可以全选文本。在“编辑”组单击“选择”下拉按钮，选择“全选”选项，也可全选文本，如图 1-48 所示。

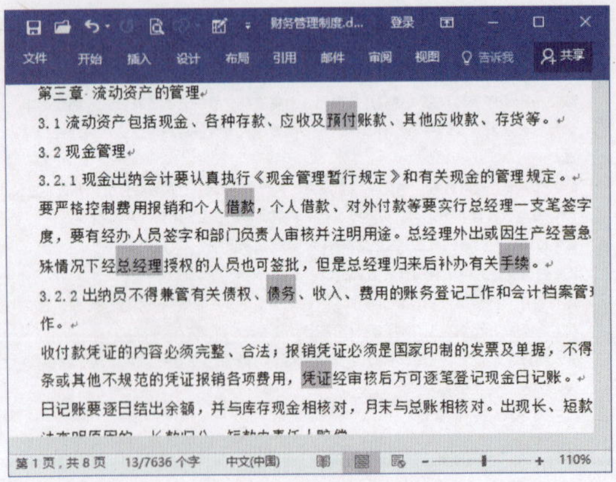

图 1-47　选择词语

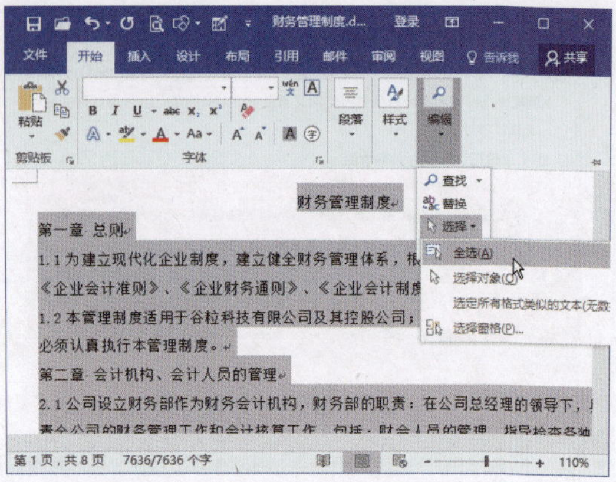

图 1-48　全选文本

实训 2　文本的复制、剪切与删除

复制文本的目的是对文本进行移动和重复使用。当需要输入重复的文本内容时，可以采用复制文本的方法，从而提高工作效率。剪切文本就是移动文本的位置，先将文本复制到剪贴板中，同时删除原文本，然后将文本粘贴到目标位置。删除文本则是将文档中不需要的文本删除。

1．文本的复制/剪切

复制和剪切文本的操作方法类似，其方法也有多种。

方法 1：单击功能按钮

用户可通过单击功能区中的“复制”和“剪切”按钮来复制或剪切文本，方法如下所述。

Step 01 选择要复制的文本，在“剪贴板”组中单击“复制”按钮，如图 1-49 所示。

Step 02 将光标定位到要粘贴的位置，在“剪贴板”组中单击“粘贴”下拉按钮，选择“保留源格式”选项，如图 1-50 所示。

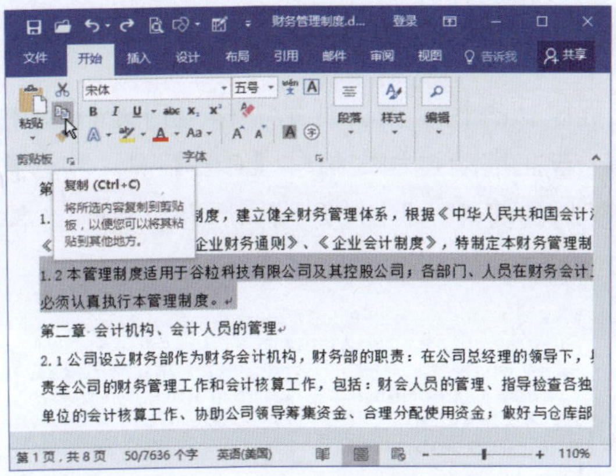

图 1-49　单击“复制”按钮

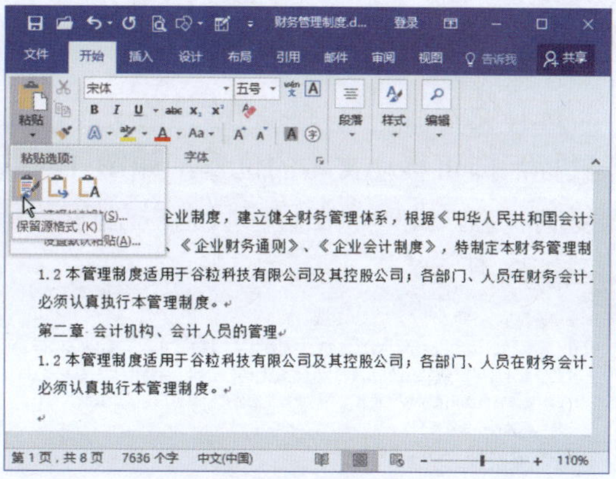

图 1-50　粘贴文本

Step 03 单击文本后的“粘贴选项”下拉按钮(Ctrl)或按【Ctrl】键，在弹出的下拉列表中可选择所需的粘贴选项，如图 1-51 所示。

Step 04 在“粘贴选项”列表中选择“设置默认粘贴”选项，弹出“Word 选项”对话框，在“剪切、复制和粘贴”选项区中可以设置默认粘贴选项，如图 1-52 所示。

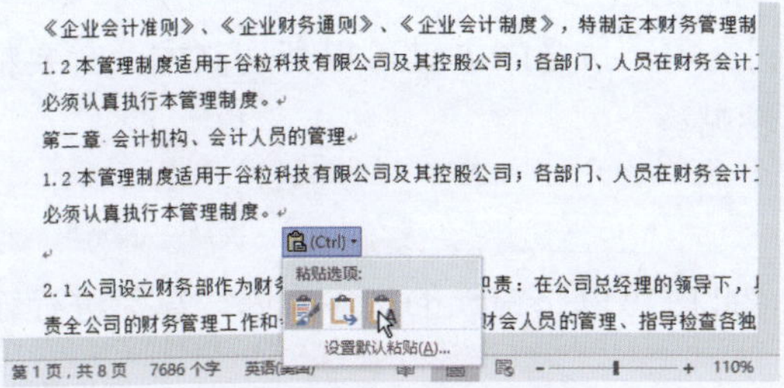

图 1-51　选择粘贴选项

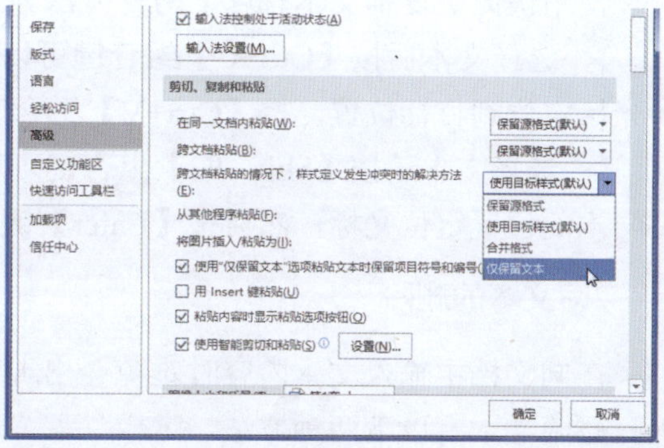

图 1-52　设置默认粘贴选项

方法 2：使用快捷命令

若当前 Word 功能区中的选项卡没有在“开始”选项卡下，就可以通过快捷命令来复制或剪切文本。其具体操作方法如下所述。

Step 01 选择要复制的文本并右击，在弹出的快捷菜单中选择“复制”命令，如图 1-53 所示。

Step 02 将光标定位到要粘贴的位置并右击，选择所需的粘贴命令，如图 1-54 所示。

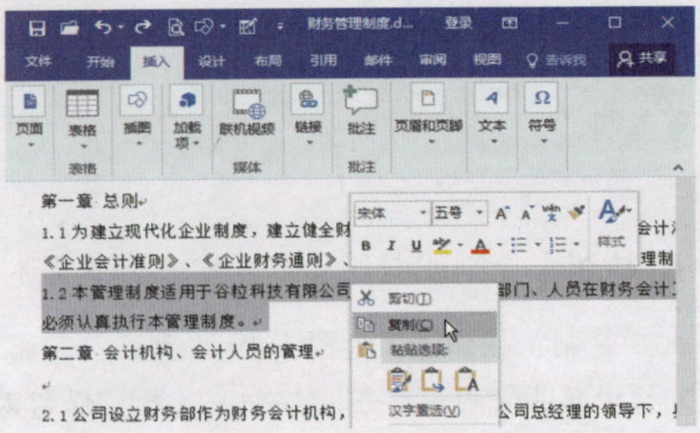

图 1-53 选择“复制”命令

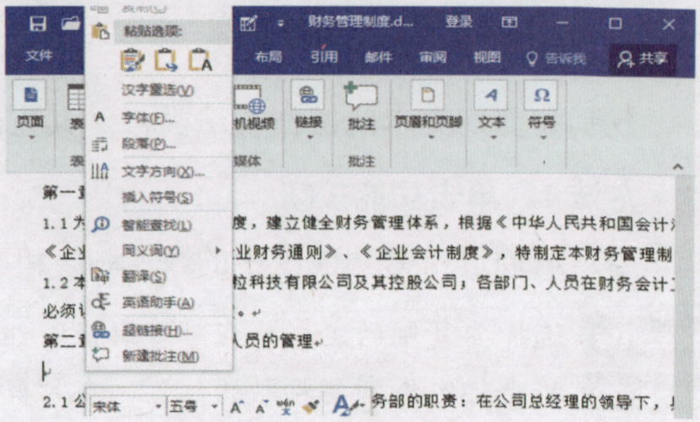

图 1-54 选择粘贴命令

方法 3：拖动鼠标

选择文本后，直接拖动选择的文本，此时在程序状态栏左侧会提示“移至何处？”，松开鼠标后即可移动文本的位置，如图 1-55 所示。若在拖动过程中按住【Ctrl】键，将转换为复制状态，此时，在程序状态栏左侧会提示“复制到何处？”，松开鼠标后即可复制文本，如图 1-56 所示。

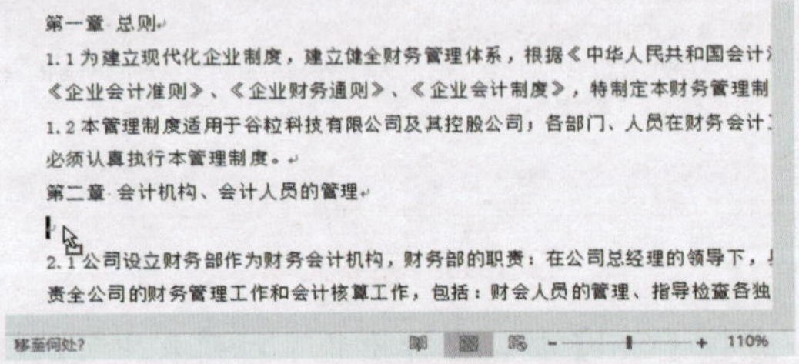

图 1-55 拖动文本

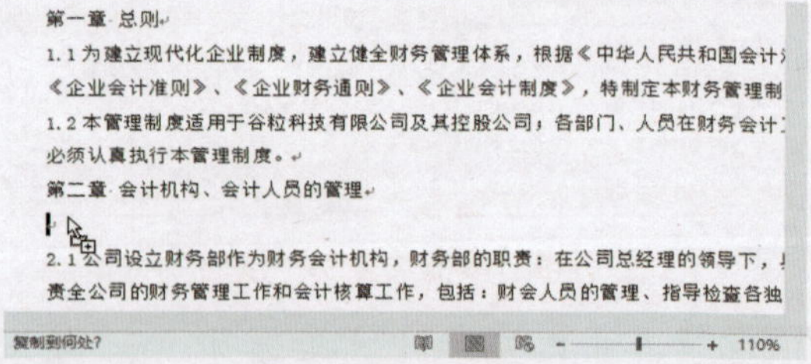

图 1-56 复制文本

方法 4：使用快捷键

使用快捷键复制文本有以下两种方法。

- 选择文本后按【Ctrl+C】组合键可以复制文本，按【Ctrl+X】组合键可以剪切文本，将光标定位到目标位置，按【Ctrl+V】组合键即可粘贴文本。
- 选择文本后按【Shift+F2】组合键可以复制文本，按【F2】键可以剪切文本，在要粘贴文本的位置定位光标，然后按【Enter】键进行粘贴。

2. 文本的删除

在向文档中输入文本内容时难免会出现错误，此时可以将错误的文本删除，重新进行输入。删除文本有以下两种方法。

方法 1：将光标定位到要删除文本的前面或后面，按【Backspace】或【Delete】键，可以删除光标所在位置前面或后面的文本。

方法 2：选择要删除的文本，然后按【Delete】键将其删除。

实训 3　文本的查找与替换

在文档编辑过程中，若某个词语或句子多次输入错误，就需要在整个文档中修改这些内容。若手动查找，工作量会很大，且容易遗漏，此时使用查找和替换功能可以提高工作效率。

1. 文本的查找

使用查找功能可以在文档中快速搜索需要的文本，还可将搜索到的文本自动显示出来，具体操作方法如下所述。

Step 01 在文档中选择要查找的文本，如图 1-57 所示。

Step 02 按【Ctrl+F】组合键打开“导航”窗格，将自动显示搜索结果。在“结果”选项卡下单击搜索结果选项，即可跳转到相应的位置，如图 1-58 所示。

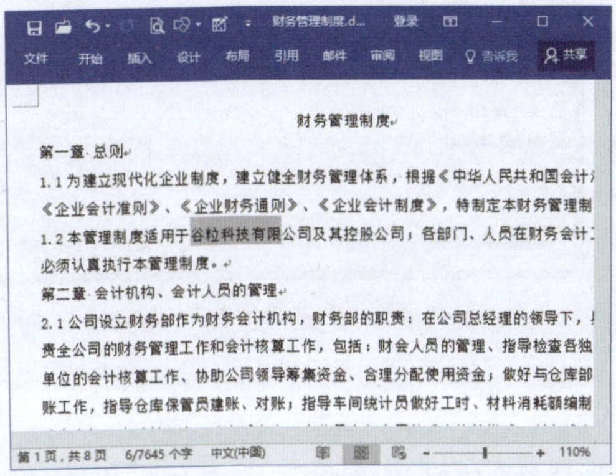

图 1-57　选择文本

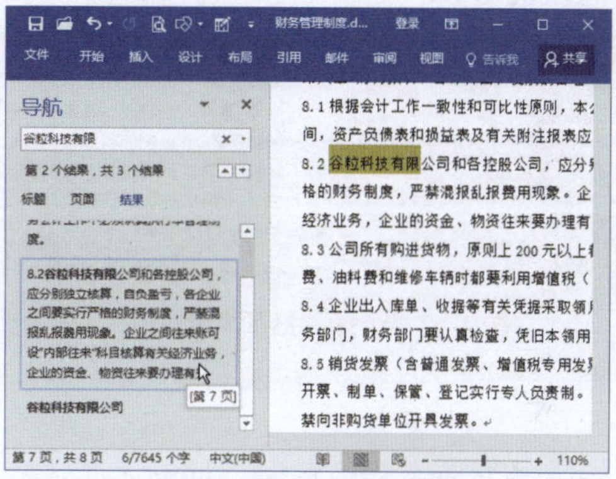

图 1-58　显示搜索结果

Step 03 选择“页面”选项卡，从中可以查看搜索结果所在的页面，如图 1-59 所示。

Step 04 单击搜索框右侧的下拉按钮▾，选择“高级查找”选项，如图 1-60 所示。

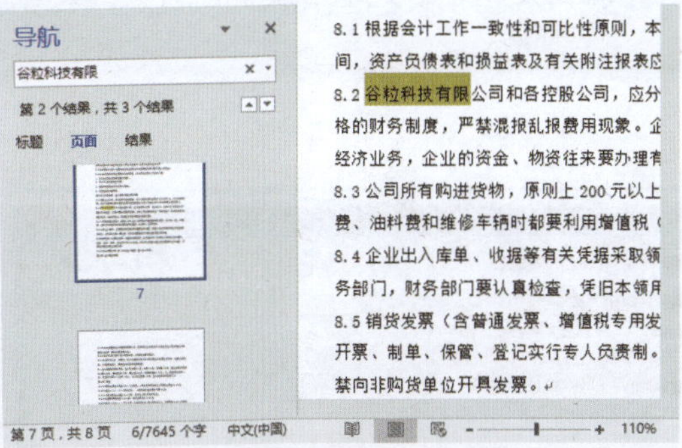

图 1-59　显示搜索页面

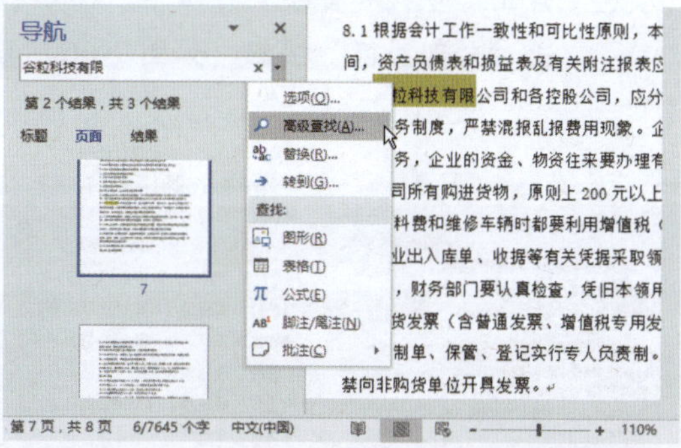

图 1-60　选择“高级查找”选项

Step 05 弹出“查找和替换”对话框，单击“阅读突出显示”下拉按钮，选择“全部突出显示”选项，如图 1-61 所示。

Step 06 文档中搜索的文本会突出显示，如图 1-62 所示。

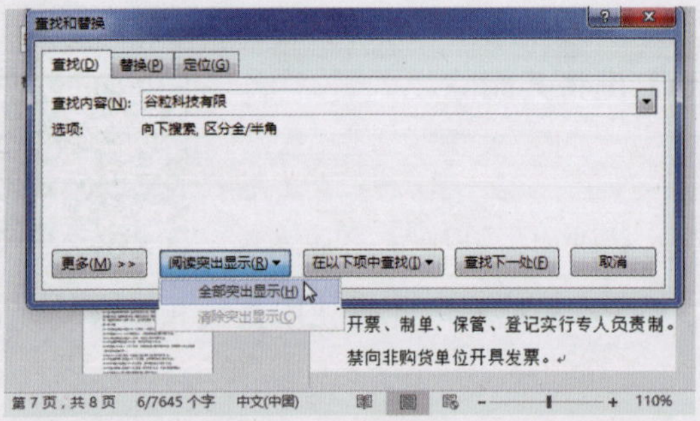

图 1-61 “查找和替换”对话框

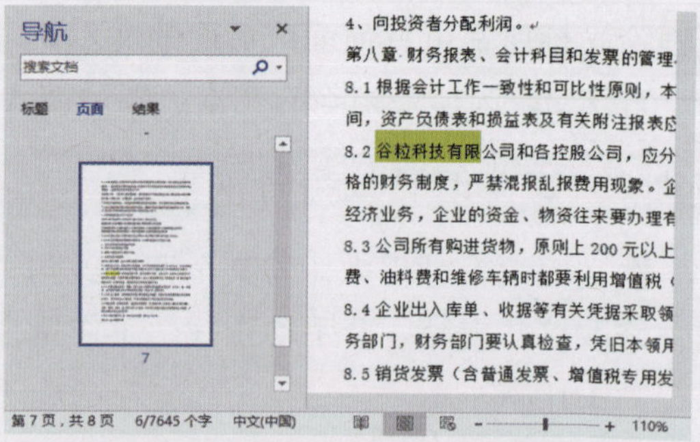

图 1-62 突出显示搜索文本

Step 07 在“导航”窗格中单击搜索框右侧的下拉按钮，选择“选项”选项，如图 1-63 所示。

Step 08 弹出“‘查找’选项”对话框，可对搜索功能的参数进行设置，如“忽略空格”“区分大小写”“使用通配符”等，然后单击“确定”按钮，如图 1-64 所示。

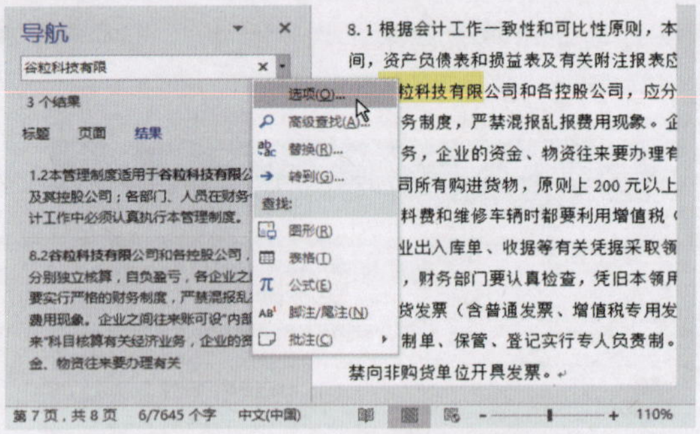

图 1-63 选择“选项”选项

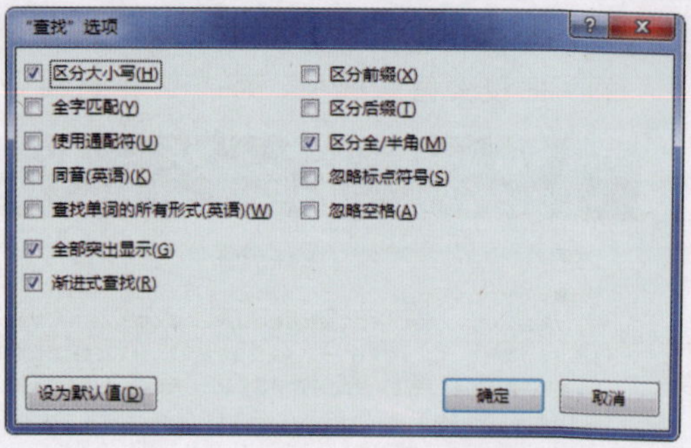

图 1-64 设置“查找”选项

2．文本的替换

使用替换功能可以快速、批量地对文档中需要替换的内容进行更改，具体操作方法如下所述。

Step 01 在“导航”窗格中单击搜索框右侧的下拉按钮，选择“替换”选项，如图 1-65 所示。

Step 02 弹出“查找和替换”对话框，在“替换为”下拉列表框中输入要替换成的内容，然后单击“全部替换”按钮，如图 1-66 所示。

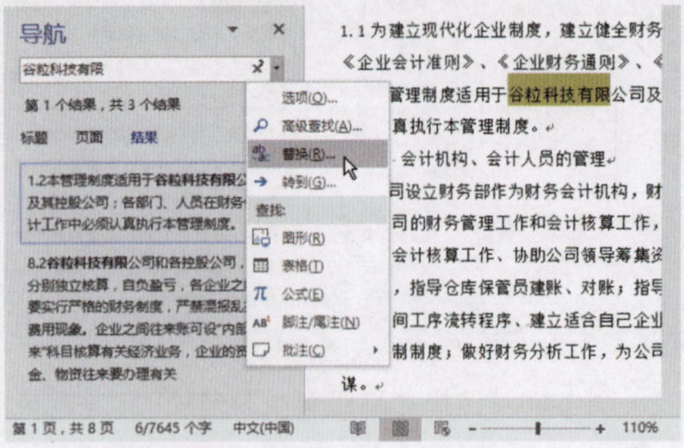

图 1-65 选择“替换”选项

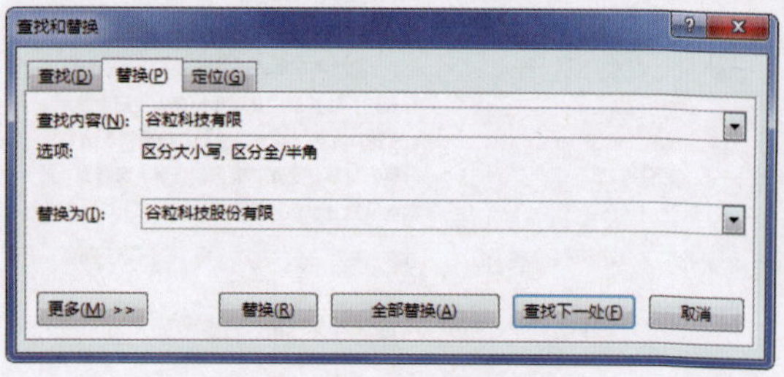

图 1-66 输入替换内容

Step 03 弹出提示信息框，单击“是”按钮，从光标所在位置向下进行全部替换，如图 1-67 所示。

Step 04 弹出提示信息框，提示替换完成，单击“确定”按钮，如图 1-68 所示。

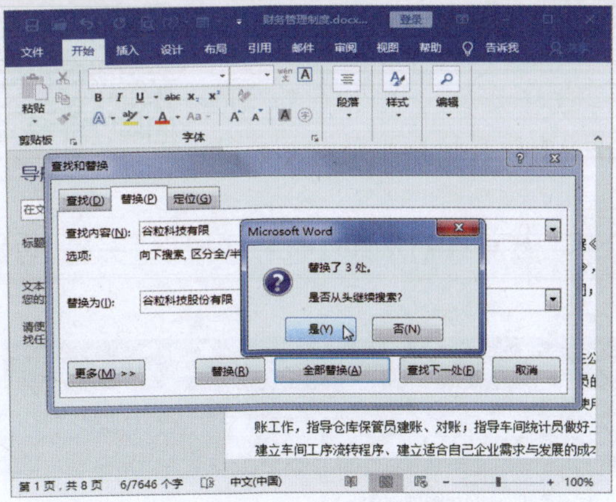

图 1-67　替换提示信息框

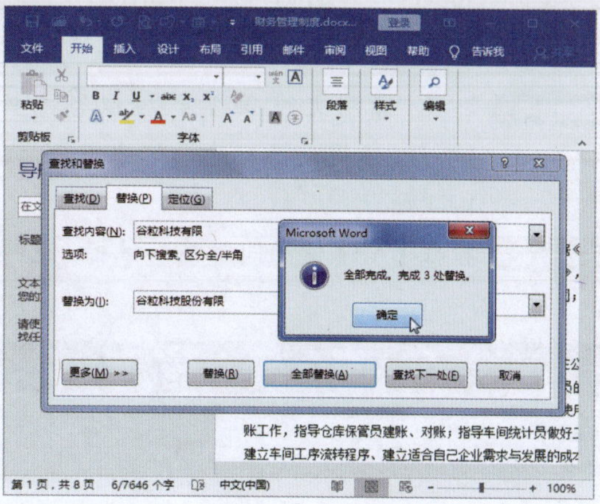

图 1-68　替换完成

实训 4　键入自动替换功能的设置

在文档编辑过程中，若要多次输入某个词语，如专业术语、特殊符号、公司名称等，可以根据需要使用 Word 的自动替换功能，具体操作方法如下所述。

Step 01 打开“Word 选项”对话框，在左侧选择“校对”选项，在右侧单击“自动更正选项”按钮，如图 1-69 所示。

Step 02 弹出“自动更正”对话框，选中“键入时自动替换”复选框，设置“谷粒”替换“谷粒科技股份有限公司”，单击“添加”按钮，然后单击“确定”按钮，如图 1-70 所示。此时，在文档中输入“谷粒”，将自动更正为“谷粒科技股份有限公司”。

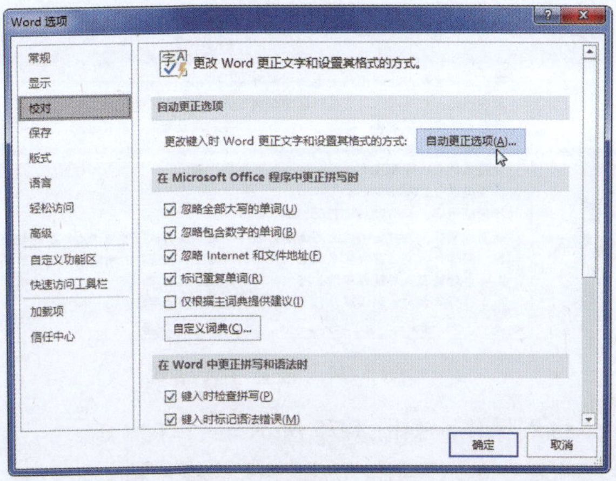

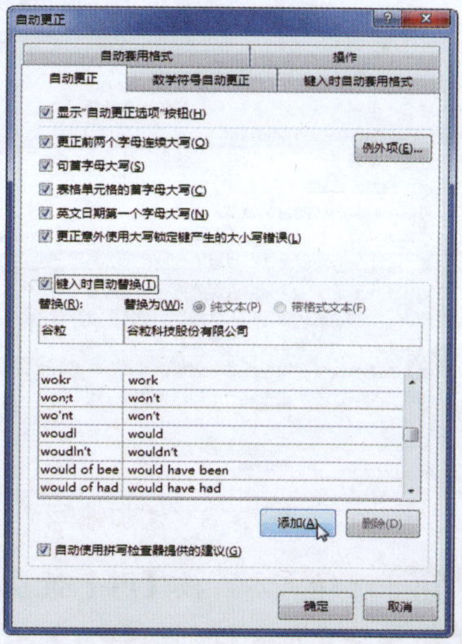

图 1-69　单击“自动更正选项”按钮　　图 1-70　设置键入时自动替换

1.4 综合实训：“授权委托书”内容的编辑

下面将综合运用前面所学的知识，编辑“授权委托书”内容，具体操作方法如下所述。

Step 01 打开“素材文件\第 1 章\授权委托书.docx”，选择文本，然后按住【Ctrl】键，继续拖动鼠标选择其他文本，按【Ctrl+B】组合键加粗文本，如图 1-71 所示。

Step 02 按住【Alt】键的同时拖动鼠标，选择编号文本，然后按【Delete】键将其删除，如图 1-72 所示。

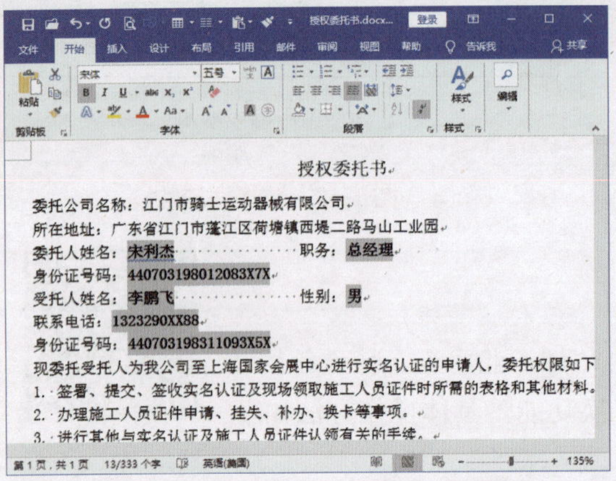

图 1-71　选中不连续的文本并加粗

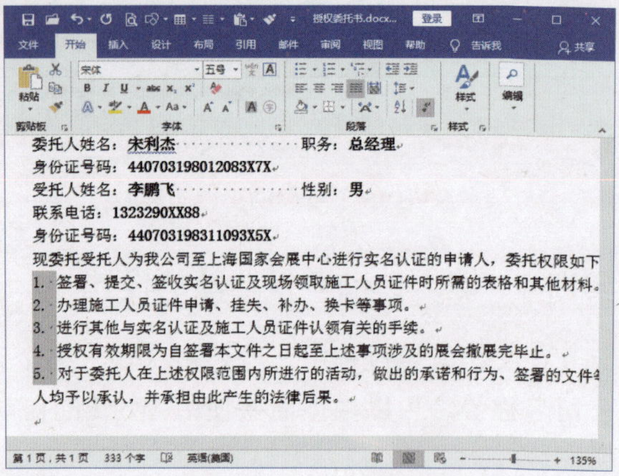

图 1-72　选择文本块

Step 03 选择文本框，在“段落”组中单击“编号”按钮，为所选文本添加编号，如图 1-73 所示。

Step 04 选择文本，在“字体”组中设置字体格式为“楷体_GB2312”，如图 1-74 所示。

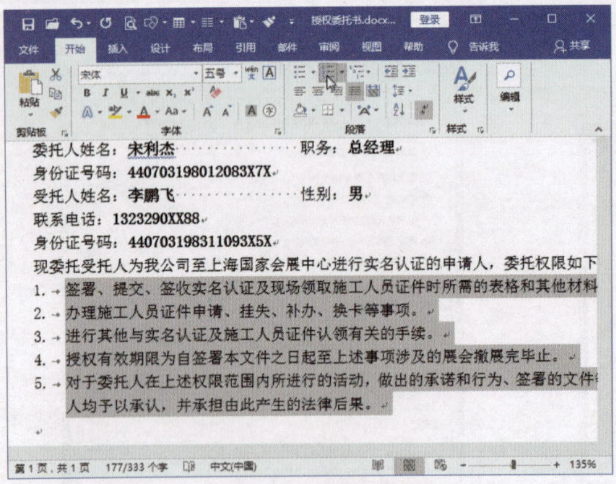

图 1-73　添加编号

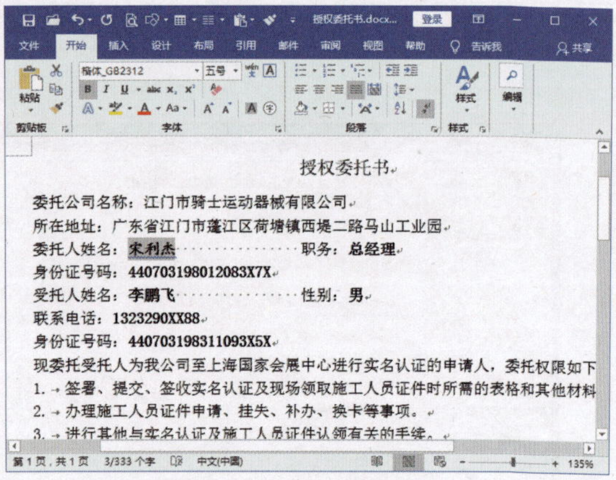

图 1-74　设置字体格式

Step 05 选择文本，按【F4】键重复设置字体格式操作，如图 1-75 所示。

Step 06 将光标定位到加粗的文本中，单击“选择”下拉按钮，选择“选择格式相似的文本”选项，即可选择所有类似的文本，如图 1-76 所示。

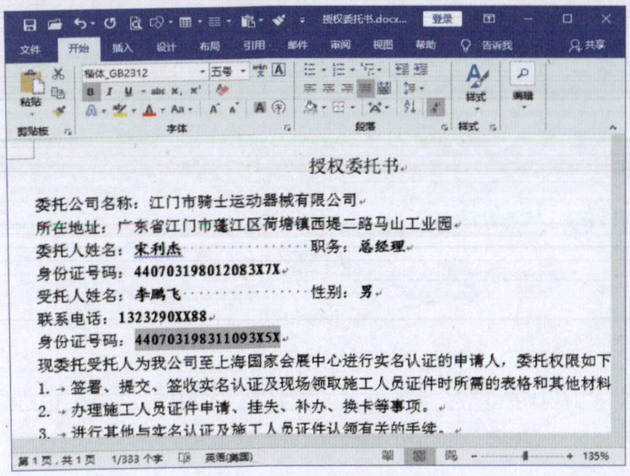

图 1-75　重复操作

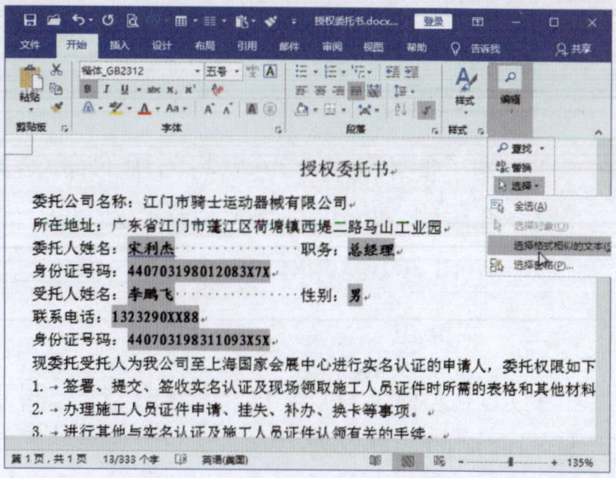

图 1-76　选择格式相似的文本

本 章 小 结

通过对本章的学习，读者应该掌握以下知识。

（1）Word 2016 文档窗口主要由标题栏、快速访问工具栏、功能区、编辑区、标尺、滚动条、状态栏和视图区组成。

（2）为了提高操作效率，可以根据需要自定义功能区和快速访问工具栏。

（3）Word 2016 包含了一些文档模板，使用模板可以快速创建带内容的 Word 文档。创建文档后，在编辑前应先将其保存在电脑中。

（4）在 Word 2016 中快速打开最近使用的文档，使用多种方法关闭文档。

（5）Word 2016 提供了多种文档视图，如页面视图、大纲视图、阅读版式视图、草稿视图与 Web 版式视图等。

（6）在 Word 文档中，通过多种方法选择文本、复制、裁剪及删除文本。

（7）使用查找和替换功能可以快速修改文档内容。

本 章 练 习

一、选择题

1. 关于选择文本，以下哪项说法不正确？（　）

A. 在编辑 Word 文档时，可以通过双击鼠标快速选择词语

B. 在编辑 Word 文档时，可以反选文本

C. 在编辑 Word 文档时，可以选择文本块

D. 在编辑 Word 文档时，可以选择格式相似的文本

2. 以下哪项说法不正确？（　）

A. 按【Ctrl+W】组合键，可以快速关闭文档

B. 按【F12】键，可以快速另存为文档

C. 在编辑文档时，要返回到前几步操作，可以按【Ctrl+Z】组合键撤销操作

D. 只能通过“视图”选项卡切换文档视图

二、填空题

1. 为了便于操作，可以将常用的命令添加到________________。
2. 在编辑 Word 文档时，若要重复上一步操作，可以按________组合键。
3. Word 2016 功能区由________、________、________、________四部分组成。

三、实操题

打开“素材文件\第 1 章\装饰设计合同.docx”，如图 1-77 所示。使用查找和替换功能删除标题前面的“第×条”。

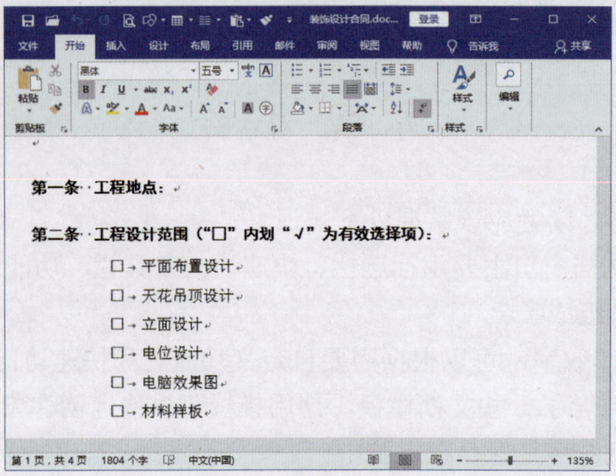

图 1-77 素材文件

操作提示：

（1）在“查找和替换”对话框中展开高级选项，选中“使用通配符”复选框。

（2）在“查找内容”下拉列表框中使用通配符“?”表示任一字符，将查找内容设置为“第?条??”，然后替换为空即可。

第 2 章　Word 文档格式的设置

【本章导读】

本章将学习通过多种方法对 Word 文档中的文本进行字体与段落格式的设置，实现文档格式的快速排版，学习内容包括设置文本格式、设置段落格式、复制与替换格式、添加项目符号和编号、运用样式设置文档格式等。

【本章目标】

- ➢ 掌握设置文本格式和段落格式的方法
- ➢ 掌握复制与替换格式的方法
- ➢ 掌握添加项目符号和编号的方法
- ➢ 掌握使用样式设置文档格式的方法

2.1　文本格式的设置

设置文本格式是格式化文档最基本的操作，下面将介绍如何在 Word 2016 中设置文本的字体格式、设置文本效果、突出显示文本，以及设置首字下沉等。

实训 1　文本字体格式的设置

设置文本字体格式，主要包括设置文本的字体格式、字形、字号和颜色等。在 Word 2016 中，文本格式可以通过“字体”组、浮动工具栏和“字体”对话框三种方式进行设置。

1. 通过“字体”组设置文本格式

选择标题文本，在“开始”选项卡下“字体”组中设置字体为“黑体”，字号为“小二”，如图 2-1 所示。

2. 通过浮动工具栏设置文本格式

选择小标题文本，松开鼠标后将自动显示浮动工具栏，从中设置字体为“黑体”，字号为“小四”，如图 2-2 所示。

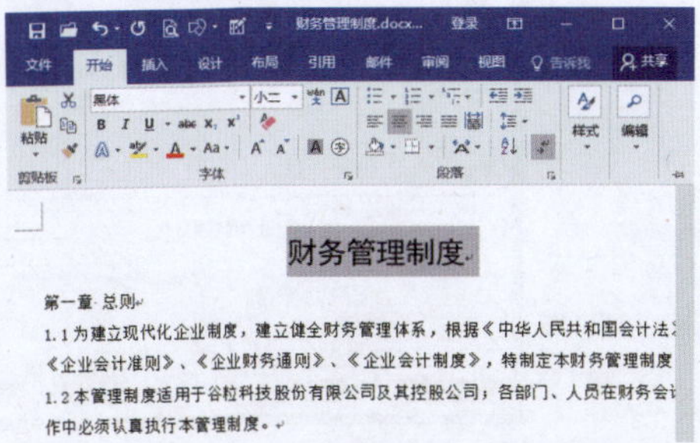

图 2-1　在“字体”组中设置文本格式

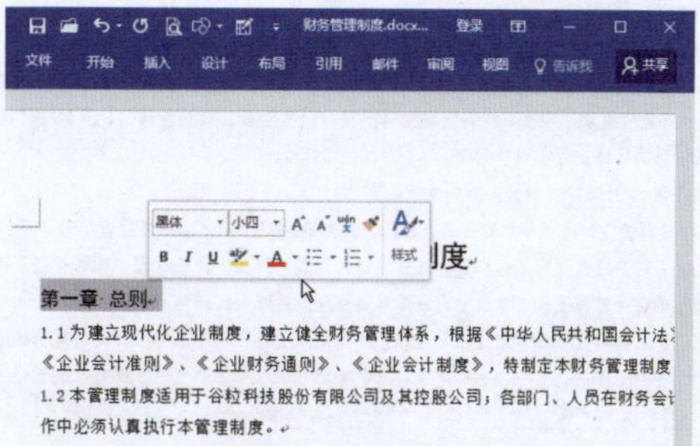

图 2-2　在浮动工具栏中设置文本格式

3．通过“字体”对话框设置文本格式

若要对文本字体格式进行更加详细的设置，需要在“字体”对话框中进行设置，具体操作方法如下所述。

Step 01 选择标题文本，在“字体”组中单击右下角的扩展按钮，如图 2-3 所示。

Step 02 弹出“字体”对话框，选择“高级”选项卡，在“字符间距”选项区中设置加宽字符间距 1 磅，然后单击“确定”按钮，如图 2-4 所示。

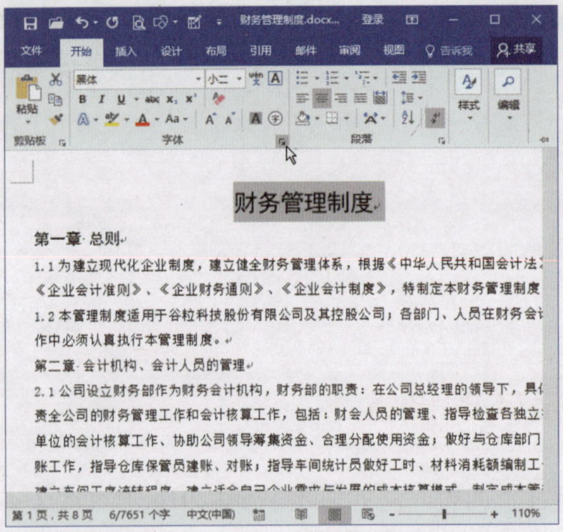

图 2-3　单击“字体”扩展按钮

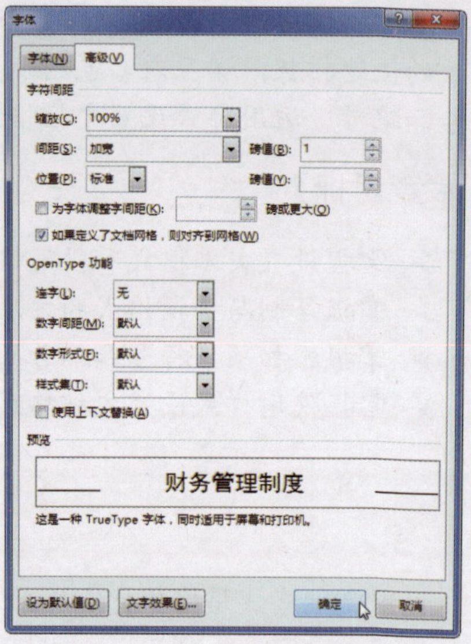

图 2-4　设置字符间距

Step 03 查看加宽字符间距后的文本效果，如图 2-5 所示。

Step 04 按【Ctrl+A】组合键全选文本，按【Ctrl+D】组合键打开“字体”对话框，选择“字体”选项卡，设置“西文字体”为 Times New Roman，然后单击“确定”按钮，如图 2-6 所示。

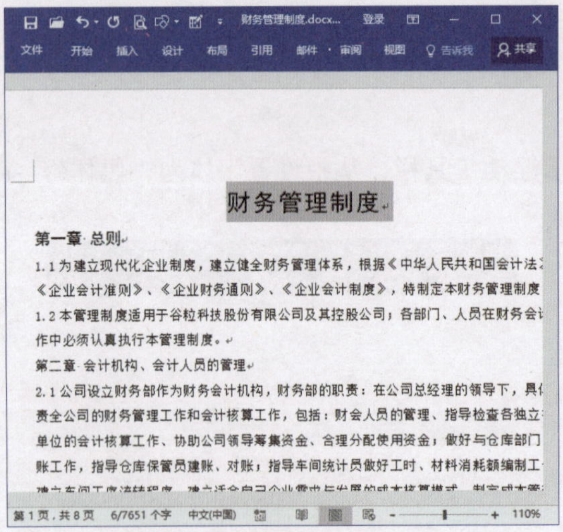

图 2-5　查看字符间距效果

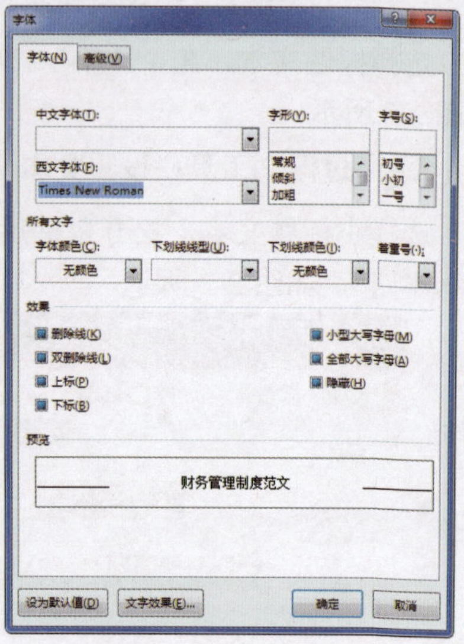

图 2-6　设置西文字体格式

实训 2　文本效果的设置

在 Word 2016 中可以为文本添加边框、阴影、映像或发光效果，还可通过更改填充或轮廓来更改文本的外观，具体操作方法如下所述。

Step 01 选择标题文本，在“字体”组中单击“文本效果和版式”下拉按钮，选择“发光”|“发光选项”选项，如图 2-7 所示。

Step 02 打开“设置文本效果格式”窗格，设置“发光”效果的颜色、大小、透明度等参数，如图 2-8 所示。

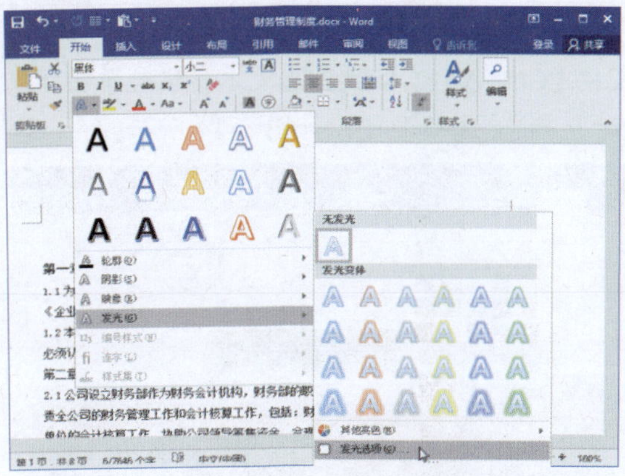

图 2-7　选择发光选项

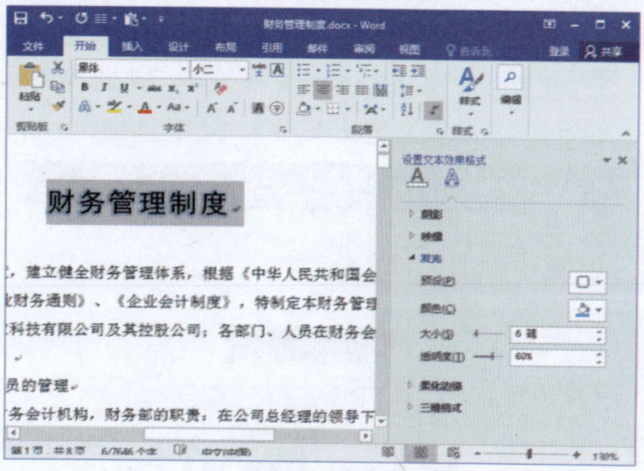

图 2-8　设置发光选项

Step 03 选择“文本填充与轮廓”选项卡，选中“渐变填充”单选按钮，设置渐变参数，如图 2-9 所示。

Step 04 在“文本边框”选项下选中“实线”单选按钮，设置线条颜色及宽度，然后按【Ctrl+B】组合键加粗文本，如图 2-10 所示。

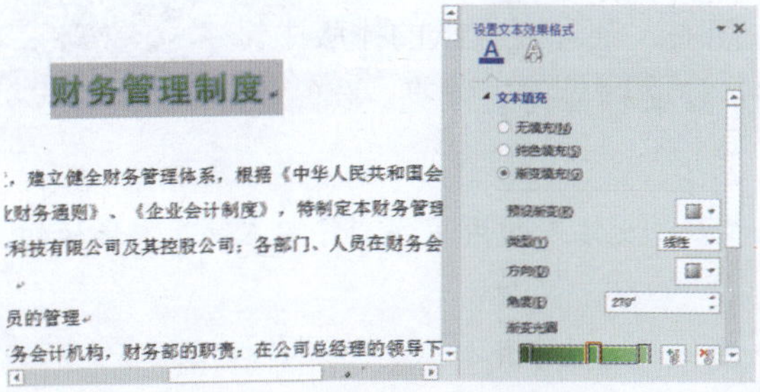

图 2-9　设置文本渐变填充

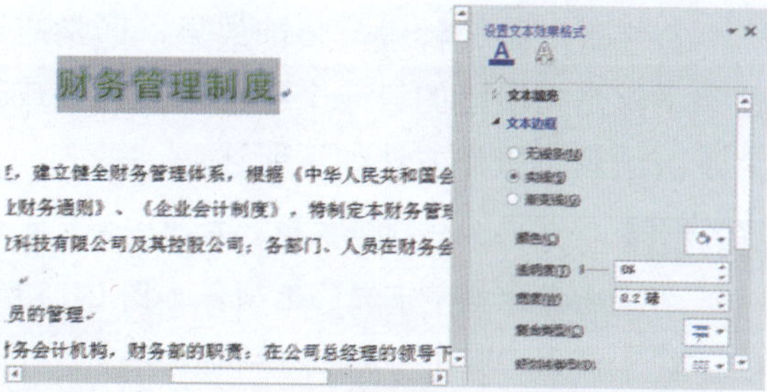

图 2-10　设置文本轮廓

实训 3　显示文本的突出

对于文档中一些需要用户重点关注的文字，可以使用不同的亮色进行突出显示，具体操作方法如下所述。

Step 01 在“字体”组中单击“以不同颜色突出显示文本”下拉按钮，选择所需的颜色，如图 2-11 所示。

Step 02 鼠标指针变为样式，拖动鼠标选择要突出显示的文本，即可将其突出显示，如图 2-12 所示。

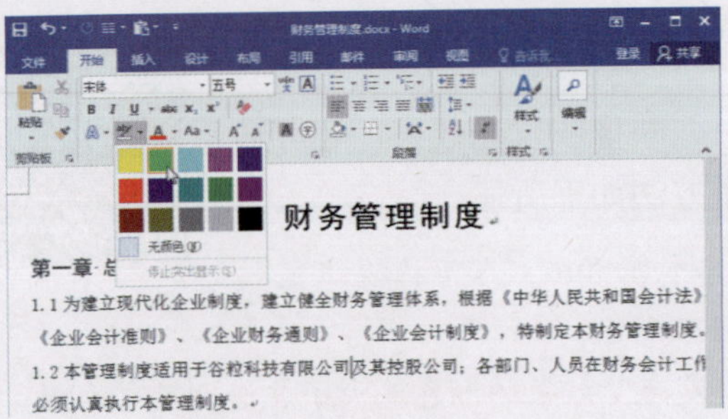

图 2-11　选择突出显示颜色

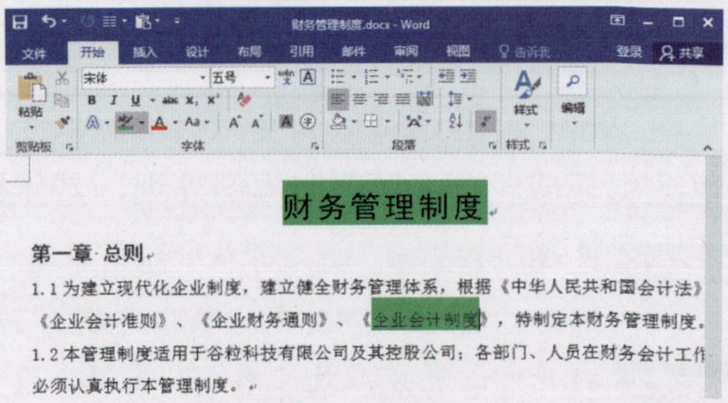

图 2-12　突出显示文本

Step 03 使用不同的亮色突出显示其他文本，按【Esc】键可退出突出显示模式，如图 2-13 所示。

Step 04 若要取消文本的突出显示，可选择文本，或按【Ctrl+A】组合键全选文本，然后单击“以不同颜色突出显示文本”下拉按钮，选择“无颜色”选项即可，如图 2-14 所示。

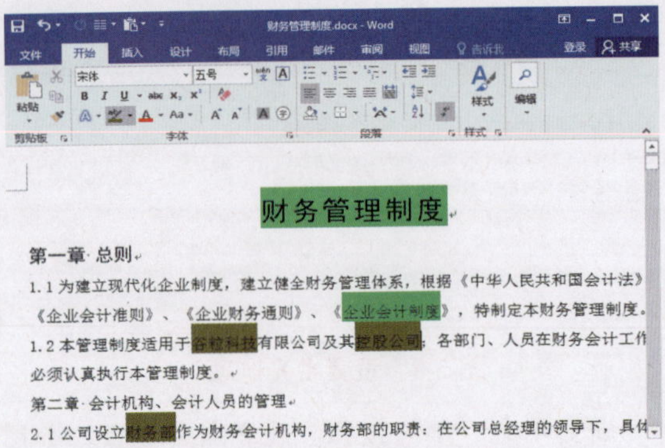

图 2-13　使用不同颜色突显文本

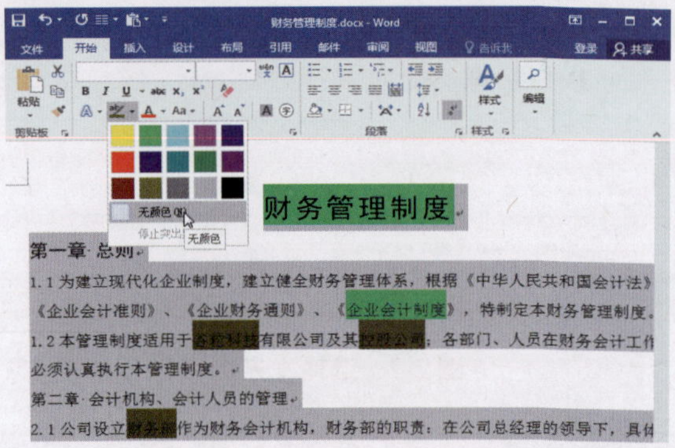

图 2-14　取消突出显示文本

实训 4　首字下沉的设置

首字下沉是一种段落装饰效果，通常应用在图书、杂志或报纸的排版中。首字下沉是指段落的第一个字符下沉几行或悬挂，使文档显得更漂亮。设置首字下沉的具体操作方法如下所述。

Step 01 将光标定位到段落中，在“插入”选项卡下的“文本”组中单击“首字下沉”下拉按钮，选择“首字下沉”选项，如图 2-15 所示。

Step 02 弹出“首字下沉”对话框，单击“下沉”图标，设置字体样式、下沉行数及距正文的距离，然后单击“确定”按钮，如图 2-16 所示。

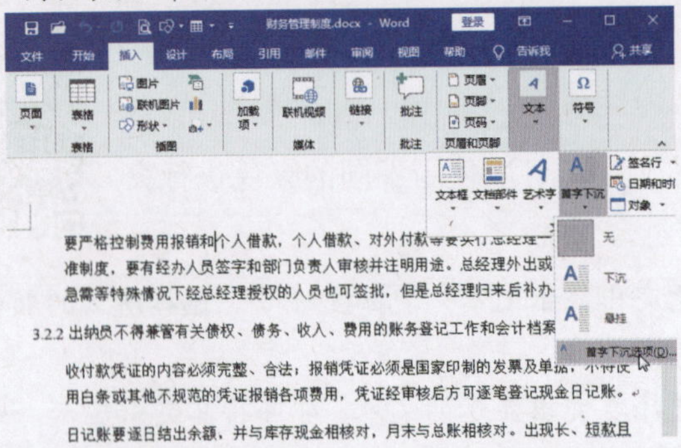

图 2-15　选择“首字下沉选项”

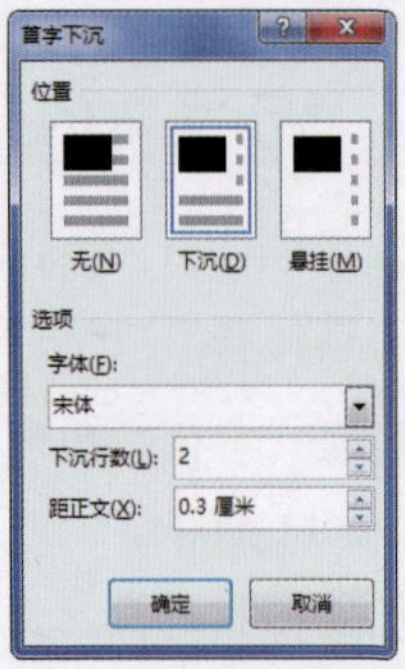

图 2-16　设置首字下沉

Step 03 查看首字下沉效果，如图 2-17 所示。

Step 04 用户可根据需要拖动下沉文本框调整其位置，或输入多个下沉文字，如图 2-18 所示。

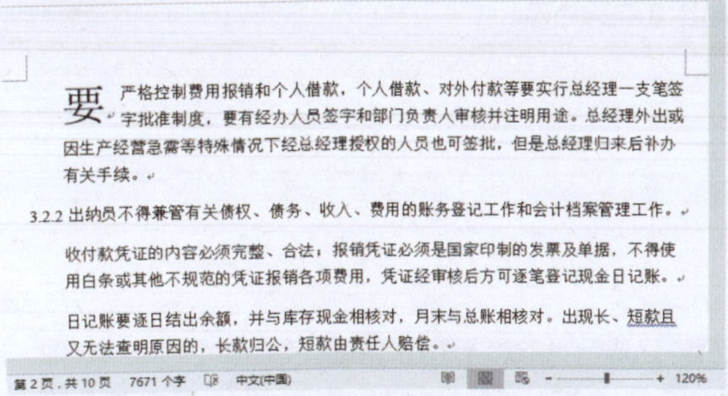

图 2-17　查看首字下沉效果

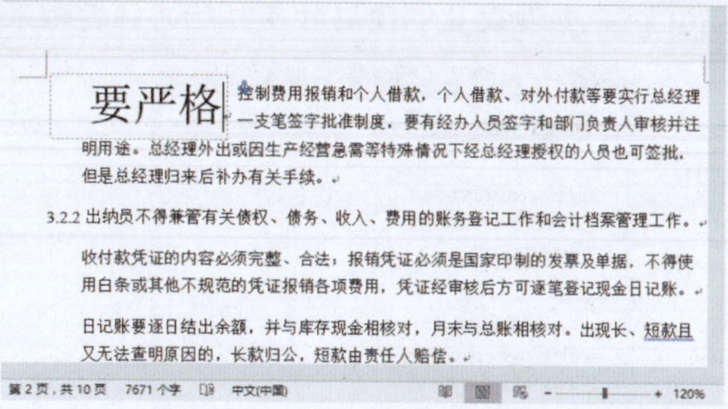

图 2-18　调整首字下沉

2.2　段落格式的设置

有针对性地设置段落的格式，可以使文档条理清晰，让版面更加美观。下面将介绍如何在 Word 2016 中设置段落格式。

实训 1　文本对齐的设置

段落对齐方式是指段落中的文本在水平方向上以何种方式对齐。段落文本的对齐方式包括居中、左对齐、右对齐、两端对齐和分散对齐等。

1. 段落与文本对齐方式的设置

设置段落对齐方式的具体操作方法如下所述。

Step 01 将光标定位到小标题段落中，在“段落”组单击“居中”按钮或按【Ctrl+E】组合键，即可将段落的对齐方式设置为居中对齐，如图 2-19 所示。

Step 02 在“标题”文本后面输入“范文”并调小字号，单击“段落”组右下角的扩展按钮，如图 2-20 所示。

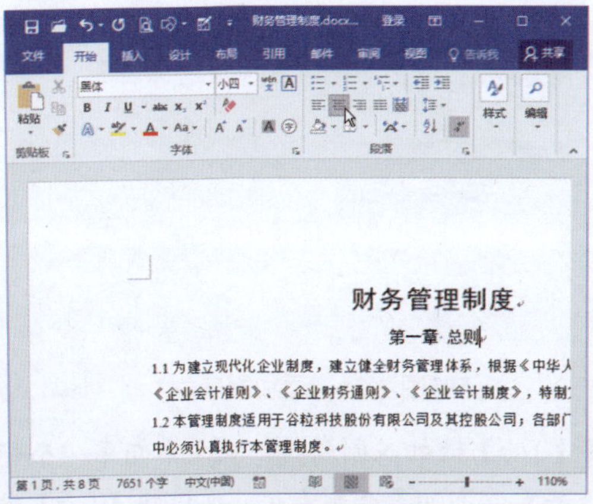

图 2-19　设置段落居中对齐

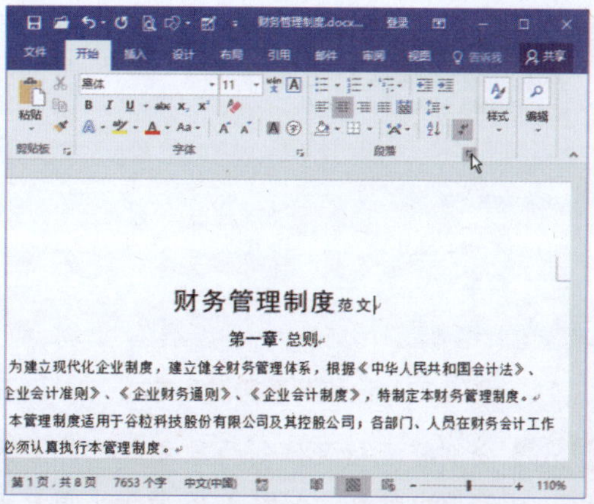

图 2-20　单击“段落”扩展按钮

Step 03 弹出“段落”对话框，选择“中文版式”选项卡，在“文本对齐方式”下拉列表中选择“顶端对齐”选项，然后单击“确定”按钮，如图 2-21 所示。

Step 04 查看设置“顶端对齐”后的标题效果，如图 2-22 所示。

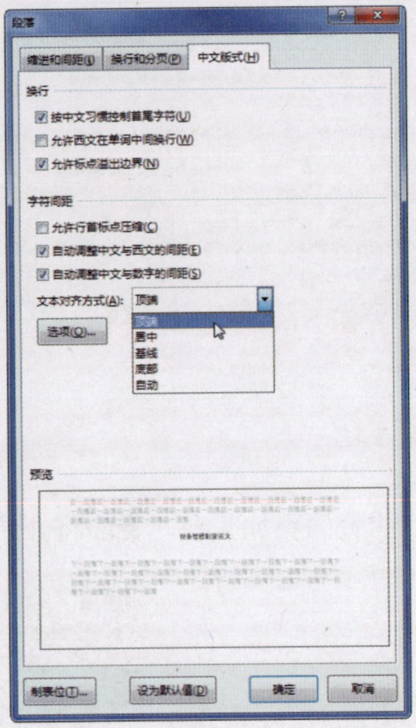

图 2-21 设置文本对齐方式

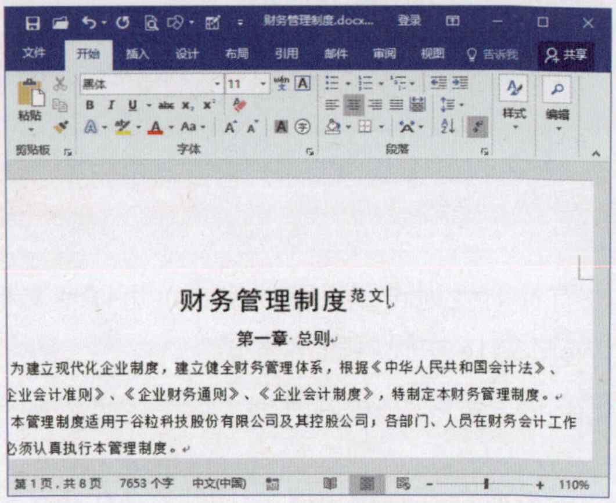

图 2-22 文本顶端对齐效果

2. 制表位对齐文本的使用

通过制表位功能可以设置文本在制表位位置进行左对齐、右对齐、居中对齐等，具体操作方法如下所述。

Step 01 单击标尺左侧的“左对齐式制表符”按钮 ∟，直到其变为“居中式制表符” ⊥，如图 2-23 所示。

Step 02 选择文本，在标尺上单击添加制表位，如图 2-24 所示。

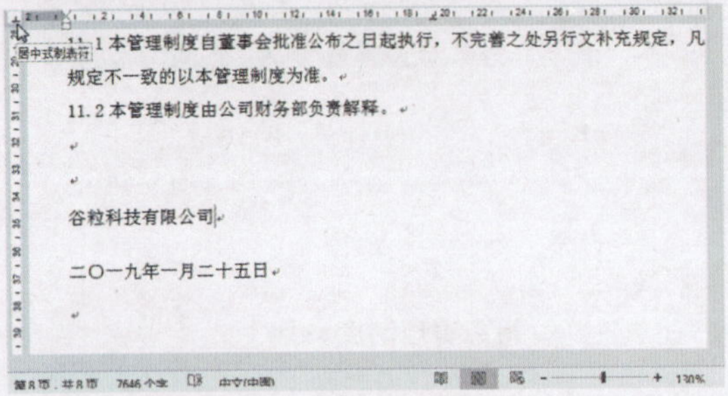

图 2-23 设置制表符对齐方式

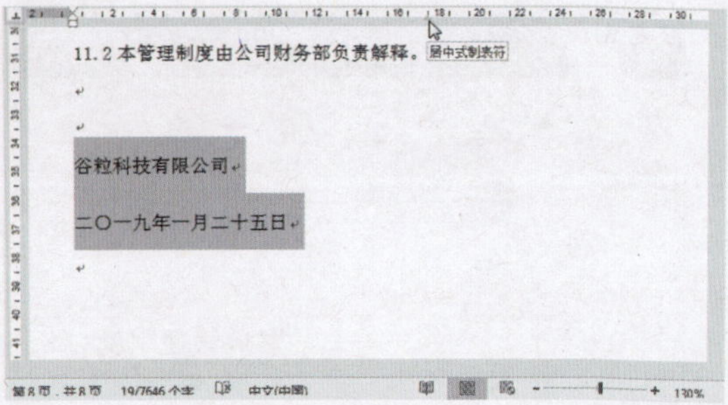

图 2-24 添加制表位

Step 03 分别将光标定位到两段文本之前，然后按【Tab】键插入制表符，使文本与第一个制表位居中对齐，如图 2-25 所示。用户可以根据需要添加多个制表位，通过按【Tab】键将多处文本依次进行对齐。

Step 04 选择文本，在标尺上拖动制表位，可以调整应用了该制表位的段落位置，如图 2-26 所示。在拖动制表位时向下拖动，可以清除制表位。

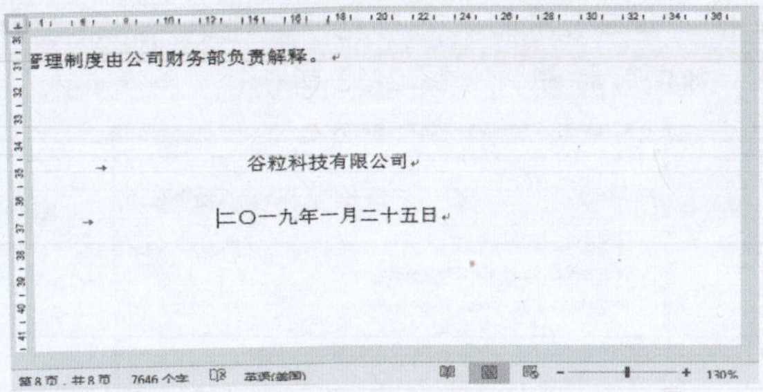

图 2-25　插入制表符

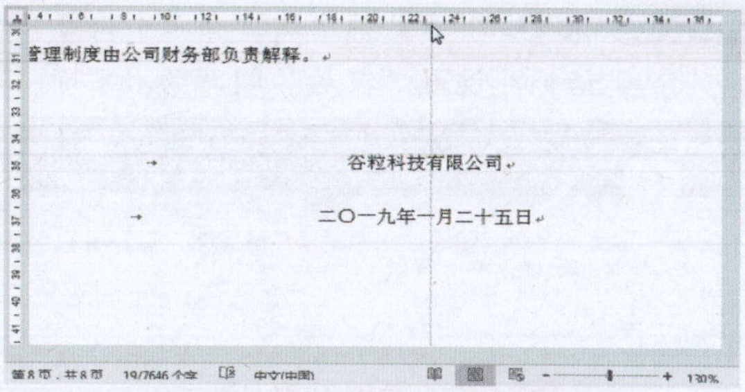

图 2-26　移动制表符位置

Step 05 打开“段落”对话框，单击“制表位”按钮，如图 2-27 所示。

Step 06 弹出“制表位”对话框，单击“清除”按钮，即可清除当前选择的制表位，如图 2-28 所示。

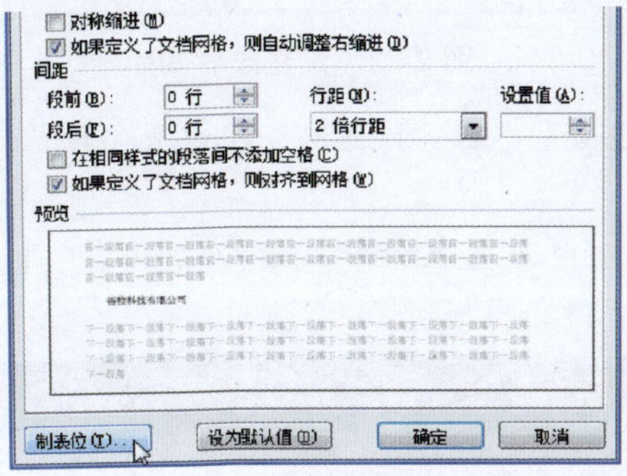

图 2-27　单击“制表位”按钮

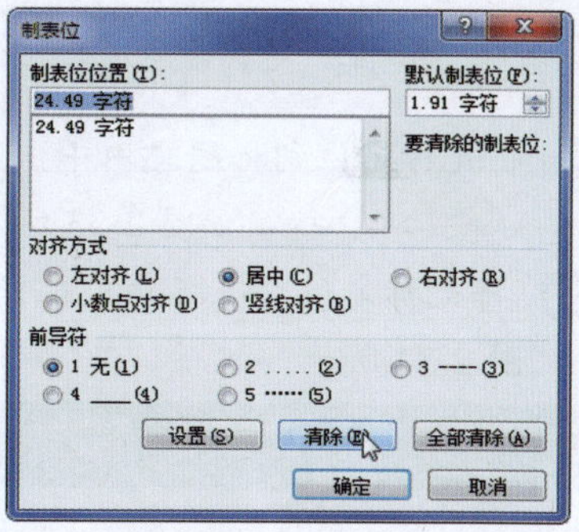

图 2-28　清除制表位

Step 07 设置制表位位置，然后单击“设置”按钮，新建制表位位置。选中“右对齐”单选按钮，选择需要的前导符，然后单击“确定”按钮，如图 2-29 所示。

Step 08 查看设置的文字的制表位效果，如图 2-30 所示。

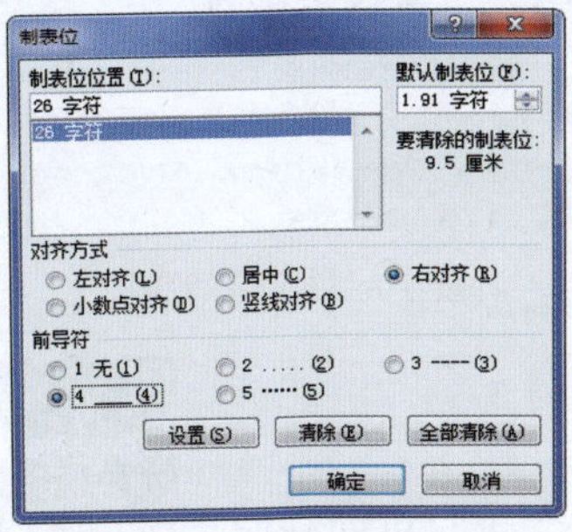

图 2-29　设置制表位

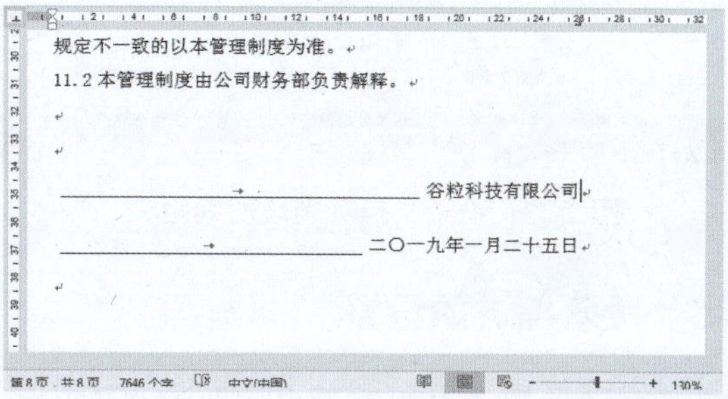

图 2-30　设置制表位效果

实训 2　设置段落间距和行距

段落间距是指相邻两个段落之间的距离，行距是指行与行之间的间距。下面将介绍如何设置 Word 文档的段落间距和行距，具体操作方法如下所述。

Step 01 按【Ctrl+A】组合键全选文本，在“段落”组中单击“行和段落间距”下拉按钮，选择 1.15 选项，如图 2-31 所示。

Step 02 按【Ctrl+A】组合键全选文本，单击“段落”组右下角的扩展按钮，弹出“段落”对话框，设置“段后”间距为 0.5 行，单击“确定”按钮，如图 2-32 所示。

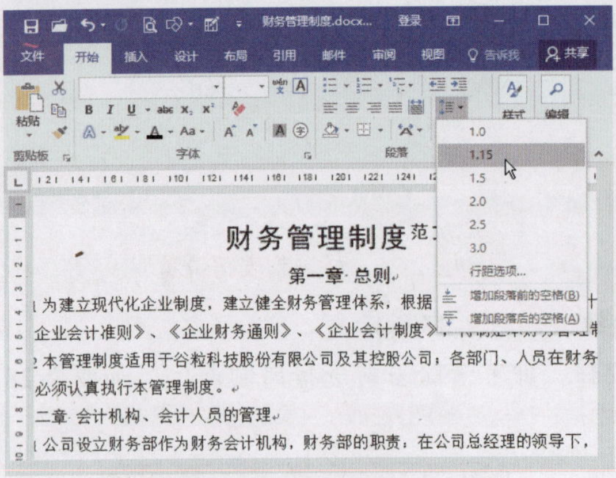

图 2-31 选择行距

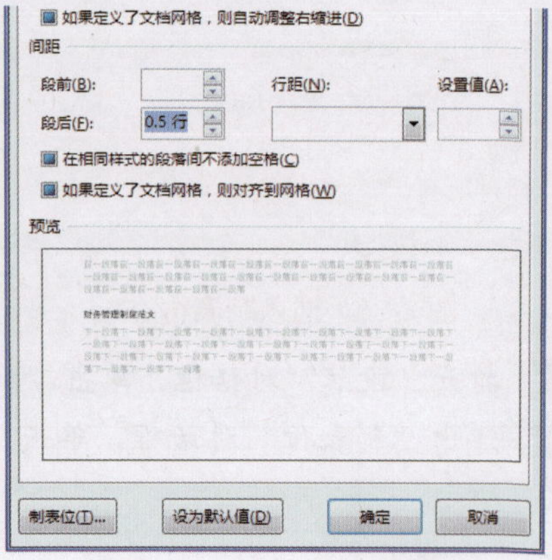

图 2-32 设置段后间距

Step 03 将光标定位到标题文本中，选择“布局”选项卡，在“段落”组中设置“段前”1 行，“段后”2 行，如图 2-33 所示。

Step 04 将光标定位到小标题文本中，在“段落”组中设置“段前”1 行，“段后”1 行，如图 2-34 所示。

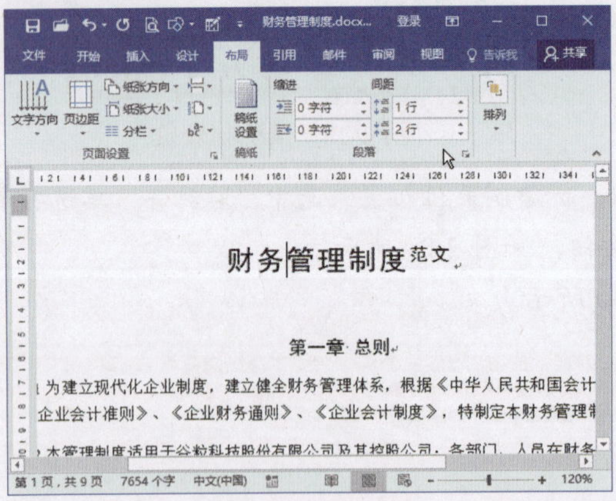

图 2-33 设置文档标题段落间距

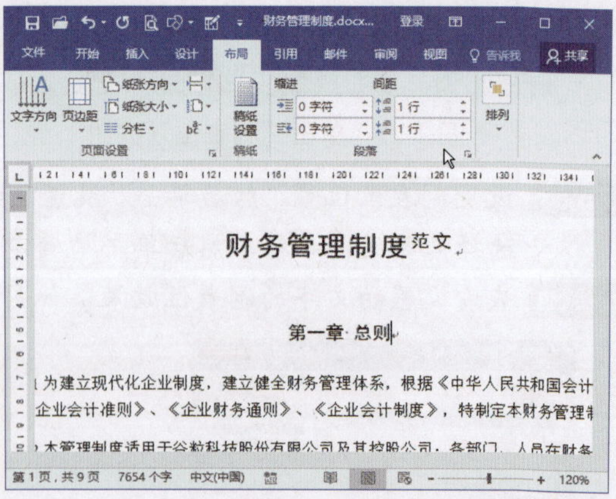

图 2-34 设置小标题段落间距

实训 3 段落缩进的设置

段落缩进是指文本相对于页边距向页面内缩进一段距离，或向页面外伸展一段距离。段落缩进包括首行缩进、悬挂缩进、左缩进和右缩进几种方式。设置段落缩进的方法有多种，下面将分别对其进行详细介绍。

1. 常规设置

常规设置即通过“段落”组或“段落”对话框设置段落的各种缩进方式，具体操作方法如下所述。

Step 01 将光标定位到第 1 段内容中，打开“段落”对话框，在“特殊”下拉列表中选择“首行”选项，然后单击“确定”按钮，如图 2-35 所示。

Step 02 查看设置首行缩进后的段落效果，如图 2-36 所示。

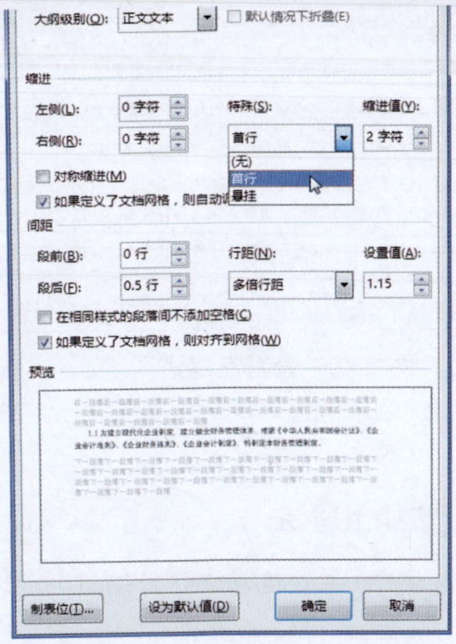

图 2-35　设置首行缩进

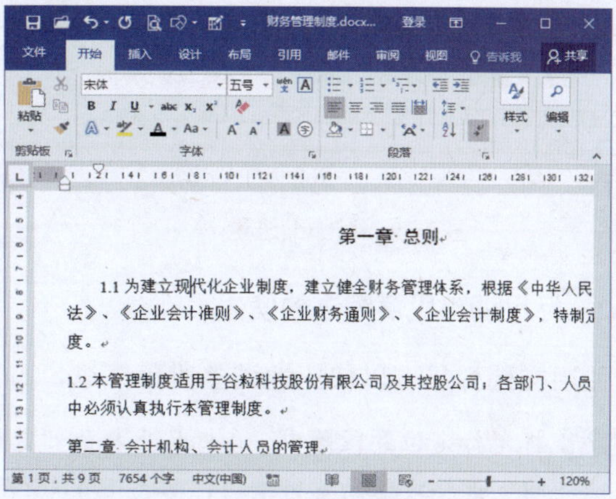

图 2-36　首行缩进效果

Step 03 打开“段落”对话框，在“特殊”下拉列表中选择“悬挂”选项，设置“缩进量”为 1.5 字符，然后单击“确定”按钮，如图 2-37 所示。设置缩进值时，一个汉字占一个字符，英文和数字占半个字符。

Step 04 查看设置段落悬挂缩进后的效果，如图 2-38 所示。

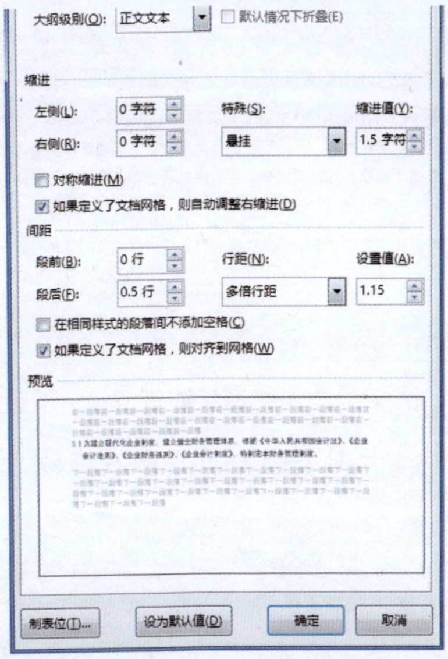

图 2-37　设置悬挂缩进

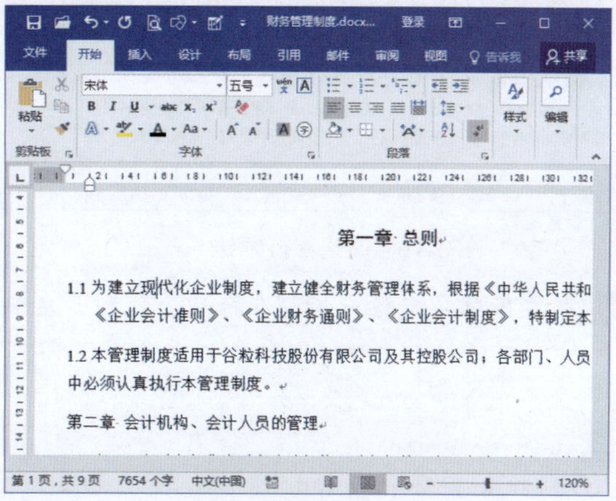

图 2-38　悬挂缩进效果

Step 05 将光标定位到段落中，在“段落”组中连续两次单击“增加缩进量”按钮，即可将光标所在的段落“左缩进”2 字符，如图 2-39 所示。

Step 06 选择“布局”选项卡，在“段落”组中设置“左缩进”为 1.5 字符，如图 2-40 所示。

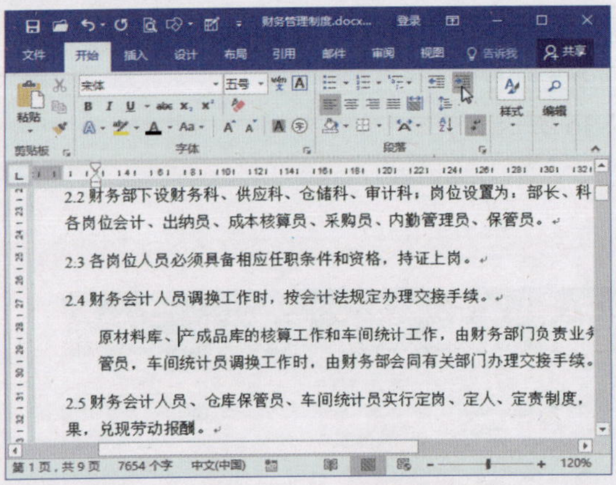

图 2-39　增加缩进量

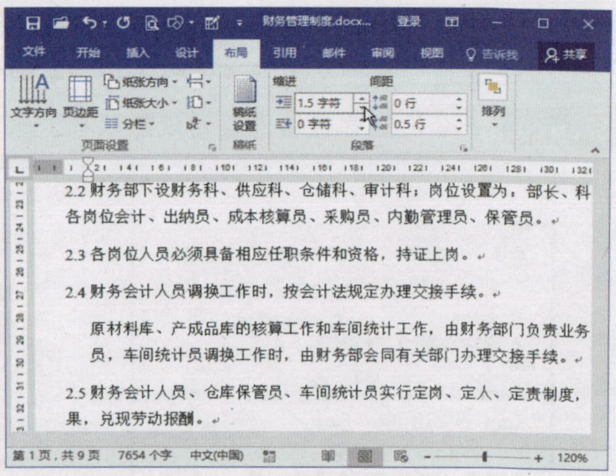

图 2-40　设置左缩进

2．标尺调整段落缩进的使用

使用文档标尺可以快捷地调整段落缩进，具体操作方法如下所述。

Step 01 将光标定位到段落中，在标尺上找到“首行缩进”滑块▽，向右拖动“首行缩进”滑块▽，即可调整段落的首行缩进，如图 2-41 所示。

Step 02 按【Ctrl+Z】组合键撤销操作，在标尺上找到“悬挂缩进”滑块△，向右拖动“悬挂缩进”滑块△，即可调整段落悬挂缩进，如图 2-42 所示。

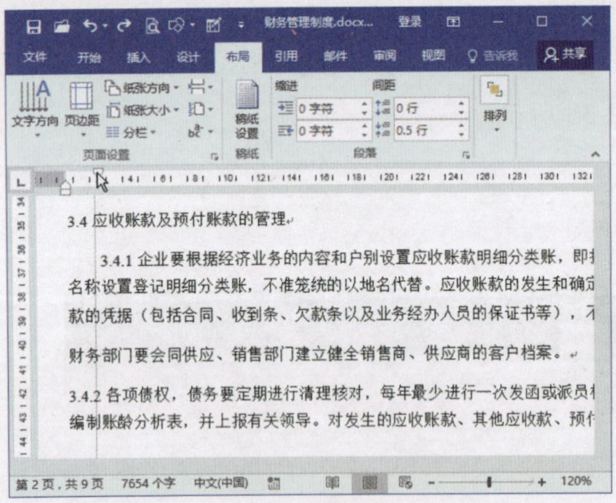

图 2-41　调整首行缩进

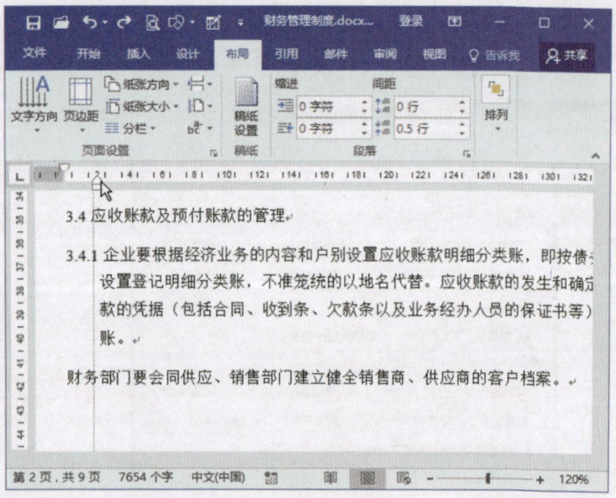

图 2-42　调整悬挂缩进

Step 03 在段落中定位光标，在标尺上找到“左缩进”滑块▭，如图 2-43 所示。向右拖动“左缩进”滑块△，即可调整段落左缩进，如图 2-44 所示。

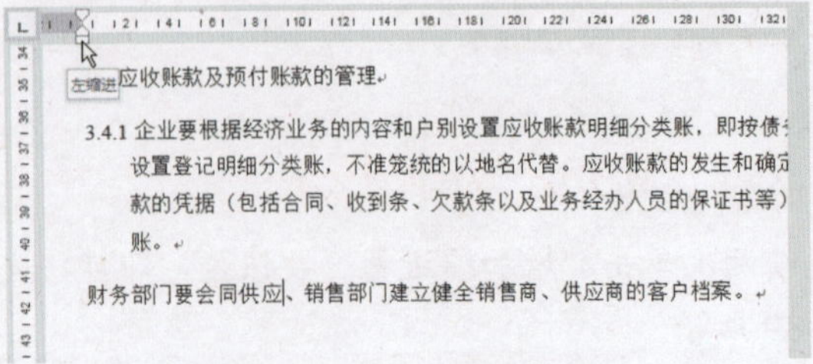

图 2-43　定位光标

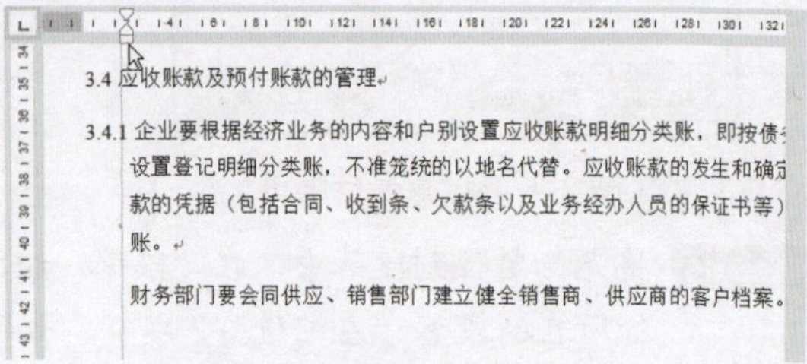

图 2-44　调整段落左缩进

2.3　格式的复制与替换

使用格式刷工具可以将文本和段落格式快速应用到其他文本，使用 Word 2016 中的“替换”功能可以快速修改文档中指定的格式。

实训 1　格式刷复制文本与段落格式的使用

使用格式刷工具可以将文本或段落格式、图形格式进行复制和应用，从而省去重复设置格式的烦琐操作。使用格式刷复制文本和段落格式的具体操作方法如下所述。

Step 01 将光标定位到要复制格式的段落中，在“剪贴板”组中单击“格式刷”按钮，如图 2-45 所示。若要复制文本格式，则应选择文本，而不是定位光标。

Step 02 鼠标指针变为形状时，在要应用新格式的段落上拖动鼠标，如图 2-46 所示。

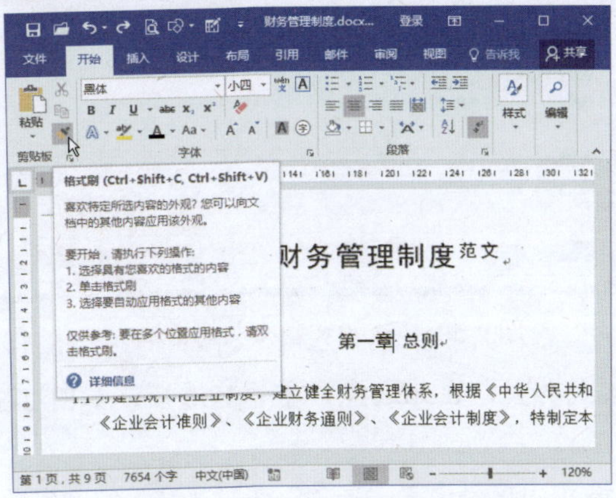

图 2-45　单击“格式刷”按钮

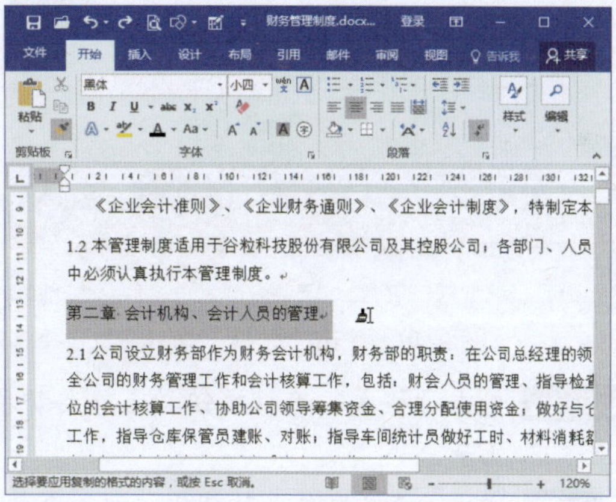

图 2-46　选择段落文本

Step 03 松开鼠标后，即可应用段落格式，如图 2-47 所示。

Step 04 在内容文本的第 1 段中定位光标，在“剪贴板”组中双击“格式刷”按钮，进入格式刷模式，此时可以连续应用第 1 段中的悬挂缩进格式。再次单击“格式刷”按钮或按【Esc】键，即可退出格式刷模式，如图 2-48 所示。

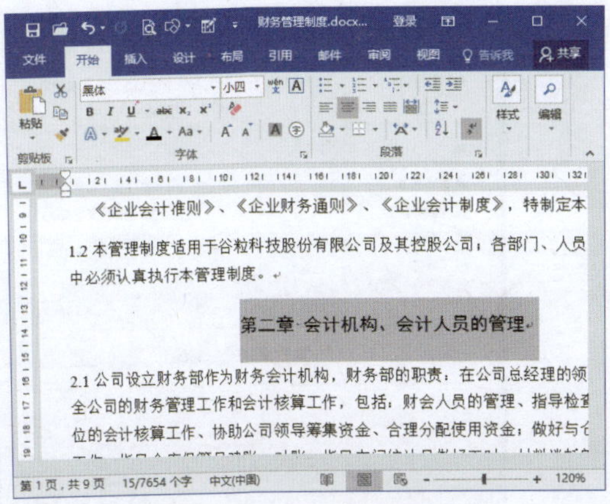

图 2-47　应用段落格式

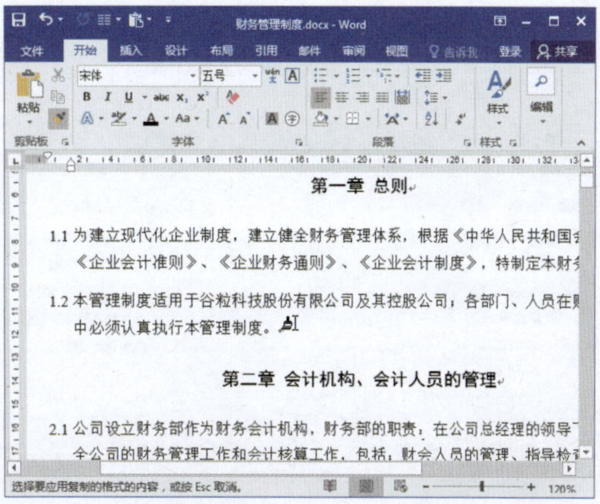

图 2-48　进入格式刷模式

实训 2　文本格式的替换

通过“查找和替换”功能可以替换文档中指定的文本格式，从而避免了烦琐的设置操作，具体操作方法如下所述。

Step 01 选择除标题文本以外的所有文本，在“开始”选项卡下的“编辑”组中单击“替换”按钮，如图 2-49 所示。

Step 02 弹出“查找和替换”对话框，将光标定位到“查找内容”文本框中，单击“更多”按钮，如图 2-50 所示。

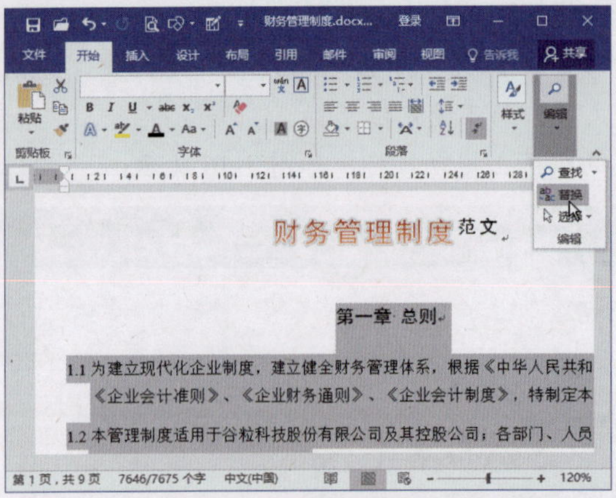

图 2-49　单击“替换”按钮

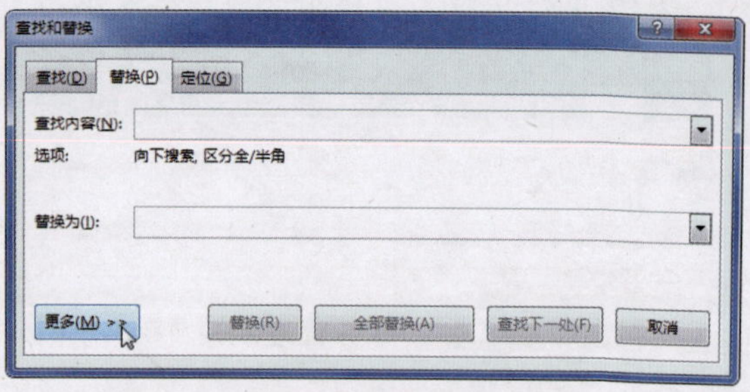

图 2-50　“查找和替换”对话框

Step 03 单击“格式”下拉按钮，选择要替换的格式类型，在此选择“字体”选项，如图 2-51 所示。

Step 04 弹出“查找字体”对话框，设置查找字体格式，在此设置“字体”为“黑体”，“字号”为“小四”，即小标题文本的字体格式，然后单击“确定”按钮，如图 2-52 所示。

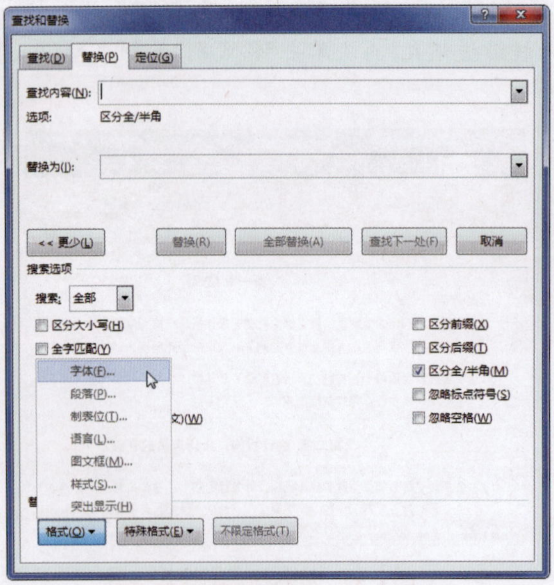

图 2-51　选择“字体”选项

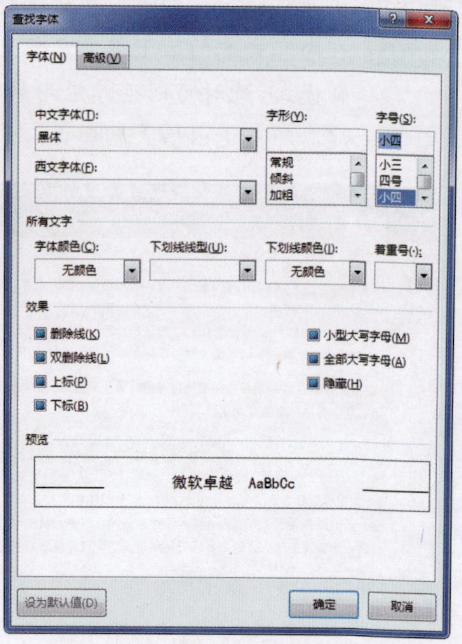

图 2-52　设置查找字体格式

Step 05 在“查找内容”文本框下方将显示文本格式。将光标定位到“替换为”文本框中，单击“格式”下拉按钮，选择“字体”选项，如图 2-53 所示。

Step 06 弹出“替换字体”对话框，设置需要的字体格式，然后单击“确定”按钮，如图 2-54 所示。

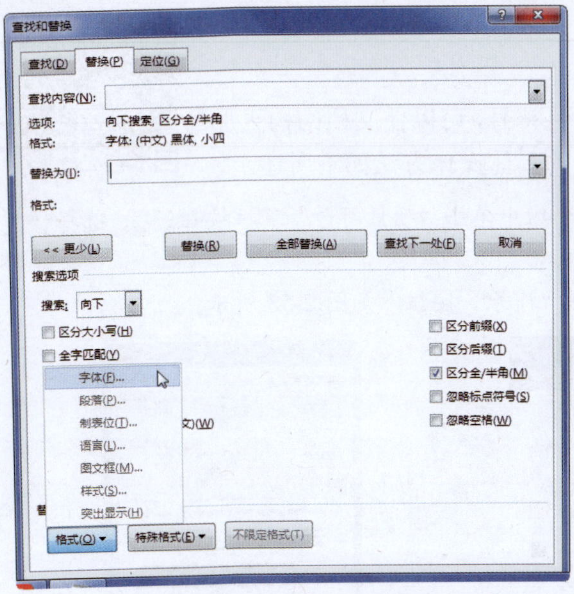

图 2-53　选择“字体”选项

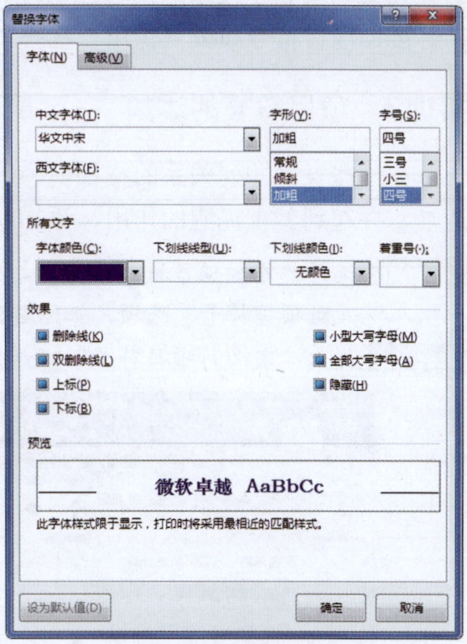

图 2-54　设置替换字体格式

Step 07 返回“查找和替换”对话框，单击“全部替换”按钮，弹出提示信息框，提示替换完成，单击“否”按钮，如图 2-55 所示。

Step 08 若要继续替换其他格式，需要先清除当前的格式。将光标定位到“替换为”文本框中，单击“不限定格式”按钮，如图 2-56 所示。

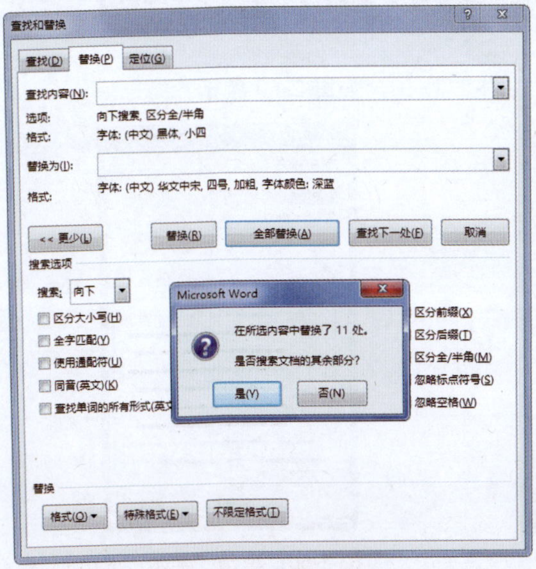

图 2-55　替换完成

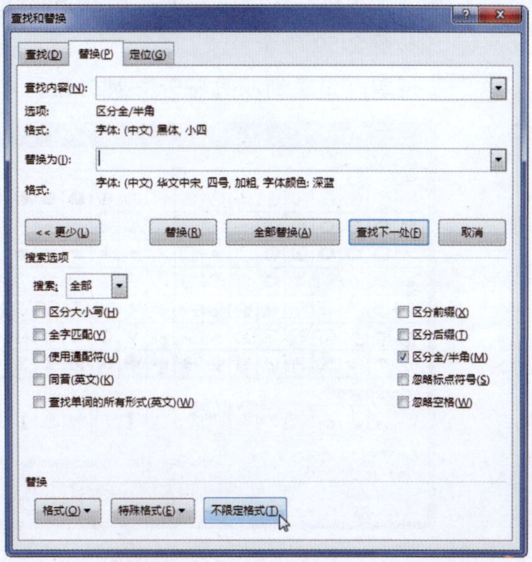

图 2-56　设置不限定格式

2.4 项目符号和编号的添加

在 Word 文档中有时需要用到项目符号和编号，它们可以更加明确地表达文档内容之间的并列关系或顺序关系，使这些项目的层次结构更加清晰，更有条理。Word 2016 提供了多种标准的项目符号和编号供用户选择，用户还可以根据需要自定义新的项目符号和编号。

实训 1 项目符号的添加

在一些表示并列关系的文档内容中添加项目符号，可以使文档结构更加清晰，并起到着重提醒的作用。添加项目符号的具体操作方法如下所述。

Step 01 选择要添加项目符号的文本，在“段落”组中单击“项目符号”下拉按钮 ☰ ▾，选择“定义新项目符号”选项，如图 2-57 所示。

Step 02 弹出“定义新项目符号”对话框，单击“符号”按钮，如图 2-58 所示。

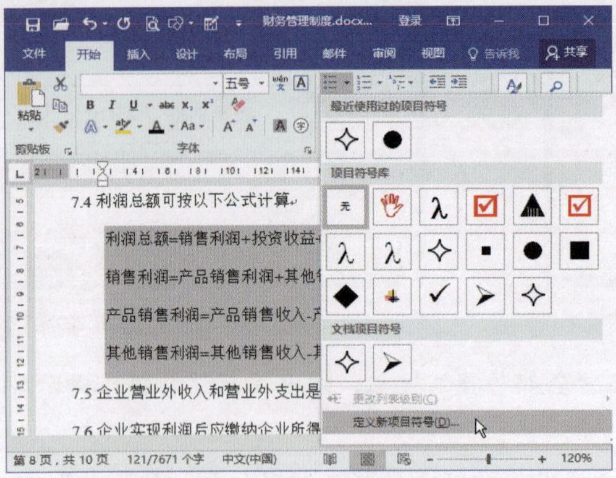

图 2-57 选择“定义新项目符号”选项

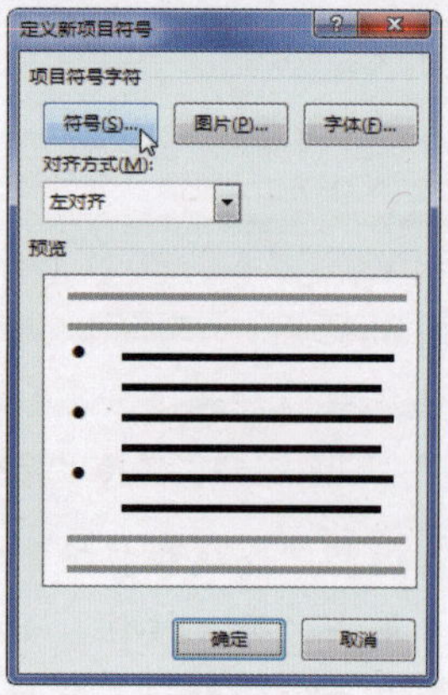

图 2-58 单击“符号”按钮

Step 03 在“字体”下拉列表中选择 Wingdings 字体，选择需要的特殊符号，单击“确定”按钮，如图 2-59 所示。

Step 04 返回“定义新项目符号”对话框，单击“字体”按钮，如图 2-60 所示。

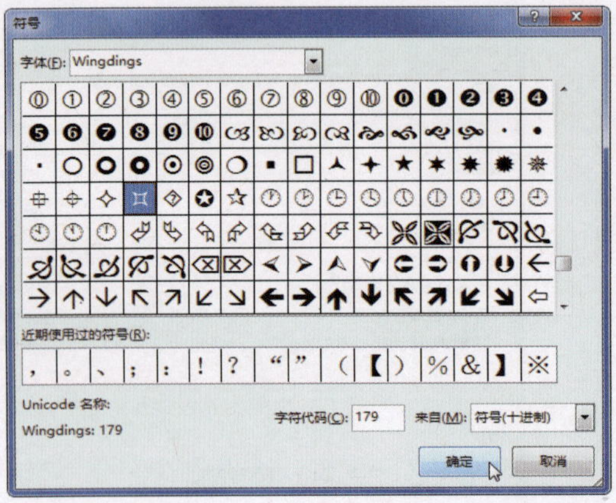

图 2-59 选择特殊符号

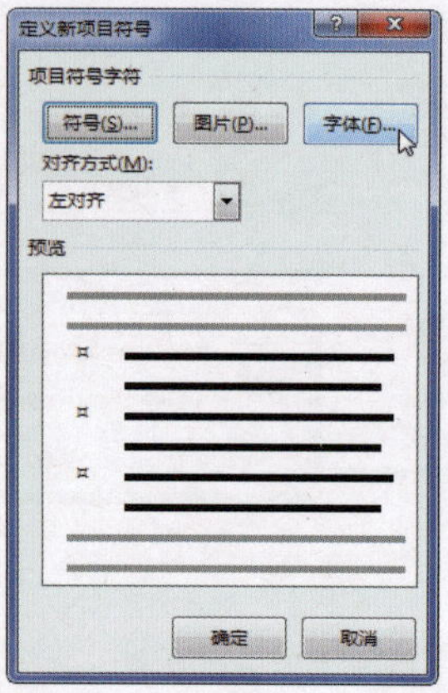

图 2-60 单击“字体”按钮

Step 05 弹出“字体”对话框，设置字体颜色和字形，单击“确定”按钮，如图 2-61 所示。

Step 06 文本添加自定义项目符号后的文本效果，如图 2-62 所示。

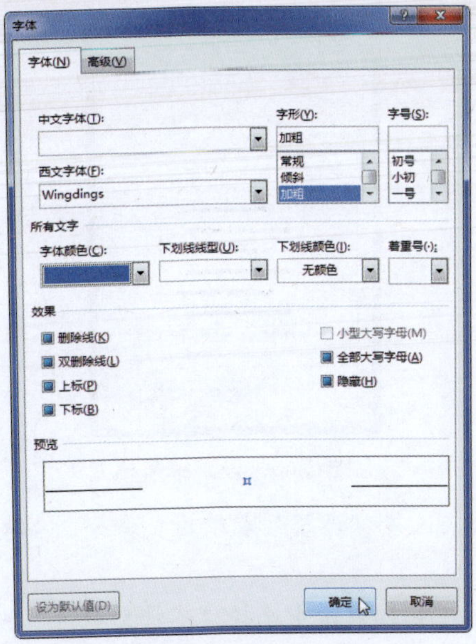

图 2-61　设置项目符号字体格式

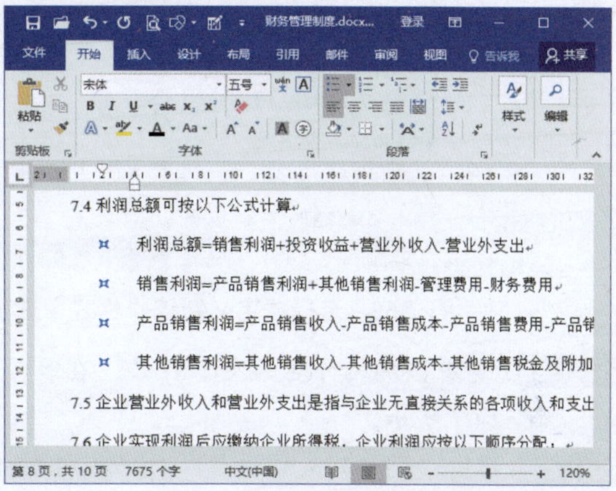

图 2-62　设置项目符号效果

Step 07 在项目符号文本中右击，选择“调整列表缩进”命令，弹出“调整列表缩进量”对话框，设置项目符号位置、文本缩进等选项，在“编号之后”下拉列表框中选择“空格”选项，然后单击“确定”按钮，如图 2-63 所示。

Step 08 设置的项目符号列表效果，如图 2-64 所示。

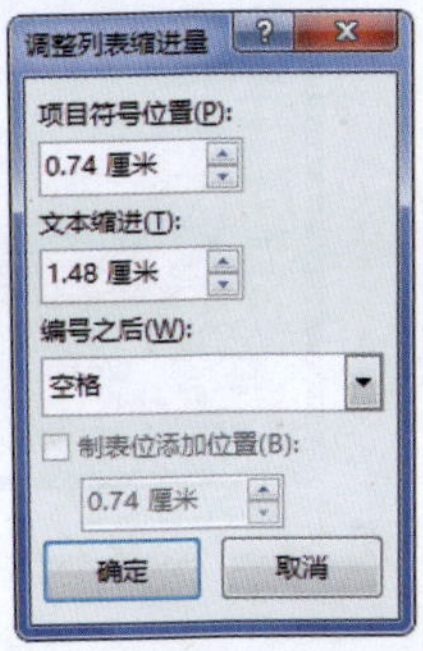

图 2-63　设置列表缩进量

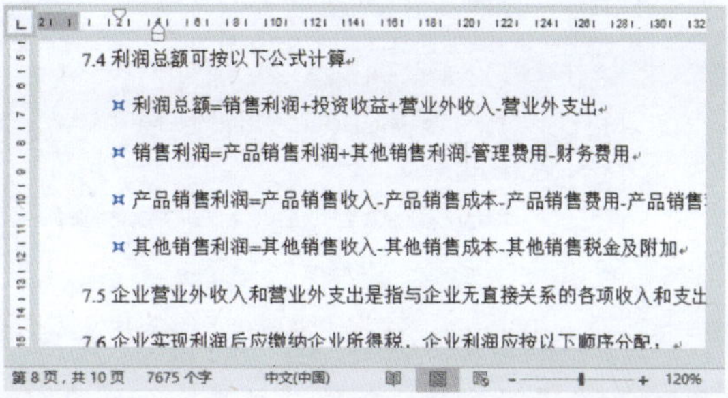

图 2-64　设置项目符号列表效果

实训 2　编号的插入

编号经常用于创建有一定顺序的文档内容。在文档中添加编号可以使文档结构清晰，条理分明。在文档中添加编号的具体操作方法如下所述。

Step 01 选择要添加编号的文本，在“段落”组中单击“编号”下拉按钮，选择“定义新编号格式”选项，如图 2-65 所示。

Step 02 弹出“定义新编号格式”对话框，选择编号样式，在“编号格式”文本框中为编号添加括号，然后单击“确定”按钮，如图 2-66 所示。

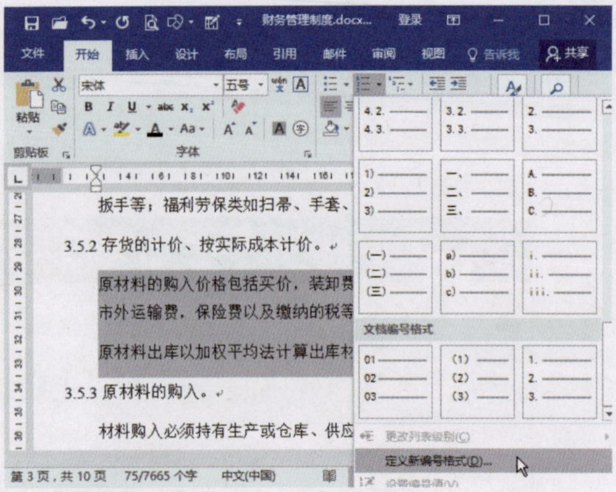

图 2-65　选择“定义新编号格式”选项

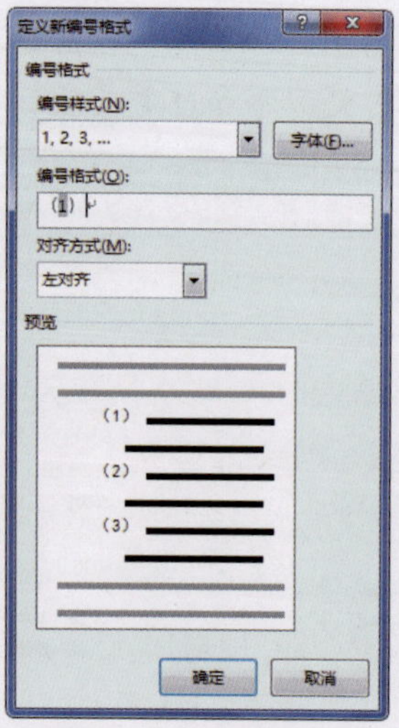

图 2-66　设置编号格式

Step 03 查看添加编号后的文本效果。在编号文本中右击，选择“调整列表缩进”命令，如图 2-67 所示。

Step 04 弹出“调整列表缩进量”对话框，在“编号之后”下拉列表框中选择“不特别标注”选项，设置“文本缩进”大小，然后单击“确定”按钮，如图 2-68 所示。

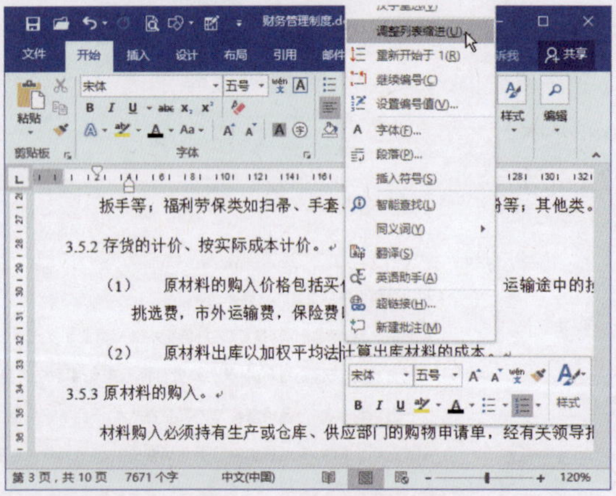

图 2-67　选择“调整列表缩进量”命令

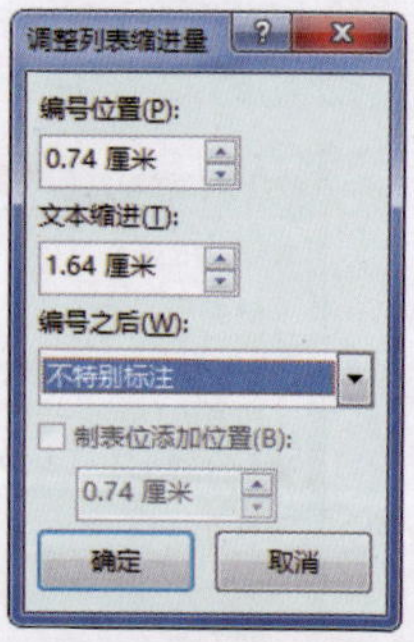

图 2-68　设置列表缩进量

Step 05 查看设置的段落编号效果，如图 2-69 所示。

Step 06 在编号文本中右击，选择“设置编号值”命令，弹出“起始编号”对话框，设置起始编号为 1，单击“确定”按钮，如图 2-70 所示。

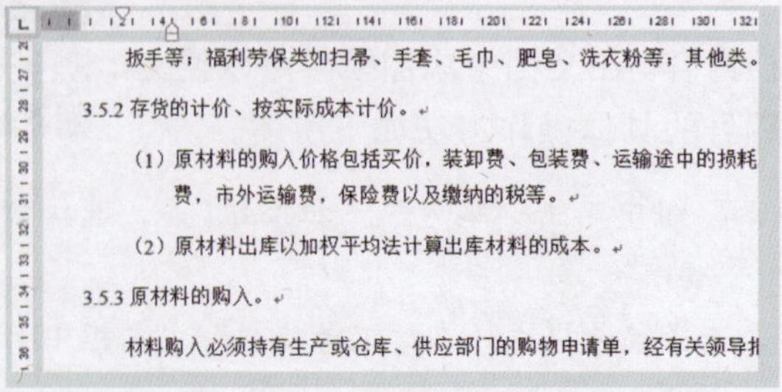

图 2-69　查看编号效果

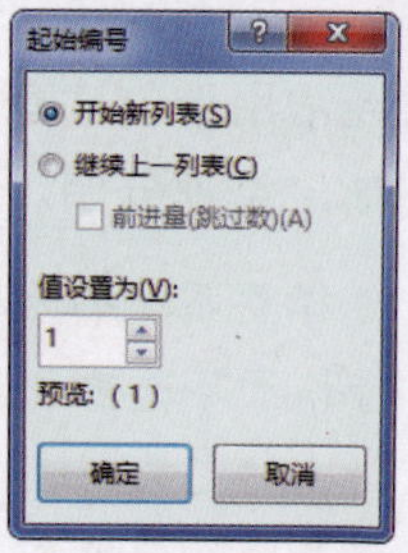

图 2-70　设置起始编号

实训 3　自动套用项目符号和编号格式的设置

默认情况下，在 Word 文档中输入符号或编号，然后按【Tab】键或空格键，程序会自动将其套用为项目符号或编号，若不需要此功能可以将其关闭，具体操作方法如下所述。

Step 01 打开“Word 选项”对话框，在左侧选择“校对”选项，在右侧单击“自动更正选项”按钮，如图 2-71 所示。

Step 02 弹出“自动更正”对话框，选择“键入时自动套用格式”选项卡，取消选择“自动项目符号列表”和“自动编号列表”复选框，然后单击“确定”按钮，如图 2-72 所示。在该对话框中还可更改其他自动替换或自动应用格式选项，如取消选择“直引号替换为弯引号”“段落开头空格采用首行缩进”复选框等。

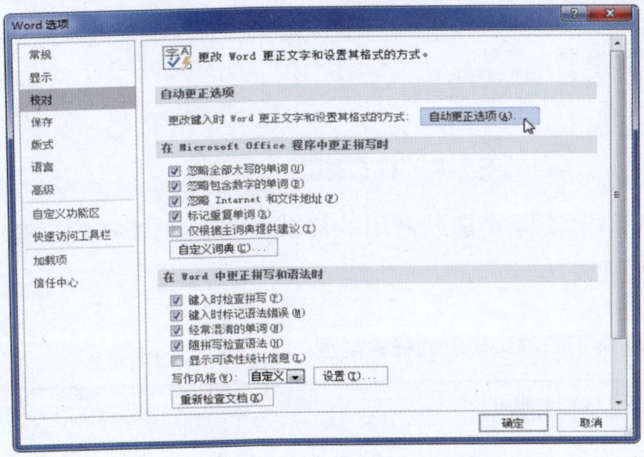

图 2-71　“Word 选项”对话框

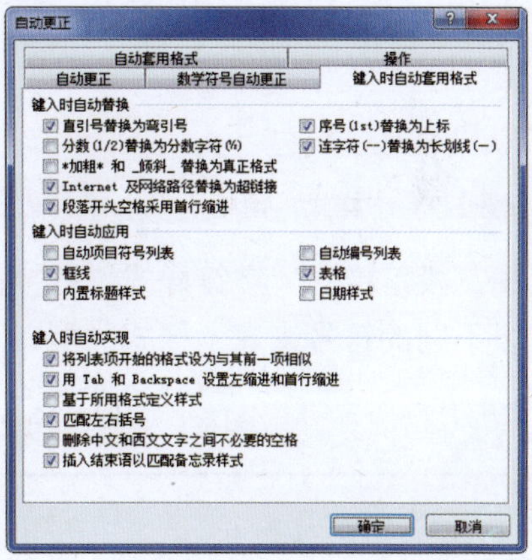

图 2-72　设置“键入时自动套用格式”选项

课堂解疑

在“自动更正”对话框中除了“键入时自动套用格式”选项卡外，还有一个“自动套用格式”选项卡，若要使用该选项卡，需要将“自动套用格式”命令添加到快速访问工具栏。

2.5　运用样式设置文档格式

样式是格式的集合，包括字体格式、段落格式、边框格式、图文框、语言和编号等。使用样式可以帮助用户准确且迅速地统一文档格式。

实训 1　认识样式

样式在长文档的排版中非常有用，它可以系统化管理页面元素，快速同步与修改同级标题的格式，方便修改样式，建立文档目录等。

在 Word 2016 中，根据作用对象的不同，样式可以分为段落样式、字符样式、链接段落和字符样式、表格样式和列表样式 5 种类型。单击“样式”窗格下方的“新建样式”按钮，如图 2-73 所示，在弹出的对话框中可以查看样式类型，如图 2-74 所示。

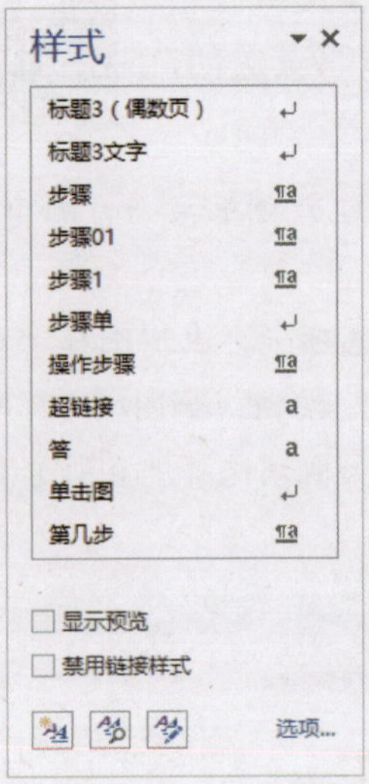

图 2-73 “样式”窗格

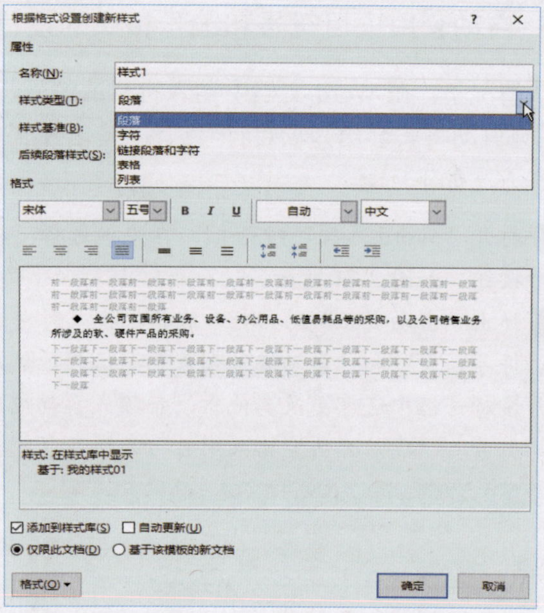

图 2-74 样式类型

其中，段落样式、字符样式、链接段落和字符样式是最常用的样式类型。在“样式”窗格中，以不同的符号来表示样式类型，具体见表 2-1。

表 2-1 在“样式”窗格中不同符号代表的样式类型

符号	样式类型
↵	段落样式决定文本在文档中段落级别的外观。若为文本应用段落样式，将把该段落样式应用于整个段落。段落样式通常用于控制大量文本的整体格式，如新闻稿或传单的正文。 段落样式中可以包括字符样式包含的所有格式定义，它还控制段落外观的所有方面，如文本对齐方式、制表位、行距和边框
a	字符样式也决定着文本在文档中的外观。字符样式通常控制少量文本的格式，例如，要突出显示段落中的一个单词。 字符样式包含格式特征，如字体名称、字号、颜色、加粗、斜体、下划线、边框和底纹。字符样式不包括会影响段落特征的格式，如行距、文本对齐方式、缩进和制表位
¶a	以¶a为标志的是链接段落和字符样式。当光标位于段落中时，链接段落和字符样式对整个段落有效。当选择段落中的部分文字时，其只对选定的文字有效

实训 2 内置标题样式的应用

为了提高编辑文档的效率，用户可以应用内置的标题样式，以快速设置文档标题，具体操作方法如下所述。

Step 01 打开“素材文件\第 2 章\人事考核制度.docx”，单击“样式”组右下角的扩展按钮，打开“样式”窗格，将光标定位到标题文本中，选择“标题”样式，即可应用该样式，如图 2-75 所示。

Step 02 将光标定位到正文大标题的文本中，在“样式”窗格中选择“标题 2”样式，即可应用该样式，如图 2-76 所示。

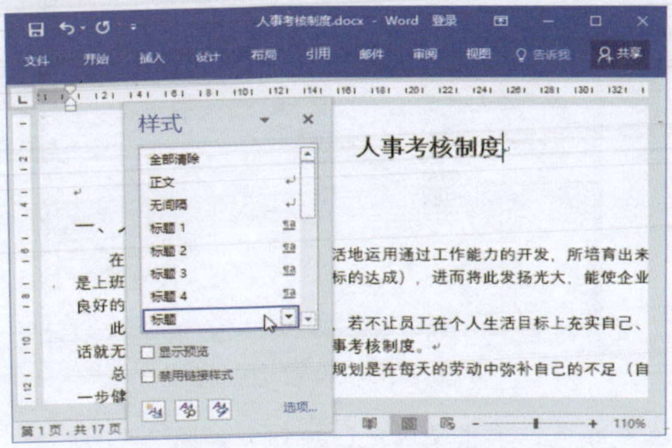

图 2-75　应用“标题”样式

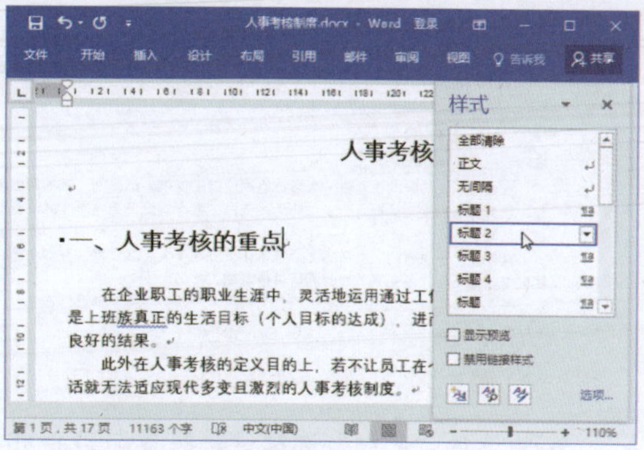

图 2-76　应用“标题 2”样式

Step 03 将光标定位到小标题文本中，在“样式”窗格中选择“标题 3”样式，即可应用该样式，如图 2-77 所示。

Step 04 采用同样的方法，为文档中的其他标题文本应用内置的标题样式。打开“导航”窗格，在“标题”选项卡下可以查看文档标题结构，如图 2-78 所示。

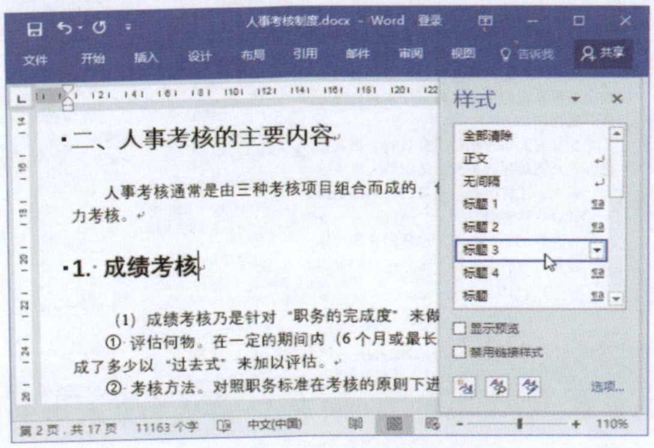

图 2-77　应用“标题 3”样式

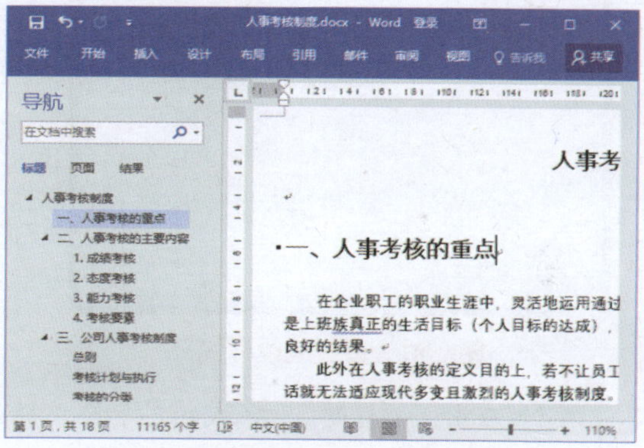

图 2-78　查看文档标题结构

实训 3　标题格式的修改与更新

Word 内置的标题样式往往并不是我们所需要的，此时可以在文档中修改标题的字体格式和段落格式，然后通过更新样式快速统一文档标题格式，具体操作方法如下所述。

Step 01 选择应用了“标题 2”样式的文本，在“段落”组中单击“边框”下拉按钮，选择“边框和底纹”选项，如图 2-79 所示。

Step 02 弹出“边框和底纹”对话框，选择“边框”选项卡，在左侧单击“方框”按钮，在中间设置边框样式、颜色和宽度，如图 2-80 所示。

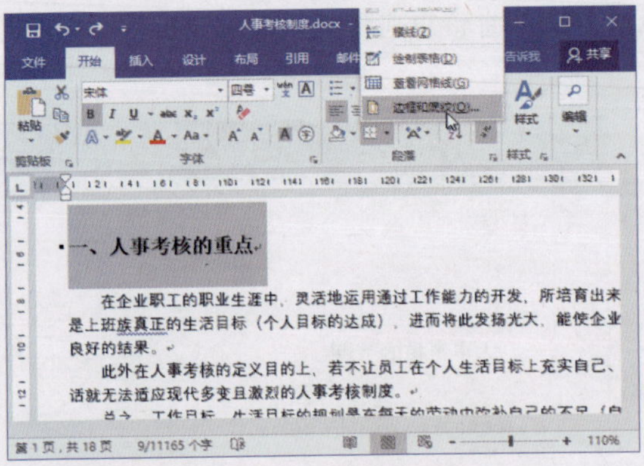

图 2-79　选择“边框和底纹”选项

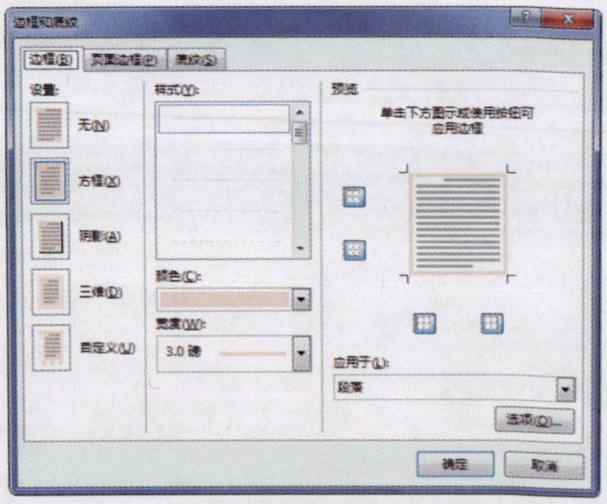

图 2-80　设置边框样式

Step 03 选择“底纹”选项卡，选择与边框相同的填充颜色，单击“确定”按钮，如图 2-81 所示。

Step 04 在“样式”窗格中右击“标题 2”样式，选择“更新 标题 2 以匹配所选内容”命令，如图 2-82 所示。

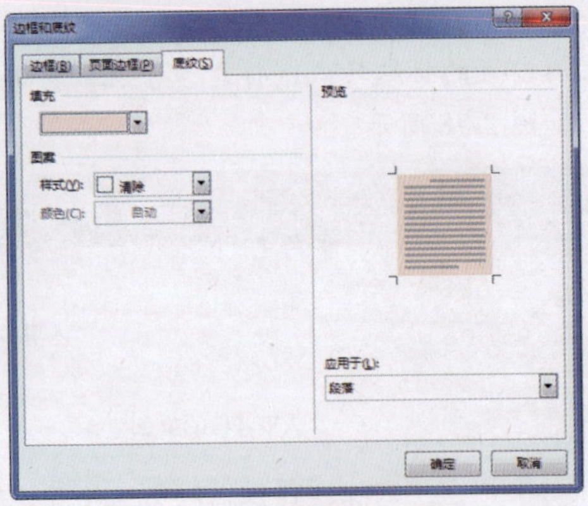

图 2-81　设置底纹样式

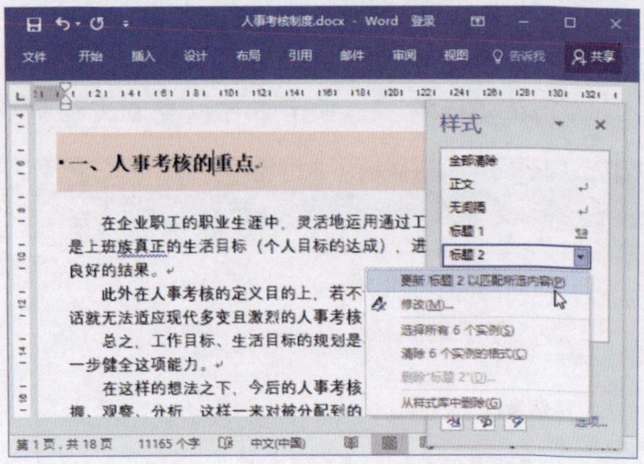

图 2-82　更新“标题 2”样式

Step 05 应用了“标题 2”样式的文本格式都会得到更新。设置应用了“标题 3”样式的文本格式为“宋体”“小四”“加粗”，在“样式”窗格中右击“标题 3”样式，选择“更新 标题 3 以匹配所选内容”命令，如图 2-83 所示。

Step 06 根据需要对文档标题设置字体格式与段落格式，然后采用前面的方法更新“标题”样式，如图 2-84 所示。

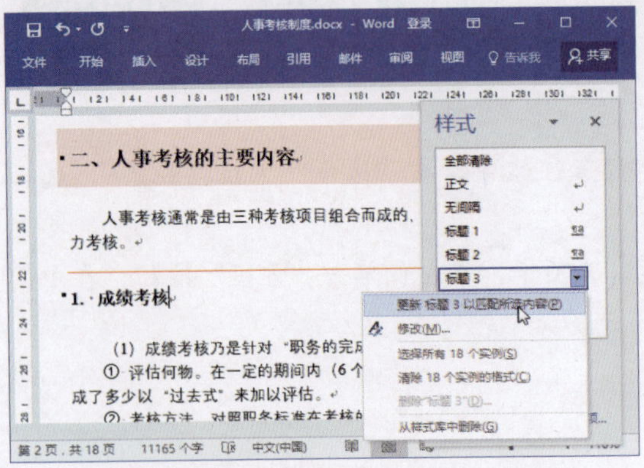

图 2-83　修改与更新“标题 3”样式

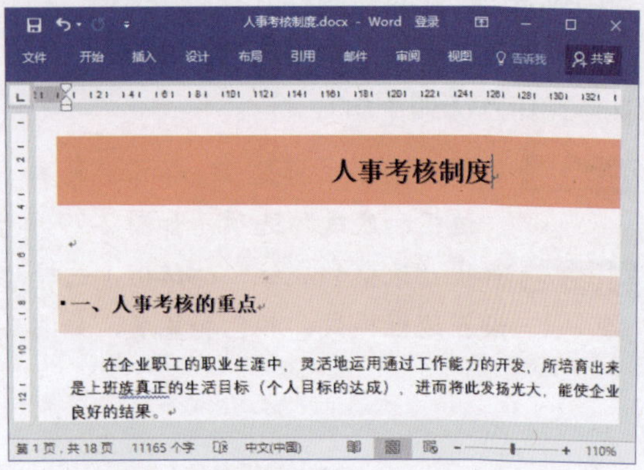

图 2-84　修改与更新“标题”样式

实训 4　新标题样式的创建

用户不仅可以使用系统内置的样式，还可根据需要创建新样式，具体操作方法如下所述。

Step 01 将光标定位到文档标题中，在“样式”组中单击“新建样式”按钮，如图 2-85 所示。

Step 02 弹出“根据格式化创建新样式”对话框，输入样式名称，单击“确定”按钮，如图 2-86 所示。

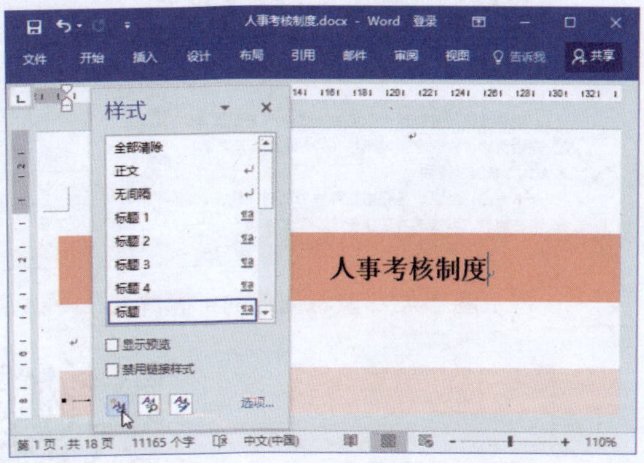

图 2-85　单击“新建样式”按钮

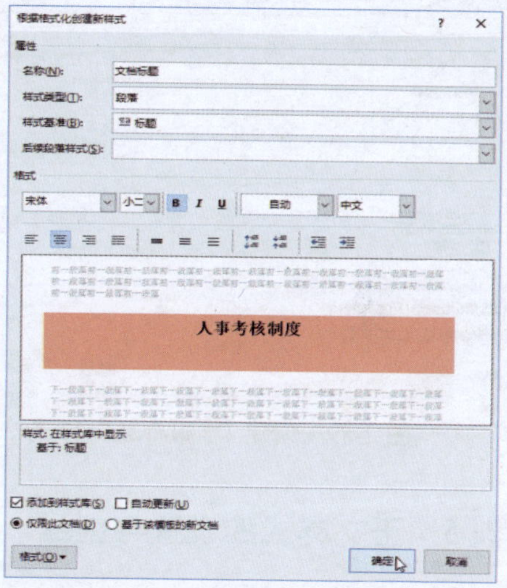

图 2-86　创建“文档标题”样式

Step 03 在“样式”窗格中右击“标题 2”样式，选择“选择所有 6 个实例”命令，即可选择所有应用了“标题 2”样式的文本，如图 2-87 所示。

Step 04 单击“新建样式”按钮，弹出“根据格式化创建新样式”对话框，输入样式名称，然后单击“确定”按钮，如图 2-88 所示。

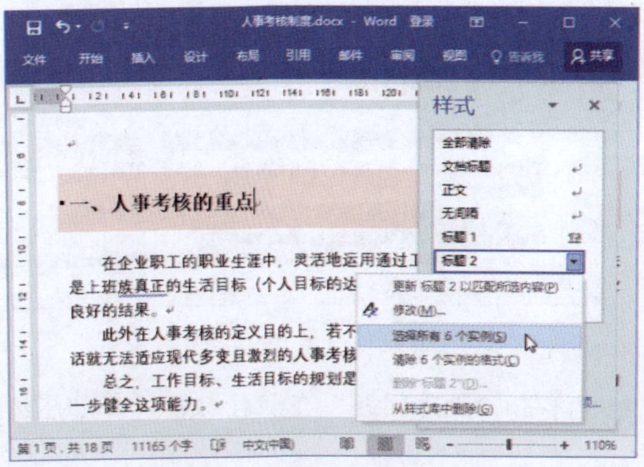

图 2-87　选择“标题 2”实例

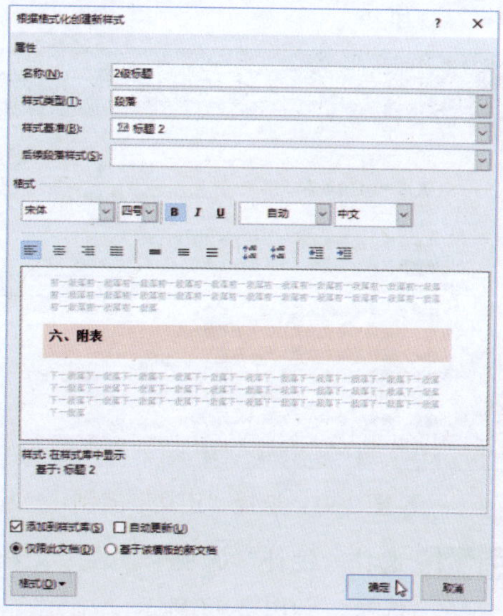

图 2-88　创建“2 级标题”样式

Step 05 采用同样的方法，创建“3 级标题”样式，如图 2-89 所示。

Step 06 在“样式”窗格中查看创建的标题样式，如图 2-90 所示。

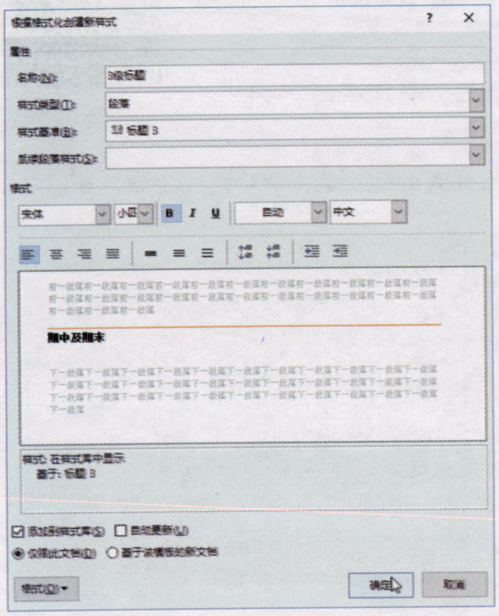

图 2-89　创建“3 级标题”样式

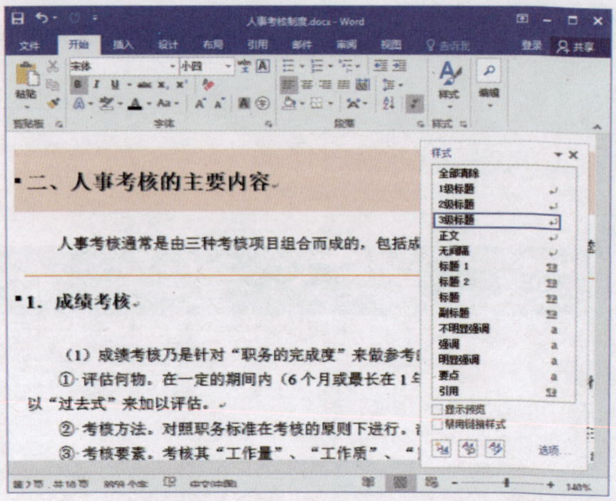

图 2-90　查看创建的标题样式

实训 5　正文样式的设置与创建

创建新样式的方法很简单，只需先将文本格式设置好，然后根据该格式创建新样式即可，具体操作方法如下所述。

Step 01 在“样式”窗格中右击“正文”样式，选择“选择所有 1 726 个实例”命令，如图 2-91 所示。

Step 02 选择文档中的所有正文内容，在“字体”组中设置字体格式为“华文细黑”，如图 2-92 所示。

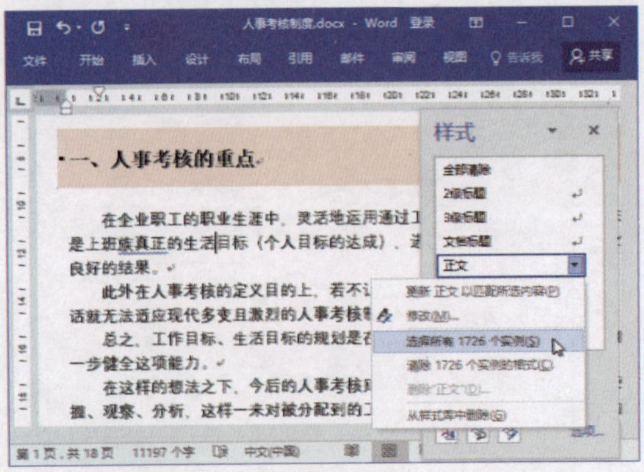

图 2-91　选择“正文”实例

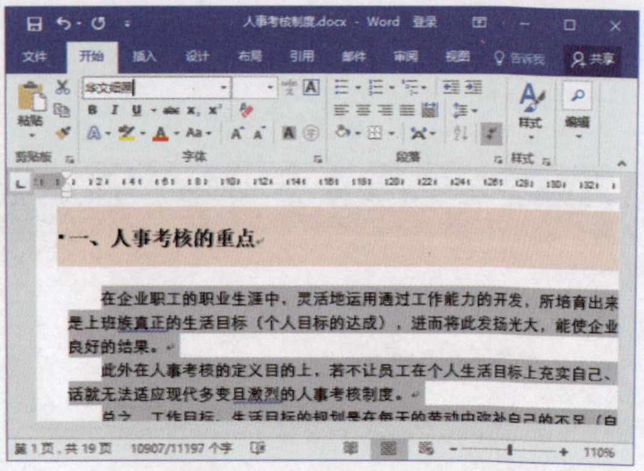

图 2-92　设置正文字体格式

Step 03 选择“设计”选项卡，在“文档格式”组中单击“段落间距”下拉按钮，选择“压缩”选项，如图 2-93 所示。

Step 04 选择条目文本，设置“加粗”文本，为文本设置段落边框、底纹及段落间距，然后单击“新建样式”按钮，如图 2-94 所示。

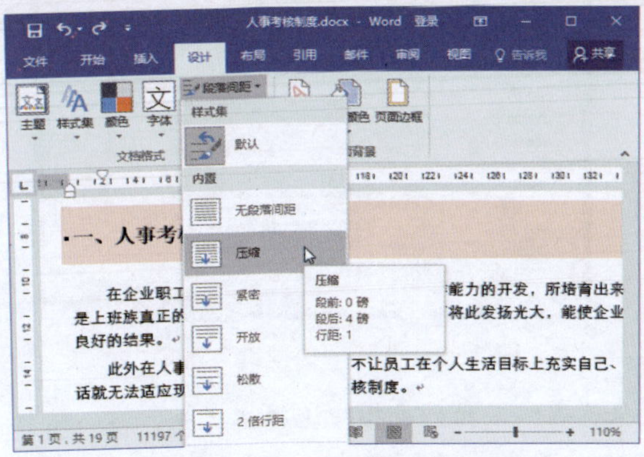

图 2-93　设置段落间距

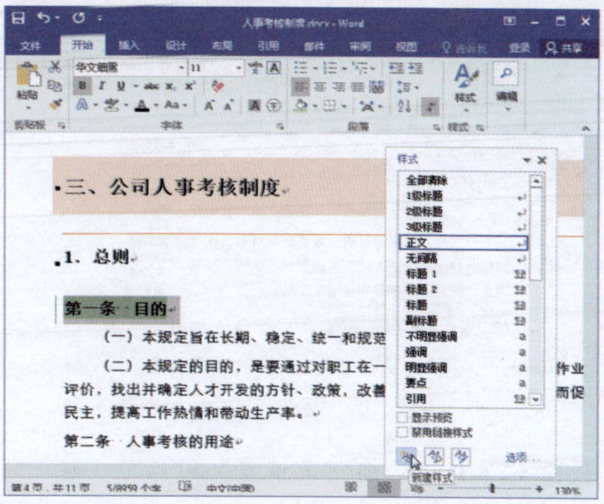

图 2-94　设置条目文本格式

Step 05 弹出“根据格式设置创建新样式”对话框，输入样式名称，单击“确定”按钮，如图 2-95 所示。

Step 06 将光标定位到“第二条”文本中，在“样式”窗格中选择“条目”样式，即可应用样式，如图 2-96 所示。

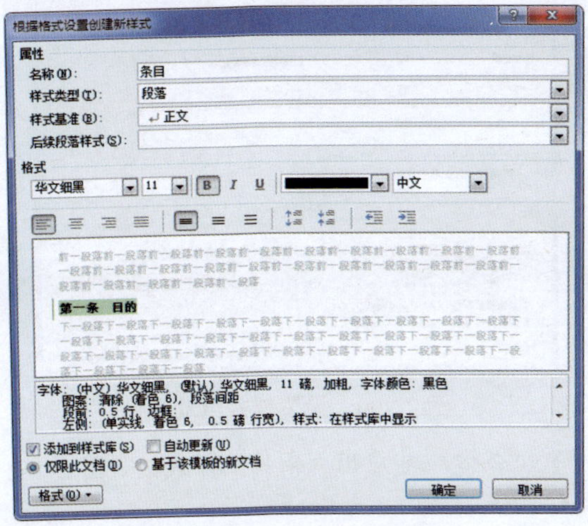

图 2-95　新建“条目”样式

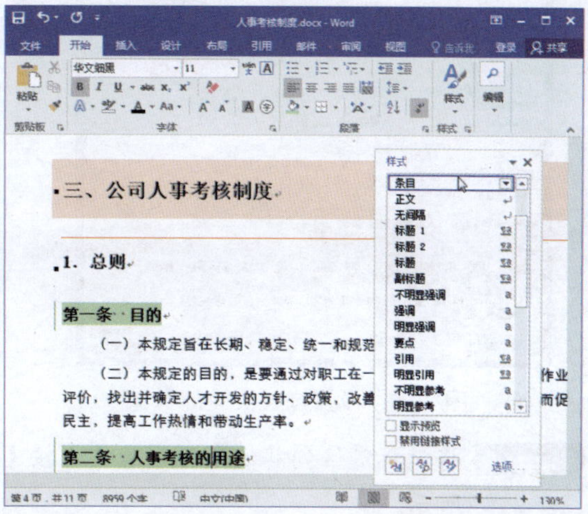

图 2-96　应用“条目”样式

实训 6　正文样式的修改

若要修改文档中的某个样式，可以通过更新样式来实现，还可根据需要设置自动更新。若要快速为文档中的内容应用正文样式，可以为样式设置快捷键，具体操作方法如下所述。

Step 01 在“样式”窗格中右击“条目”样式，选择“修改”命令，如图 2-97 所示。

Step 02 弹出“修改样式”对话框，单击“格式”下拉按钮，选择“快捷键”选项，如图 2-98 所示。

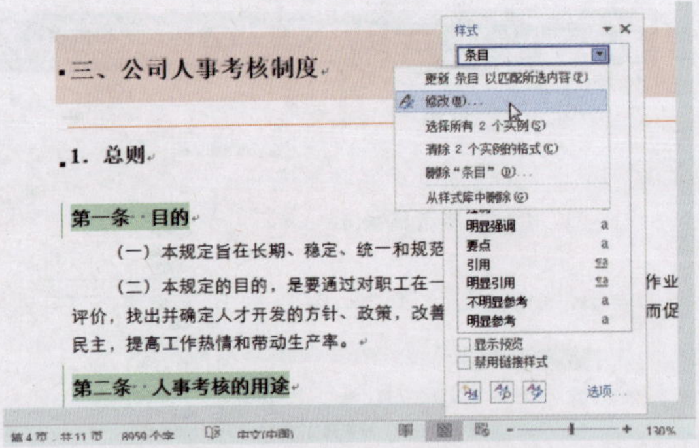

图 2-97 选择"修改"命令

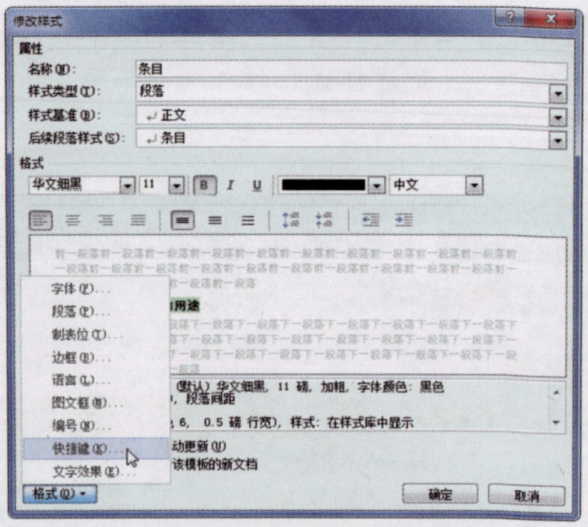

图 2-98 选择"快捷键"选项

Step 03 弹出"自定义键盘"对话框，在"将更改保存在"下拉列表框中选择本文档，在"请按新快捷键"文本框中定位光标，设置快捷键为【Ctrl+1】，单击"指定"按钮，然后单击"关闭"按钮，如图 2-99 所示。

Step 04 返回"修改样式"对话框，选中"自动更新"复选框，单击"确定"按钮，如图 2-100 所示。

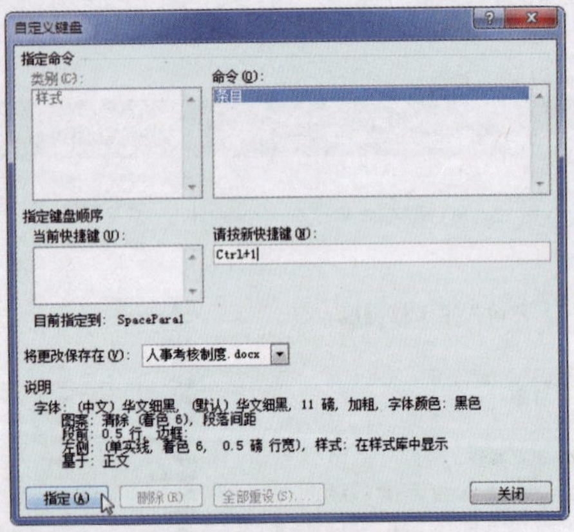

图 2-99 设置样式快捷键

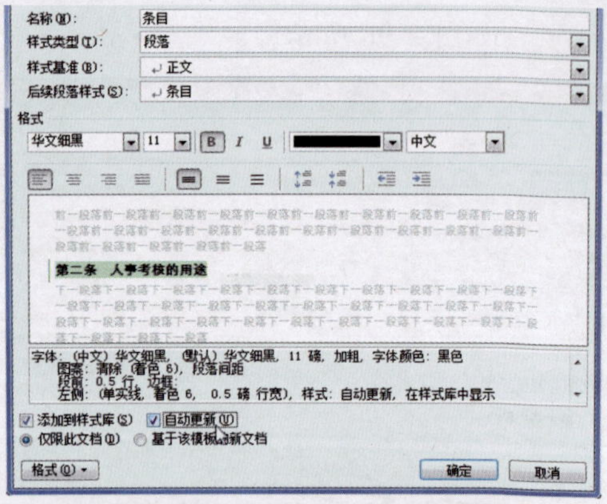

图 2-100 设置样式自动更新

Step 05 将光标定位到其他条目内容中，按【Ctrl+1】组合键即可应用"条目"样式，如图 2-101 所示。

Step 06 选择条目文本，取消底纹，并设置左缩进 2 字符，此时应用了"条目"样式的文本格式会自动更新格式。还可在"样式"窗格中右击"条目"样式，选择"更新 条目 以匹配所选内容"命令，如图 2-102 所示。

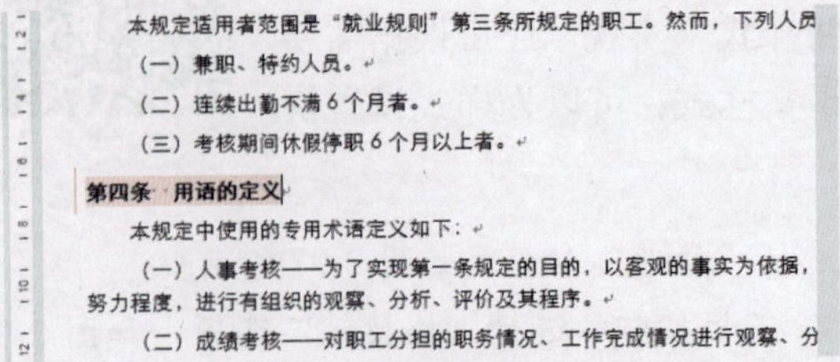

图 2-101 使用快捷键应用样式

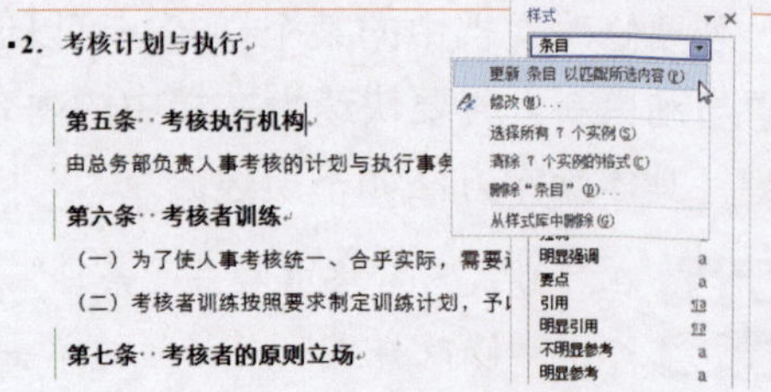

图 2-102 更新"条目"样式

2.6 综合实训：合同文档的编排

下面将综合运用前面所学的知识，编排一个合同文档，具体操作方法如下所述。

Step 01 打开“素材文件\第 2 章\试用合同.txt”，按【Ctrl+A】组合键全选文本后，按【Ctrl+C】组合键复制文本，如图 2-103 所示。

Step 02 新建“试用合同.docx”文档，将复制的文本粘贴到 Word 文档中，在“编辑”组中单击“替换”按钮，如图 2-104 所示。

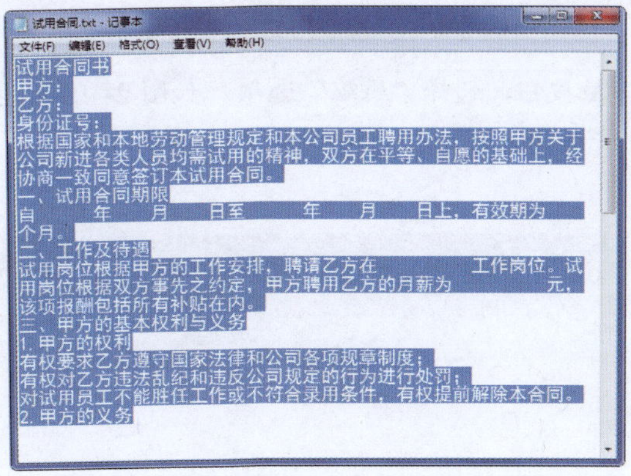

图 2-103 复制文本

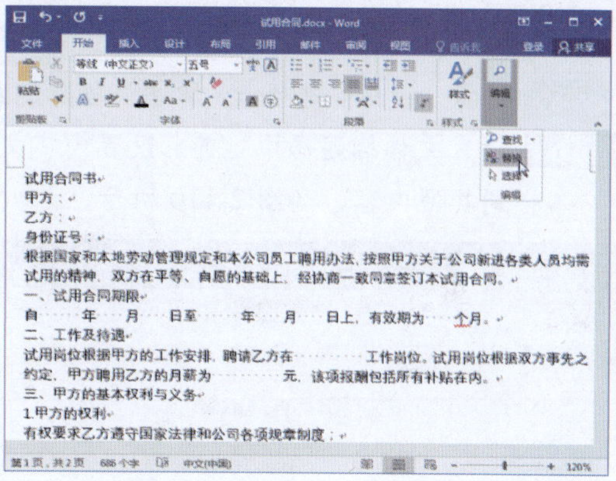

图 2-104 单击“替换”按钮

Step 03 将光标定位到“查找内容”文本框中，单击“特殊格式”下拉按钮，选择“段落标记”选项，如图 2-105 所示。

Step 04 文本框中显示“^p”标记，即段落标记符号。设置查找内容为两个段落标记符号，替换为一个段落标记符号，单击“全部替换”按钮，在弹出的提示信息框中单击“确定”按钮，如图 2-106 所示。

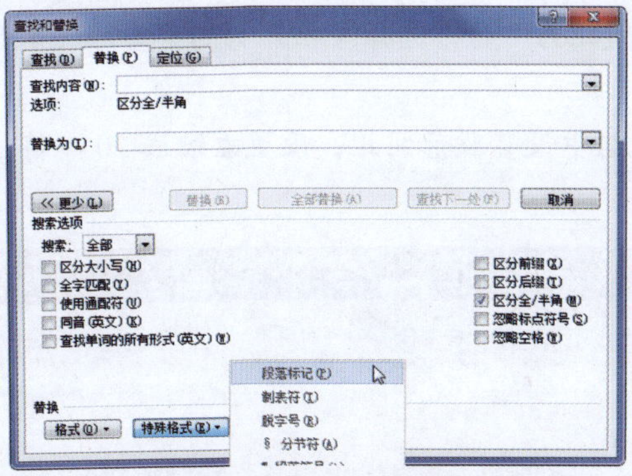

图 2-105 选择“段落标记”选项

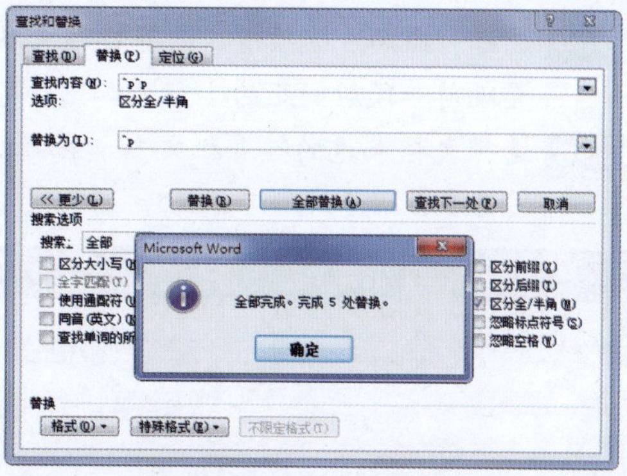

图 2-106 全部替换完成

Step 05 连续多次单击“全部替换”按钮，直至显示“完成 0 处替换”，然后单击“确定”按钮，如图 2-107 所示。

Step 06 设置查找内容为空格，设置替换为一个下划线“_”，单击“全部替换”按钮，在弹出的提示信息框中单击“确定”按钮，即可将文档中的空格更改为下划线，如图 2-108 所示。

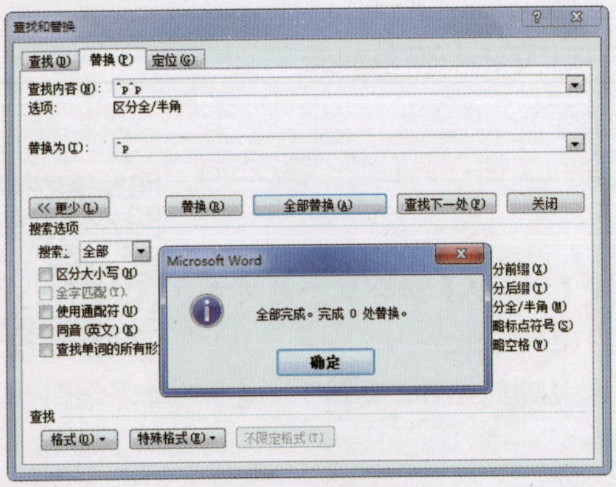

图 2-107　替换完成

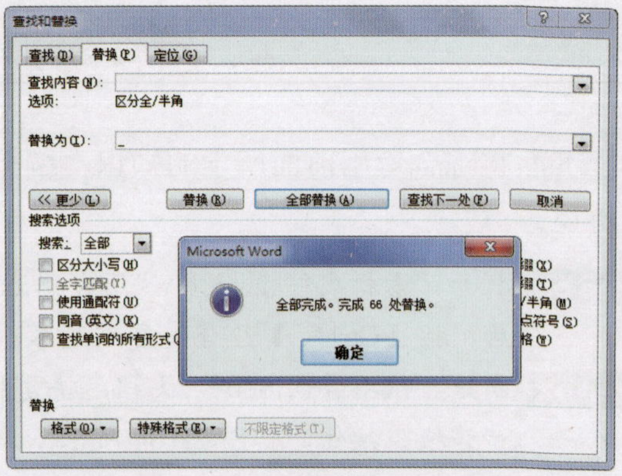

图 2-108　替换空格为下划线

Step 07 选择“设计”选项卡，单击“段落间距”下拉按钮，选择“压缩”选项，如图 2-109 所示。

Step 08 设置文档标题居中对齐，设置内容文本首行缩进，然后使用格式刷工具将文本格式应用到其他内容，如图 2-110 所示。

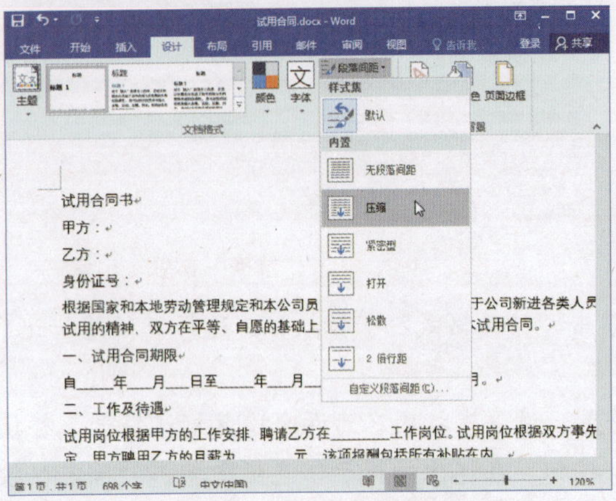

图 2-109　设置段落间距

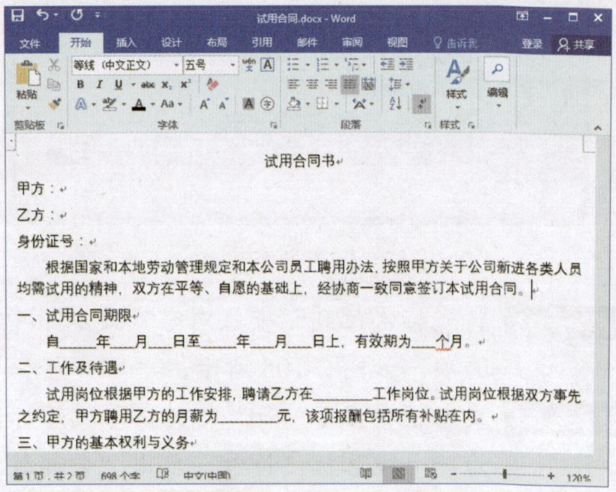

图 2-110　设置对齐方式和首行缩进

Step 09 选择“布局”选项卡，设置标题文本段后间距为 2 行。选择文档开头的签署栏文本，设置段前和段后间距为 1 行，如图 2-111 所示。

Step 10 选择文档末尾的签署栏文本，在“段落”组中设置段落间距，设置左缩进 20 字符，如图 2-112 所示。

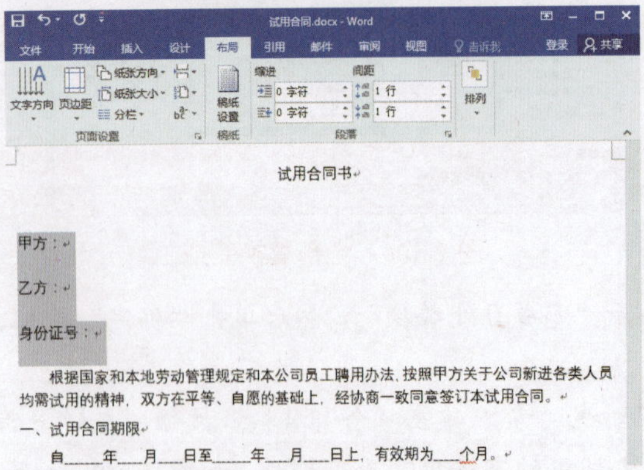

图 2-111　设置段前和段后间距

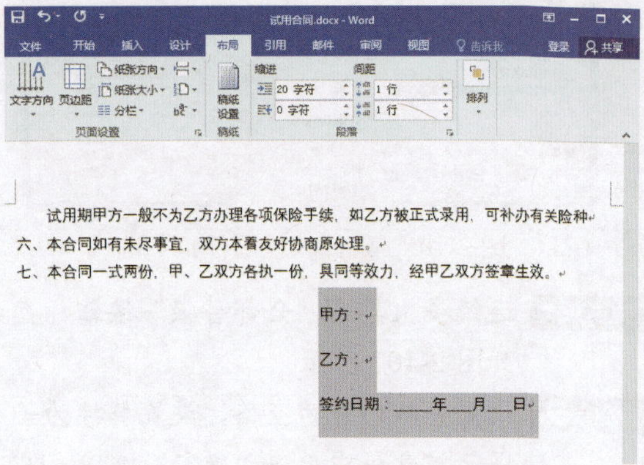

图 2-112　设置段落间距和左缩进

Step 11 按【Ctrl+A】组合键全选文本，在“字体”组中设置字体格式为“宋体”，如图 2-113 所示。

Step 12 选择标题文本，在“字体”组中设置字体格式为“黑体”，单击“增大字号”按钮A，增加文本字号，然后加粗签署栏文本，如图 2-114 所示。

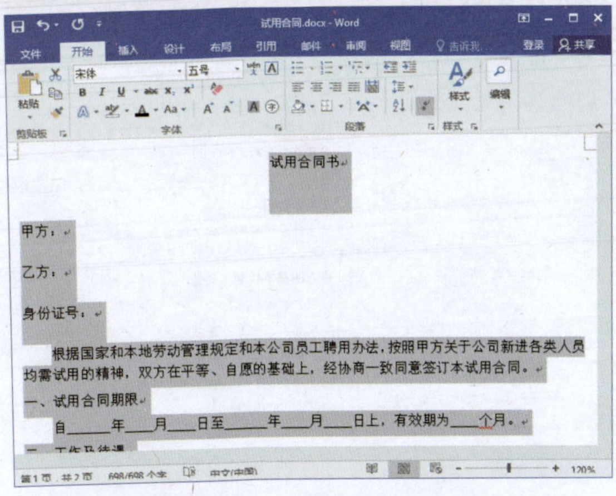

图 2-113　设置文档字体格式

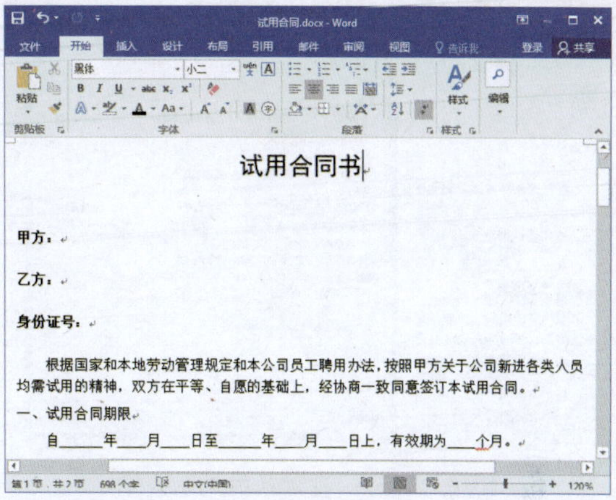

图 2-114　设置标题和签署栏字体格式

Step 13 将光标定位到第 1 段中，在“编辑”组中单击“选择”下拉按钮，选择“选定所有格式类似的文本（无数据）”选项，如图 2-115 所示。

Step 14 选择所有应用了首行缩进的内容文本。右击选择的文本，显示浮动工具栏，设置字体为“仿宋”，如图 2-116 所示。

Step 15 采用同样的方法，选择所有小标题文本，并按【Ctrl+B】组合键加粗文本，如图 2-117 所示。

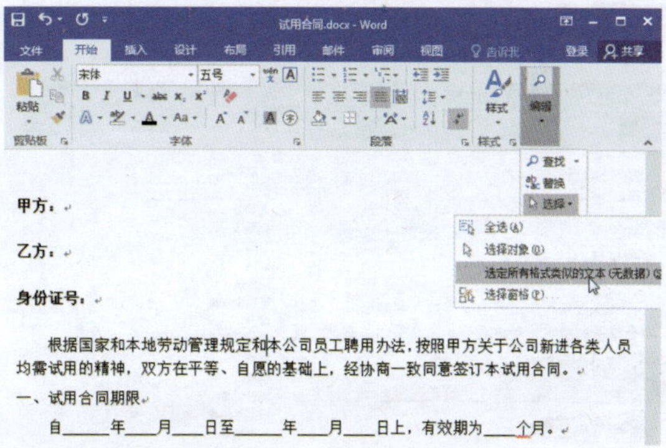

图 2-115　选择内容文本

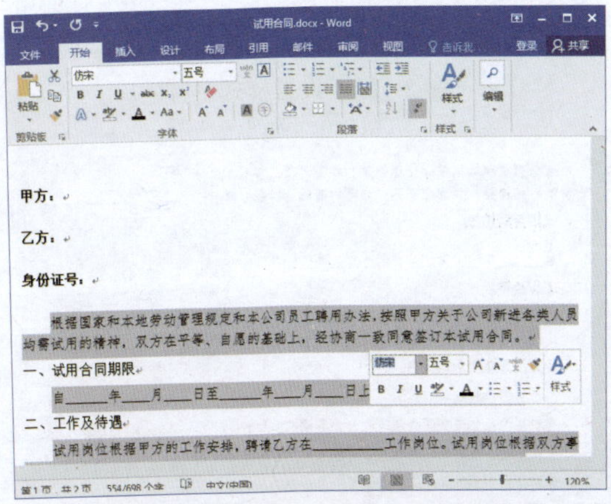

图 2-116　设置内容文本字体格式

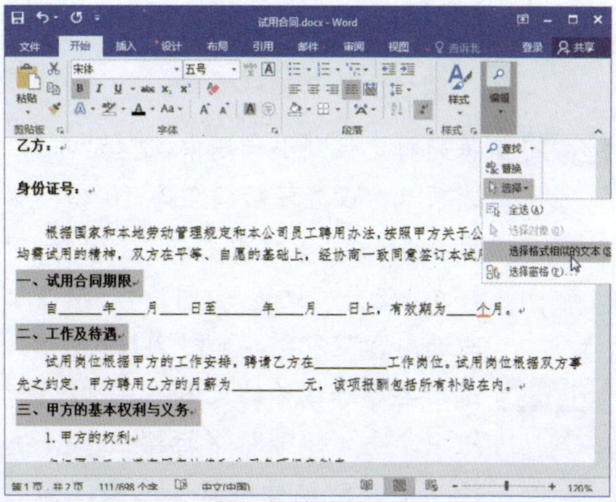

图 2-117　选择条目文本

Step 16 打开“段落”对话框，在“大纲级别”下拉列表框中选择“3 级”选项，单击“确定”按钮，即可将文本设置为 3 级标题，如图 2-118 所示。

Step 17 打开“导航”窗格，在“标题”选项卡下查看设置的标题，如图 2-119 所示。

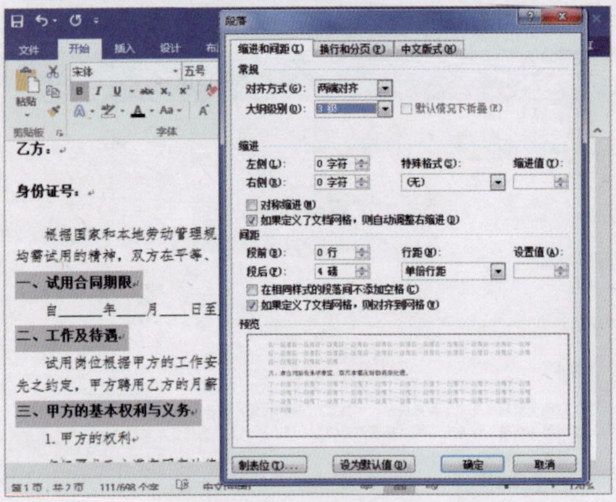

图 2-118　设置条目大纲级别

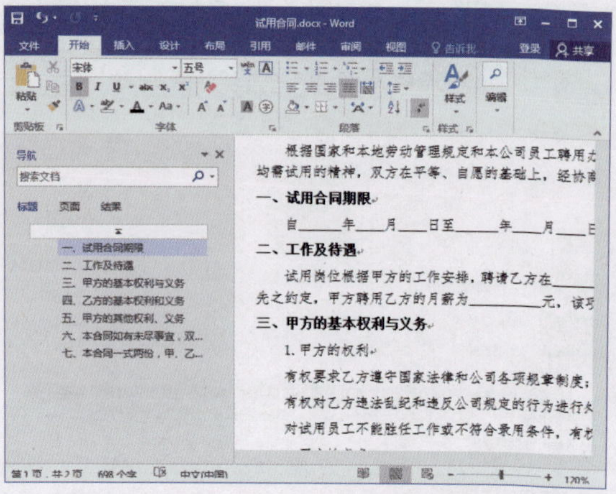

图 2-119　查看文档标题

Step 18 选择所有小标题文本，打开“样式”窗格，单击“新建样式”按钮，如图 2-120 所示。

Step 19 在弹出的对话框中输入样式名称，然后单击“确定”按钮，如图 2-121 所示。

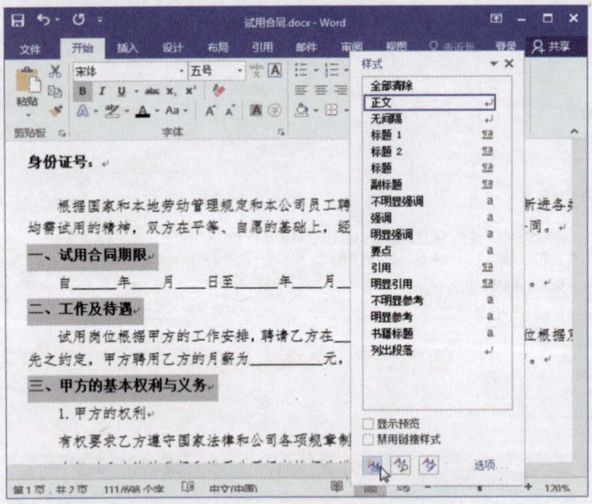

图 2-120　新建样式

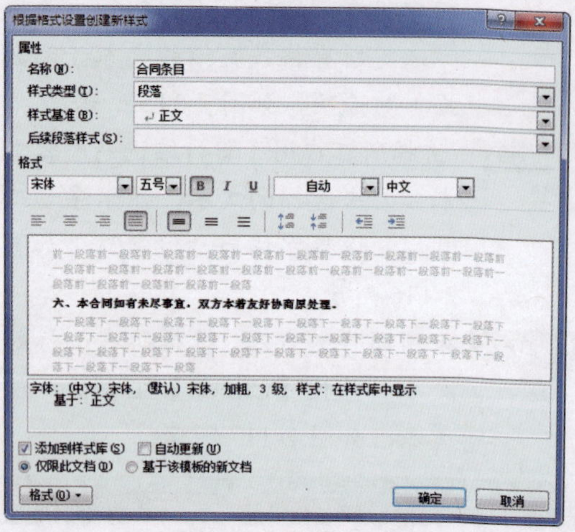

图 2-121　设置样式名称

Step 20 将光标定位到小标题中，选择“布局”选项卡，设置段后间距为 10 磅，然后在“样式”窗格中右击“合同条目”样式，选择“更新 合同条目 以匹配所选内容”命令，如图 2-122 所示。

Step 21 选择要添加编号的文本，在“段落”组中单击“编号”下拉按钮，选择“定义新编号格式”选项，如图 2-123 所示。

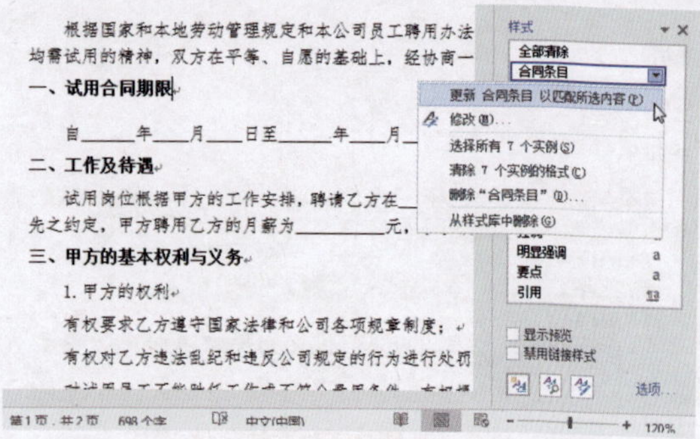

图 2-122　修改与更新样式

Step 22 弹出“定义新编号格式”对话框，选择编号样式，在“编号格式”文本框中设置为编号添加括号，然后单击“确定”按钮，如图 2-124 所示。

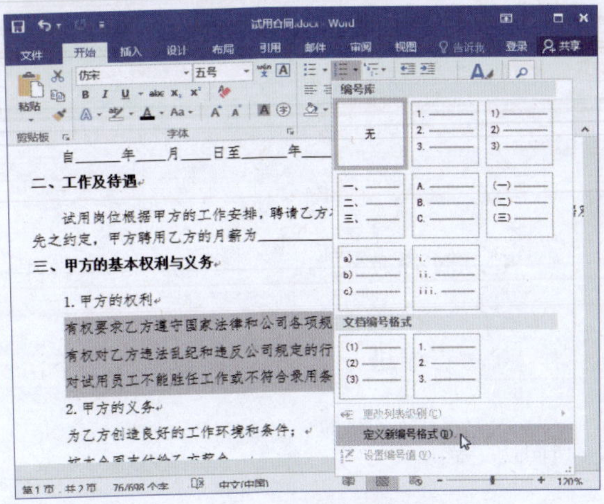

图 2-123　定义新编号格式

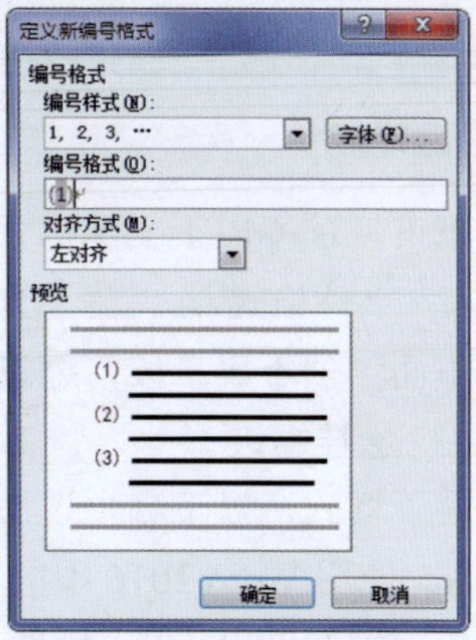

图 2-124　设置编号格式

Step 23 查看添加的编号效果。使用格式刷工具将编号格式复制到其他条目中，在编号(4)所在的段落中右击，选择“重新开始于 1”命令，如图 2-125 所示。

Step 24 对其下面的文本进行重新编号，效果如图 2-126 所示。

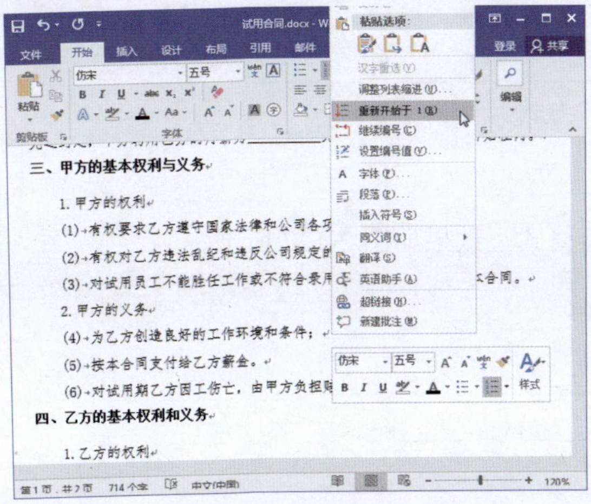

图 2-125　设置重新编号

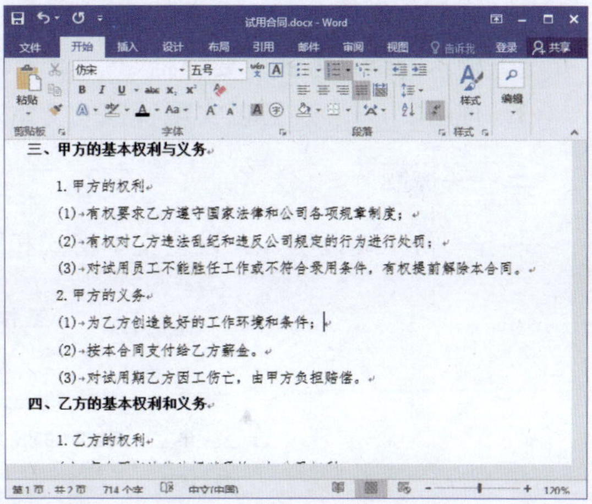

图 2-126　查看编号效果

本 章 小 结

通过对本章的学习，读者应该掌握以下知识。

（1）在“字体”组、浮动工具栏和“字体”对话框中设置文本格式。

（2）通过为文本添加亮色突出显示文本。

（3）对段落文本设置对齐、间距、行距及各种缩进格式。

（4）使用格式刷工具复制与应用文本与段落格式。

（5）使用“替换”功能替换段落与文本格式。

（6）通过为文本添加项目符号和编号，使内容更加清晰，更有条理。

（7）使用样式快速设置文档格式，提高文档编辑效率。

本章练习

一、选择题

1．以下哪项不属于文本格式设置？（　）

A．字体格式　　B．字体大小　　C．对齐方式　　D．文本效果

2．下面哪项不属于段落缩进方式。（　）

A．悬挂缩进　　B．首行缩进　　C．右缩进　　D．首字下沉

3．关于样式，以下哪项说法不正确？（　）

A．使用 Word 2016 中的内置样式可以快速排版文档

B．样式可以应用于标题、段落和列表

C．在使用样式时，可以手动更新或自动更新文档样式

D．若不需要 Word 文档的内置样式，可以将其删除

二、填空题

1．若要将格式复制到多个位置，需要________________。

2．段落的缩进方式主要包括________、________、________和________。

3．使用__________可以实现特殊的文本对齐方式。

三、实操题

制作一份工作证明，并设置文本格式和段落格式，效果如图 2-127 所示。

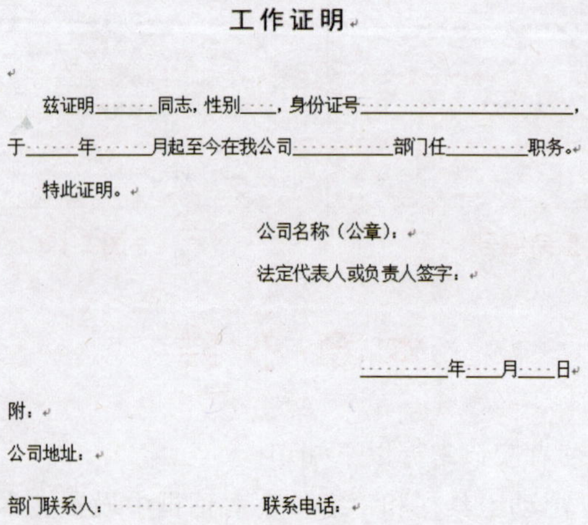
工作证明

兹证明______同志，性别____，身份证号____________________，

于______年______月起至今在我公司__________部门任________职务。

特此证明。

公司名称（公章）：

法定代表人或负责人签字：

________年____月____日

附：

公司地址：

部门联系人：______________联系电话：

图 2-127　工作证明

第 3 章　文档页面的美化与设置

【本章导读】

在 Word 文档中应用图片或图形，可以使文档图文并茂，更具视觉效果，让读者在阅读过程中能够更清楚地了解文档内容。本章将引领读者学习 Word 2016 中的图形元素、图像与文本框及页面格式的应用方法。

【本章目标】

- 掌握插入与编辑图片、形状与文本框、SmartArt 图形的方法
- 掌握设置文档页面格式的方法
- 掌握插入目录和脚注的方法

3.1　图片的插入与编辑

在编辑 Word 文档时，可以将电脑中的图片直接插入到文档中。为了让图片与文档内容完美地结合在一起，还需对图片进行编辑。Word 2016 提供了很多图片处理的功能，这使图片的处理效果更加人性化，也更加方便。

实训 1　图片的插入与更换

Word 2016 支持插入多种格式的图片，在 Word 文档中插入与更换图片的具体操作方法如下所述。

Step 01 打开“素材文件\第 3 章\Smart 法则.docx”，将光标定位到要插入图片的位置，选择“插入”选项卡，在“插图”组中单击“图片”按钮，如图 3-1 所示。

Step 02 弹出“插入图片”对话框，选择要插入的图片，然后单击“插入”按钮，如图 3-2 所示。

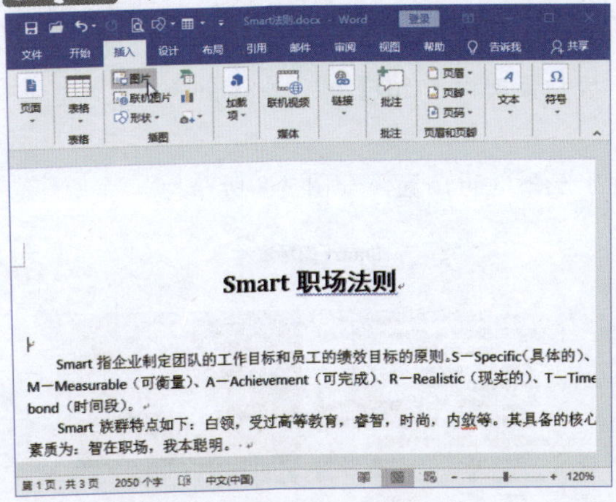

图 3-1　单击“图片”按钮

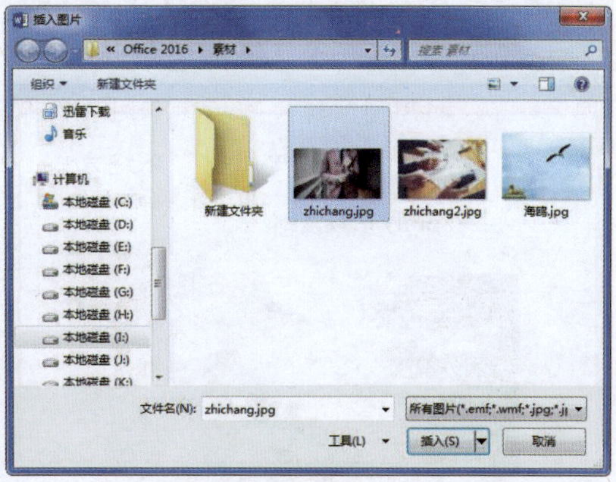

图 3-2　选择图片

Step 03 将所选的图片插入到 Word 文档中。拖动图片边角的控制柄，即可调整图片大小，如图 3-3 所示。

Step 04 右击图片，选择“更改图片”|“来自文件”命令，如图 3-4 所示。

图 3-3　调整图片大小

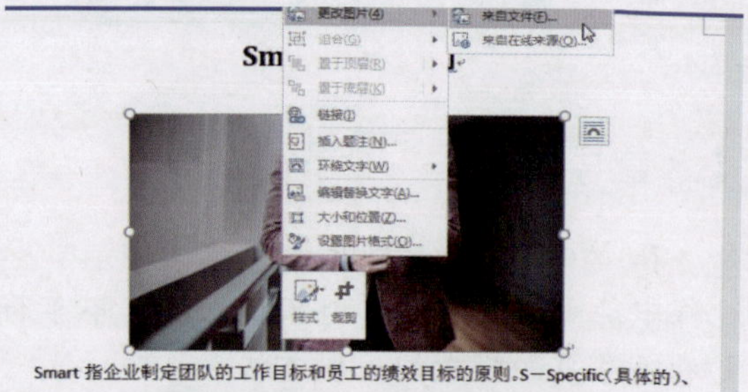

图 3-4　选择“来自文件”命令

Step 05 在弹出的对话框中选择要更换的图片，然后单击“插入”按钮，如图 3-5 所示。

Step 06 更换图片时，更换的图片仍然保持原来图片的高度，如图 3-6 所示。

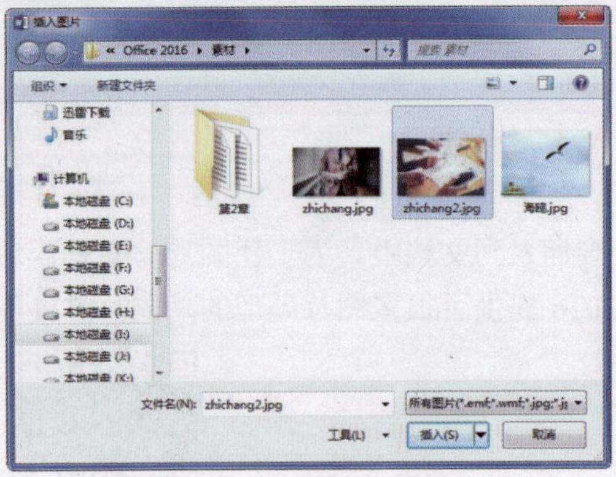

图 3-5　选择图片

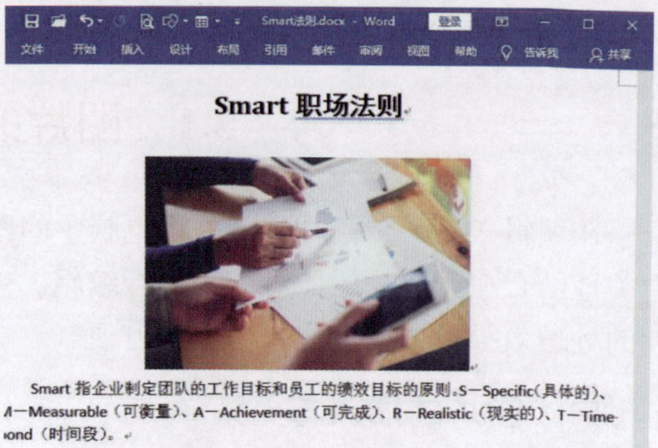

图 3-6　更换图片

实训 2　图片环绕方式的设置

将图片直接插入文档后，图片的位置可能并不合适，造成图片与文档的编排不合理，使文档整体上不够美观。此时，可以通过更改图片的文字环绕方式来更改图片的位置，具体操作方法如下所述。

Step 01 选择图片，单击其右上方的“布局选项”按钮或按【Ctrl】键，在弹出的列表中选择“四周型”环绕选项，如图 3-7 所示。

Step 02 图片更改为“四周型”环绕方式，拖动图片至合适的位置，如图 3-8 所示。

图 3-7　选择文字环绕方式

图 3-8　调整图片位置

Step 03 选择“格式”选项卡，在“排列”组中单击“环绕文字”下拉按钮，选择“编辑环绕顶点”选项，如图 3-9 所示。

Step 04 图片上显示顶点■，调整顶点的位置，即可调整图片与文字的距离，如图 3-10 所示。

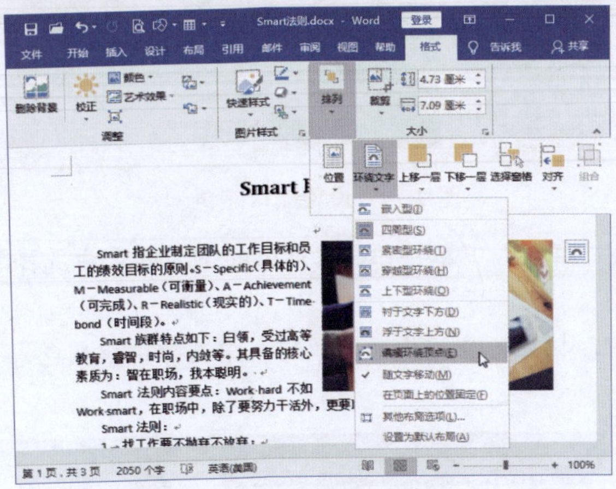

图 3-9　选择“编辑环绕顶点”选项

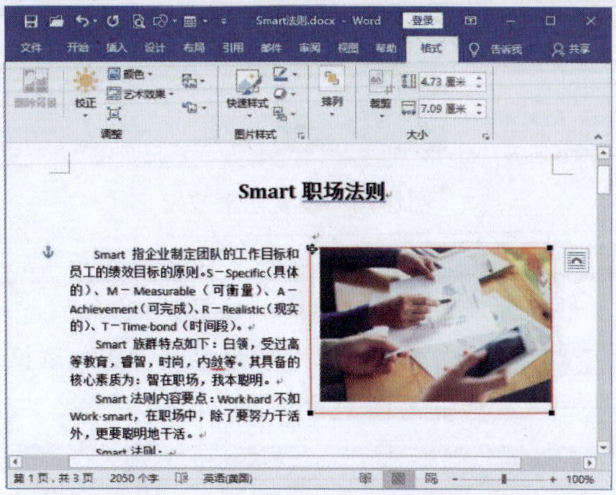

图 3-10　调整图片与文字的距离

实训 3　图片样式的设置

Word 2016 中提供了多种用于改变图片外观样式的工具，可以更改颜色，应用艺术效果，添加图片样式等，具体操作方法如下所述。

Step 01 选择图片，选择“格式”选项卡，在“调整”组中单击“艺术效果”下拉按钮，在弹出的下拉列表中选择“艺术效果选项”选项，如图 3-11 所示。

Step 02 弹出“设置图片格式”窗格，单击“艺术效果”下拉按钮，选择“纹理化”效果，如图 3-12 所示。

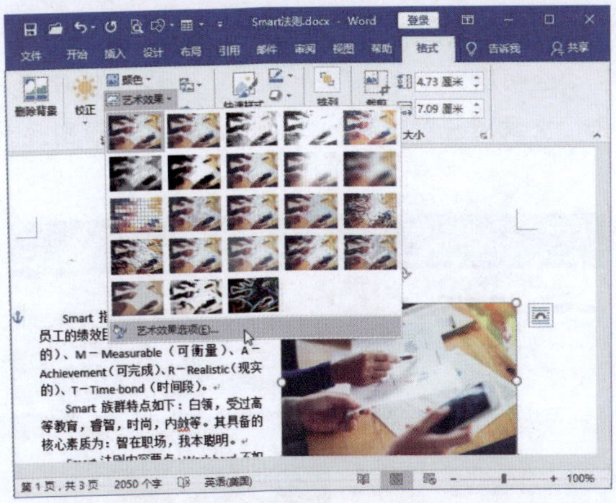

图 3-11　选择“艺术效果选项”选项

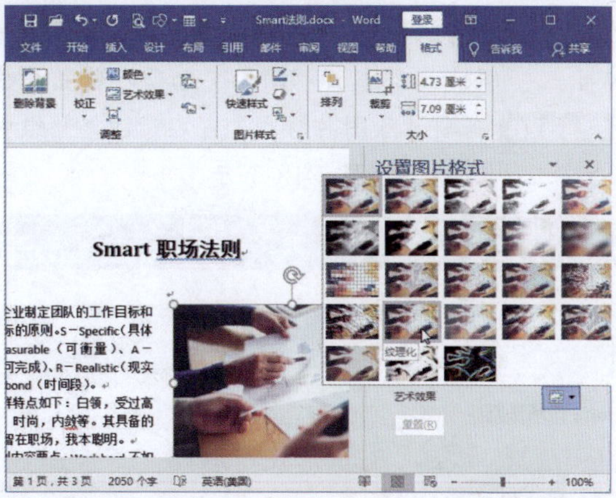

图 3-12　选择艺术效果

Step 03 根据需要设置“透明度”和“缩放”参数，如图 3-13 所示。

Step 04 选择“图片”选项卡，展开“图片颜色”选项，设置“饱和度”为 200，如图 3-14 所示。

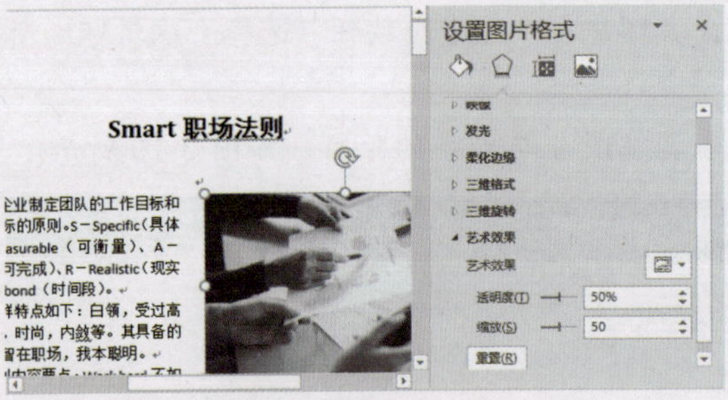

图 3-13　设置艺术效果

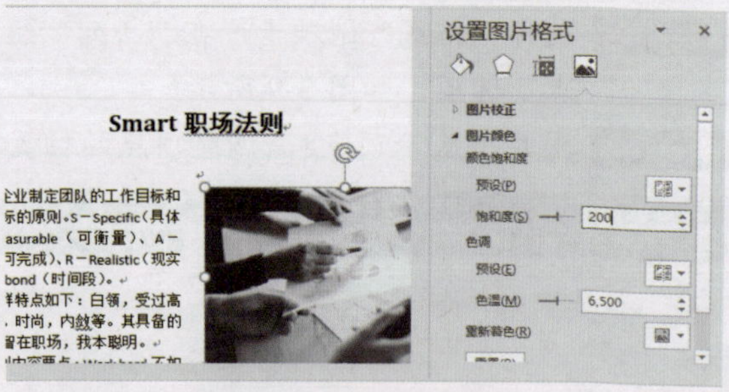

图 3-14　设置图片颜色

Step 05 选择图片，在“图片样式”组中单击“快速样式”下拉按钮，在弹出的下拉列表中选择所需的图片样式，如图 3-15 所示。

Step 06 在“图片样式”组中单击“图片边框”下拉按钮，在弹出的下拉列表中选择边框颜色，如图 3-16 所示。

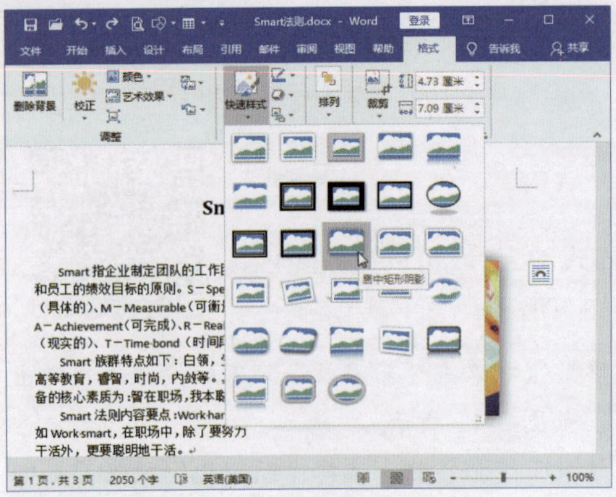

图 3-15　选择快速样式

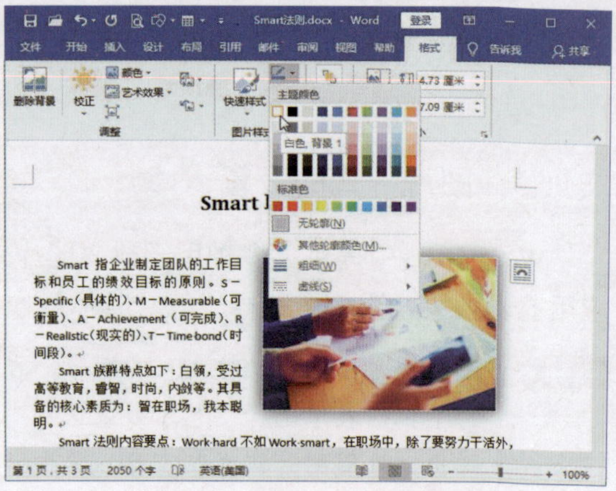

图 3-16　设置图片边框

Step 07 单击“图片样式”组右下角的扩展按钮，打开“设置图片格式”窗格，选择“效果”选项卡，展开“阴影”选项，设置“颜色”“透明度”“大小”等参数，如图 3-17 所示。

Step 08 若要清除图片样式，可在“调整”组中单击“重设图片”下拉按钮，选择“重设图片”选项，如图 3-18 所示。

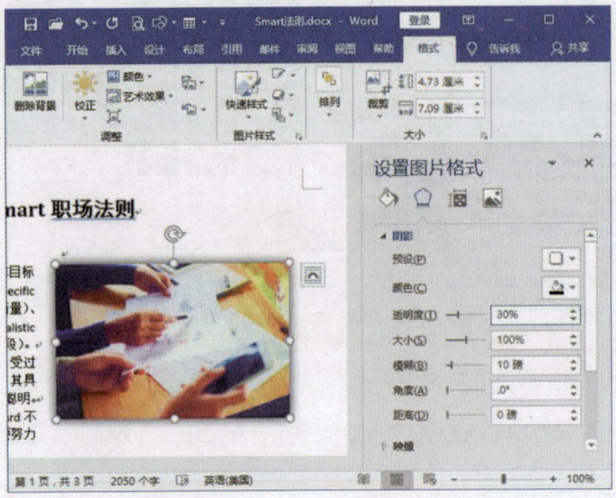

图 3-17　设置阴影效果

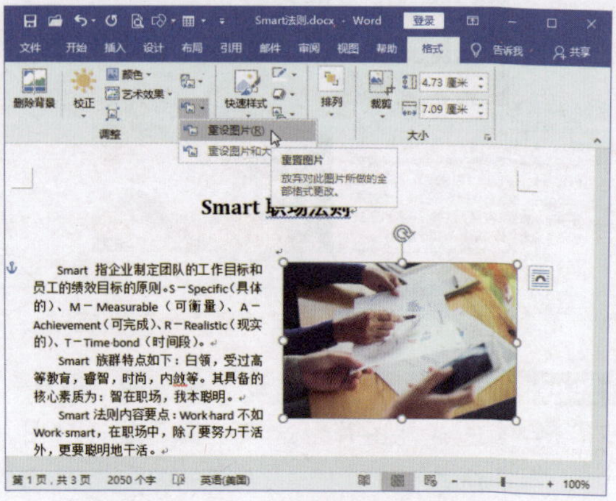

图 3-18　重设图片样式

实训 4　图片的裁剪

使用裁剪工具可以删除图片中不需要的部分，还可将图片裁剪成特定的形状，具体操作方法如下所述。

Step 01 在文档中插入图片，然后选择图片并右击，在弹出的浮动工具栏中单击“裁剪”按钮，如图 3-19 所示。

Step 02 进入图片裁剪状态，拖动裁剪框调整图片中要保留的区域，在文档中的其他位置单击即可完成裁剪操作，如图 3-20 所示。

图 3-19　单击“裁剪”按钮

图 3-20　调整裁剪区域

Step 03 选择图片并右击，单击“快速样式”下拉按钮，在弹出的下拉列表中选择所需的样式，如图 3-21 所示。

Step 04 选择图片，单击“裁剪”下拉按钮，选择“裁剪为形状”选项，在其子菜单中选择所需的形状样式，如图 3-22 所示。

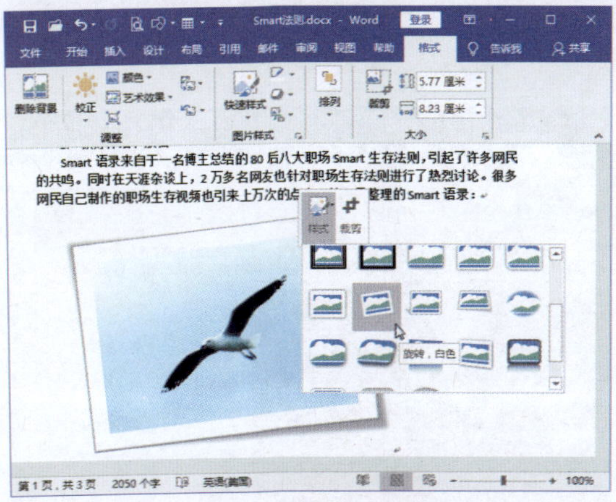

图 3-21　应用图片样式

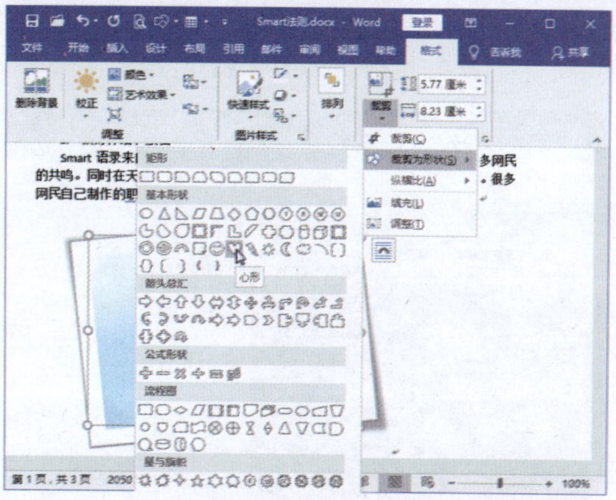

图 3-22　选择形状样式

Step 05 将图片裁剪成指定的形状样式，可以看到海鸥的部分图形被形状裁掉了。若这并不是我们所需的裁剪区域，还需对裁剪区域进行调整，如图 3-23 所示。

Step 06 单击“裁剪”按钮，进入裁剪状态，拖动图像调整其在裁剪形状中的位置，也可根据需要调整裁剪形状的大小，如图 3-24 所示。

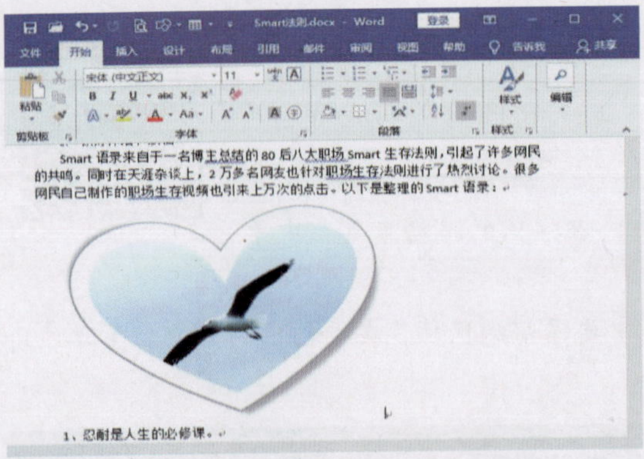

图 3-23　裁剪成形状样式

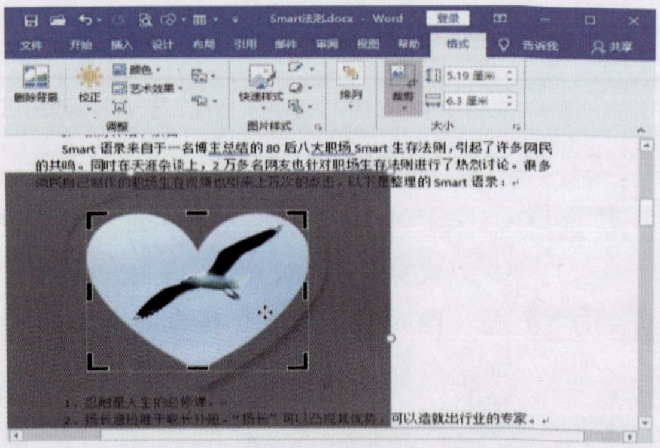

图 3-24　调整裁剪形状大小

实训 5　图片背景的删除

在 Word 2016 中可以轻松地将图片主题周围的背景图像删除，具体操作方法如下所述。

Step 01 选择图片，选择“格式”选项卡，在“调整”组中单击“删除背景”按钮，如图 3-25 所示。

Step 02 进入删除背景状态，紫色区域为要删除的区域。拖动线框，调整要保留的区域大小，如图 3-26 所示。

Step 03 在功能区中单击“标记要保留的区域”按钮，在图像中通过拖动或单击标记要保留的图片部分。同样，可以根据需要标记要删除的区域，然后单击“保留更改”按钮，如图 3-27 所示。

图 3-25　单击“删除背景”按钮

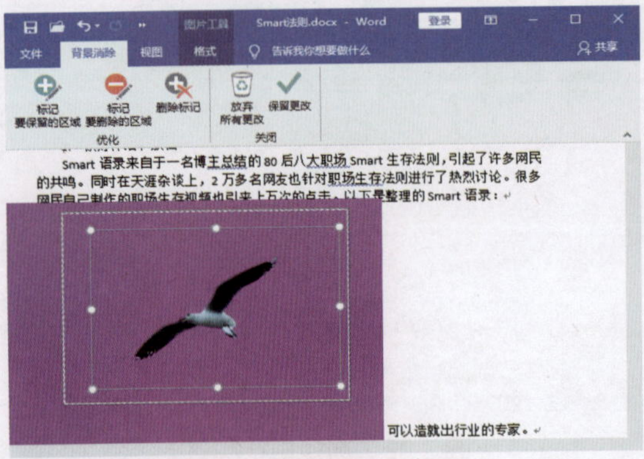

图 3-26　调整区域大小

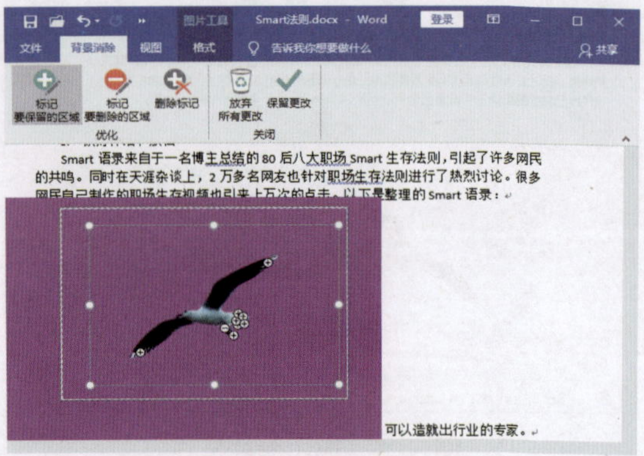

图 3-27　设置保留和删除区域

Step 04 查看删除图片背景后的图片效果，如图 3-28 所示。

Step 05 选择图片，单击“裁剪”按钮，调整裁剪框大小，单击文档其他位置确认裁剪操作，如图 3-29 所示。

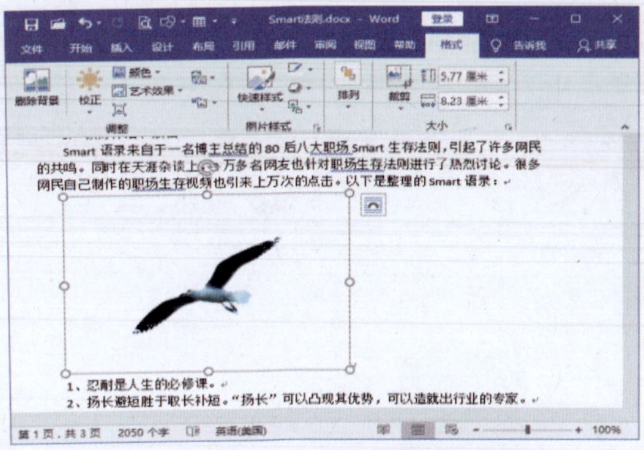

图 3-28　查看删除背景效果

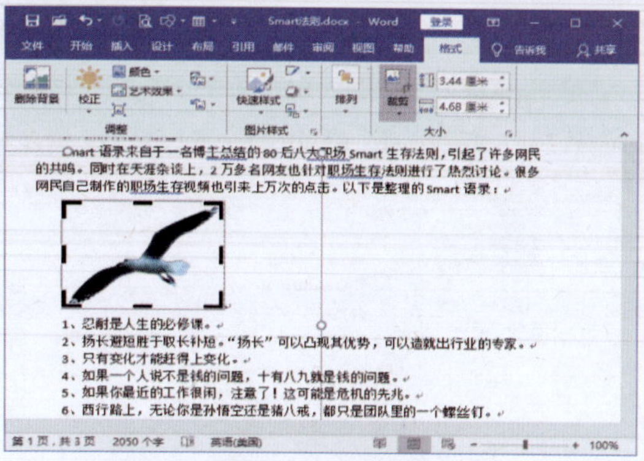

图 3-29　裁剪图片

Step 06 选择图片，单击其右上方的“布局选项”按钮，选择“紧密型环绕”选项，如图 3-30 所示。

Step 07 拖动图片到合适的位置，如图 3-31 所示。

Step 08 若图片与文本的间距较大，可以根据需要编辑文字环绕的顶点，如图 3-32 所示。

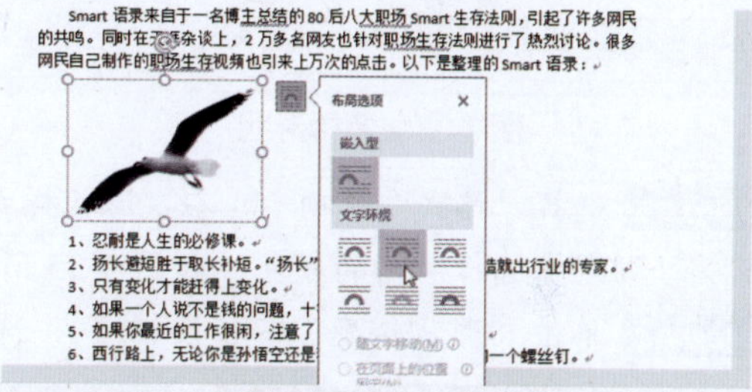

图 3-30　设置文字环绕

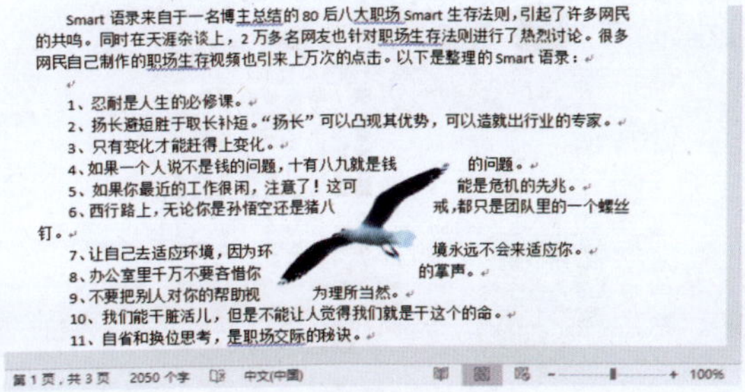

图 3-31　移动图片位置

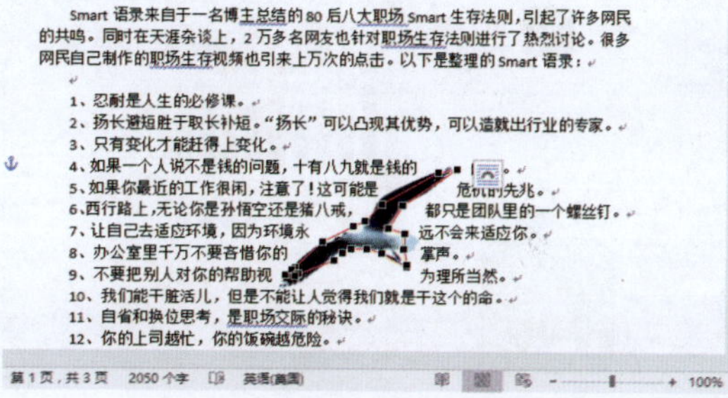

图 3-32　编辑文字环绕顶点

3.2　形状和文本框的使用

在 Word 2016 中提供了一套强大的图形绘制工具，利用软件提供的各种自选图形可以轻松绘制出美观、大方的图形或标志。下面将详细介绍形状和文本框的使用方法。

实训 1　图形的绘制

在 Word 2016 中预设的形状包括线条、基本几何形状、箭头、公式形状、流程图形状、星、旗帜和标注等类型。下面将介绍如何使用形状创建图形，具体操作方法如下所述。

Step 01 选择“插入”选项卡，在“插图”组中单击“形状”下拉按钮，选择“矩形：圆角”形状，如图 3-33 所示。

Step 02 鼠标指针变为十字形状，按住【Shift】键拖动鼠标绘制圆角矩形形状，如图 3-34 所示。

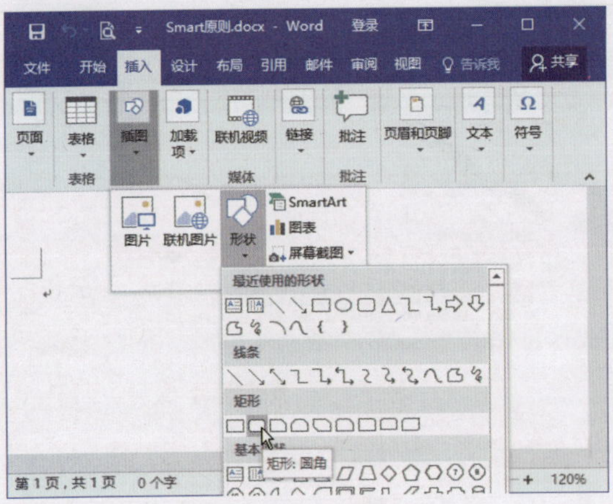

图 3-33　选择形状

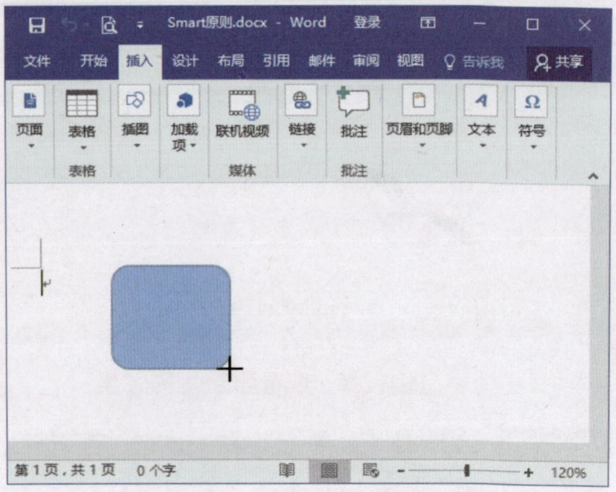

图 3-34　绘制形状

Step 03 选择“格式”选项卡，在“形状样式”组中单击“形状填充”下拉按钮，在弹出的列表中选择所需的颜色，如图 3-35 所示。

Step 04 单击“形状轮廓”下拉按钮，选择“无轮廓”选项，如图 3-36 所示。

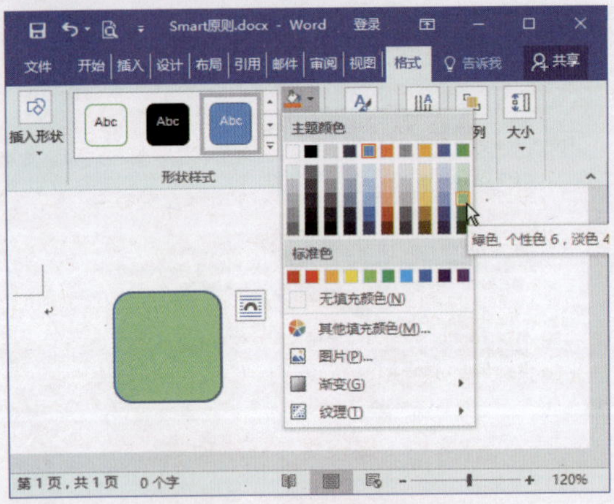

图 3-35　设置填充颜色

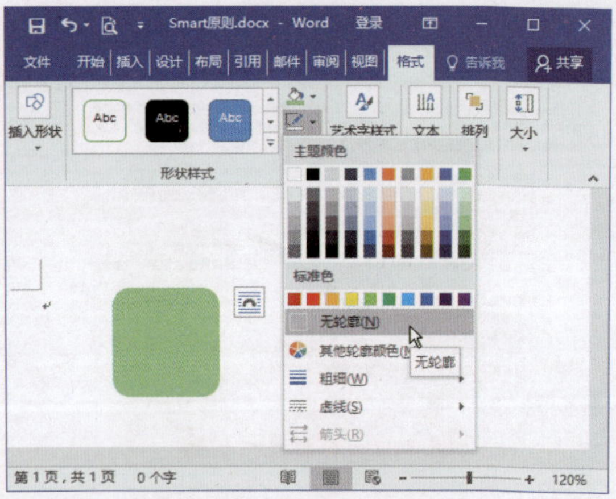

图 3-36　设置形状轮廓

Step 05 拖动形状上的控制点，调整圆角大小，如图 3-37 所示。

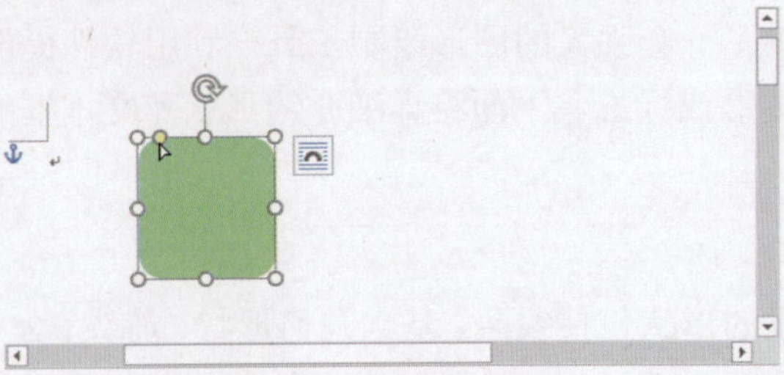

图 3-37　调整形状样式

Step 06 单击“大小”组右下角的扩展按钮，弹出“布局”对话框，设置形状的高度和宽度，然后设置旋转角度，单击“确定”按钮，如图 3-38 所示。

Step 07 改变形状的大小和旋转角度，效果如图 3-39 所示。

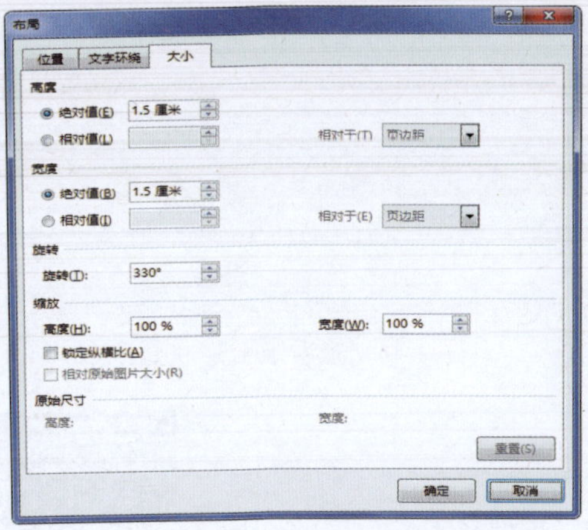

图 3-38　“布局”对话框

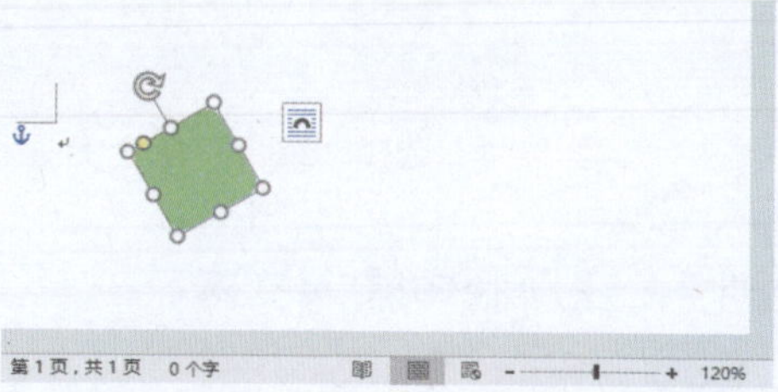

图 3-39　查看形状效果

Step 08 采用同样的方法，在文档中绘制一个圆角矩形，并设置形状样式，效果如图 3-40 所示。

图 3-40　绘制圆角矩形

实训 2　图形的排列

当形状重叠时，可以通过排列图形更改形状的前后次序，具体操作方法如下所述。

Step 01 右击大的矩形形状，选择“置于底层”|“下移一层”命令，如图 3-41 所示。

Step 02 将所选形状下移一层，效果如图 3-42 所示。

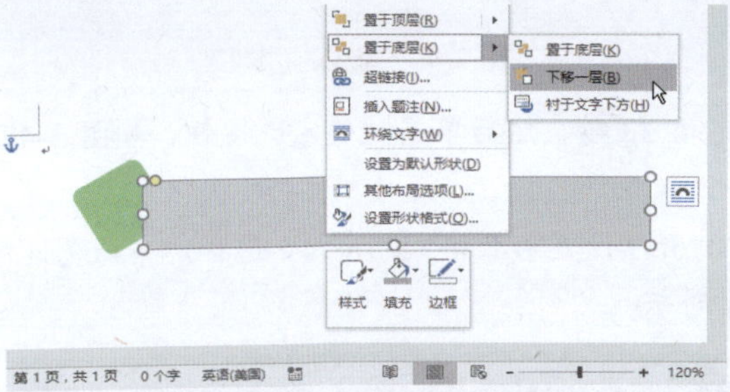

图 3-41　选择“下移一层”命令

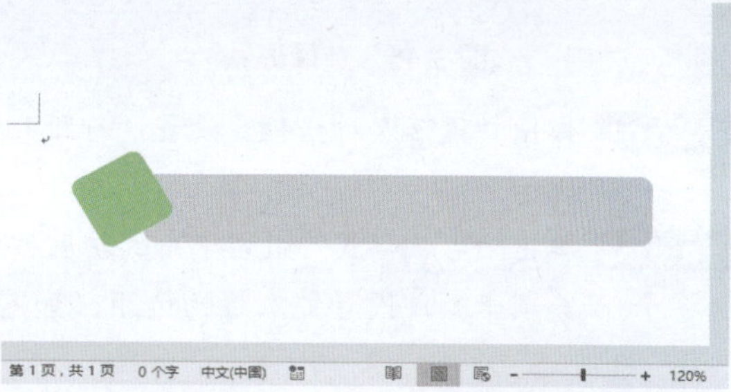

图 3-42　查看排列效果

实训 3　图形的组合

若要同时调整多个形状，可以将这些形状组合到一起，具体操作方法如下所述。

Step 01 按住【Shift】键的同时选择两个形状并右击，选择“组合”命令，如图 3-43 所示。

Step 02 将两个形状组合到一起，效果如图 3-44 所示。

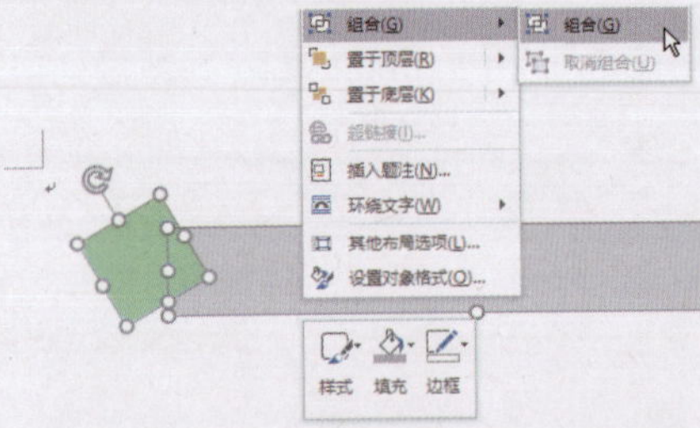

图 3-43　选择"组合"命令

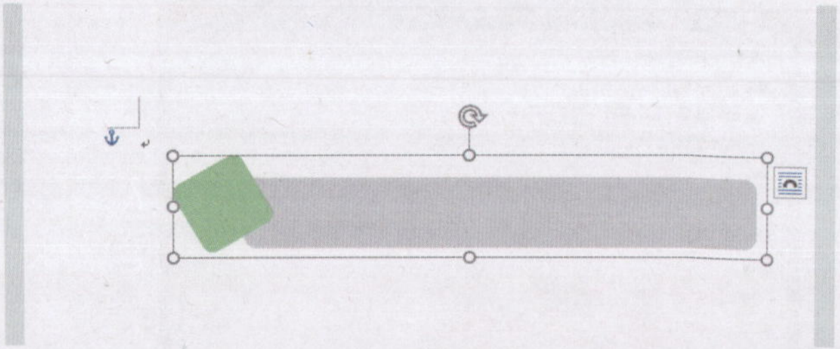

图 3-44　查看组合形状效果

实训 4　在形状中输入文本

插入形状后，可以在形状中直接输入所需的文本，并对文本进行字体和段落格式的设置。在形状中输入文本的方法非常简便，具体操作方法如下所述。

Step 01 选择组合形状中左侧的圆角矩形，如图 3-45 所示。

Step 02 直接输入字符 S，在"字体"组中设置字体格式，然后单击"段落"组右下角的扩展按钮，如图 3-46 所示。

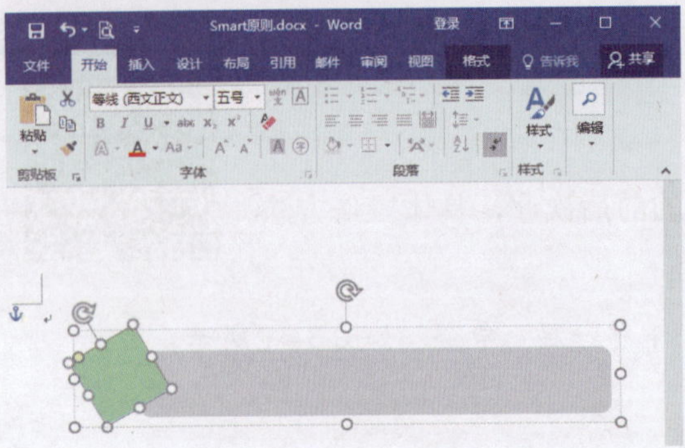

图 3-45　选择形状

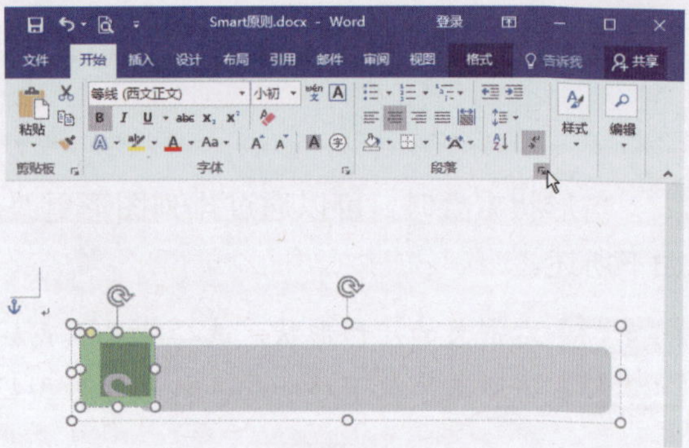

图 3-46　输入文本

Step 03 弹出"段落"对话框，设置"行距"为固定值 33 磅，然后单击"确定"按钮，如图 3-47 所示。

Step 04 单击"形状样式"组右下角的扩展按钮，打开"设置形状格式"窗格，选择"布局属性"选项卡，设置文本框的边距，如图 3-48 所示。

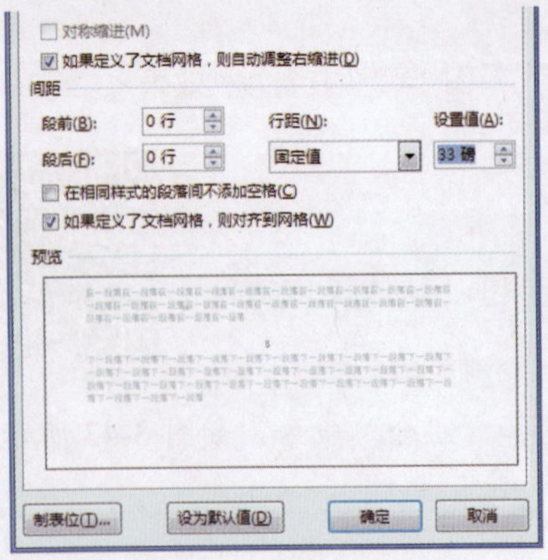

图 3-47　设置行距

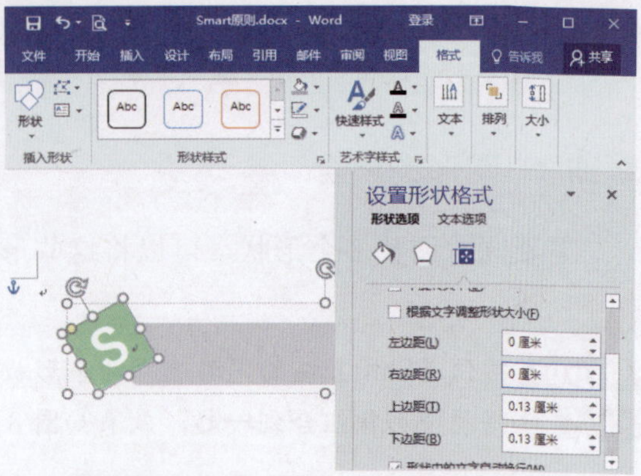

图 3-48　设置文本框的边距

Step 05 采用同样的方法，在右侧矩形中输入文本，在“设置形状格式”窗格中设置文本框的边距，如图 3-49 所示。

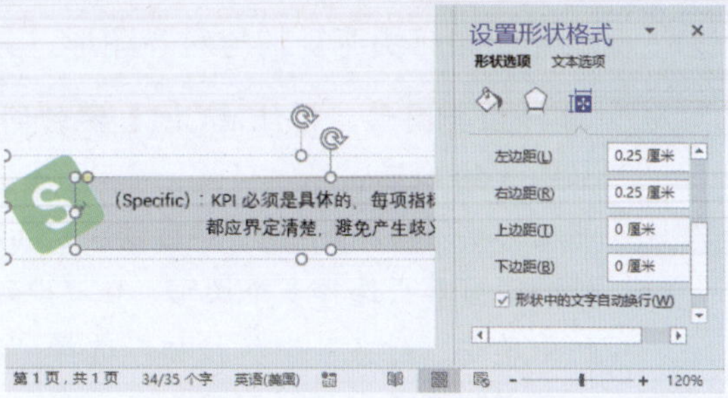

图 3-49　在形状中输入文本

实训 5　文本效果的添加

为形状中的文本添加文本效果，可以使其看起来更加美观，具体操作方法如下所述。

Step 01 选择左侧的圆角矩形，单击“艺术字样式”组右下角的扩展按钮，如图 3-50 所示。

Step 02 打开“设置形状格式”窗格，选择“文本填充与轮廓”选项卡，设置文本填充颜色为白色，如图 3-51 所示。

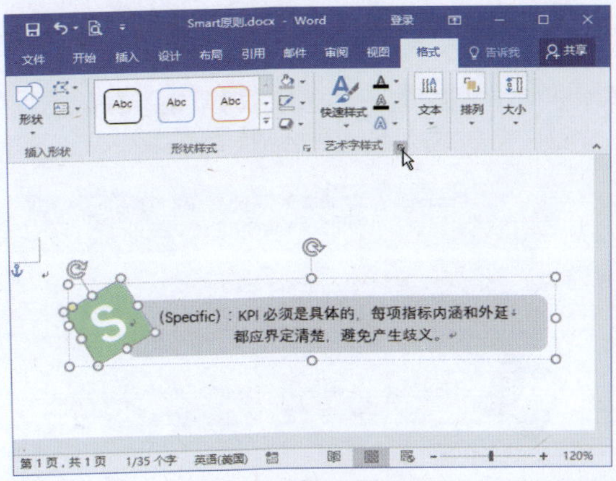

图 3-50　选择形状

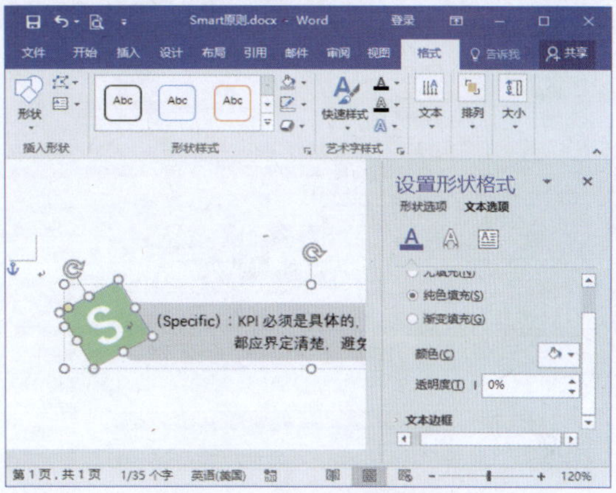

图 3-51　设置文本填充

Step 03 在“文本边框”组中选中“实线”单选按钮，然后设置文本边框颜色，如图 3-52 所示。

Step 04 选择“文字效果”选项卡，在“阴影”组中设置阴影效果，自定义各项参数，如图 3-53 所示。

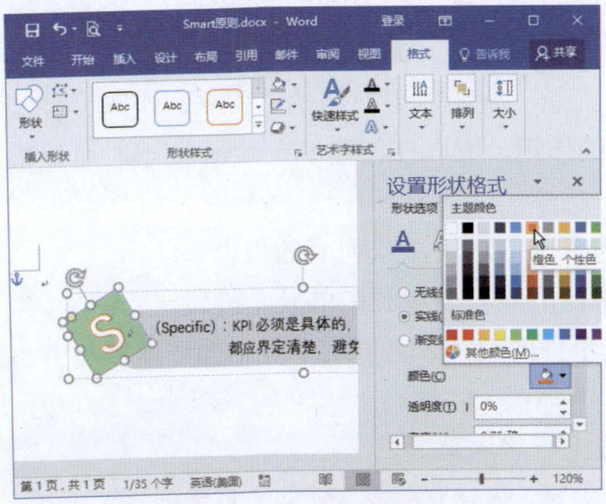

图 3-52　设置文本线条

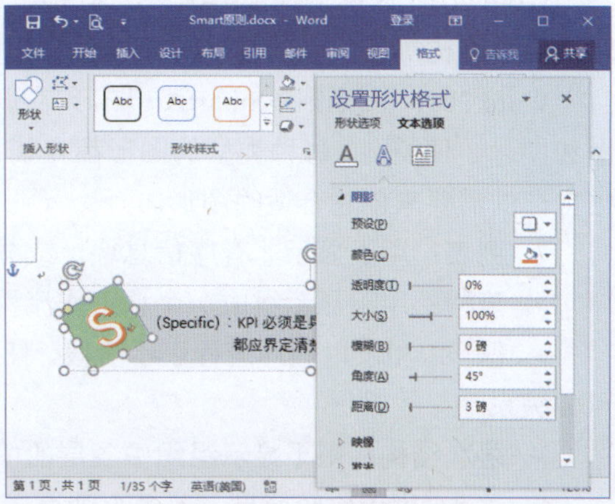

图 3-53　设置文本阴影效果

实训 6　图形的复制与对齐

下面将介绍如何快速复制与对齐图形，具体操作方法如下所述。

Step 01 选择组合图形，按住【Ctrl】键的同时向下拖动图形即可进行复制，如图 3-54 所示。

Step 02 根据需要复制多个图形，然后按住【Shift】键的同时单击选择多个图形，在“排列”组中单击“对齐”下拉按钮，选择“纵向分布”选项，如图 3-55 所示。

Step 03 根据需要修改形状中的文本，然后修改形状样式和文本样式，如图 3-56 所示。

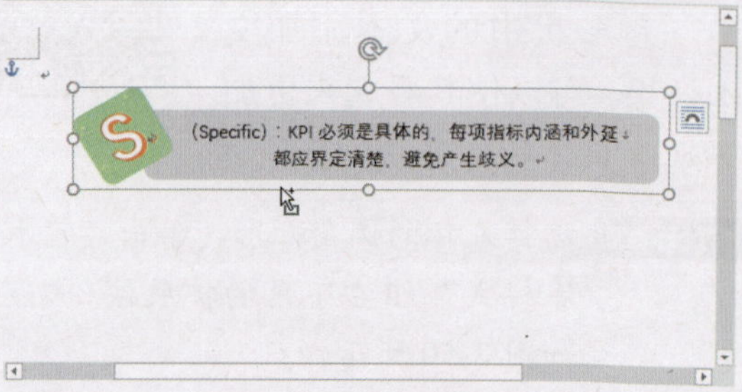

图 3-54　复制图形

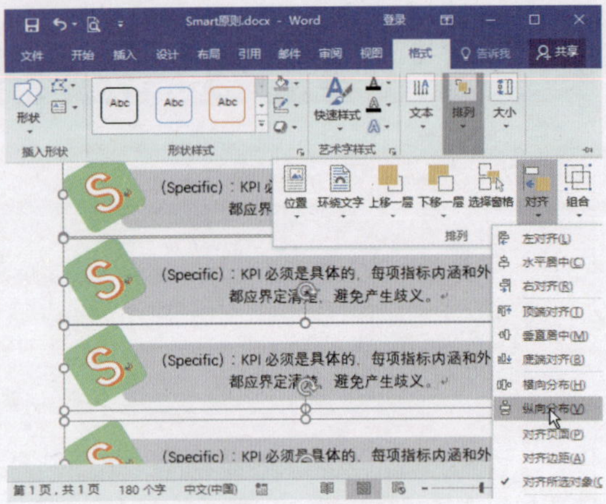

图 3-55　对齐图形

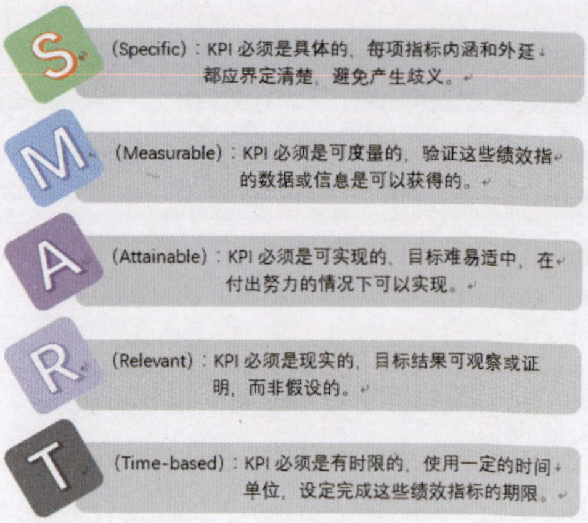

图 3-56　修改文本

3.3　SmartArt 图形的使用

Word 2016 提供了 SmartArt 图形功能，可以帮助用户在文档中轻松绘制列表、流程、循环及层次结构等相关联的图形对象，使文档更加形象、生动，并容易理解。

Word 2016 中预设的 SmartArt 图形有列表、流程、循环、层次结构、关系、矩阵、棱锥图和图片 8 种类别，每种类型的图形都有其各自的作用，所以在创建 SmartArt 图形时可以根据自己的需要来创建合适的图形。

- **列表**：用于显示非有序信息块，或分组的多个信息块，或列表的内容。
- **流程**：用于显示组成一个总工作流程的路径，或一个步骤中的几个阶段。
- **循环**：用于以循环流程表示阶段、任务或事件的过程，也可用于显示循环途径与中心点的关系。
- **层次结构**：用于显示组织中各层的关系或上下级关系。
- **关系**：用于比较或显示若干个观点之间的关系，有对立关系、延伸关系或促进关系等。
- **矩阵**：用于显示部分与整体的关系。

➢ **棱锥图：**用于显示比例关系、互联关系或层次关系，按照从高到低或从低到高的顺序进行排列。

➢ **图片：**包括一些可以插入图片的 SmartArt 图形，图形布局包括以上 7 种类型。

实训 1　SmartArt 图形的插入

下面以制作 PDCA 循环图形为例介绍如何插入 SmartArt 图形，具体操作方法如下所述。

Step 01 新建“PDCA 循环.docx”文档，选择“插入”选项卡，单击“插图”组中的 SmartArt 按钮，如图 3-57 所示。

Step 02 弹出“选择 SmartArt 图形”对话框，在左侧选择“循环”选项，在右侧选择“基本循环”图形类型，然后单击“确定”按钮，如图 3-58 所示。

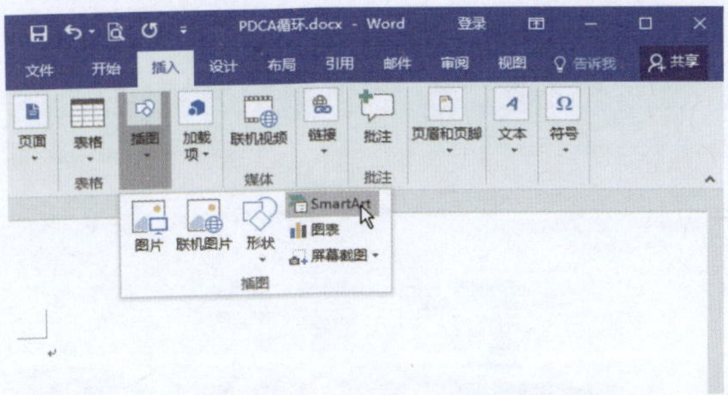

图 3-57　单击 SmartArt 按钮

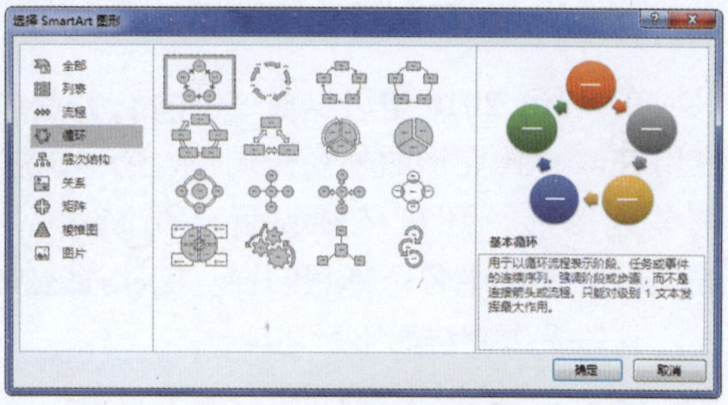

图 3-58　选择图形类型

Step 03 在文档窗口中插入基本循环类型的 SmartArt 图形。选择其中的一个形状，按【Delete】键将其删除，如图 3-59 所示。

Step 04 在 SmartArt 图形的各个文本占位符中输入所需的文本，如图 3-60 所示。

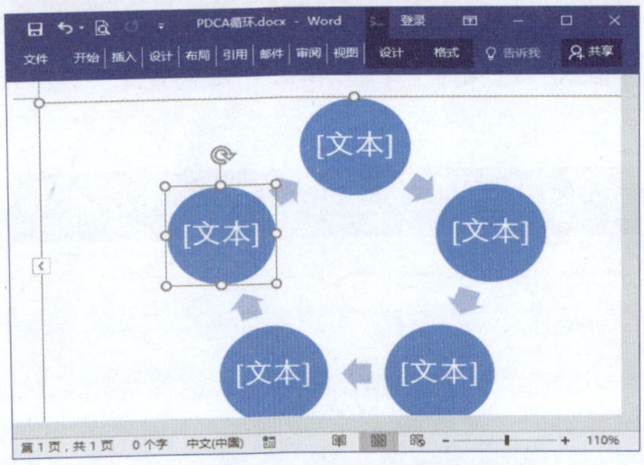

图 3-59　选择并删除形状

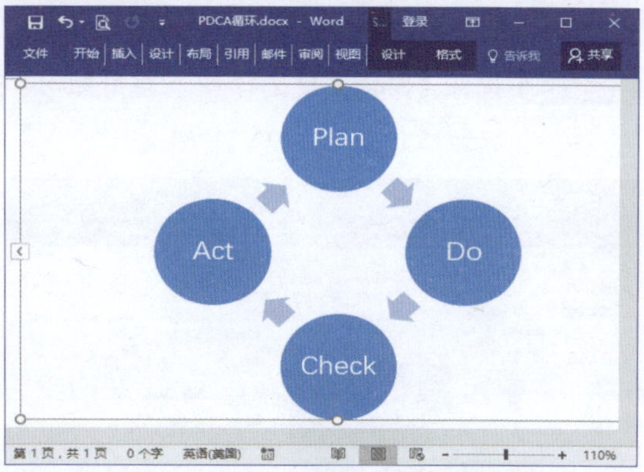

图 3-60　输入文本

Step 05 选择“设计”选项卡，单击“更改布局”下拉按钮，选择所需的图形类型，如图 3-61 所示。

Step 06 更改 SmartArt 图形类型，效果如图 3-62 所示。

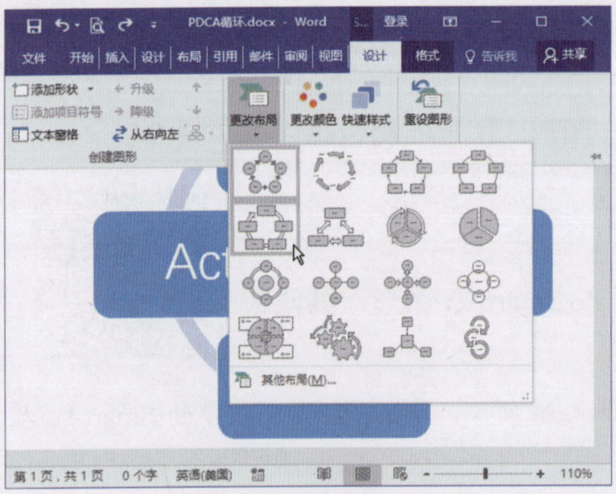

图 3-61　选择图形类型

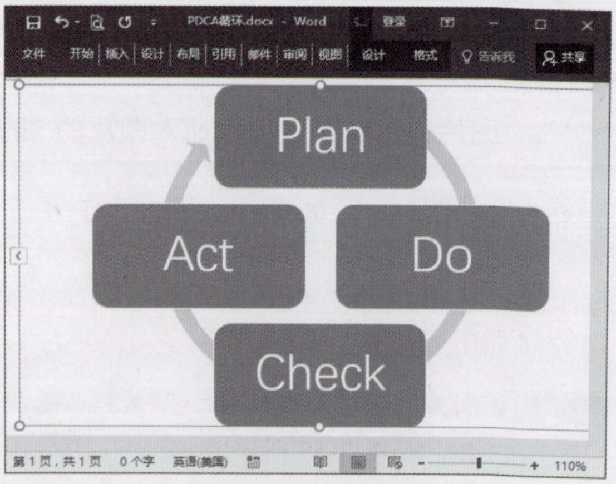

图 3-62　更改图形类型

实训 2　SmartArt 图形样式的设置

在 Word 2016 中可以通过应用 SmartArt 图形的外观样式来美化图形，还可单独设置 SmartArt 图形中各个形状的样式，具体操作方法如下所述。

Step 01 在“SmartArt 样式”组中单击“更改颜色”下拉按钮，选择所需的颜色样式，如图 3-63 所示。

Step 02 单击“快速样式”下拉按钮，在弹出的下拉列表中选择所需的图形样式，如图 3-64 所示。

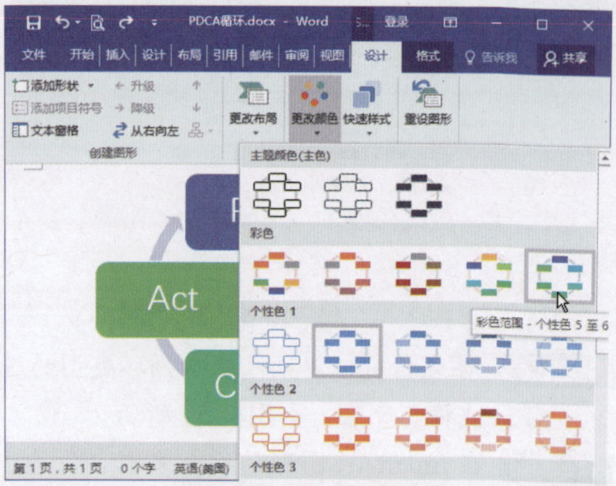

图 3-63　选择颜色样式

Step 03 按住【Shift】键选择四个圆角矩形，选择“格式”选项卡，在“形状”组中单击“减小”按钮，如图 3-65 所示。

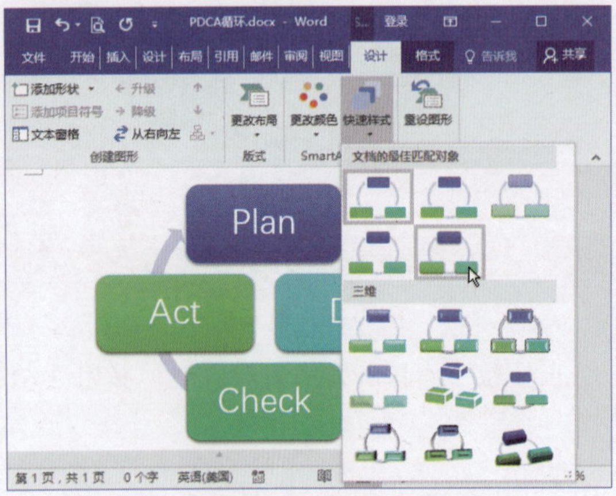

图 3-64　选择图形样式

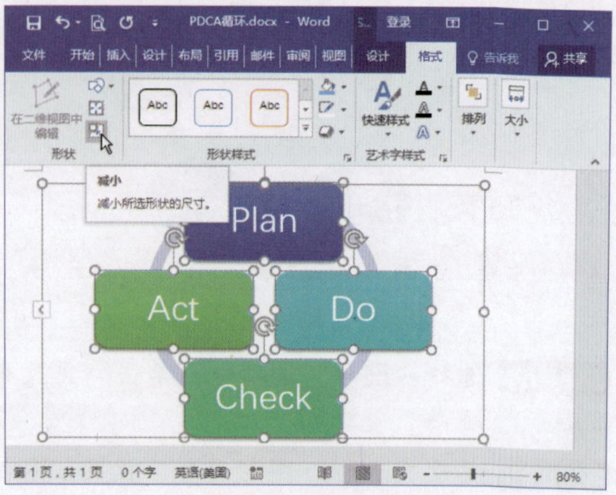

图 3-65　减小形状

Step 04 单击“更改形状”下拉按钮，在弹出的下拉列表中选择“立方体”形状，如图 3-66 所示。

Step 05 将圆角矩形更改为立方体形状，效果如图 3-67 所示。

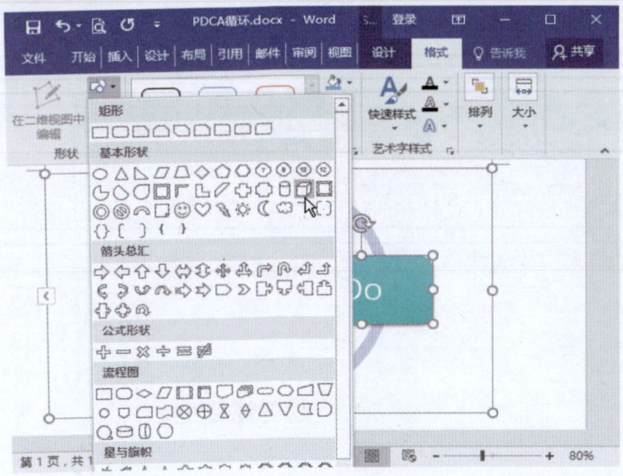

图 3-66　更改形状

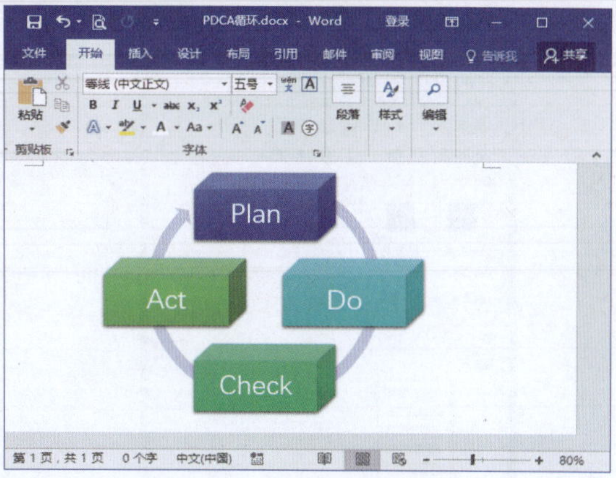

图 3-67　更改形状效果

3.4　文档页面格式的设置

页面实际上就是文档的一个版面，文档内容编辑得再好，若没有进行恰当的页面设置和页面排版，最终输出的文档也会逊色不少。下面将介绍如何对 Word 文档的页面格式进行设置。

实训 1　页边距的设置

页边距是指页面内容和页面边缘之间的距离。具体操作方法如下所述。

Step 01 打开“素材文件\第 3 章\财务管理制度.docx”，在“页面设置”组中单击“页边距”下拉按钮，选择“适中”选项，即将文档的页边距设置为上、下 2.54 厘米，左、右 1.91 厘米，如图 3-68 所示。

Step 02 单击“页面设置”组右下角的扩展按钮，如图 3-69 所示。

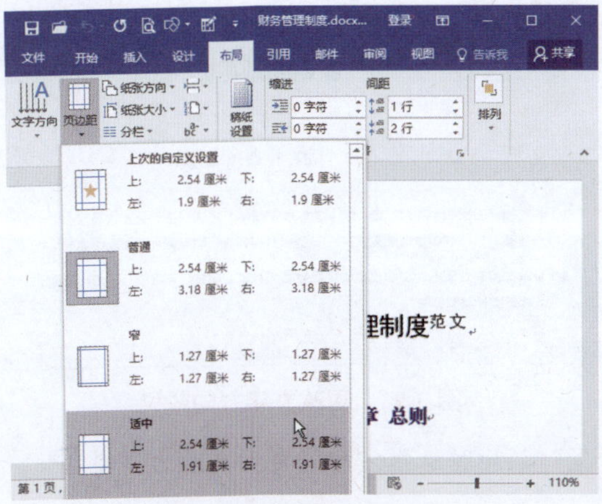

图 3-68　选择页边距

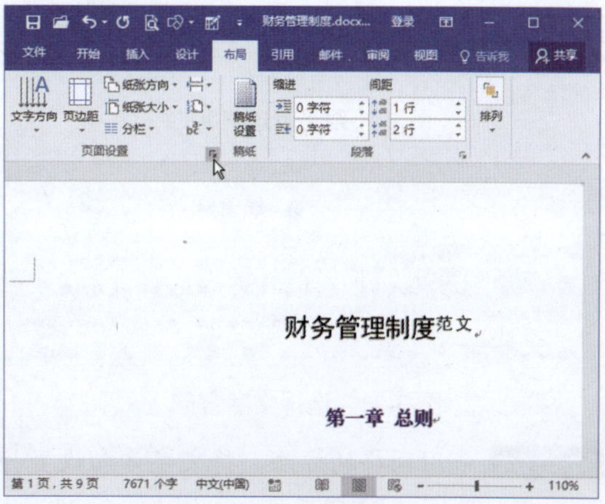

图 3-69　单击扩展按钮

Step 03 弹出“页面设置”对话框，在“页边距”选项区中分别设置页边距大小，设置装订线位置，然后单击“确定”按钮，如图 3-70 所示。

Step 04 查看更改页边距后的文档效果，如图 3-71 所示。

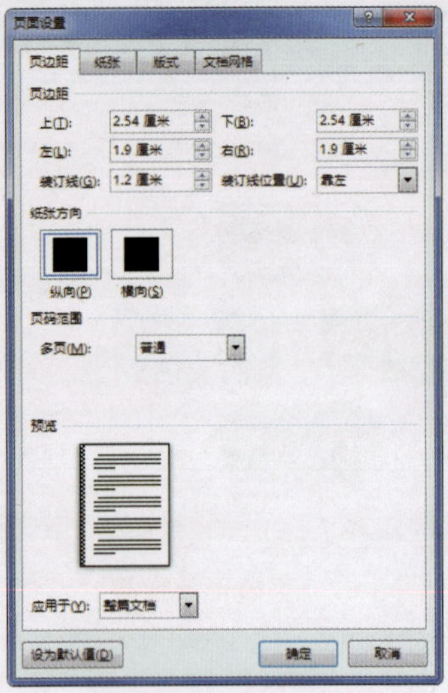

图 3-70　设置页边距

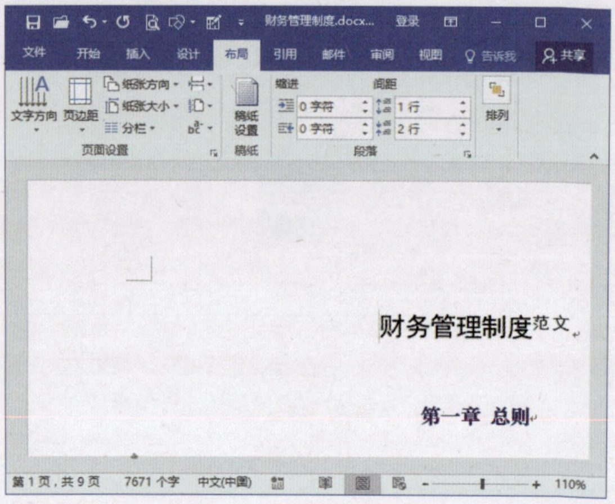

图 3-71　设置页边距效果

实训 2　纸张与文字方向的设置

默认情况下，纵向使用纸张时文字呈横向排列。用户可以根据需要更改文字方向与纸张方向，具体操作方法如下所述。

Step 01 选择“布局”选项卡，单击“文字方向”下拉按钮，选择“将中文字符旋转 270°”选项，如图 3-72 所示。

Step 02 查看中文字符旋转 270° 后的页面显示效果，如图 3-73 所示。

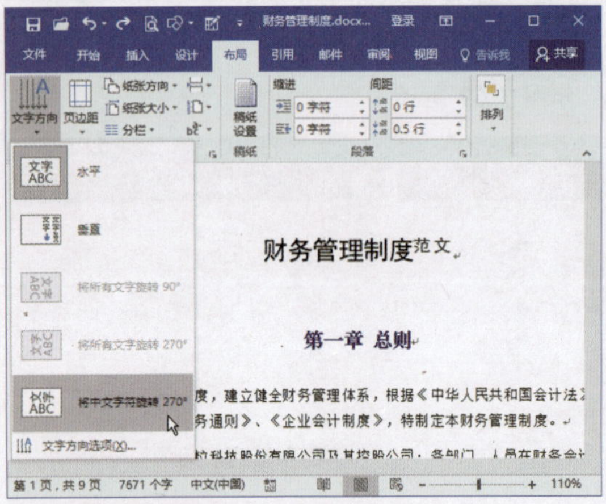

图 3-72　选择文字方向

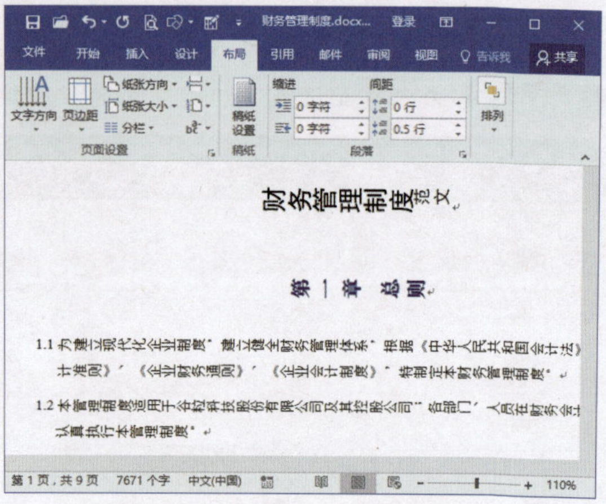

图 3-73　更改文字方向效果

Step 03 采用同样的方法，将文字方向设置为“垂直”，此时纸张方向将自动更改为“横向”，如图 3-74 所示。

Step 04 单击“纸张方向”下拉按钮，在弹出的下拉列表中选择“纵向”选项，如图 3-75 所示。

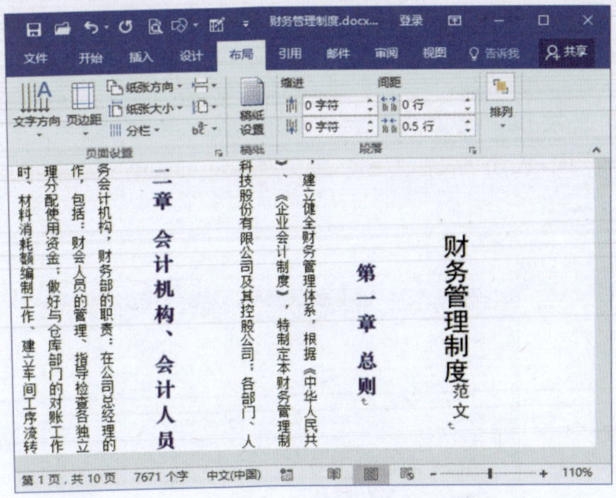

图 3-74　更改文字方向

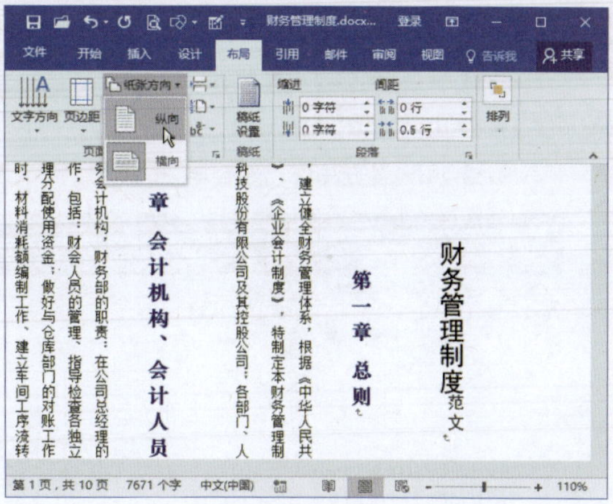

图 3-75　更改纸张方向

实训 3　纸张大小的设置

默认情况下，Word 2016 中的纸型标准是 A4，即宽度是 21 厘米，高度是 29.7 厘米。用户可以根据需要自定义纸张大小，具体操作方法如下所述。

Step 01 选择“布局”选项卡，单击“页面设置”组中的“纸张大小”下拉按钮，选择需要的纸型，如“16 开”，如图 3-76 所示。

Step 02 弹出“页面设置”对话框，选择“纸张”选项卡，在“宽度”和“高度”数值框中分别输入数值，然后单击“确定”按钮，如图 3-77 所示。

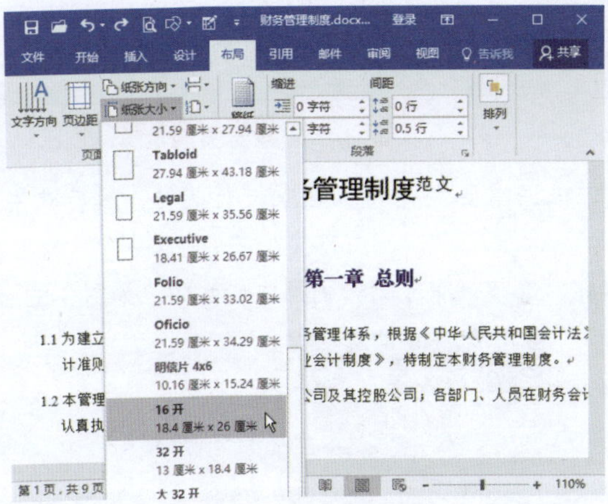

图 3-76　选择纸张大小

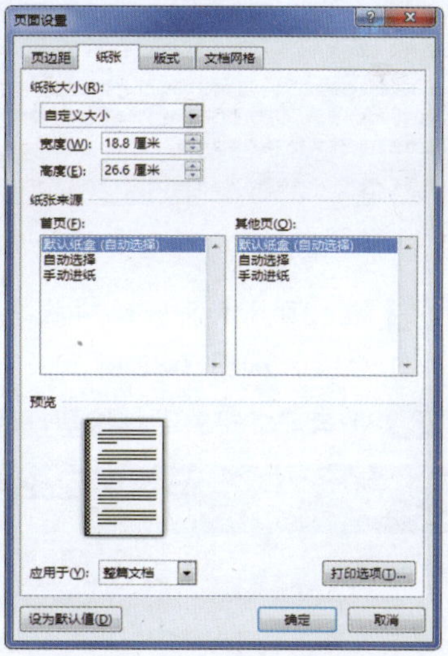

图 3-77　自定义纸张大小

实训 4　水印的添加

水印效果类似于一种页面背景，水印中的内容大多是文档所有者名称等信息。Word 2016 提供了图片与文字两种水印，用户可以自定义水印效果，具体操作方法如下所述。

Step 01 选择“设计”选项卡，在“页面背景”组中单击“水印”下拉按钮，选择“自定义水印”选项，如图 3-78 所示。

Step 02 弹出“水印”对话框，选中“文字水印”单选按钮，设置文字水印的格式，取消选择“半透明”复选框，然后单击“应用”按钮，如图 3-79 所示。

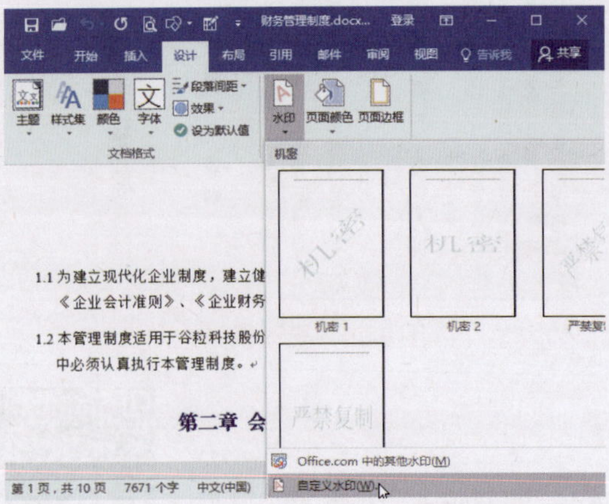

图 3-78 选择“自定义水印”选项

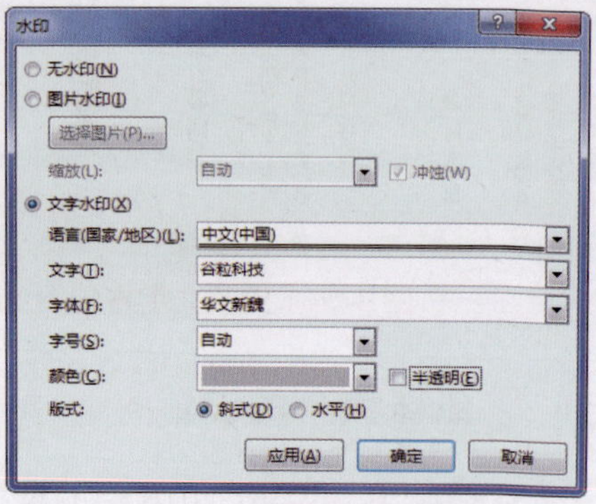

图 3-79 设置文字水印

Step 03 在文档中查看自定义的文字水印效果，如图 3-80 所示。

Step 04 在页面的页眉位置双击鼠标左键，如图 3-81 所示。

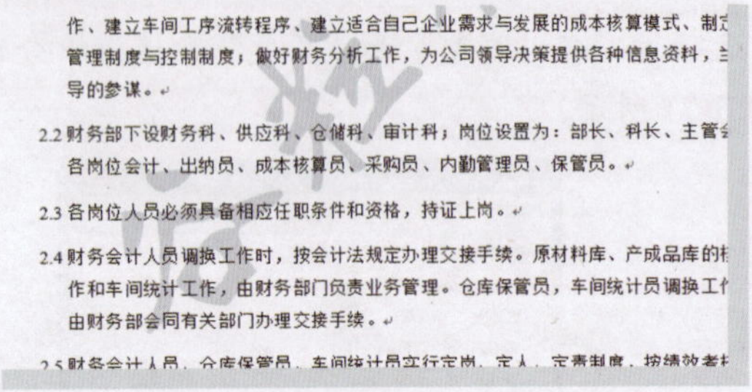

图 3-80 查看文字水印效果

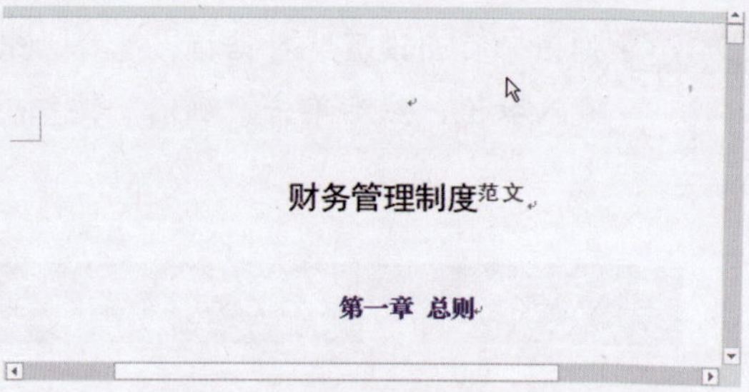

图 3-81 双击页眉位置

Step 05 进入页眉和页脚编辑状态，选择水印，根据需要调整其位置或进行旋转，然后双击正文位置，如图 3-82 所示。

Step 06 单击“水印”下拉按钮，选择“删除水印”选项，即可删除文档中的水印，如图 3-83 所示。

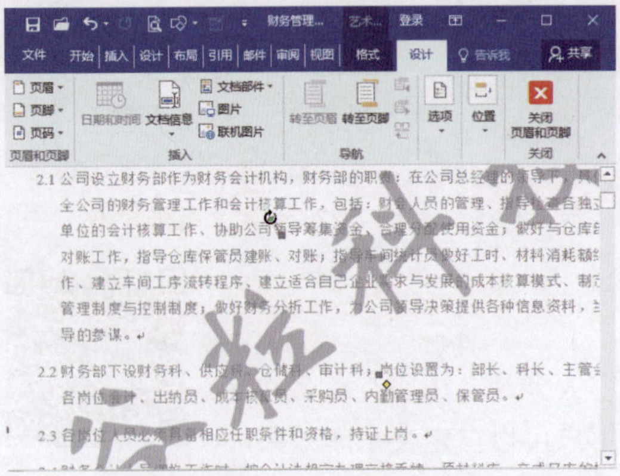

图 3-82 调整文字水印

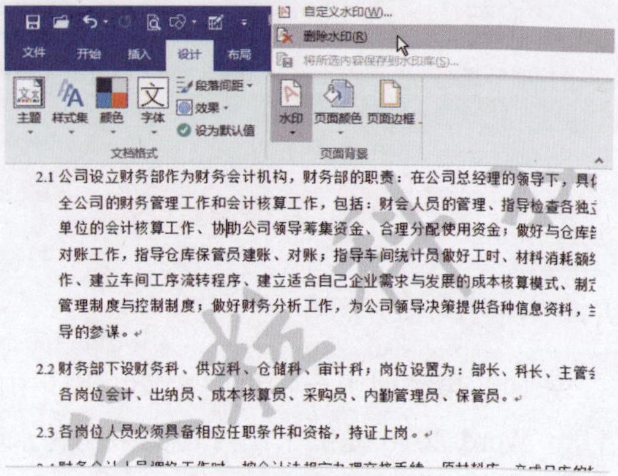

图 3-83 删除水印

实训 5　页面背景的设置

页面背景显示在页面底层，默认为白色背景，用户可以根据需要更改页面的背景颜色，还可将纹理、图案或图片设置为页面背景。通过设置页面背景，可以制作出许多色彩亮丽的文档，使文档活泼明快，让读者在阅读过程中有一种愉悦的感受，具体操作方法如下所述。

Step 01 选择“设计”选项卡，在“页眉背景”组中单击“页面颜色”下拉按钮，选择所需的颜色，即可在文档中应用纯色背景效果，如图 3-84 所示。

Step 02 单击“页面颜色”下拉按钮，在弹出的下拉列表中选择“填充效果”选项，如图 3-85 所示。

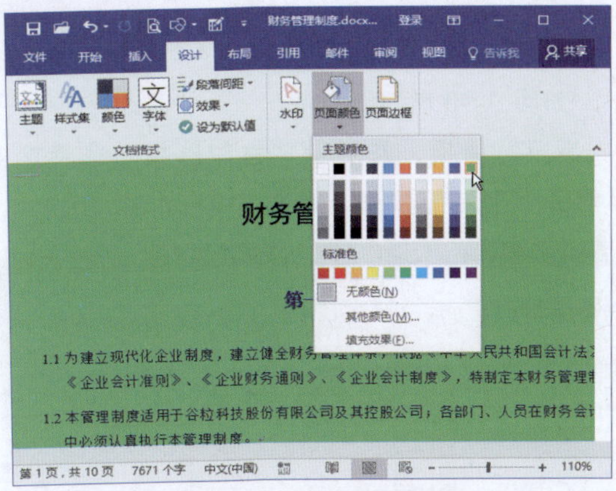

图 3-84　设置纯色背景

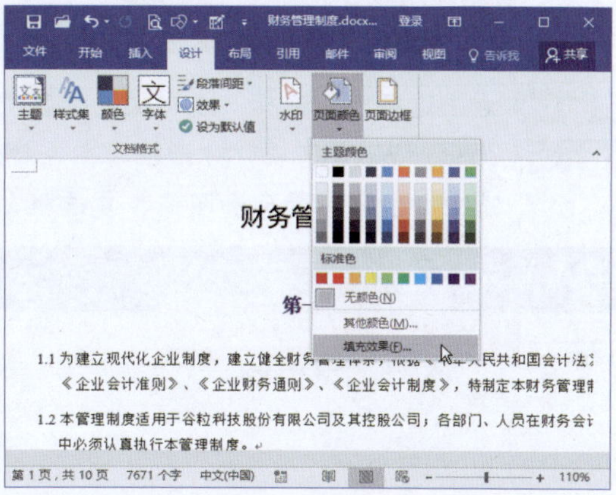

图 3-85　选择“填充效果”选项

Step 03 弹出“填充效果”对话框，选择“渐变”选项卡，选中“双色”单选按钮，选择颜色 1 和颜色 2 的颜色，设置“底纹样式”和“变形”，然后单击“确定”按钮，如图 3-86 所示。

Step 04 查看应用了渐变颜色后的文档页面效果，如图 3-87 所示。

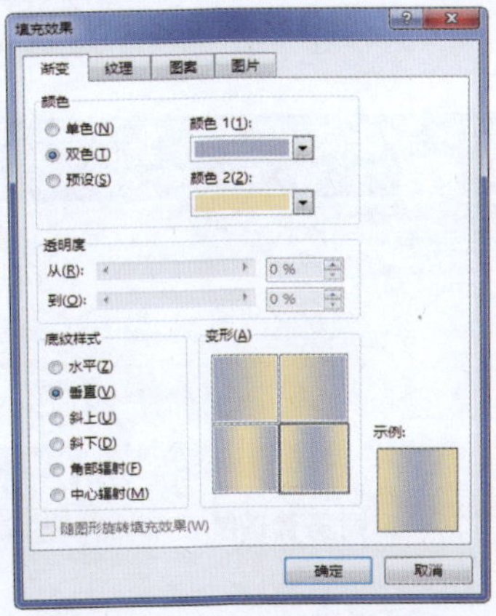

图 3-86　设置渐变填充

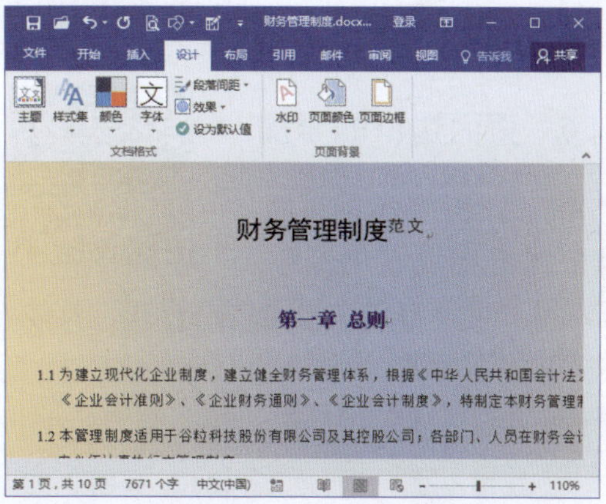

图 3-87　渐变填充效果

Step 05 打开“填充效果”对话框，选择“图案”选项卡，设置前景色和背景色，选择图案，然后单击“确定”按钮，如图 3-88 所示。

Step 06 查看应用了图案背景的页面效果，如图 3-89 所示。

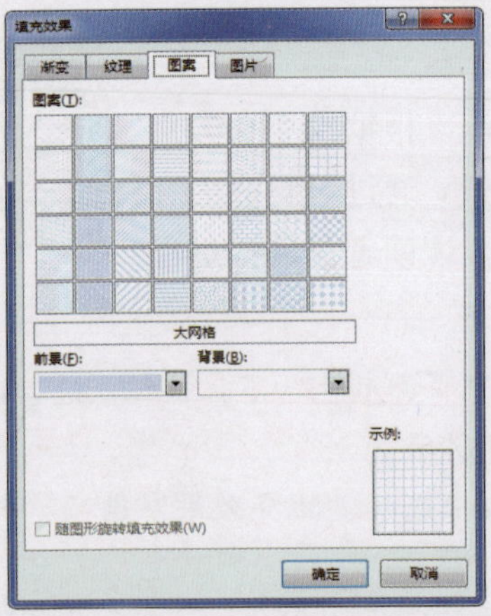

图 3-88　设置图案填充

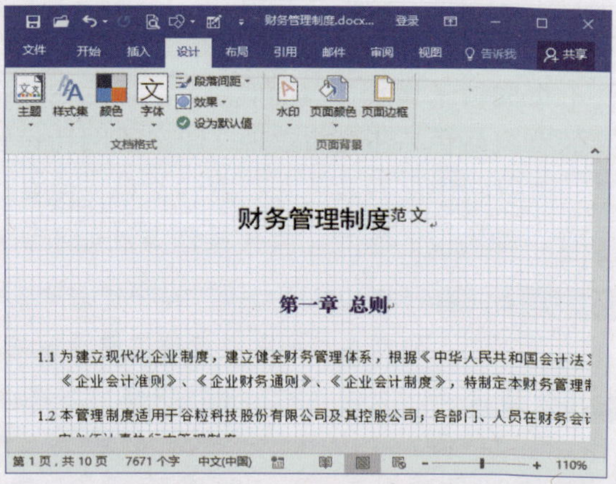

图 3-89　图案填充效果

Step 07 右击选项卡，选择“自定义功能区”命令，如图 3-90 所示。

Step 08 弹出“Word 选项”对话框，在左侧选择“显示”选项，在右侧“打印选项”选项区中选中“打印背景色和图像”复选框，然后单击“确定”按钮，如图 3-91 所示。

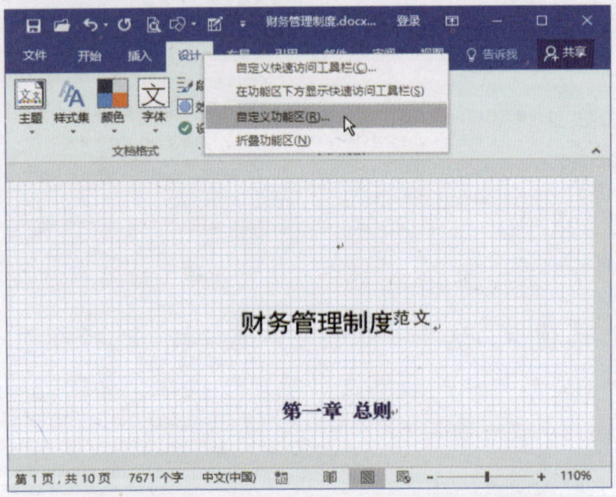

图 3-90　选择“自定义功能区”命令

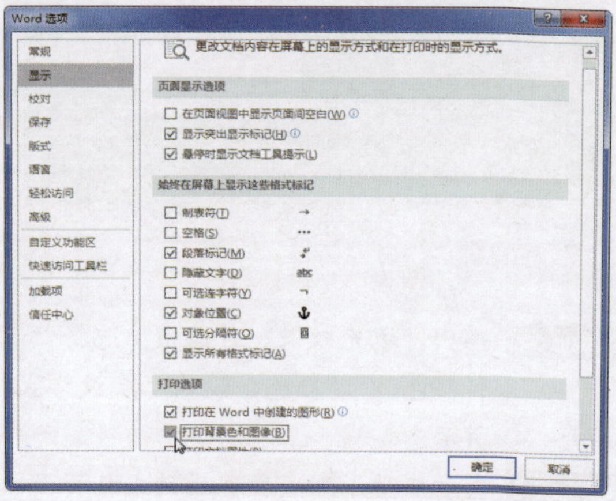

图 3-91　设置打印背景色和图像

实训 6　页面边框的添加

对于文档中特殊的页面，可以根据需要在其周围添加边框，用户可以自定义页面边框样式，具体操作方法如下所述。

Step 01 选择“设计”选项卡，在“页面背景”组中单击“页面边框”按钮，如图 3-92 所示。

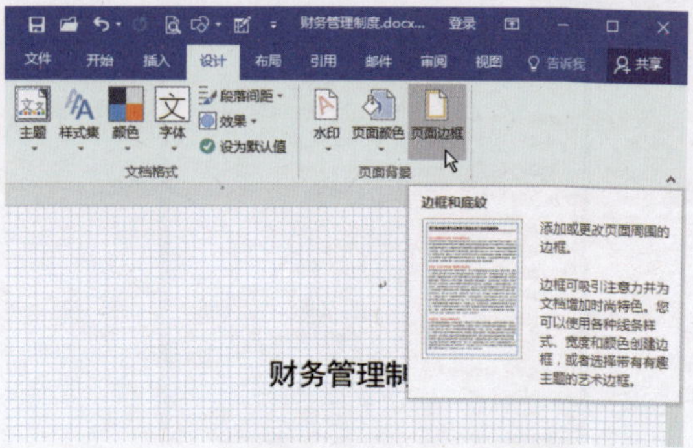

图 3-92　单击“页面边框”按钮

Step 02 弹出“边框和底纹”对话框，在“艺术型”下拉列表框中选择边框类型，设置宽度，然后单击“选项”按钮，如图 3-93 所示。

Step 03 弹出“边框和底纹选项”对话框，设置页面边框距页边的距离，然后单击“确定”按钮，如图 3-94 所示。

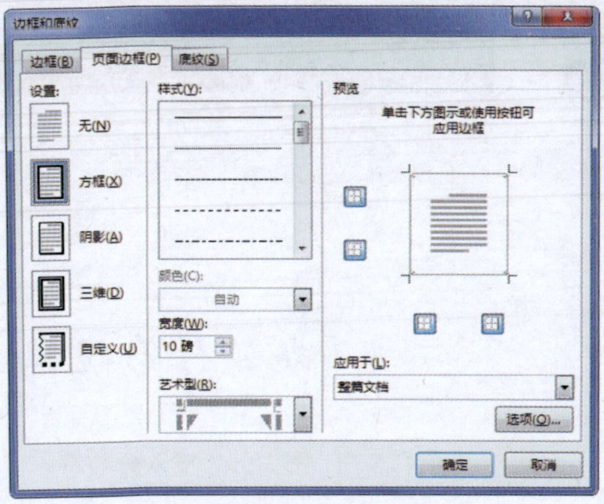

图 3-93　设置页面边框

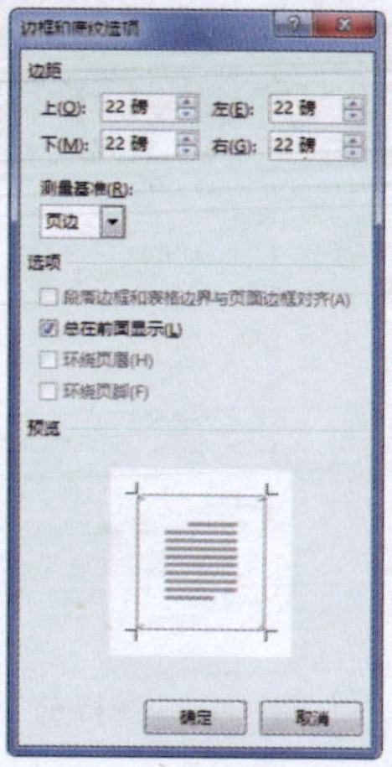

图 3-94　设置边框与边距

Step 04 查看为文档添加艺术型边框后的页面效果，如图 3-95 所示。

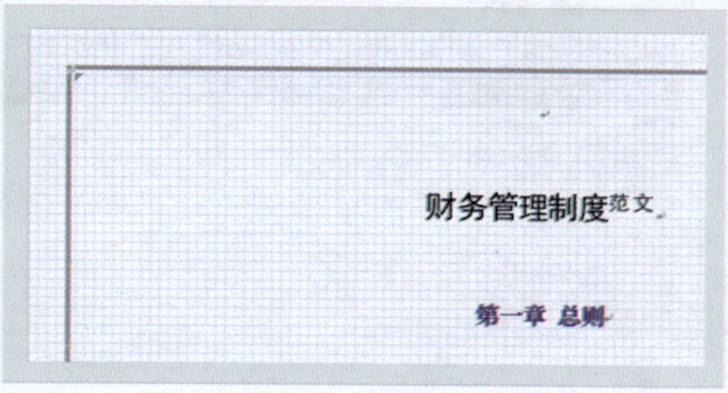

图 3-95　页面边框效果

实训 7　分隔符的使用

分隔符包括分页符和分节符。若需要在文档页面中预留一些空白位置用于放置图形，可以插入分页符。分节就是将整篇文档分成若干节，可以为各节设置不同的格式，以满足格式要求比较复杂的文档的排版需求，具体操作方法如下所述。

Step 01 选择“文件”选项卡，在左侧选择“选项”选项，如图 3-96 所示。

Step 02 弹出“Word 选项”对话框，在左侧选择“显示”选项，在右侧选中“显示所有格式标记”复选框，然后单击“确定”按钮，如图 3-97 所示。

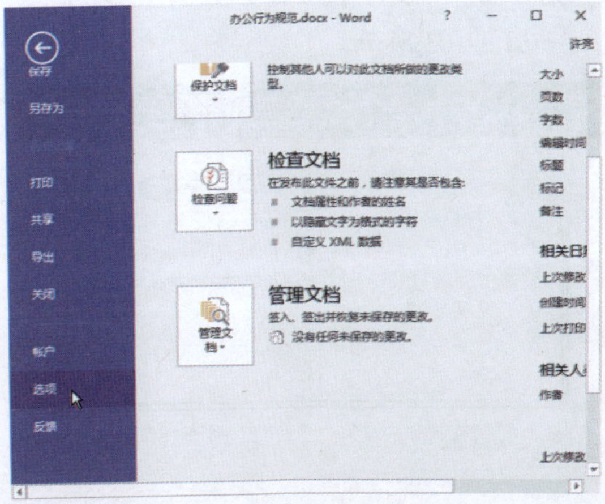

图 3-96　选择“选项”选项

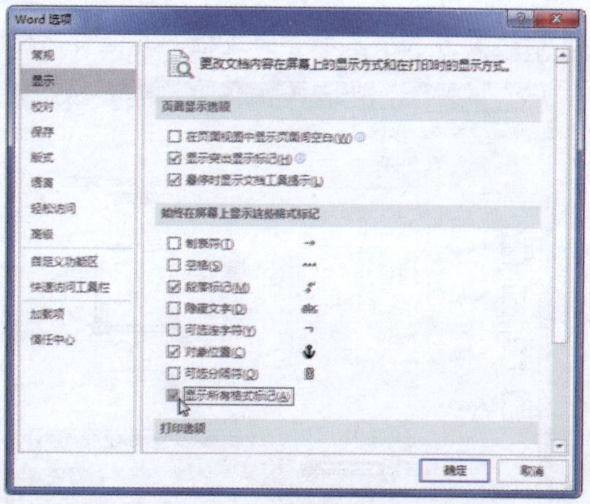

图 3-97　设置显示所有格式标记

Step 03 在标题文本后定位光标，选择“布局”选项卡，在“页面设置”组中单击“分隔符”按钮，选择“下一页”选项，如图 3-98 所示。

Step 04 在光标后面插入分节符，分节符后的内容会移至下一页，如图 3-99 所示。

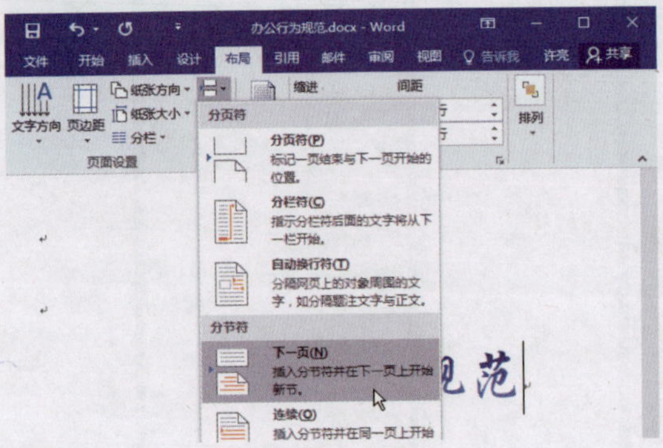

图 3-98　选择分节符

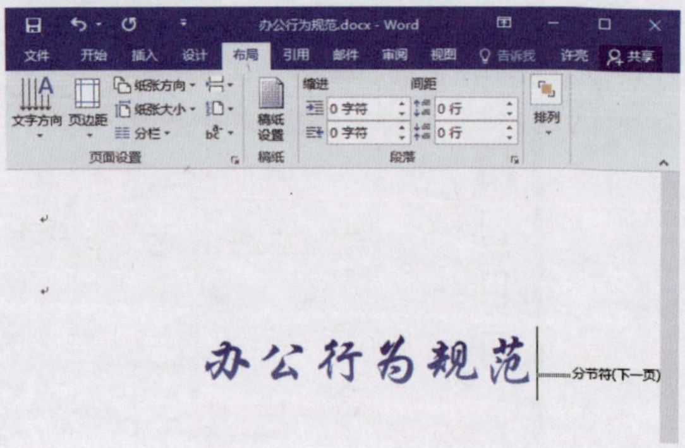

图 3-99　插入分节符

Step 05 在“页面设置”组中单击“文字方向”下拉按钮，选择“垂直”选项，如图 3-100 所示。

Step 06 更改本节的文字方向，其他节的页面不会发生更改，如图 3-101 所示。

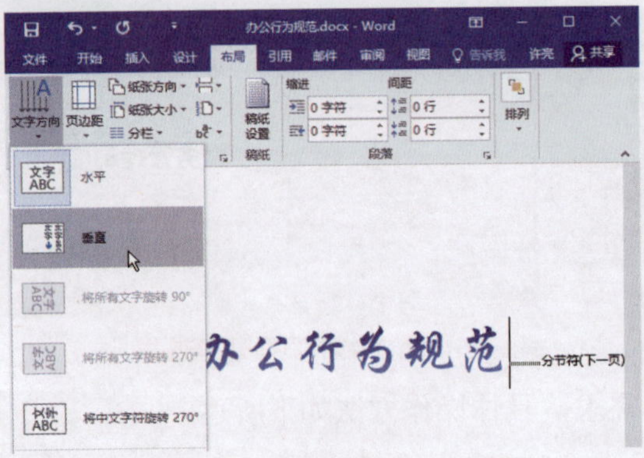

图 3-100　选择文字方向

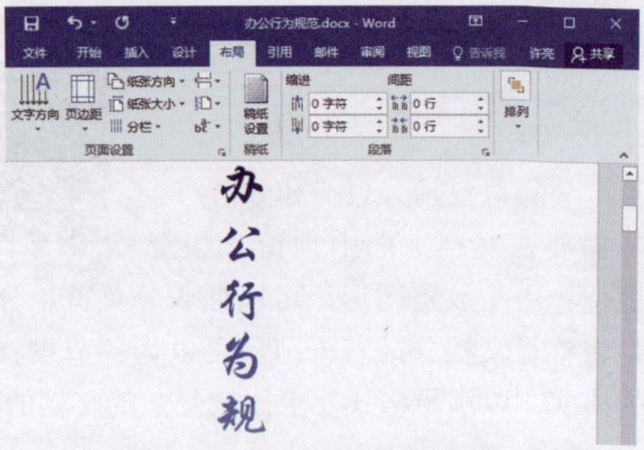

图 3-101　更改文字方向效果

Step 07 打开“边框和底纹”对话框，选择“页面边框”选项卡，设置艺术型边框效果，在“应用于”下拉列表框中选择“本节”选项，然后单击“确定”按钮，如图 3-102 所示。

Step 08 为本节添加页面边框，其他页面保持不变，如图 3-103 所示。

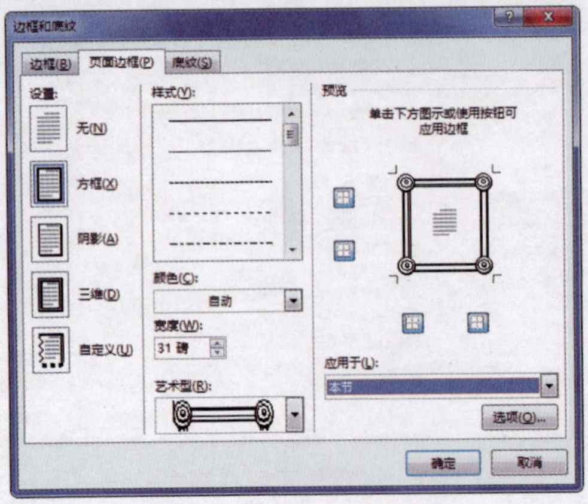

图 3-102　设置页面边框

图 3-103　设置页面边框效果

Step 09 在要插入分页符的位置定位光标，如图 3-104 所示。

Step 10 按【Ctrl+Enter】组合键，即可插入分页符，效果如图 3-105 所示。

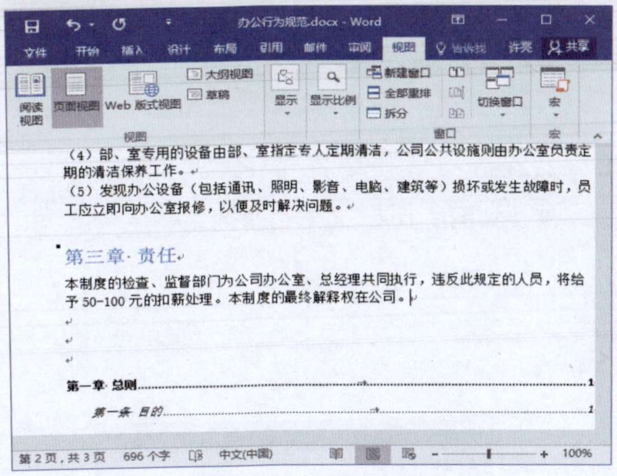

图 3-104　定位光标

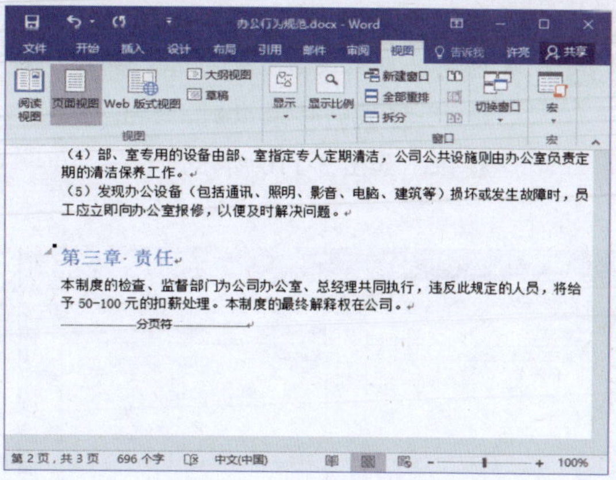

图 3-105　插入分页符

3.5　目录与脚注的添加

为文档添加目录，可以使读者了解文档内容的整体结构。对于文档中需要注释的地方，可以根据需要添加脚注。

实训 1　目录的插入与设置

目录是文档标题的列表，要在文档中插入目录，需先对文档中的标题文本设置标题级别。下面将详细介绍如何在文档中添加与设置文档目录，具体操作方法如下所述。

Step 01 打开“素材文件\第 5 章\公司管理规定.docx”，将光标定位到文档标题下方，选择“布局”选项卡，在“页面设置”组中单击“分隔符”下拉按钮，选择“下一页”选项，如图 3-106 所示。

Step 02 插入分节符，将文档标题置于单独的页面中。选择“引用”选项卡，单击“目录”下拉按钮，选择“自动目录 1”选项，如图 3-107 所示。

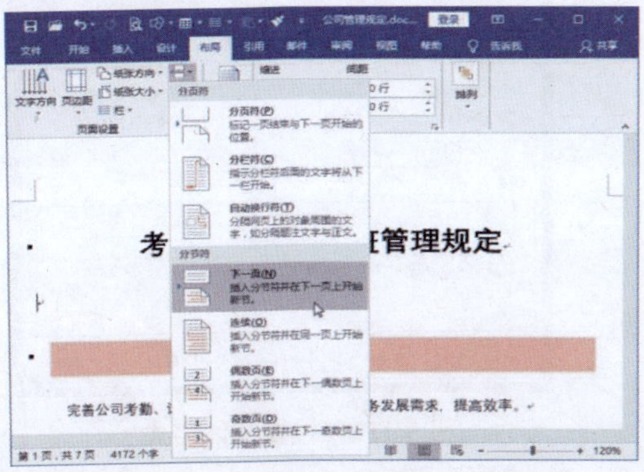

图 3-106　选择“下一页”分节符

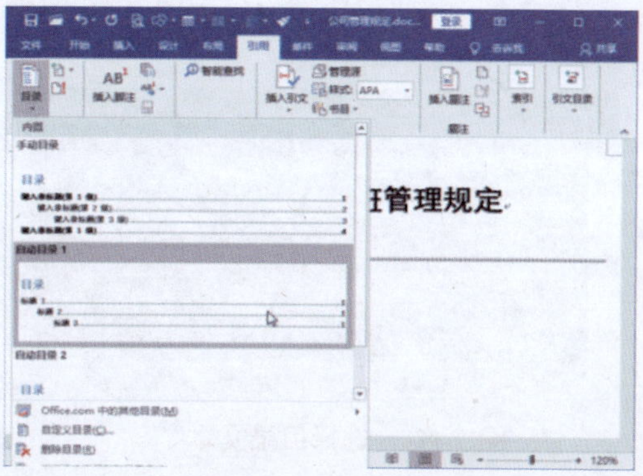

图 3-107　插入自动目录

Step 03 插入自动目录，效果如图 3-108 所示。

Step 04 打开“目录”对话框，单击“选项”按钮，如图 3-109 所示。

Step 05 弹出“目录选项”对话框，删除“标题 1”样式的目录级别，单击“确定”按钮，如图 3-110 所示。

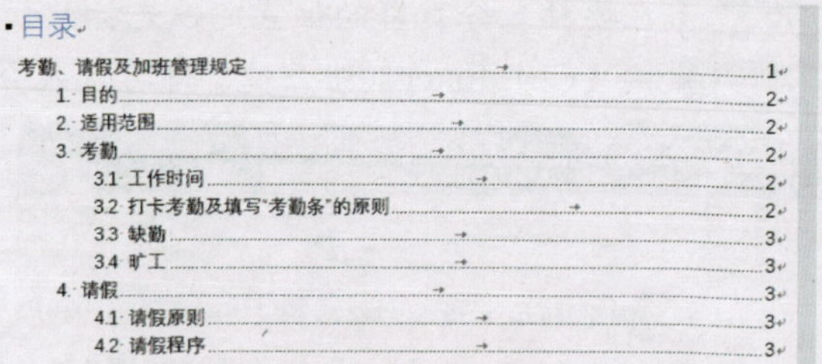

图 3-108 查看目录效果

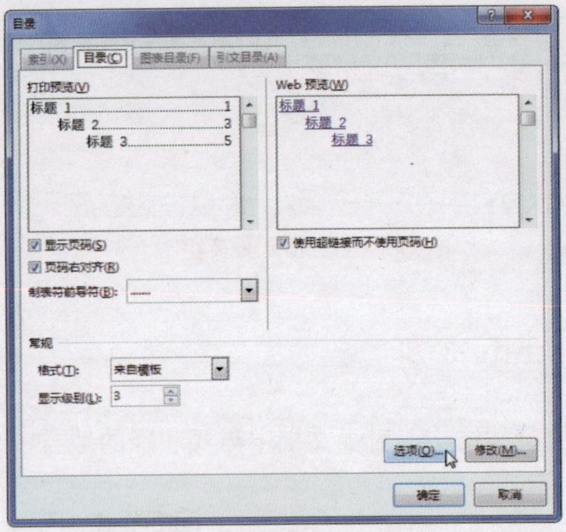

图 3-109 “目录”对话框

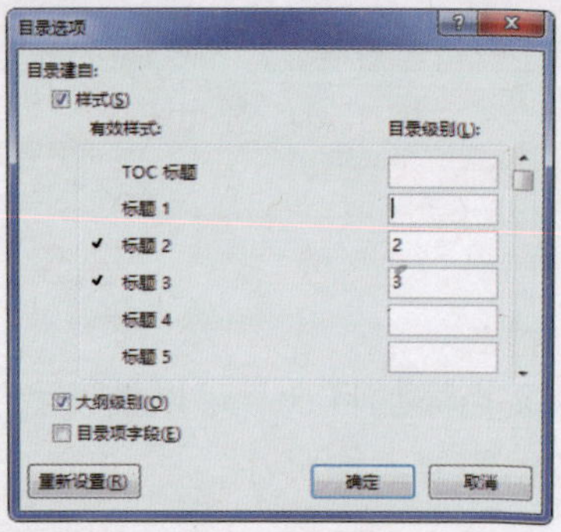

图 3-110 设置目录有效样式

Step 06 此时在目录中删除文档标题。拖动鼠标，选择目录文本，如图 3-111 所示。

Step 07 按【Ctrl+D】组合键打开“字体”对话框，设置“中文字体”为“宋体”，然后单击“确定”按钮，如图 3-112 所示。

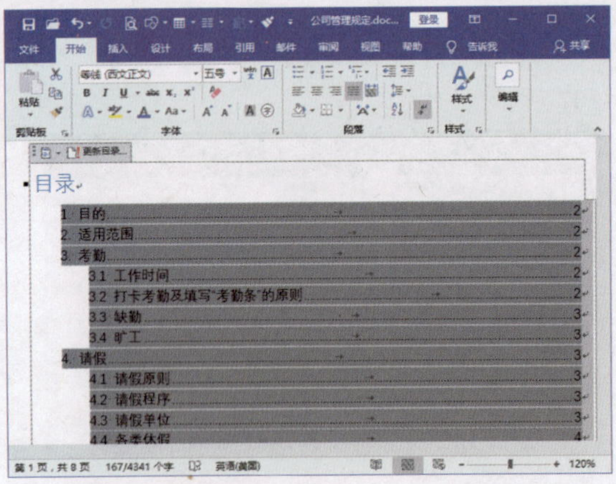

图 3-111 选择目录文本

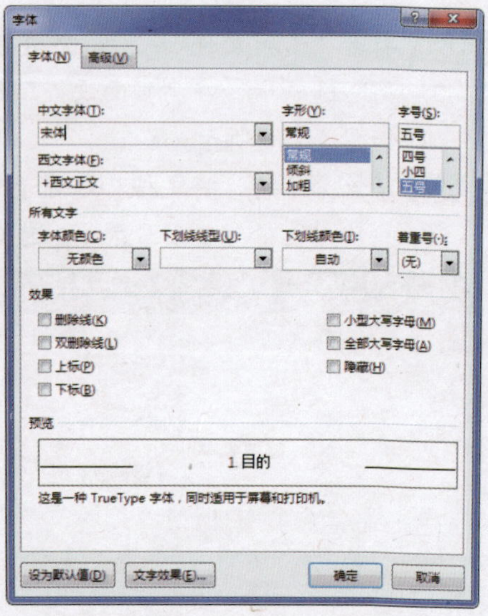

图 3-112 设置字体格式

Step 08 选择目录中的第一个标题文本，在“字体”组中单击“字体颜色”下拉按钮，选择所需的颜色，如图 3-113 所示。

Step 09 打开“段落”对话框，单击“制表位”按钮，如图 3-114 所示。

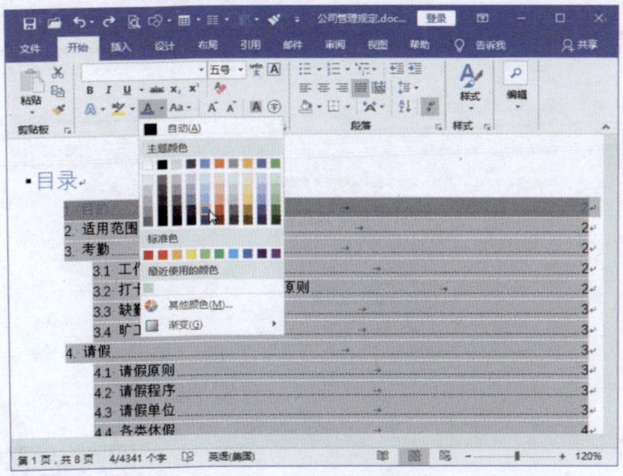

图 3-113　设置目录字体颜色

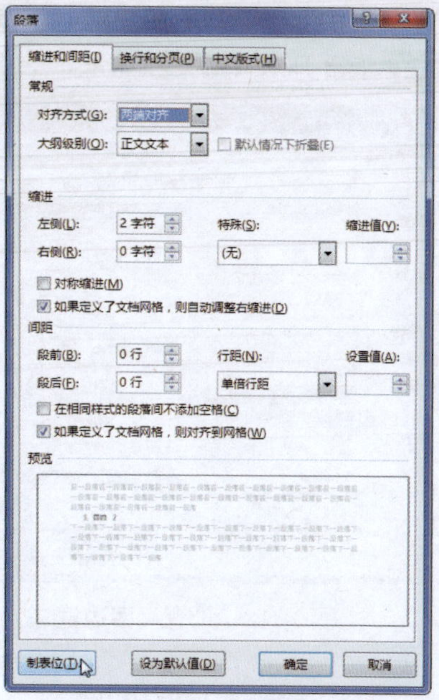

图 3-114　单击“制表位”按钮

Step 10 弹出“制表位”对话框，在“引导符”选项区中选择所需的符号，然后单击“确定”按钮，如图 3-115 所示。

Step 11 此时可更改所选标题的引导符样式。选择文本，按【Ctrl+B】组合键加粗文本，如图 3-116 所示。

Step 12 选择第一个标题目录，打开“样式”窗格，可以看到该标题应用了 TOC2 样式（即“目录 2”样式）。右击该样式，选择“更新 TOC 2 以匹配所选内容”命令，即可加粗所有“目录 2”标题文本，如图 3-117 所示。

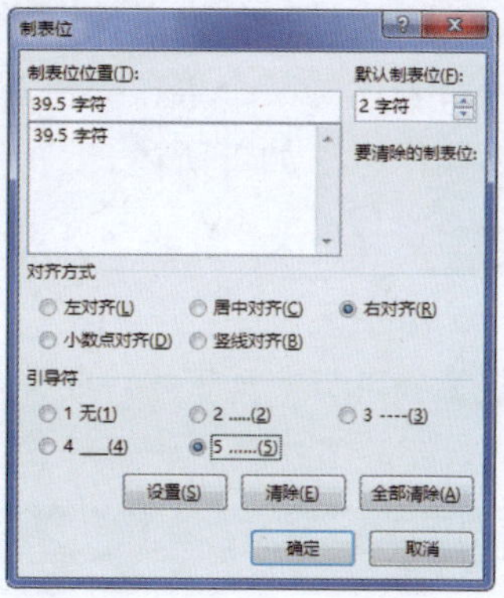

图 3-115　选择引导符样式

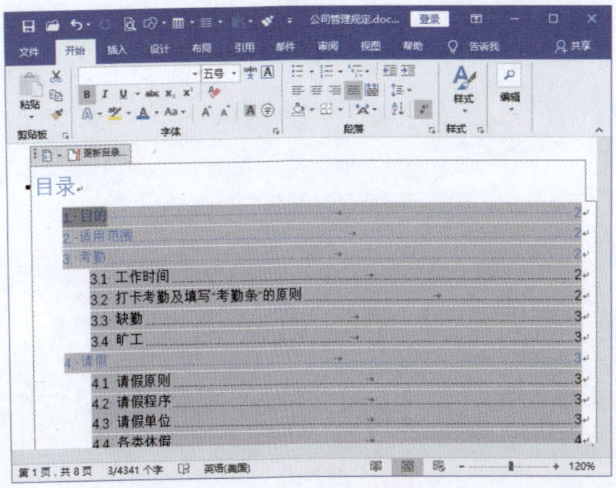

图 3-116　加粗文本

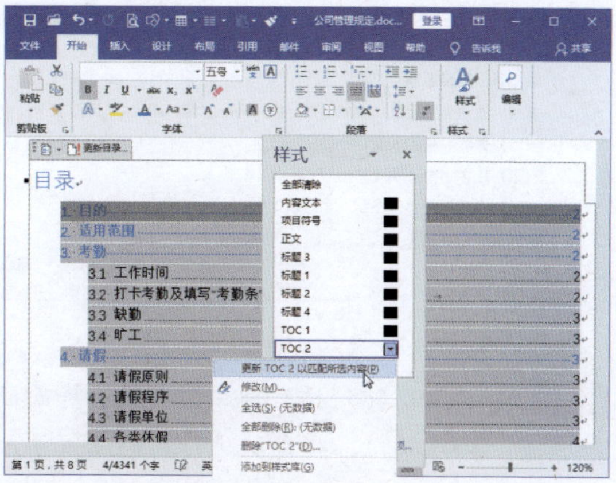

图 3-117　更新样式

Step 13 打开“边框和底纹”对话框，选择“页面边框”选项卡，设置艺术型边框样式，在“应用于”下拉列表框中选择“本节”选项，然后单击“确定”按钮，如图 3-118 所示。

Step 14 查看目录页的边框效果，如图 3-119 所示。

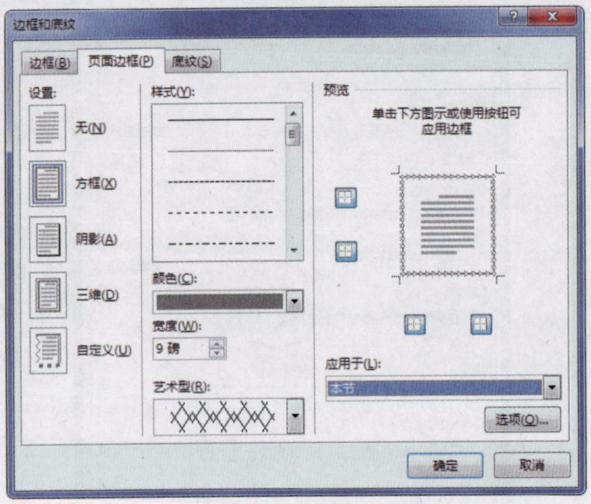

图 3-118 设置页面边框

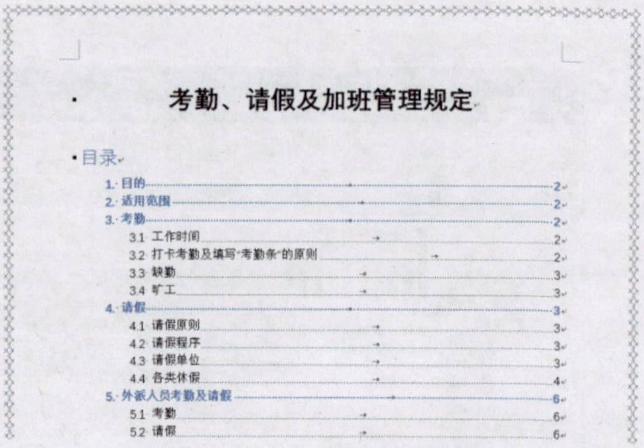

图 3-119 查看页面效果

实训 2 脚注的插入与设置

在编辑文档时，为了使读者便于阅读和理解，可以在文档中插入脚注，用于为所表述的某个事项提供解释、批注或参考。在文档中插入与设置脚注的具体操作方法如下所述。

Step 01 选择文本，选择“引用”选项卡，在“脚注”组中单击“插入脚注”按钮，如图 3-120 所示。

Step 02 转到当前页下方，自动添加脚注编号，根据需要输入脚注内容。若要查看脚注的对应文本，可以双击脚注编号，如图 3-121 所示。

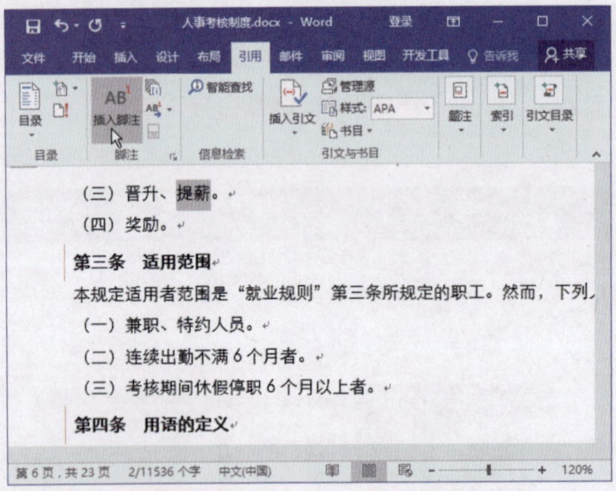

图 3-120 单击“插入脚注”按钮

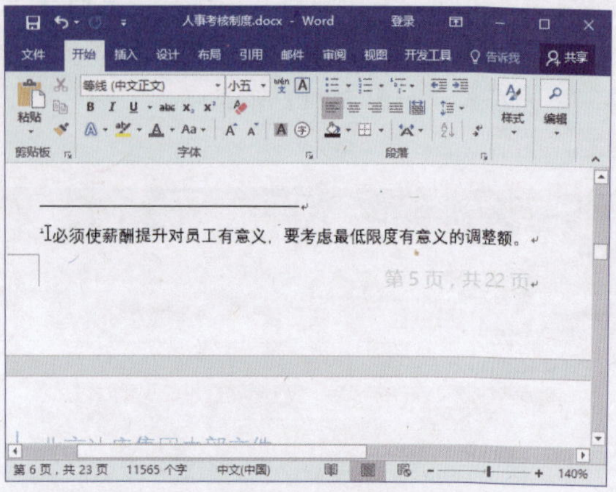

图 3-121 输入脚注文本

Step 03 自动跳转到插入脚注的位置，将鼠标指针置于脚注标记上，将自动显示脚注内容。双击脚注标记，将自动跳转到脚注位置，如图 3-122 所示。

Step 04 采用同样的方法，继续添加脚注。在脚注文本中右击，选择“便笺选项”命令，如图 3-123 所示。

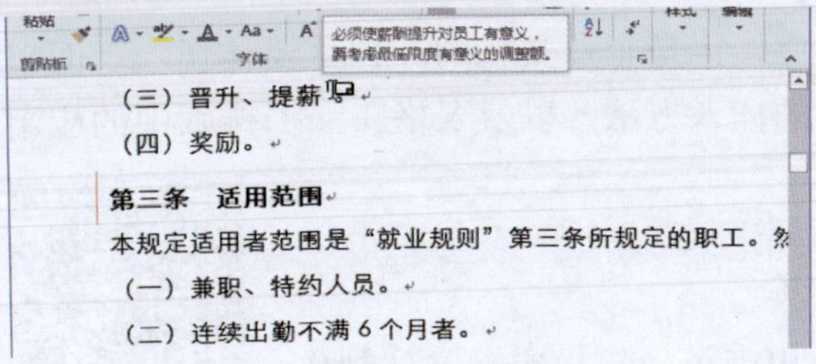

图 3-122　显示脚注

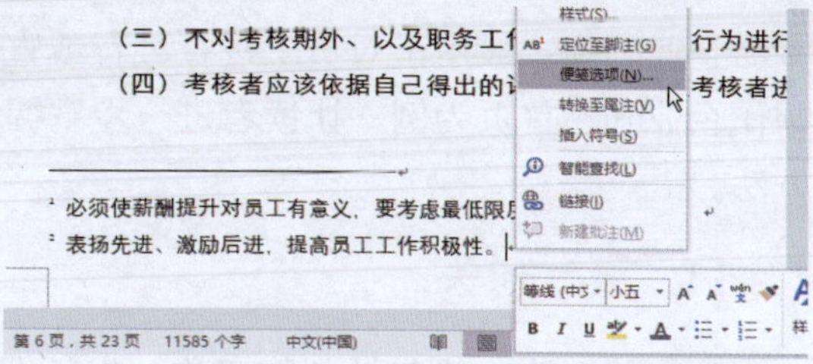

图 3-123　选择“便笺选项”命令

Step 05 弹出“脚注和尾注”对话框，在“编号格式”下拉列表框中选择所需的格式，然后单击“应用”按钮，如图 3-124 所示。

Step 06 可以看到脚注编号已经发生改变，选择脚注编号，如图 3-125 所示。

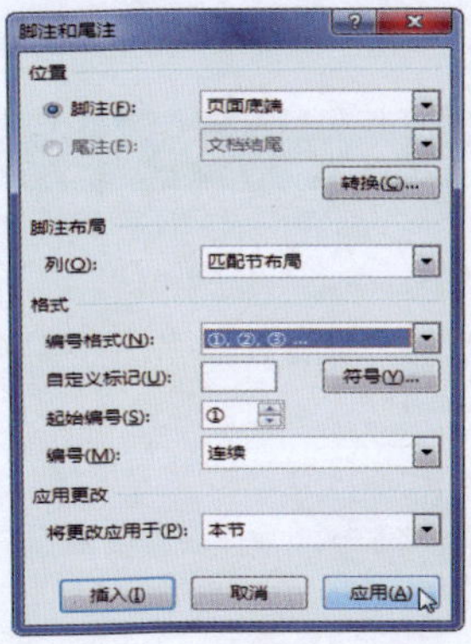

图 3-124　设置脚注选项

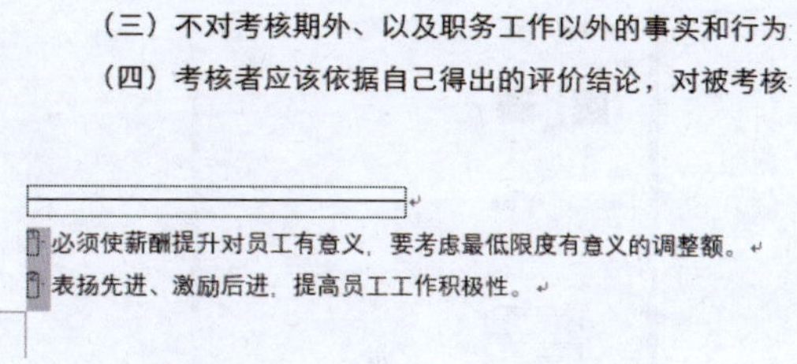

图 3-125　选择脚注编号

Step 07 按【Ctrl+D】组合键打开“字体”对话框，取消选择“上标”复选框，设置“字形”为“加粗”，然后单击“确定”按钮，如图 3-126 所示。

Step 08 设置脚注编号格式，效果如图 3-127 所示。

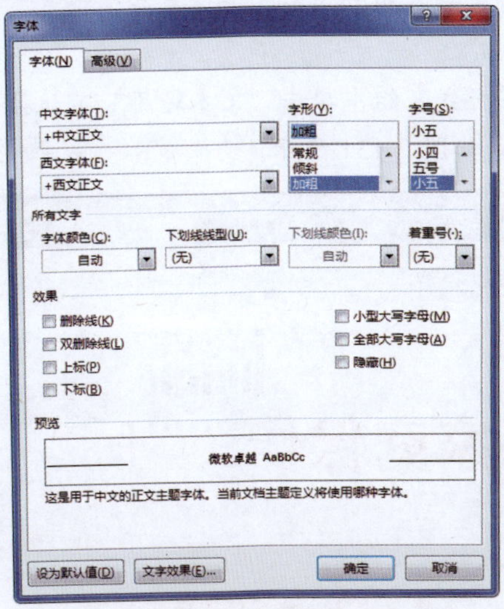

图 3-126　设置字体格式

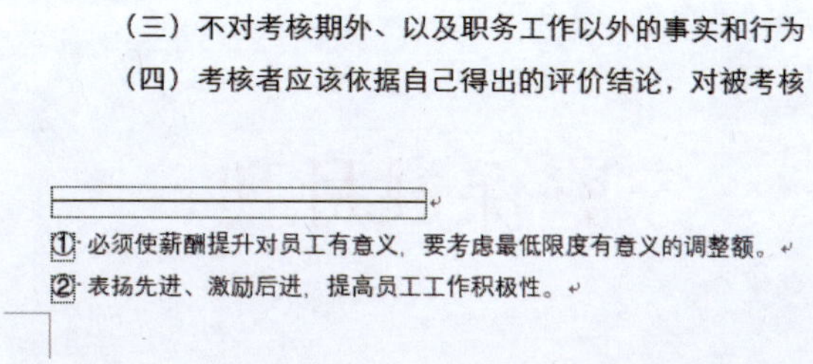

图 3-127　设置脚注编号格式效果

3.6 综合实训：企业刊物首页的制作

企业刊物一般用于对员工进行教育或宣传推广，也是企业文化的一种重要体现。下面以制作企业刊物首页为例，让读者进一步掌握图像的插入方法，以及表格在文档排版中的应用方法。

实训 1 设计刊头

刊物的刊头一般包括刊物名称、出版期数、出版单位等内容，具体制作方法如下所述。

Step 01 打开“页面设置”对话框，设置页边距大小，然后单击“确定”按钮，如图 3-128 所示。

Step 02 选择“布局”选项卡，在“页面设置”组中单击“分隔符”下拉按钮，选择“下一页”选项，如图 3-129 所示。

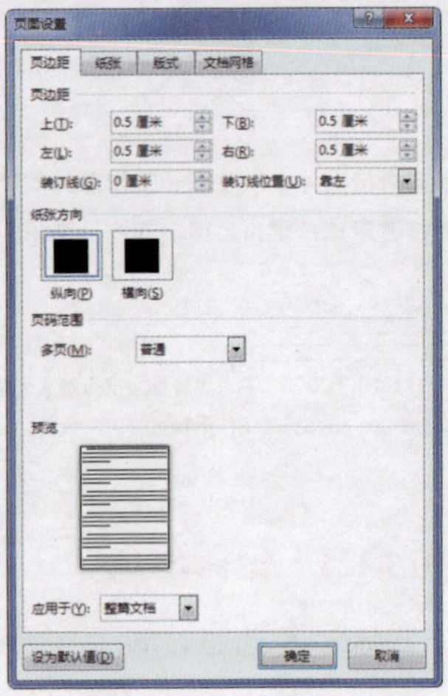

图 3-128 设置页边距

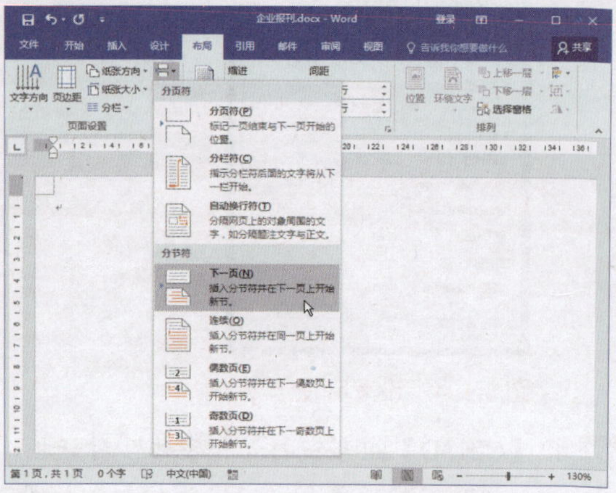

图 3-129 插入分节符

Step 03 在文档中插入文本框，设置无填充颜色、无轮廓，输入报刊名称，并设置字体格式，如图 3-130 所示。

Step 04 选择文本框，选择“格式”选项卡，在“艺术字样式”组中单击“文本轮廓”下拉按钮，选择与文本颜色相同的颜色，以加粗文本，如图 3-131 所示。

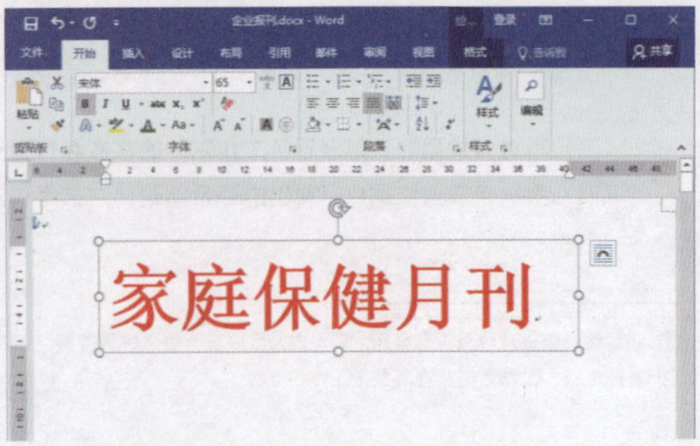

图 3-130 插入期刊名称

图 3-131 设置文本样式

Step 05 在文档中插入文本框，输入期刊号和日期，并设置字体格式，如图 3-132 所示。

Step 06 在文档中插入 Logo 图片，并设置为“浮于文字上方”的环绕方式。选择图片，选择“格式”选项卡，单击“裁剪”下拉按钮，选择“裁剪为形状”选项，然后选择圆角矩形形状，如图 3-133 所示。

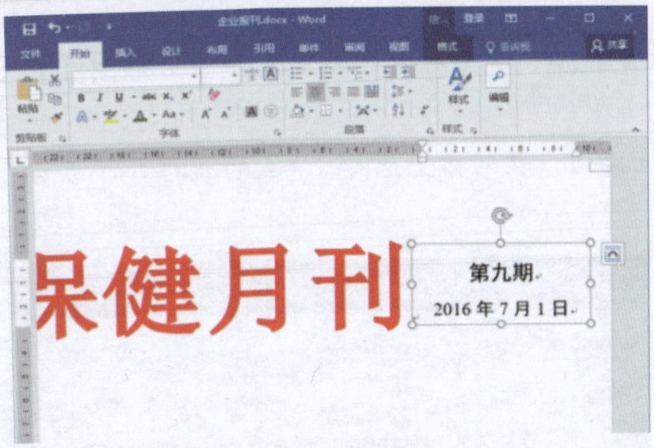

图 3-132　插入期刊号和日期

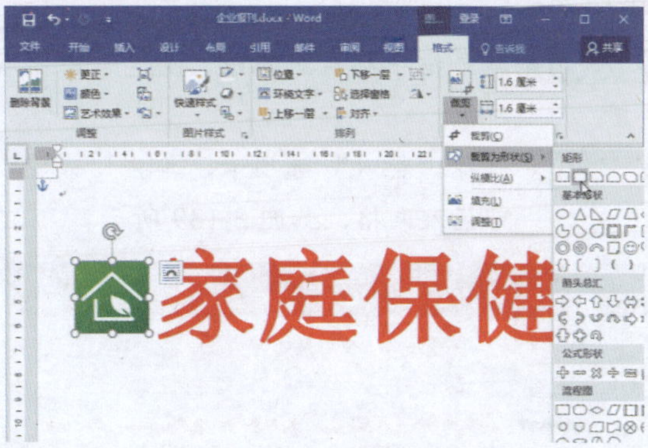

图 3-133　选择裁剪形状

Step 07 将图片裁剪为圆角矩形样式，如图 3-134 所示。

Step 08 在文档中插入文本框，输入承办单位信息，并设置字体格式，如图 3-135 所示。

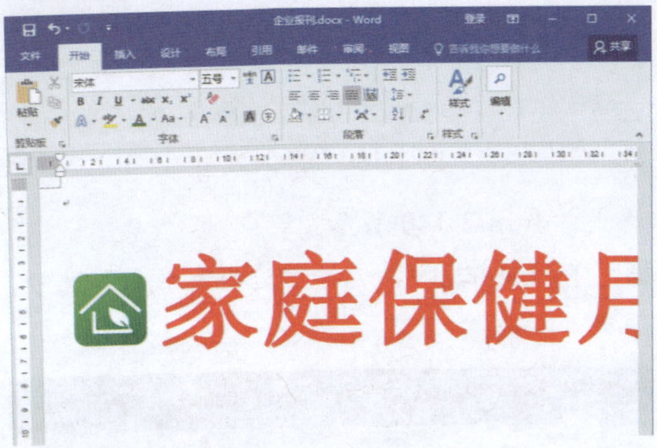

图 3-134　裁剪图片

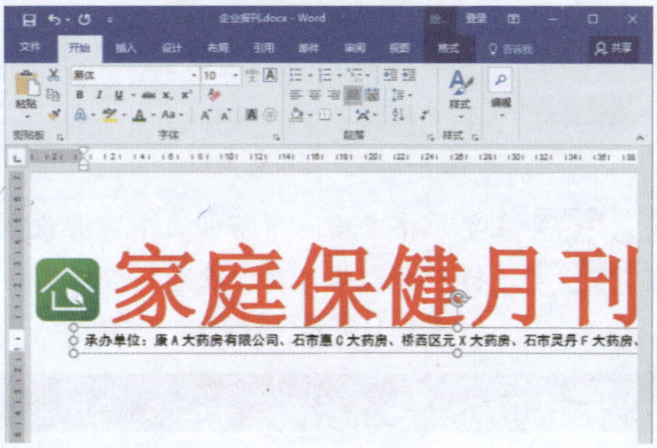

图 3-135　插入承办单位信息

Step 09 在文档中插入两条直线形状，并将其移至合适的位置，如图 3-136 所示。

Step 10 在文档中插入文本框，输入所需的宣传语文本，设置文本框的填充颜色为白色，并将其移至合适的位置，如图 3-137 所示。

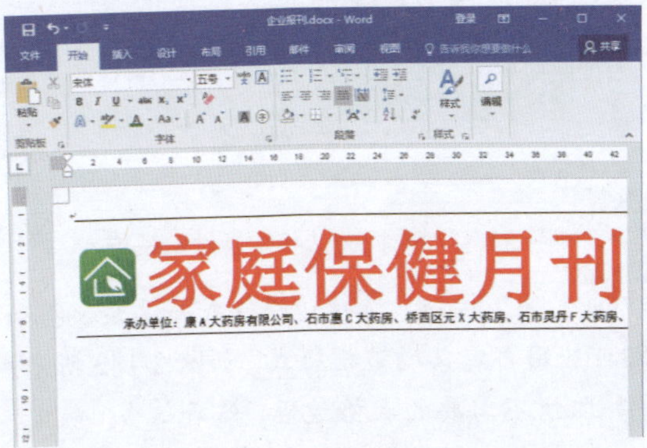

图 3-136　插入直线

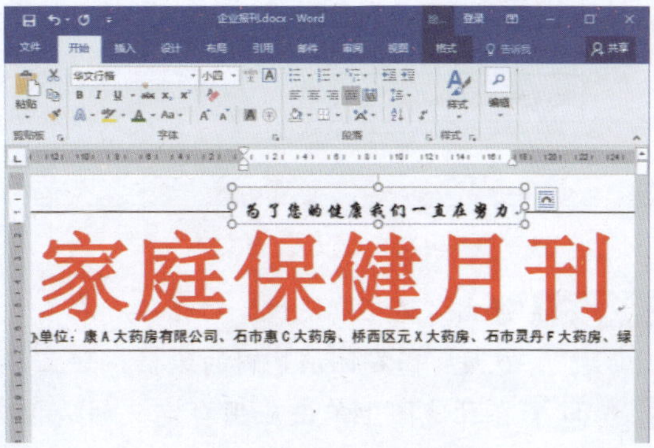

图 3-137　插入宣传语文本

实训 2 制作内容导读栏

刊物的内容导读栏一般位于刊物的首页，使读者可以快速地了解刊物的主要内容，也能使读者在刊物中快速找到自己所需的信息，具体制作方法如下所述。

Step 01 在文档中插入文本框，设置无填充颜色、无轮廓，将光标定位在文本框中，如图 3-138 所示。

Step 02 选择“插入”选项卡，单击“表格”下拉按钮，在网格上选择 1×4 的表格，单击即可插入表格，如图 3-139 所示。

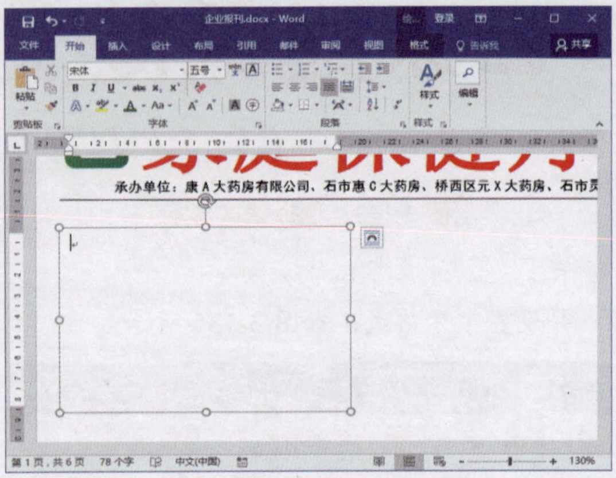

图 3-138 插入文本框

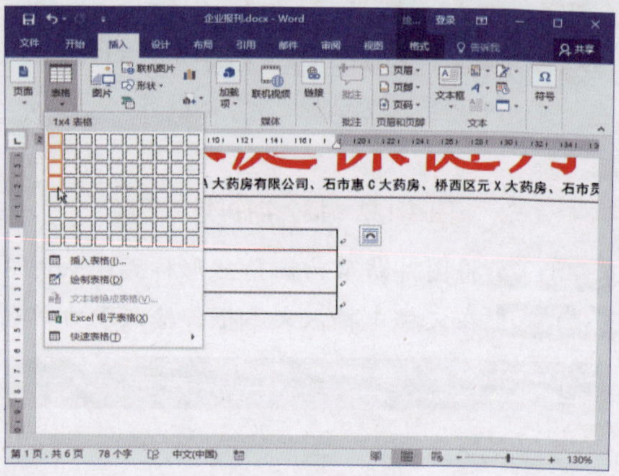

图 3-139 插入表格

Step 03 在单元格中输入所需的文本，并设置字体格式，如图 3-140 所示。

Step 04 选择整个表格，在“段落”组中单击“边框”下拉按钮，选择“边框和底纹”选项，如图 3-141 所示。

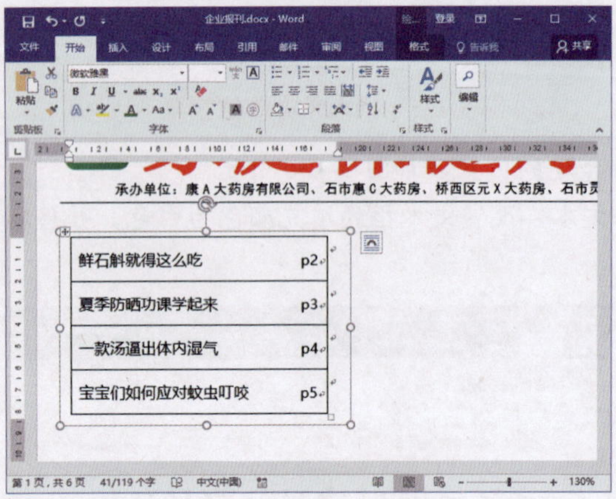

图 3-140 输入表格文本

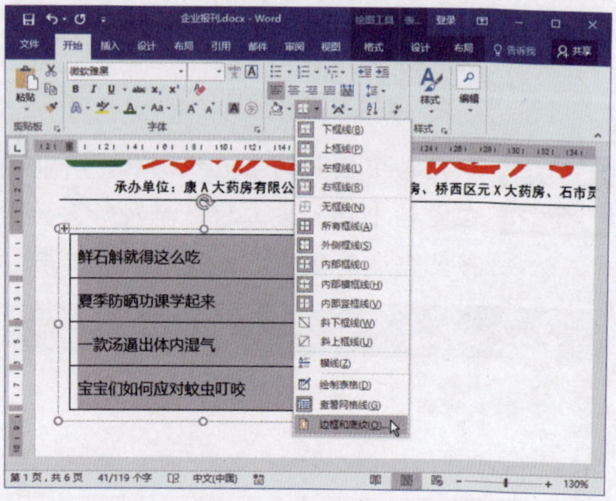

图 3-141 选择“边框和底纹”选项

Step 05 弹出“边框和底纹”对话框，在左侧单击“自定义”按钮，选择边框样式并设置颜色和宽度。在右侧预览图的边框按钮上单击，即可应用自定义的边框样式，如图 3-142 所示。

Step 06 在预览图上单击应用自定义的边框样式，并取消不需要的表格边框，然后单击“确定”按钮，如图 3-143 所示。

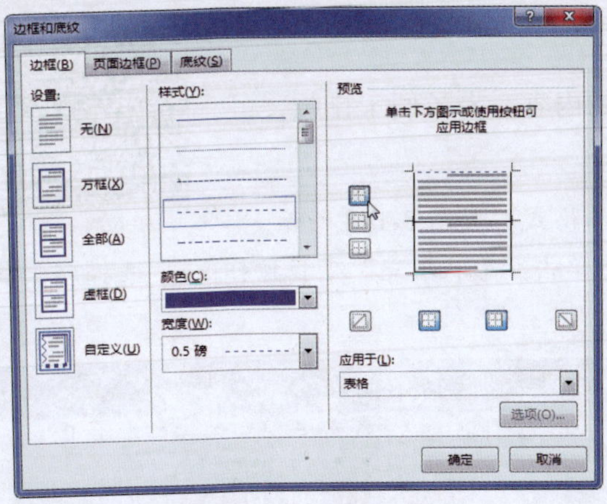

图 3-142　设置边框样式

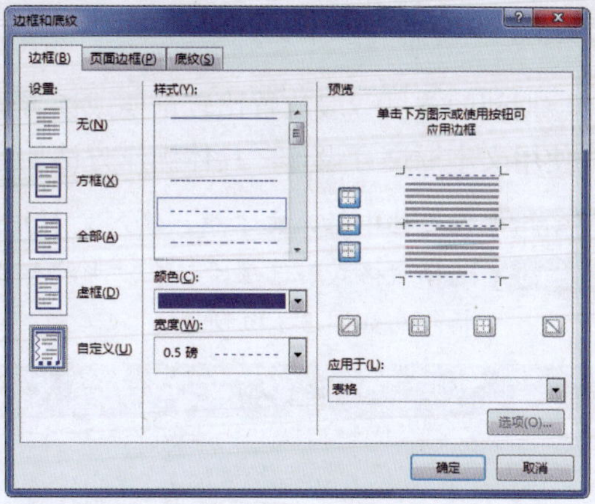

图 3-143　应用边框

Step 07 查看设置的表格边框效果，如图 3-144 所示。

Step 08 为了便于调整表格大小，可以设置显示表格虚框。选择“布局”选项卡，单击“查看网格线”按钮，如图 3-145 所示。

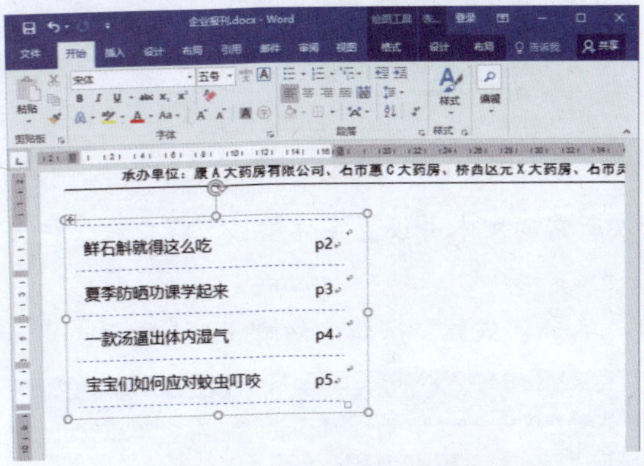

图 3-144　设置表格边框效果

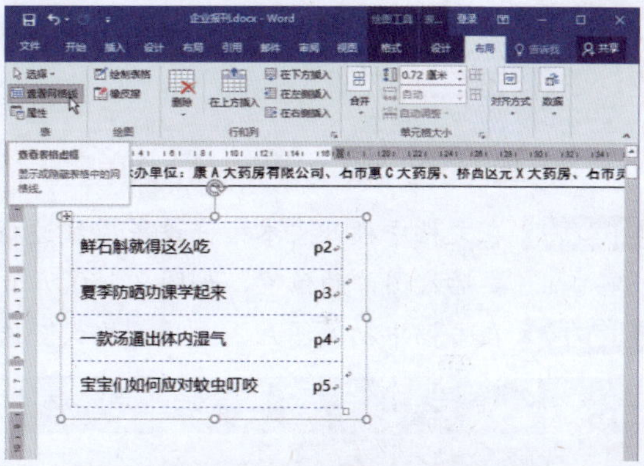

图 3-145　显示网格线

Step 09 在文档中插入“平行四边形”形状，拖动形状左侧和下方的黄色控制柄，调整形状样式，如图 3-146 所示。

Step 10 在形状中输入文本，并为形状应用阴影样式，如图 3-147 所示。

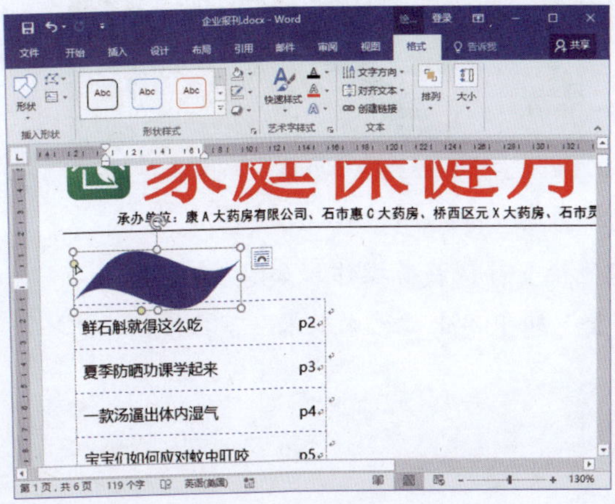

图 3-146　插入形状

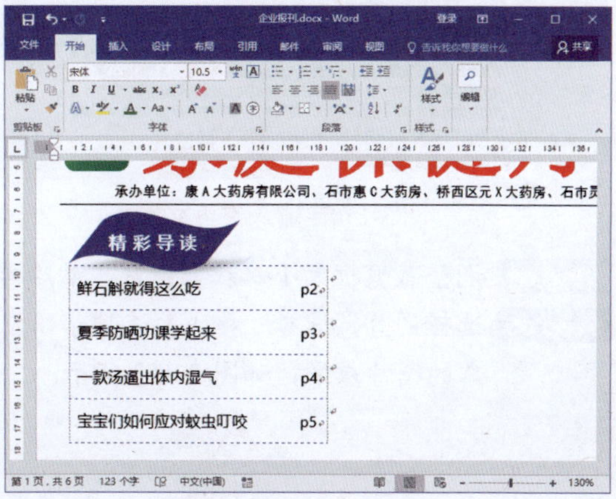

图 3-147　输入文本

实训 3　编排首页内容

期刊的首页一般放置比较重要或读者最关注的内容，为了便于排版，可以使用文本框进行设计，具体操作方法如下所述。

Step 01 在文档中插入文本框，输入文本并设置字体格式，如图 3-148 所示。

Step 02 选择“格式”选项卡，在“形状样式”组中单击“形状填充”下拉按钮，选择所需的颜色，如图 3-149 所示。

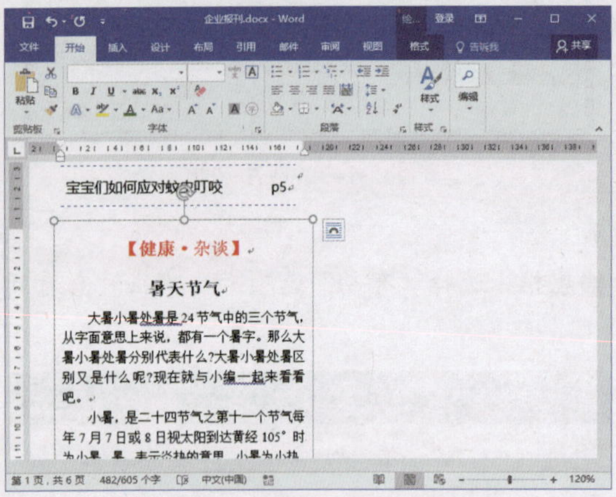

图 3-148　插入文本框并输入文本

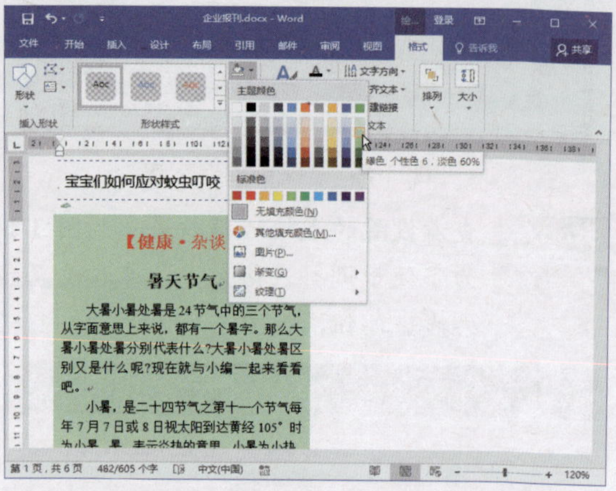

图 3-149　设置文本框填充颜色

Step 03 在文档中插入文本框并设置虚线边框，输入所需的文本并设置字体格式。将光标定位在要插入图片的位置，如图 3-150 所示。

Step 04 在文档中插入图片，选择“格式”选项卡，单击“裁剪”按钮，如图 3-151 所示。

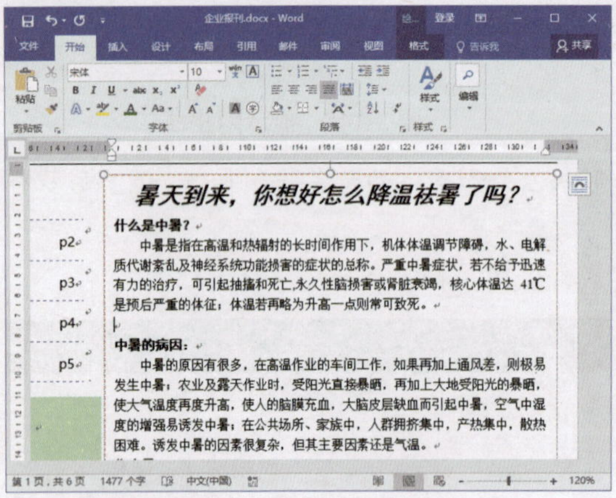

图 3-150　输入首页文本

图 3-151　插入图片

Step 05 调整裁剪框大小以裁剪图片，然后单击其他位置确认裁剪操作，如图 3-152 所示。

Step 06 选择图片，选择“格式”选项卡，在“调整”组中单击“艺术效果”下拉按钮，选择所需的图片效果，如图 3-153 所示。

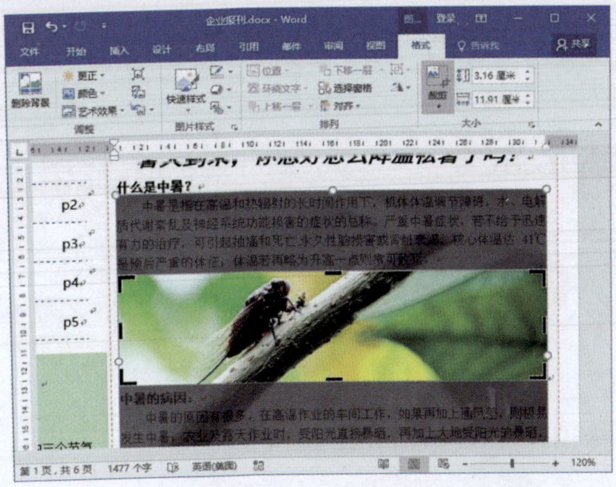

图 3-152　裁剪图片

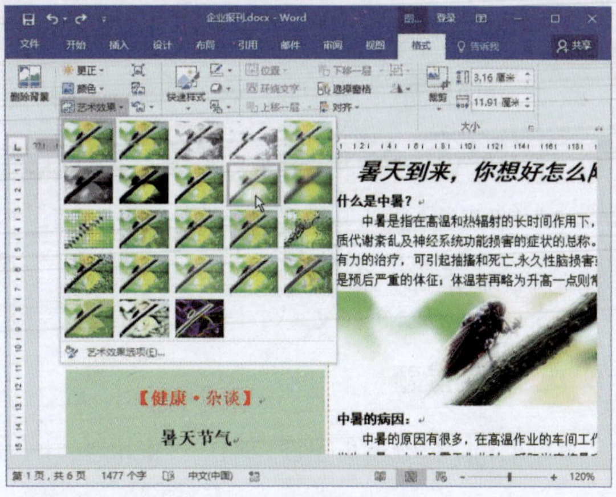

图 3-153　应用图片效果

本 章 小 结

通过对本章的学习，读者应该掌握以下知识。

（1）将图片插入到 Word 文档后，根据需要随时更换图片。

（2）通过更改图片的文字环绕方式，调整图片在文字中的位置，根据需要编辑环绕顶点。

（3）选择图片后，在“格式”选项卡下添加图片样式或调整图片，如颜色、饱和度和对比度等。

（4）通过裁剪工具裁剪图片大小，或将其裁剪为形状。

（5）在文档中插入形状后，更改形状的大小或样式。插入多个形状后，根据需要排列、组合或对齐形状，并输入所需的文本。

（6）通过选择不同的布局创建 SmartArt 图形，从而快速、轻松、有效地传达信息。

（7）通过设置页边距、设置纸张大小与方向、添加水印、添加页面背景、设置页面边框等设置文档的页面格式。

（8）在 Word 文档中添加自动目录。

（9）在 Word 文档中为要注解的文本添加脚注。

本 章 练 习

一、选择题

1. 下面哪项不属于文本艺术字样式？（　）

　A. 加粗倾斜　　B. 文本填充　　C. 文本轮廓　　D. 文字效果

2. 关于形状，以下哪项说法不正确？（　）

　A. 在形状中输入文本后，无法对文本添加项目符号或编号

　B. 若要在 Word 文档中复制形状，可以按住【Ctrl】键的同时拖动形状

　C. 在形状中可以添加渐变或图片填充

D．要绘制正方形或圆形形状，可以在拖动鼠标的同时按住【Shift】键

二、填空题

1．在 Word 文档中插入图片时，默认的文字环绕方式为________，此外还包括________、________、________、________和________五种环绕方式。

2．若要还原图片样式，可在“格式”选项卡下单击__________按钮。

3．若在文档中设置不同的页面格式，可以插入__________。

三、实操题

利用本章所学知识，制作一张商家开业的宣传单，如图 3-154 所示。

图 3-154　开业宣传单

第 4 章　办公表格的编辑与应用

【本章导读】

在日常办公中，经常需要使用 Word 制作各种各样的办公表格，如访客登记表、客户资料表、工作记录表、部门计划表等。利用表格不仅可以对文档内容进行排版，还可将各种复杂的信息简明扼要地表达出来。本章将学习办公表格的编辑与应用方法。

【本章目标】

- ➢ 掌握创建表格的方法
- ➢ 掌握编辑表格布局的方法
- ➢ 掌握美化表格的方法

4.1　表格的创建

在 Word 2016 中可以通过多种方法创建表格，最常用的方法是使用命令插入和绘制表格，下面将进行详细介绍。

实训 1　通过“插入表格”命令插入表格

要在 Word 文档中插入较大的表格，需要通过“插入表格”命令来进行操作，并自定义表格尺寸，具体操作方法如下所述。

Step 01 新建“楼盘信息”文档，打开“页面设置”对话框，单击“横向”按钮，自定义页边距，然后单击“确定”按钮，如图 4-1 所示。

Step 02 选择“插入”选项卡，单击“表格”下拉按钮，选择“插入表格”选项，如图 4-2 所示。

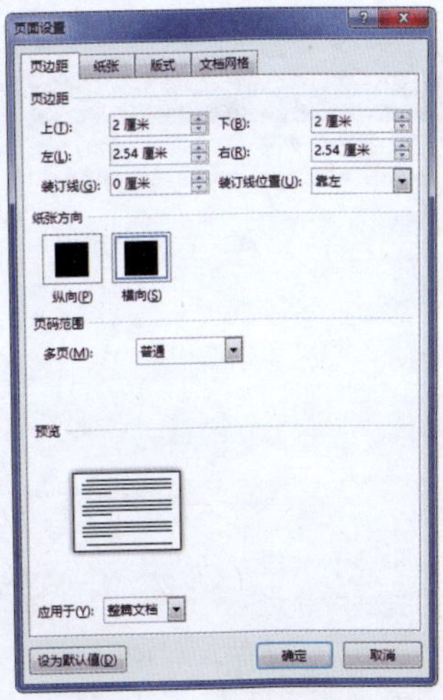

图 4-1　页面设置

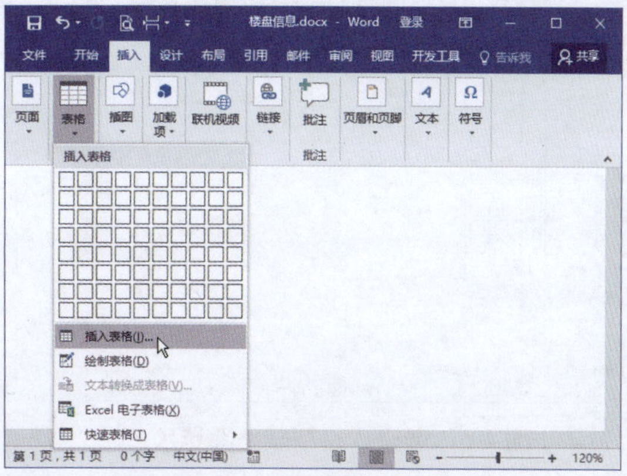

图 4-2　选择“插入表格”选项

Step 03 弹出“插入表格”对话框，设置表格的列数和行数，然后单击“确定”按钮，如图 4-3 所示。

Step 04 插入表格，将光标定位在单元格中，选择“布局”选项卡，在“合并”组中单击“拆分表格”按钮，如图 4-4 所示。

Step 05 从光标位置将表格拆分为两个表格，如图 4-5 所示。若要合并表格，可以删除两个表格之间的空行。

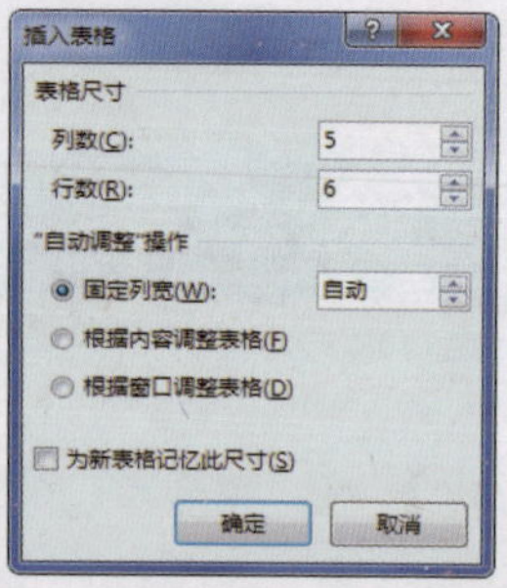

图 4-3 “插入表格”对话框

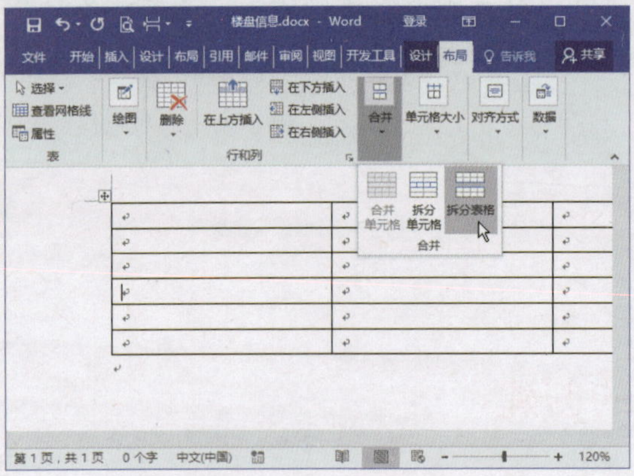

图 4-4 单击“拆分表格”按钮

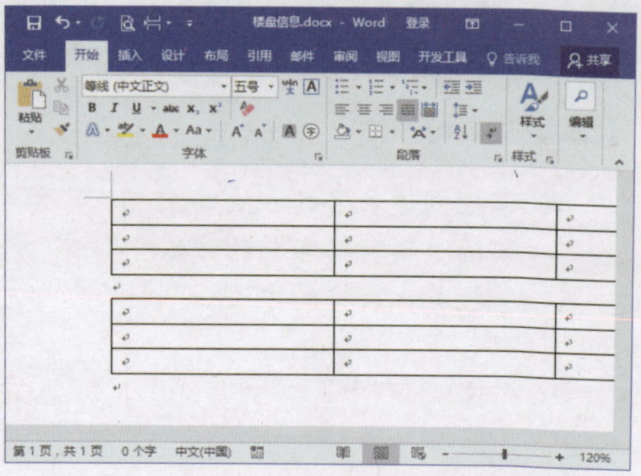

图 4-5 拆分表格

实训 2 通过绘制表格插入表格

若表格布局比较复杂，可以使用 Word 2016 提供的绘制工具来绘制表格，就像用笔在纸上绘图一样。在绘制过程中，还可使用橡皮擦工具擦除不需要的表格线，具体操作方法如下所述。

Step 01 单击“表格”下拉按钮，选择“绘制表格”选项，如图 4-6 所示。

Step 02 鼠标指针呈 ✎ 形状，在文档空白处按住鼠标左键并向右下方拖动，绘制表格的外边框，如图 4-7 所示。

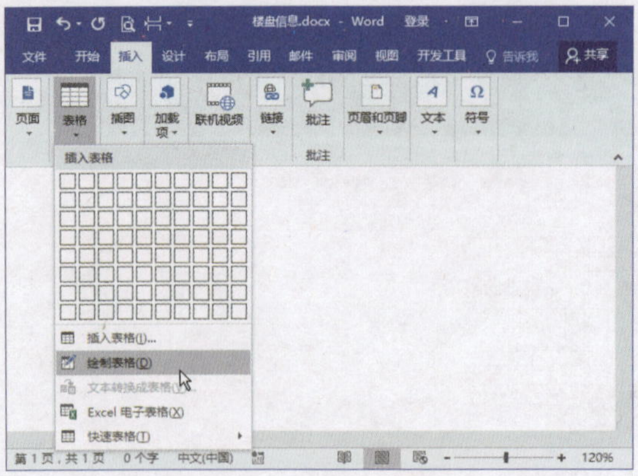

图 4-6 选择“绘制表格”选项

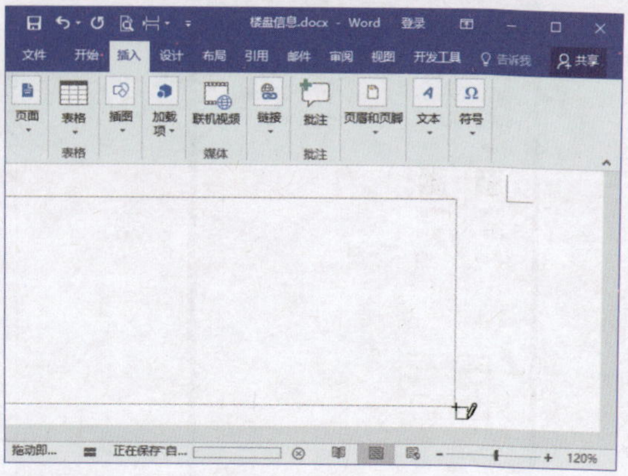

图 4-7 绘制外边框

Step 03 移动鼠标指针到表格的左边框，按住鼠标左键并向右拖动，当屏幕上出现水平虚线时松开鼠标，即可绘制表格的内部框线，如图 4-8 所示。

Step 04 若要擦除不需要的表格框线，可以按住【Shift】键，此时绘制表格工具转换为橡皮擦工具，鼠标指针变为样式，拖动鼠标即可擦除表格线，如图 4-9 所示。

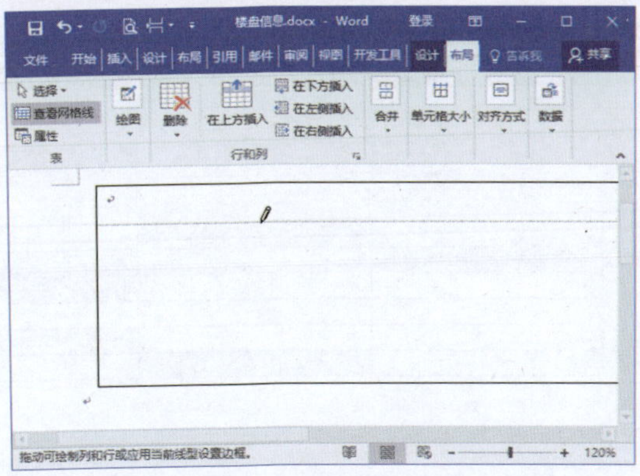

图 4-8　绘制内部框线

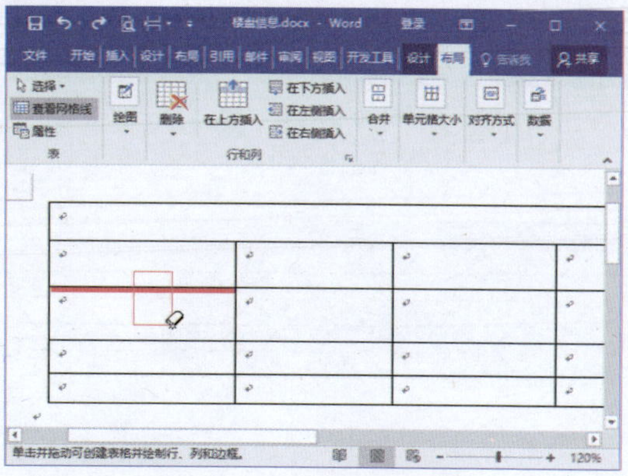

图 4-9　擦除表格线

4.2　表格布局的编辑

在制作办公表格时，需要对表格布局进行编辑，并在表格单元格中输入所需的内容。下面将介绍编辑表格布局时用到的各种操作知识。

实训 1　选择单元格

在对 Word 文档进行格式设置时，应先将需要设置格式的对象选中，然后进行相关的操作。对表格对象的操作也不例外，要先将需要改动的内容选中，这就涉及选择单元格的操作，具体操作方法如下所述。

Step 01 将鼠标指针指向要选择的单元格边框，当指针呈样式时单击即可选择该单元格，如图 4-10 所示。

Step 02 将鼠标指针指向需要选择行的边框，当指针呈样式时单击即可选择整行，拖动鼠标可以选择多行，如图 4-11 所示。

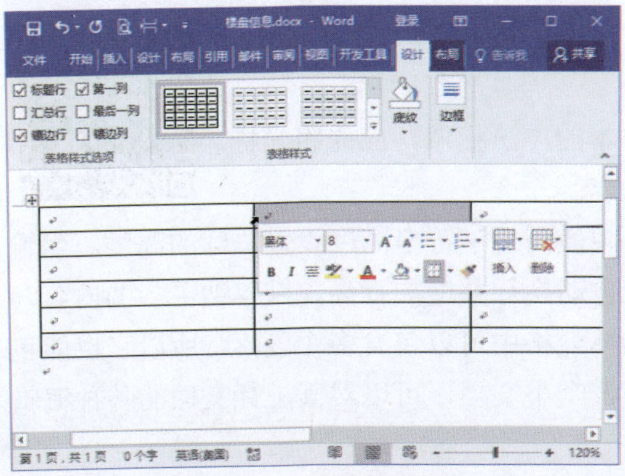

图 4-10　选择单元格

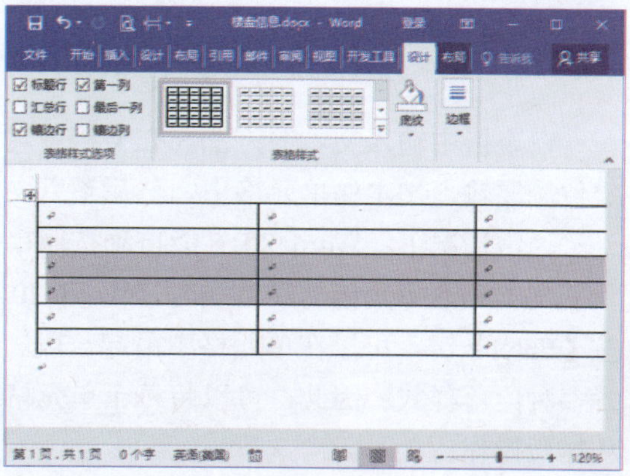

图 4-11　选择多行

Step 03 将鼠标指针指向需要选择列的边框，当指针呈⬇样式时单击即可选择整列，拖动鼠标可以选择多列，如图 4-12 所示。

Step 04 选择第一个单元格，在按住【Ctrl】键的同时选择其他单元格，即可选择不连续的单元格，如图 4-13 所示。

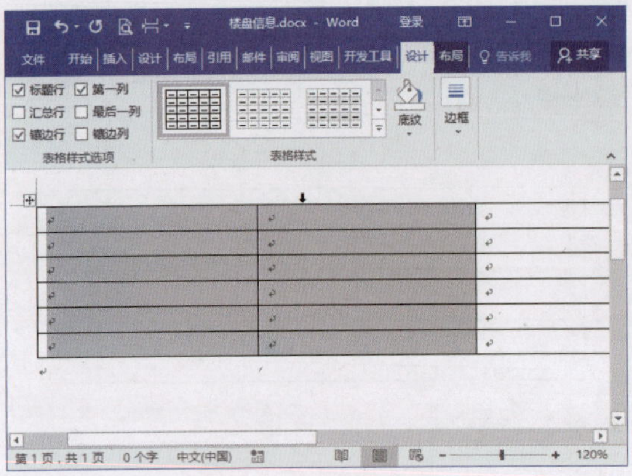

图 4-12　选择多列

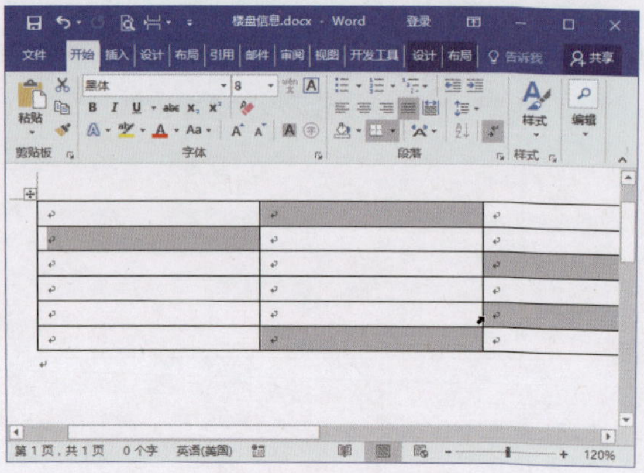

图 4-13　选择不连续的单元格

Step 05 单击表格左上方的⊞图标，即可选择整个表格，如图 4-14 所示。

Step 06 将鼠标指针置于表格右下角的控制点上，当其变为双向箭头时双击鼠标左键，也可选择整个表格，如图 4-15 所示。

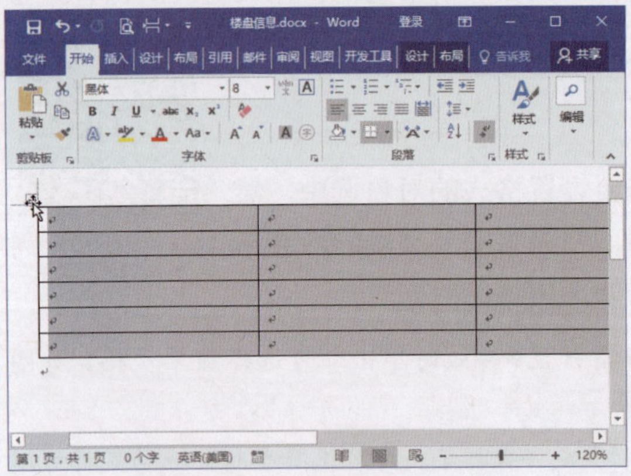

图 4-14　选择整个表格 1

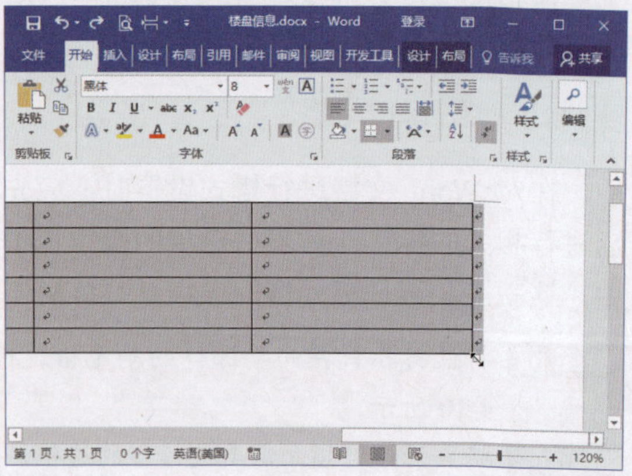

图 4-15　选择整个表格 2

实训 2　输入文本并设置字体格式

在表格中输入文本的方法与在文档中输入文本的方法相似，应先将光标定位到要输入文本的单元格中，然后输入文本内容。

通常情况下，Word 2016 能自动按照单元格中最高的字符串高度设置每行的高度。当输入的文本到达单元格的右边线时，Word 2016 能自动换行并增加行高，以容纳更多的内容。按【Enter】键，可以在单元格中另起一段。因为单元格中可以包含多个段落，所以它也能包含多种段落样式。因此，可以将每个单元格视为一个小文档，可以对其进行文档的各种编辑和排版操作。

Step 01 在表格单元格中分别输入所需的文本，如图 4-16 所示。

Step 02 单击表格左上方的⊞图标，全选表格，在弹出的浮动工具栏中设置字体格式，如图 4-17 所示。也可以根据需要设置各单元格中的字体格式。

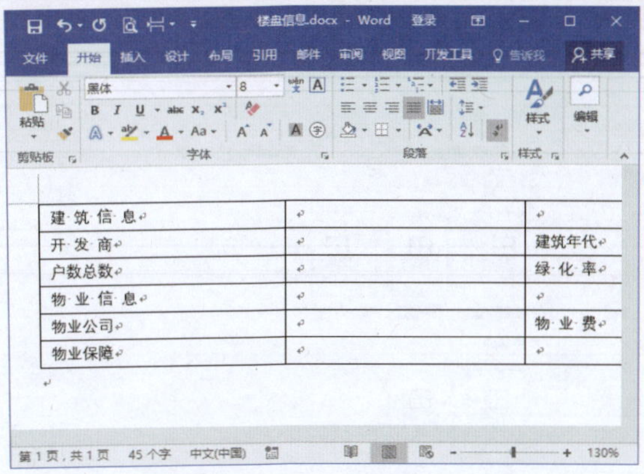

图 4-16　输入文本

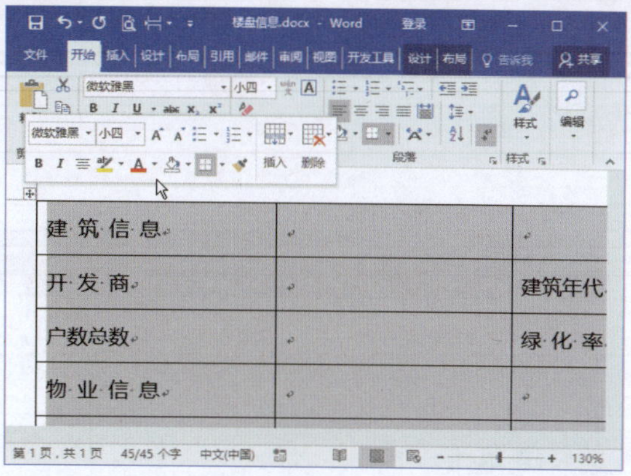

图 4-17　设置字体格式

实训 3　表格与单元格对齐方式的设置

在 Word 2016 中既可设置表格的对齐方式，也可设置表格中文本的对齐方式，具体操作方法如下所述。

Step 01 单击表格左上方的⊞图标，全选表格。在“段落”组中单击“居中”按钮☰，即可设置整个表格的居中对齐，如图 4-18 所示。

Step 02 选择“布局”选项卡，在“对齐方式”组中单击“水平居中”按钮☰，如图 4-19 所示。

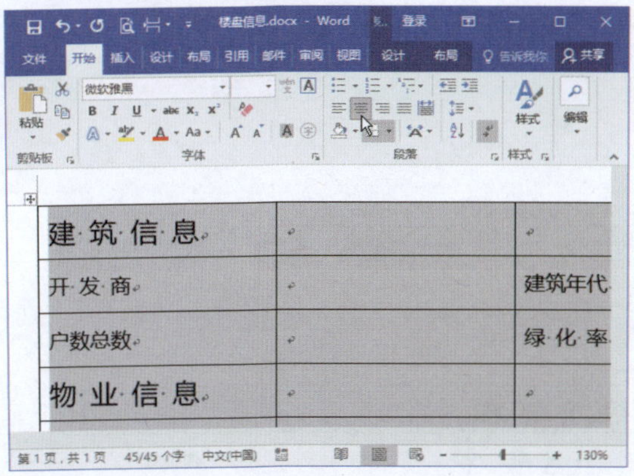

图 4-18　设置表格对齐方式

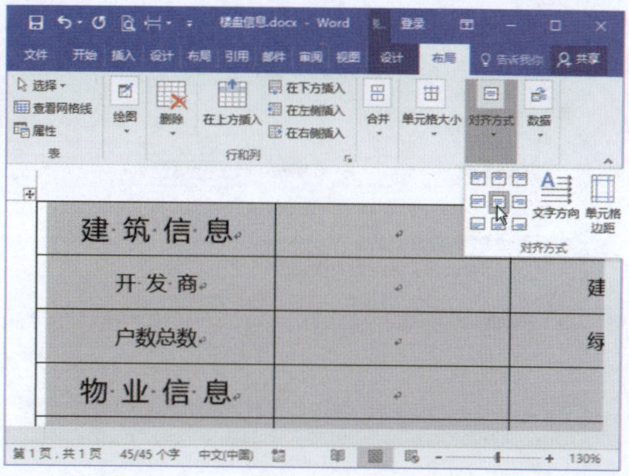

图 4-19　设置单元格对齐方式

实训 4　表格与单元格大小的设置

单元格大小是指单元格的宽度和高度，依据单元格中的文本，用户可以调整单元格的大小或表格的大小，具体操作方法如下所述。

Step 01 将鼠标指针置于行或列的表格线上，当其变为双向箭头时拖动鼠标，即可调整行高或列宽，如图 4-20 所示。

Step 02 单击表格左上方的⊞图标，全选表格。在“布局”选项卡下单击“属性”按钮，弹出“表格属性”对话框。选中“指定宽度”复选框，在“度量单位”下拉列表框中选择“百分比”选项，输入数值，然后单击“确定”按钮，如图 4-21 所示。

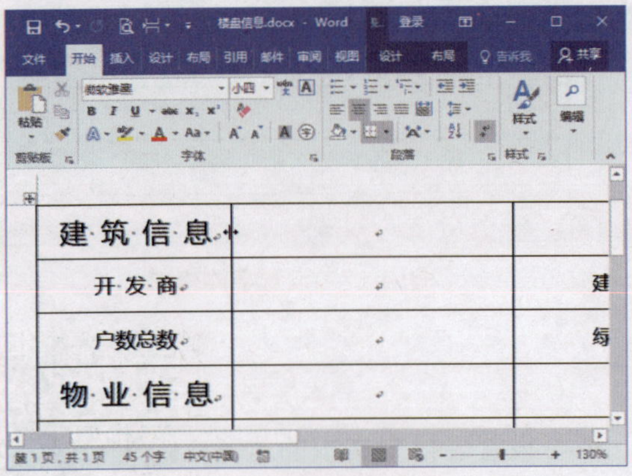

图 4-20　调整行高或列宽

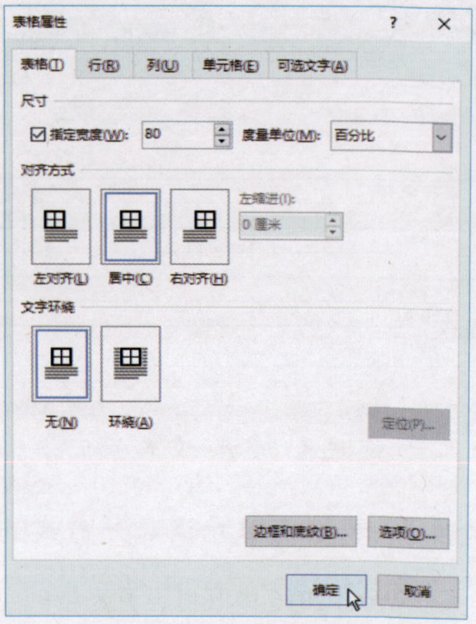

图 4-21　设置表格尺寸

Step 03 选择“行”选项卡，选中“指定高度”复选框，在“行高值是”下拉列表框中选择“固定值”选项，设置高度为 1 厘米，然后单击“确定”按钮，如图 4-22 所示。

Step 04 按住【Ctrl】键的同时选择多行，如图 4-23 所示。

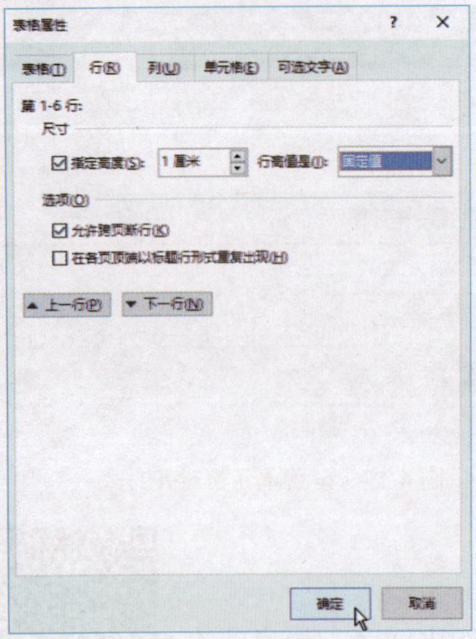

图 4-22　设置行高

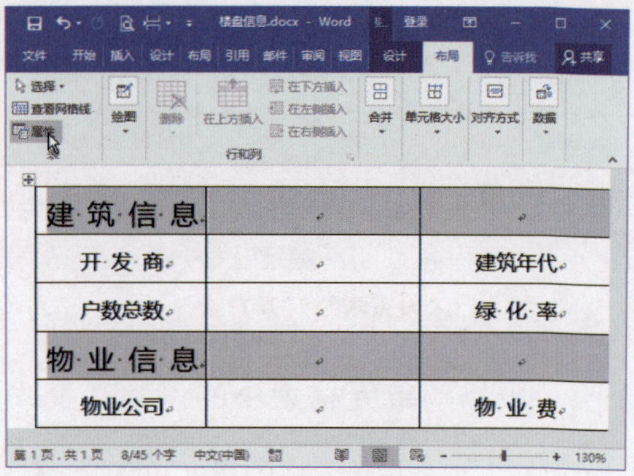

图 4-23　选择多行

Step 05 打开“表格属性”对话框，选中“指定高度”复选框，在“行高值是”下拉列表框中选择“固定值”选项，设置“高度”为 1.25 厘米，然后单击“确定”按钮，如图 4-24 所示。

Step 06 选择列，在“单元格大小”组中自定义宽度，如图 4-25 所示。

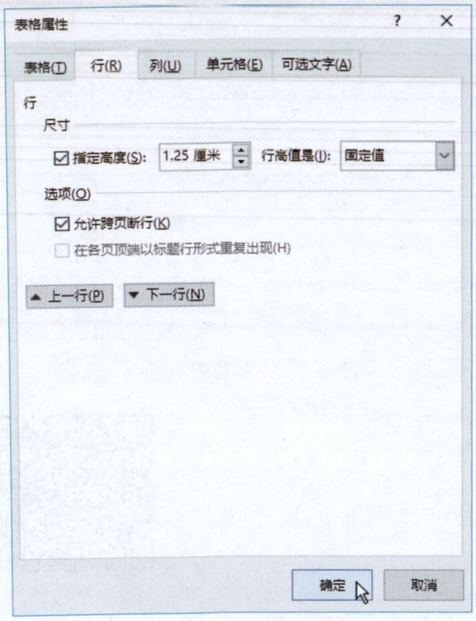

图 4-24　设置行高

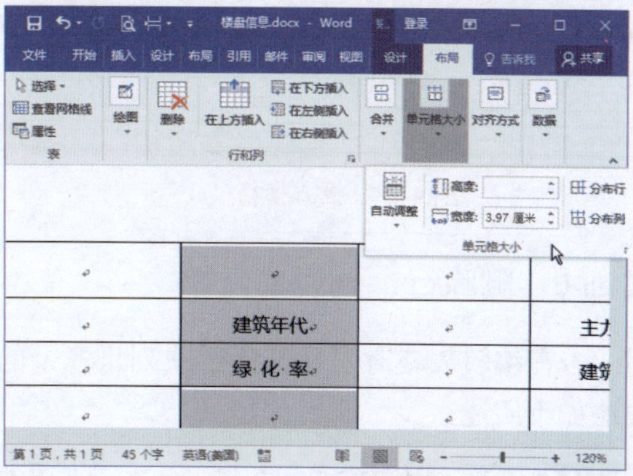

图 4-25　设置列宽

实训 5　插入行、列或单元格

若表格中缺少了某些数据内容，需要插入新的行或列。在 Word 2016 中可以通过多种方法插入行或列，具体操作方法如下所述。

Step 01 将鼠标指针置于表格列线上方，单击⊕按钮即可在右侧快速插入一列，如图 4-26 所示。

Step 02 将鼠标指针置于行线左侧，单击⊕按钮即可快速插入一行，如图 4-27 所示。

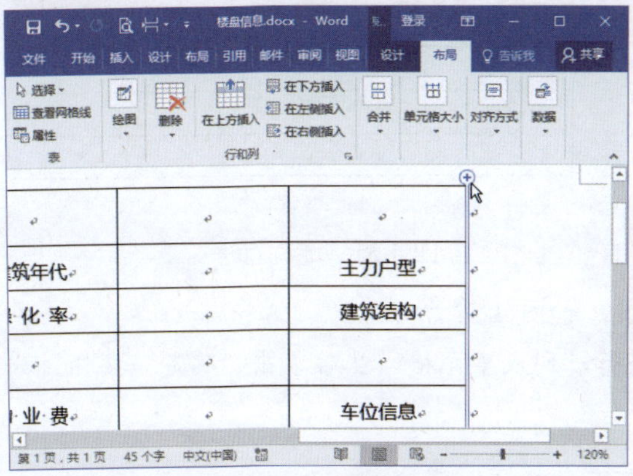

图 4-26　快速插入列

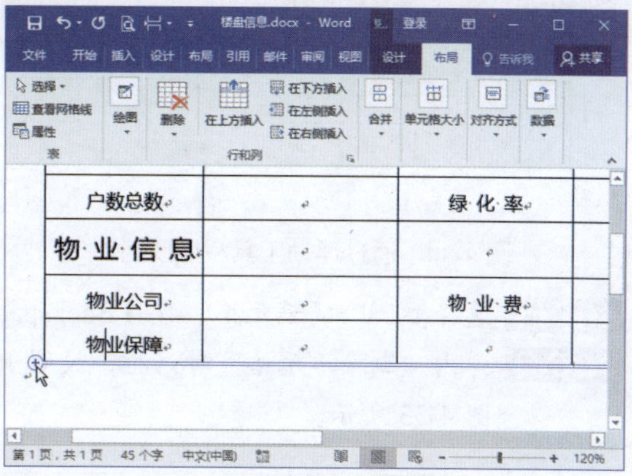

图 4-27　快速插入行

Step 03 选择多行，选择“布局”选项卡，在“行和列”组单击“在下方插入”按钮，即可插入多行，如图 4-28 所示。

Step 04 在单元格中右击，在弹出的浮动工具栏中单击“插入”下拉按钮，在弹出的下拉列表中设置插入行或列，如图 4-29 所示。

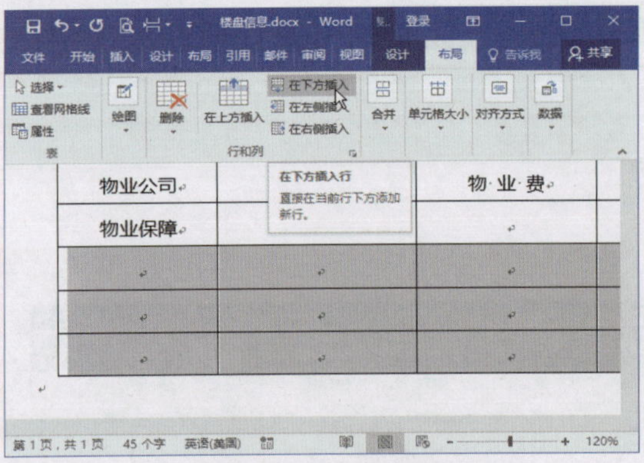

图 4-28　插入多行

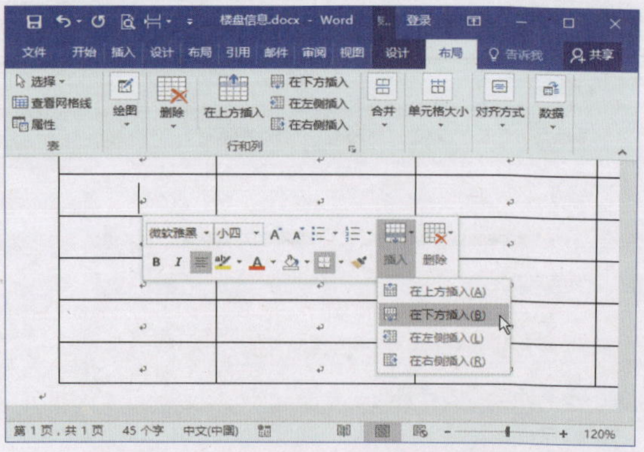

图 4-29　使用浮动工具栏插入行或列

实训 6　删除行、列或单元格

若在编辑表格时发现某些行或列是多余的，则可以将其删除，具体操作方法如下所述。

Step 01 在单元格中右击，在弹出的浮动工具栏中单击“删除”下拉按钮，在弹出的下拉列表中设置删除行、列或单元格，如图 4-30 所示。

Step 02 在单元格中定位光标，在“行和列”组中单击“删除”下拉按钮，在弹出的下拉列表中设置删除行、列或单元格，如图 4-31 所示。

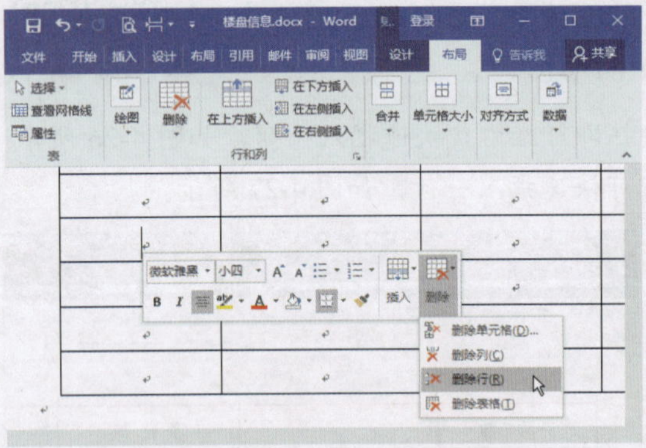

图 4-30　通过浮动工具栏删除行

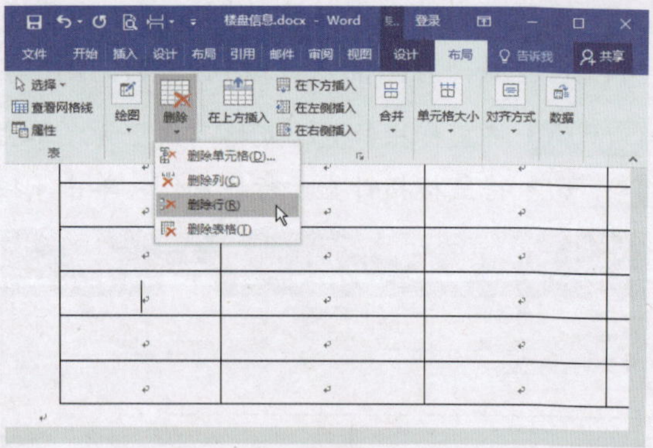

图 4-31　删除行

Step 03 选择要删除的单元格，按【Backspace】键，如图 4-32 所示。

Step 04 弹出“删除单元格”对话框，设置删除整行、列或单元格，然后单击“确定”按钮，如图 4-33 所示。

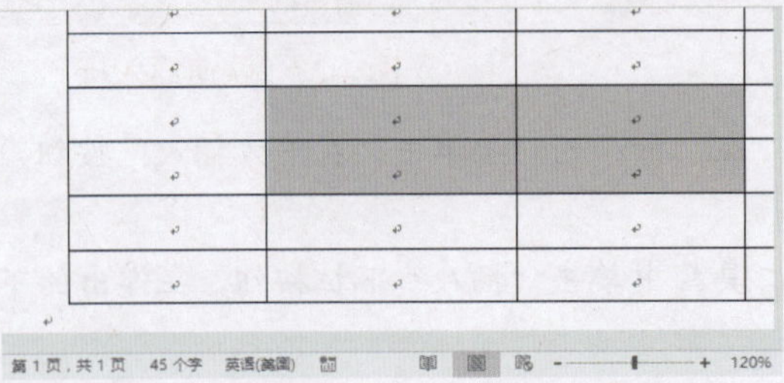

图 4-32　选择单元格

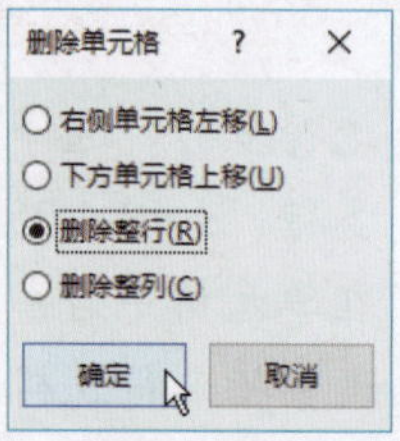

图 4-33　“删除单元格”对话框

实训 7　合并单元格

有时需要将多个单元格合并为一个单元格，此时可以使用“合并单元格”命令进行合并操作，也可使用橡皮擦工具来擦除线条，具体操作方法如下所述。

Step 01 选择要合并的单元格，选择“布局”选项卡，在“合并”组中单击“合并单元格”按钮，即可将所选单元格合并为一个单元格，如图 4-34 所示。

Step 02 选择要合并的多个单元格并右击，选择“合并单元格”命令，如图 4-35 所示。

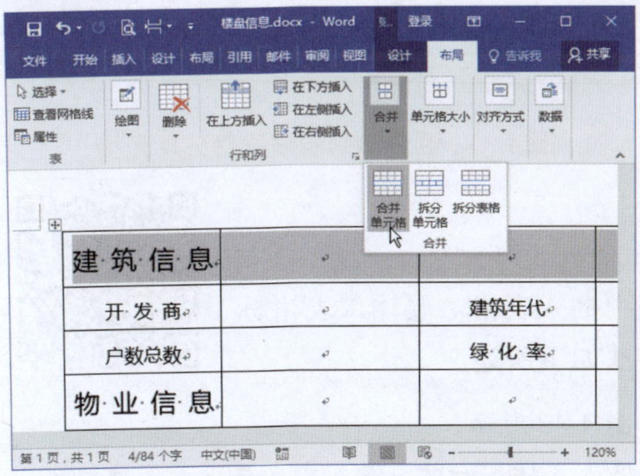

图 4-34　单击“合并单元格”按钮

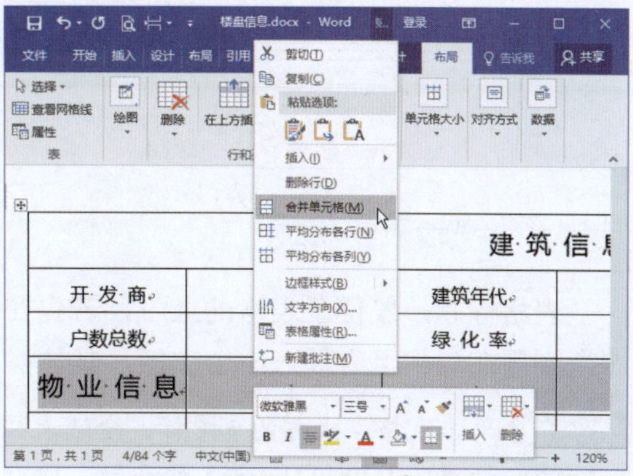

图 4-35　选择“合并单元格”命令

实训 8　拆分单元格

拆分单元格是指将一个单元格拆分成多个单元格。用户可以通过“拆分单元格”命令或绘制表格边框线来拆分单元格，具体操作方法如下所述。

Step 01 将光标定位在要拆分的单元格中，在“合并”组中单击“拆分单元格”按钮，如图 4-36 所示。

Step 02 弹出“拆分单元格”对话框，设置列数和行数，然后单击“确定”按钮，如图 4-37 所示。

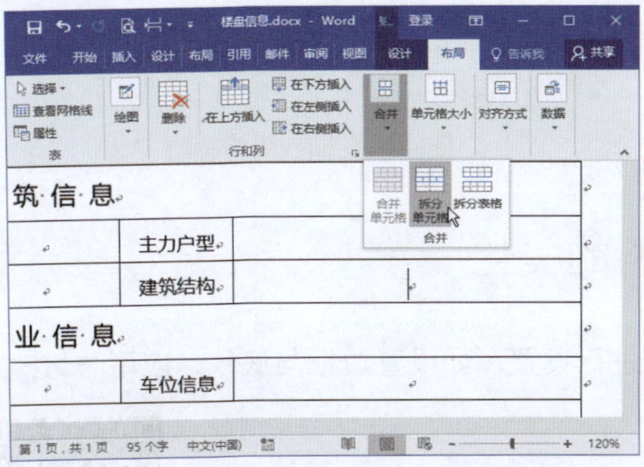

图 4-36　单击“拆分单元格”按钮

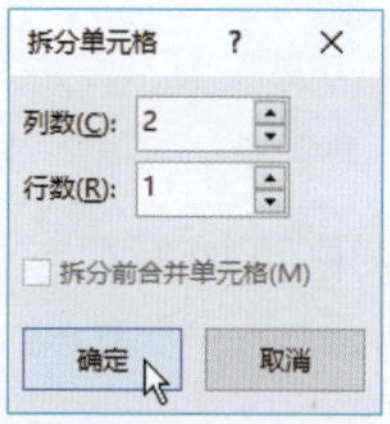

图 4-37　“拆分单元格”对话框

Step 03 拆分单元格，在“绘图”组中单击“绘制表格”按钮，如图 4-38 所示。

Step 04 拖动鼠标绘制表格线，也可拆分单元格，如图 4-39 所示。

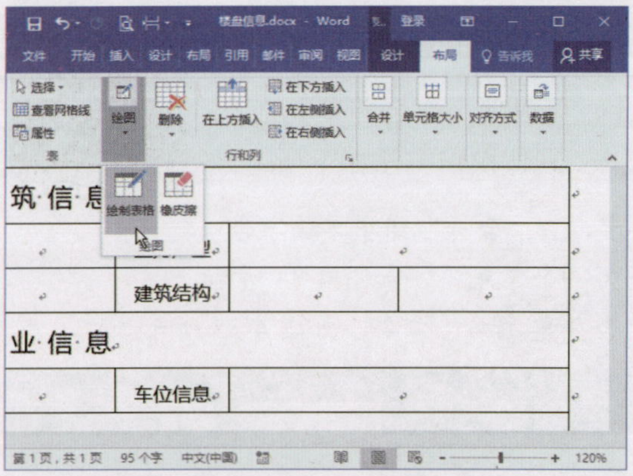

图 4-38　单击“绘制表格”按钮

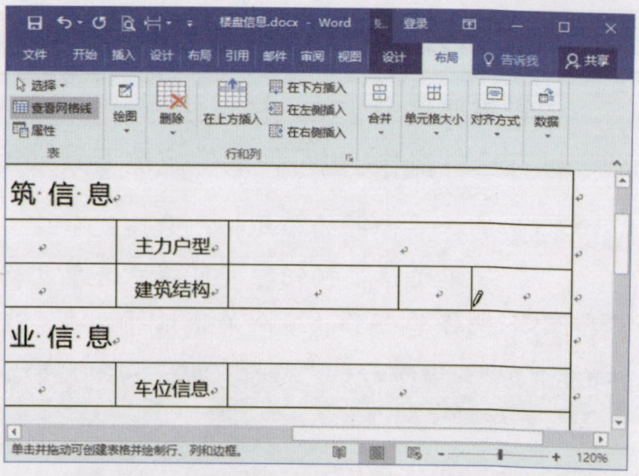

图 4-39　通过绘制表格线拆分单元格

实训 9　编辑表格标题

表格标题一般位于表格的上方，若先在文档中插入表格，要输入表格标题，则需在表格上方插入一个空行，具体操作方法如下所述。

Step 01 单击表格左上方的⊞图标，全选表格，如图 4-40 所示。

Step 02 按【Ctrl+Shift+Enter】组合键，即可在表格上方插入一行，输入文本并设置字体格式，如图 4-41 所示。

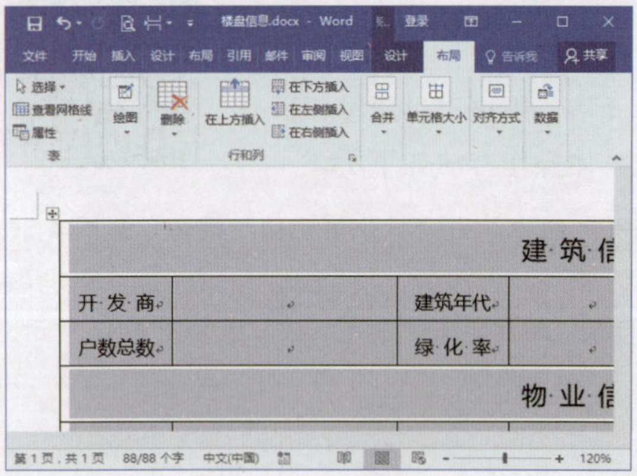

图 4-40　全选表格

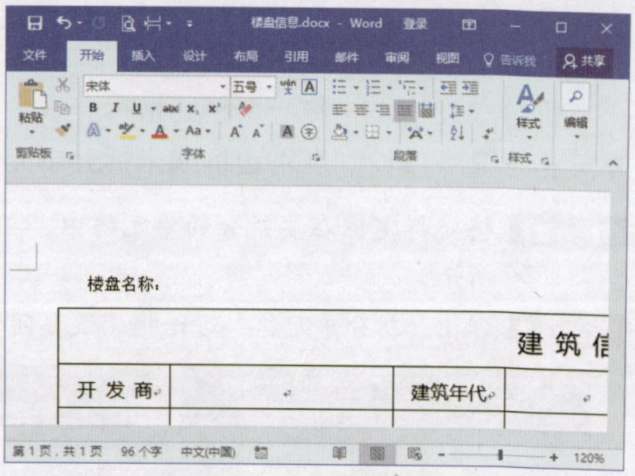

图 4-41　插入表格标题

4.3　表格的美化

为了使表格更加美观，还可对表格的外观进行设置，如设置边框与底纹，应用与修改表格样式等。

实训 1　单元格底纹的设置

在美化表格时，可以为表格的不同单元格添加纯色底纹或图案底纹，以突出显示，具体操作方法如下所述。

Step 01 按住【Ctrl】键的同时选择多个标题行，如图 4-42 所示。

Step 02 在“段落”组中单击“底纹”下拉按钮，选择所需的颜色，如图 4-43 所示。

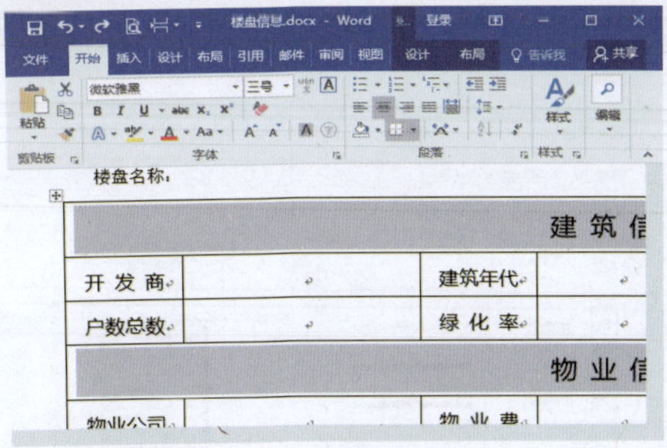

图 4-42　选择标题行

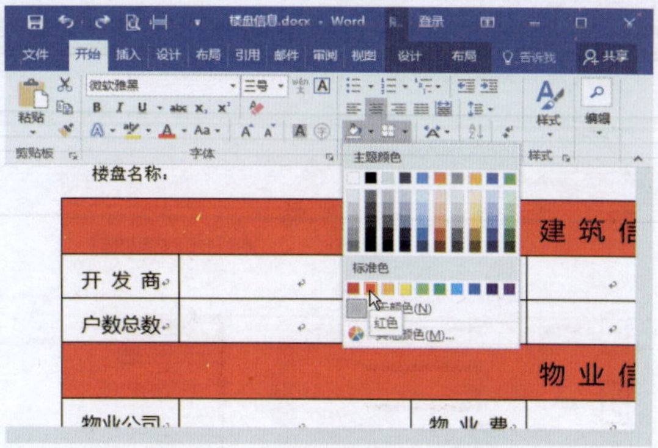

图 4-43　设置底纹颜色

Step 03 在“字体”组中设置所选单元格的字体颜色为白色，如图 4-44 所示。

Step 04 采用同样的方法，设置其他单元格的底纹颜色。在设置底纹颜色时，也可在浮动工具栏中进行设置，如图 4-45 所示。

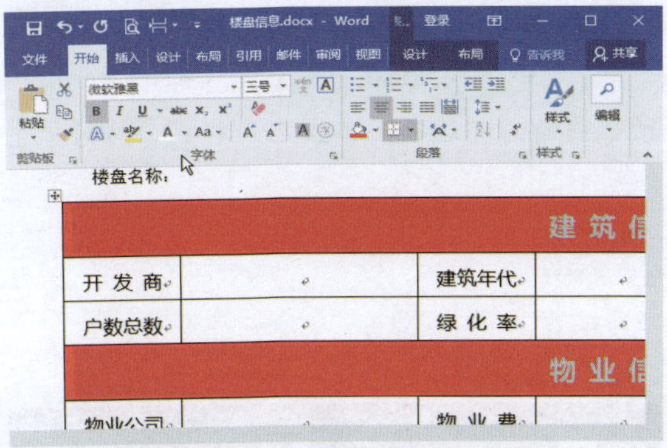

图 4-44　设置字体颜色

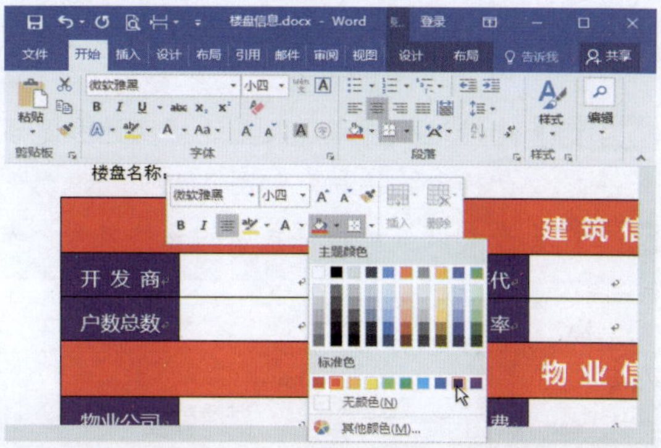

图 4-45　在浮动工具栏中设置底纹颜色

实训 2　单元格边框样式的设置

在创建表格时，Word 2016 会以默认的 0.5 磅的单实线绘制表格的边框，用户可以根据需要对表格边框的颜色、粗细和线型等进行设置，具体操作方法如下所述。

Step 01 单击表格左上方的图标，全选表格。在浮动工具栏中单击“边框”下拉按钮，选择“边框和底纹”选项，如图 4-46 所示。

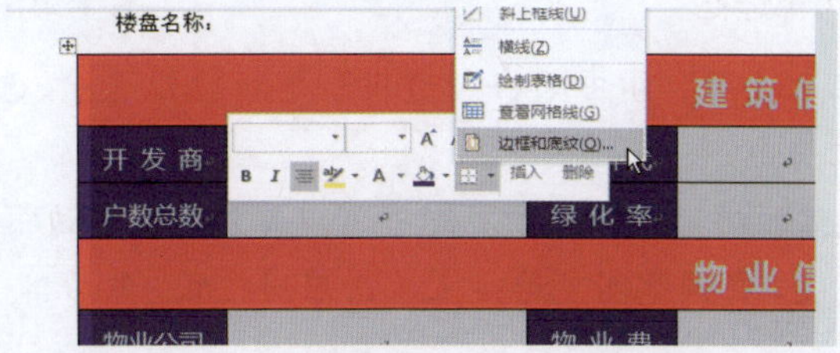

图 4-46　选择“边框和底纹”选项

Step 02 弹出“边框和底纹”对话框，单击“自定义”按钮，选择边框样式，设置边框颜色和宽度，在预览图的上边框和左边框位置单击应用边框样式，如图 4-47 所示。

Step 03 选择边框样式，设置边框颜色和宽度，在预览图的右边框和下边框位置单击应用边框样式，如图 4-48 所示。

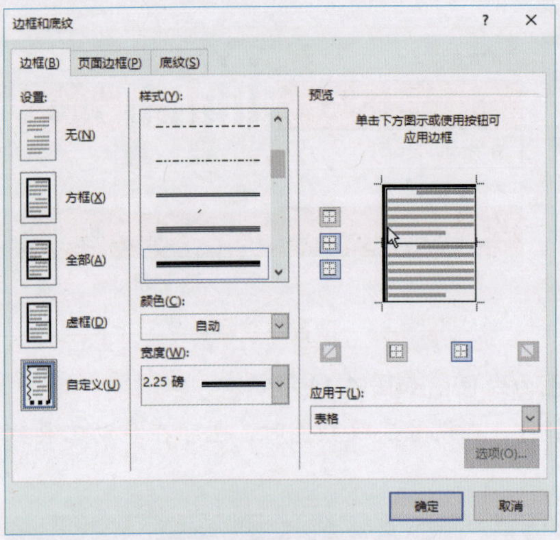

图 4-47　设置上边框和左边框

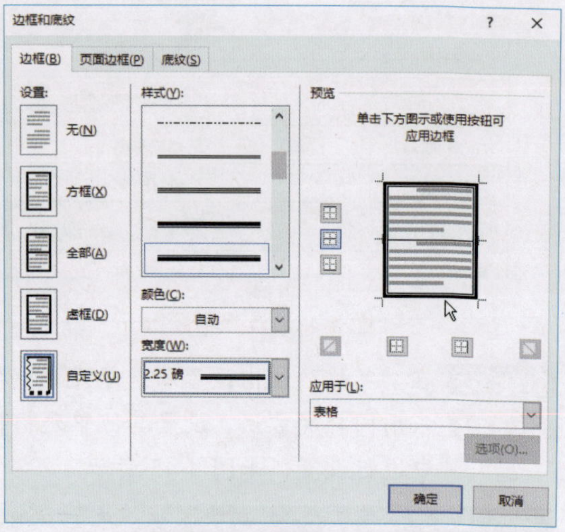

图 4-48　设置右边框和下边框

Step 04 选择边框样式，设置边框颜色和宽度，在预览图的内部边框上单击应用样式，然后单击“确定”按钮，如图 4-49 所示。

Step 05 查看设置边框样式后的表格效果，如图 4-50 所示。

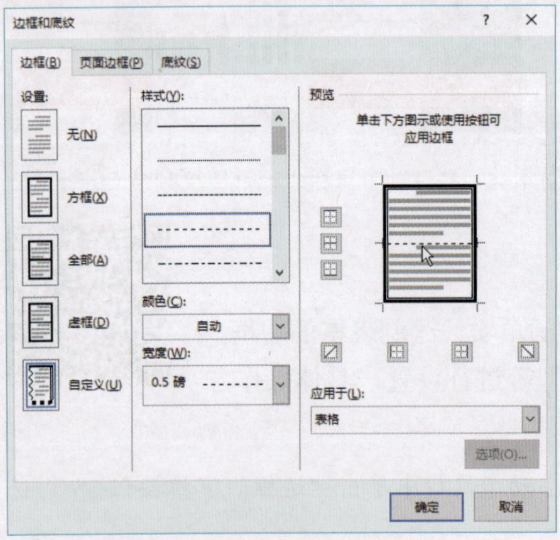

图 4-49　设置内部边框

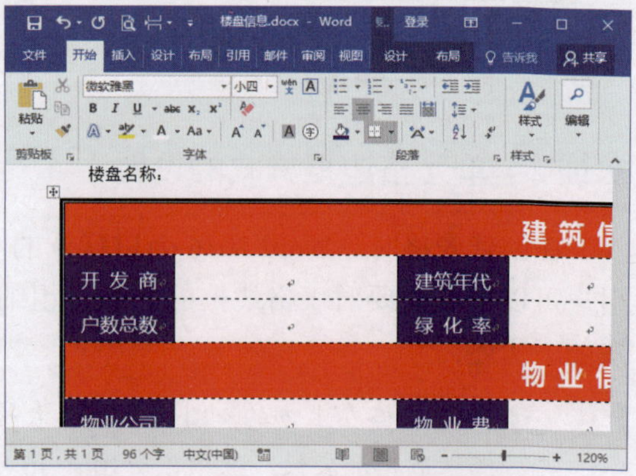

图 4-50　设置边框效果

Step 06 选择第 1 行，在“段落”组中单击“边框”下拉按钮，选择“边框和底纹”选项，如图 4-51 所示。

Step 07 弹出“边框和底纹”对话框，在预览图中可以看到当前的边框样式。选择边框样式，设置边框颜色和宽度，在预览图下边框上单击应用样式，然后单击“确定”按钮，如图 4-52 所示。

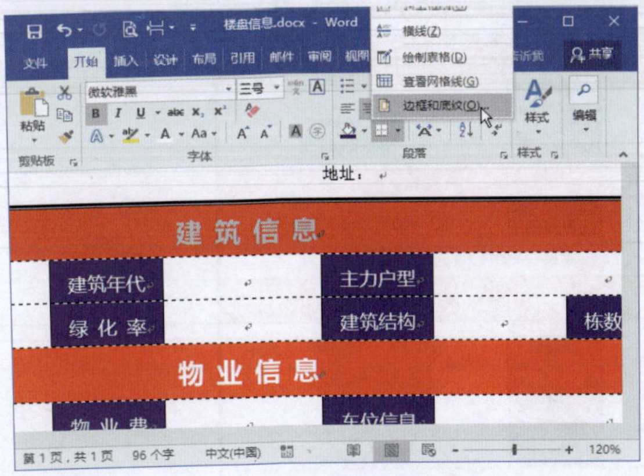

图 4-51　选择“边框和底纹”选项

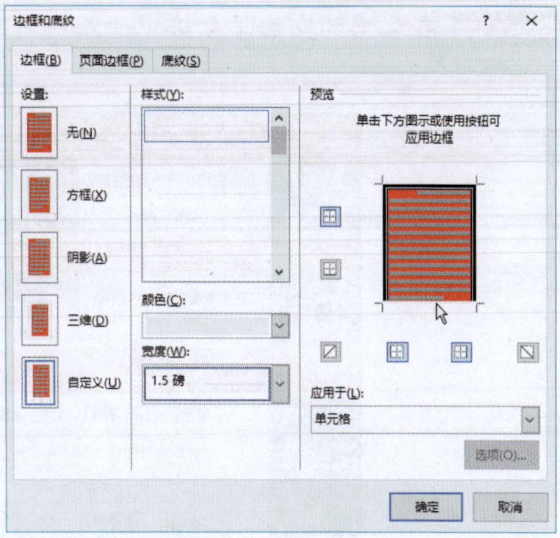

图 4-52　设置下边框

Step 08 查看所选行的下边框效果，选择“物业信息”单元格所在的行，如图 4-53 所示。

Step 09 打开“边框和底纹”对话框，选择边框样式，设置边框颜色和宽度，在预览图上边框和下边框上单击应用样式，单击“确定”按钮，如图 4-54 所示。

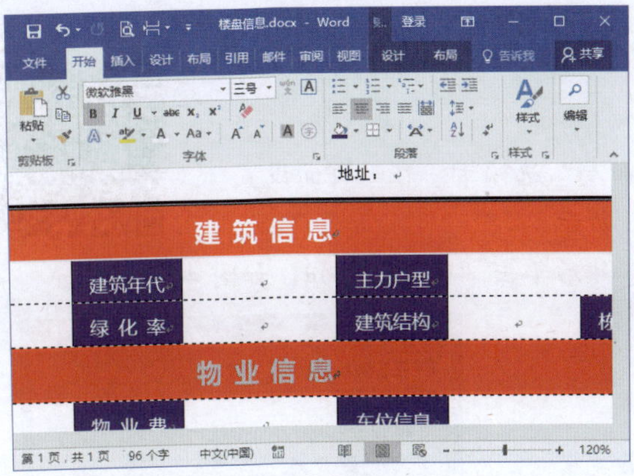

图 4-53　选择行

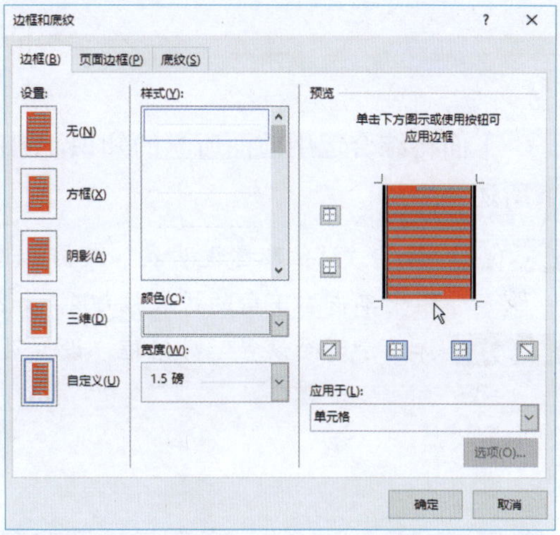

图 4-54　设置上边框和下边框

Step 10 查看所选行的边框效果，如图 4-55 所示。

Step 11 采用同样的方法，分别设置其他单元格的边框效果，如图 4-56 所示。

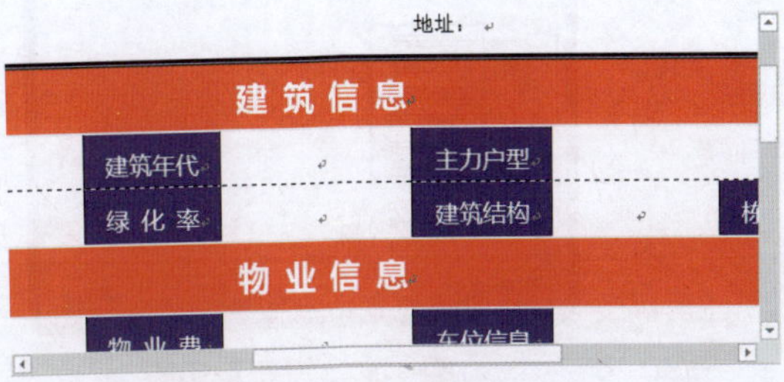

图 4-55　设置边框效果

图 4-56　设置其他单元格边框效果

Step 12 在表格的空白单元格中输入所需的内容，如图 4-57 所示。

楼盘名称：芍药居　　　　地址：朝阳区文学馆路，中煤信息大厦西北侧

建筑信息							
开发商	北京房地产开发有限公司	建筑年代	1998年	主力户型	两室两厅、三室两厅		
户数总数	10000户	绿化率	40%	建筑结构	砖石结构	栋数总数	40栋
物业信息							
物业公司	银海物业服务有限公司	物业费	2元/月	车位信息	地上300元，地下500元		
物业保障	水5元/吨；电0.48元/度；暖气24元/平米；天然气2.3元/立方米						
周边信息							
公交线路	望和桥125，361，408，409，422等			地铁	10、13号线		
商圈	北辰购物中心，国际展览中心，亚运村			幼儿园	金色摇篮幼儿园		
小学	芍药居小学			中学	人大附中		
银行	工商银行，建设银行，农业银行，招商银行			医院	芍药居门诊部		
小区特色	大型成熟社区，小区有幼儿园、小学						
价格信息							
均价/售	50000-60000元/m2			均价/租	4000-6000元/月		

图 4-57　输入表格内容

4.4　综合实训：职位说明表的制作

下面将综合运用前面所学的知识，制作一个职位说明表，具体操作方法如下所述。

Step 01 新建“岗位职责说明表”文档，选择“布局”选项卡，在“页面设置”组中单击右下角的扩展按钮，如图 4-58 所示。

Step 02 弹出“页面设置”对话框，设置页边距，然后单击“确定”按钮，如图 4-59 所示。

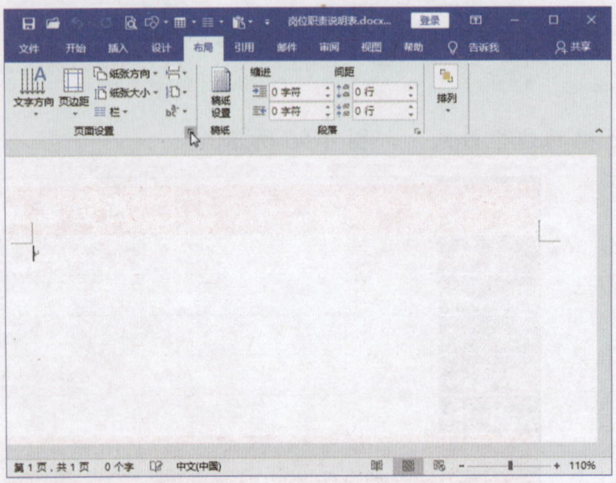

图 4-58　单击“页面设置”扩展按钮

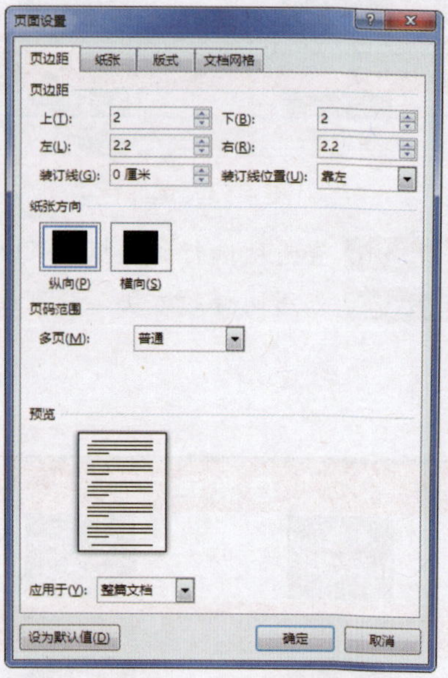

图 4-59　设置页边距

Step 03 在文档中插入一个 2 列 4 行的表格，如图 4-60 所示。

Step 04 根据需要合并单元格，效果如图 4-61 所示。

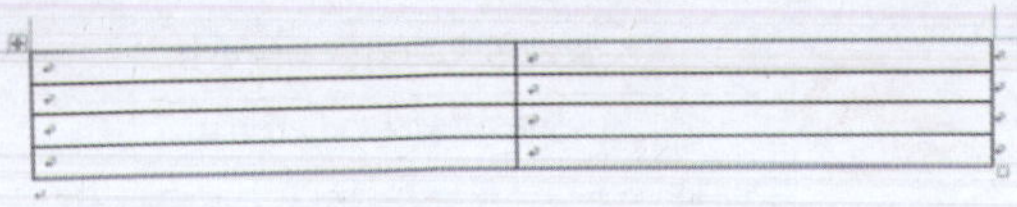

图 4-60　插入表格

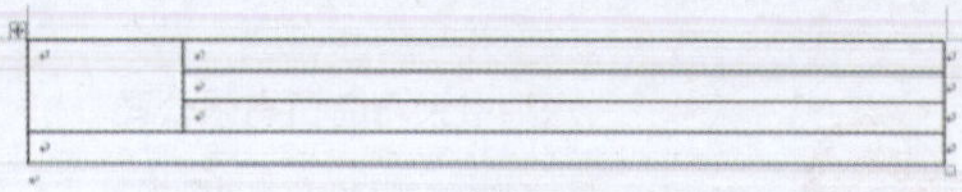

图 4-61　合并单元格

Step 05 单击表格左上方的⊞图标，全选表格。选择“布局”选项卡，在“对齐方式”组中单击“单元格边距”按钮，如图 4-62 所示。

Step 06 弹出“表格选项”对话框，设置单元格的左、右边距，然后单击“确定”按钮，如图 4-63 所示。

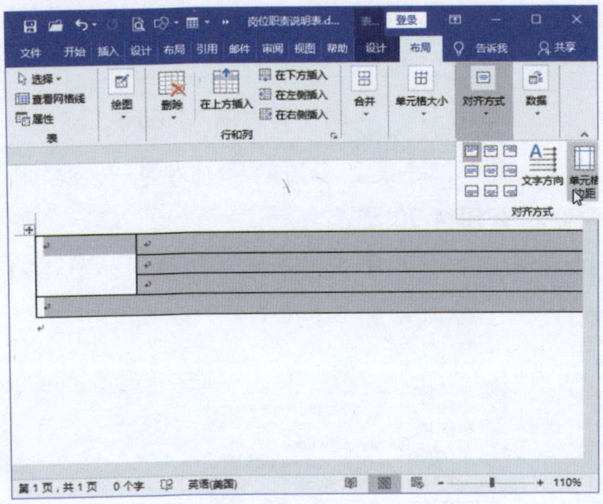

图 4-62　单击“单元格边距”按钮

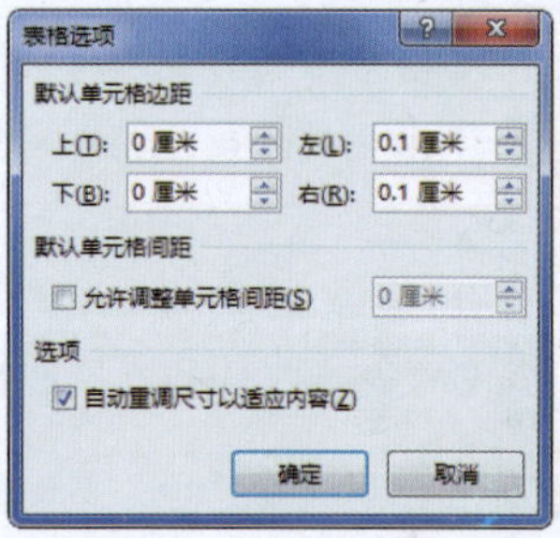

图 4-63　设置单元格边距

Step 07 在第 1 个单元格中插入所需的 Logo 图片，并根据需要调整各单元格的行高，如图 4-64 所示。

Step 08 选择“设计”选项卡，在“边框”组中设置笔样式、粗细、颜色等参数，如图 4-65 所示。

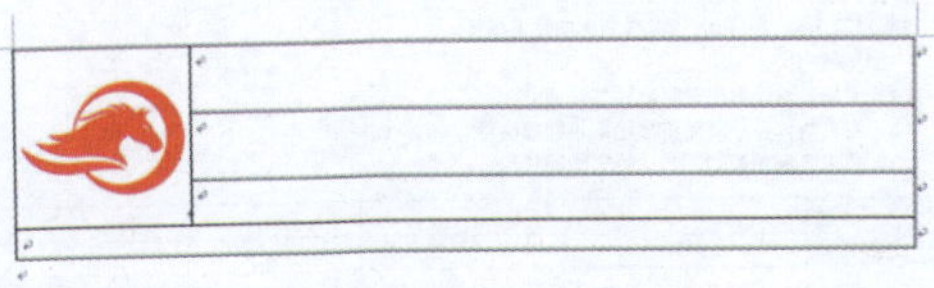

图 4-64　插入 Logo 图片

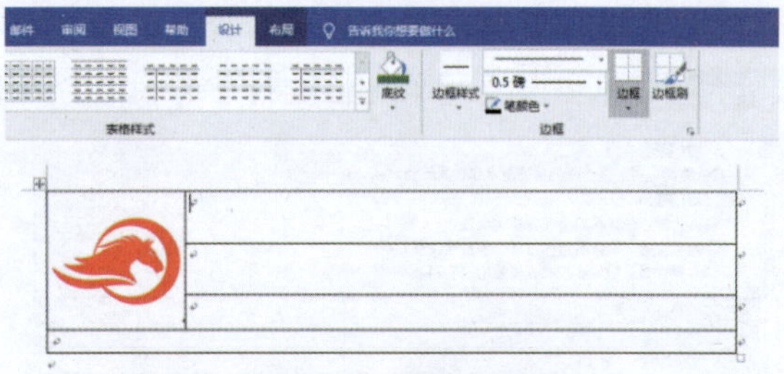

图 4-65　设置边框样式

Step 09 绘制边框线，拆分单元格，然后按【Esc】键退出绘制状态，如图 4-66 所示。

Step 10 在单元格中分别输入文本，并设置字体格式和单元格对齐方式，如图 4-67 所示。

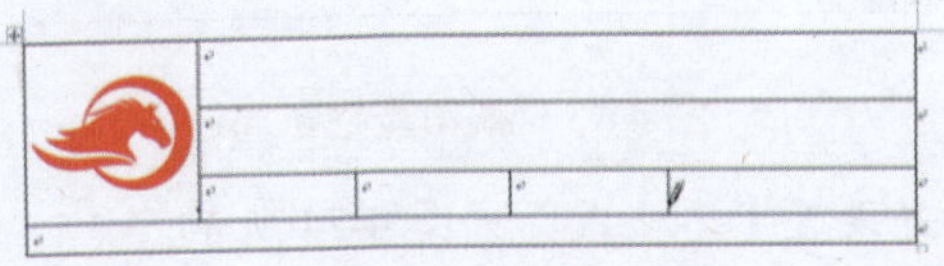

图 4-66　绘制表格

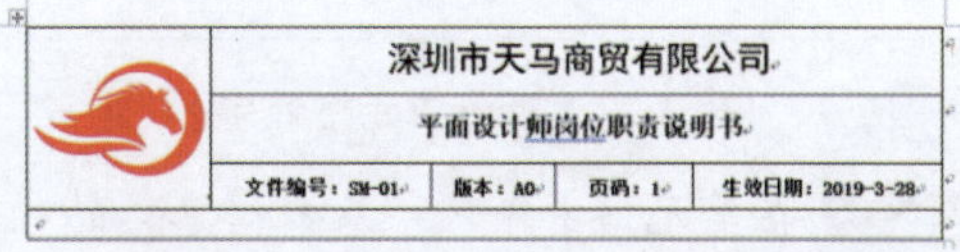

图 4-67　输入文本并设置格式

Step 11 在下方单元格中输入多行文本，并设置字体格式和段落缩进，如图 4-68 所示。

Step 12 在文本下方插入一个 2 列 5 行的表格，如图 4-69 所示。

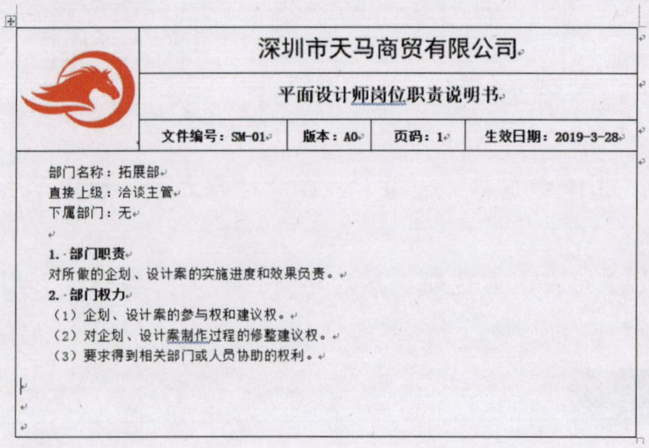

图 4-68　输入多行文本

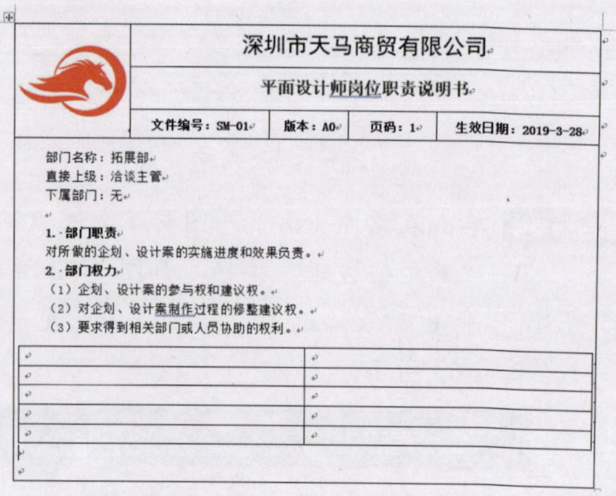

图 4-69　插入内嵌表格

Step 13 调整左侧列的列宽，在单元格中分别输入文本，并设置不同的填充颜色。在右侧上方单元格中右击，选择“拆分单元格”命令，如图 4-70 所示。

Step 14 弹出“拆分单元格”对话框，设置列数和行数，然后单击“确定”按钮，如图 4-71 所示。

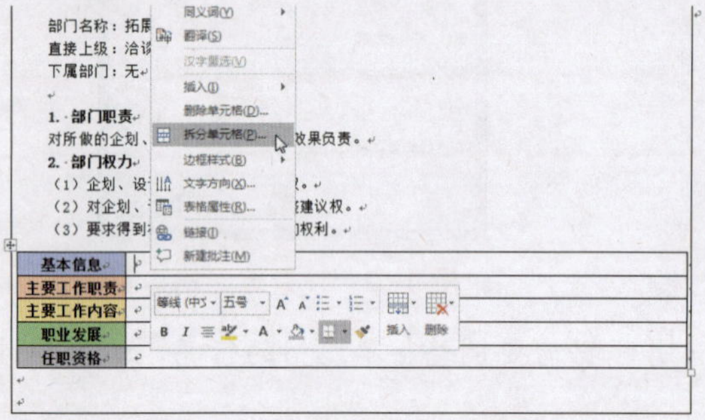

图 4-70　输入文本并设置填充颜色

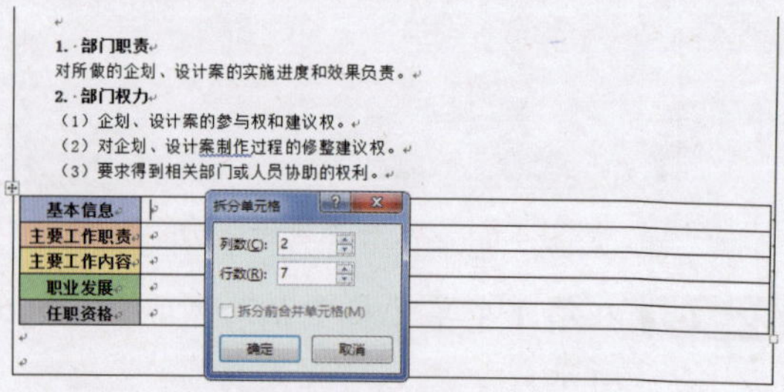

图 4-71　拆分单元格

Step 15 将单元格拆分为 2 列 7 行，效果如图 4-72 所示。

Step 16 根据需要对单元格进行合并、拆分及调整列宽操作，效果如图 4-73 所示。

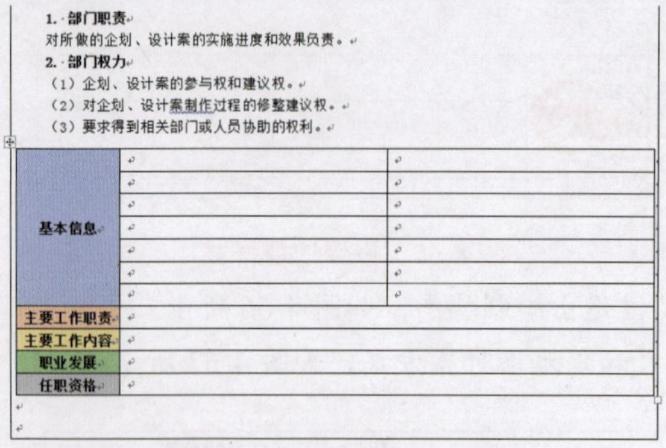

图 4-72　拆分单元格效果

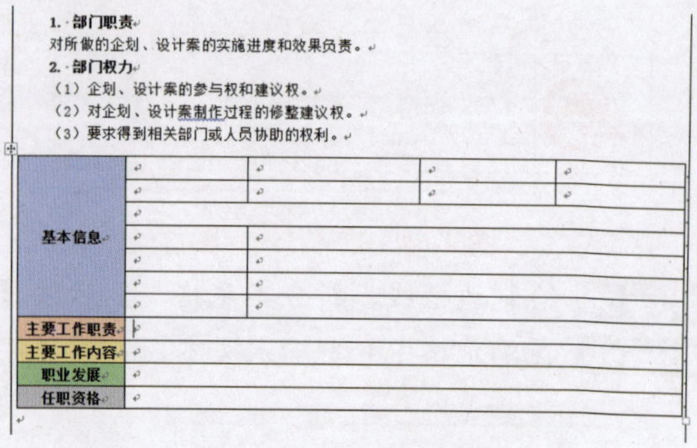

图 4-73　编辑表格布局

Step 17 在单元格中输入“基本信息”的相关内容，并设置字体格式，如图 4-74 所示。

Step 18 采用同样的方法，拆分和合并其他单元格，并输入相关信息，如图 4-75 所示。

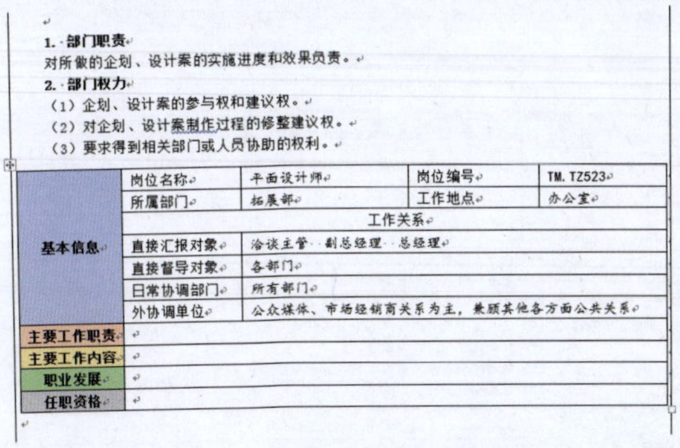

图 4-74　输入内容并设置格式

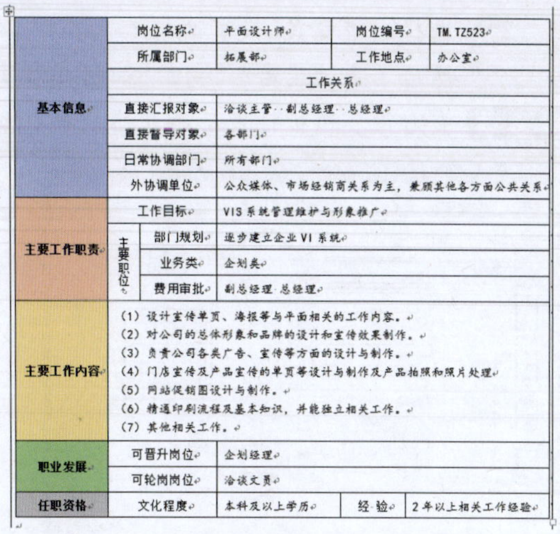

图 4-75　编辑表格布局并输入内容

Step 19 选择“设计”选项卡，在“边框”组中设置边框样式、粗细、颜色等参数，如图 4-76 所示。

Step 20 鼠标指针变为边框刷样式，在表格外边框上拖动鼠标应用边框样式，如图 4-77 所示。

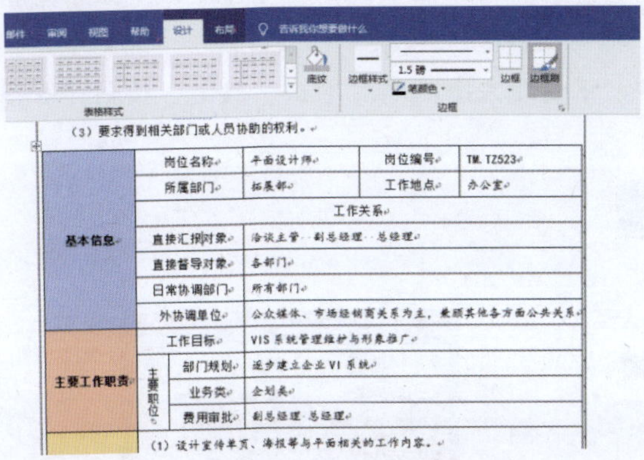

图 4-76　设置边框样式

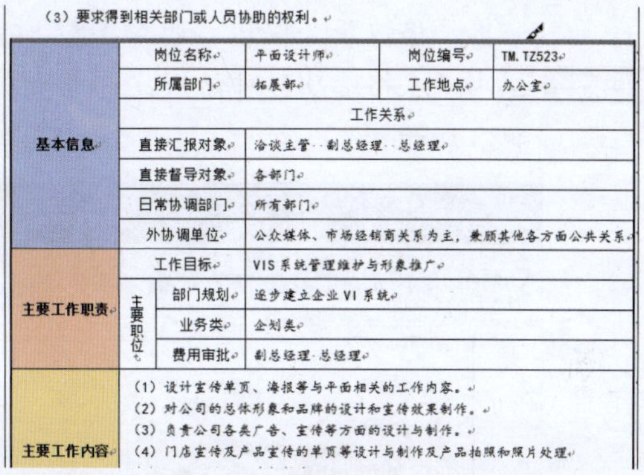

图 4-77　应用边框样式

Step 22 全选外侧的表格，单击“边框”下拉按钮，选择“边框和底纹”选项，如图 4-78 所示。

Step 23 弹出“边框和底纹”对话框，单击“自定义”按钮，选择边框样式，设置边框颜色和宽度，在预览图上边框和左边框上单击应用自定义样式，如图 4-79 所示。

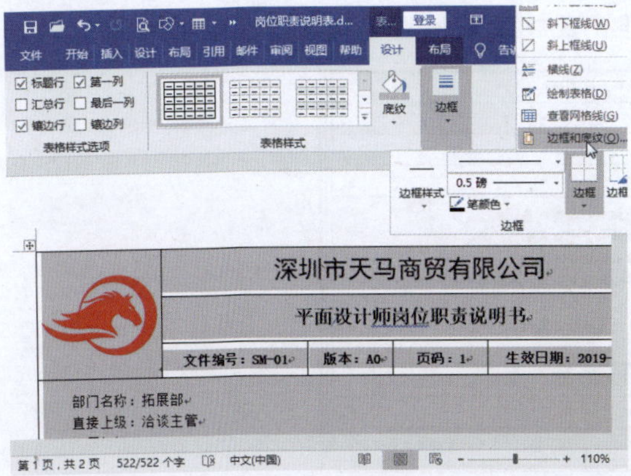

图 4-78　选择“边框和底纹”选项

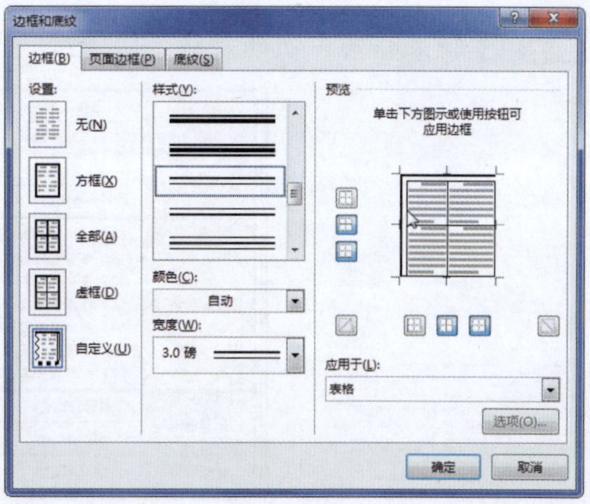

图 4-79　设置上边框与左边框样式

Step 24 选择边框样式，设置边框颜色和宽度，在预览图下边框和右边框上单击应用自定义样式，然后单击“确定”按钮，如图 4-80 所示。

Step 25 查看设置边框样式后的表格效果，如图 4-81 所示。

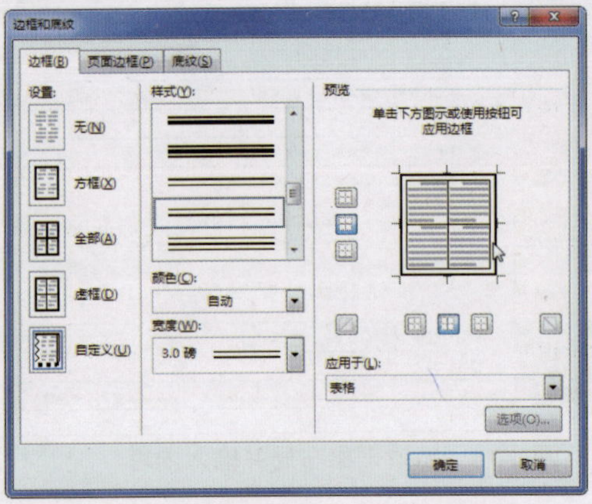

图 4-80　设置下边框与右边框样式

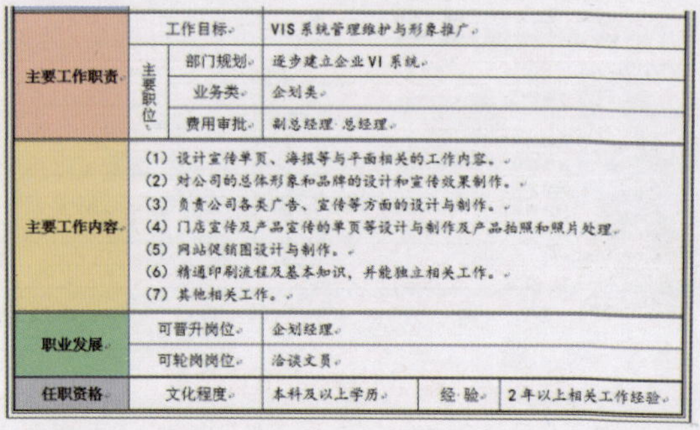

主要工作职责	主要职位	工作目标	VIS 系统管理维护与形象推广		
		部门规划	逐步建立企业 VI 系统		
		业务类	企划类		
		费用审批	副总经理、总经理		
主要工作内容	(1) 设计宣传单页、海报等与平面相关的工作内容。 (2) 对公司的总体形象和品牌的设计和宣传效果制作。 (3) 负责公司各类广告、宣传等方面的设计与制作。 (4) 门店宣传及产品宣传的单页等设计与制作及产品拍照和照片处理 (5) 网站促销图设计与制作。 (6) 精通印刷流程及基本知识，并能独立相关工作。 (7) 其他相关工作。				
职业发展	可晋升岗位		企划经理		
	可轮岗岗位		洽谈文员		
任职资格	文化程度		本科及以上学历	经验	2 年以上相关工作经验

图 4-81　设置表格边框效果

Step 26 将光标定位到外侧表格最下方的单元格中，在“布局”选项卡下“对齐方式”组中单击“单元格边距”按钮，如图 4-82 所示。

Step 27 弹出“表格选项”对话框，自定义左、右、下边距大小，然后单击“确定”按钮，如图 4-83 所示。

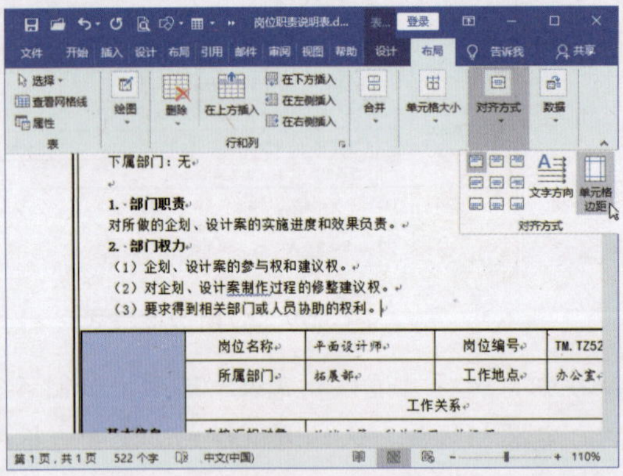

图 4-82　单击“单元格边距”按钮

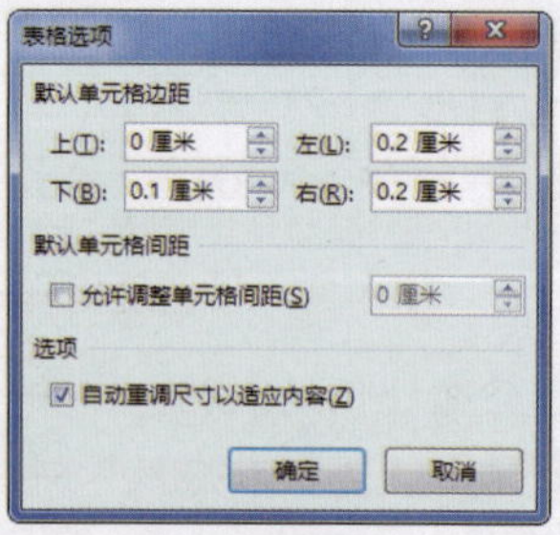

图 4-83　自定义边距大小

Step 28 使表格与内嵌的表格之间保持一定的间距，最终效果如图 4-84 所示。

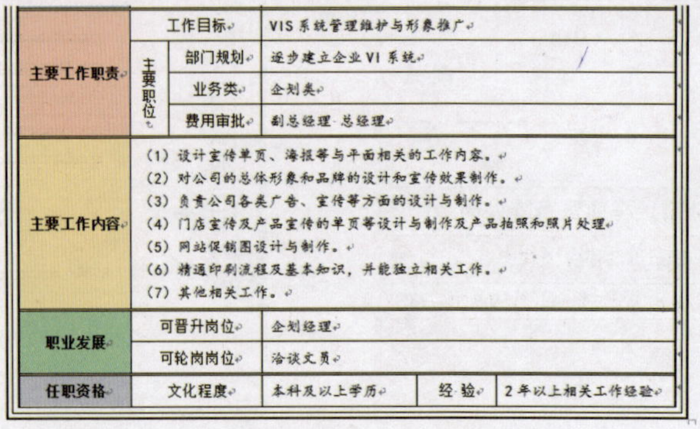

主要工作职责	主要职位	工作目标	VIS 系统管理维护与形象推广		
		部门规划	逐步建立企业 VI 系统		
		业务类	企划类		
		费用审批	副总经理、总经理		
主要工作内容	(1) 设计宣传单页、海报等与平面相关的工作内容。 (2) 对公司的总体形象和品牌的设计和宣传效果制作。 (3) 负责公司各类广告、宣传等方面的设计与制作。 (4) 门店宣传及产品宣传的单页等设计与制作及产品拍照和照片处理 (5) 网站促销图设计与制作。 (6) 精通印刷流程及基本知识，并能独立相关工作。 (7) 其他相关工作。				
职业发展	可晋升岗位		企划经理		
	可轮岗岗位		洽谈文员		
任职资格	文化程度		本科及以上学历	经验	2 年以上相关工作经验

图 4-84　最终表格效果

本 章 小 结

通过对本章的学习，读者应该掌握以下知识。

（1）在 Word 文档中通过“插入表格”命令或“绘制表格”工具创建表格。

（2）在单元格中输入文本后，根据需要对文本格式或单元格的对齐方式进行设置。

（3）采用多种方法增加或删除表格中的行列，如单击表格上的按钮⊕，在功能区中进行插入或删除，也可通过单击右键弹出的快捷菜单进行操作。

（4）通过合并或拆分单元格更改表格布局，例如，通过“合并单元格”或“拆分单元格”按钮进行设置，通过绘制表格工具合并或拆分单元格。

（5）通过设置单元格底纹或边框样式对表格进行美化，应用 Word 内置的样式库来美化表格。

本 章 练 习

一、选择题

1．以下哪项说法不正确？（　）

A．选择表格后，可以按【Delete】键将其删除

B．用户可以通过在单元格中右击来编辑表格布局

C．将光标定位到表格右下角单元格中，然后按【Tab】键，可以插入一行

D．对于复杂布局的表格，可以利用“绘制表格”功能拆分或合并单元格

2．以下哪项说法不正确？（　）

A．在文本框中可以插入表格

B．在“布局”选项卡下“对齐方式”组中可以设置表格在文档中的位置

C．在表格中可以嵌套多个表格

D．在 Word 文档中可以将文本转换为表格

二、填空题

1．若要在表格上方插入空行，可以在选中表格后按__________组合键。

2．使用____________工具可以快速设置表格边框样式。

3．通过设置____________，可以使每一页的表格都显示标题行。

三、实操题

运用本章所学的编辑表格的知识制作一个“设计人员绩效考核表”，效果如图 4-86 所示。

深圳文君时装有限公司

设计人员绩效考核表

姓名		部门		职务	
入职时间		考核区间	自 年 月 日 至 年 月 日		

工作业绩（60分）

序号	考核项目	权重	数据来源	考核衡量标准	得分标准	得分
一	计划完成率	15分	设计部	实际完成款数____÷计划完成款数____	计划完成率×权重（分）	
二	评审通过率	15分	设计部	评审通过款数____÷裁剪评审款数____	评审通过率×权重（分）	
三	月工作计划	10分	设计部	工作计划书上交时间及时与内容详实与否	延迟提交一天或退回达二次扣10分	
四	单款完成进度	10分	设计部	单款设计完成时间和进度控制按计划与否	每款未按计划时间和进度完成扣3分	
五	资料完整度	10分	纸样房	设计图纸（版布、配饰）交板房时完整与否	设计图纸资料不完整一次扣3分	

工作态度（20分）

序号	考核项目	权重	考核衡量标准				员工自评	上级评分
			优（5分）	良（4分）	中（3分）	差（0-2分）		
一	积极主动性	5分	主动性较强，无需上级安排和监督，能高质量高效率地完成本职工作	主动性和积极性较好，工作热情，能很好地完成本职工作	主动性一般，需在上级监督和叮嘱下才能完成本职工作	工作缺乏积极性，主动意识不强，难以完成本职工作		
二	工作责任心	5分	有很强的工作责任心，全身心履行岗位职责，尽全力做好分内之事	有较好的工作责任心，认真履行岗位职责的要求	工作有一定责任心，基本能履行岗位职责要求	工作责任心不强，缺乏责任意识，遇问题出现推诿		
三	团队协作力	5分	善于合作同时，相互支持，充分发挥各自优势，保持良好团队氛围	能够与他人合作共事，相互支持，保证团队任务的完成	团队合作精神不强，但不影响让人共事，也能参与团队任务	不能与他人很好合作，习惯于独断专行，不参与团队协作		
四	工作纪律性	5分	能够长期严格遵守部门工作规定与标准，有非常强的自觉性和纪律性	能够遵守工作的规定和标准，有较好的自觉性和纪律性	基本能够遵守工作规定和标准，基本能够遵守纪律	不遵守规定和标准，常发生违规情况，自觉和纪律性差		

工作能力（20分）

序号	考核项目	权重	考核衡量标准				员工自评	上级评分
			优（5分）	良（4分）	中（3分）	差（0-2分）		
一	专业技能水平	5分	理论功底和业务技术水平扎实，能得到上级和同事的一致认可	业务水平能达到岗位要求，能够完成各项岗位职责范围内工作	业务水平基本能达到岗位要求，需一定努力才能完全胜任工作	业务技能能力一般，工作中经常出现差错，对工作影响较大		
二	计划执行能力	5分	工作计划安排合理，上级安排任务及时完成，效率高，执行力较强	工作计划安排合理，上级安排任务及时完成，结果令人满意	工作有计划，上级安排任务基本能按时完成，结果有些不尽人意	工作没计划、没条理，上级安排任务经常拖欠，完成质量较差		
三	沟通理解能力	5分	与上级及同事沟通顺畅，能完全理解上级意图和岗位职责任务	与上级及同事沟通有障碍，能理解上级意图和岗位职责任务	与上级及同事能沟通，基本能理解上级的意图和岗位职责任务	与他人沟通存在困难，不太能理解上级意图和岗位职责任务		
四	问题解决能力	5分	能迅速发现问题所在和即可找到解决办法，并能个人独立去协调解决	能发现问题所在，找到解决办法，依靠个人能力可以解决问题	能发现问题，能够找到问题所在，但偶尔需依靠上级协助才能解决问题	能发现问题，但找不到解决办法，或总是要依靠上级帮助才能解决问题		
被考核人签名			考核人签名		总分			
此栏由人力资源部填写	考核分数	=工作业绩总分+员工自评总分×30%+上级考评总分×70%=________分						
	考核等级	□S. 96分以上 □A. 86~95分 □B. 76~85分 □C. 66~75分 □D. 65分以下						

图 4-86　设计人员绩效考核表

第 5 章　Excel 2016 表格制作基本知识

【本章导读】

Excel 是一款集电子表格、数据存储、数据处理和分析等功能于一体的办公应用软件。本章将详细介绍 Excel 2016 在数据编辑与处理中的基本操作，主要包括 Excel 工作表的基本操作、Excel 单元格的基本操作、数据的输入与填充数据，以及数据验证设置等。

【本章目标】

- 掌握 Excel 工作表和单元格的基本操作
- 掌握输入与填充数据的方法，以及设置数据验证的方法

5.1　Excel 工作表的基本操作

工作簿是 Excel 的主要数据存储单位，一个工作簿即一个硬盘文件。在默认情况下，工作簿中包含一张 Sheet1 工作表，用户在工作表中编辑数据。下面介绍在编辑数据前对工作表的基本操作。

工作簿、工作表和单元格是 Excel 中的基本操作对象，若要熟练使用 Excel 2016，首先要了解这些操作对象的基本概念。

1. 工作簿和工作表

启动 Excel 2016 后，系统会自动创建一个名为“工作簿 1”的文档，该文档就是工作簿。在默认情况下，工作簿中包含一张 Sheet1 工作表，用户可以在工作簿中创建新工作表，默认新工作表以 Sheet2、Sheet3 等命名，双击工作表可以进行重命名，如图 5-1 所示。

工作簿与工作表的关系就像是一本书与书中每一页的关系。工作簿是“书”，而每个工作表则相当于书中的每一页。

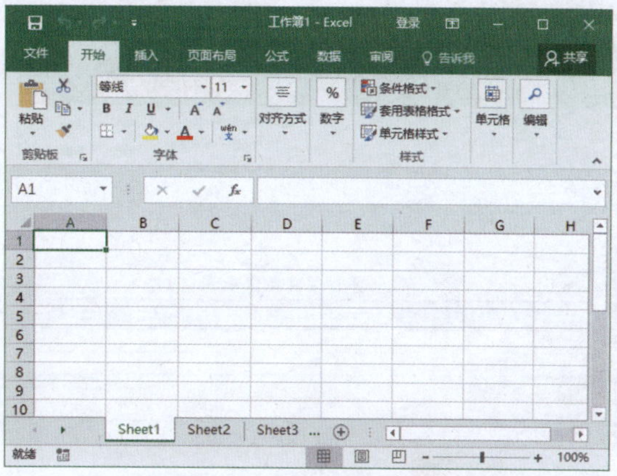

图 5-1　Excel 工作簿窗口

2. 单元格

行与列的交叉称为单元格，单元格位于编辑区中。每张工作表都包含许多单元格，它是 Excel 中最基本的存储和处理数据的单位，也就是说所有对表格数据的处理操作均在单元格中进行。

任何一个单元格均可由列标和行号组合确定，列标由 A、B、C 等字母来表示，行号由 1、2、3 等数字来表示。例如，C8 表示第 C 列、第 8 行的单元格，如图 5-2 所示。

若要表示一个连续的单元格区域，可用该区域左上角和右下角的单元格来表示，中间用冒号“:”分隔。例如，B4:D11 表示从单元格 B4 到单元格 D11 的区域，如图 5-3 所示。

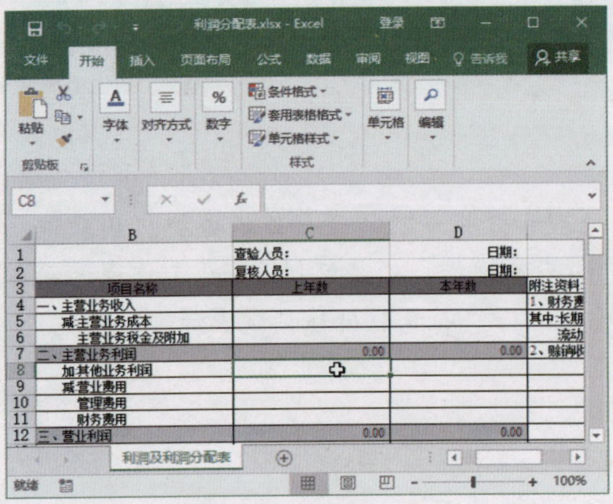

图 5-2　单元格

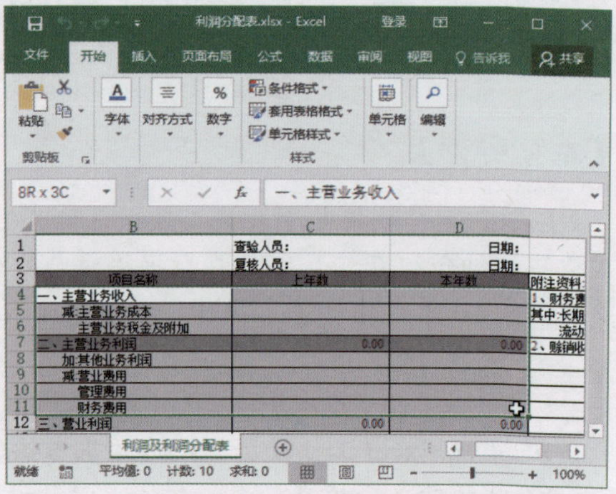

图 5-3　单元格区域

实训 1　工作表的插入与删除

用户可以在一个工作簿中插入多个工作表，以编辑不同类别的数据。若不再需要某个工作表，则可以将其删除。插入与删除工作表的具体操作方法如下所述。

Step 01 打开“素材文件\第 5 章\餐厅营业分析表.xlsx”，单击工作表标签右侧的“新工作表”按钮⊕，如图 5-4 所示。

Step 02 在当前所选工作表的右侧插入一个新的工作表，如图 5-5 所示。

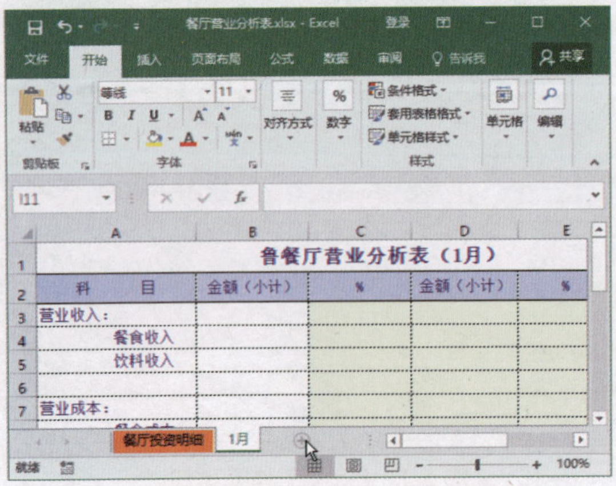

图 5-4　单击“新工作表”按钮

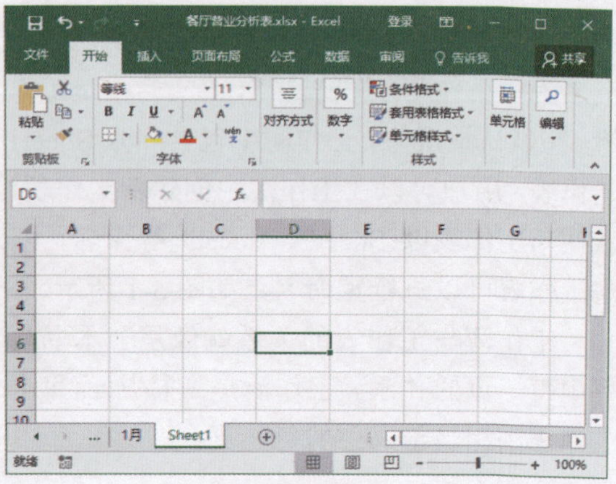

图 5-5　插入工作表

Step 03 右击工作表标签，在弹出的快捷菜单中选择“删除”命令，如图 5-6 所示。

Step 04 弹出提示信息框，单击“确定”按钮，即可删除工作表，如图 5-7 所示。需要注意的是，删除工作表的操作无法进行撤销。

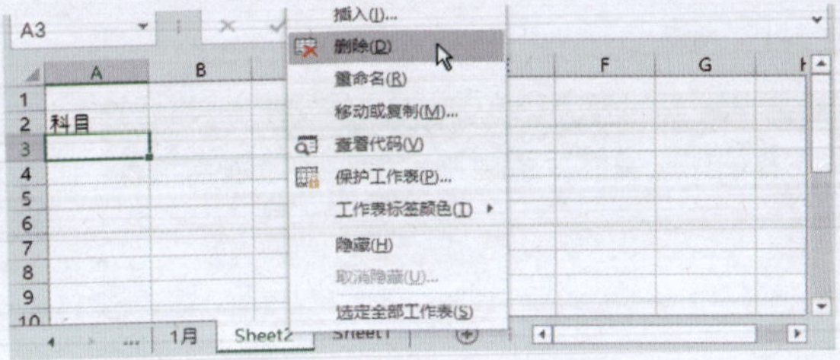

图 5-6　选择“删除”命令

图 5-7　确认删除工作表

实训 2　工作表的移动或复制

用户可以在相同或不同的工作簿中移动或复制工作表，下面将介绍其操作方法。

1．在同一个工作簿内移动工作表

单击工作表标签并拖动，移到目标位置后松开鼠标，即可移动工作表，如图 5-8 所示。在移动过程中按住【Ctrl】键可以复制工作表，如图 5-9 所示。

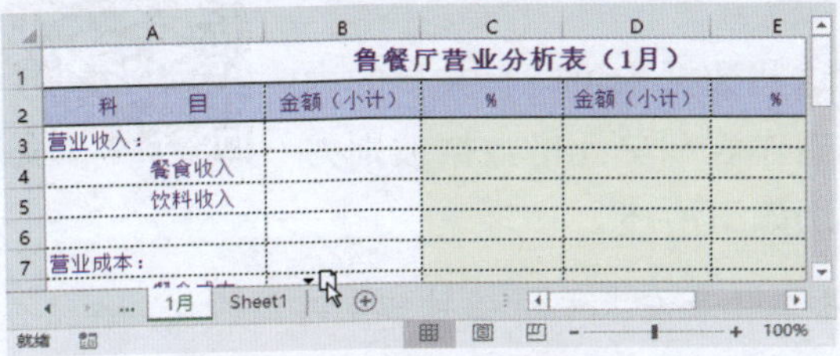

图 5-8　移动工作表

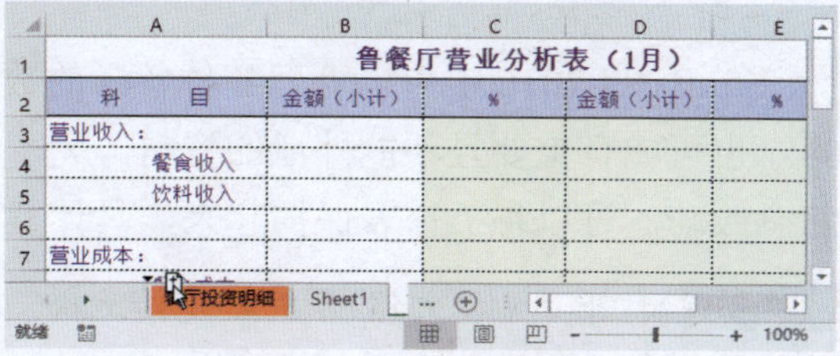

图 5-9　复制工作表

2．在不同工作簿内移动工作表

若要将工作表中的数据移到其他工作簿中，不需要复制数据，只需设置移动工作表即可。要在不同工作簿内移动工作表，需先打开目标工作簿，具体操作方法如下所述。

Step 01 右击需要移动的工作表标签，选择“移动或复制”命令，如图 5-10 所示。

Step 02 弹出“移动或复制工作表”对话框，在“工作簿”下拉列表中选择要移入的工作簿，如图 5-11 所示。

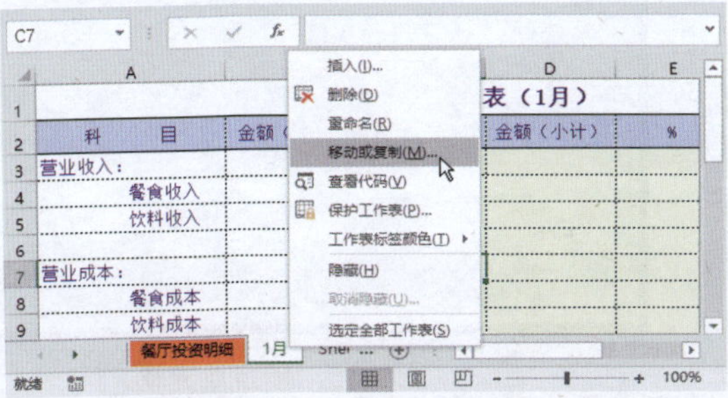

图 5-10　选择“移动或复制”命令

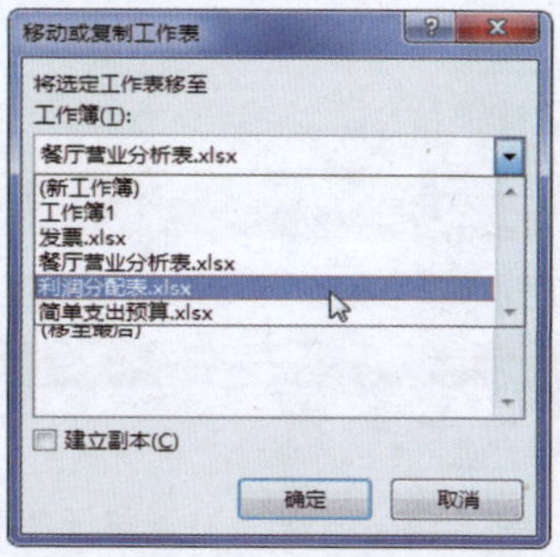

图 5-11　选择目标工作簿

Step 03 选择移动位置，若要在本工作簿中保留该工作表，则选中“建立副本”复选框，然后单击“确定”按钮，如图 5-12 所示。

Step 04 将工作表移到所选的工作簿中，效果如图 5-13 所示。

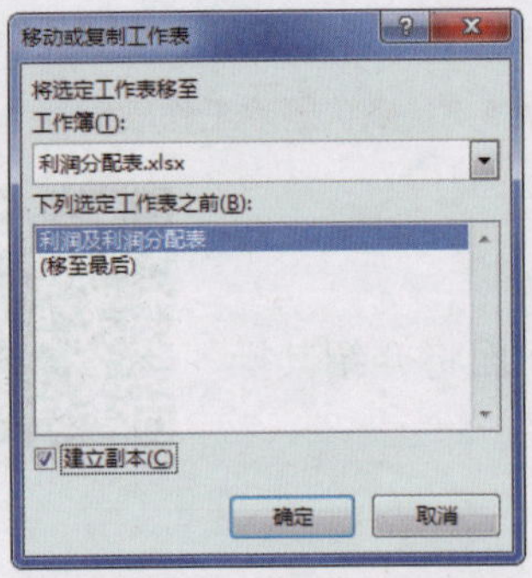

图 5-12 设置建立副本

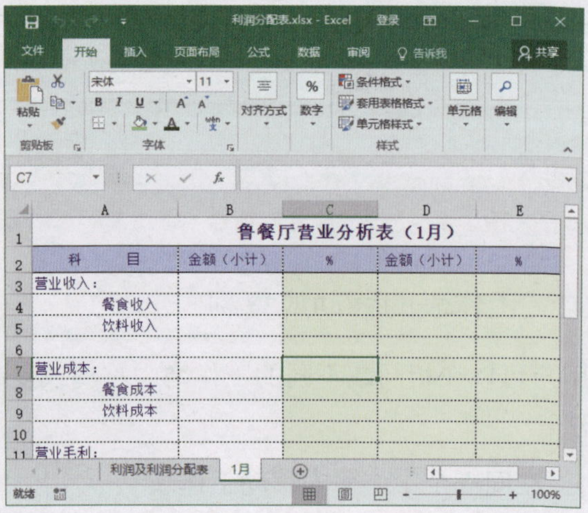

图 5-13 移动工作簿效果

实训 3 工作表的保护

在 Excel 2016 中可以管理各种各样的数据，这些数据中可能有共享的内容，也可能有重要且不能外泄的资料。为了避免工作表和单元格数据被别人随意改动，可以将工作表保护起来，具体操作方法如下所述。

Step 01 打开“素材文件\第 5 章\发票.xlsx”，单击工作表左上方的◢按钮全选工作表，在工作表上右击，选择“设置单元格格式”命令，如图 5-14 所示。

Step 02 弹出“设置单元格格式”对话框，选择“保护”选项卡，选中“锁定”复选框，然后单击“确定”按钮，如图 5-15 所示。

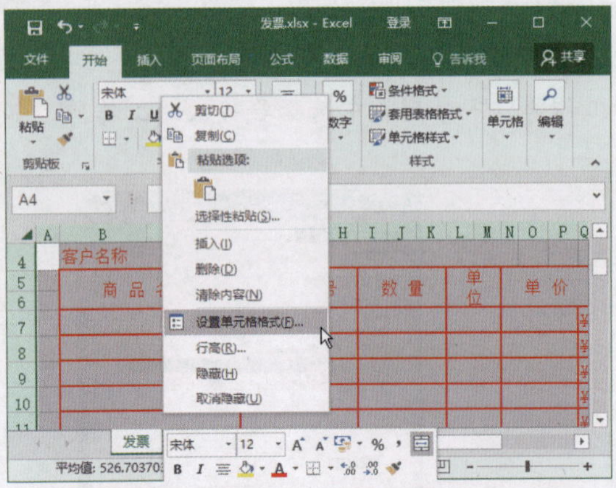

图 5-14 选择“设置单元格格式”命令

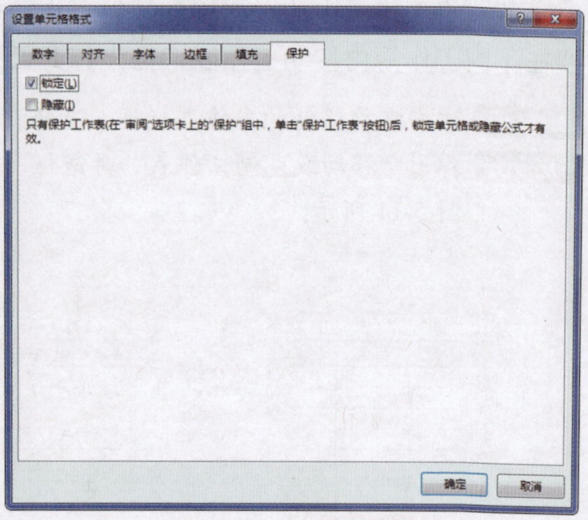

图 5-15 锁定单元格

Step 03 选择要输入数据的单元格区域并右击，选择“设置单元格格式”命令，如图 5-16 所示。

Step 04 弹出“设置单元格格式”对话框，取消选择“锁定”复选框，然后单击“确定”按钮，如图 5-17 所示。

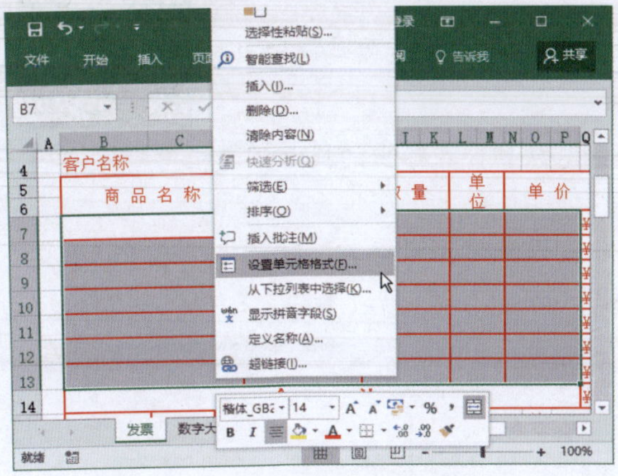

图 5-16　选择“设置单元格格式”命令

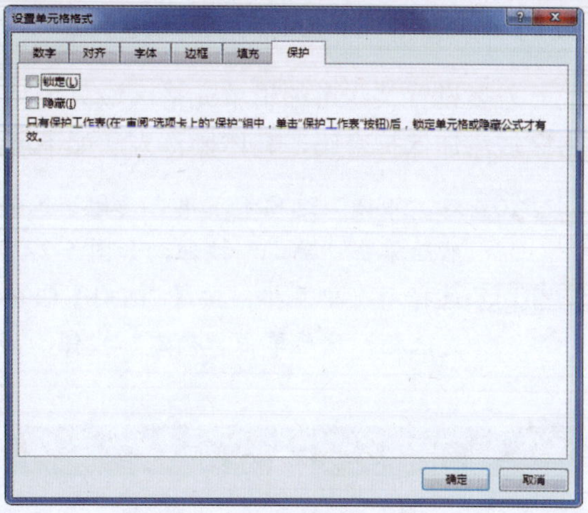

图 5-17　取消锁定单元格

Step 05 选择“审阅”选项卡，在“更改”组中单击“保护工作表”按钮，弹出“保护工作表”对话框，选中“保护工作表及锁定的单元格内容”复选框，输入密码，根据需要选择允许用户进行的操作，然后单击“确定”按钮，如图 5-18 所示。

Step 06 弹出“确认密码”对话框，再次输入密码，然后单击“确定”按钮，如图 5-19 所示。

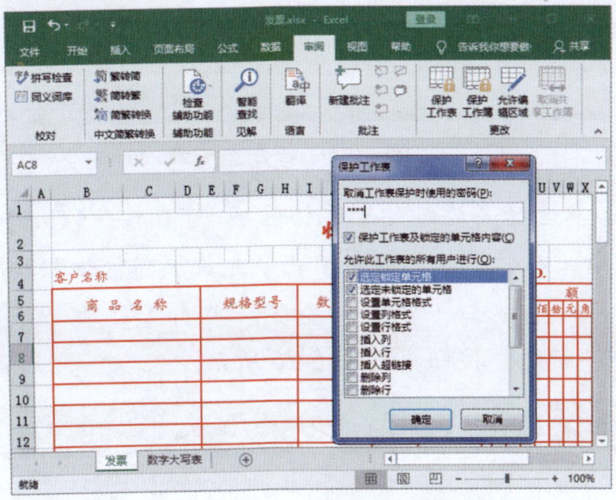

图 5-18　设置保护密码

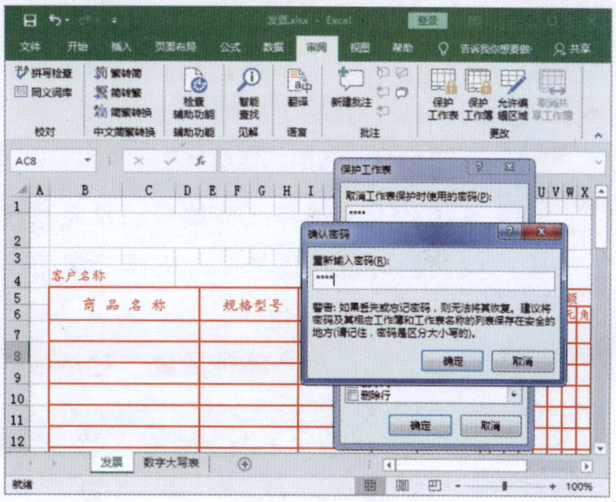

图 5-19　确认密码

Step 07 对于未锁定的单元格，用户可以对其进行编辑操作，如图 5-20 所示。

Step 08 若对锁定的单元格进行编辑操作，将弹出提示信息框，如图 5-21 所示。

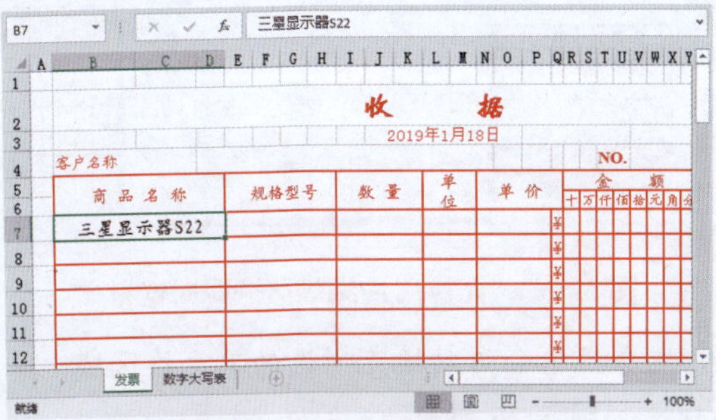

图 5-20　编辑未锁定单元格

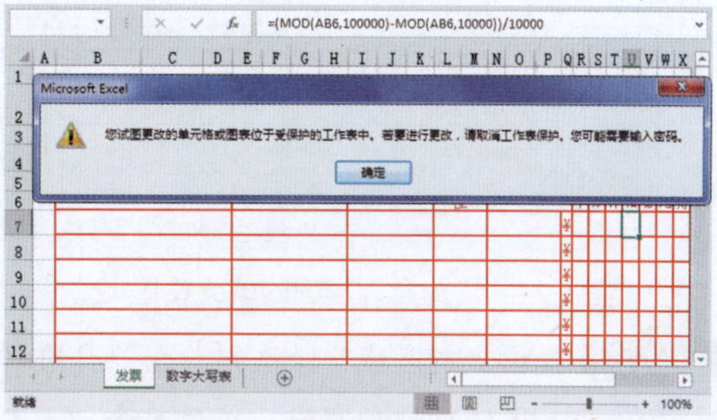

图 5-21　设置保护工作表效果

实训 4　使用密码保护可编辑区域

若要设置某些可编辑单元格区域只为特定的人员开放，可以为这些单元格区域添加保护密码，具体操作方法如下所述。

Step 01 在“审阅”选项卡下单击“撤销工作表保护”按钮，在弹出的提示信息框中输入密码，然后单击“确定”按钮，如图 5-22 所示。

Step 02 选择所有单元格，按【Ctrl+1】组合键弹出“设置单元格格式”对话框，选中“锁定”复选框，然后单击“确定”按钮，如图 5-23 所示。

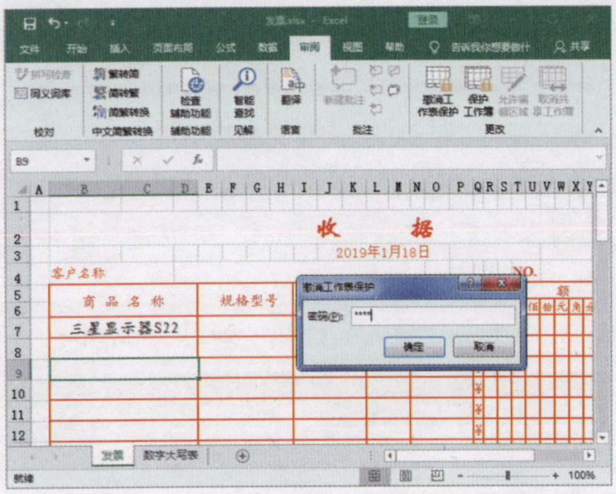

图 5-22　撤销工作表保护

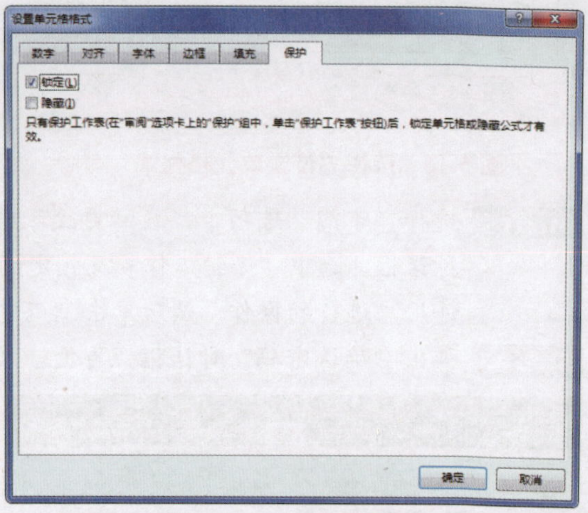

图 5-23　锁定单元格

Step 03 在工作表中选择允许编辑的单元格区域（若要选择不连续的单元格区域，可在按住【Ctrl】键的同时进行选择），选择“审阅”选项卡，在“更改”组中单击“允许编辑区域”按钮，如图 5-24 所示。

Step 04 弹出“允许用户编辑区域”对话框，单击“新建”按钮，如图 5-25 所示。

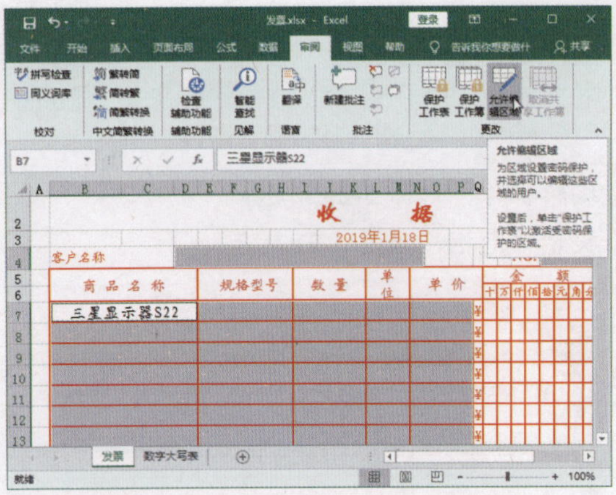

图 5-24　选择允许编辑的单元格区域

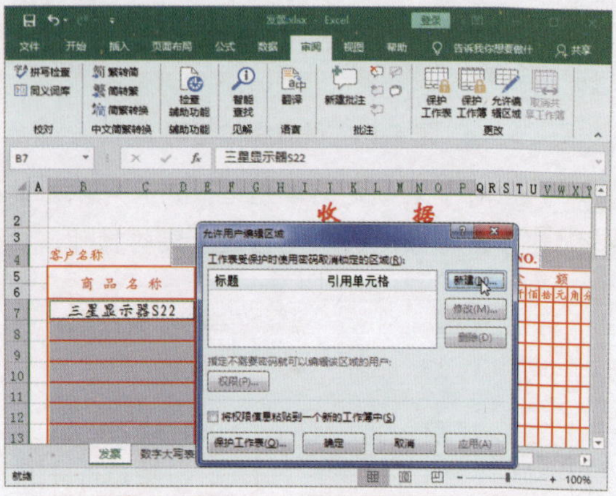

图 5-25　“允许用户编辑区域”对话框

Step 05 弹出“新区域”对话框，在“引用单元格”文本框中会自动填充所选的单元格区域，输入区域标题和密码，然后单击“确定”按钮，如图 5-26 所示。

Step 06 弹出“确认密码”对话框，重新输入区域密码，然后单击“确定”按钮，如图 5-27 所示。

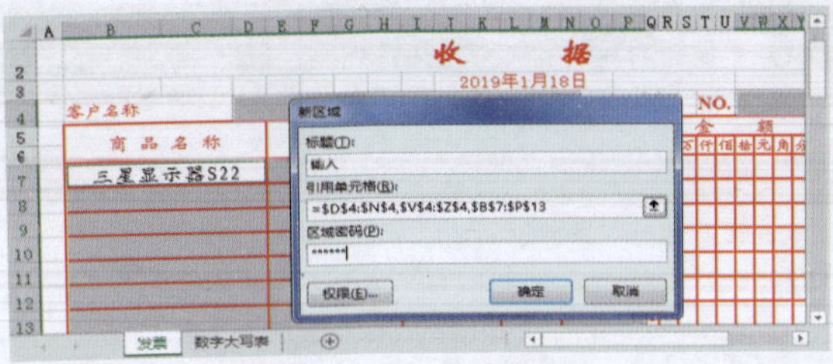

图 5-26　设置新区域

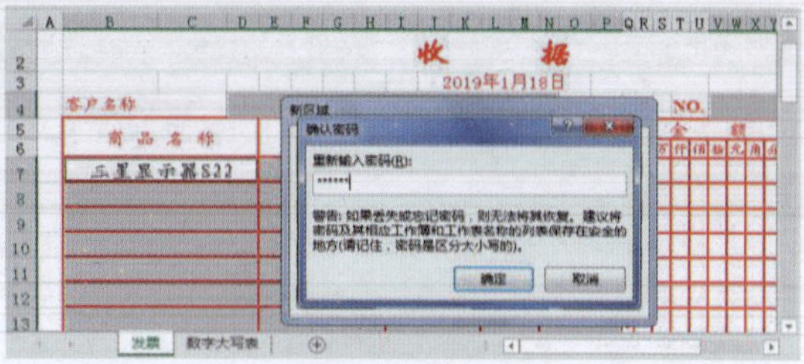

图 5-27　确认密码

Step 07 返回“允许用户编辑区域”对话框，可以根据需要继续新建可编辑区域，并设置不同的保护密码，然后单击“保护工作表”按钮，如图 5-28 所示。

Step 08 弹出“保护工作表”对话框，选中“保护工作表及锁定的单元格内容”复选框，输入密码，然后单击“确定”按钮，如图 5-29 所示。

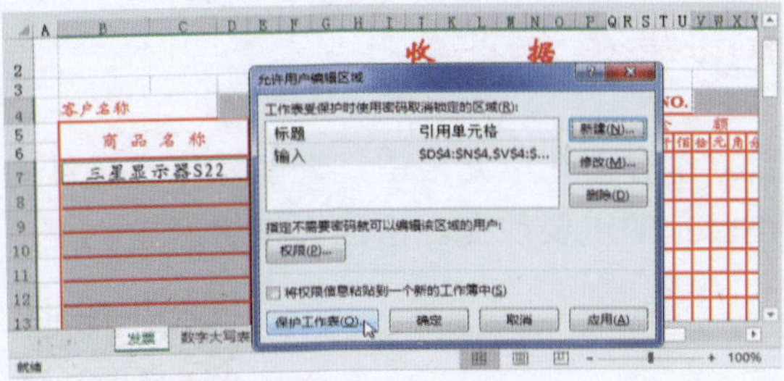

图 5-28　单击“保护工作表”按钮

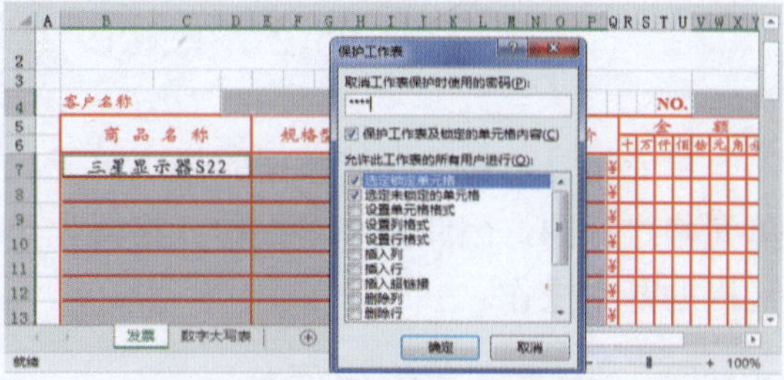

图 5-29　设置保护工作表密码

Step 09 弹出“确认密码”对话框，再次输入密码，然后单击“确定”按钮，如图 5-30 所示。

Step 10 此时，双击可编辑区域的单元格，将弹出“取消锁定区域”对话框，输入区域密码，然后单击“确定”按钮，即可编辑单元格，如图 5-31 所示。

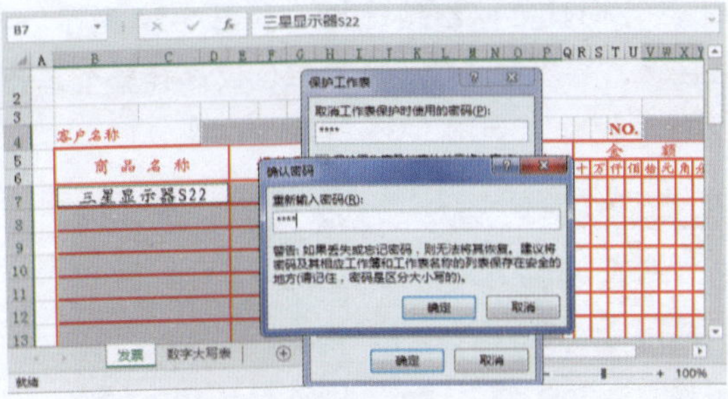

图 5-30　确认密码

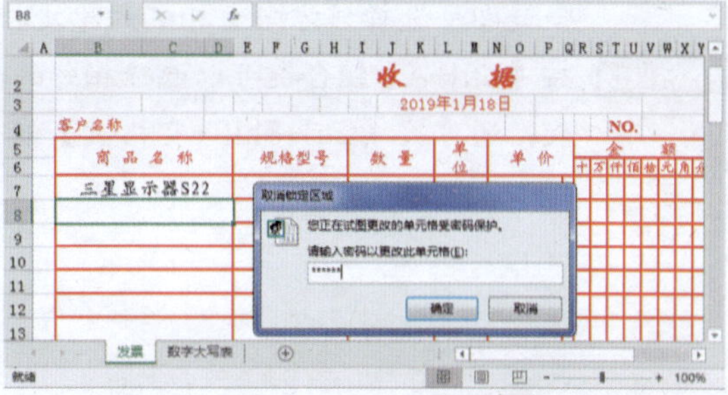

图 5-31　可编辑区域保护效果

实训 5　工作簿结构的保护

若要防止其他用户对工作表进行隐藏、添加、移动、删除或重命名操作，或者防止用户设置单元格格式，可以使用密码保护 Excel 工作簿的结构，具体操作方法如下所述。

Step 01 在“审阅”选项卡下“更改”组中单击“保护工作簿”按钮，弹出“保护结构和窗口”对话框，输入并确认保护密码，然后单击“确定”按钮，如图 5-32 所示。

Step 02 选择“开始”选项卡，可以看到大多数命令变得不可用，如图 5-33 所示。

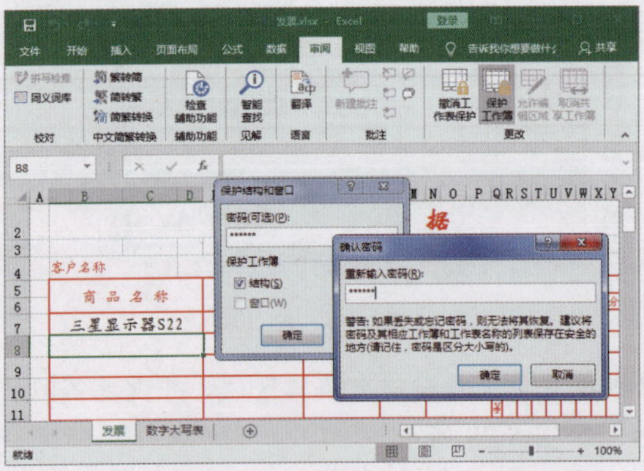

图 5-32　设置保护工作簿密码

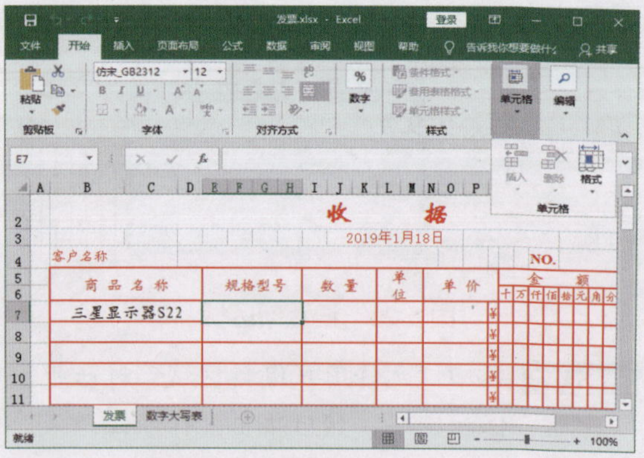

图 5-33　保护工作簿效果

5.2　Excel 单元格的基本操作

单元格是 Excel 存储数据的最小单元，大量数据都存储在单元格中，许多操作也是针对单元格进行的，因此熟练掌握单元格操作是使用 Excel 的重要前提。下面详细讲解 Excel 单元格的基本操作。

实训 1　选择与定位单元格

在对表格数据进行处理之前，应先选择与定位单元格。在 Excel 2016 中可以通过多种方法选择与定位单元格，具体操作方法如下所述。

Step 01 打开“素材文件\第 5 章\产品订单.xlsx”，选择 B8 单元格，按【Ctrl+Shift+方向键】组合键即可选择该方向上相邻的单元格，再次按方向键可以继续选择，如图 5-34 所示。

Step 02 按【Ctrl+A】组合键可以选择相邻的单元格区域，再次按【Ctrl+A】组合键选择整个工作表。还可按【Ctrl+Shift+空格键】组合键执行该操作，如图 5-35 所示。

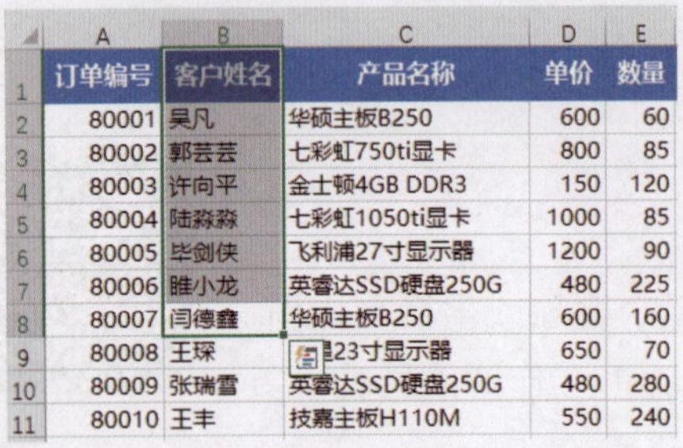

图 5-34　快速选择相邻单元格

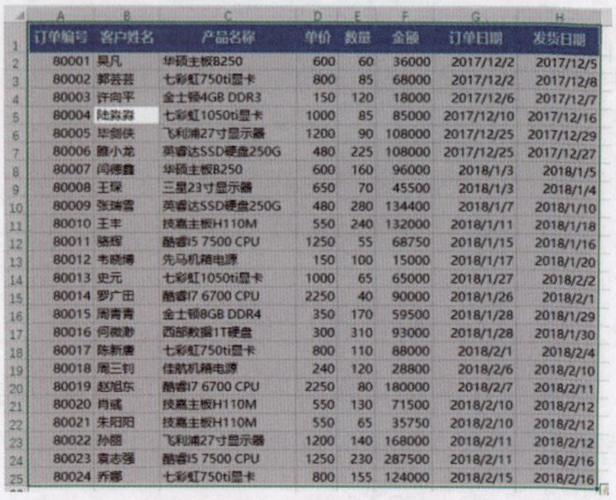

图 5-35　全选工作表

Step 03 单击行号或列标即可选择行或列，单击行号并拖动可以选择多行，按住【Ctrl】键的同时单击行号或拖动鼠标可以选择不连续的多行。右击选择的行，选择“隐藏”命令，即可隐藏所选行，如图 5-36 所示。

Step 04 选择一个数据单元格，按【Ctrl+A】组合键，即可选择整个数据单元格区域，如图 5-37 所示。

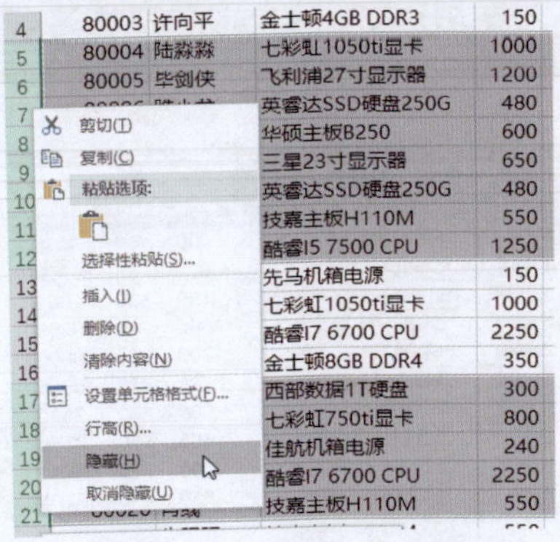

图 5-36　设置隐藏行

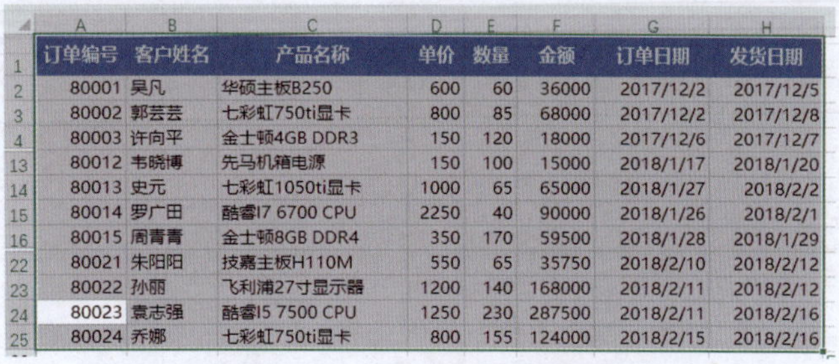

图 5-37　全选数据单元格区域

Step 05 按【Alt+;】组合键即可选择可见单元格区域，不包括隐藏区域的单元格，如图 5-38 所示。

Step 06 拖动鼠标或按住【Shift】键的同时单击可选择连续的单元格区域，按住【Ctrl】键的同时拖动鼠标可选择不连续的单元格，如图 5-39 所示。

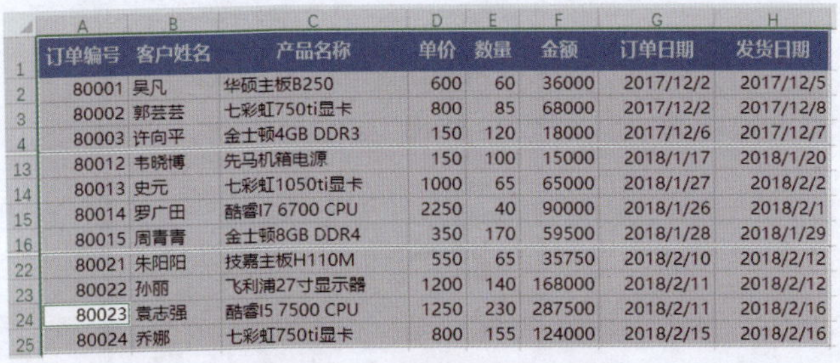

图 5-38　选择可见单元格

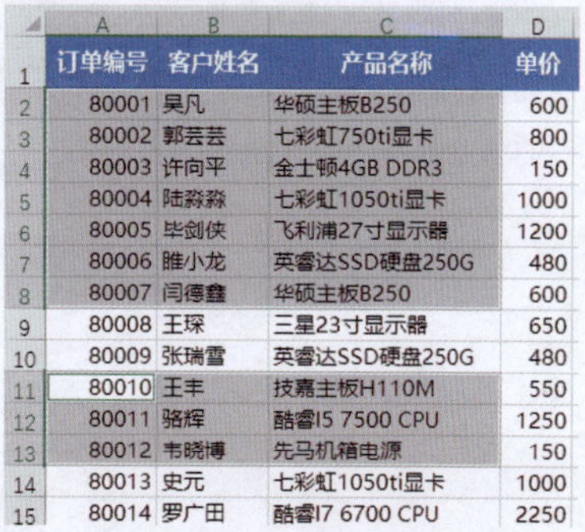

图 5-39　选择不连续的单元格区域

Step 07 按【F5】键打开“定位”对话框，在“引用位置”文本框中输入单元格引用或单元格区域引用，然后单击“确定”按钮，即可选择相应的单元格或单元格区域，如图 5-40 所示。

Step 08 选择单元格后按住【Ctrl+方向键】组合键，即可定位到所选单元格相应方向的端点单元格，如图 5-41 所示。

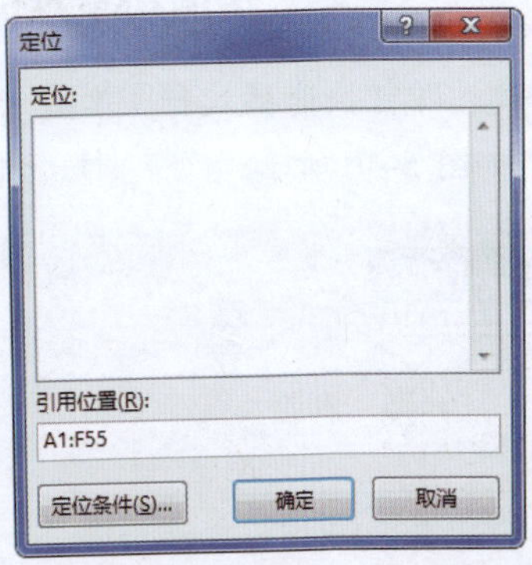

图 5-40　“定位”对话框

图 5-41　定位端点单元格

Step 09 选择单元格区域后按【Tab】键，可以逐个定位单元格，按【Shift+Tab】组合键可以逆向操作，如图 5-42 所示。

Step 10 选择单元格后，将鼠标指针置于单元格边框上，当其变为✥样式时双击，即可快速定位到数据表相应方向的末端单元格，如图 5-43 所示。

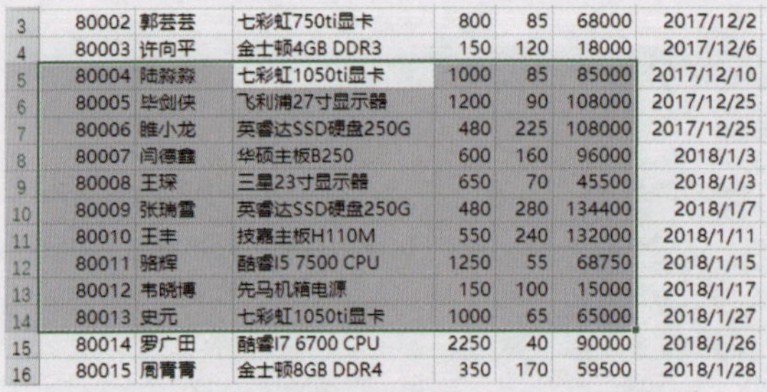

3	80002	郭芸芸	七彩虹750ti显卡	800	85	68000	2017/12/2
4	80003	许向平	金士顿4GB DDR3	150	120	18000	2017/12/6
5	80004	陆森森	七彩虹1050ti显卡	1000	85	85000	2017/12/10
6	80005	毕剑侠	飞利浦27寸显示器	1200	90	108000	2017/12/25
7	80006	雎小龙	英睿达SSD硬盘250G	480	225	108000	2017/12/25
8	80007	闫德鑫	华硕主板B250	600	160	96000	2018/1/3
9	80008	王琛	三星23寸显示器	650	70	45500	2018/1/3
10	80009	张瑞雪	英睿达SSD硬盘250G	480	280	134400	2018/1/7
11	80010	王丰	技嘉主板H110M	550	240	132000	2018/1/11
12	80011	骆辉	酷睿i5 7500 CPU	1250	55	68750	2018/1/15
13	80012	韦晓博	先马机箱电源	150	100	15000	2018/1/17
14	80013	史元	七彩虹1050ti显卡	1000	65	65000	2018/1/27
15	80014	罗广田	酷睿i7 6700 CPU	2250	40	90000	2018/1/26
16	80015	周菁菁	金士顿8GB DDR4	350	170	59500	2018/1/28

图 5-42　在所选单元格区域定位单元格

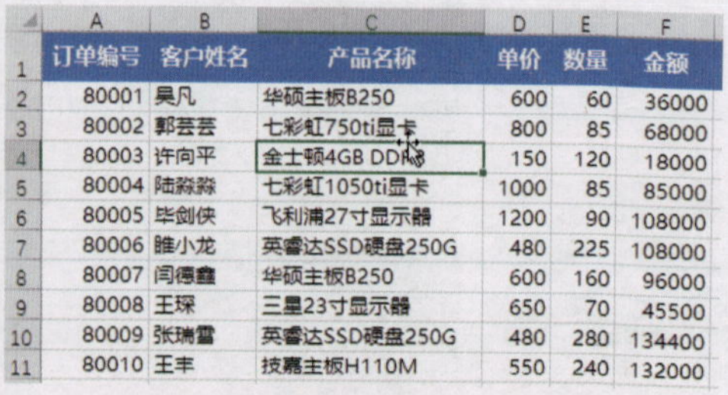

	A	B	C	D	E	F
1	订单编号	客户姓名	产品名称	单价	数量	金额
2	80001	吴凡	华硕主板B250	600	60	36000
3	80002	郭芸芸	七彩虹750ti显卡	800	85	68000
4	80003	许向平	金士顿4GB DDR3	150	120	18000
5	80004	陆森森	七彩虹1050ti显卡	1000	85	85000
6	80005	毕剑侠	飞利浦27寸显示器	1200	90	108000
7	80006	雎小龙	英睿达SSD硬盘250G	480	225	108000
8	80007	闫德鑫	华硕主板B250	600	160	96000
9	80008	王琛	三星23寸显示器	650	70	45500
10	80009	张瑞雪	英睿达SSD硬盘250G	480	280	134400
11	80010	王丰	技嘉主板H110M	550	240	132000

图 5-43　在所选单元格边框上双击

Step 11 在“开始”选项卡下“编辑”组中单击“查找和选择”下拉按钮，选择要定位的项目，在此选择“定位条件”选项，如图 5-44 所示。

Step 12 弹出“定位条件”对话框，选择要定位的选项，如选中“常量”单选按钮，然后单击“确定”按钮，如图 5-45 所示。

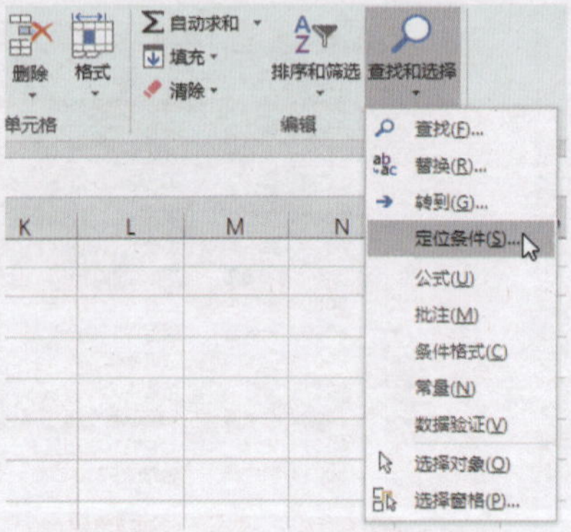

图 5-44　选择“定位条件”选项

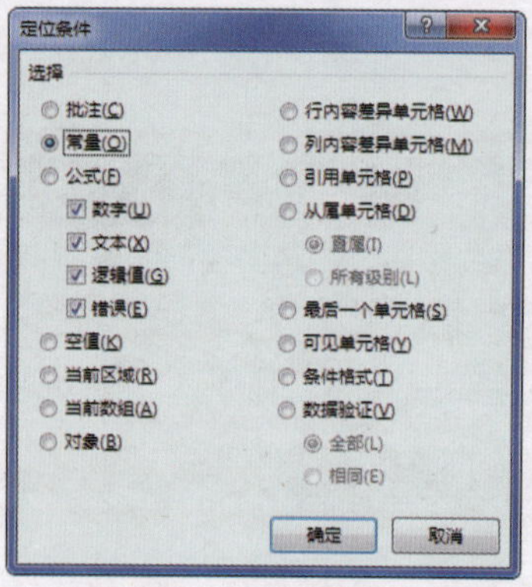

图 5-45　设置定位条件

实训 2　行或列操作

对工作表行或列的操作主要包括插入、删除与隐藏行或列，调整行高或列宽，具体操作方法如下所述。

Step 01 选择行并右击，选择“插入”命令，或按【Ctrl++】组合键，即可快速插入行。单击“插入选项”下拉按钮，选择“与上面格式相同”选项，如图 5-46 所示。

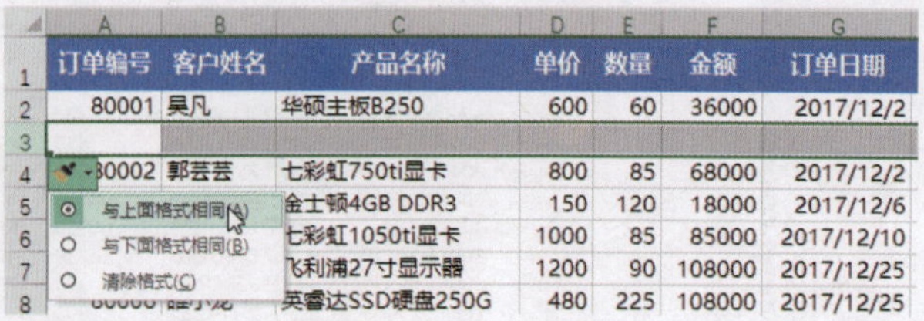

	A	B	C	D	E	F	G
1	订单编号	客户姓名	产品名称	单价	数量	金额	订单日期
2	80001	吴凡	华硕主板B250	600	60	36000	2017/12/2
3							
4	80002	郭芸芸	七彩虹750ti显卡	800	85	68000	2017/12/2
5			金士顿4GB DDR3	150	120	18000	2017/12/6
6			七彩虹1050ti显卡	1000	85	85000	2017/12/10
7			飞利浦27寸显示器	1200	90	108000	2017/12/25
8			英睿达SSD硬盘250G	480	225	108000	2017/12/25

图 5-46　插入行

Step 02 在插入或删除数据单元格时，若要不影响其左侧或右侧的单元格数据，可在选择单元格后右击，选择相应的命令，如选择“删除”命令，如图 5-47 所示。

Step 03 弹出“删除”对话框，选择“下方单元格上移”选项，单击“确定”按钮，如图 5-48 所示。

Step 04 若要自动调整行高或列宽，可选择行或列，并将鼠标指针置于其分割线上，当其变为双向箭头时双击，即可自动调整行高或列宽，如图 5-49 所示。

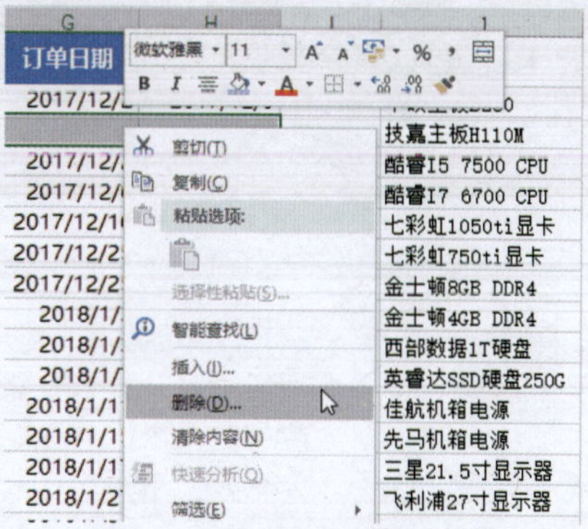

图 5-47　选择“删除”命令

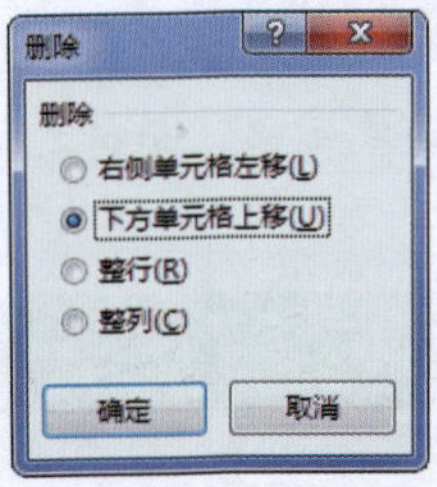

图 5-48　“删除”对话框

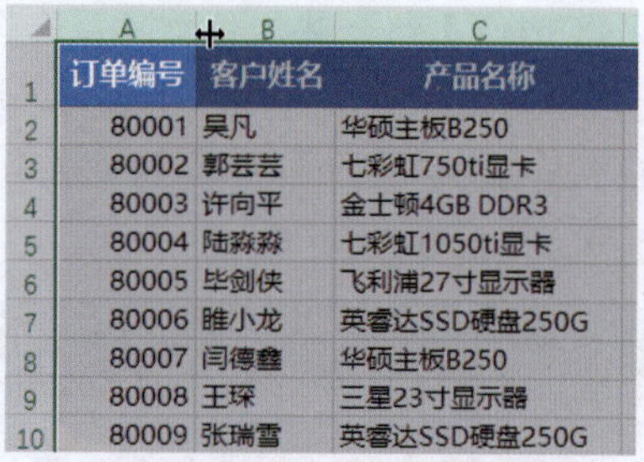

图 5-49　自动调整行高或列宽

Step 05 选择 I 列，按【Ctrl+Shift+→】组合键选择右侧的所有列并右击，选择“隐藏”命令，如图 5-50 所示。

Step 06 隐藏数据列外的所有列，效果如图 5-51 所示。

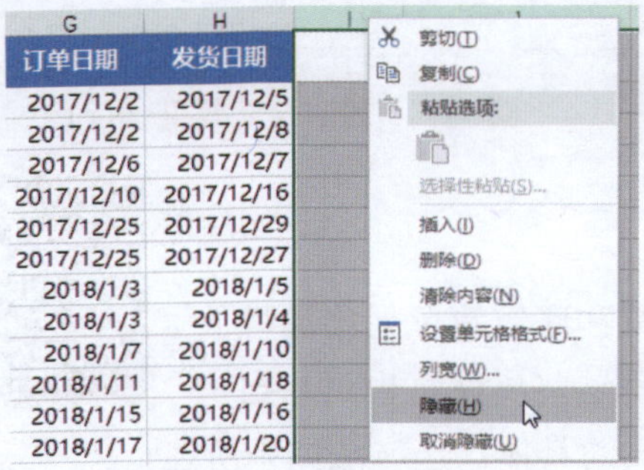

图 5-50　选择“隐藏”命令

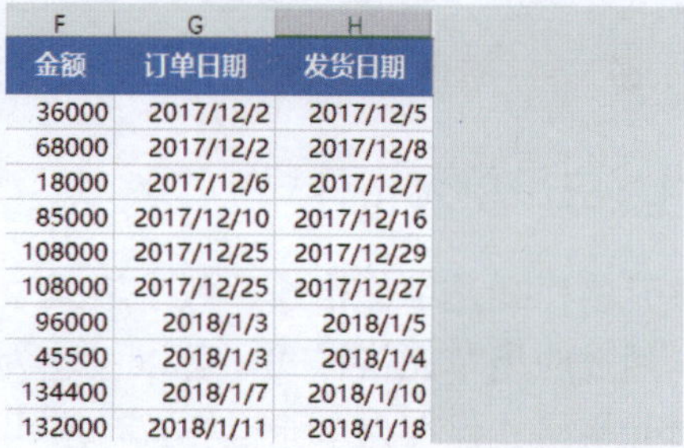

图 5-51　隐藏列效果

实训 3　合并单元格

合并单元格就是将相邻的单元格合并为一个单元格，合并后只保留所选区域左上角单元格中的数据内容，具体操作方法如下所述。

Step 01 打开“素材文件\第 5 章\员工工资表.xlsx”，选择要合并的单元格区域，在“对齐方式”组中单击“合并后居中”下拉按钮，选择“合并后居中”选项，如图 5-52 所示。

Step 02 将所选单元格合并为一个单元格，如图 5-53 所示。

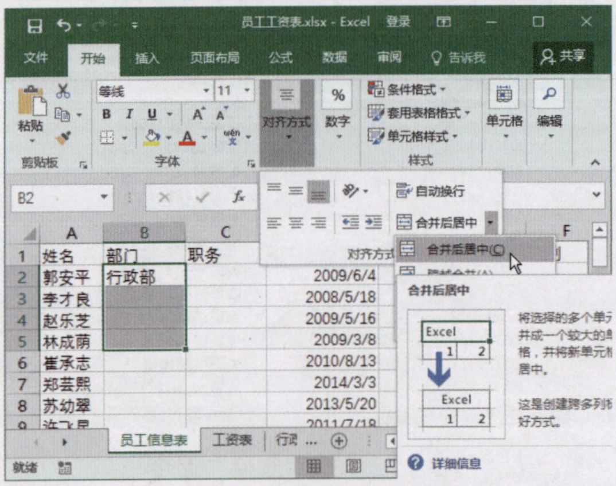

图 5-52 选择“合并后居中”选项

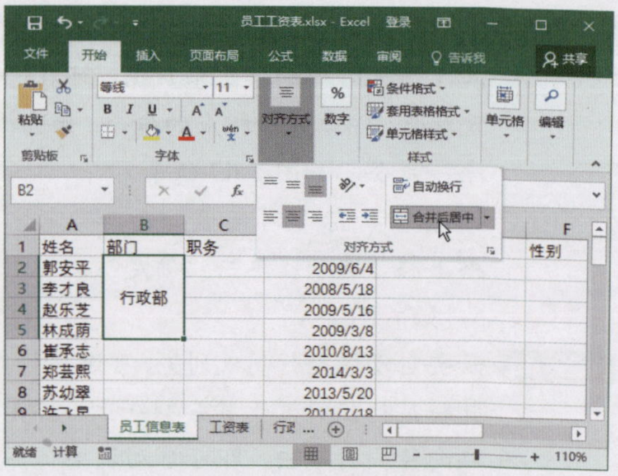

图 5-53 合并单元格效果

Step 03 按【Ctrl+Z】组合键撤销操作，选择 A2:C5 单元格区域，单击“合并后居中”下拉按钮，选择“跨越合并”选项，如图 5-54 所示。

Step 04 在弹出的提升信息框中单击“确定”按钮，即可合并每行的单元格，而行之间则不进行合并，如图 5-55 所示。

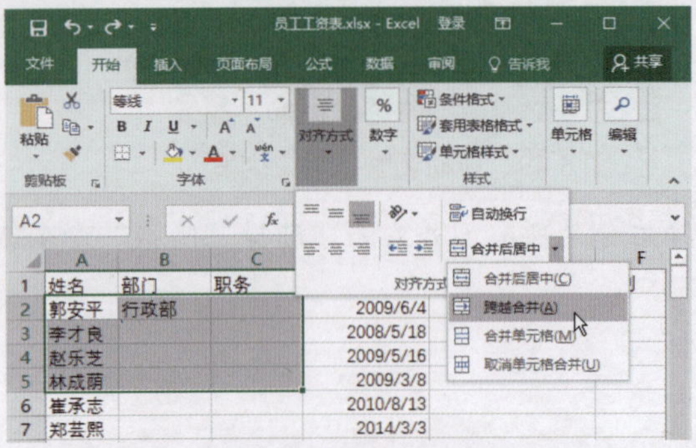

图 5-54 选择“跨越合并”选项

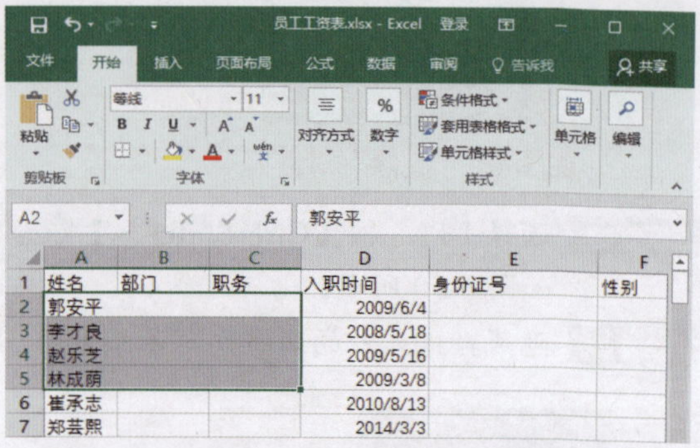

图 5-55 跨越合并效果

实训 4 应用单元格样式

单元格样式是字体格式、数字格式、单元格边框和底纹等单元格属性的集合，通过应用单元格样式，可以快速为单元格应用这些属性，也可将自定义的单元格格式保存为单元格样式。应用单元格样式的具体操作方法如下所述。

Step 01 打开“素材文件\第 5 章\单元格样式.xlsx”，选择要应用单元格样式的单元格区域，如图 5-56 所示。

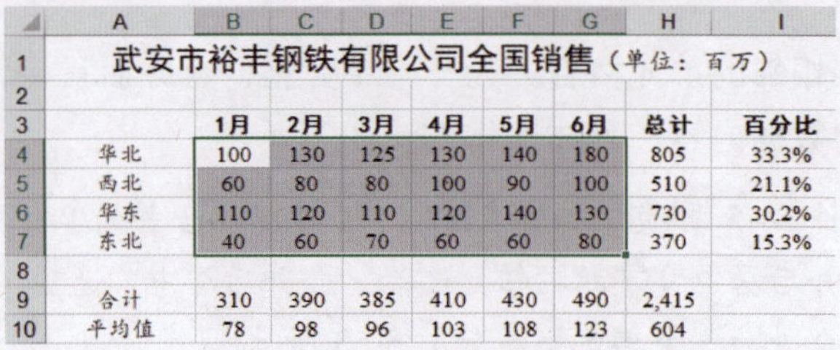

	A	B	C	D	E	F	G	H	I
1	武安市裕丰钢铁有限公司全国销售（单位：百万）								
2									
3		1月	2月	3月	4月	5月	6月	总计	百分比
4	华北	100	130	125	130	140	180	805	33.3%
5	西北	60	80	80	100	90	100	510	21.1%
6	华东	110	120	110	120	140	130	730	30.2%
7	东北	40	60	70	60	60	80	370	15.3%
8									
9	合计	310	390	385	410	430	490	2,415	
10	平均值	78	98	96	103	108	123	604	

图 5-56 选择单元格区域

Step 02 在“开始”选项卡下“样式”组中单击“单元格样式”下拉按钮，选择所需的样式，即可应用该样式，如图 5-57 所示。

Step 03 选择“页面布局”选项卡，单击“主题”下拉按钮，选择所需的主题样式，此时应用了单元格样式的单元格样式随之改变，如图 5-58 所示。

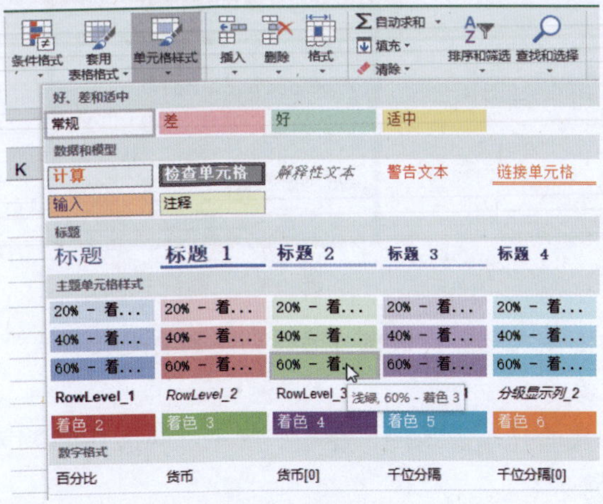

图 5-57　选择样式

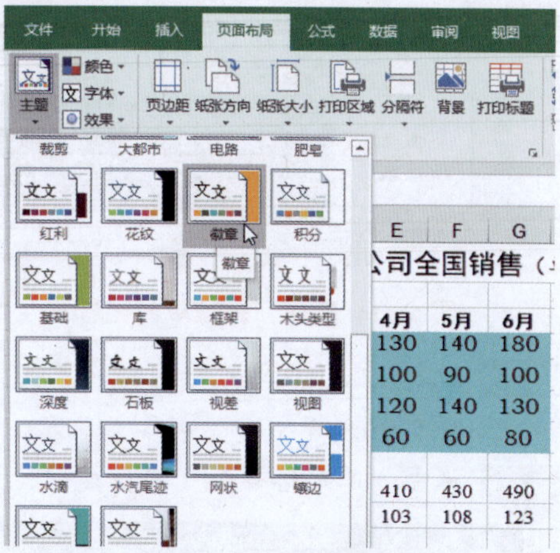

图 5-58　应用主题样式

Step 04 单击“颜色”下拉按钮，选择所需的颜色样式，应用了样式的单元格颜色随之发生变化，如图 5-59 所示。

Step 05 在选项卡下单击“单元格样式”下拉按钮，在弹出的列表中可以看到更改颜色主题后单元格样式也随之改变，如图 5-60 所示。

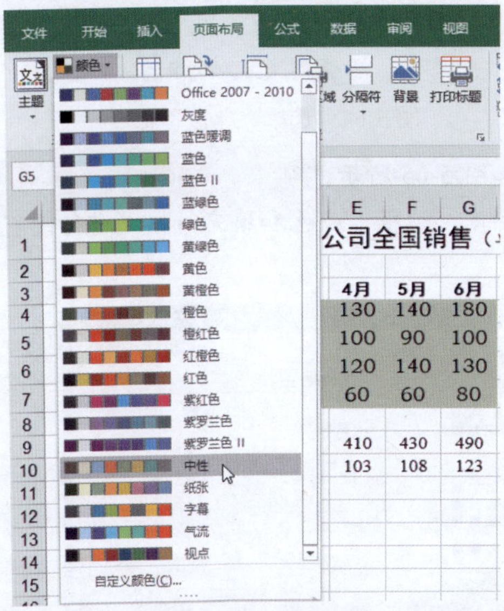

图 5-59　应用颜色样式

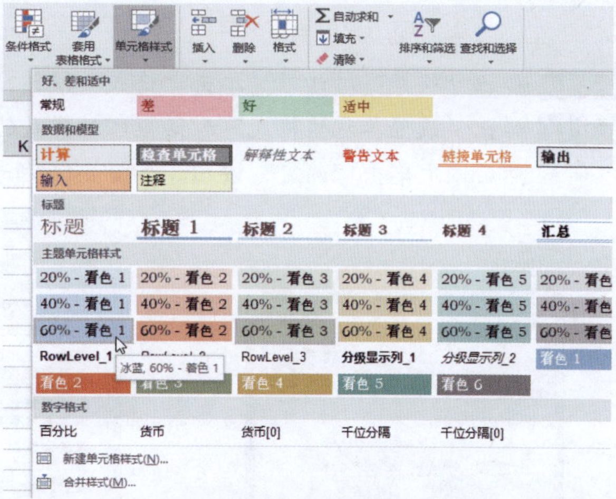

图 5-60　选择单元格样式

Step 06 选择单元格区域，根据需要在“字体”组中设置填充颜色、字体、边框等格式。单击“单元格样式”下拉按钮，选择“新建单元格样式”选项，如图 5-61 所示。

Step 07 弹出“样式”对话框，输入样式名，选择样式中要包括的格式，然后单击“确定”按钮，如图 5-62 所示。

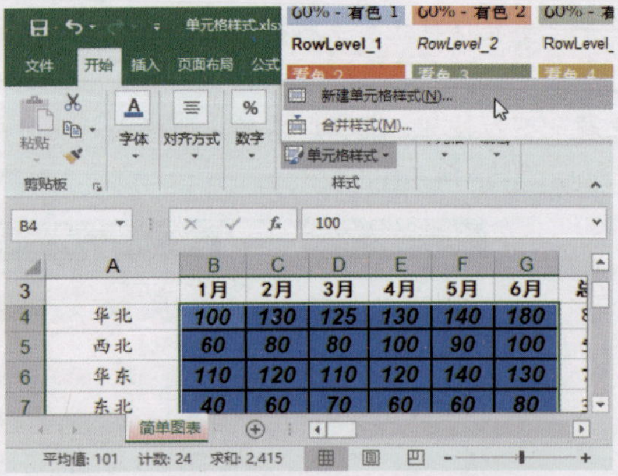

图 5-61　选择“新建单元格样式”选项

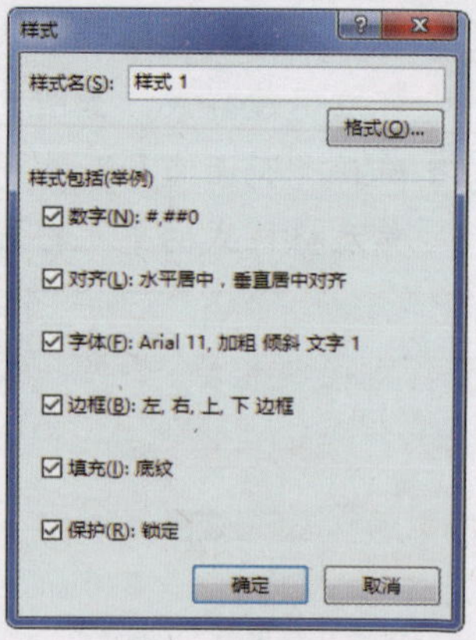

图 5-62　新建样式

Step 08 选择 B9:G10 单元格区域，单击“单元格样式”下拉按钮，选择创建的自定义样式，如图 5-63 所示。

Step 09 单击“单元格样式”下拉按钮，右击创建的样式，选择“修改”命令，如图 5-64 所示。

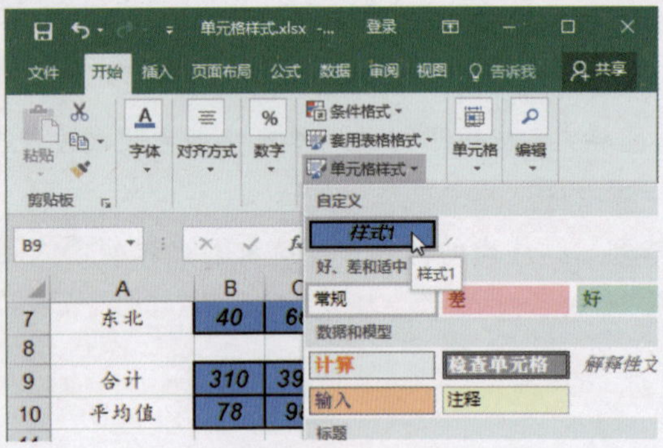

图 5-63　应用自定义样式

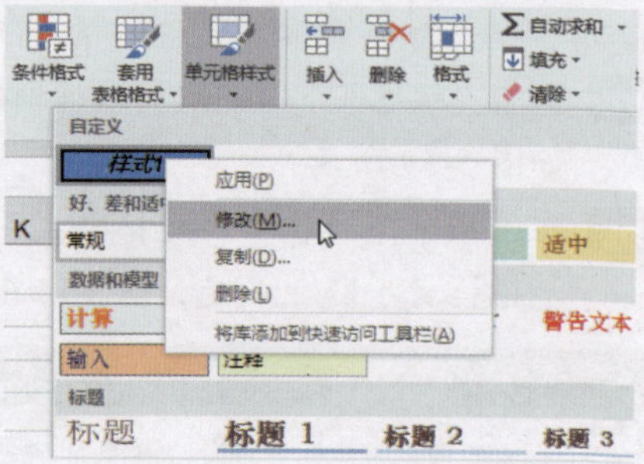

图 5-64　选择“修改”命令

Step 10 弹出“样式”对话框，单击“格式”按钮，如图 5-65 所示。

Step 11 弹出“设置单元格格式”对话框，对样式的字体、边框、颜色和填充等格式进行设置，然后依次单击“确定”按钮，如图 5-66 所示。

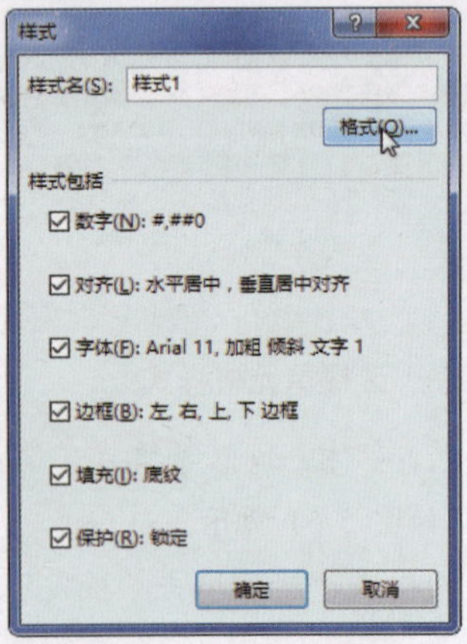

图 5-65　“样式”对话框

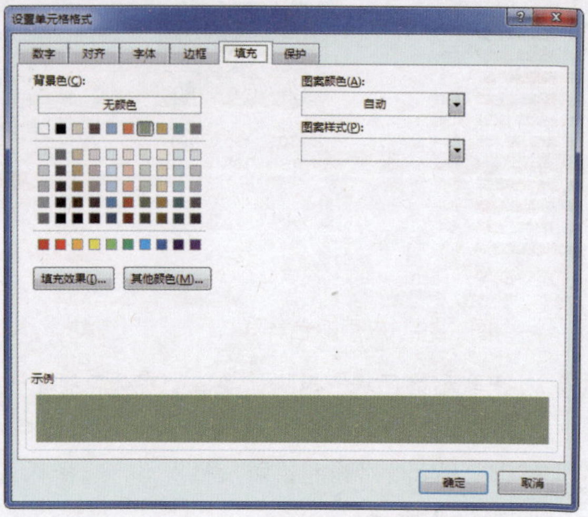

图 5-66　设置单元格格式

Step 12 应用了该样式的单元格格式都将改变，效果如图 5-67 所示。

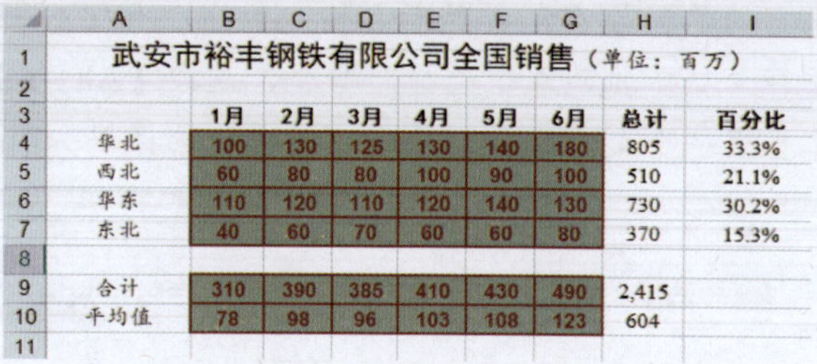

	A	B	C	D	E	F	G	H	I
1	武安市裕丰钢铁有限公司全国销售（单位：百万）								
2									
3		1月	2月	3月	4月	5月	6月	总计	百分比
4	华北	100	130	125	130	140	180	805	33.3%
5	西北	60	80	80	100	90	100	510	21.1%
6	华东	110	120	110	120	140	130	730	30.2%
7	东北	40	60	70	60	60	80	370	15.3%
8									
9	合计	310	390	385	410	430	490	2,415	
10	平均值	78	98	96	103	108	123	604	
11									

图 5-67　应用单元格格式效果

5.3　数据的输入与填充

在 Excel 中输入数据与填充数据是使用 Excel 处理数据的第一步。Excel 中的数据量往往很庞大，在操作时不需要像 Word 一样逐个手动地输入。用户可以利用一些数据输入技巧和“填充”功能快速、准确地完成工作表数据的录入工作。

实训 1　数据的快速输入

在 Excel 工作表的单元格中输入数据是最基本的操作，在输入数据时运用一些技巧可以提高工作效率，具体操作方法如下所述。

Step 01 选择单元格，按【Ctrl+;】组合键即可快速输入当前日期；按【Ctrl+Shift+;】组合键即可快速输入当前时间，如图 5-68 所示。

Step 02 在单元格中输入“12-6”并按【Enter】键确认，即可输入日期，如图 5-69 所示。

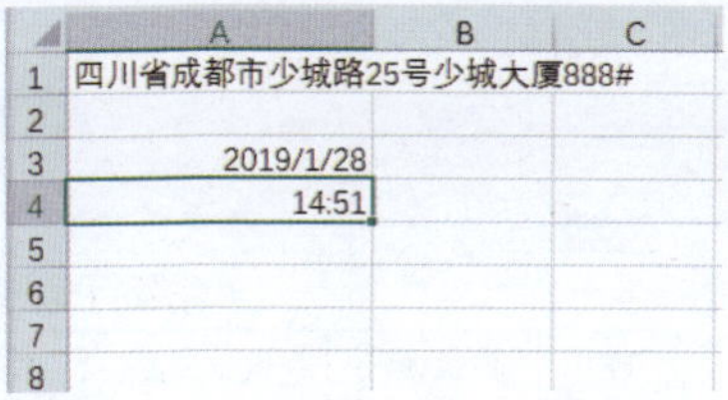

图 5-68　输入当前日期和时间

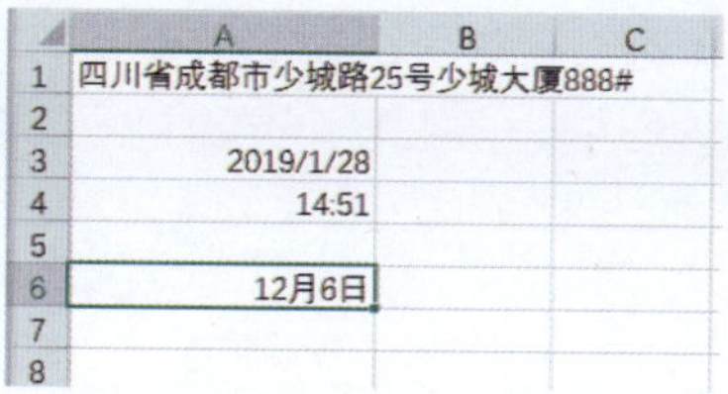

图 5-69　输入日期

Step 03 在 A8 单元格中输入“0 7/8”并按【Enter】键确认，即可输入分数格式的数字，如图 5-70 所示。

Step 04 在 A1 单元格中双击，进入文本编辑状态，将光标定位到要换行的位置并按【Alt+Enter】组合键，即可在文本中进行换行，如图 5-71 所示。

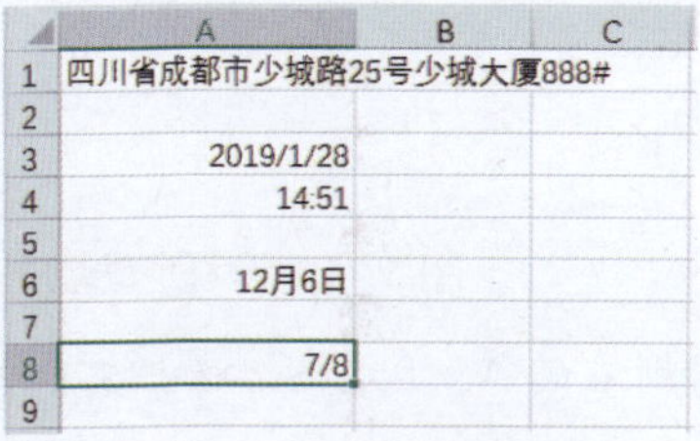

图 5-70　输入分数

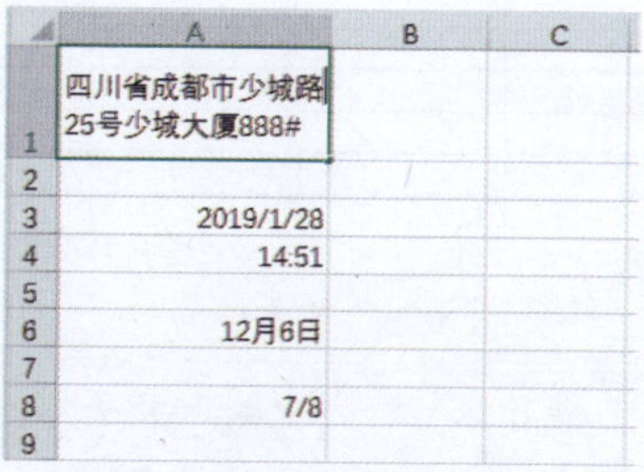

图 5-71　在文本中换行

Step 05 在输入身份证号码这样的文本型数字时，为了防止其变为科学计数法数字，可以在输入数字前先输入半角的单引号“'”，然后再输入数字，如图 5-72 所示。

Step 06 右击单元格，选择“从下拉列表中选择”命令，或按【Alt+↓】组合键，即可根据该列中已输入的内容生成一个文本列表，从中可以进行选择，如图 5-73 所示。

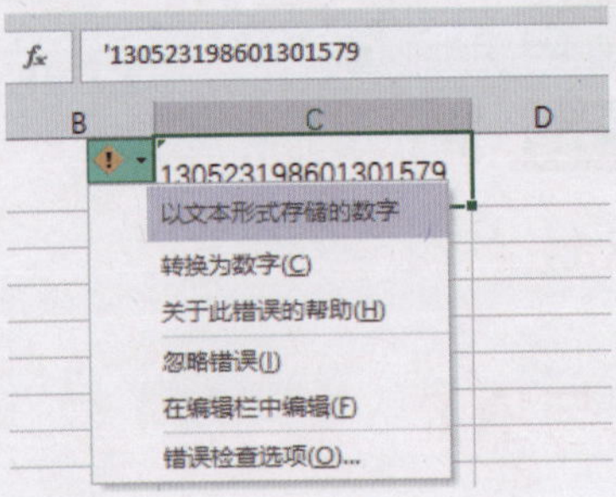

图 5-72 输入文本型数字

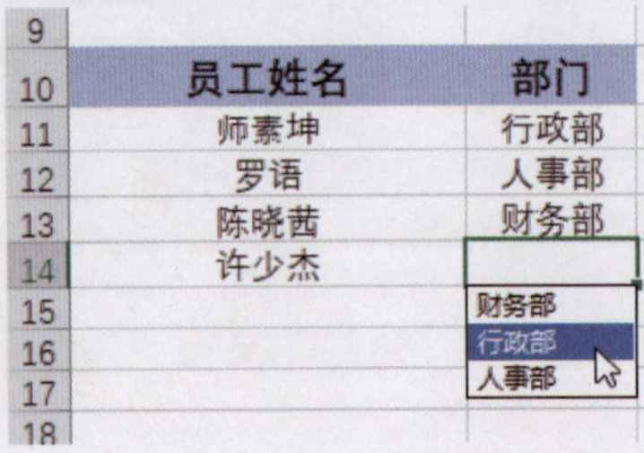

图 5-73 快速调用历史数据

实训 2 使用填充柄快速填充数据

使用填充柄填充数据是最常用的方法，它可以通过拖动填充，也可通过双击填充。使用填充柄可以填充相同数据、数据系列或单元格格式，具体操作方法如下所述。

Step 01 打开“素材文件\第 5 章\银行短期借款明细.xlsx”，在 A3 单元格中输入序号 1，并选择 A3 单元格。将鼠标指针置于单元格右下角的填充柄上，此时指针变为“十”字形状，如图 5-74 所示。

Step 02 按住鼠标左键并向下拖动，即可填充数据。单击“自动填充选项”下拉按钮，选择“填充序列”选项，如图 5-75 所示。

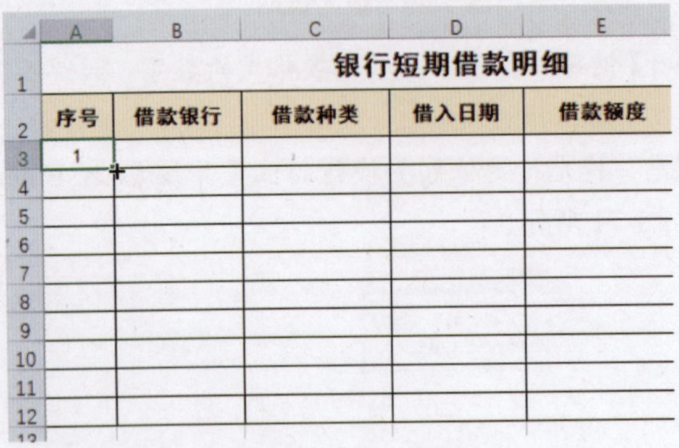

图 5-74 输入序号

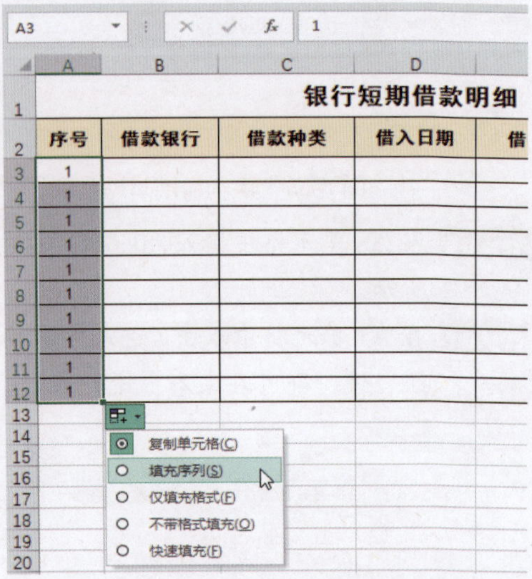

图 5-75 设置自动填充选项

Step 03 在“借款银行”列中输入相关信息，选择序号所在的 A3 单元格，双击右下角的填充柄即可快速填充数据，如图 5-76 所示。

Step 04 在 A4 单元格中输入序号 2，选择 A3:A4 单元格区域，向下拖动填充柄即可自动填充序列，如图 5-77 所示。

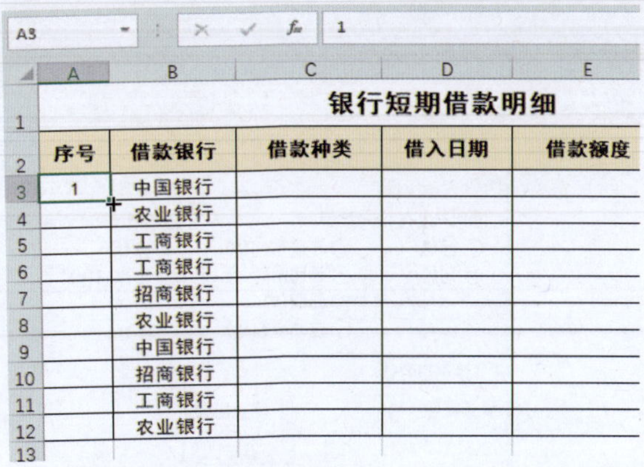

图 5-76　双击填充柄

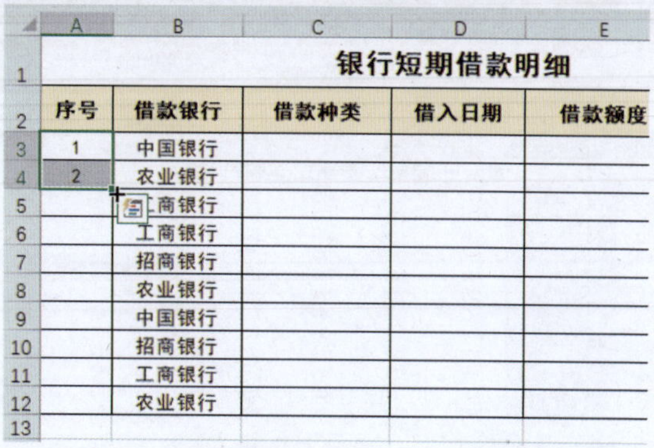

图 5-77　自动填充序列

实训 3　使用快捷键填充相同数据

若要在不相邻的单元格中手动输入相同的数据或填充相同的公式，可以选择单元格后通过快捷键进行快速填充，具体操作方法如下所述。

Step 01 在"借款种类"列中按住【Ctrl】键的同时选择要输入数据的单元格，如图 5-78 所示。

Step 02 输入数据，然后按【Ctrl+Enter】组合键，即可将数据填充到所选单元格中，如图 5-79 所示。

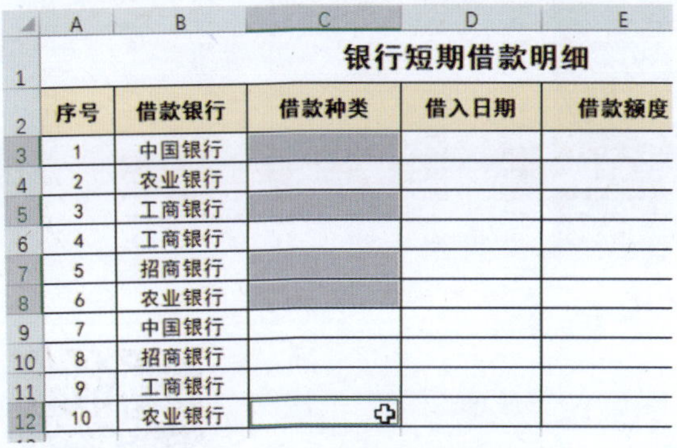

图 5-78　选择单元格

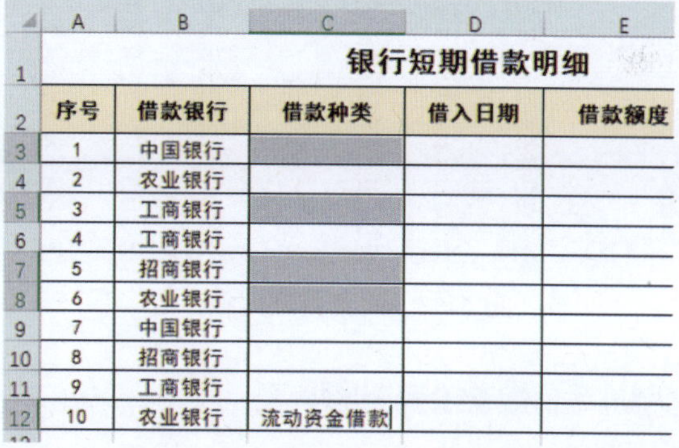

图 5-79　填充相同数据

实训 4　序列的填充

对于要进行大量数据填充的情况，可以使用填充序列功能快速填充数据，具体操作方法如下所述。

Step 01 打开"素材文件\第 5 章\每周销量.xlsx"，在 A2 单元格中输入日期，选择 A2:A13 单元格区域，在"开始"选项卡下"编辑"组中单击"填充"下拉按钮，选择"序列"选项，如图 5-80 所示。

Step 02 弹出“序列”对话框，设置步长值，选中“工作日”单选按钮，然后单击“确定”按钮，即可根据所设置的参数自动填充日期数据，如图 5-81 所示。

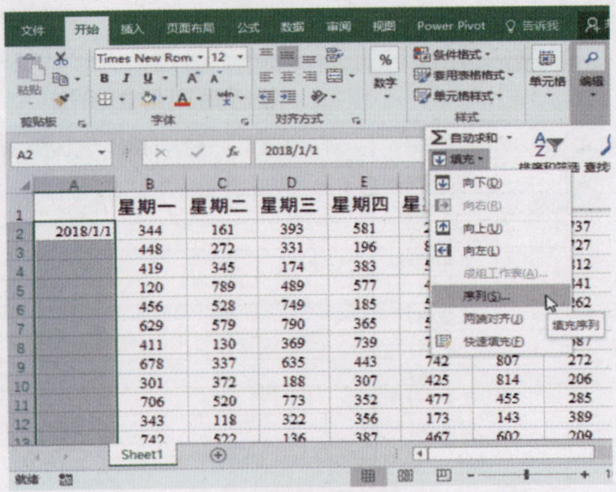

图 5-80　选择“序列”选项

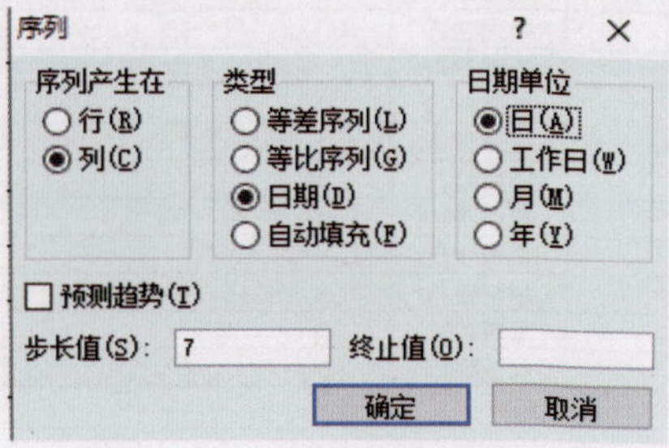

图 5-81　设置序列参数

Step 03 还可通过自动填充来填充日期序列，通过设置多个基础数据来更改填充序列的结果。例如，在 A3 单元格中输入日期，使其与 A2 单元格的日期相差 7 天，然后选择 A2:A3 单元格区域，并双击右下角的填充柄，如图 5-82 所示。

Step 04 自动填充序列，每个日期之间相差 7 天，如图 5-83 所示。

	星期一	星期二	星期三	星期四	星期五	星期六	星期日
2018/1/1	344	161	393	581	282	422	737
2018/1/8	448	272	331	196	870	849	727
	419	345	174	383	512	454	812
	120	789	489	577	487	149	841
	456	528	749	185	596	369	262
	629	579	790	365	507	705	107
	411	130	369	739	772	691	687
	678	337	635	443	742	807	272
	301	372	188	307	425	814	206
	706	520	773	352	477	455	285
	343	118	322	356	173	143	389
	742	522	136	387	467	602	209
	503	531	681	326	594	349	181
	874	537	271	576	107	371	162
	471	650	532	882	221	196	582
	477	401	779	310	654	774	157
	111	762	195	647	278	352	194

图 5-82　设置基础数据

	星期一	星期二	星期三	星期四	星期五	星期六	星期日
2018/1/1	344	161	393	581	282	422	737
2018/1/8	448	272	331	196	870	849	727
2018/1/15	419	345	174	383	512	454	812
2018/1/22	120	789	489	577	487	149	841
2018/1/29	456	528	749	185	596	369	262
2018/2/5	629	579	790	365	507	705	107
2018/2/12	411	130	369	739	772	691	687
2018/2/19	678	337	635	443	742	807	272
2018/2/26	301	372	188	307	425	814	206
2018/3/5	706	520	773	352	477	455	285
2018/3/12	343	118	322	356	173	143	389
2018/3/19	742	522	136	387	467	602	209
2018/3/26	503	531	681	326	594	349	181
2018/4/2	874	537	271	576	107	371	162
2018/4/9	471	650	532	882	221	196	582
2018/4/16	477	401	779	310	654	774	157
2018/4/23	111	762	195	647	278	352	194

图 5-83　填充等差序列

实训 5　数据的快速填充

Excel 2016 的“快速填充”功能可以“感知”要自动填充的数据，它可以根据某种模式或基于其他单元格中的数据进行自动填充，而无须手动输入数据。例如，在包含文本或文本和数字组合的条目中，若在单元格中输入的前几个字符与该列中的某个现有条目匹配，则 Excel 2016 会自动输入剩余的字符。下面将详细介绍如何利用“快速填充”功能填充与处理数据。

1. 快速提取字符

若要在一系列数据中快速提取其中的某些字符，不需借助 LEFT、RIGHT、MID、FIND 等文本函数提取字符，利用“快速填充”功能即可快速完成操作，具体操作方法如下所述。

Step 01 在 B2 单元格中输入文本“工资”，并使用填充柄填充数据。单击“自动填充选项”下拉按钮，选择“快速填充”选项，如图 5-84 所示。

Step 02 查看快速填充效果，如图 5-85 所示。

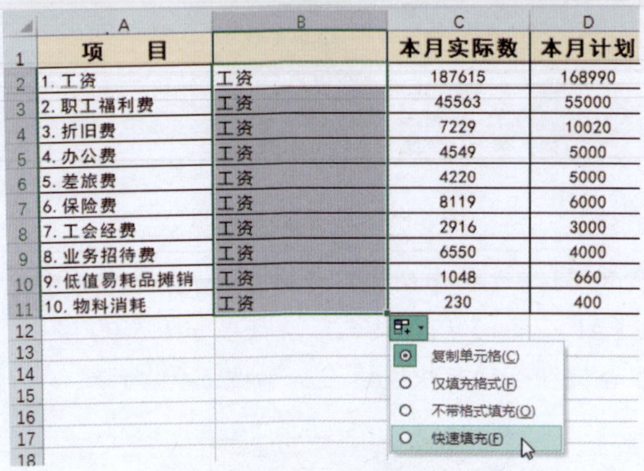

	A	B	C	D
1	项　目		本月实际数	本月计划
2	1. 工资	工资	187615	168990
3	2. 职工福利费	工资	45563	55000
4	3. 折旧费	工资	7229	10020
5	4. 办公费	工资	4549	5000
6	5. 差旅费	工资	4220	5000
7	6. 保险费	工资	8119	6000
8	7. 工会经费	工资	2916	3000
9	8. 业务招待费	工资	6550	4000
10	9. 低值易耗品摊销	工资	1048	660
11	10. 物料消耗	工资	230	400

图 5-84　选择“快速填充”选项

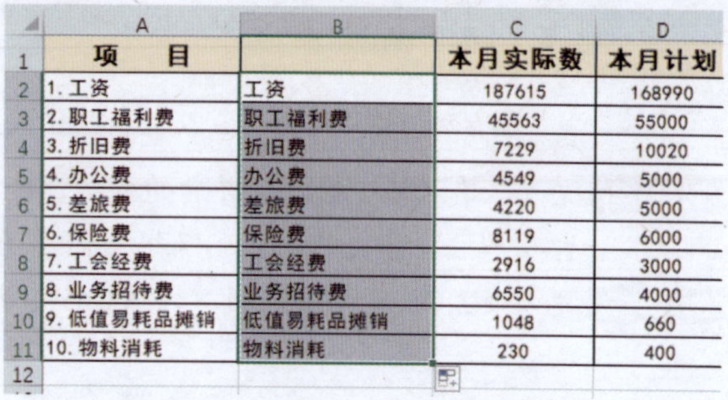

	A	B	C	D
1	项　目		本月实际数	本月计划
2	1. 工资	工资	187615	168990
3	2. 职工福利费	职工福利费	45563	55000
4	3. 折旧费	折旧费	7229	10020
5	4. 办公费	办公费	4549	5000
6	5. 差旅费	差旅费	4220	5000
7	6. 保险费	保险费	8119	6000
8	7. 工会经费	工会经费	2916	3000
9	8. 业务招待费	业务招待费	6550	4000
10	9. 低值易耗品摊销	低值易耗品摊销	1048	660
11	10. 物料消耗	物料消耗	230	400

图 5-85　快速填充效果

2．添加字符

除了提取字符外，使用“快速填充”功能还可快速地向一系列数据中添加字符，而不必逐个更改，具体操作方法如下所述。

Step 01 在 H3 单元格中输入与 G3 单元格相同的数据，并为数据添加所需的符号，如括号、短划线，然后选择 H3:H12 单元格区域，如图 5-86 所示。

Step 02 按【Ctrl+E】组合键，即可进行快速填充，如图 5-87 所示。

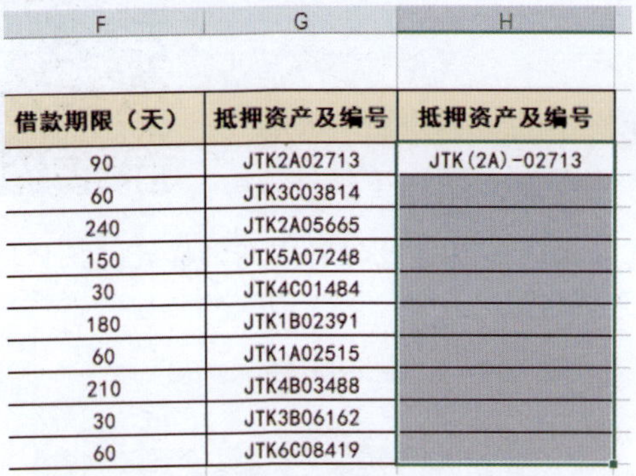

借款期限（天）	抵押资产及编号	抵押资产及编号
90	JTK2A02713	JTK(2A)-02713
60	JTK3C03814	
240	JTK2A05665	
150	JTK5A07248	
30	JTK4C01484	
180	JTK1B02391	
60	JTK1A02515	
210	JTK4B03488	
30	JTK3B06162	
60	JTK6C08419	

图 5-86　添加字符

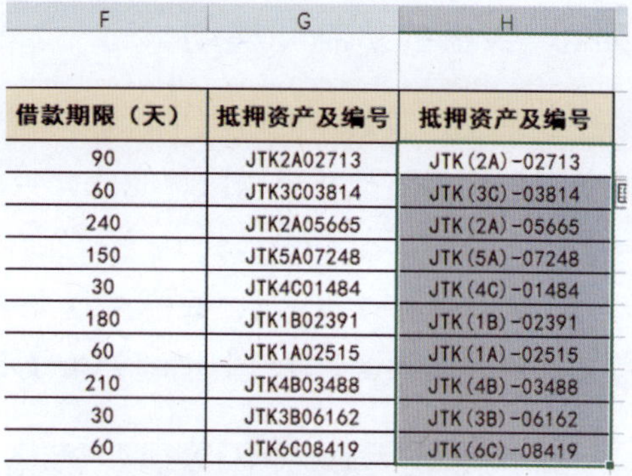

借款期限（天）	抵押资产及编号	抵押资产及编号
90	JTK2A02713	JTK(2A)-02713
60	JTK3C03814	JTK(3C)-03814
240	JTK2A05665	JTK(2A)-05665
150	JTK5A07248	JTK(5A)-07248
30	JTK4C01484	JTK(4C)-01484
180	JTK1B02391	JTK(1B)-02391
60	JTK1A02515	JTK(1A)-02515
210	JTK4B03488	JTK(4B)-03488
30	JTK3B06162	JTK(3B)-06162
60	JTK6C08419	JTK(6C)-08419

图 5-87　快速填充数据

3．合并多个单元格数据

若要将多个单元格中的数据合并到一起，可以利用“快速填充”功能来实现。它不仅可以将这些单元格中的字符合并到一起，还可设置在合并后进行所需的处理，如添加新字符、自动换行等，具体操作方法如下所述。

Step 01 在 C2 单元格中输入姓名，将 A2 和 B2 单元格中的文本组合在一起。选择 C2:C8 单元格区域，如图 5-88 所示。

Step 02 按【Ctrl+E】组合键，即可进行快速填充，如图 5-89 所示。

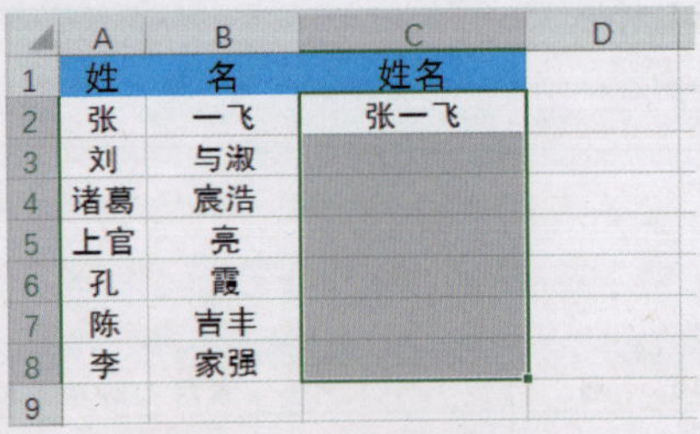

图 5-88　输入姓名

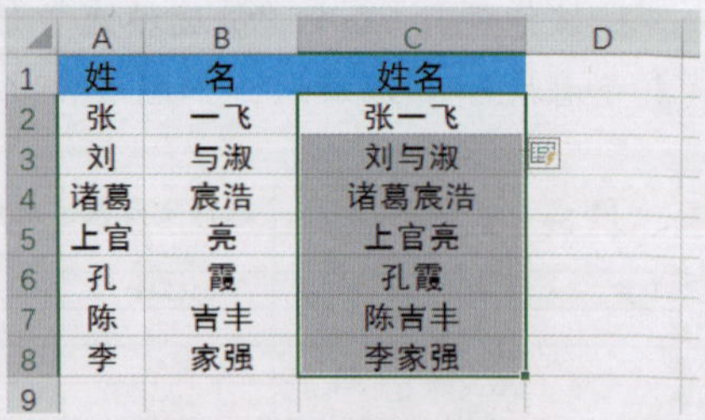

图 5-89　快速填充数据

Step 03 在 C2 单元格中输入合并后的名称，将 A2 和 B2 单元格中的文本组合在一起。在 C2 单元格中双击，将光标定位到汉字右侧，并按【Alt+Enter】组合键进行换行，如图 5-90 所示。

Step 04 选择 C2:C8 单元格区域，按【Ctrl+E】组合键即可进行快速填充，如图 5-91 所示。

图 5-90　输入数据并设置换行

图 5-91　快速填充数据

实训 6　数据的复制和移动

在处理工作表数据的过程中，经常需要对单元格中的数据进行移动或复制操作，利用以下技巧可以快速完成此类操作，具体操作方法如下所述。

Step 01 选择数据单元格区域，将鼠标指针置于所选区域的边界上时指针变为✥样式，此时拖动鼠标即可移动数据，如图 5-92 所示。

Step 02 在移动数据的过程中按住【Ctrl】键，即可复制数据，如图 5-93 所示。

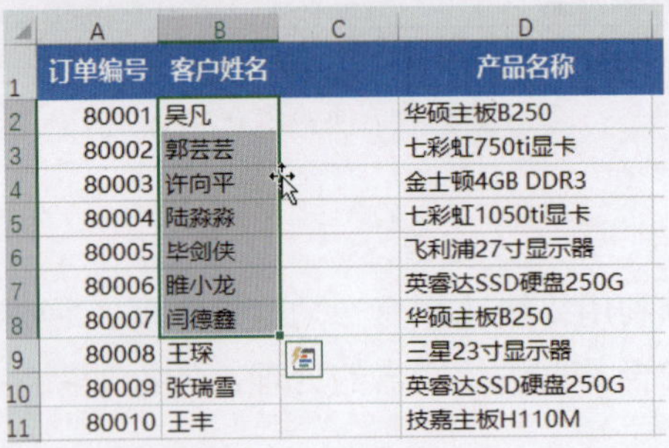

图 5-92　移动数据

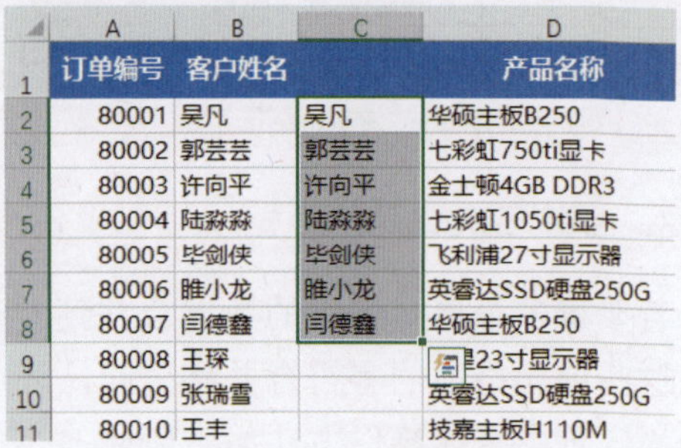

图 5-93　复制数据

Step 03 选择 A 列，在按住【Shift】键的同时向右拖动所选列的数据，即可移动列的位置，例如，将 A 列移至 B 列的右侧，如图 5-94 所示。

Step 04 可以看到“订单编号”所在列变为 B 列，如图 5-95 所示。

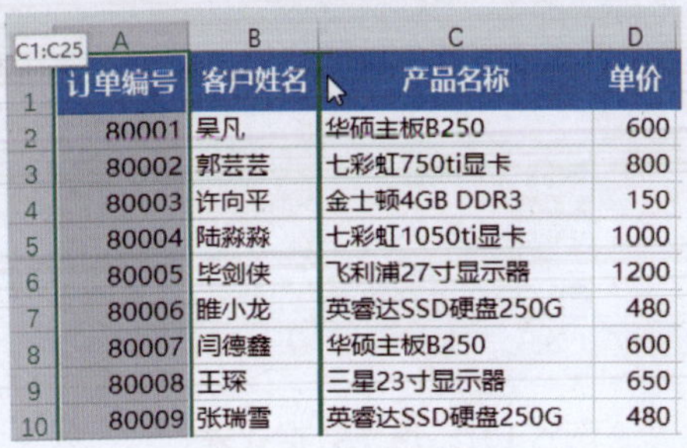

图 5-94　移动列

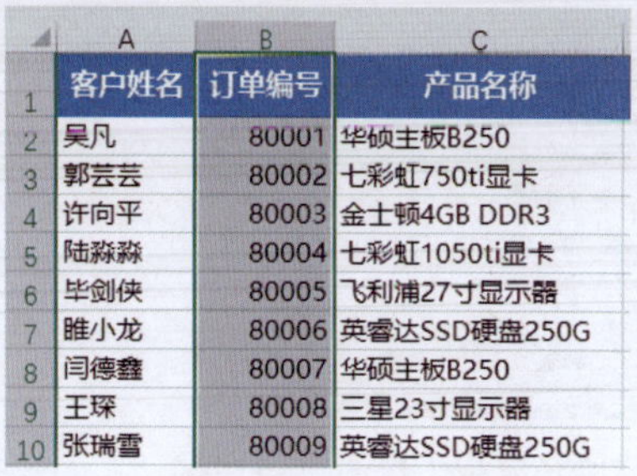

图 5-95　移动列效果

Step 05 选择行数据单元格后，在按住【Shift】键的同时拖动鼠标，拖到目标位置后松开鼠标，如图 5-96 所示。

Step 06 移动行数据，效果如图 5-97 所示。

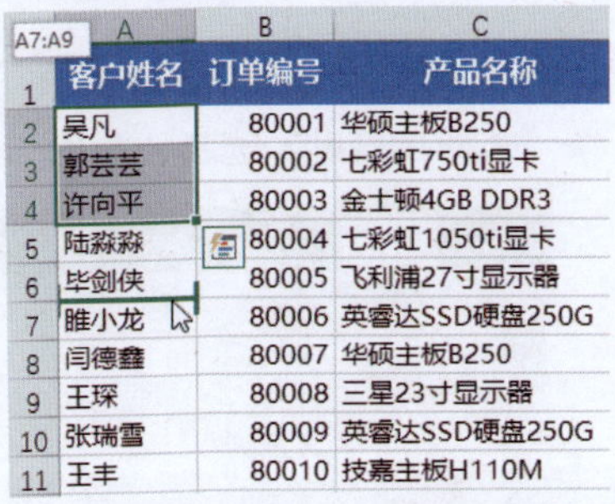

图 5-96　移动行数据

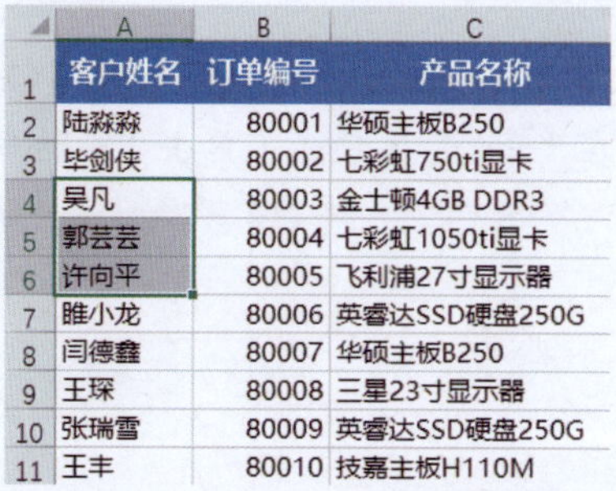

图 5-97　移动行数据效果

Step 07 选择公式单元格所在的列，在此选择 F 列，按【Ctrl+C】组合键复制数据。在 F 列中右击，选择“值”粘贴选项，即可将公式数据转换为普通数值，如图 5-98 所示。复制数据后，复制区域周围会显示一个闪动的边框。

Step 08 在按住【Ctrl】键的同时单击工作表标签组合工作表，此时在标题栏中显示“组”字样。选择要复制的数据，在“编辑”组中单击“填充”下拉按钮，选择“成组工作表”选项，如图 5-99 所示。

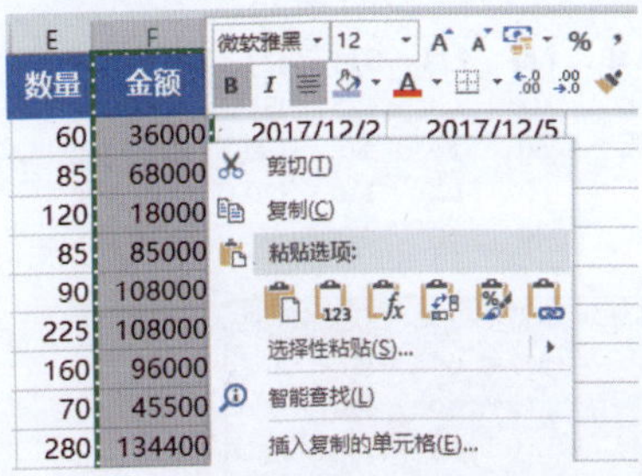

图 5-98　粘贴为数值

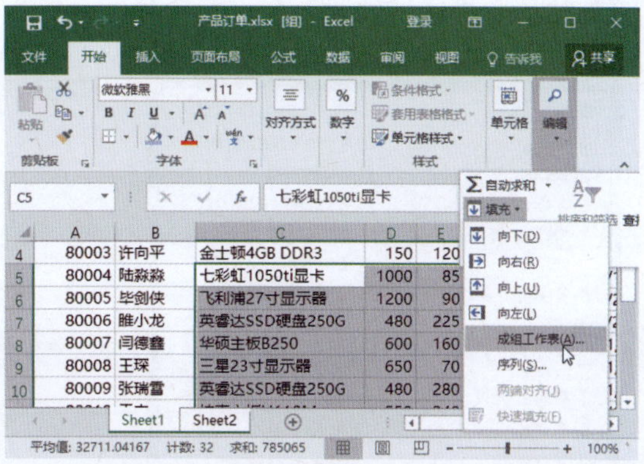

图 5-99　选择“成组工作表”选项

Step 09 弹出“填充成组工作表”对话框，选择“全部”选项，单击“确定”按钮，如图 5-100 所示。

Step 10 选择 Sheet2 工作表，可以看到已将数据粘贴到了相同的位置，如图 5-101 所示。

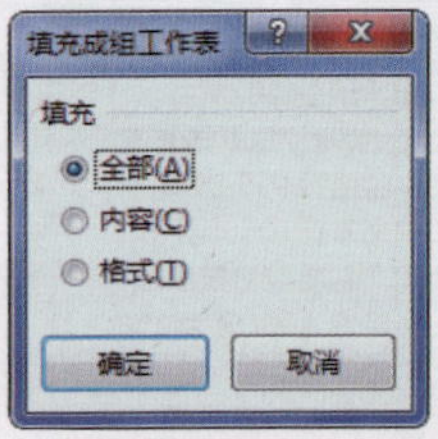

图 5-100 “填充成组工作表”对话框

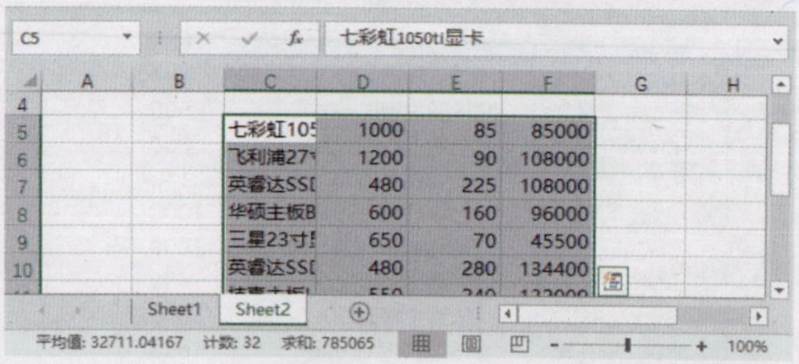

图 5-101 填充数据效果

实训 7 数据的转置

使用 Excel 2016 的“转置”功能可快速实现行与列的相互转换，具体操作方法如下所述。

Step 01 选择 A1:G5 单元格区域，按【Ctrl+C】组合键复制数据，如图 5-102 所示。

Step 02 在“开始”选项卡下单击“粘贴”下拉按钮，选择“选择性粘贴”选项，如图 5-103 所示。

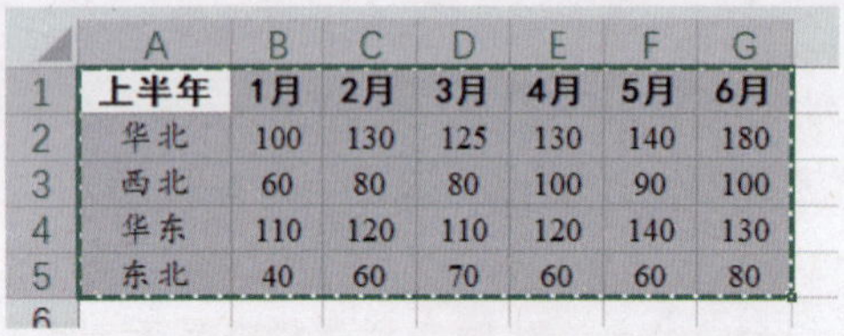

图 5-102 复制数据

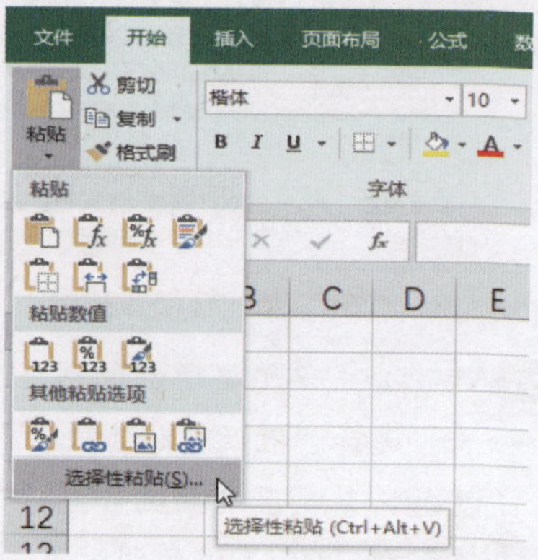

图 5-103 选择“选择性粘贴”选项

Step 03 弹出“选择性粘贴”对话框，选中“转置”复选框，单击“确定”按钮，如图 5-104 所示。

Step 04 对原数据区域的行和列进行转换，如图 5-105 所示。

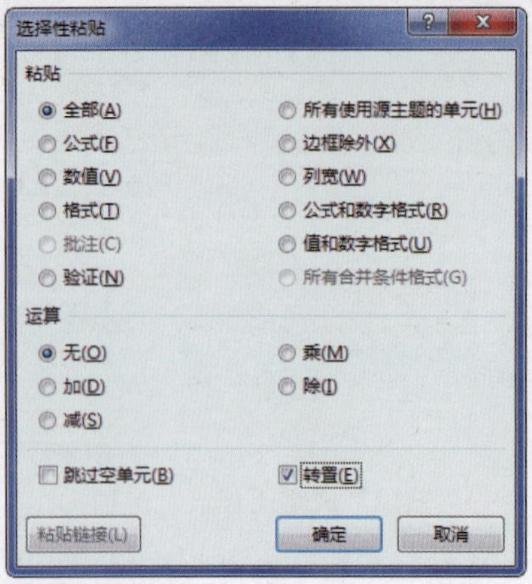

图 5-104 选中“转置”复选框

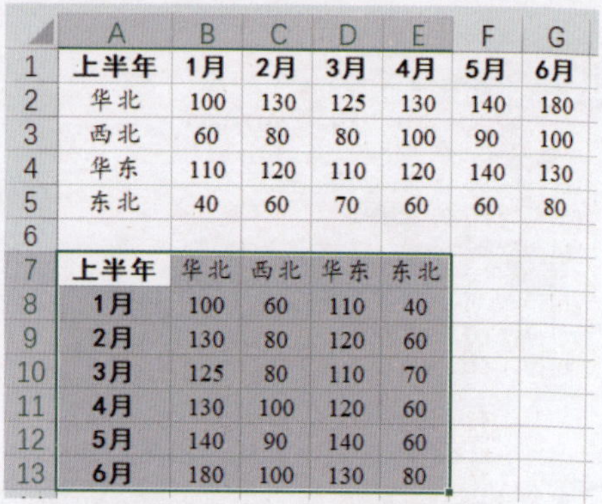

图 5-105 转置粘贴效果

实训 8　选择性粘贴

使用 Excel 2016 的“选择性粘贴”功能可以粘贴所复制单元格的属性，如公式、数值、格式、验证等，还可将复制区域的内容与粘贴区域的内容进行加、减、乘、除算术运算，具体操作方法如下所述。

Step 01 将“金额”数据恢复为“常规”格式，在 K3 单元格中输入 10 000。选择 K3 单元格，按【Ctrl+C】组合键复制数据，选择“金额”数据单元格区域，如图 5-106 所示。

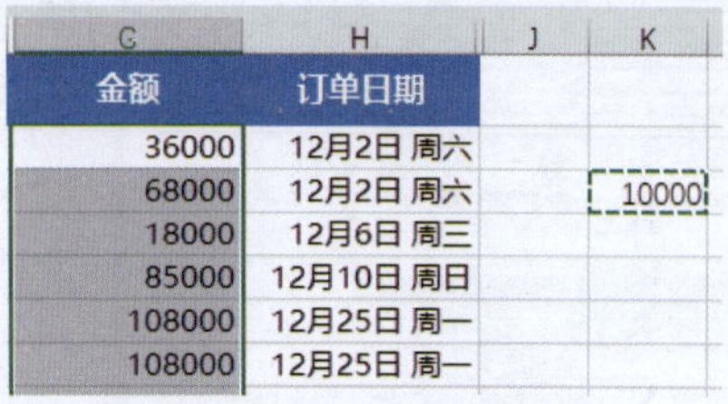

图 5-106　复制数据

Step 02 按【Ctrl+Alt+V】组合键打开“选择性粘贴”对话框，分别选中“数值”和“除”单选按钮，然后单击“确定”按钮，如图 5-107 所示。

Step 03 将所选数据除以 10 000，然后按【Esc】键取消单元格复制状态，如图 5-108 所示。

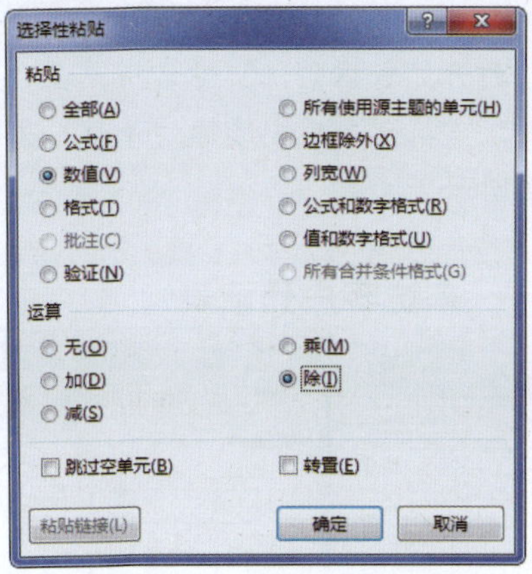

图 5-107　设置选择性粘贴

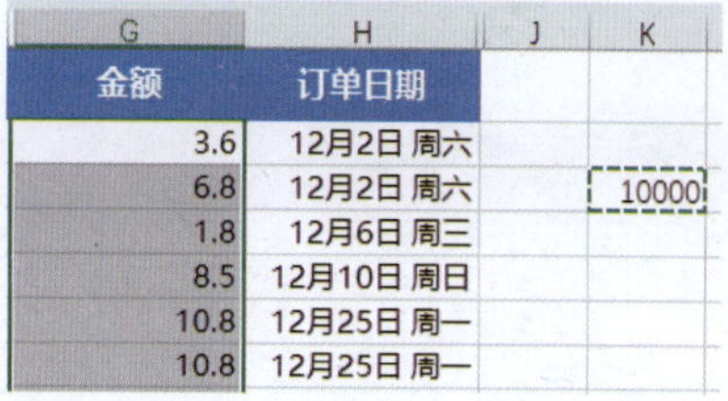

图 5-108　显示计算结果

5.4　数据验证的设置

通过设置数据验证规则可以控制用户输入单元格的数据或数值的类型，避免输入错误的数据。在 Excel 中可设置多种数据验证条件，来实现不同的功能。

实训 1　限制用户输入

在编辑表格数据时，可以限制用户输入某些数据，例如，只允许输入一定范围内的数字、某个区间的日期和时间、固定长度的数字等。设置数据验证的具体操作方法如下所述。

Step 01 打开“素材文件\第 5 章\来访客户登记表.xlsx”，选择“时间”列的单元格区域，在“数据”选项卡下单击“数据验证”按钮，如图 5-109 所示。

Step 02 弹出“数据验证”对话框，在“允许”下拉列表框中选择“时间”选项，在“数据”下拉列表框中选择“介于”选项，设置开始和结束时间，然后单击“确定”按钮，如图 5-110 所示。

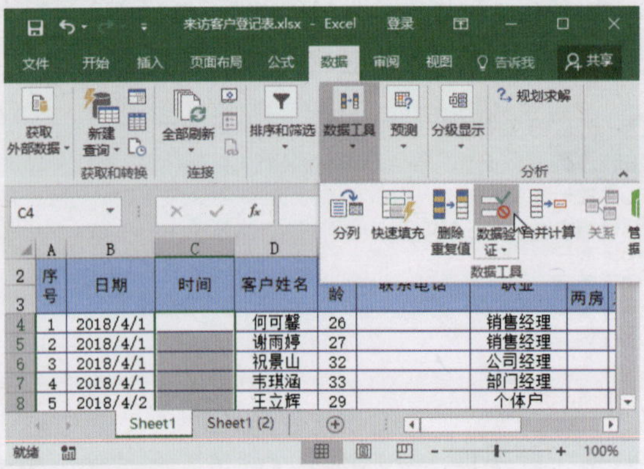

图 5-109　单击“数据验证”按钮

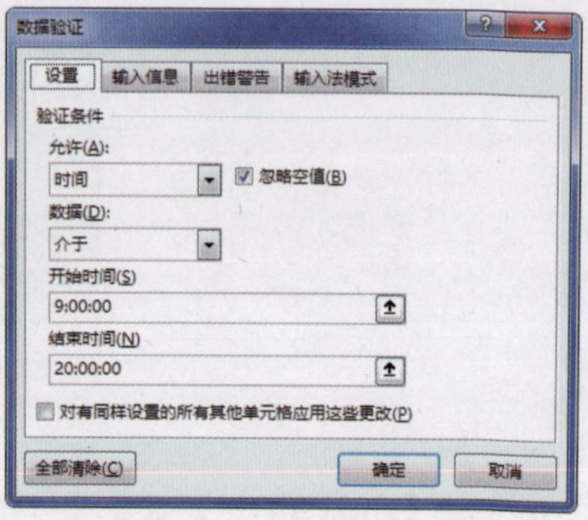

图 5-110　设置验证条件

Step 03 在表格中输入时间数据，当输入的数据不符合验证条件时将弹出错误信息框，如图 5-111 所示。

Step 04 将“联系电话”列的数据设置为文本格式，打开“数据验证”对话框，在“允许”下拉列表框中选择“文本长度”选项，在“数据”下拉列表框中选择“等于”选项，输入长度值，然后单击“确定”按钮，如图 5-112 所示。

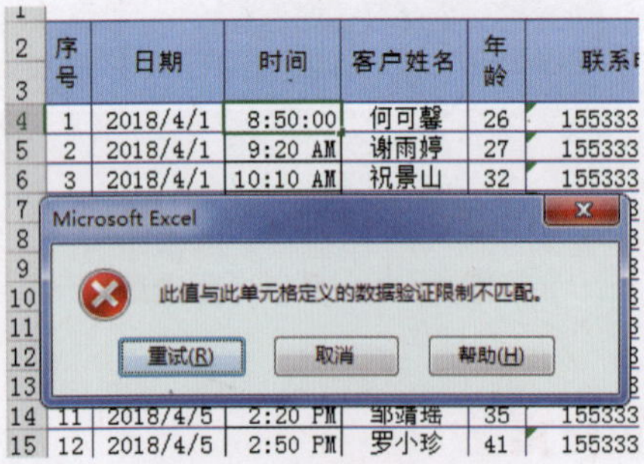

图 5-111　数据验证效果

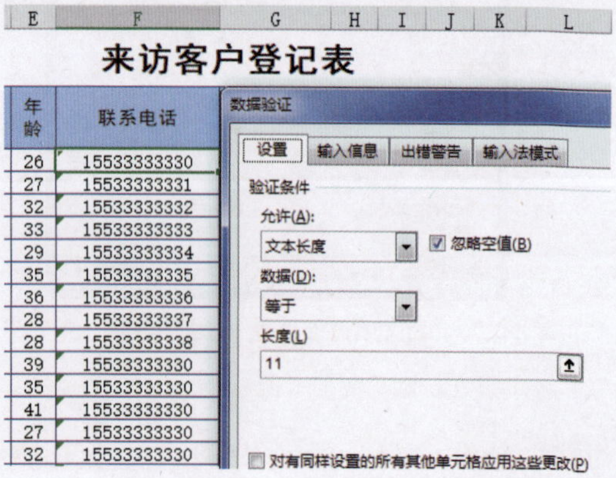

图 5-112　设置验证条件

实训 2　下拉菜单的创建

下拉菜单是数据验证最常用的一项功能，其验证条件为“序列”。通过设置下拉菜单，不仅可以避免输入错误的数据，还可将输入操作转换为选择操作，从而减轻输入数据的工作量。利用数据验证创建下拉菜单的具体操作方法如下所述。

Step 01 选择要设置数据验证的单元格区域，打开“数据验证”对话框，在“允许”下拉列表框中选择“序列”选项，在“来源”文本框中输入符号“√”，如图 5-113 所示。

Step 02 选择“输入信息”选项卡，输入提示信息“单击选择”，然后单击“确定”按钮，如图 5-114 所示。

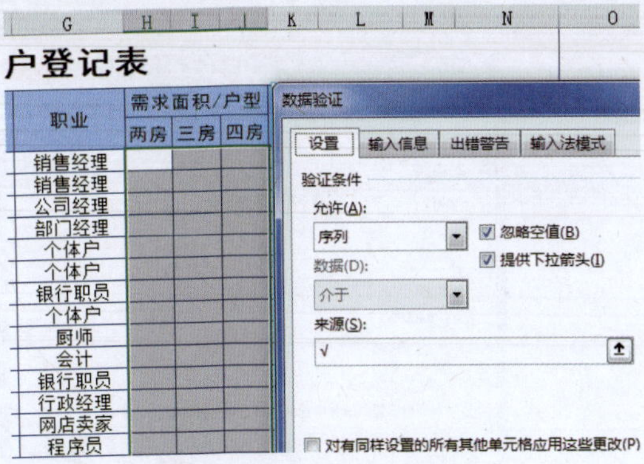

图 5-113　设置验证条件

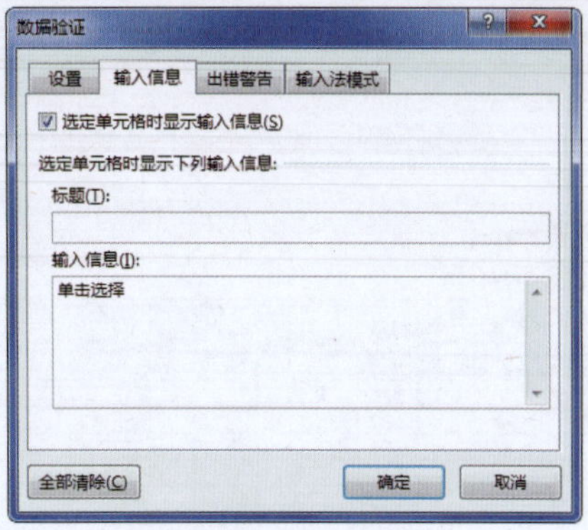

图 5-114　设置输入信息

Step 03 选择单元格即可显示提示信息。单击单元格右侧的下拉按钮，即可选择所需的选项，如图 5-115 所示。

Step 04 采用同样的方法，设置“认知途径”列单元格的验证条件，将其序列来源设置为“广告、别人介绍、其他途径”，如图 5-116 所示。

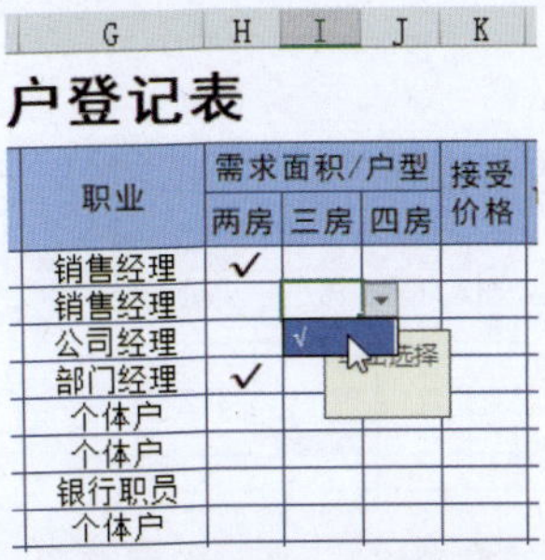

图 5-115　查看效果

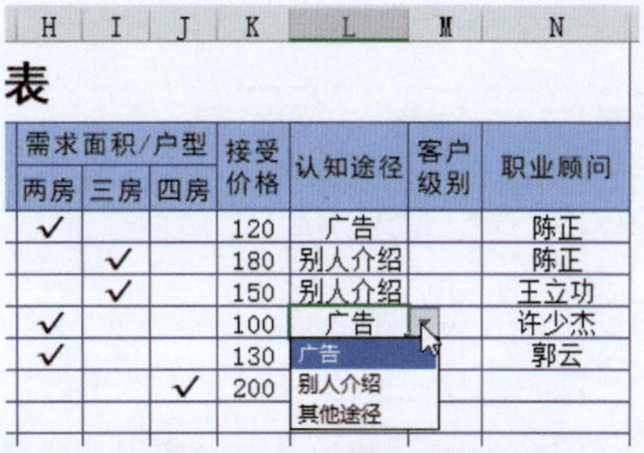

图 5-116　设置数据验证

Step 05 在 P4:P6 单元格区域中输入文本“低”“中”“高”，选择“客户级别”列的单元格区域，如图 5-117 所示。

Step 06 打开“数据验证”对话框，在“允许”下拉列表框中选择“序列”选项，将光标定位到“来源”文本框中，如图 5-118 所示。

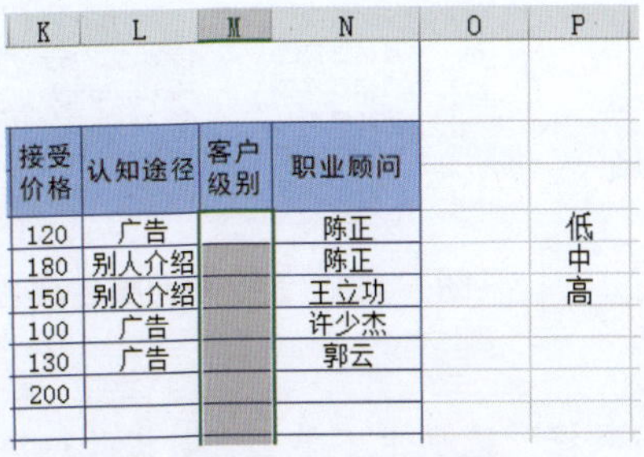

图 5-117　输入验证来源

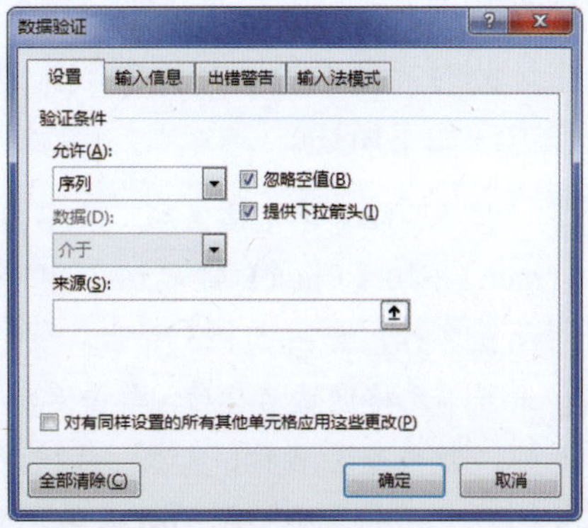

图 5-118　“数据验证”对话框

Step 07 在工作表中选择 P4:P6 单元格区域，然后松开鼠标，如图 5-119 所示。

Step 08 返回“数据验证”对话框，可以看到“来源”文本框中引用的单元格区域，单击“确定”按钮，如图 5-120 所示。

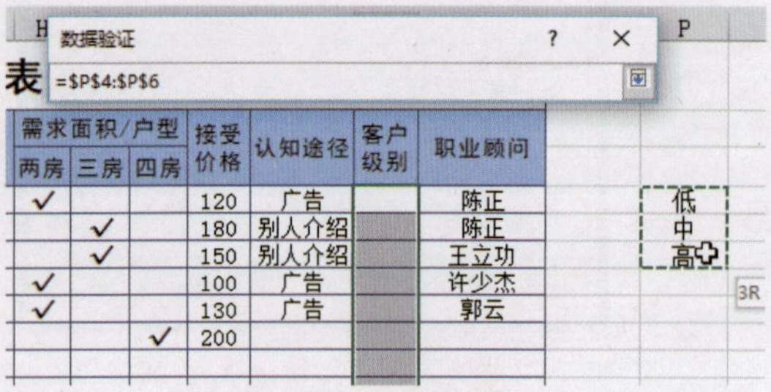

图 5-119 选择数据来源

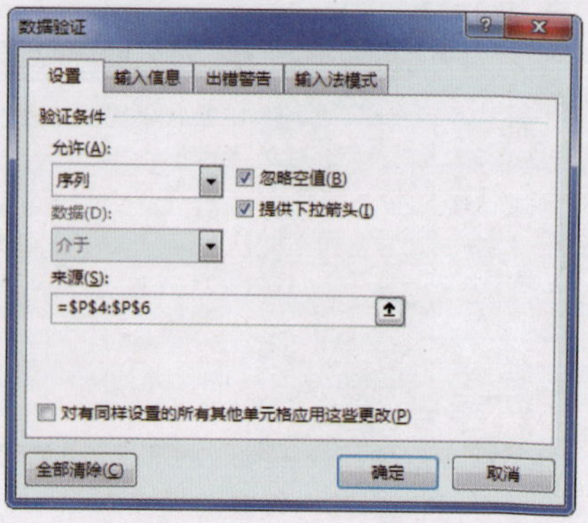

图 5-120 “数据验证”对话框

Step 09 在单元格下拉列表中选择所需的级别选项，如图 5-121 所示。

Step 10 若更改数据验证所引用的单元格文本及单元格区域的位置，单元格下拉列表中的相关选项会随之更改，而不必重新设置，如图 5-122 所示。

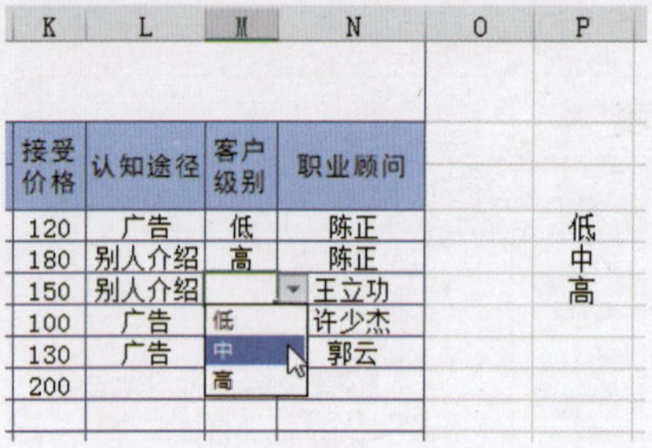

图 5-121 数据验证效果

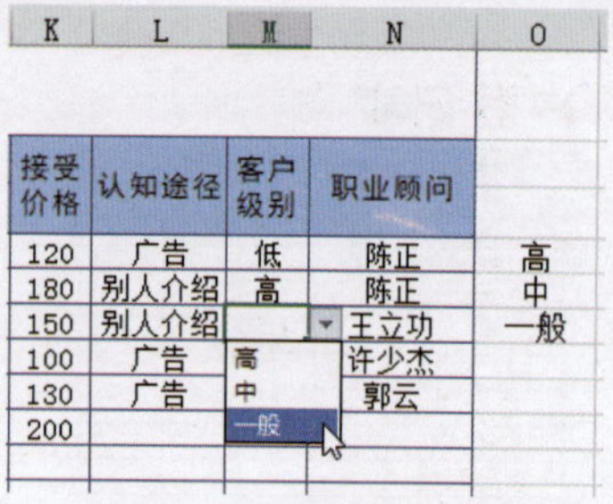

图 5-122 修改数据来源

实训 3 无效数据的校验

设置了数据验证的单元格只对在其中输入数据时进行有效性验证，当向其中复制或填充数据，或利用公式计算的数据，将不会弹出出错警告。此时需要通过圈释无效数据进行数据检验，具体操作方法如下所述。

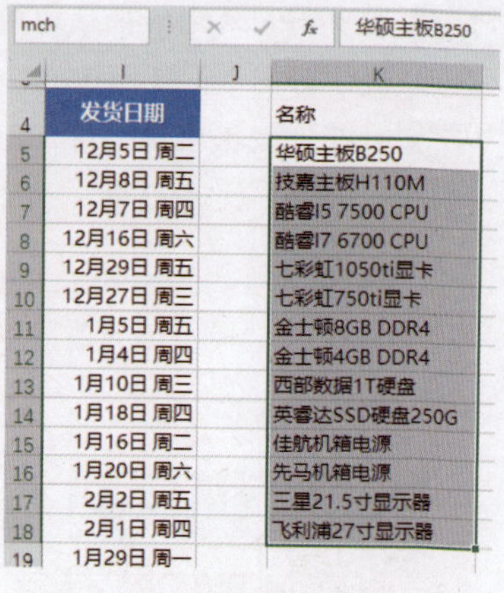

图 5-123 设置单元格区域名称

Step 01 选择 K5:K18 单元格区域，在名称框中输入名称 mch 并按【Enter】键确认，即可为单元格区域设置名称，如图 5-123 所示。

Step 02 设置单元格区域名称后，单击名称框右侧的 ▾ 按钮，即可查看名称，如图 5-124 所示。

Step 03 选择“产品名称”列的数据单元格区域，在“数据”选项卡下单击“数据验证”按钮，如图 5-125 所示。

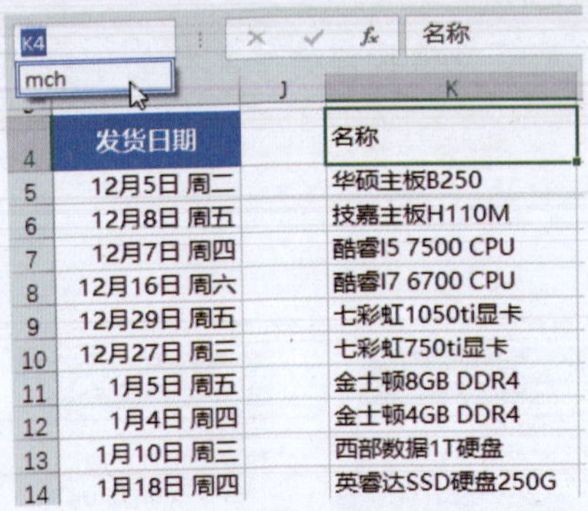

图 5-124　查看名称

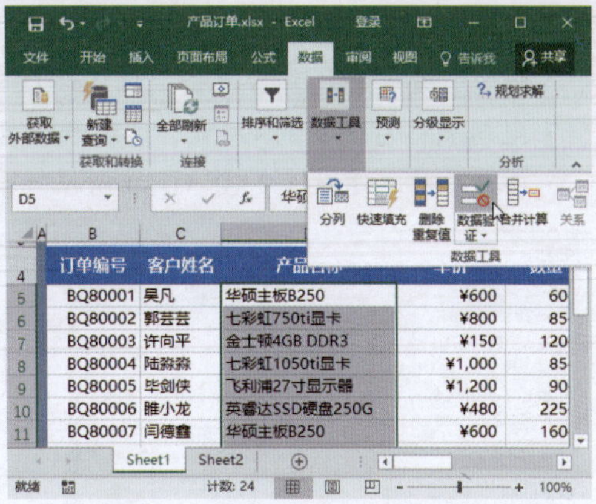

图 5-125　单击“数据验证”按钮

Step 04 弹出“数据验证”对话框，在“允许”下拉列表框中选择“序列”选项，在“来源”文本框中输入“=mch”，然后单击“确定”按钮，如图 5-126 所示。

Step 05 单击“数据验证”下拉按钮，选择“圈释无效数据”选项，可以看到不符合条件的名称被圈出，如图 5-127 所示。

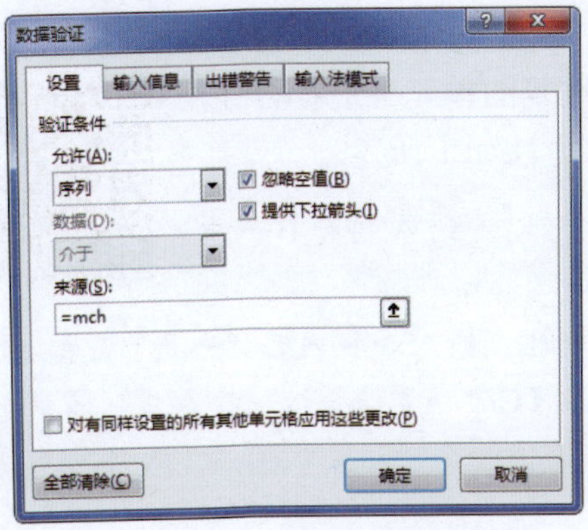

图 5-126　设置验证条件

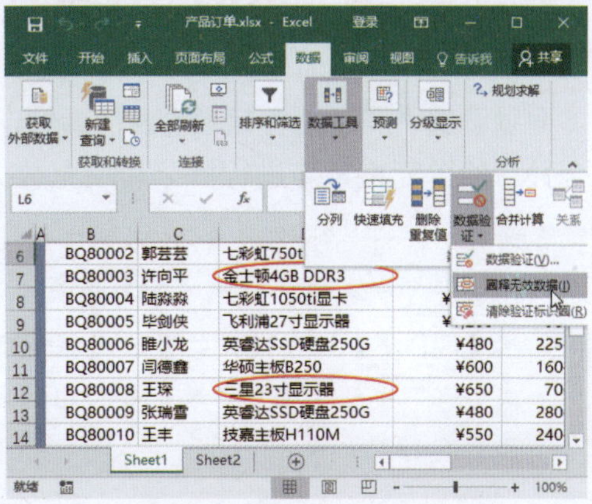

图 5-127　圈释无效数据

Step 06 单击单元格右侧的下拉按钮，在弹出的列表框中选择正确的选项，然后再次设置圈释无效数据，如图 5-128 所示。

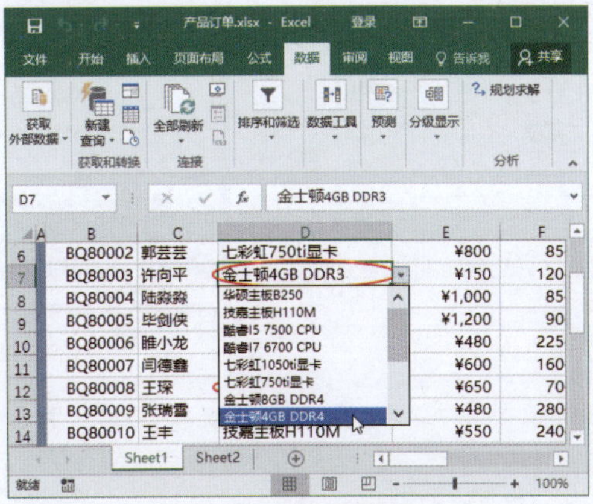

图 5-128　选择正确的选项

Step 07 选择 K4:K18 单元格区域，按【Ctrl+T】组合键打开“创建表”对话框，选中“表包含标题”复选框，然后单击“确定”按钮，如图 5-129 所示。

Step 08 拖动表格右下角的◢标记，调整表格区域大小，应用了数据验证的单元格的下拉列表选项也会随之更改，如图 5-130 所示。

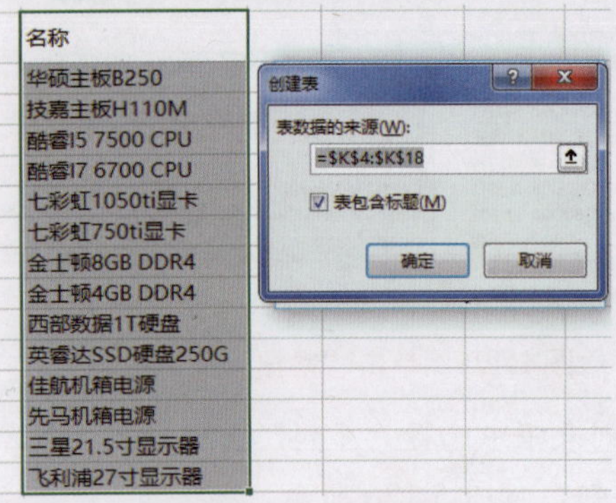

图 5-129　创建表

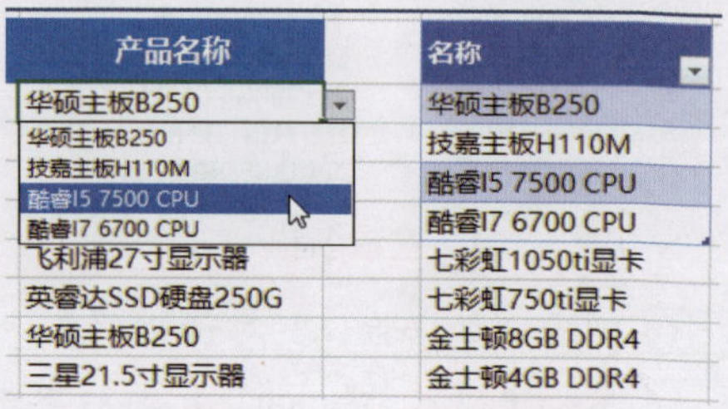

图 5-130　数据验证效果

5.5　综合实例：“产品销售记录”工作表的编辑

下面以编辑“产品销售记录”表格为例，对其中重复的单元格进行合并，并对合并后的单元格重新进行拆分和填充数据，具体方法如下所述。

Step 01 打开“素材文件\第 6 章\产品销售记录.xlsx”，可以看到 A 列和 B 列中包含重复的数据，如图 5-131 所示。

Step 02 按【Ctrl+F】组合键，打开“查找和替换”对话框，输入查找内容“郑州”，单击“查找全部”按钮，在下方显示查找出的单元格，按【Ctrl+A】组合键选择查找到的单元格，如图 5-132 所示。

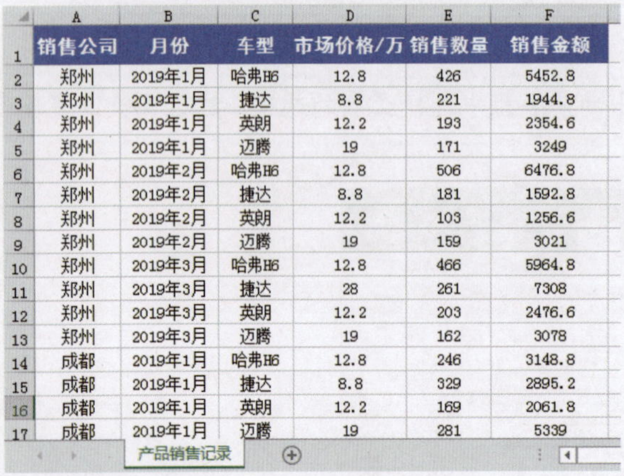

销售公司	月份	车型	市场价格/万	销售数量	销售金额
郑州	2019年1月	哈弗H6	12.8	426	5452.8
郑州	2019年1月	捷达	8.8	221	1944.8
郑州	2019年1月	英朗	12.2	193	2354.6
郑州	2019年1月	迈腾	19	171	3249
郑州	2019年2月	哈弗H6	12.8	506	6476.8
郑州	2019年2月	捷达	8.8	181	1592.8
郑州	2019年2月	英朗	12.2	103	1256.6
郑州	2019年2月	迈腾	19	159	3021
郑州	2019年3月	哈弗H6	12.8	466	5964.8
郑州	2019年3月	捷达	28	261	7308
郑州	2019年3月	英朗	12.2	203	2476.6
郑州	2019年3月	迈腾	19	162	3078
成都	2019年1月	哈弗H6	12.8	246	3148.8
成都	2019年1月	捷达	8.8	329	2895.2
成都	2019年1月	英朗	12.2	169	2061.8
成都	2019年1月	迈腾	19	281	5339

图 5-131　打开工作表

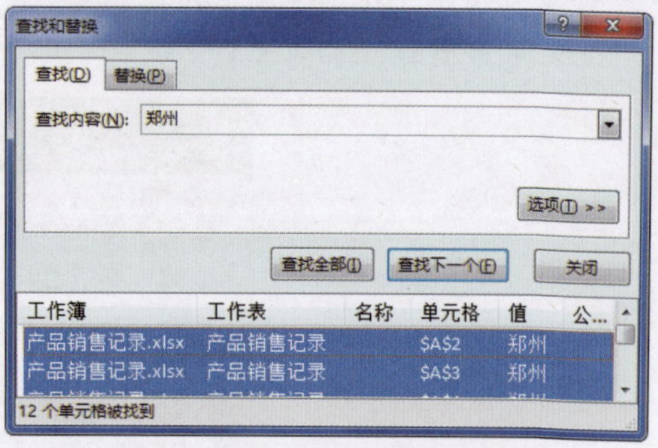

图 5-132　选择查找的单元格

Step 03 在工作表中选择相对应的单元格，在“对齐方式”组中单击“合并后居中”按钮，如图 5-133 所示。

Step 04 弹出提示信息框，单击“确定”按钮，如图 5-134 所示。

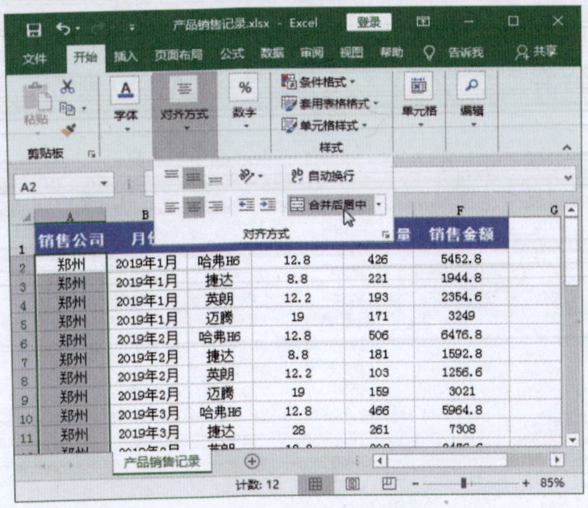

图 5-133　单击“合并后居中”按钮

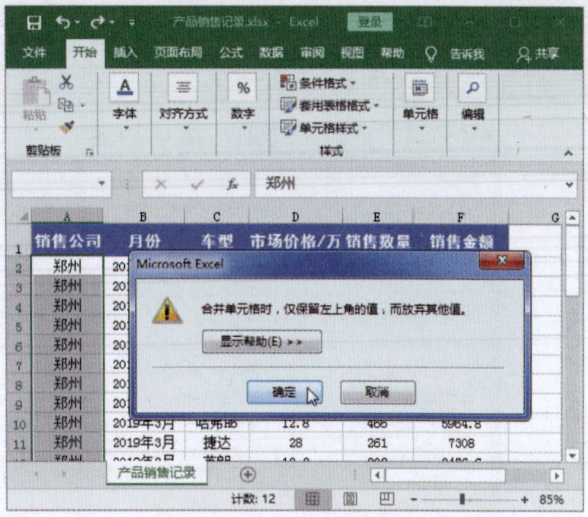

图 5-134　确认合并操作

Step 05 采用同样的方法，继续合并 A 列的数据，在“查找和替换”对话框中继续查找日期数据，按【Ctrl+A】组合键选择搜索结果，在工作表中可以看到选择多个单元格区域，对选择的数据进行合并单元格操作，如图 5-135 所示。

Step 06 采用同样的方法，对其他月份进行合并单元格操作，效果如图 5-136 所示。

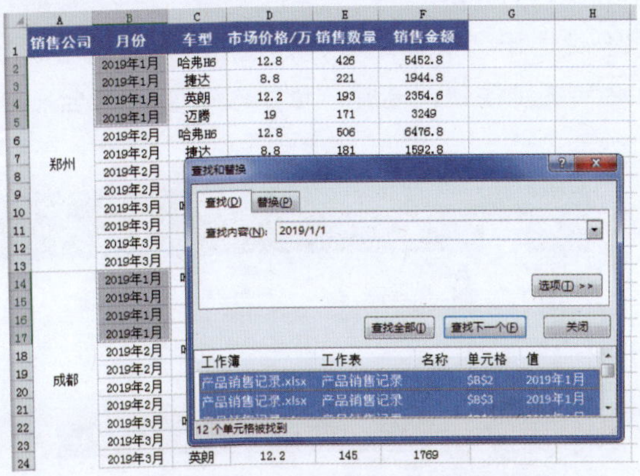

图 5-135　查找并选择月份单元格

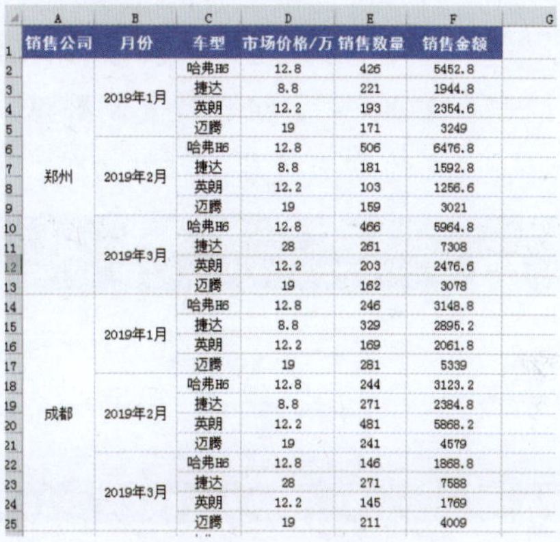

图 5-136　合并单元格

Step 07 合并单元格后若要进行数据运算，需要取消单元格的合并。选择 A、B 两列，在“对齐方式”组中单击“合并后居中”按钮取消单元格合并，如图 5-137 所示。

Step 08 按【F5】键打开“定位”对话框，单击“定位条件”按钮，如图 5-138 所示。

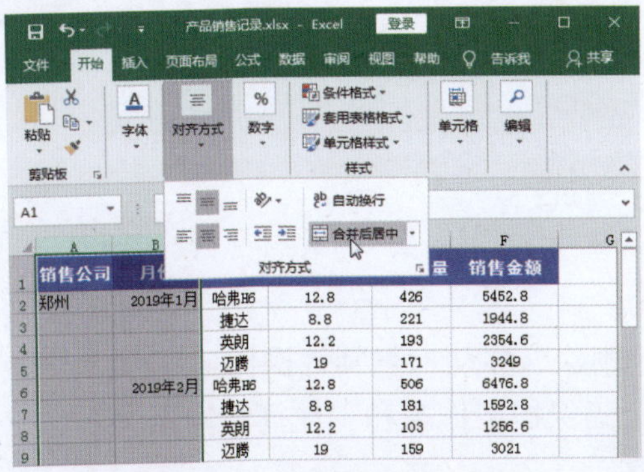

图 5-137　取消合并单元格

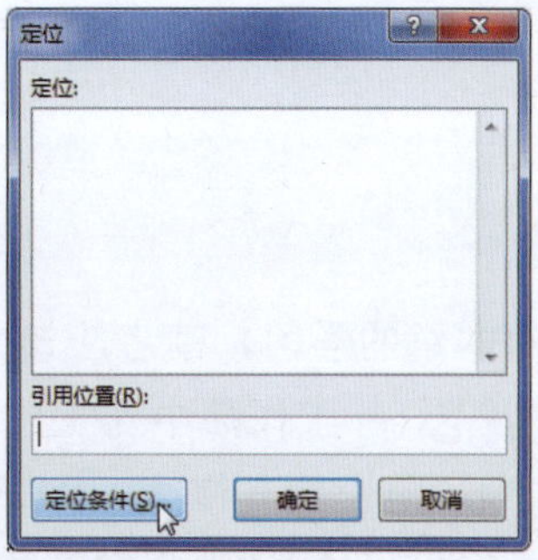

图 5-138　单击“定位条件”按钮

Step 09 弹出“定位条件”对话框，选中“空值”单选按钮，单击“确定”按钮，如图 5-139 所示。

Step 10 选择空值数据单元格，可以看到最后选择的单元格为 B3 单元格，如图 5-140 所示。

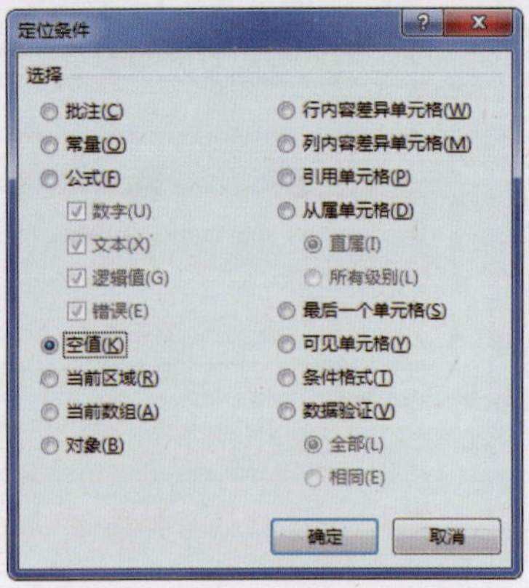

图 5-139　设置定位条件

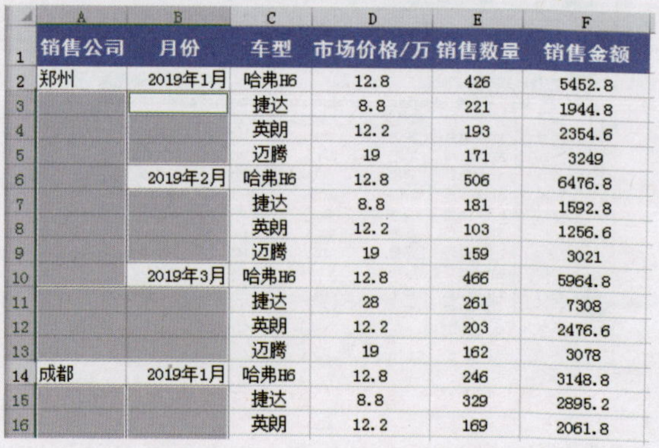

图 5-140　定位空值单元格

Step 11 在编辑栏中输入等号，然后选择 B3 单元格，也可输入等号后按【↑】键。按【Ctrl+Enter】组合键，即可恢复合并单元格前的数据状态，此时填充的数据实际为其上方未选单元格的引用，需要将其更改为数值数据，如图 5-141 所示。

Step 12 选择 A2 单元格，按【Ctrl+Shift+↓】组合键选择“销售公司”中所有的数据单元格，按【Ctrl+C】组合键复制数据。单击“粘贴”下拉按钮，选择“值”选项，然后采用同样的方法将月份粘贴为值，如图 5-142 所示。

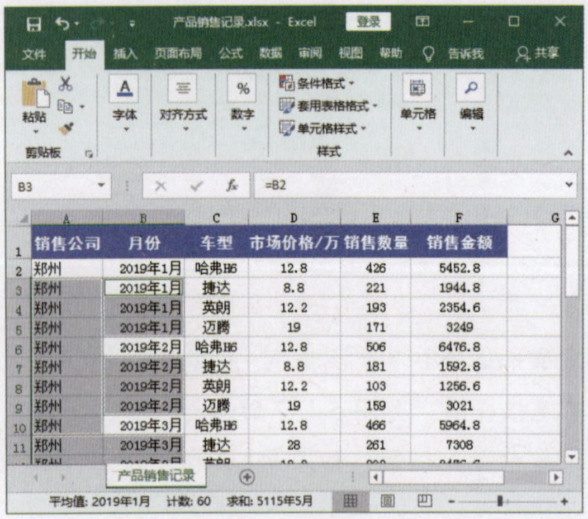

图 5-141　设置单元格引用

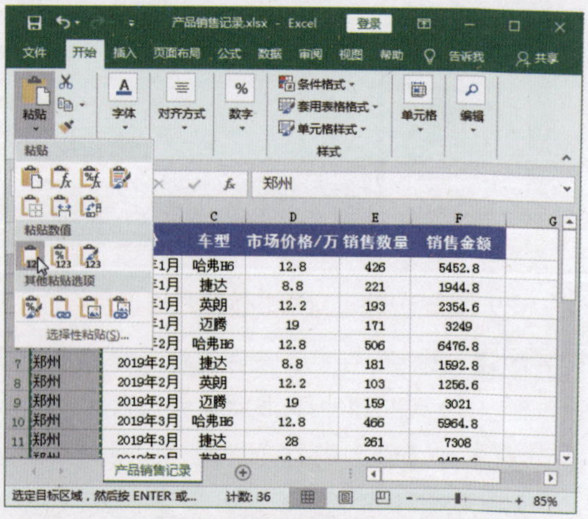

图 5-142　粘贴为值

本 章 小 结

通过对本章的学习，读者应该掌握以下知识。

（1）在 Excel 工作簿中对工作表进行插入、删除、移动、复制等操作。

（2）为了防止他人修改工作表数据，使用密码保护工作表和工作簿结构。

（3）通过多种方法选择单元格或定位单元格。

（4）在工作表中对单元格进行插入、删除、隐藏与合并等操作，并根据需要设置单元格样式。

（5）在工作表中使用填充功能快速填充相同的数据或序列。

（6）使用“快速填充”功能，根据某种模式或基于其他单元格中的数据进行自动填充。

（7）使用“选择性粘贴”功能粘贴所复制单元格的属性，如公式、数值、格式、验证等，以及转置数据，并进行数据的简单运算。

（8）通过数据验证限制用户输入，为数据输入提供下拉列表。

课 后 习 题

一、选择题

1．数据验证的验证条件不包括（　）。

A．整数　　B．文本　　C．序列　　D．自定义

2．以下哪项说法不正确（　）？

A．要复制包含公式的数据，需要将数据粘贴为“值”

B．为了防止用复制的空白单元格替换数据单元格，可以使用“选择性粘贴”功能，在“选择性粘贴”对话框中选中“跳过空单元”即可

C．合并单元格操作可以保留单元格中的所有数据

D．在工作表中插入或删除单元格时，受插入影响的所有引用都会相应地做出调整，无论它们是相对单元格引用，还是绝对单元格引用

二、填空题

1．要移动行或列数据，可选中行或列后，按住__________键进行拖动。

2．要快速填充数据，可在选中数据单元格区域后按________组合键。

3．要使用“选择性粘贴”功能，可在复制数据后，按_________组合键打开“选择性粘贴”对话框。

三、实操题

使用“快速填充”功能将 D 列的生日数据在 E 列转换为正确的日期格式，如图 5-143 所示。

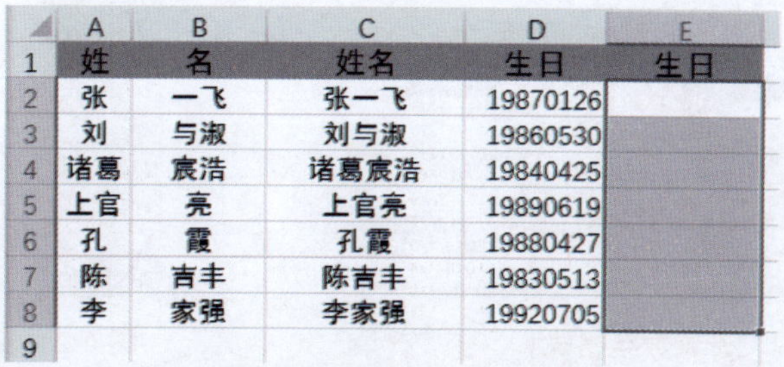

	A	B	C	D	E
1	姓	名	姓名	生日	生日
2	张	一飞	张一飞	19870126	
3	刘	与淑	刘与淑	19860530	
4	诸葛	宸浩	诸葛宸浩	19840425	
5	上官	亮	上官亮	19890619	
6	孔	霞	孔霞	19880427	
7	陈	吉丰	陈吉丰	19830513	
8	李	家强	李家强	19920705	
9					

图 5-143　转换日期格式

第 6 章　专业 Excel 办公表格的制作

【本章导读】

在办公自动化中，经常需要使用 Excel 制作各种表格，并对表格数据进行设置与处理等。本章将学习如何制作专业、美观的 Excel 办公表格，其中包括设置单元格的数字格式，创建智能表格，设置条件格式等。

【本章目标】

- 掌握设置单元格数字格式的方法。
- 掌握智能表格的应用方法。
- 掌握条件格式的应用方法。

6.1　单元格数字格式的设置

在 Excel 工作表中输入数据后，可以根据需要将数据设置为所需的数字格式，如货币格式、会计专用格式等。设置数字格式可以更改数字的外观，但不会更改数字本身。

实训 1　预设数字格式的应用

在 Excel 工作表中输入数据时默认为“常规”格式，用户可以根据需要应用其他的预设格式，如数字、货币、日期、百分比、科学计数、文本等，具体操作方法如下所述。

Step 01 打开“素材文件\第 6 章\产品订单.xlsx”，在按住【Ctrl】键的同时选择金额数据所在的单元格区域，单击数字格式下拉按钮，选择“货币”选项，如图 6-1 所示。

Step 02 数据应用为货币格式，效果如图 6-2 所示。

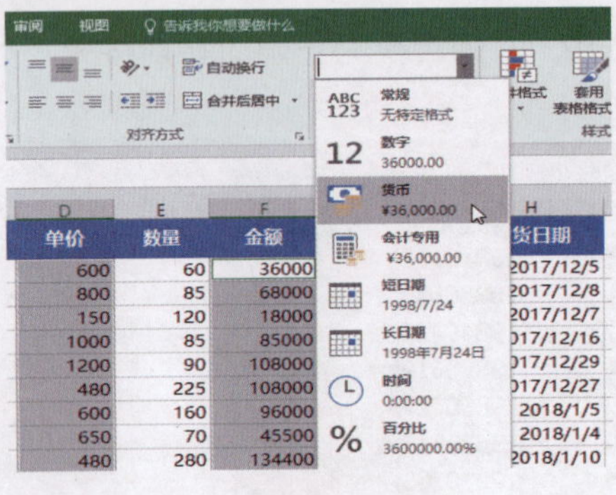

图 6-1　设置数字格式

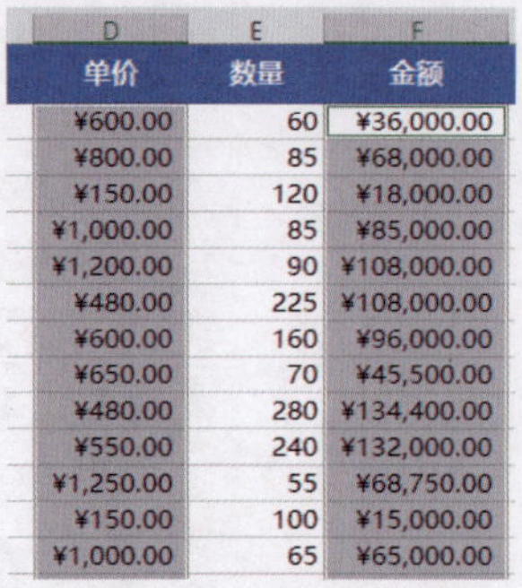

图 6-2　应用货币格式

Step 03 按【Ctrl+1】组合键打开“设置数字格式”对话框，设置“小数位数”为 0，然后选择货币符号¥，如图 6-3 所示。

Step 04 在左侧选择“会计专用”选项，设置“小数位数”为 0，然后单击“确定”按钮，如图 6-4 所示。

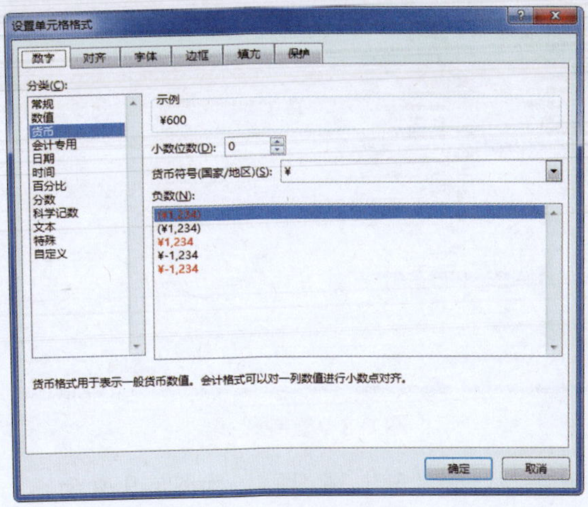

图 6-3　设置货币格式

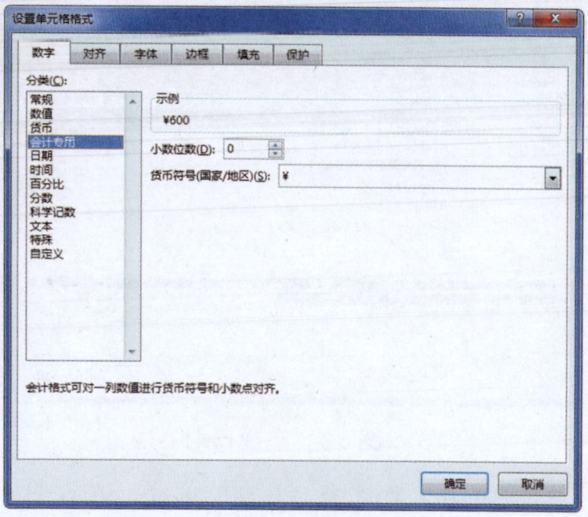

图 6-4　设置会计专用格式

Step 05 应用“会计专用”数字格式，货币符号位于数据的最左侧，当数据为 0 时单元格自动显示“-”符号。效果如图 6-5 所示。若要调整货币符号与数字的距离，则在“对齐方式”组中单击“增加缩进量”按钮。

Step 06 选择日期列数据，在“设置单元格格式”对话框中设置日期格式，如图 6-6 所示。

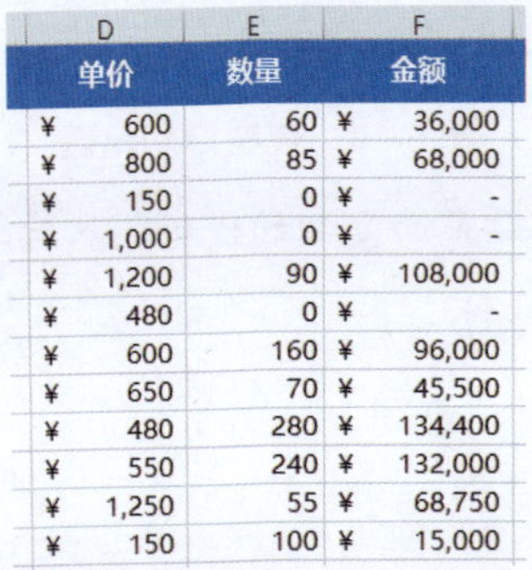

D 单价	E 数量	F 金额
¥ 600	60	¥ 36,000
¥ 800	85	¥ 68,000
¥ 150	0	¥ -
¥ 1,000	0	¥ -
¥ 1,200	90	¥ 108,000
¥ 480	0	¥ -
¥ 600	160	¥ 96,000
¥ 650	70	¥ 45,500
¥ 480	280	¥ 134,400
¥ 550	240	¥ 132,000
¥ 1,250	55	¥ 68,750
¥ 150	100	¥ 15,000

图 6-5　会计专用格式效果

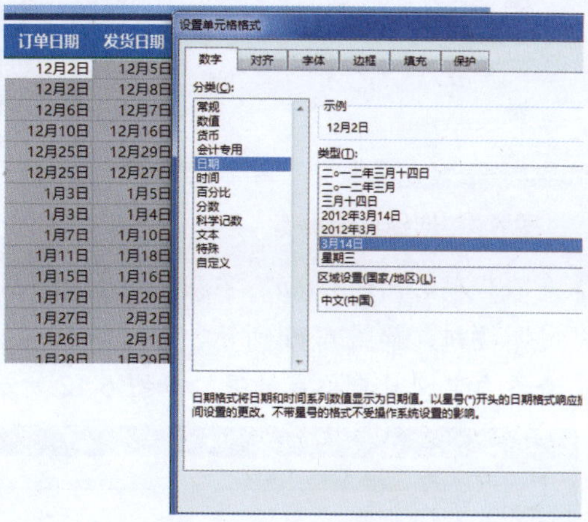

图 6-6　设置日期格式

实训 2　自定义日期格式

Excel 2016 中预设了 20 多种日期格式，用户也可以自定义日期格式，具体操作方法如下所述。

Step 01 选择日期数据，打开“设置单元格格式”对话框，在左侧选择“日期”选项，在右侧选择日期类型，如“周三”，如图 6-7 所示。

Step 02 在左侧选择“自定义”选项，在右侧查看当前日期类型代码，选择并复制代码，如图 6-8 所示。

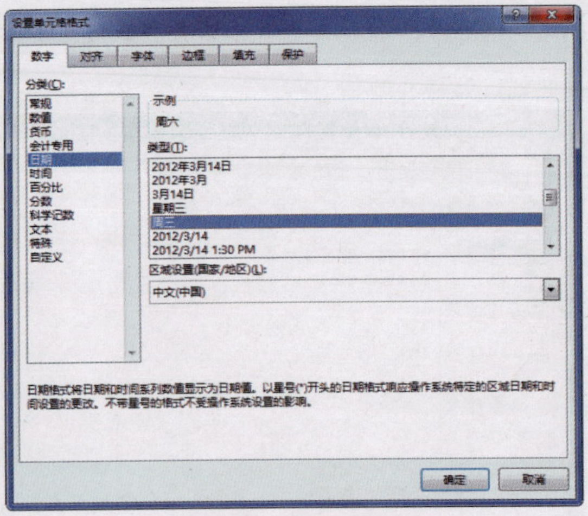

图 6-7　选择日期类型

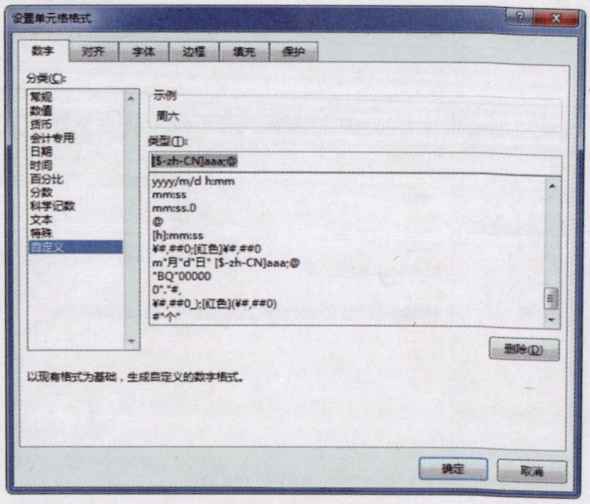

图 6-8　复制代码

Step 03 在左侧选择“日期”选项，在右侧选择日期类型，如“3 月 14 日”，如图 6-9 所示。

Step 04 在左侧选择“自定义”选项，在右侧查看当前日期类型代码，如图 6-10 所示。

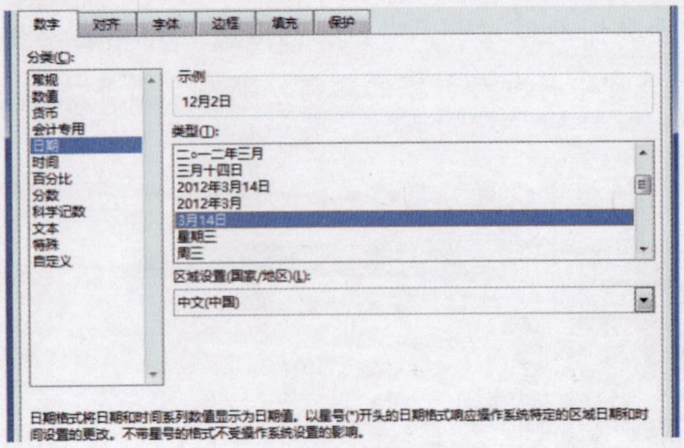

图 6-9　选择日期类型

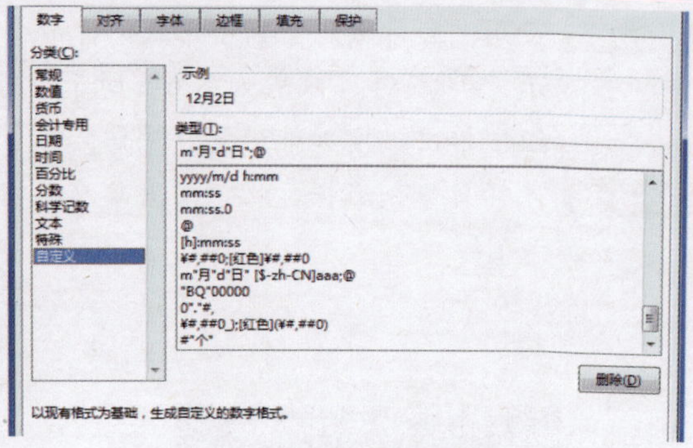

图 6-10　查看日期代码

Step 05 删除代码后面的“;@”字符，按【Ctrl+V】组合键粘贴前面复制的代码，然后单击“确定”按钮，如图 6-11 所示。

Step 06 查看自定义日期格式效果，如图 6-12 所示。

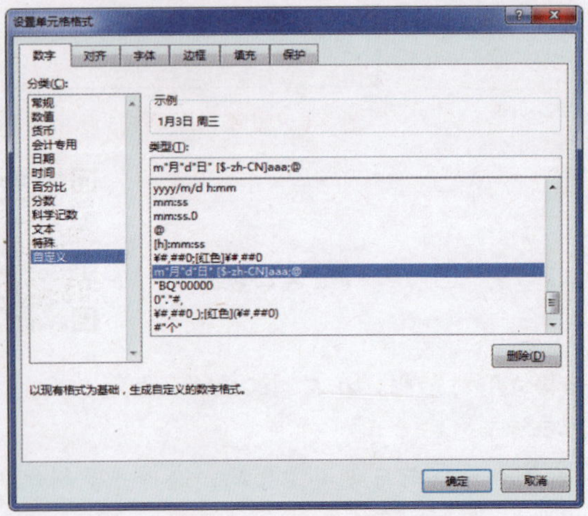

图 6-11　编辑代码

G	H
订单日期	发货日期
12月2日 周六	12月5日 周二
12月2日 周六	12月8日 周五
12月6日 周三	12月7日 周四
12月10日 周日	12月16日 周六
12月25日 周一	12月29日 周五
12月25日 周一	12月27日 周三
1月3日 周三	1月5日 周五
1月3日 周三	1月4日 周四
1月7日 周日	1月10日 周三

图 6-12　自定义日期格式效果

实训 3　自定义数字格式的准则

若要创建自定义数字格式，可以先应用所需的内置数字格式，然后更改该格式的代码部分。数字格式最多可包含四个部分的代码，各个部分用分号分隔。这些代码部分按先后顺序定义正数、负数、零值和文本的格式。

<POSITIVE>;<NEGATIVE>;<ZERO>;<TEXT>

当输入正数时，显示设置的正数格式；当输入负数时，显示设置的负数格式；当输入 0 时，显示设置的零值格式；当输入文本时，显示设置的文本格式。

自定义数字格式中无需包含所有代码部分。若仅为自定义数字格式指定了两个代码部分，则第一部分用于正数和 0，第二部分用于负数。若仅指定一个代码部分，则该部分将用于所有数字。若要跳过某一代码部分，然后在其后面包含一个代码部分，则必须为要跳过的部分添加结束分号。在自定义数字格式代码时，可以使用以下准则。

1．同时显示文本和数字

若要在单元格中同时显示文本和数字，应将文本字符括在双引号(" ")内或在单个字符前面添加一个反斜杠(\)。例如，为单元格应用自定义格式“0.00"万 利润";0.00"万 亏损"”后，输入数字 256.736 将显示“256.74 万 利润”，输入数字-256.736 将显示“256.74 万 亏损”。要在数字中显示一些字符时，不需要添加引号，如“$”“+”“-”“(”“)”“:”“^”“'”“{”“}”“<”“>”“=”“/”“!”“&”“~”、空格等。

2．包含文本输入部分

若要在格式中包含文本，则文本部分始终是数字格式中的最后一个部分。若要显示单元格中所输入的任何文本，应在该部分中包含“@”字符。若要为文本显示特定的文本字符，应将附加文本用双引号("") 括起来。例如，为单元格应用自定义格式“@"销量"”后，在单元格中输入文本“2018 年”时，将显示“2018 年销量”。若格式中不包含文本部分，则在应用该格式的单元格中所输入的任何非数字值都不会受到该格式的影响，整个单元格将转换为文本格式。

3．空格的添加

若要在数字格式中创建一个字符宽度的空格，可以输入一个下划线字符“_”，并在后面输入要使用的字符。例如，若下划线后面带有右括号“_)”，则正数将与括号中括起的负数相应地对齐。

4．重复字符

若要在格式中重复下一个字符以填满列宽，可使用代码“*”。例如，输入代码“0*-”，可在数字后面包含重复的短划线以填满单元格，还可在任何格式代码之前输入“*0”，使其包含前导数 0。

5．包含小数位和有效位

若要为包含小数点的分数或数字设置格式，可在数字格式部分包含以下数字占位数、小数点和千位分隔符见表 6-1。

表 6-1　为包含小数点的分数或数字设置格式

0（零）	若数字的位数少于格式中的 0（零）的个数，则此数字占位符会显示无效 0（零）。例如，若输入 5.6，但希望将其显示为 5.60，可使用格式“#.00”
#	此数字占位符所遵循的规则与 0（零）相同。但是，若所输入数字的小数点任一侧的位数小于格式中“#”符号的个数，则 Excel 不会显示多余的 0（零）。例如，若自定义格式为“#.##”，而在单元格中输入了 5.6，则会显示数字 5.6
?	此数字占位符所遵循的规则与 0（零）相同，但 Excel 会为小数点任意一侧的无效 0（零）添加空格，以便使列中的小数点对齐。例如，自定义格式“0.0?”，将列中数字 5.6 和 55.66 的小数点对齐
.（句点）	此数字占位符在数字中显示为小数点

课堂解疑

使用通配符“*”可以设置为单元格中重复某个字符，例如，在自定义数字格式时，选择“G/通用格式”选项，并在代码前输入“*.”，即可为数据添加前导符号。

6. 自定义数字格式

下面依据自定义数字格式规则，为销量的平均年增长率自定义数字格式，使其看起来更加直观，具体操作方法如下所述。

Step 01 打开“素材文件\第 6 章\平均年增长率.xlsx”，选择“平均年增长率”列的数据单元格区域，可以看到其中包含整数和负数，如图 6-13 所示。

Step 02 在“设置数字格式”对话框中自定义数字格式为“▲ 0.00%;▼ 0.00%”，查看数据显示效果，如图 6-14 所示。

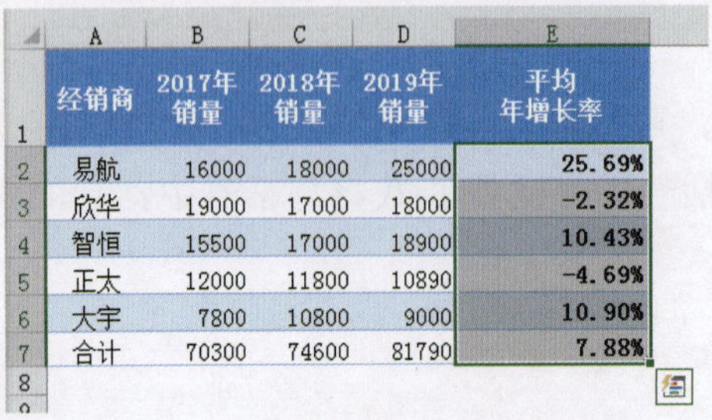

经销商	2017年销量	2018年销量	2019年销量	平均年增长率
易航	16000	18000	25000	25.69%
欣华	19000	17000	18000	-2.32%
智恒	15500	17000	18900	10.43%
正太	12000	11800	10890	-4.69%
大宇	7800	10800	9000	10.90%
合计	70300	74600	81790	7.88%

图 6-13　选择数据单元格区域

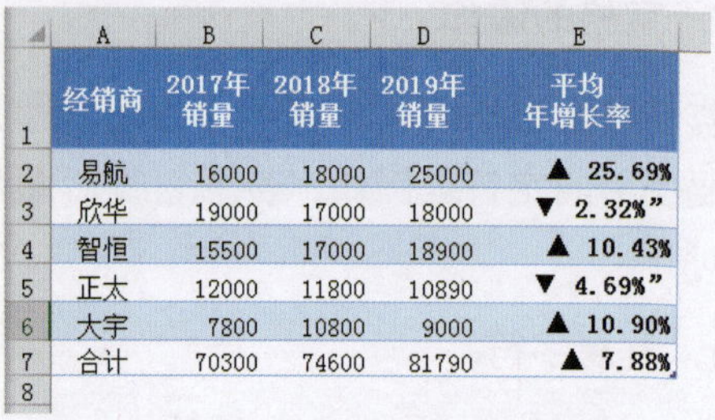

经销商	2017年销量	2018年销量	2019年销量	平均年增长率
易航	16000	18000	25000	▲ 25.69%
欣华	19000	17000	18000	▼ 2.32%"
智恒	15500	17000	18900	▲ 10.43%
正太	12000	11800	10890	▼ 4.69%"
大宇	7800	10800	9000	▲ 10.90%
合计	70300	74600	81790	▲ 7.88%

图 6-14　自定义数字格式效果

Step 03 打开“设置单元格格式”对话框，在占位符 0 前添加“?”占位符，然后单击“确定”按钮，如图 6-15 所示。

Step 04 此时，可以看到 E 列中的“▲”和“▼”符号已对齐，效果如图 6-16 所示。

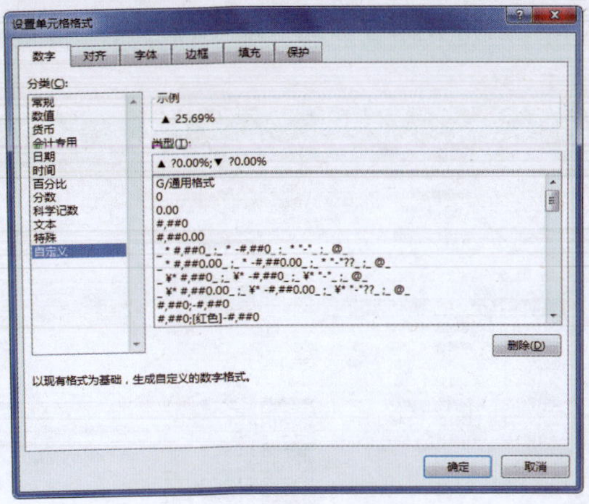

图 6-15　编辑格式代码

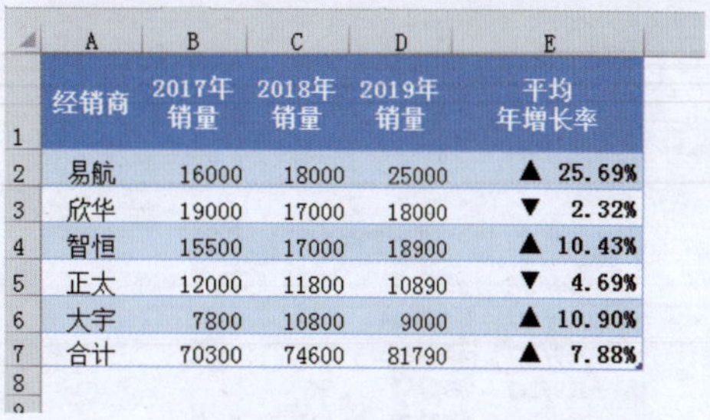

	A	B	C	D	E
1	经销商	2017年销量	2018年销量	2019年销量	平均年增长率
2	易航	16000	18000	25000	▲ 25.69%
3	欣华	19000	17000	18000	▼ 2.32%
4	智恒	15500	17000	18900	▲ 10.43%
5	正太	12000	11800	10890	▼ 4.69%
6	大宇	7800	10800	9000	▲ 10.90%
7	合计	70300	74600	81790	▲ 7.88%

图 6-16　符号对齐效果

6.2　智能表格的创建与使用

Excel 智能表格是工作表中独立于其他行列的一块区域，通过表功能可以非常便捷地管理表行或列中的数据。Excel 智能表可以自动扩展数据，它可以和数据验证、函数、图表、数据透视图结合使用，使数据管理起来更加便捷。

实训 1　智能表格的创建

在工作表中创建智能表格即为将普通的数据单元格“表格化”，具体操作方法如下所述。

Step 01 打开“素材文件\第 6 章\智能表格.xlsx”，选择任意数据单元格，选择“插入”选项卡，单击“表格”按钮，也可选择单元格后直接按【Ctrl+T】组合键，如图 6-17 所示。

Step 02 弹出“创建表”对话框，将自动选择连续的数据区域，并显示选择表数据的来源，选中“表包含标题”复选框，然后单击“确定”按钮，如图 6-18 所示。

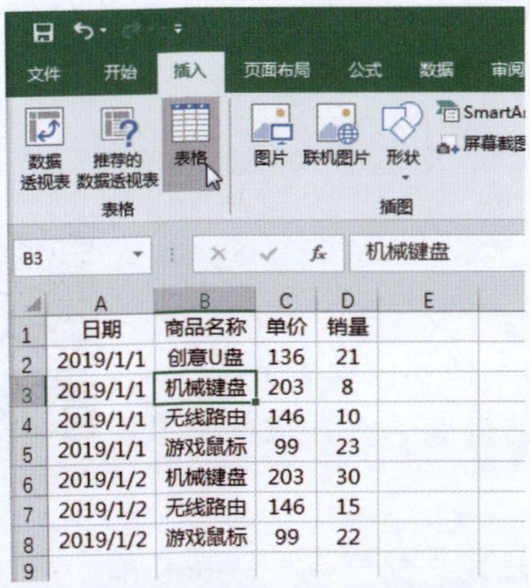

图 6-17　单击“表格”按钮

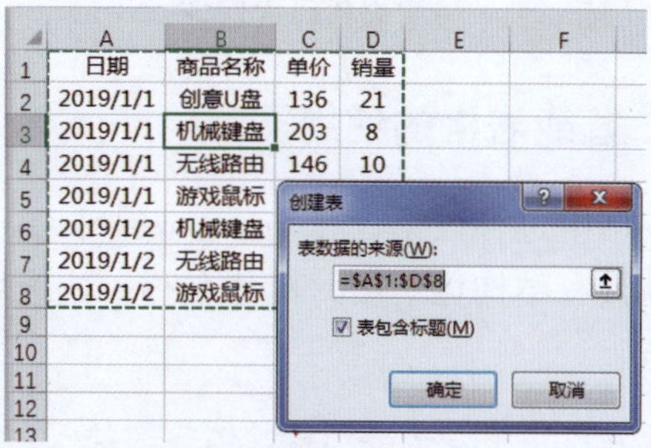

图 6-18　“创建表”对话框

Step 03 创建表格并应用默认的表格样式。拖动表格右下角的控制柄，即可调整表格区域的大小，如图 6-19 所示。

Step 04 选择“设计”选项卡，右击表格样式，选择“应用并保留格式”命令，应用表格格式，并保留表格原有的字体格式，如图 6-20 所示。

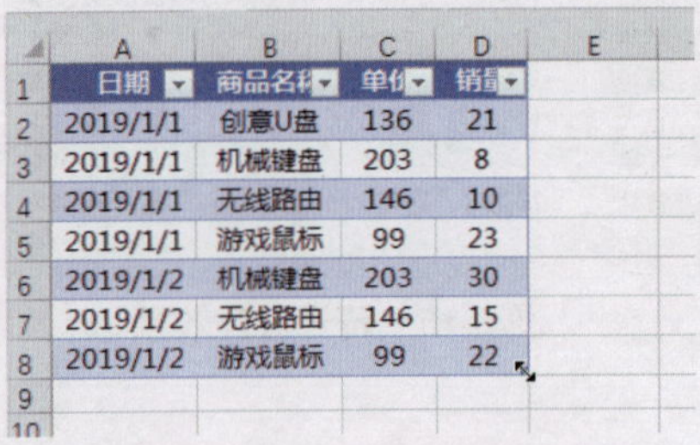

图 6-19　调整表格区域大小

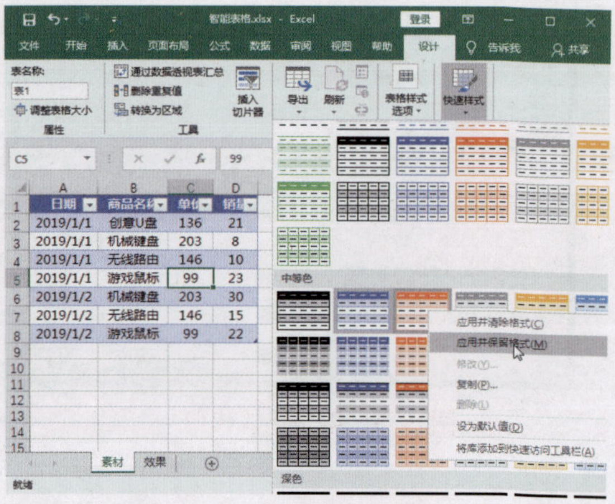

图 6-20　应用表格样式

Step 05 在“表格样式选项”组中取消选择“筛选按钮”复选框，选中“最后一列”复选框，如图 6-21 所示。若要删除表格，可在“设计”选项卡下单击“转换为区域”按钮。

Step 06 在“设计”选项卡下单击“插入切片器”按钮，即可插入切片器。通过单击切片器上的按钮，可以很直观地对表格数据进行筛选操作，如图 6-22 所示。

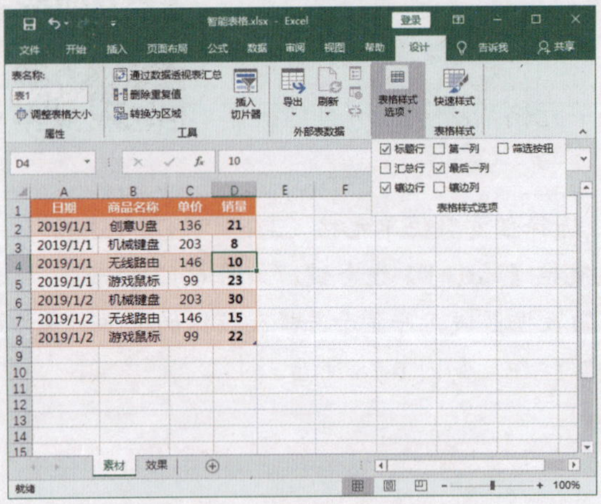

图 6-21　设置表格样式选项

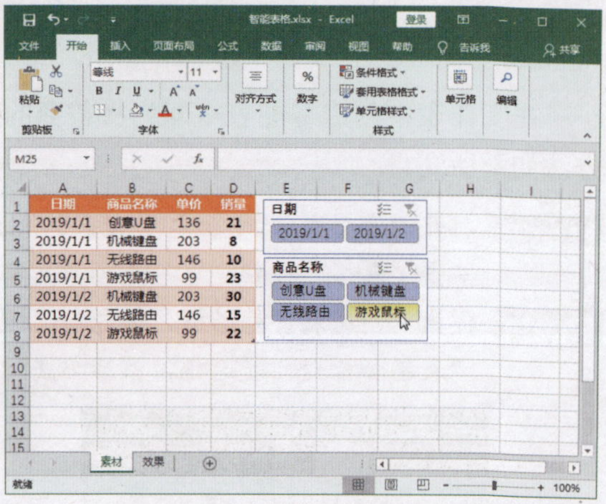

图 6-22　插入切片器

实训 2　智能表格的使用

在表格中进行数据计算、筛选或排序时，不会影响表格以外的其他数据，且表格还具有结构化引用、自建名称、快速填充、自动扩展、多角度汇总数据等优点。

Step 01 在表格中右击单元格，选择“插入”|“在右侧插入表列”命令，如图 6-23 所示。

Step 02 在表格中插入列，输入名称。选择 E2 单元格，在编辑栏中输入等号，然后单击 C2 单元格，此时 Excel 2016 自动将单元格引用更改为表格列名称“[@销量]”，输入乘号（*），然后单击 D2 单元格，如图 6-24 所示。

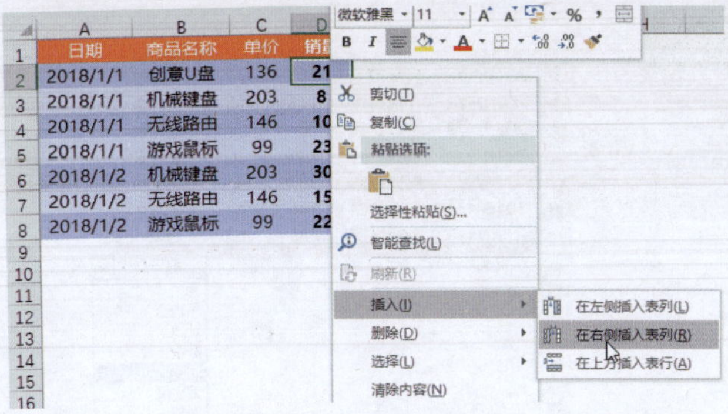

图 6-23　插入表列

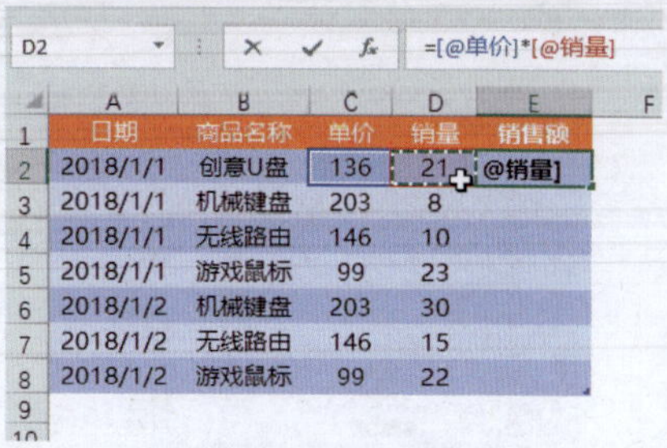

图 6-24　输入公式

Step 03 按【Enter】键确认，即可将公式自动填充到表格的整列，如图 6-25 所示。

Step 04 在“设计”选项卡下“属性”组中修改表名称，如图 6-26 所示。

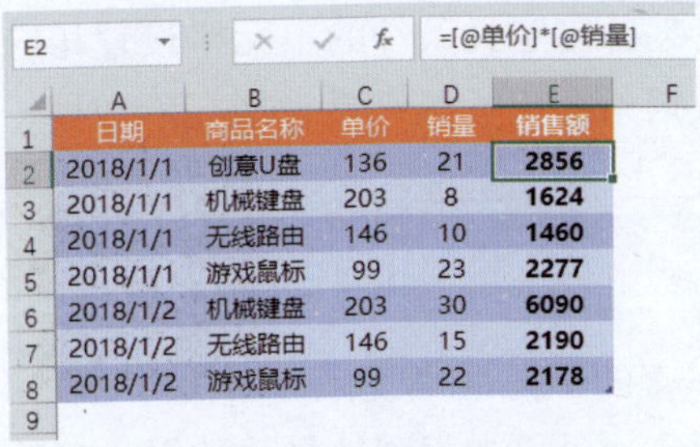

图 6-25　自动填充公式

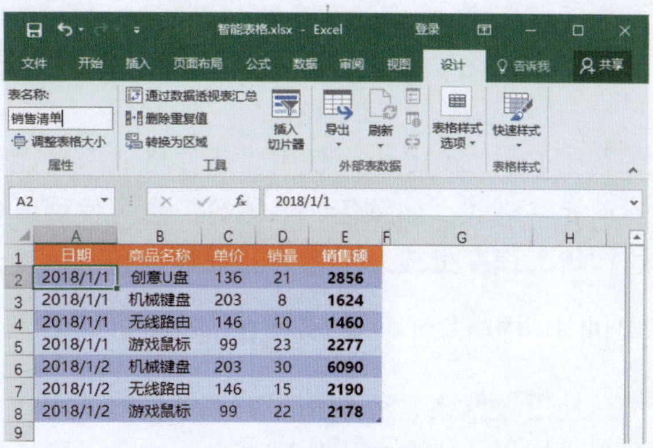

图 6-26　修改表名称

Step 05 在 G 列编辑数据，在 G2 单元格中利用 SUMIF 函数计算“游戏鼠标”的总销售额，在设置函数参数时，函数参数将自动转换为表格的结构化引用样式，如图 6-27 所示。

Step 06 在表格下方输入新的数据，Excel 2016 会自动将数据扩展到表格中，G2 单元格中的函数结果将自动得到更新，而无需重新修改函数参数，如图 6-28 所示。

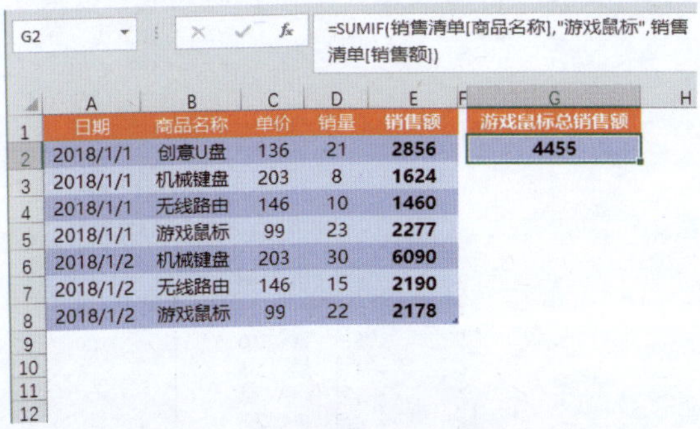

图 6-27　利用函数计算总销售额

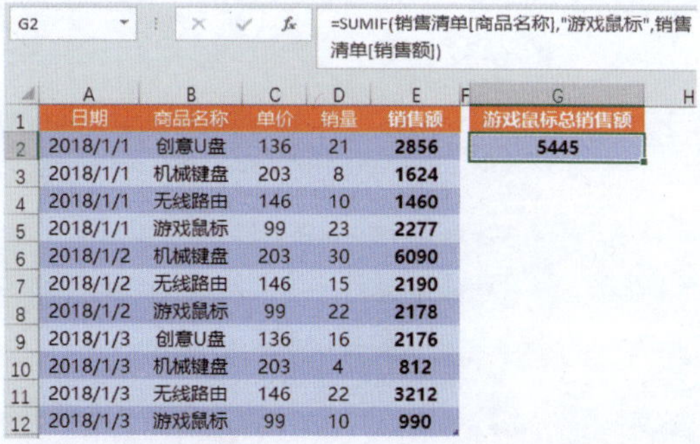

图 6-28　自动扩展表格数据

Step 07 在“设计”选项卡下“表格样式选项”组中选中“汇总行”复选框，此时在表格下方将自动添加汇总行，如图 6-29 所示。

Step 08 选择汇总数据单元格，单击其右侧的下拉按钮，选择“最大值”选项，即可显示销售额的最大值，如图 6-30 所示。

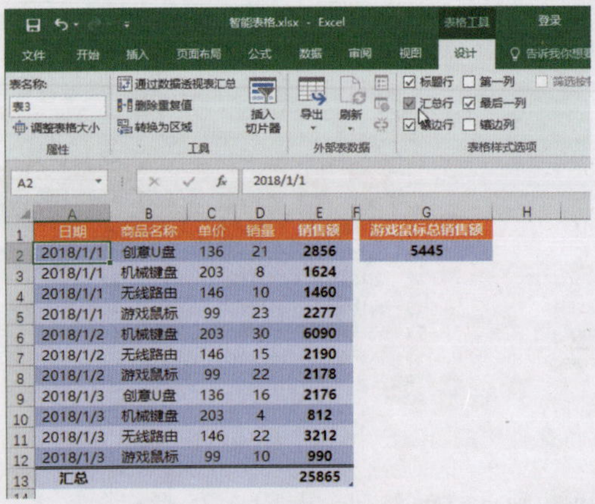

图 6-29　自动添加汇总行

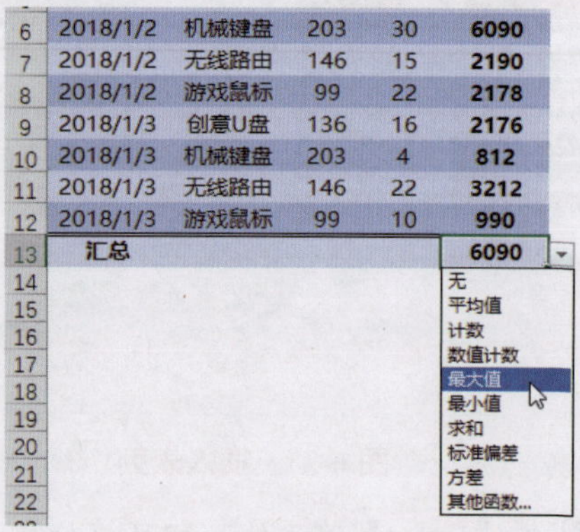

图 6-30　更改汇总方式

6.3　条件格式的设置

在 Excel 2016 中，使用“条件格式”功能可以为满足某种自定义条件的单元格设置相应的单元格格式，如颜色、字体等，也可使用颜色刻度、数据条和图标集来直观地显示数据。这在很大程度上改进了表格的设计性和可读性。

实训 1　默认可视化格式的应用

使用数据条、色阶和图表集条件格式可以实现非常丰富的单元格可视化效果。例如，通过应用色阶格式，使单元格填充不同的颜色，以更加直观地显示数据，帮助用户了解数据的分布和变化，具体操作方法如下所述。

Step 01 打开“素材文件\第 6 章\条件格式.xlsx”，选择数据单元格区域，在“开始”选项卡下“样式”组中单击“条件格式”下拉按钮，选择“数据条”选项，选择要应用的样式，如图 6-31 所示。

Step 02 为数据单元格区域添加不同长度的底纹颜色，其长度根据数值大小而自动调整，效果如图 6-32 所示。

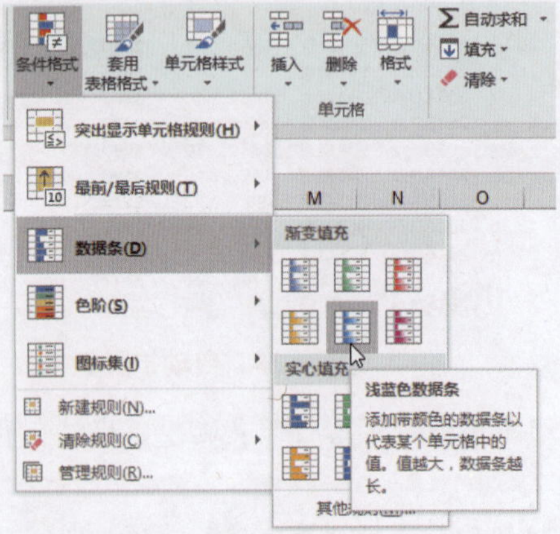

图 6-31　选择数据条样式

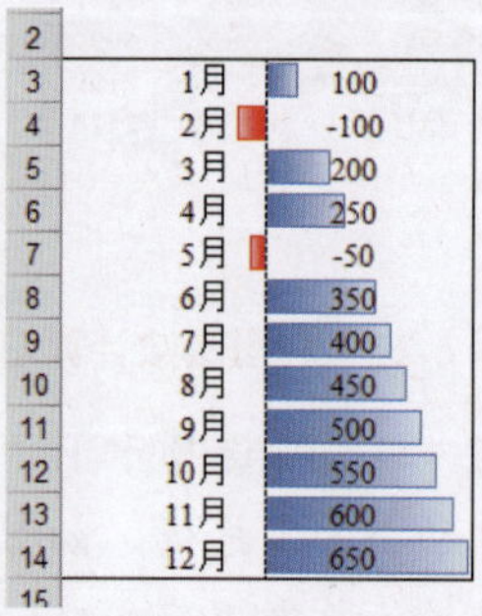

图 6-32　应用数据条效果

Step 03 采用同样的方法，分别对数据单元格区域应用“色阶”“图标”“突出显示单元格规则”“最前/最后规则”等条件格式，如图 6-33 所示。

Step 04 选择应用条件格式的单元格区域，单击“条件”下拉按钮，选择“清除规则”|“清除所选单元格的规则”选项，即可清除条件格式，如图 6-34 所示。

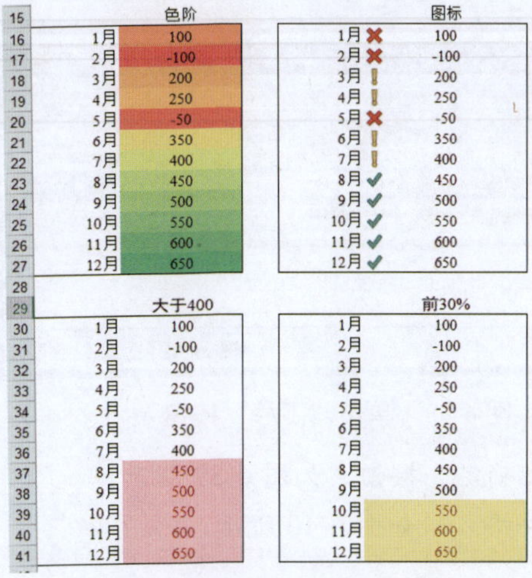

图 6-33　应用其他条件格式

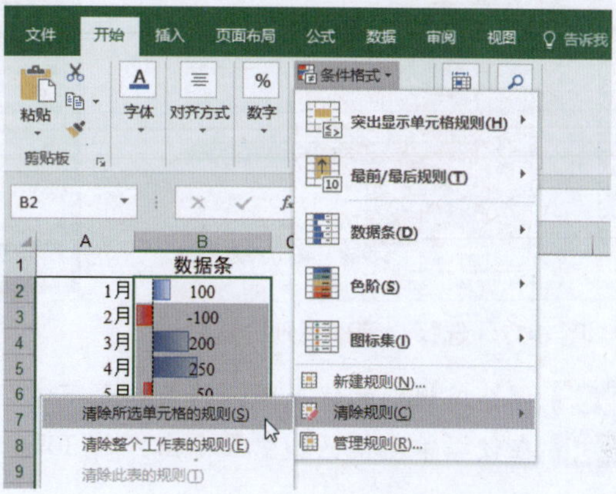

图 6-34　清除条件格式

实训 2　多种条件格式的叠加

同一组数据可以应用多种条件格式，这些条件格式相互进行叠加，若产生冲突，则应用优先级较高的条件格式。用户可以根据需要更改其优先级，具体操作方法如下所述。

Step 01 选择已应用了“前 30%”条件格式的单元格区域，单击“条件格式”下拉按钮，选择“最前/最后规则”|“高于平均值”选项，如图 6-35 所示。

Step 02 弹出“高于平均值”对话框，在下拉列表框中选择“浅红填充色深红色文本”选项，然后单击“确定”按钮，如图 6-36 所示。

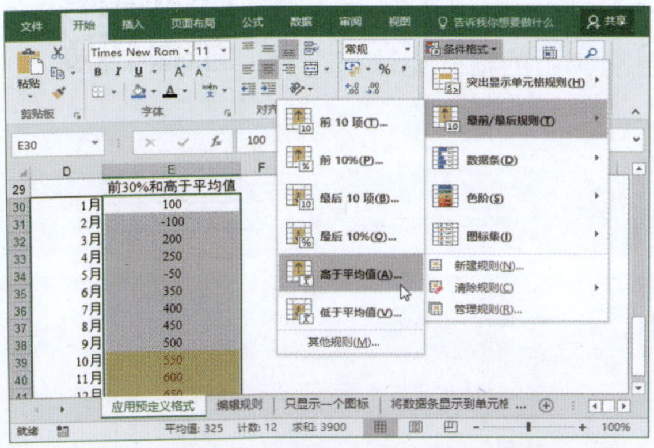

图 6-35　选择“高于平均值”选项

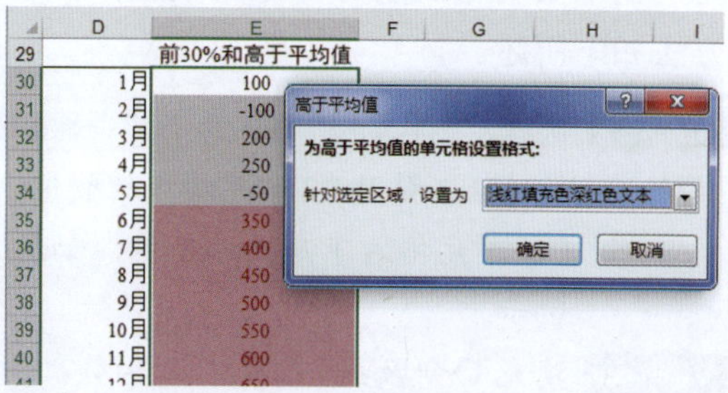

图 6-36　选择格式

Step 03 原来的“前 30%”条件格式被覆盖了。单击“条件格式”下拉按钮，选择“管理规则”选项，如图 6-37 所示。

Step 04 弹出“条件格式规则管理器”对话框，选择“高于平均值”规则，然后单击“下移”按钮▼，如图 6-38 所示。

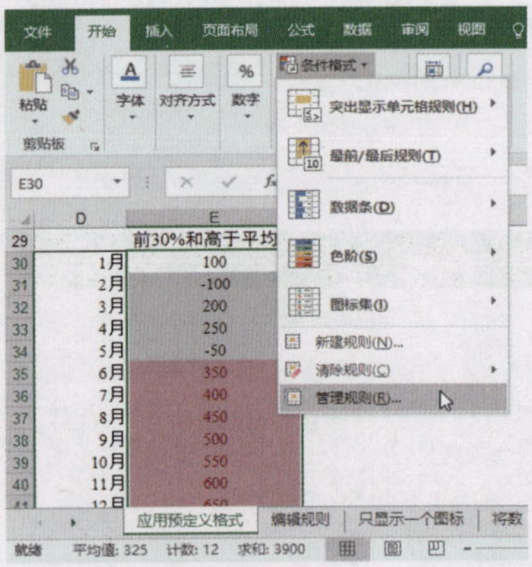

图 6-37 选择“管理规则”选项

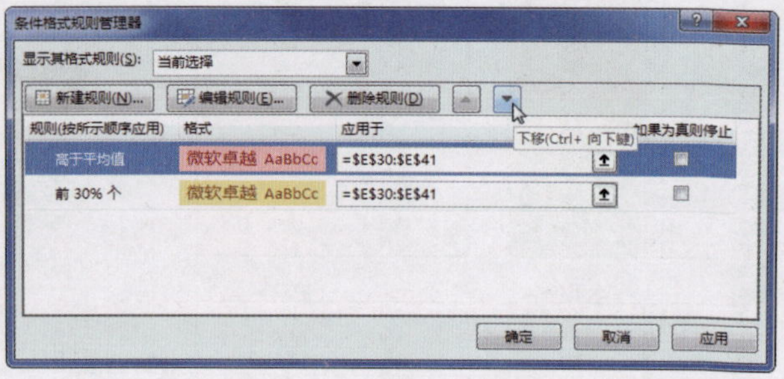

图 6-38 单击“下移”按钮

Step 05 调整该规则的优先级，将其移至下方，单击“确定”按钮，如图 6-39 所示。

Step 06 在数据单元格区域中显示出“前 30%”的条件格式，如图 6-40 所示。

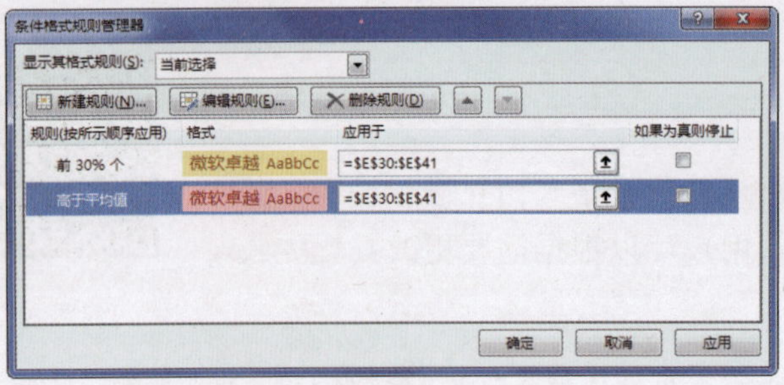

图 6-39 调整规则优先级

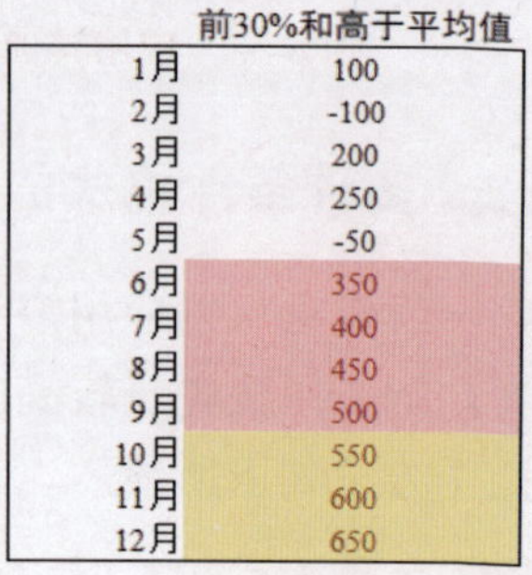

图 6-40 调整规则优先级效果

实训 3 数据条规则的编辑

使用数据条格式可以为数据单元格添加不同长度的底纹颜色，其长度根据数值大小而自动调整。若基于单元格值自动应用的格式无法满足需要，则需要对格式进行自定义设置，具体操作方法如下所述。

Step 01 选择 C2 单元格，输入“=B2”并按【Enter】键确认，引用 B2 单元格中的数值，双击 C2 单元格右下角的填充柄，如图 6-41 所示。

Step 02 填充 C 列数据。选择 C 列的数据单元格区域，单击“条件格式”下拉按钮，选择“数据条”|“其他规则”选项，如图 6-42 所示。

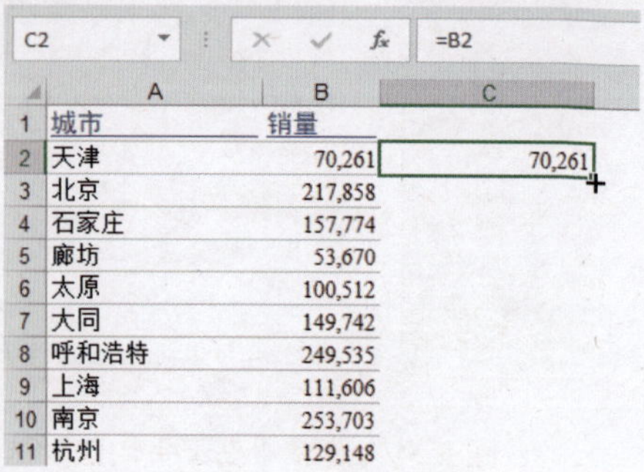

图 6-41 引用单元格数值

Step 03 弹出“新建格式规则”对话框，选中“仅显示数据条”复选框，设置数据条颜色，然后单击“确定”按钮，如图 6-43 所示。

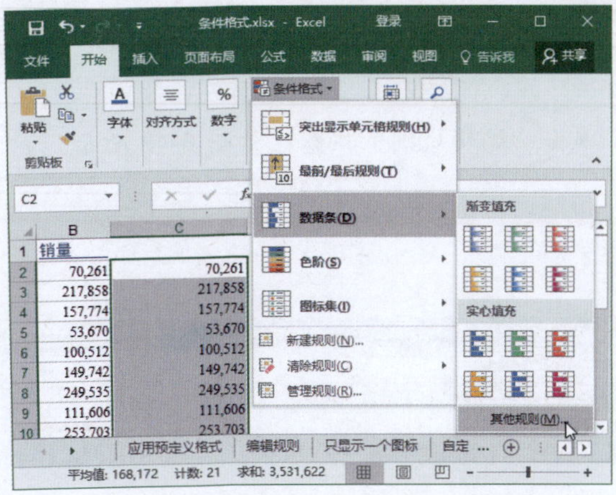

图 6-42　选择“其他规则”选项

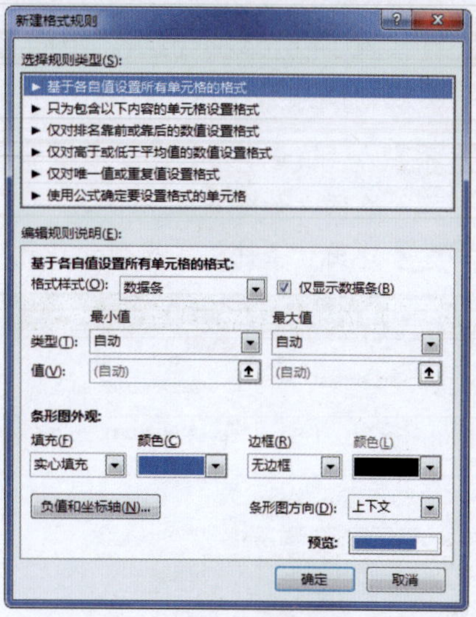

图 6-43　编辑规则

Step 04 应用自定义的数据条格式，根据需要为数据条单元格设置底纹颜色，如图 6-44 所示。

Step 05 选择销量数据单元格区域后，打开“新建格式规则”对话框，设置“最大值”为“数字”，输入最大数字，然后单击“确定”按钮，如图 6-45 所示。

Step 06 “销量”列中的数据条以最大值为目标值显示各地销量情况，如图 6-46 所示。

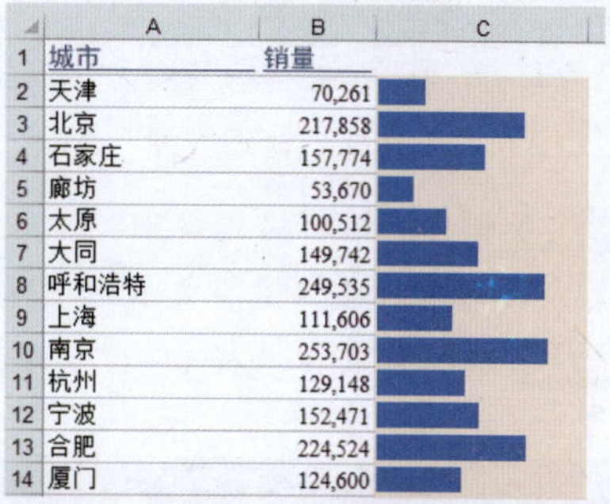

图 6-44　应用自定义数据条格式效果

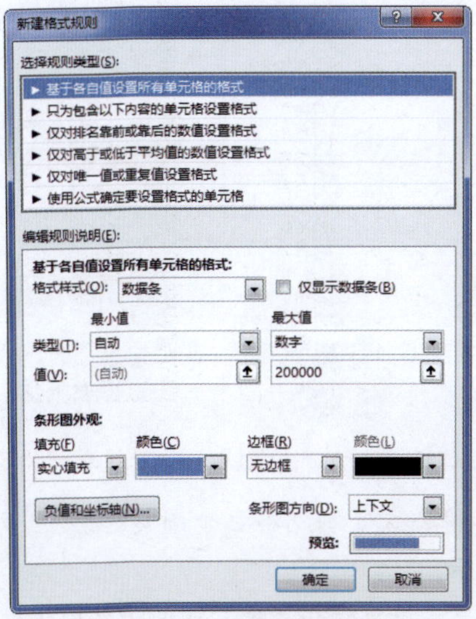

图 6-45　设置最大值

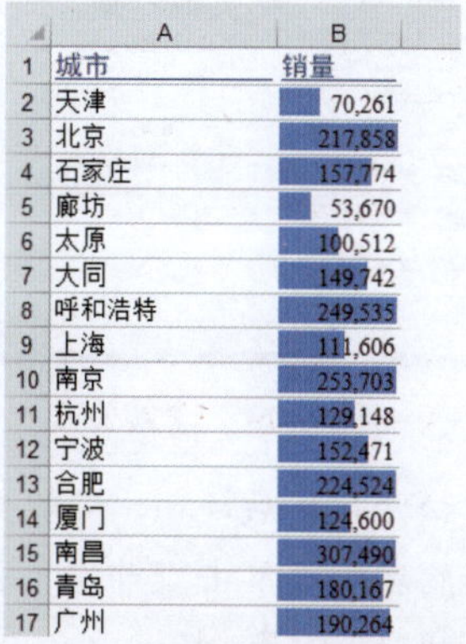

图 6-46　应用新建格式规则效果

实训 4　图标集规则的编辑

使用图标集可以对数据进行注释，并按大小将数据分为 3~5 个类别，每个图标代表了一个数据范围。下面将介绍如何在图标集格式中应用公式，通过编辑规则使其只显示一种或两种图标，具体操作方法如下所述。

Step 01 为“销量”列数据应用图标集条件格式，单击“条件格式”下拉按钮，选择“管理规则”选项，如图 6-47 所示。

Step 02 弹出“条件格式规则管理器”对话框，单击“编辑规则”按钮，如图 6-48 所示。

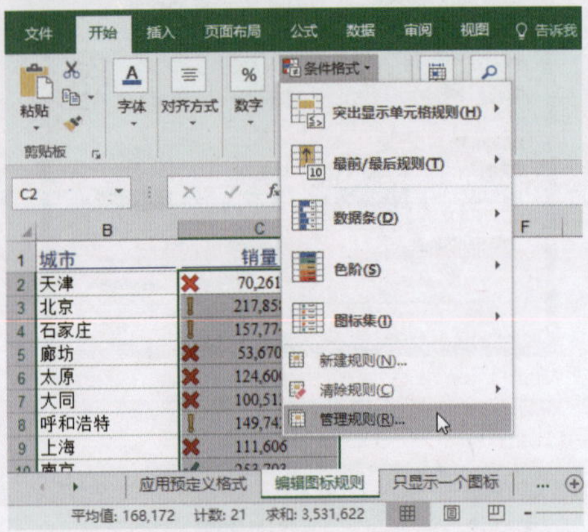

图 6-47　选择“管理规则”选项

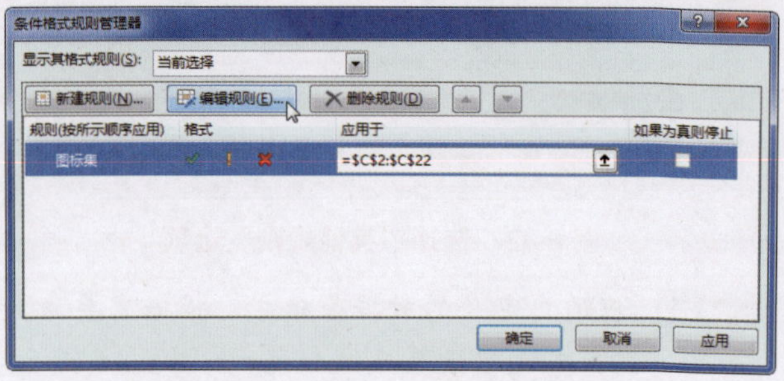

图 6-48　单击“编辑规则”按钮

Step 03 弹出“编辑格式规则”对话框，在第一个图标右侧的“类型”下拉列表框中选择“公式”选项，在“值”文本框中输入“=AVERAGE(”，如图 6-49 所示。

Step 04 在工作表中选择 C2:C22 单元格区域，如图 6-50 所示。

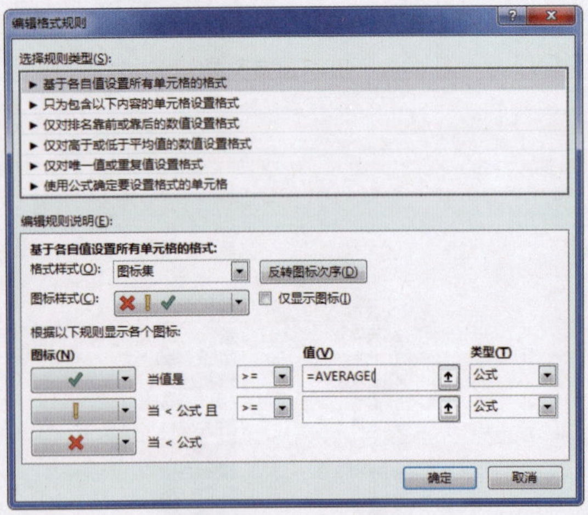

图 6-49　输入公式

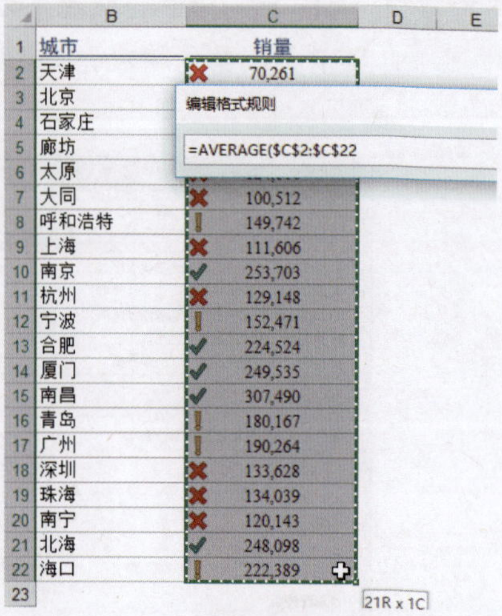

图 6-50　选择单元格区域

Step 05 松开鼠标后返回“编辑格式规则”对话框，将公式复制到第 2 个图标的“值”文本框中，然后依次单击“确定”按钮，如图 6-51 所示。

Step 06 此时“销量”数据中只包含两种图标，✔表示高于平均值，✖表示低于平均值，如图 6-52 所示。

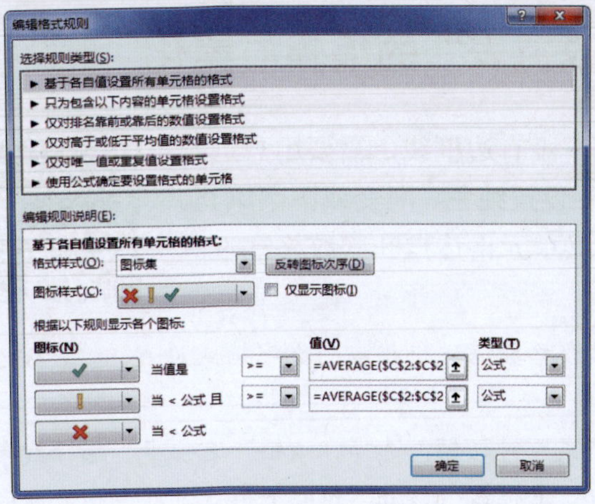

图 6-51　设置第 2 个图标值

图 6-52　应用条件格式效果

Step 07 打开“条件格式规则管理器”对话框，单击“新建规则”按钮，如图 6-53 所示。

Step 08 弹出“新建格式规则”对话框，选择“只为包含以下内容的单元格设置格式”规则类型，在下方编辑规则且不进行格式设置，然后单击“确定”按钮，如图 6-54 所示。

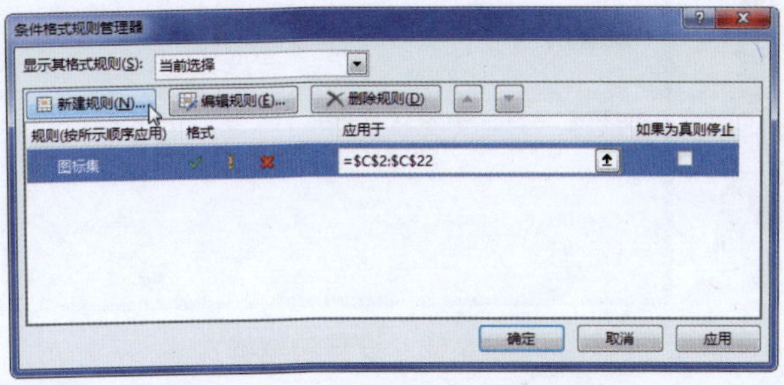

图 6-53　单击“新建规则”按钮

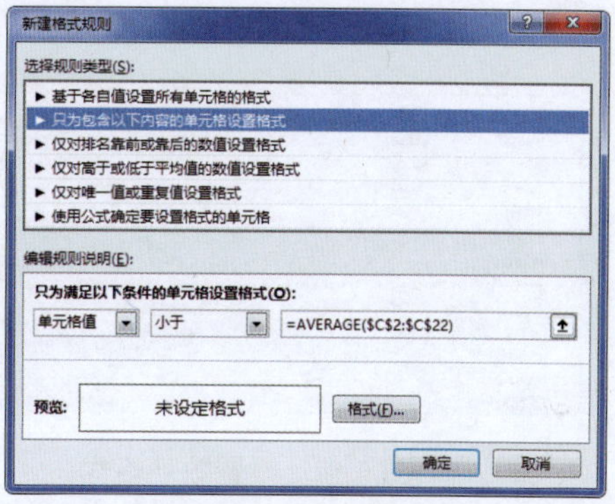

图 6-54　编辑规则

Step 09 返回“条件格式规则管理器”对话框，选中规则右侧的“如果为真则停止”复选框，然后单击“确定”按钮，如图 6-55 所示。

Step 10 “销量”数据中只为大于平均值的单元格应用✔图标，如图 6-56 所示。

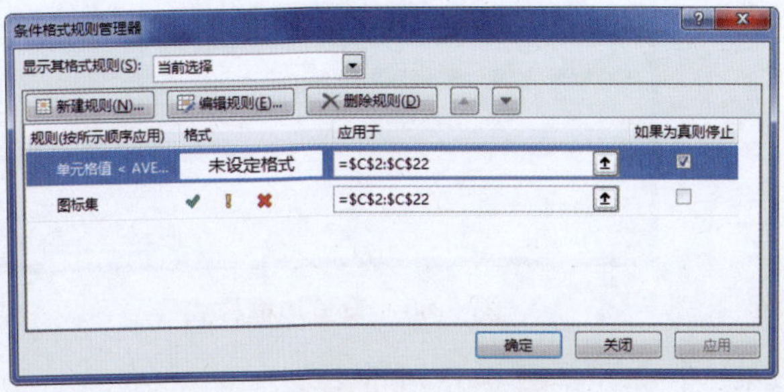

图 6-55　设置若为真则停止

图 6-56　应用条件格式效果

6.4 综合实例："公司收益表"的编辑与美化

使用 Excel 2016 制作的普通表格默认情况下没有边框线，需要用户进行设置。默认的单元格为透明背景，可以根据需要设置纯色、渐变或图案填充。下面以编辑与美化"公司收益表"为例，设置其单元格边框和底纹格式，具体方法如下所述。

Step 01 打开"素材文件\第 6 章\收益表.xlsx"，对表格数据进行相应的数字格式设置。选择 B3:J14 单元格区域，如图 6-57 所示。

Step 02 按【Ctrl+1】组合键打开"设置单元格格式"对话框，选择"边框"选项卡，选择线条样式和线条颜色。在边框预览区分别单击"中框线"按钮和"下框线"按钮，应用线条样式，然后单击"确定"按钮，如图 6-58 所示。

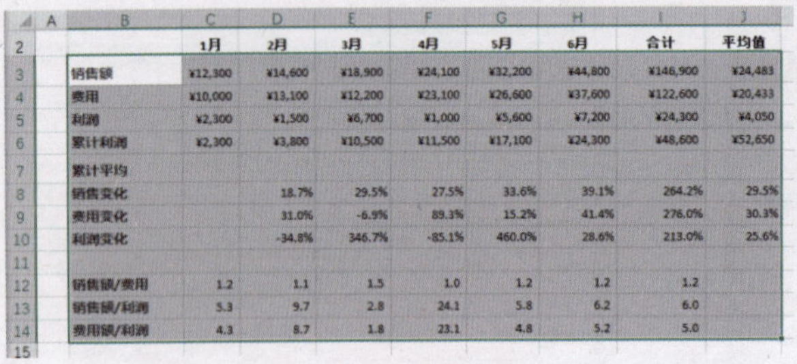

图 6-57 设置数字格式

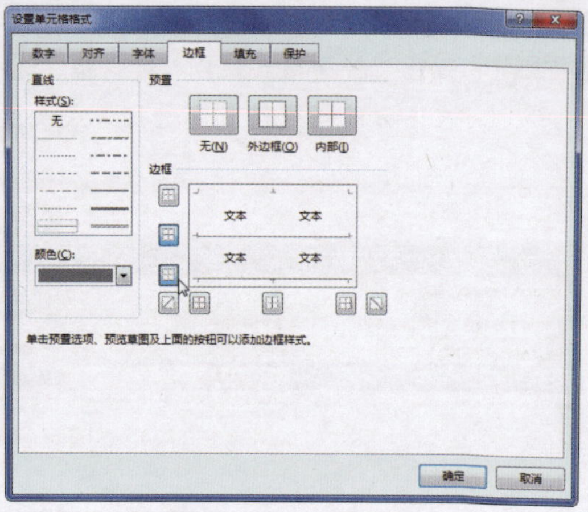

图 6-58 设置边框样式

Step 03 查看设置边框样式后的效果，选择 C2:J2 单元格区域，如图 6-59 所示。

Step 04 打开"设置单元格格式"对话框，选择边框样式，单击"下框线"按钮，如图 6-60 所示。

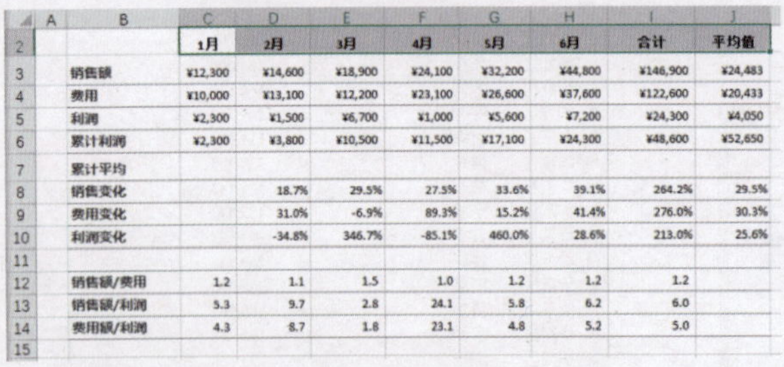

图 6-59 设置边框样式效果

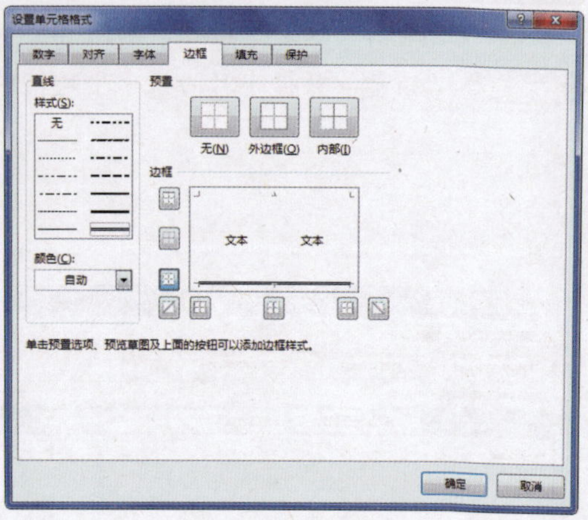

图 6-60 设置边框样式

Step 05 选择"填充"选项卡，单击"填充效果"按钮，如图 6-61 所示。

Step 06 弹出“填充效果”对话框，选择“颜色 2”的颜色，然后选择底纹样式和变形样式，依次单击“确定”按钮，如图 6-62 所示。

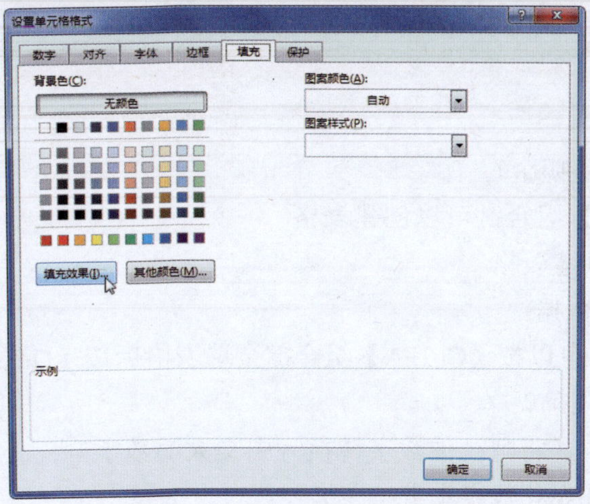

图 6-61　单击“填充效果”按钮

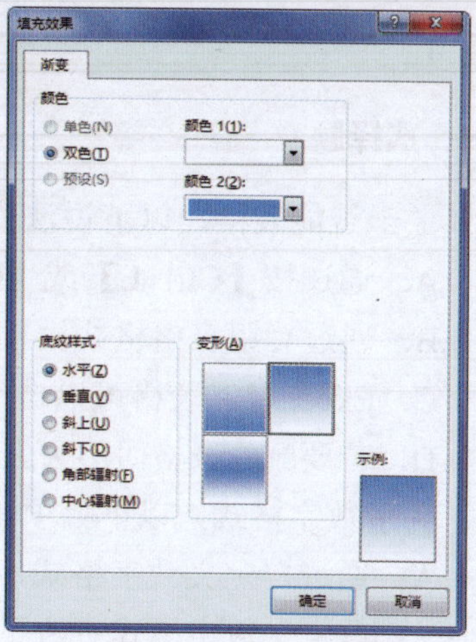

图 6-62　设置渐变填充

Step 07 选择“视图”选项卡，取消选择“网格线”复选框，查看设置表格边框和底纹的最终效果，如图 6-63 所示。在美化工作表时，用户还可以使用“格式刷”工具快速复制单元格格式。

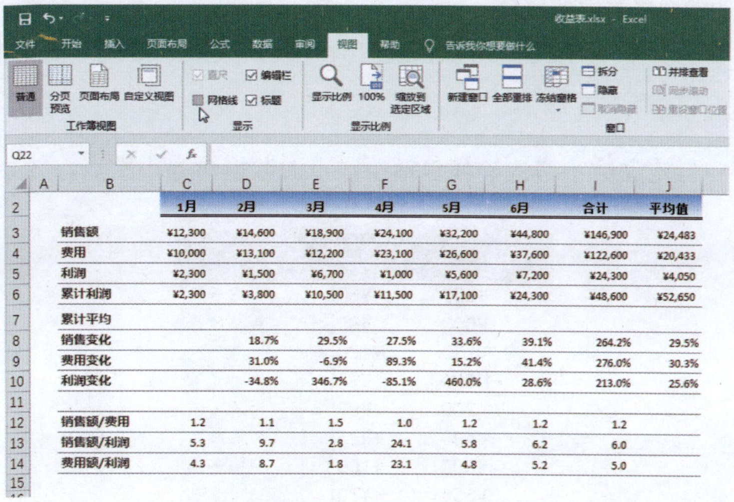

图 6-63　最终效果

本 章 小 结

通过对本章的学习，读者应该掌握以下知识。

（1）在 Excel 中为数据应用不同的数字格式，如百分比、日期、货币等，根据需要自定义数字格式。

（2）在工作表中创建智能表格，既能美化数据表，也便于数据的管理。

（3）在工作表中应用条件格式，突出显示所关注的单元格，或者强调异常值。

（4）在应用条件格式时，为单元格叠加多种条件格式，以及自定义格式规则。

课 后 习 题

一、选择题

1．关于智能表格，以下说法错误的是哪个？（　）

A．通过按【Ctrl+L】或【Ctrl+T】组合键可以创建表格

B．通过套用表格格式，也可以创建表格

C．Excel 智能表格可以自动扩展数据

D．若要删除表格而不丢失数据，可以按【Ctrl+A】组合键全选表格后按【Delete】键

2．关于数字格式，以下哪项说法不正确？（　）

A．通过自定义数字格式，可以快速将阿拉伯数字转换为中文大写数字

B．自定义数字格式更改了数字外观和数字本身

C．使用“格式刷”工具可以粘贴数字格式

D．若要在格式中重复下一个字符以填满列宽，可使用“*”

二、填空题

1．Excel 中的条件格式主要包括__________、__________、__________和__________。

2．按____________组合键，可以快速打开“自定义数字格式”对话框。

三、实操题

通过在表格中自定义数字格式，使包括小数点的数据对齐小数点，效果如图 6-64 所示。

D	E	H
单价	数量	金额
¥600	¥60	3.6
¥800	¥85	6.8
¥150	¥120	1.8
¥1,000	¥85	8.5
¥1,200	¥90	10.8
¥480	¥225	10.8
¥600	¥160	9.6
¥650	¥70	4.55
¥480	¥280	13.44
¥550	¥240	13.2
¥1,250	¥55	6.875

图 6-64　对齐小数点

第 7 章　公式和函数的使用

【本章导读】

在制作电子表格时，经常需要对大量的表格数据进行计算。借助 Excel 2016 中的公式和函数，可以发挥其强大的数据计算功能，能够满足各种工作需要。本章将详细介绍 Excel 2016 中公式和函数的应用方法。

【本章目标】

- 掌握公式的输入与修改方法
- 掌握插入函数的方法
- 掌握常用函数的用法

7.1　公式的应用

Excel 2016 中内置了大量的函数，使用这些函数可以对工作表中的数据进行分析与运算。函数是 Excel 预先定义的执行统计、分析等处理数据任务的内部工具。公式是由用户自行设计并结合常量数据、单元格引用、运算符元素进行数据处理和计算的算式。

公式不同于文本、数字等存储格式，它有自己的语法规则，如结构、运算符号及优先次序等。使用公式是为了有目的地计算结果，因此 Excel 的公式必须返回值。

1. 公式的结构

输入公式时，必须以"="开始，然后输入公式的内容，公式中所有左括号和右括号需要相匹配，如公式"=(G1-E1)*0.75"。在 Excel 2016 中，公式可以为下列部分或全部内容。

- **函数**：Excel 中的一些函数，如 SUM、AVERAGE、IF 等。
- **单元格引用**：可以是当前工作簿中的单元格，也可以是其他工作簿中的单元格。例如，在公式"=Sheet1!A1"中，引用的是 Sheet1 工作表 A1 单元格的数值。
- **运算符**：在公式中使用的运算符，如"+""-""*""/""＞"等。
- **常量**：在公式中输入的数字或文本值，如 8 等。
- **括号**：用于控制公式的计算次序。

2. 运算符

运算符的作用在于对公式中的元素执行特定类型的运算。在 Excel 公式中可以使用的运算符主要有算术运算符、文本连接符、比较运算符和引用运算符 4 种，它们负责完成各种复杂的运算。

当公式或函数比较复杂时，各种运算之间的计算顺序按照运算符的优先级进行计算。默认的计算顺序是由左及右，优先级由高及低。表 7-1 列出了不同的运算符之间的优先级别。

表 7-1　不同运算符之间的优先级别

类型	级别	运算符	说　明
引用运算符	1	:（冒号）	连续区域运算
		（单个空格）	取多个引用的交集为一个引用
		,（逗号）	将多个引用合并为一个引用
算数运算符	2	－（负数）	完成基本的数学运算，生成数字结果
	3	%（百分比）	
	4	^（乘方）	
	5	* 和 /（乘和除）	
	6	+ 和 －（加和减）	
文本连接符	7	&	连接两个字符串以合并成一个长文本
比较运算符	8	=	比较两个值，结果为一个逻辑值：TRUE 或 FALSE
		<和>	
		<=	
		>=	
		<>	

课堂解疑

若要更改公式中求值的顺序，可以将公式中需要先计算的部分用括号括起来，例如，公式“=(6+3)*2”的计算结果为 18。

实训 1　公式的输入与修改

在单元格中输入公式时，可以直接输入，也可以结合鼠标单击的方式输入。例如，在输入公式时，引用工作表中的一个或多个单元格，则可以选择单元格或单元格区域将其添加到公式中。

单元格引用分为一维引用、二维引用和三维引用。一维引用为单行或单列引用，如 A1:A10、A1:J1；二维引用为多行多列引用，如 A1:J10；三维引用为引用了其他工作表或多个工作表的引用，如 Sheet1:Sheet3!A1。

单元格的引用方式分为 3 种：相对引用、绝对引用与混合引用。在公式编辑栏中，可以通过按【F4】键快速切换引用方式。

➢ **相对引用**：指包含公式和单元格引用的单元格的相对位置。在使用相对引用时，公式所在的单元格位置若发生改变，引用也会随之改变。

➢ **绝对引用**：与相对引用不同，在使用绝对引用时，即使公式所在单元格位置改变，引用也不会随之改变。在行号和列标前添加一个“$”符号，即可成为绝对引用，如$A$1。

➢ **混合引用：** 指在公式中既有相对引用，又有绝对引用，如 A$1+$G1，它使用“$”符号锁定单元格引用的列标或行号。

下面以制作乘法口诀表为例，介绍如何在单元格中输入和修改公式，具体操作方法如下所述。

Step 01 打开“素材文件\第 7 章\公式的输入与修改.xlsx”，选择 B2 单元格，在编辑栏中输入“=”，选择要引用的单元格，如 A2 单元格，即可将其添加到公式中，如图 7-1 所示。

Step 02 输入乘号“*”，然后选择 B1 单元格，按【Enter】键确认，即可得到计算结果，如图 7-2 所示。

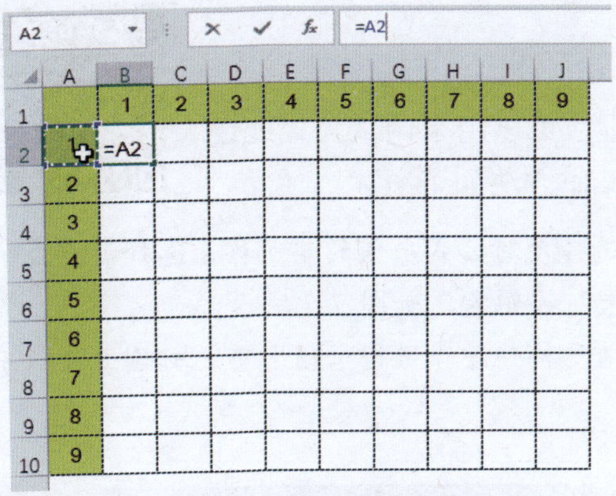

图 7-1　选择引用单元格

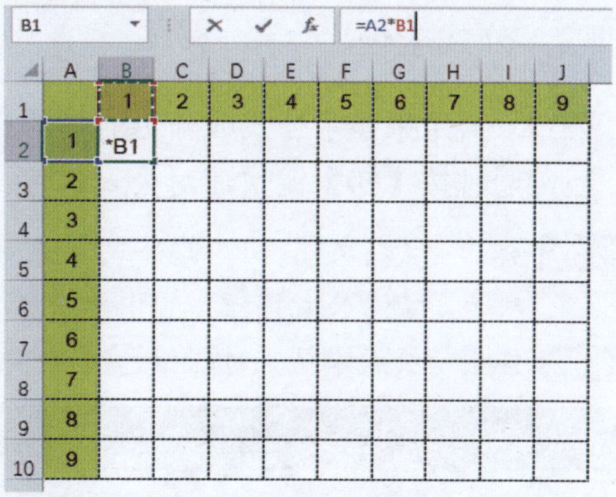

图 7-2　得到计算结果

Step 03 当 B2 单元格中的公式向右填充时，应使公式 A2*B1 逐个变为 A2*C1、A2*D1、A2*E1……，所以需要将 A2 引用中的列锁定，在编辑栏中将光标定位到 A2 单元格引用中，然后多次按【F4】键，更改其单元格引用方式，使其变为$A2，如图 7-3 所示。

Step 04 向右拖动填充柄复制公式，结果如图 7-4 所示。

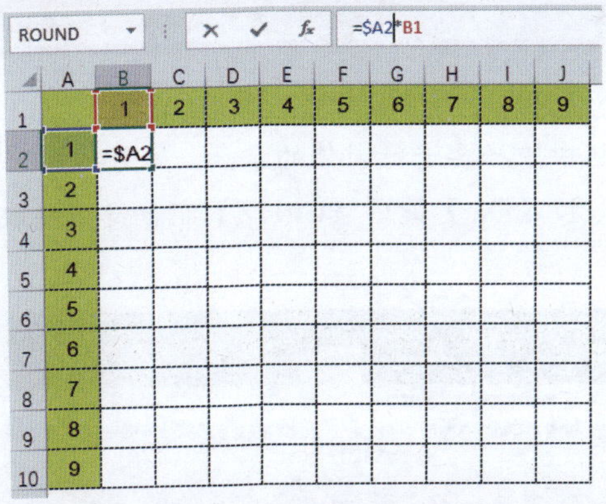

图 7-3　更改单元格引用

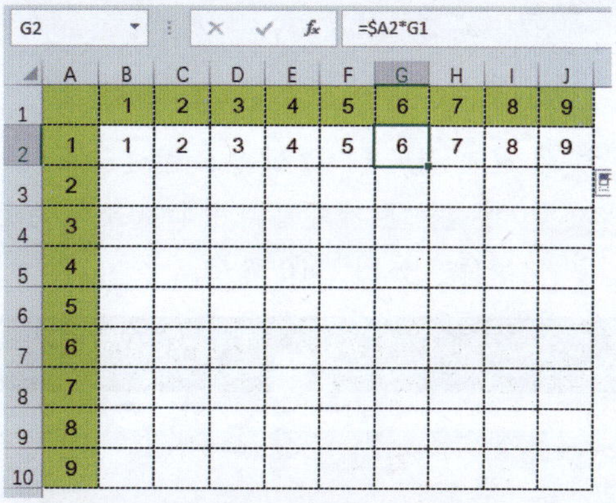

图 7-4　复制公式

Step 05 将 B2 单元格中的公式向下填充时，应使公式$A2*C1 逐个变为$A3*B1、$A4*B1、$A5*B1……，所以需要将 B1 引用中的行锁定，在编辑栏中将 B1 引用方式更改为 B$1，向下拖动填充公式，如图 7-5 所示。

Step 06 将填充柄向右拖动，填充右侧的单元格，结果如图 7-6 所示。

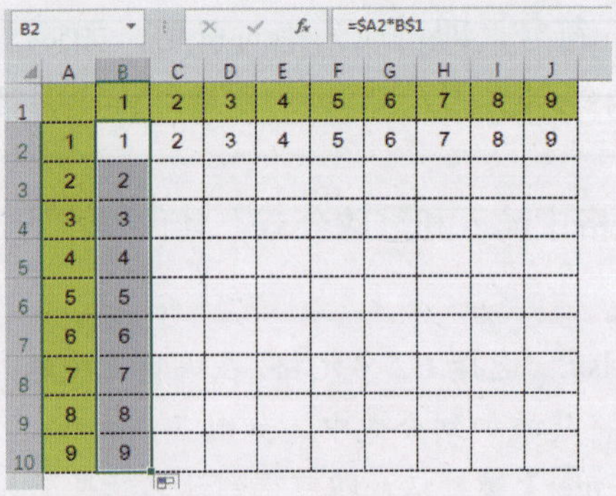

图 7-5 修改公式

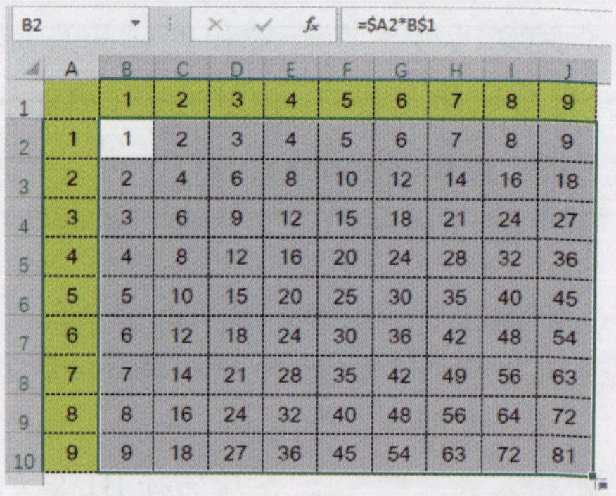

图 7-6 复制公式

实训 2 公式求值

公式求值用来显示公式或函数的具体计算过程，可以用来调试公式或函数，还可通过按【F9】键快速对公式求值，具体操作方法如下所述。

Step 01 打开“素材文件\第 7 章\公式求值.xlsx”，选择要对公式求值的单元格，选择“公式”选项卡，在“公式审核”组中单击“公式求值”按钮，如图 7-7 所示。

Step 02 弹出“公式求值”对话框，通过单击“求值”按钮逐步进行求值即可，如图 7-8 所示。

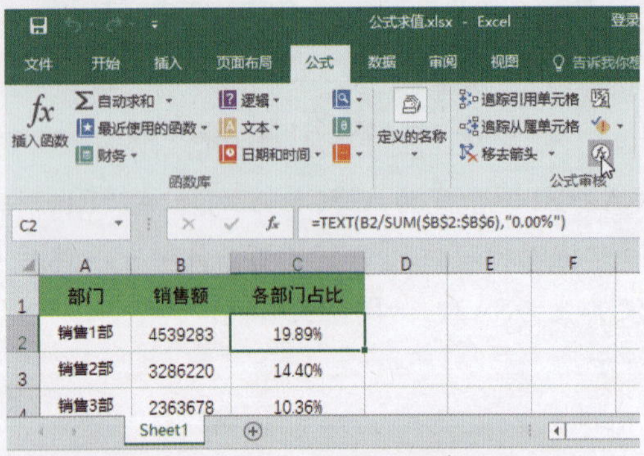

图 7-7 单击“公式求值”按钮

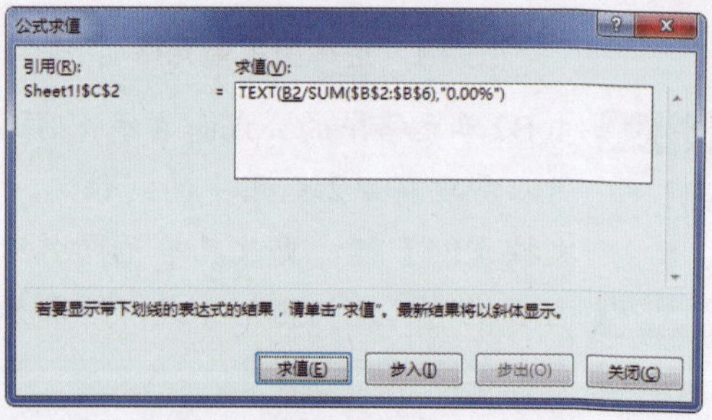

图 7-8 单击“求值”按钮

Step 03 也可利用【F9】键对公式进行求值，在编辑栏中选择要进行求值的函数，如图 7-9 所示。

Step 04 按【F9】键即可得出所选函数的运算结果，按【Esc】键或【Ctrl+Z】组合键可以取消操作，如图 7-10 所示。

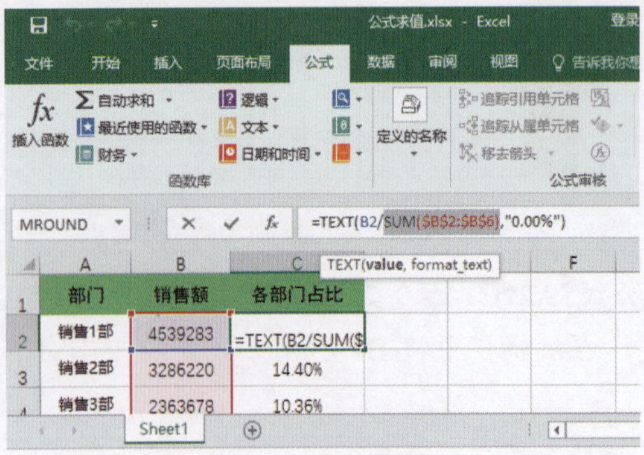

图 7-9 选择求值函数

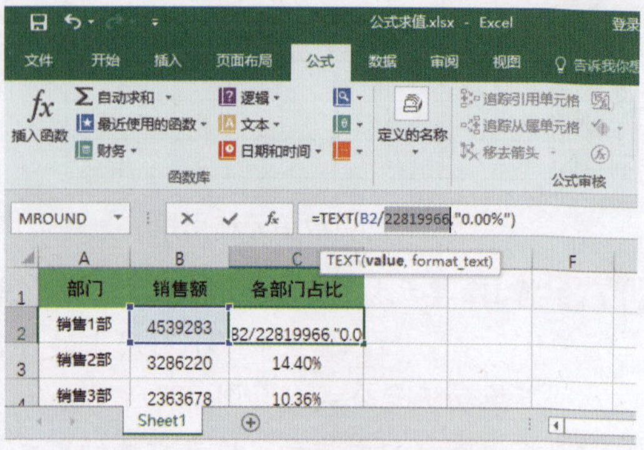

图 7-10 使用快捷键快速求值

7.2　函数的应用

在 Excel 2016 中，包含财务函数、文本函数、日期和时间函数、统计函数、工程函数、逻辑函数、查找和引用函数，以及数学和三角函数等多种函数类型。下面介绍函数在 Excel 中的应用方法。

函数由函数名和相应的参数组成。函数名是固定不变的，参数的数据类型一般是数字和文本、逻辑值、数组、单元格引用和表达式等，在使用函数时需要输入其所必须的函数。各参数的含义如下所述。

➢ **数字和文本：**不进行计算、也不发生改变的常量。

➢ **逻辑值：**也就是 TRUE 和 FLASE 这两个逻辑值。

➢ **数组：**用于建立可生成多个结果，或可对在行和列中排列的一组参数进行计算的单个公式。

➢ **单元格引用：**通过单元格引用确定参数所在的单元格位置。

➢ **表达式：**在 Excel 中，当遇到一个表达式作为参数时，会先计算这个表达式，然后使用其结果作为参数值。当使用表达式时，表达式中也可能包含其他函数，这就是函数的嵌套。

实训 1　获取函数帮助

要想灵活地运用函数计算数据，需要熟悉其语法规则，使用 Excel 帮助可以轻松地查询函数的具体用法，具体操作方法如下所述。

Step 01 在编辑栏左侧单击“插入函数”按钮 *fx*，如图 7-11 所示。

Step 02 弹出“插入函数”对话框，在“或选择类别”下拉列表框中选择“查找与引用”选项，如图 7-12 所示。

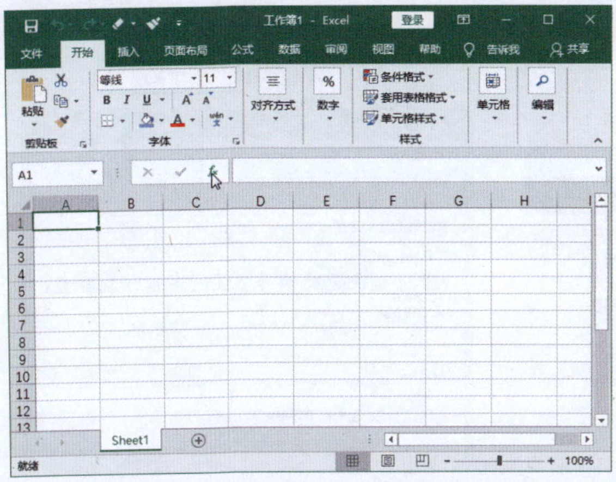

图 7-11　单击“插入函数”按钮

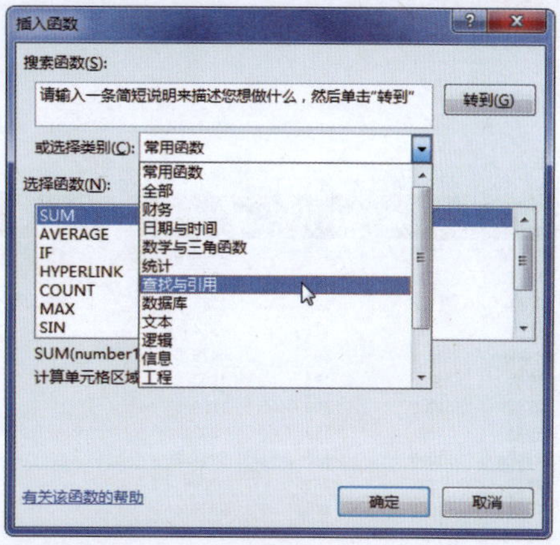

图 7-12　选择函数类别

Step 03 选择 VLOOKUP 函数，即可在下方的描述信息中查看该函数的作用，单击“有关该函数的帮助”超链接，如图 7-13 所示。

Step 04 在打开的网页中即可查看 VLOOKUP 函数的说明、语法及示例等信息，如图 7-14 所示。

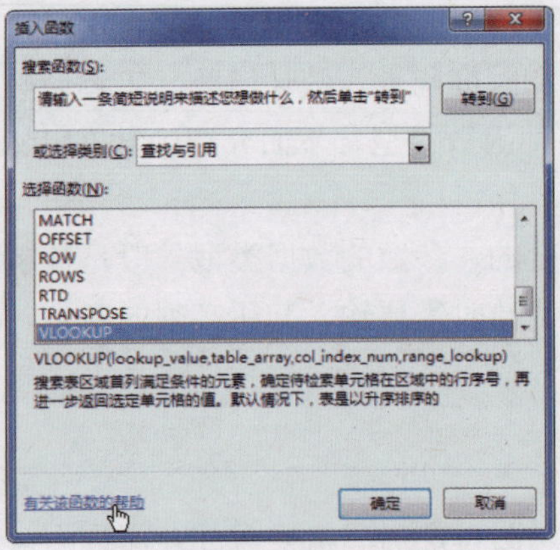

图 7-13　单击帮助超链接

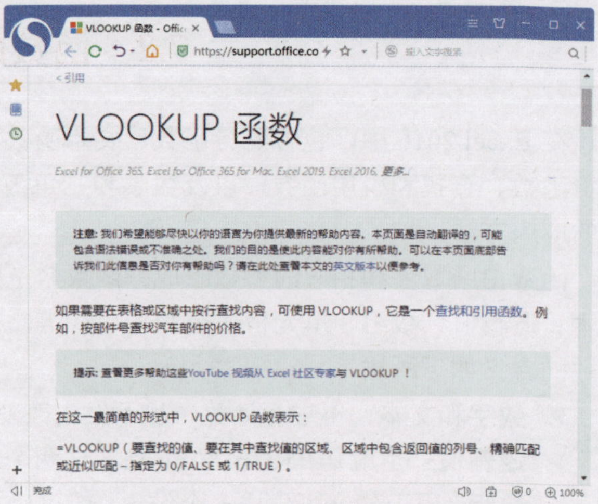

图 7-14　查看函数语法

实训 2　数学函数

Excel 中的数学函数用于对数值数据进行数学运算或汇总。常用的数学函数有 SUM、PRODUCT、INT、MOD、ABS、EVEN、ODD、RAND、SUMIF、SUMIFS、ROUND 等函数。下面根据某集团第一节度车辆销售报表，利用 SUMIFS 函数对每个月车型销售情况进行统计，具体操作方法如下所述。

Step 01 打开"素材文件\第 7 章\按月份统计某车型销售额.xlsx"，为 I2:I4 单元格区域设置数据验证，使用户可以在单元格下拉列表中选择各车型，如图 7-15 所示。

Step 02 选择 J2 单元格，在编辑栏左侧单击"插入函数"按钮 fx 或直接按【Shift+F3】组合键，打开"插入函数"对话框，如图 7-16 所示。

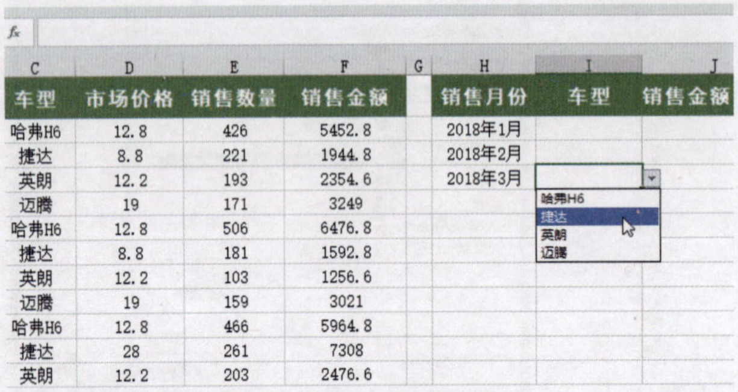

图 7-15　设置数据验证

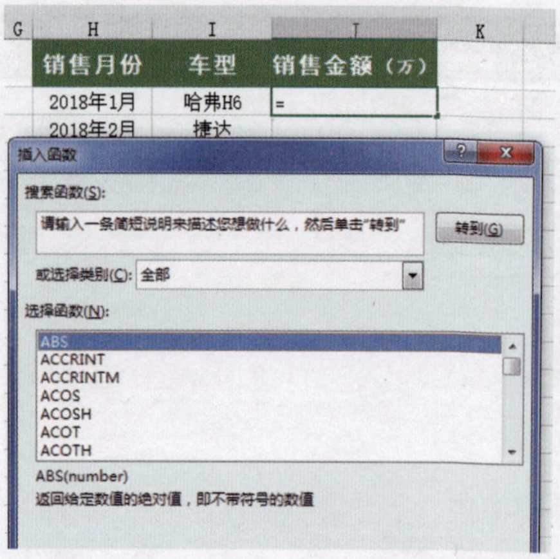

图 7-16　打开"插入函数"对话框

Step 03 选择 SUMIFS 函数，然后单击"确定"按钮，如图 7-17 所示。

Step 04 弹出"函数参数"对话框，设置 SUMIFS 函数的各项参数，然后单击"确定"按钮，如图 7-18 所示。

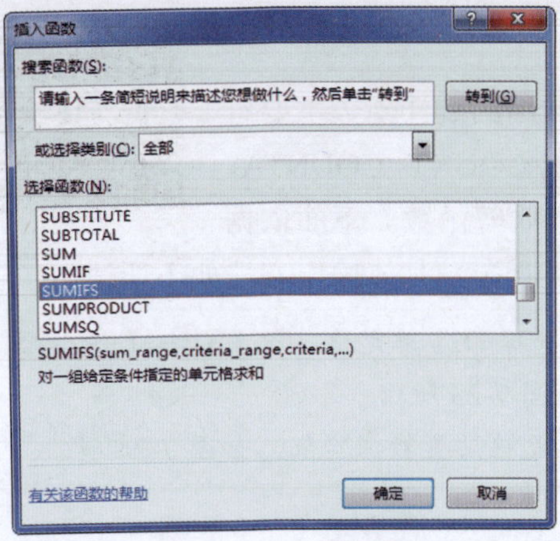

图 7-17 选择函数

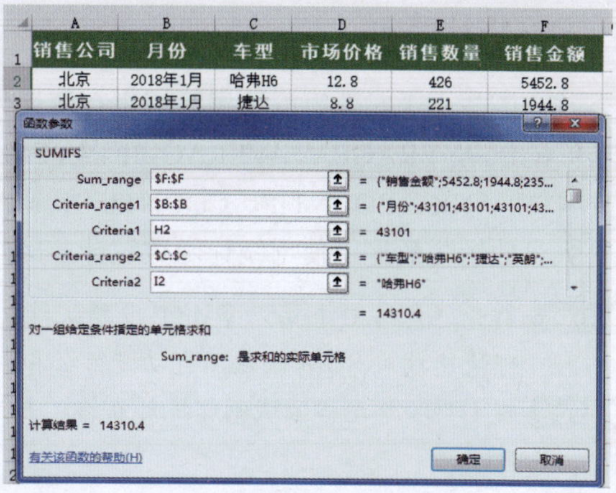

图 7-18 设置函数参数

Step 05 向下拖动填充柄复制公式，如图 7-19 所示。

Step 06 在 I 列中选择车型，查看销售金额，如图 7-20 所示。

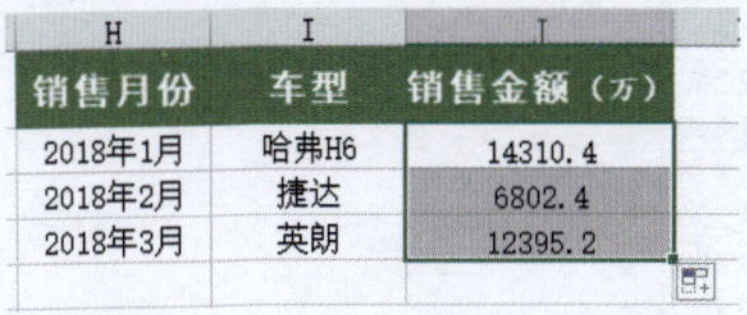

销售月份	车型	销售金额（万）
2018年1月	哈弗H6	14310.4
2018年2月	捷达	6802.4
2018年3月	英朗	12395.2

图 7-19 复制公式

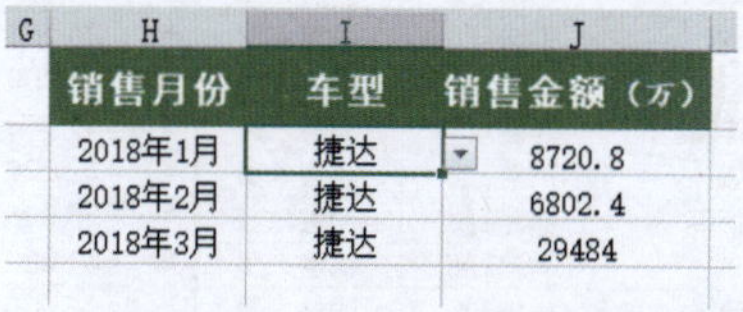

销售月份	车型	销售金额（万）
2018年1月	捷达	8720.8
2018年2月	捷达	6802.4
2018年3月	捷达	29484

图 7-20 查看销售金额

实训 3 逻辑函数

逻辑函数用于判断数值真假，或者检测数值是否符合规定条件。常用的逻辑函数有 IF、AND、INT、OR、NOT、IFERROR、TRUE、FALSE 等函数。下面使用 IF 函数设置库存提醒，当库存数量小于或等于 5 时提醒“补货”，当数量小于 10 时提醒“准备”，否则提醒“充足”，具体操作方法如下所述。

Step 01 打开“素材文件\第 7 章\设置库存提醒.xlsx”，在 E2 单元格中输入公式“=IF(D2<=$G$2,"补货","准备")”并按【Enter】键确认，结果如图 7-21 所示。

Step 02 在函数外再嵌套一层 IF 函数，编辑公式为“=IF(D2<=$H$2,IF(D2<=$G$2,"补货","准备"),"充足")”，向下复制公式，结果如图 7-22 所示。用户可以根据需要在 G2 和 H2 单元格中修改“补货”和“准备”条件。

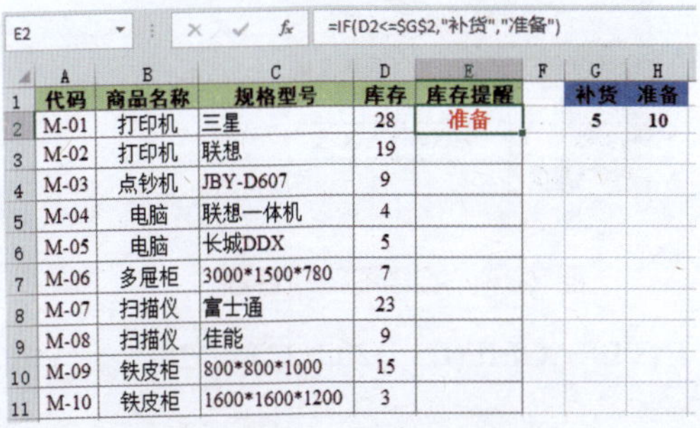

E2 =IF(D2<=$G$2,"补货","准备")

代码	商品名称	规格型号	库存	库存提醒		补货	准备
M-01	打印机	三星	28	准备		5	10
M-02	打印机	联想	19				
M-03	点钞机	JBY-D607	9				
M-04	电脑	联想一体机	4				
M-05	电脑	长城DDX	5				
M-06	多屉柜	3000*1500*780	7				
M-07	扫描仪	富士通	23				
M-08	扫描仪	佳能	9				
M-09	铁皮柜	800*800*1000	15				
M-10	铁皮柜	1600*1600*1200	3				

图 7-21 使用 IF 函数

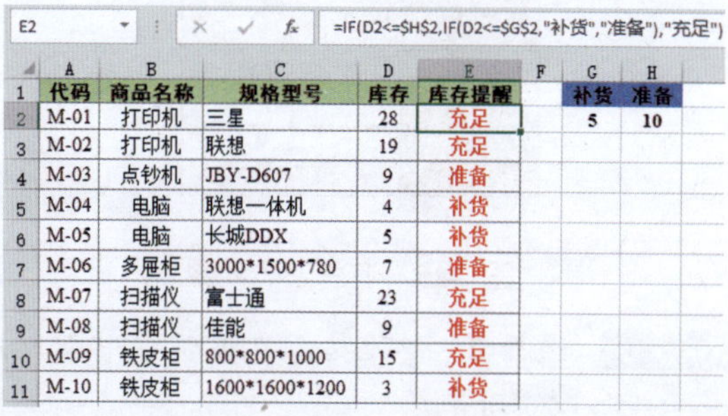

E2 =IF(D2<=$H$2,IF(D2<=$G$2,"补货","准备"),"充足")

代码	商品名称	规格型号	库存	库存提醒		补货	准备
M-01	打印机	三星	28	充足		5	10
M-02	打印机	联想	19	充足			
M-03	点钞机	JBY-D607	9	准备			
M-04	电脑	联想一体机	4	补货			
M-05	电脑	长城DDX	5	补货			
M-06	多屉柜	3000*1500*780	7	准备			
M-07	扫描仪	富士通	23	充足			
M-08	扫描仪	佳能	9	准备			
M-09	铁皮柜	800*800*1000	15	充足			
M-10	铁皮柜	1600*1600*1200	3	补货			

图 7-22 嵌套函数

实训 4　统计函数

统计函数用于对数组或数据区域进行统计分析。常用的统计函数主要有 AVERAGE、AVERAGEA、AVERAGEIF、AVERAGEIFS、COUNT、COUNTA、COUNTBLANK、COUNTIF、COUNTIFS、MAX、MIN 等函数。下面依据销售人员的销售数据，使用统计函数统计各部门的销售状况，具体操作方法如下所述。

Step 01 打开“素材文件\第 7 章\销售业绩统计.xlsx”，选择 D21 单元格，按【Alt+=】组合键即可快速插入 SUM 函数，自动进行求和运算，如图 7-23 所示。

Step 02 在 H1:J5 单元格区域制作统计表格，并为 H2 单元格设置数据验证，如图 7-24 所示。

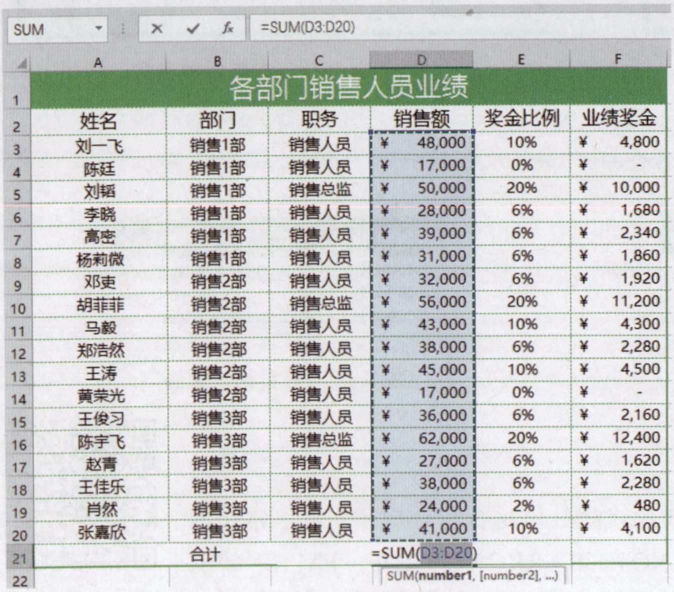

SUM　=SUM(D3:D20)

各部门销售人员业绩					
姓名	部门	职务	销售额	奖金比例	业绩奖金
刘一飞	销售1部	销售人员	¥ 48,000	10%	¥ 4,800
陈廷	销售1部	销售人员	¥ 17,000	0%	¥ -
刘韬	销售1部	销售总监	¥ 50,000	20%	¥ 10,000
李晓	销售1部	销售人员	¥ 28,000	6%	¥ 1,680
高密	销售1部	销售人员	¥ 39,000	6%	¥ 2,340
杨莉傲	销售1部	销售人员	¥ 31,000	6%	¥ 1,860
邓吏	销售2部	销售人员	¥ 32,000	6%	¥ 1,920
胡菲菲	销售2部	销售总监	¥ 56,000	20%	¥ 11,200
马毅	销售2部	销售人员	¥ 43,000	10%	¥ 4,300
郑浩然	销售2部	销售人员	¥ 38,000	6%	¥ 2,280
王涛	销售2部	销售人员	¥ 45,000	10%	¥ 4,500
黄荣光	销售2部	销售人员	¥ 17,000	0%	¥ -
王俊习	销售3部	销售人员	¥ 36,000	6%	¥ 2,160
陈宇飞	销售3部	销售总监	¥ 62,000	20%	¥ 12,400
赵青	销售3部	销售人员	¥ 27,000	6%	¥ 1,620
王佳乐	销售3部	销售人员	¥ 38,000	6%	¥ 2,280
肖然	销售3部	销售人员	¥ 24,000	2%	¥ 480
张嘉欣	销售3部	销售人员	¥ 41,000	10%	¥ 4,100
	合计		=SUM(D3:D20)		

图 7-23　计算总销售额

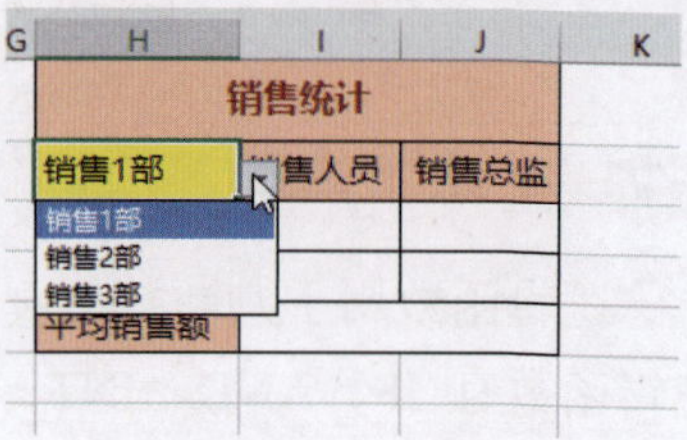

销售统计		
销售1部	销售人员	销售总监
平均销售额		

图 7-24　设置数据验证

Step 03 选择 I3 单元格，在编辑栏中输入公式“=COUNTIFS(B3:B20,H2,C3:C20,I2)”，按【Enter】键得出结果。采用同样的方法，计算 J3 单元格，如图 7-25 所示。

Step 04 选择 I4 单元格，在编辑栏中输入公式“=SUMIFS(D3:D20,B3:B20,H2,C3:C20,I2)”，按【Enter】键得出结果。采用同样的方法，计算 J4 单元格，如图 7-26 所示。

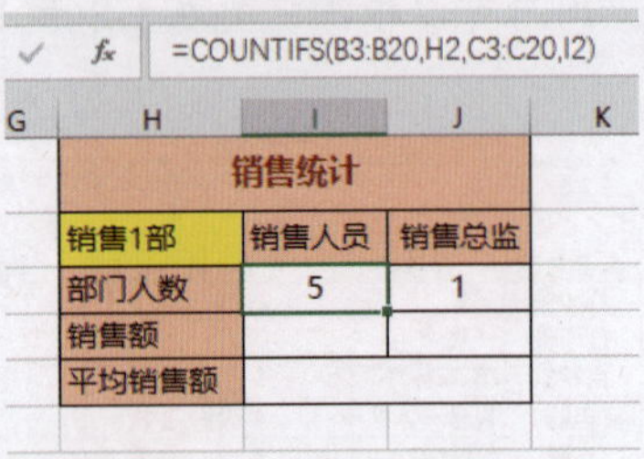

=COUNTIFS(B3:B20,H2,C3:C20,I2)

销售统计		
销售1部	销售人员	销售总监
部门人数	5	1
销售额		
平均销售额		

图 7-25　汇总部门人数

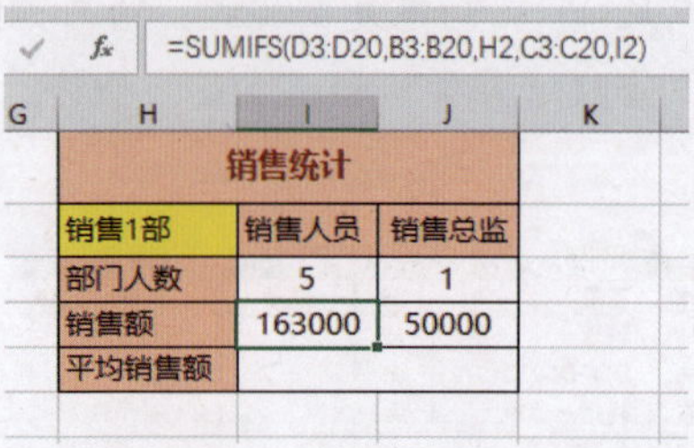

=SUMIFS(D3:D20,B3:B20,H2,C3:C20,I2)

销售统计		
销售1部	销售人员	销售总监
部门人数	5	1
销售额	163000	50000
平均销售额		

图 7-26　汇总部门销售额

Step 05 选择 I5 单元格，在编辑栏中输入公式“=AVERAGEIF(B3:B20,H2,D3:D20)”，如图 7-27 所示。

Step 06 在 H2 单元格中选择“销售 3 部”，查看统计结果，如图 7-28 所示。

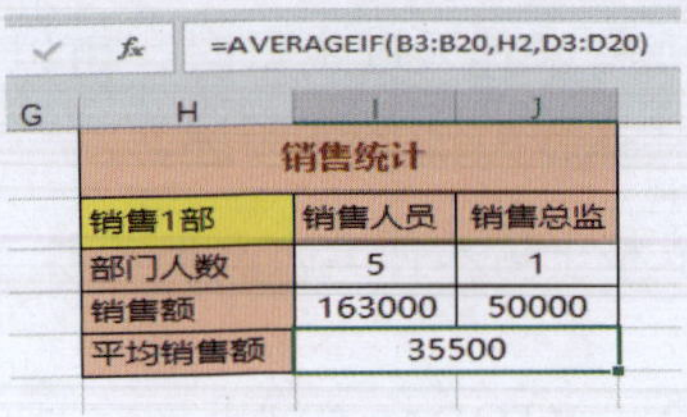

图 7-27　计算部门平均销售额

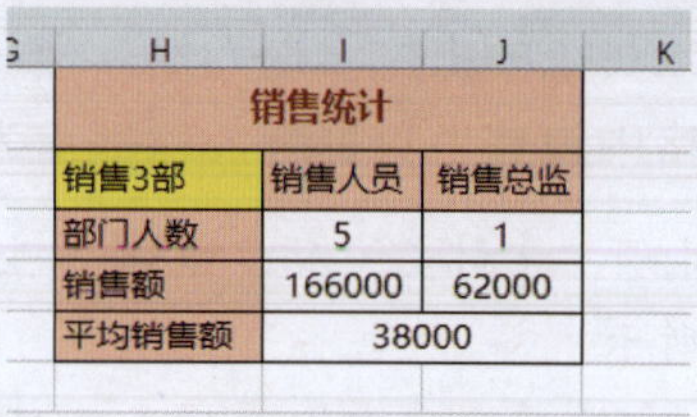

图 7-28　切换部门

实训 5　文本函数

文本函数是以公式的方式对文本进行处理的一种函数。常用的文本函数主要包括 CONCATENATE、LEFT、RIGHT、LEN、MID、SEARCH、TEXT、REPT、TRIM、CLEAN 等函数。下面使用文本函数合并文本和数字。若单元格中分别放置文本和数字，在使用“&”对其进行合并时，可能无法得到所需的格式，此时可以使用 TEXT 函数转换数字格式，具体操作方法如下所述。

Step 01 打开“素材文件\第 7 章\合并文本和数字.xlsx”，在 C2 单元格中输入公式“=A2&B2”，并复制公式，结果如图 7-29 所示。

Step 02 将公式修改为“A2&" "&B2”，可在文本和数字之间添加空格，如图 7-30 所示。

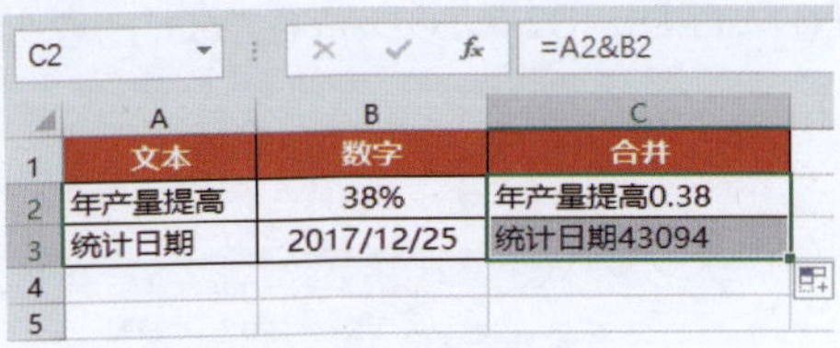

图 7-29　复制公式

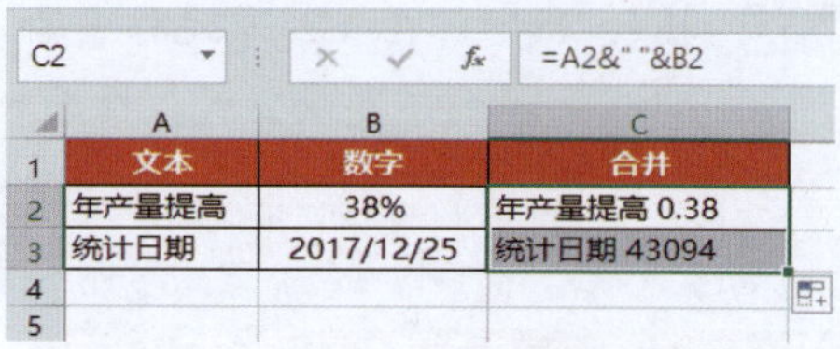

图 7-30　添加空格

Step 03 选择 C2 单元格，修改公式为“=A2&" "&TEXT(B2,"0%")”，可以将数字设置为百分比格式，如图 7-31 所示。

Step 04 选择 C3 单元格，修改公式为“=A3&" "&TEXT(B3,"yyyy/m/d")”，可以将数字设置为日期格式，如图 7-32 所示。

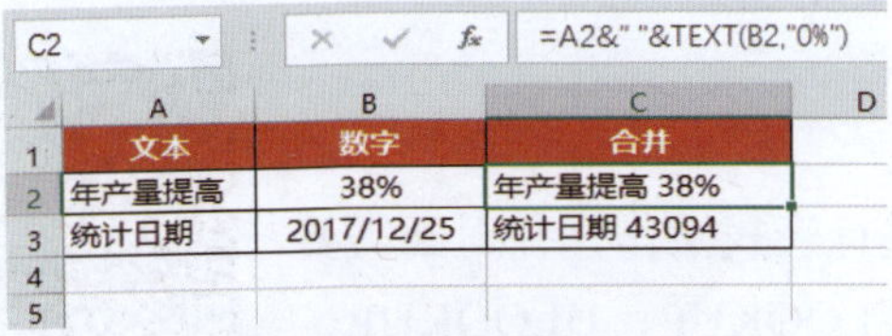

图 7-31　将数字设置为百分比格式

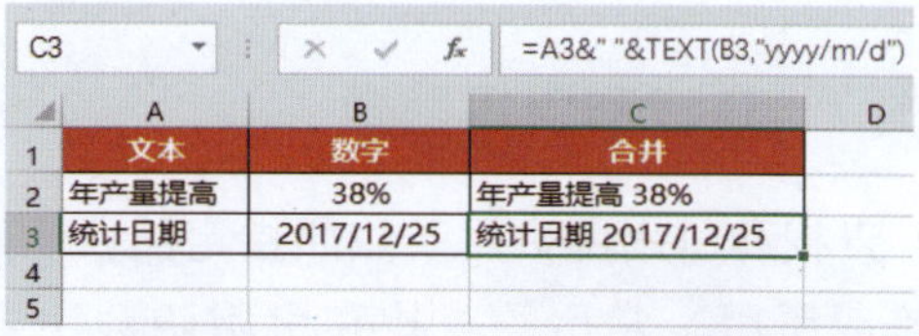

图 7-32　将数字设置为日期格式

实训 6　日期与时间函数

日期与时间函数用于计算两个日期之间的天数，指定月份的最后一天，将时间和日期转换成序列号，返回指定时间，计算周次等。常用的日期与时间函数主要包括 YEAR、MONTH、DAY、DAYS、DAYS360、DATE、DATEIF、TODAY、NOW、WEEKDAY、TIME 等函数。

下面以员工的出生日期为例，当员工在本月、本日或将来几天过生日时，可以使用日期函数在表格中设置生日提醒，以提前为其送上祝福，具体操作方法如下所述。

Step 01 打开“素材文件\第 7 章\员工生日提醒.xlsx”，在表格中输入员工的出生日期，如图 7-33 所示。

Step 02 在 C2 单元格中输入公式“=IF(MONTH(B2)=MONTH(TODAY()),"本月"&DAY(B2)&"日过生日","")”，并向下复制公式，结果如图 7-34 所示。

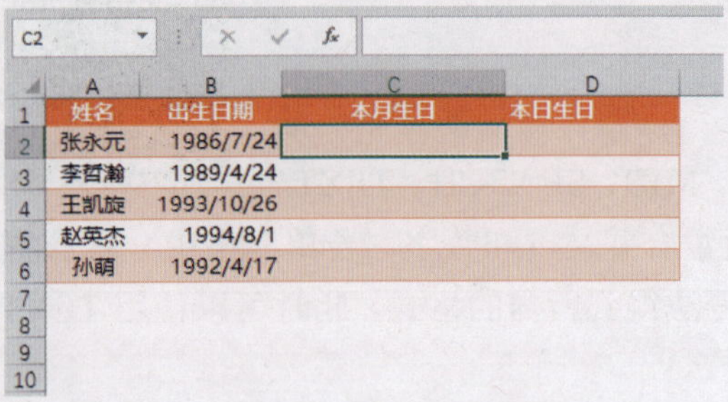

图 7-33 输入出生日期

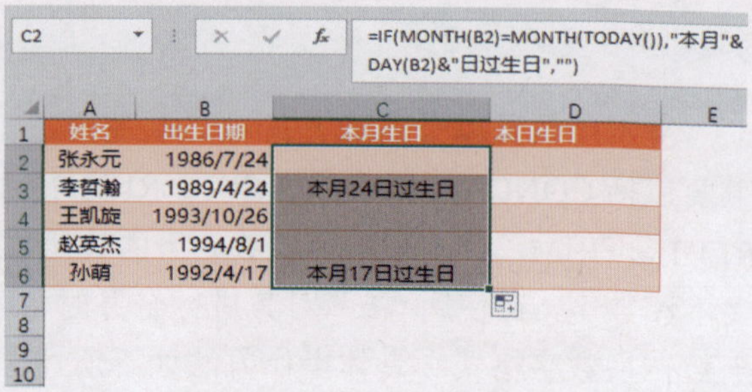

图 7-34 本月生日提醒

Step 03 在 D2 单元格中输入公式 “=IF(AND(MONTH(B2)=MONTH(TODAY()),DAY(B2)=DAY (TODAY())),"今天过生日","")”，并向下复制公式，结果如图 7-35 所示。

Step 04 插入 1 列，在 C2 单元格中输入公式 “=IF(DATEDIF(B2-7,TODAY(),"YD")<=7,"提醒","")”，并向下复制公式，结果如图 7-36 所示。

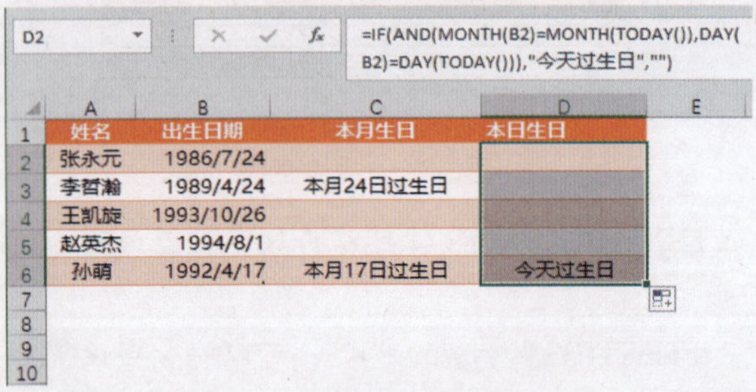

图 7-35 本日生日提醒

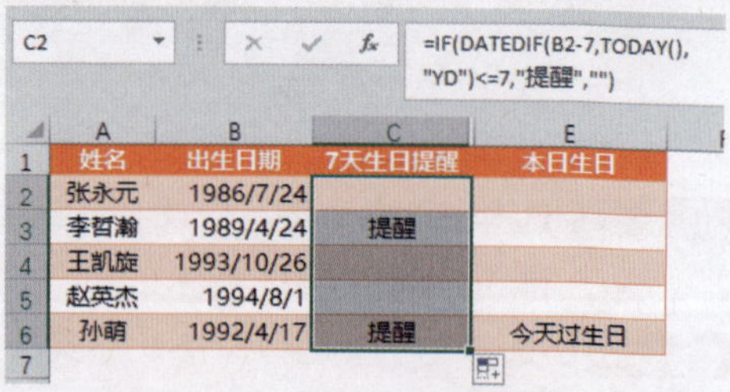

图 7-36 7 天生日提醒

实训 7 查找和引用函数

查找和引用函数用于按照指定的要求对数据进行查找操作，并返回需要的值或引用。常用的查找和引用函数主要包括 VLOOKUP、HLOOKUP、INDEX、MATCH、INDIRECT、OFFSET、ROW、COLUMN、CHOOSE 等函数。下面依据各部门每月的产量数据，使用查找和引用函数计算月产量最高的部门和各部门产量最高的月份，具体操作方法如下所述。

Step 01 打开“素材文件\第 7 章\统计产量最高的部门.xlsx”，在 A9:F10 单元格区域制作所需的数据表格，如图 7-37 所示。

Step 02 在 A10 单元格中输入公式“=INDEX($A$2:$G$6,MATCH(MAX(B$2:B$6),B$2:B$6,0),1)”，按【Enter】键得出结果，然后向右填充公式，如图 7-38 所示。

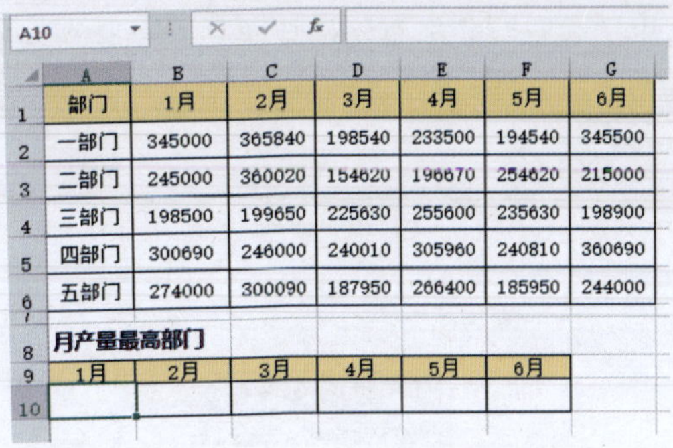

	部门	1月	2月	3月	4月	5月	6月
2	一部门	345000	365840	198540	233500	194540	345500
3	二部门	245000	360020	154620	196670	254620	215000
4	三部门	198500	199650	225630	255600	235630	198900
5	四部门	300690	246000	240010	305960	240810	360690
6	五部门	274000	300090	187950	266400	185950	244000
9	1月	2月	3月	4月	5月	6月	

图 7-37　编辑数据表格

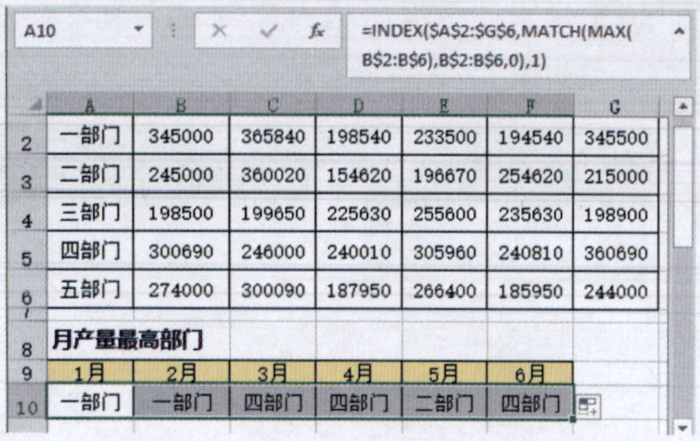

	部门	1月	2月	3月	4月	5月	6月
2	一部门	345000	365840	198540	233500	194540	345500
3	二部门	245000	360020	154620	196670	254620	215000
4	三部门	198500	199650	225630	255600	235630	198900
5	四部门	300690	246000	240010	305960	240810	360690
6	五部门	274000	300090	187950	266400	185950	244000
9	1月	2月	3月	4月	5月	6月	
10	一部门	一部门	四部门	四部门	二部门	四部门	

图 7-38　复制公式

Step 03 在 A13:B17 单元格区域制作所需的数据表格，如图 7-39 所示。

Step 04 在 B13 单元格中输入公式“=INDEX($B$1:$G$1,MATCH(MAX(B2:G2),B2:G2,0))”，按【Enter】键得出结果，然后向下填充公式，如图 7-40 所示。

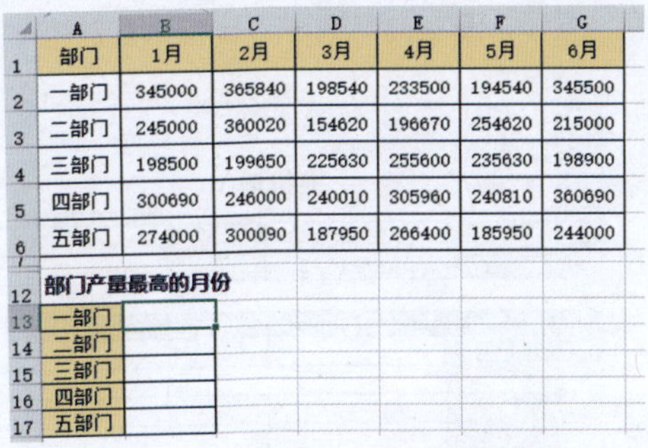

	部门	1月	2月	3月	4月	5月	6月
2	一部门	345000	365840	198540	233500	194540	345500
3	二部门	245000	360020	154620	196670	254620	215000
4	三部门	198500	199650	225630	255600	235630	198900
5	四部门	300690	246000	240010	305960	240810	360690
6	五部门	274000	300090	187950	266400	185950	244000
13	一部门						
14	二部门						
15	三部门						
16	四部门						
17	五部门						

图 7-39　编辑数据表格

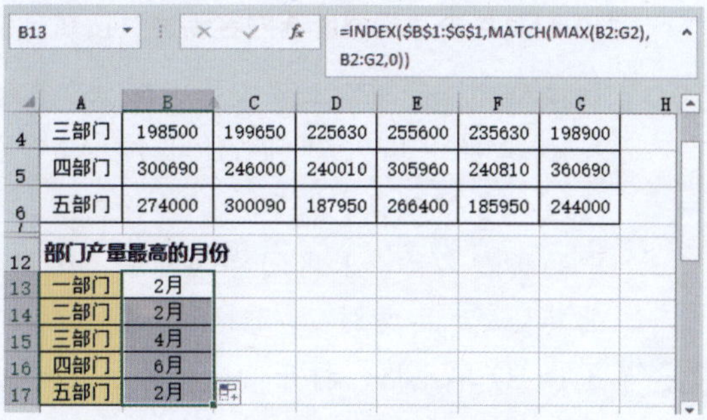

	A	B	C	D	E	F	G
4	三部门	198500	199650	225630	255600	235630	198900
5	四部门	300690	246000	240010	305960	240810	360690
6	五部门	274000	300090	187950	266400	185950	244000
13	一部门	2月					
14	二部门	2月					
15	三部门	4月					
16	四部门	6月					
17	五部门	2月					

图 7-40　填充公式

7.3　综合实训：电脑报价单的制作

下面根据电脑各配件的报价信息制作一个电脑报价单，具体操作方法如下所述。

Step 01 打开“素材文件\第 7 章\电脑报价单.xlsx”，在“配件报价”工作表中输入配件标题和名称，在名称右侧输入价格。按住【Ctrl】键的同时选中所有配件名称右侧的的单元格，在编辑栏中输入“=M1&"单价"”，按【Ctrl+Enter】组合键快速填充所选单元格，如图 7-41 所示。

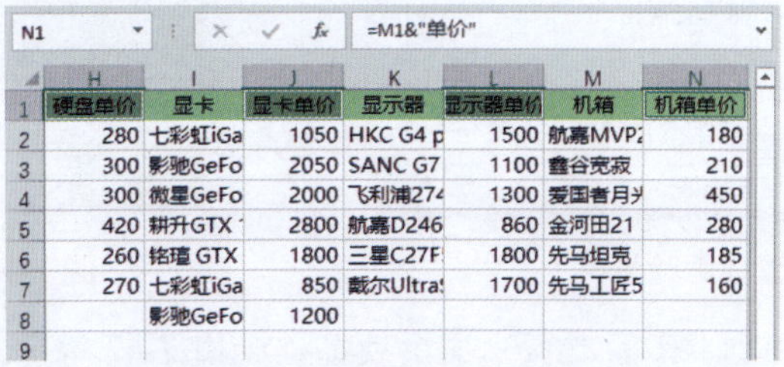

	H	I	J	K	L	M	N
1	硬盘单价	显卡	显卡单价	显示器	显示器单价	机箱	机箱单价
2	280	七彩虹iGa	1050	HKC G4 p	1500	航嘉MVP2	180
3	300	影驰GeFo	2050	SANC G7	1100	鑫谷竞寂	210
4	300	微星GeFo	2000	飞利浦274	1300	爱国者月光	450
5	420	耕升GTX 1	2800	航嘉D246	860	金河田21	280
6	260	铭瑄 GTX	1800	三星C27F	1800	先马坦克	185
7	270	七彩虹iGa	850	戴尔Ultra	1700	先马工匠5	160
8		影驰GeFo	1200				

图 7-41　编辑标题单元格

Step 02 按住【Ctrl】键的同时选择配件标题所在的列，在“公式”选项卡下单击“根据所选内容创建”按钮，如图 7-42 所示。

Step 03 弹出“根据所选内容创建名称”对话框，选中“首行”复选框，然后单击“确定”按钮，如图 7-43 所示。

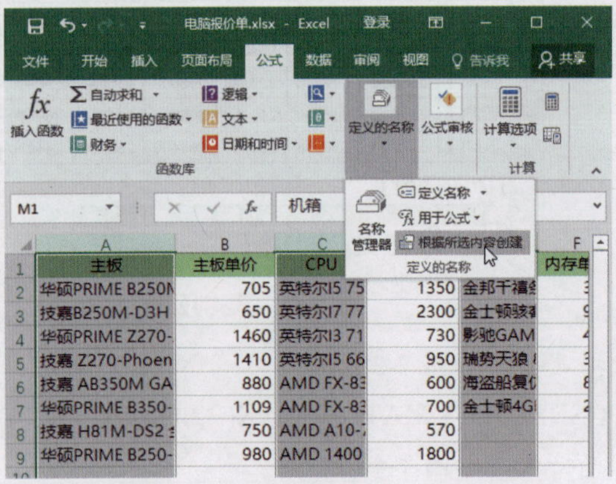

图 7-42　单击“根据所选内容创建”按钮

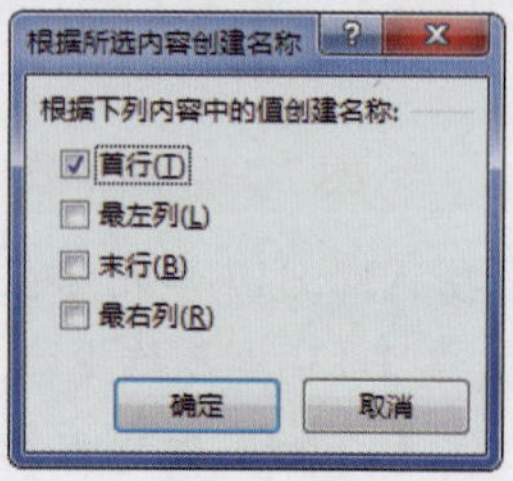

图 7-43　选中“首行”复选框

Step 04 切换到“报价单”工作表，选择 A7 单元格，在编辑栏中输入“=配件报价!A1”并按【Enter】键确认，获取“配件报价”工作表中的标题名称。采用同样的方法，编辑该列的其他“商品类别”单元格，如图 7-44 所示。

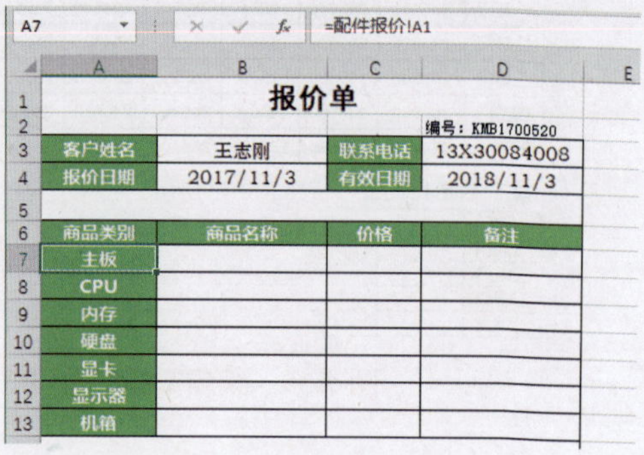

图 7-44　获取标题名称

Step 05 选择 B7 单元格，打开“数据验证”对话框，在“允许”下拉列表框中选择“序列”选项，在“来源”文本框中输入“=INDIRECT($A7)”，然后单击“确定”按钮，如图 7-45 所示。

Step 06 向下拖动填充柄，为其他单元格设置数据验证格式，如图 7-46 所示。

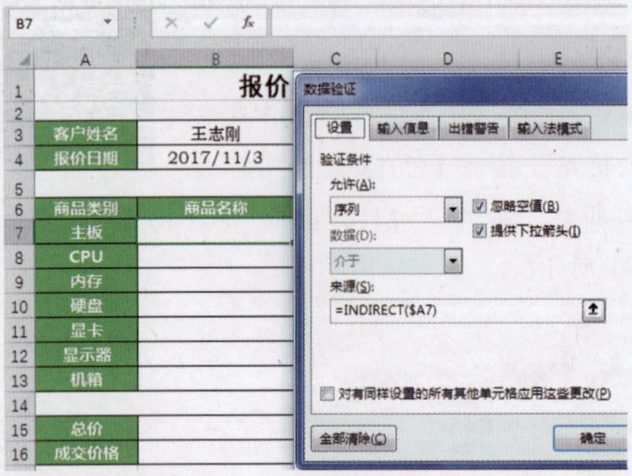

图 7-45　设置数据验证

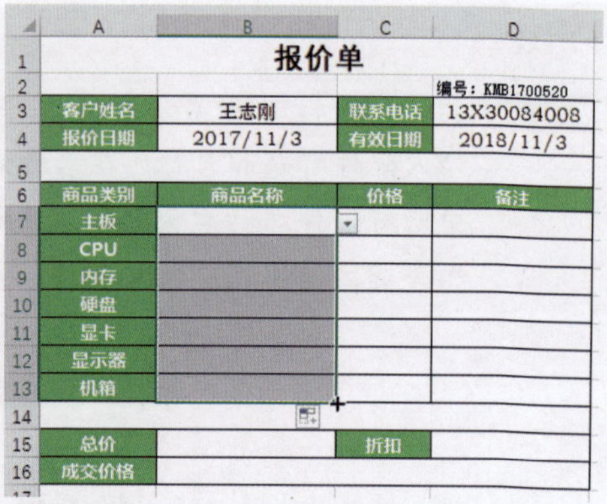

图 7-46　复制公式

Step 07 单击 B7 单元格下拉按钮，选择所需的商品，如图 7-47 所示。

Step 08 选择 C7 单元格，在编辑栏中输入公式“INDEX(配件报价!A:N,MATCH(B7,主板,0)+1,MATCH(A7&"单价",配件报价!$1:$1,0))”，按【Enter】键得出相应的价格，如图 7-48 所示。

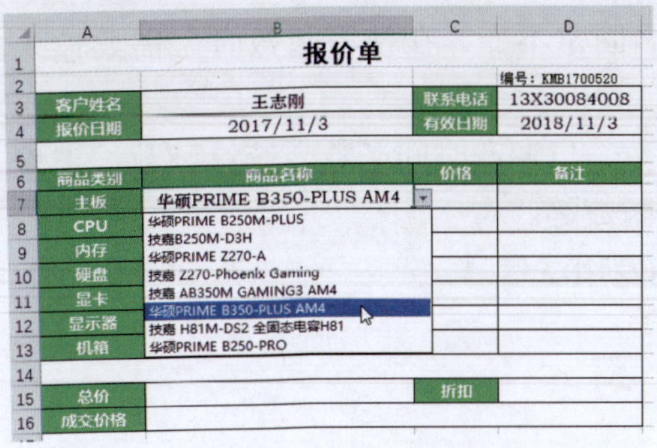

图 7-47　查看数据验证

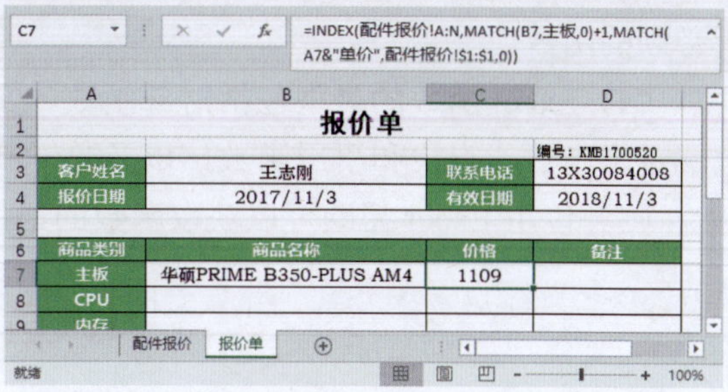

图 7-48　输入公式

Step 09 在公式外嵌套 IF 函数，表示当商品名称为空时，价格显示为空，如图 7-49 所示。

Step 10 将 C7 单元格中的公式复制到下方的其他单元格中，根据需要修改公式第一个 MATCH 函数中的名称，例如，在 C8 单元格中将名称“主板”修改为 CPU，如图 7-50 所示。

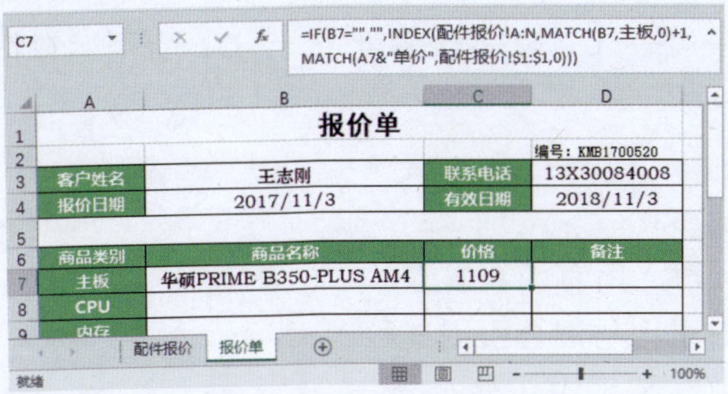

图 7-49　嵌套公式

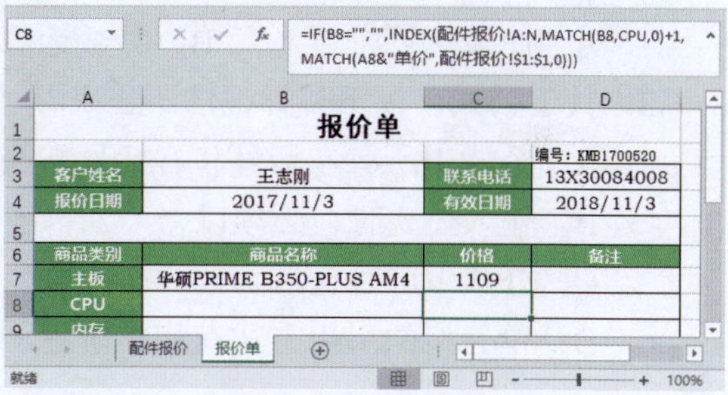

图 7-50　修改公式

Step 11 选择其他商品名称，其价格将自动显示，如图 7-51 所示。

Step 12 在表格下方通过使用 SUM 函数和数学运算计算总价、折扣和成交价格等，如图 7-52 所示。

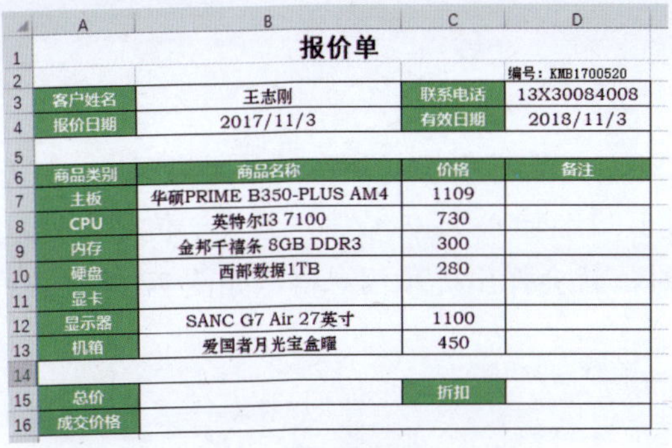

图 7-51　选择商品名称

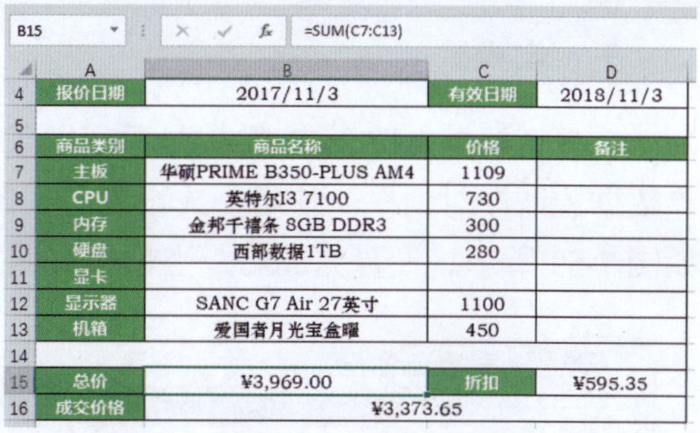

图 7-52　汇总价格

本章小结

通过对本章的学习，读者应该掌握以下知识。

（1）在公式中运算数据时遵循一般的数学规则，按照运算符优先级逐步进行运算。

（2）使用公式时，可以灵活设置单元格的引用方式。

（3）函数由函数名和相应的参数组成，函数名固定不变。在使用函数时，需要输入其所必须的函数。

（4）Excel 函数的类型包括财务函数、文本函数、日期和时间函数、统计函数、工程函数、逻辑函数、查找和引用函数，以及数学和三角函数等。

（5）使用 Excel 帮助可以获取函数的语法规则及用法信息。

本 章 练 习

一、选择题

1．AVERAGE 函数属于哪种函数？（ ）

A．数学函数　　B．逻辑函数　　C．统计函数　　D．引用函数

2．以下运算符优先级最高的是（ ）。

A．比较运算符　　B．算数运算符　　C．文本连接符　　D．引用运算符

3．关于公式，以下哪种说法不正确？（ ）

A．公式中所有左括号和右括号需匹配

B．输入公式时，必须以“=”开始

C．公式中可以包括函数，在函数中必须输入所有函数参数

D．单元格的引用方式有相对引用、绝对引用与混合引用 3 种

二、填空题

1．公式可以由__________、__________、__________、__________和__________构成。

2．若要更改单元格的引用方式，可以按__________键。

3．逻辑函数主要包括______、______、______、______、______、______、______和______等函数。

三、实操题

打开“素材文件\第 7 章\为号码应用条件格式.xlsx”，选择手机号所在的单元格区域，打开“数据验证”对话框，使用公式设置验证条件，使其只能输入 11 位数字，且第一位数字为 1，如图 7-53 所示。设置完成后，当输入有误的数字时，就会弹出提示信息框，如图 7-54 所示。

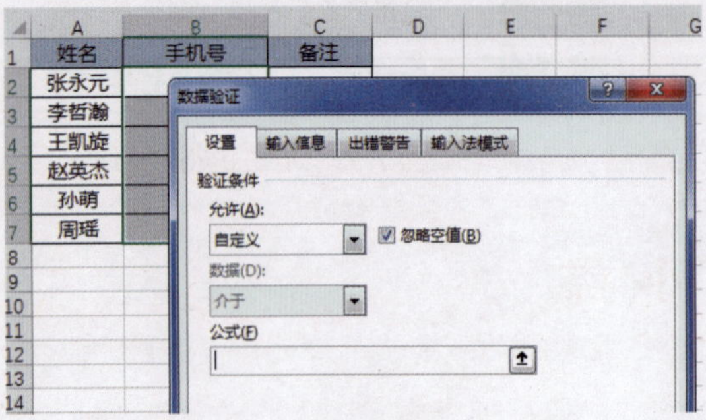

图 7-53　使用公式设置验证条件

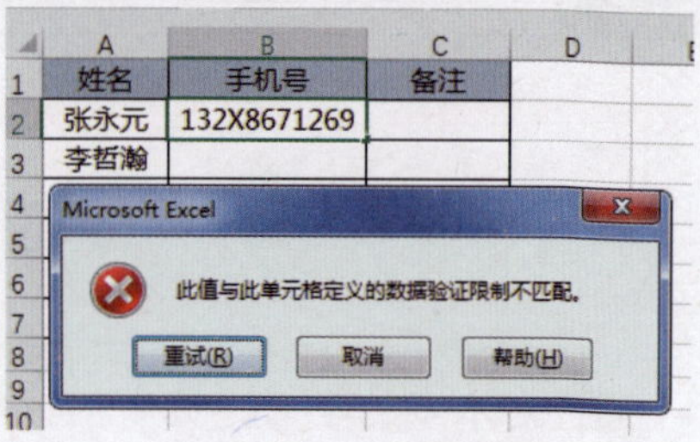

图 7-54　提示信息框

第 8 章　工作表数据的管理与分析

【本章导读】

在 Excel 电子表格中，经常需要对工作表数据进行管理与分析。本章将详细介绍如何在工作表中筛选、排序与分类汇总数据，合并计算数据，使用图表分析数据，以及使用数据透视表管理与分析数据等。

【本章目标】

➢ 掌握筛选、排序与分类汇总数据的方法
➢ 掌握合并计算数据和使用图表分析数据的方法
➢ 掌握使用数据透视表管理与分析数据的方法

8.1　汇总数据的筛选、排序与分类

数据筛选是指筛选出符合条件的数据。若表格中的数据很多，使用数据筛选功能可以快速查找表格中符合条件的数据，此时表格中只显示筛选出的数据记录，并将其他不满足条件的记录隐藏起来。数据排序是指对数据进行简单的升序或降序排序，或按多个关键字进行排序。

实训 1　自动筛选

自动筛选是最简单的筛选方式，一般情况下通过自动筛选就能满足最基本的筛选要求。自动筛选的具体操作方法如下所述。

Step 01 打开“素材文件\第 8 章\销售统计.xlsx”，选择数据区域的任一单元格，在“数据”选项卡下单击“筛选”按钮，此时在每列的标题单元格中出现筛选按钮▾，如图 8-1 所示。

Step 02 单击“商品名称”右侧的筛选按钮，在弹出的列表中对商品进行筛选，在此选中“电热水器”和“燃气热水器”复选框，然后单击“确定”按钮，如图 8-2 所示。

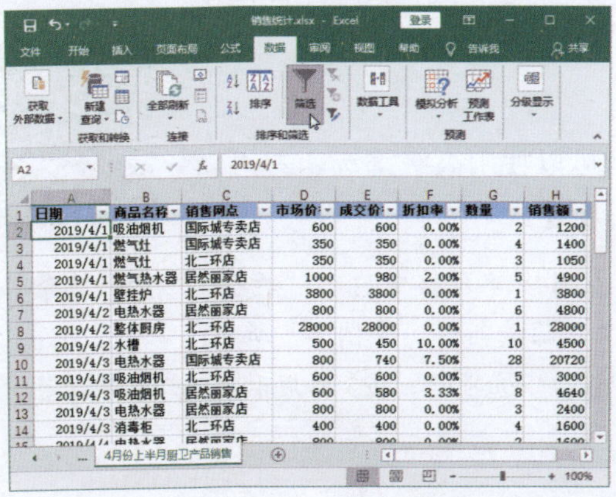

图 8-1　单击“筛选”按钮

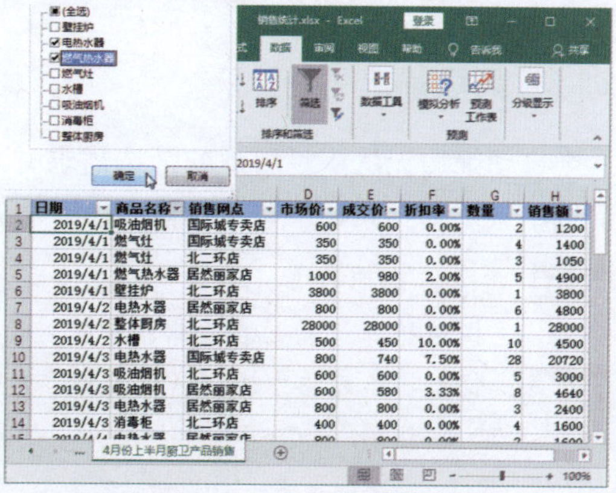

图 8-2　设置筛选商品名称

Step 03 在表格中筛选出包含“电热水器”和“燃气热水器”的销售记录，如图 8-3 所示。

Step 04 单击“销售网点”右侧的筛选按钮▾，在弹出的列表中选中“北二环店”和“国际城专卖店”复选框，然后单击“确定”按钮，如图 8-4 所示。

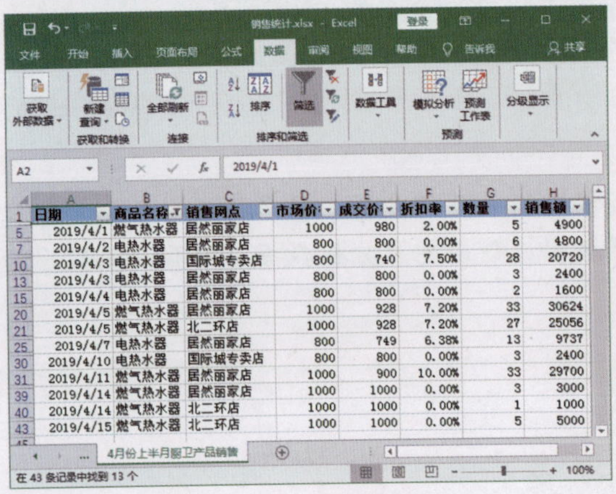

图 8-3 显示筛选结果

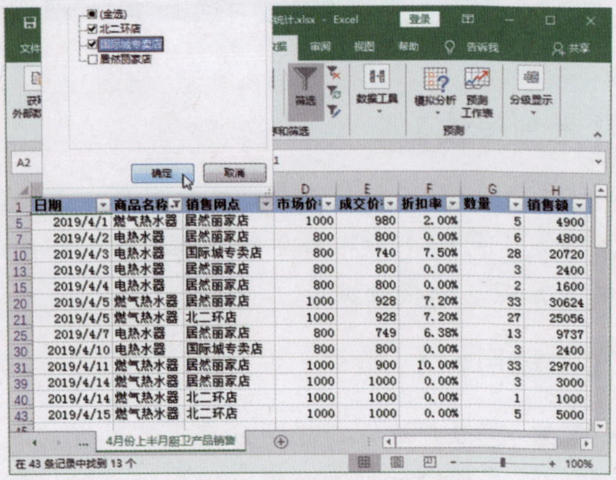

图 8-4 设置筛选销售网点

Step 05 在对“商品名称”进行筛选的基础上对“销售网点”进行筛选，如图 8-5 所示。

Step 06 单击“销售网点”右侧的筛选按钮▾，在弹出的列表中选择“从‘销售网点’中清除筛选”选项，即可清除该类别的筛选，如图 8-6 所示。

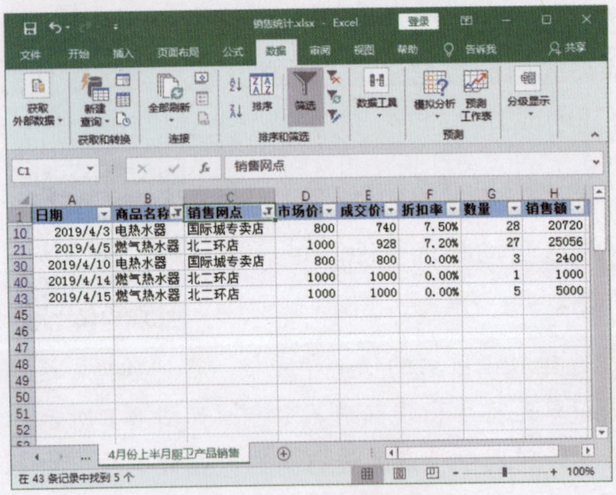

图 8-5 显示筛选结果

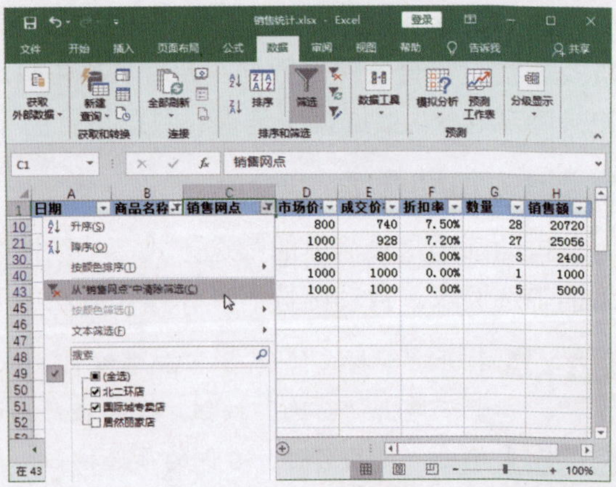

图 8-6 清除筛选

实训 2 高级筛选

当自动筛选无法满足用户的筛选需求时，则可以使用高级筛选，并可以将筛选结果复制到其他位置，具体操作方法如下所述。

Step 01 在 A47 和 B47 单元格中输入表头文本，在 B48 单元格中输入“折扣率”的筛选条件。选择 A49 单元格，在编辑栏中输入商品名称筛选条件，如图 8-7 所示。

Step 02 选择数据单元格中的任一单元格，选择“数据”选项卡，在“排序和筛选”组中单击“高级”按钮，如图 8-8 所示。

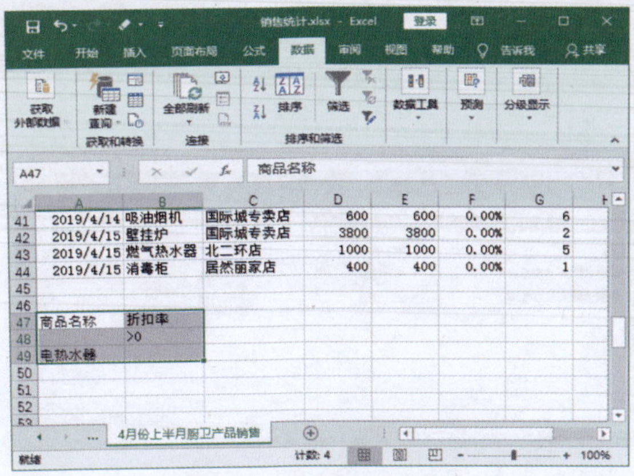

图 8-7　输入筛选条件

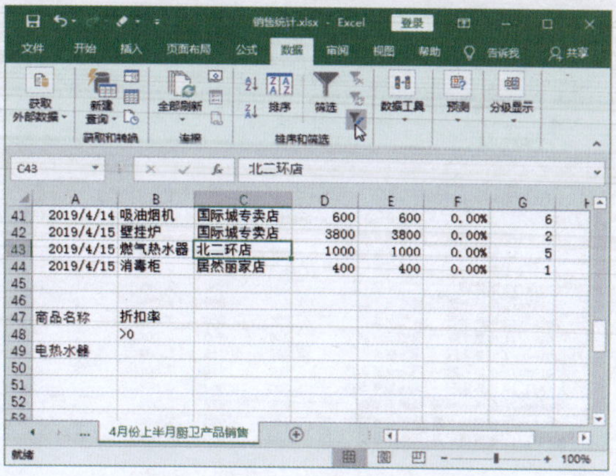

图 8-8　单击“高级”按钮

Step 03 弹出“高级筛选”对话框，程序将自动选择数据列表区域，用户也可以自定条件区域。选中“将筛选结果复制到其他位置”单选按钮，分别设置“条件区域”和“复制到”单元格区域，然后单击“确定”按钮，如图 8-9 所示。

Step 04 查看高级筛选结果，将符合条件的数据放置在指定位置。选择“折扣率”所在的单元格，在“排序和筛选”组中单击“升序”按钮，对折扣率进行排序，更便于查看筛选结果，如图 8-10 所示。

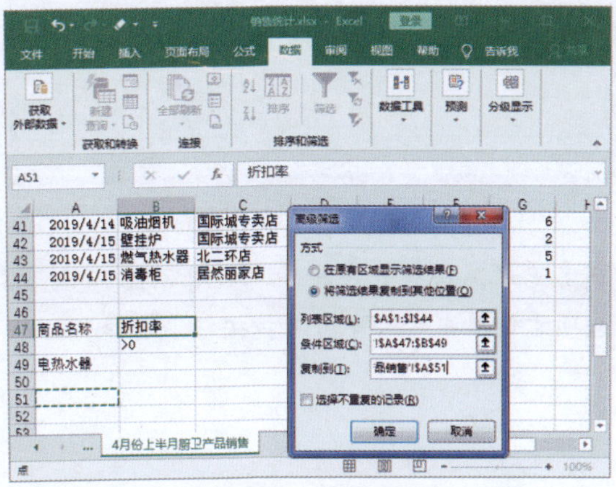

图 8-9　设置高级筛选

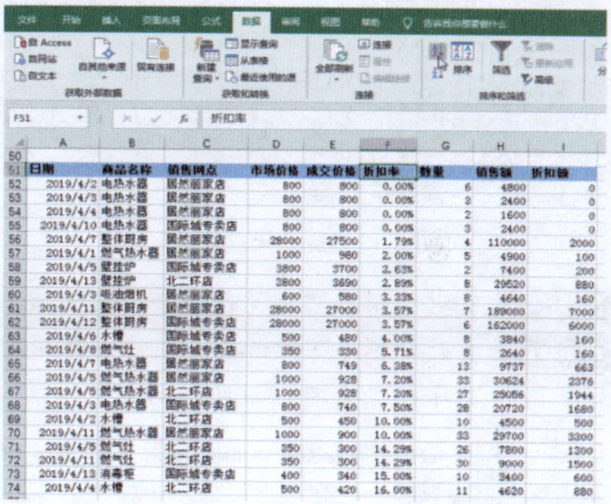

图 8-10　查看筛选结果

实训 3　排序数据

在 Excel 2016 中，可以快速地对数据进行升序或降序排列，还可以自定义排序，如按多个关键字排序、按自定义序列排序等，具体操作方法如下所述。

Step 01 选择“商品名称”列的任一单元格，在“排序和筛选”组中单击“升序”按钮，即可对“商品名称”进行升序排列，如图 8-11 所示。

Step 02 在“排序和筛选”组中单击“排序”按钮，弹出“排序”对话框，单击“添加条件”按钮。选择“次要关键字”为“销售网点”，次序为“升序”，然后单击“确定”按钮，如图 8-12 所示。

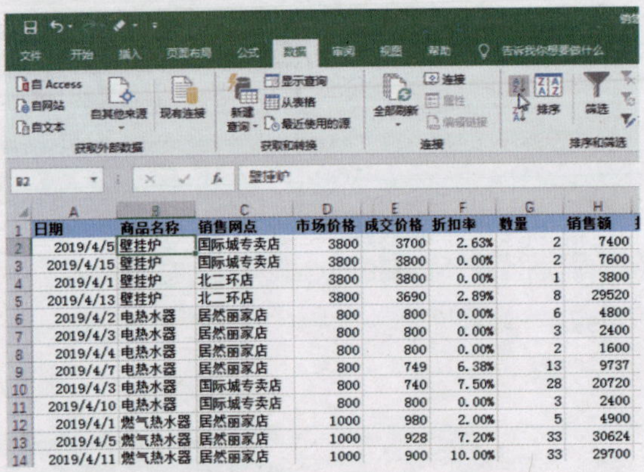

图 8-11　单击“升序”按钮

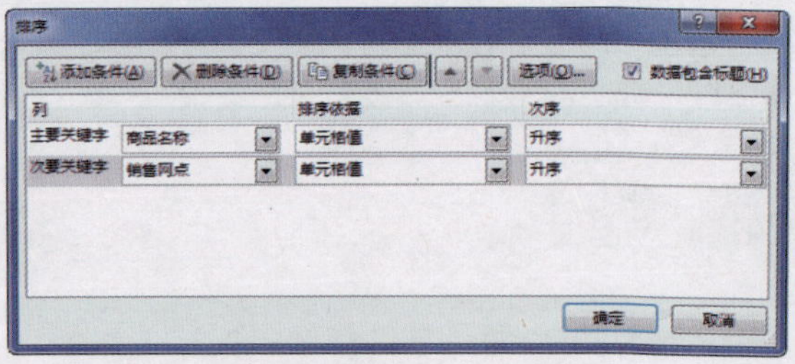

图 8-12　“排序”对话框

Step 03 在对“商品名称”排序的基础上对“销售网点”进行升序排序，如图 8-13 所示。

Step 04 打开“排序”对话框，选择“次要关键字”选项，单击“上移”按钮▲，将次要关键字变为主要关键字，然后单击“确定”按钮，如图 8-14 所示。

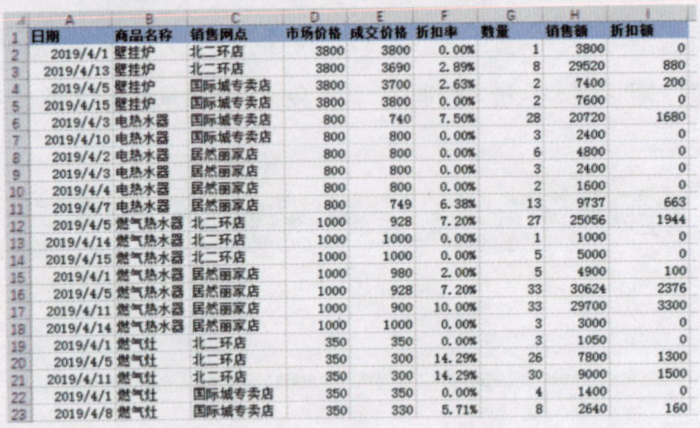

图 8-13　查看排序结果

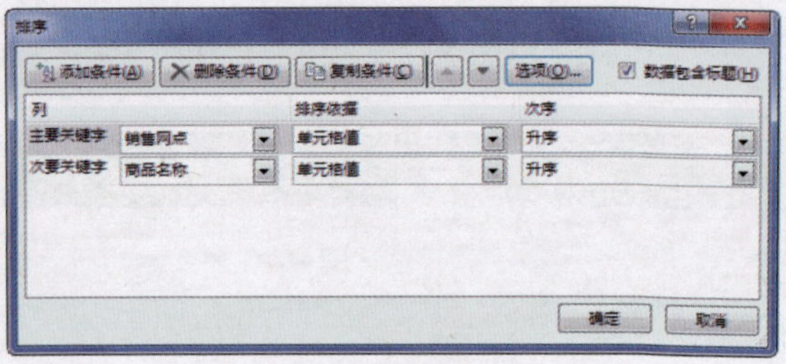

图 8-14　调整排序顺序

Step 05 在对“销售网点”升序排序的基础上对“商品名称”进行升序排序，如图 8-15 所示。

Step 06 打开“排序”对话框，在“主要关键字”选项右侧单击“次序”下拉按钮，选择“自定义序列”选项，如图 8-16 所示。

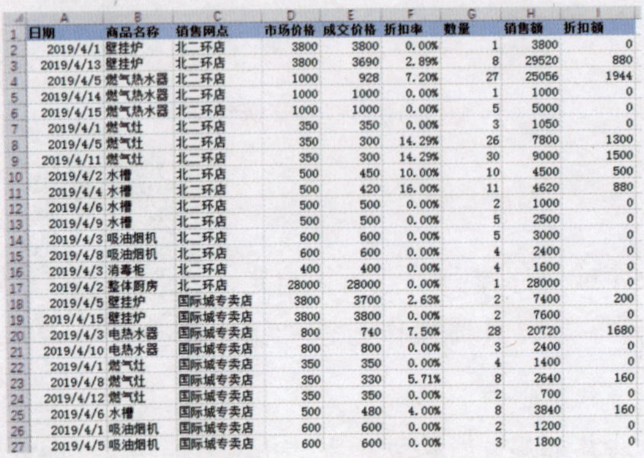

图 8-15　查看排序结果

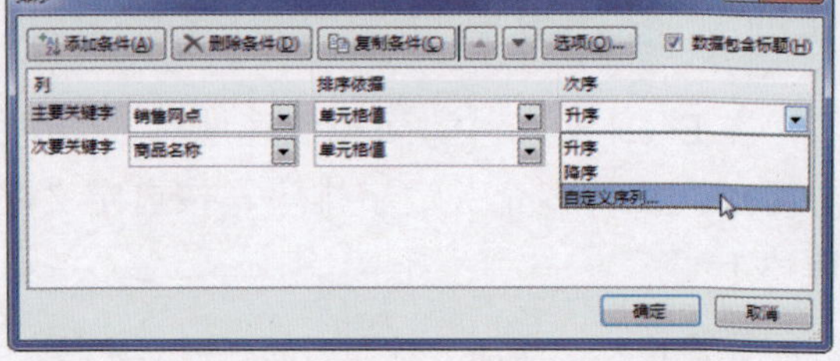

图 8-16　选择“自定义序列”选项

Step 07 弹出“自定义序列”对话框，输入序列并按【Enter】键分割，然后单击“添加”按钮，如图 8-17 所示。

Step 08 将序列添加到左侧的“自定义序列”列表框中，单击“确定”按钮，如图 8-18 所示。

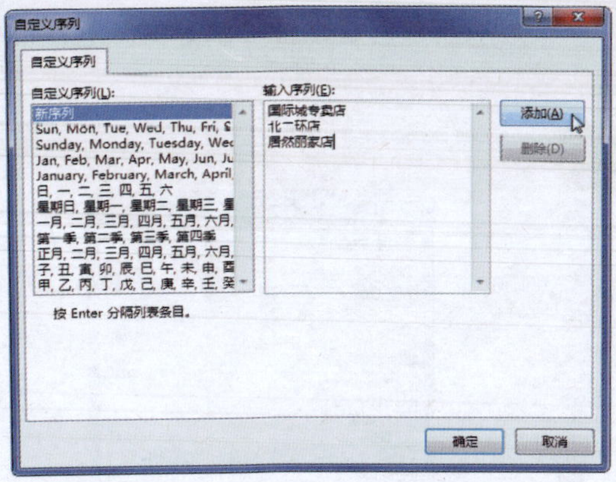

图 8-17　输入序列

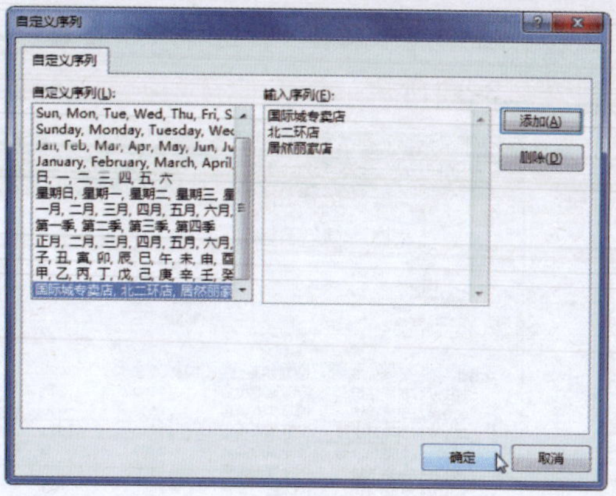

图 8-18　添加自定义序列

Step 09 返回“排序”对话框，可以看到主要关键字的“次序”显示为自定义序列，单击“确定”按钮，如图 8-19 所示。

Step 10 “销售网点”按自定义序列进行排序，效果如图 8-20 所示。

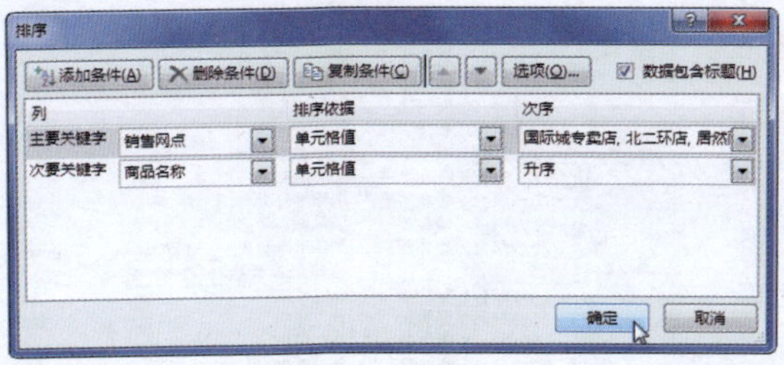

图 8-19　确认排序

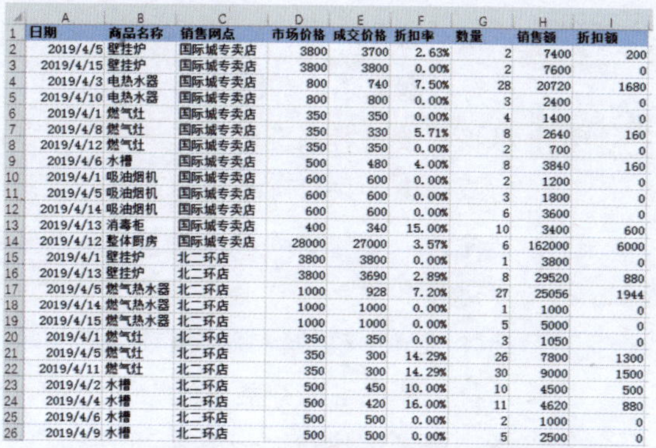

图 8-20　查看排序结果

实训 4　分类汇总数据

分类汇总就是利用汇总函数对同一类别中的数据进行计算，得到统计结果。经过分类汇总，可以分级显示汇总结果。在创建分类汇总前，需要先对数据进行排序，隐藏不需要显示的列，将表格数据转换为普通区域，具体操作方法如下所述。

Step 01 依据“销售网点”对数据进行排序后，选择 D:G 列并右击，选择“隐藏”命令，如图 8-21 所示。

Step 02 选择任一数据单元格，选择“数据”选项卡，在“分级显示”组中单击“分类汇总”按钮，如图 8-22 所示。

Step 03 弹出“分类汇总”对话框，设置“分类字段”为“销售网点”，“汇总方

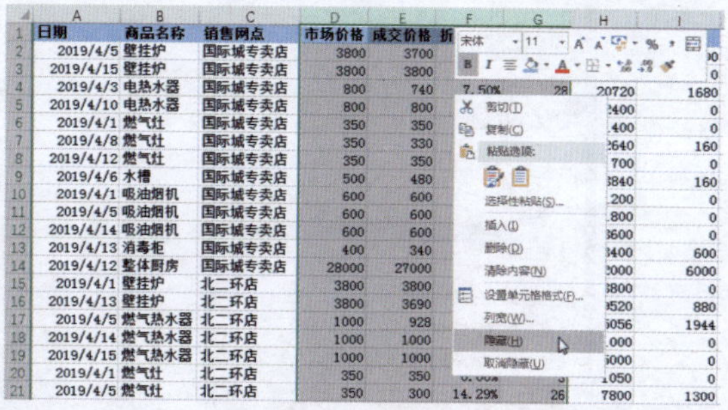

图 8-21　隐藏列

式”为“求和”，选择“销售额”和“折扣额”汇总项，然后单击“确定”按钮，如图 8-23 所示。

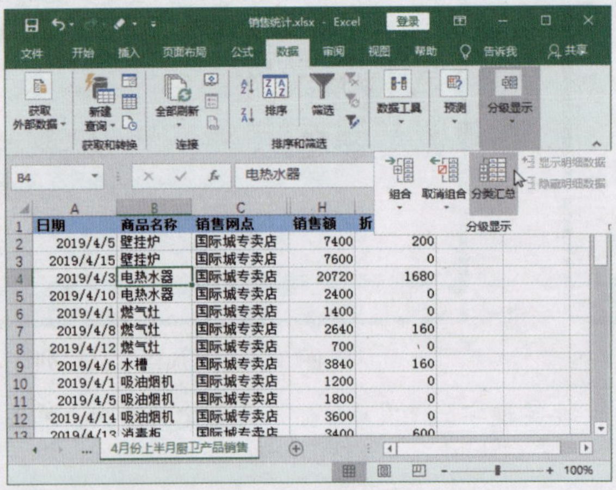

图 8-22　单击“分类汇总”按钮

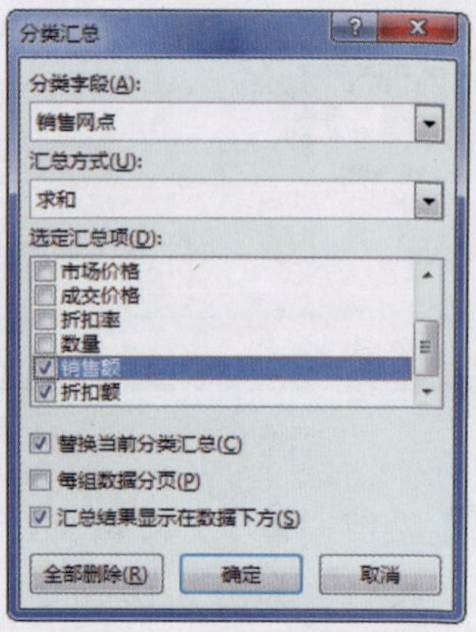

图 8-23　设置分类汇总

Step 04 依据“销售网点”对“销售额”和“折扣额”进行求和汇总，如图 8-24 所示。

Step 05 根据需要进行嵌套汇总，例如，在当前汇总的基础上再按“商品名称”进行汇总。打开“分类汇总”对话框，设置“分类字段”为“商品名称”，“汇总方式”为“求和”，选择“销售额”和“折扣额”汇总项，取消选择“替换当前分类汇总”复选框，然后单击“确定”按钮，如图 8-25 所示。

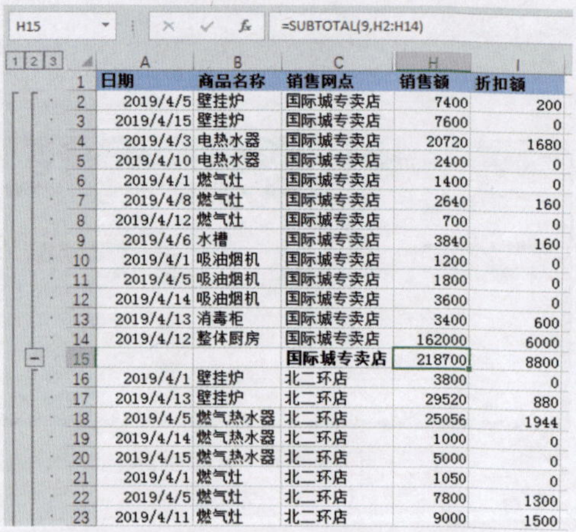

图 8-24　查看分类汇总结果

Step 06 在原有汇总的基础上再一次进行分类汇总。单击左上方的分级按钮3，对数据进行分级显示，如图 8-26 所示。若要删除分类汇总，只需在“分类汇总”对话框中单击“全部删除”按钮即可。

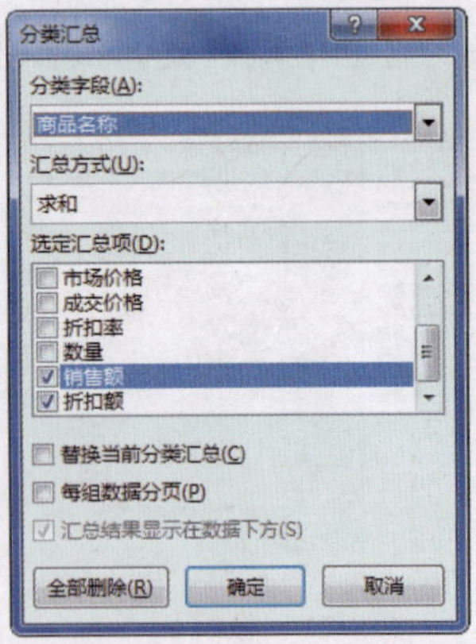

图 8-25　设置嵌套分类汇总

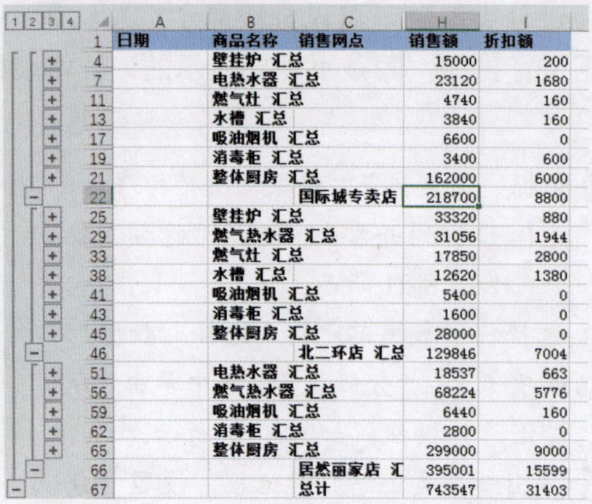

图 8-26　分类汇总分级显示结果

8.2　合并计算

若要从单独的工作表中汇总并报告结果，可以将每个工作表中的数据合并到一个主工作表中。可以按位置或类别进行合并计算，当源区域中的数据以相同的顺序排列并使用相同的标签时，可以按位置合并计算，否则按类别进行合并计算，具体操作方法如下所述。

Step 01 打开“素材文件\第 8 章\合并计算.xlsx”，在“数据”项卡下“数据工具”组中单击“合并计算”按钮，如图 8-27 所示。

Step 02 弹出“合并计算”对话框，在“函数”下拉列表框中选择“求和”选项，将光标定位到“引用位置”文本框中，选择“郑州”工作表，并选择引用位置，然后单击“添加”按钮，如图 8-28 所示。

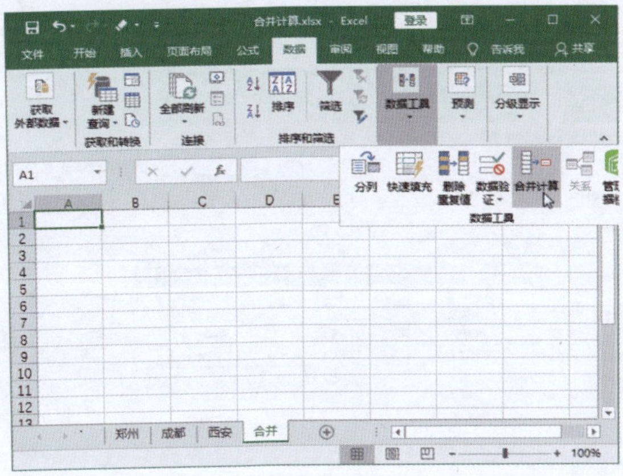

图 8-27　单击“合并计算”按钮

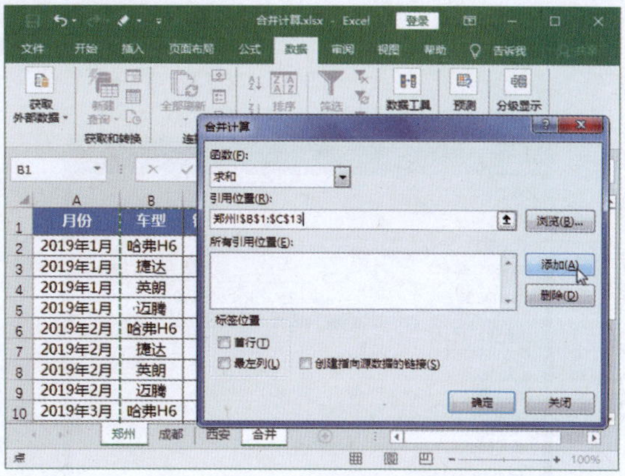

图 8-28　添加引用位置

Step 03 切换到“成都”工作表，选择引用位置，然后单击“添加”按钮，如图 8-29 所示。

Step 04 采用同样的方法，继续添加“西安”工作表中的引用位置，如图 8-30 所示。

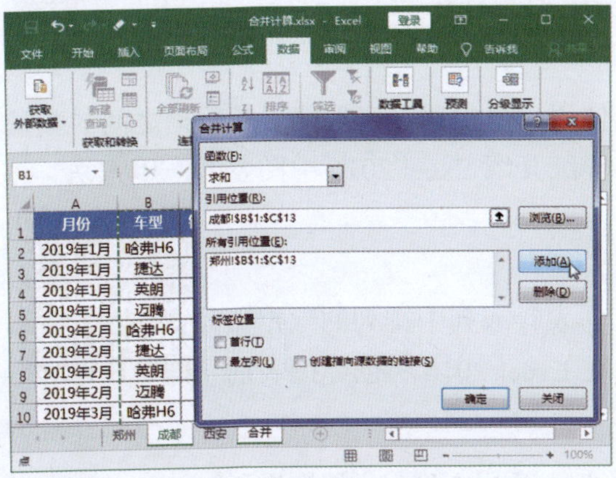

图 8-29　添加引用位置

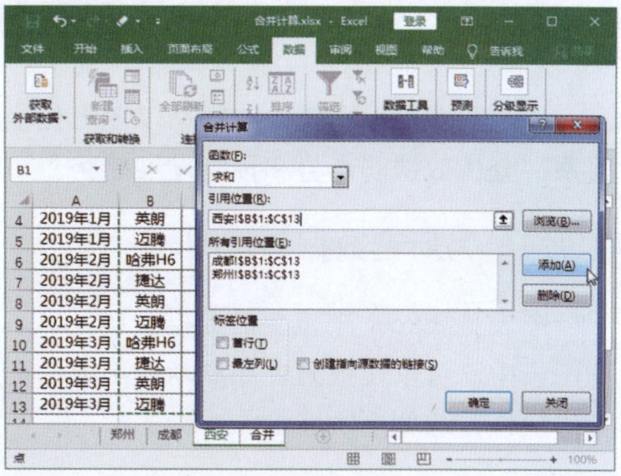

图 8-30　继续添加引用位置

Step 05 在“标签位置”选项区中选中“最左列”复选框，单击“确定”按钮，如图 8-31 所示。

Step 06 此时，即可将引用位置的最左列作为标题进行求和计算，并对计算结果进行单元格格式设置，如图 8-32 所示。

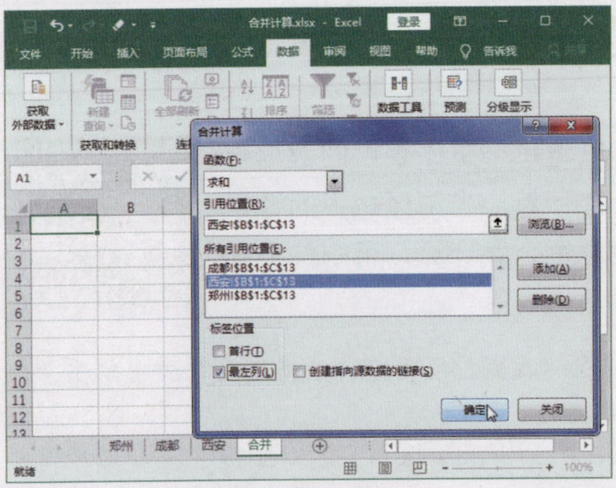

图 8-31　设置标签位置

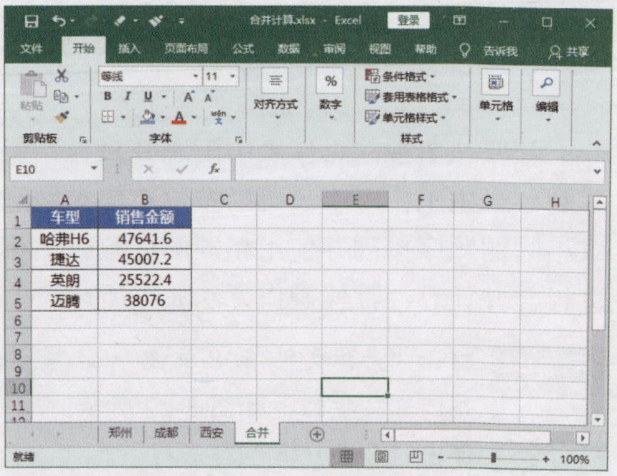

图 8-32　显示合并计算结果

Step 07 若在“标签位置”选项区中选中“首行”复选框，单击“确定”按钮，如图 8-33 所示。

Step 08 对不同的标题行分别进行求和运算，计算结果如图 8-34 所示。

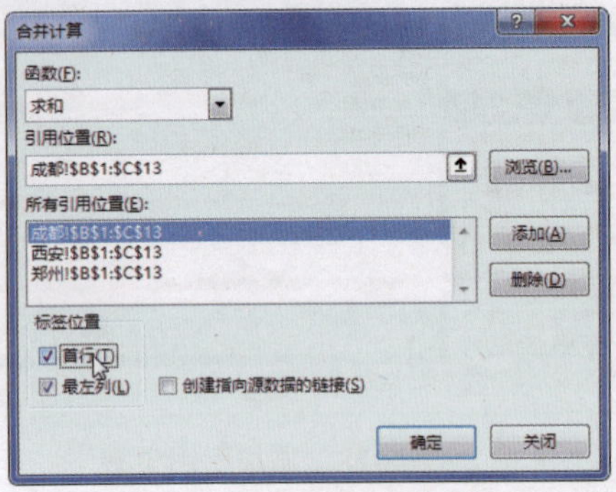

图 8-33　设置标签位置

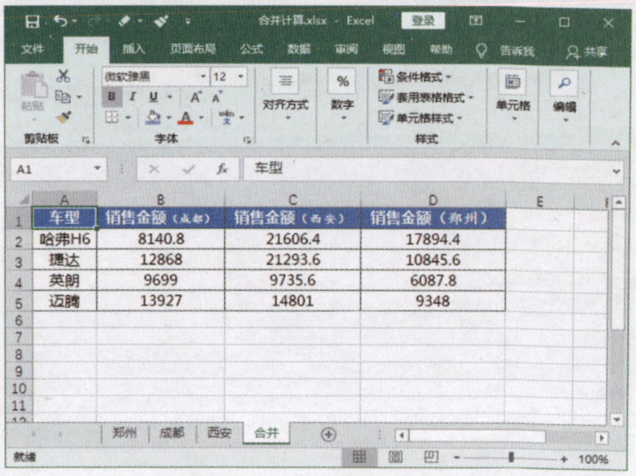

图 8-34　合并计算结果

8.3　图表分析数据的使用

使用图表可以将统计的数据以图形化呈现，使用户更生动、直观地了解数据之间的数量关系，分析数据的走势和预测发展趋势。下面将详细介绍 Excel 2016 中图表的应用方法。

实训 1　为所选数据创建图表

图表是 Excel 中重要的数据分析工具，将工作表行或列中排列的数据做到图表中，可以使数据更加清晰，更容易理解。在 Excel 2016 中创建图表的具体操作方法如下所述。

Step 01 打开“素材文件\第 9 章\公司收入分析.xlsx”，复制工作表，并将其重命名为“图表”，选择 B1:E13 单元格区域，如图 8-35 所示。

Step 02 选择“插入”选项卡，在“图表”组中单击“插入柱形图或条形图”下拉按钮，选择“簇状柱形图”类型，如图 8-36 所示。

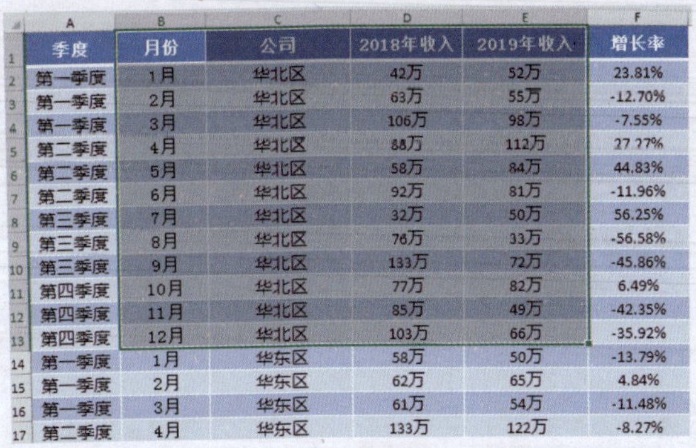

季度	月份	公司	2018年收入	2019年收入	增长率
第一季度	1月	华北区	42万	52万	23.81%
第一季度	2月	华北区	63万	55万	-12.70%
第一季度	3月	华北区	106万	98万	-7.55%
第二季度	4月	华北区	88万	112万	27.27%
第二季度	5月	华北区	58万	84万	44.83%
第二季度	6月	华北区	92万	81万	-11.96%
第三季度	7月	华北区	32万	50万	56.25%
第三季度	8月	华北区	76万	33万	-56.58%
第三季度	9月	华北区	133万	72万	-45.86%
第四季度	10月	华北区	77万	82万	6.49%
第四季度	11月	华北区	85万	49万	-42.35%
第四季度	12月	华北区	103万	66万	-35.92%
第一季度	1月	华东区	58万	50万	-13.79%
第一季度	2月	华东区	62万	65万	4.84%
第一季度	3月	华东区	61万	54万	-11.48%
第二季度	4月	华东区	133万	122万	-8.27%

图 8-35　选择单元格区域

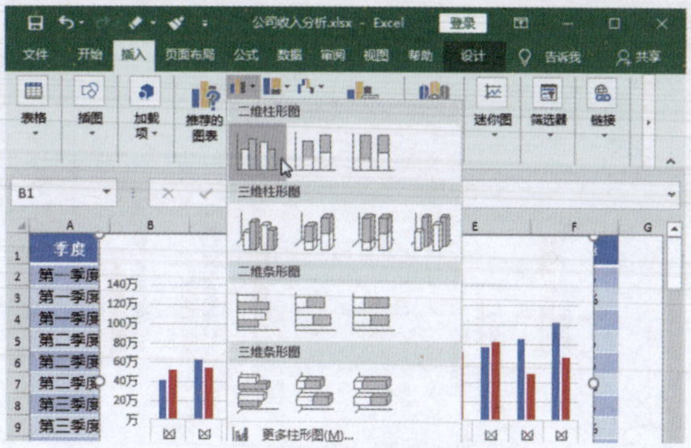

图 8-36　选择图表类型

Step 03 创建柱形图图表，修改图表标题，如图 8-37 所示。

Step 04 横坐标中的“华北区”字样是不需要的，此时在工作表中隐藏 C 列即可，如图 8-38 所示。

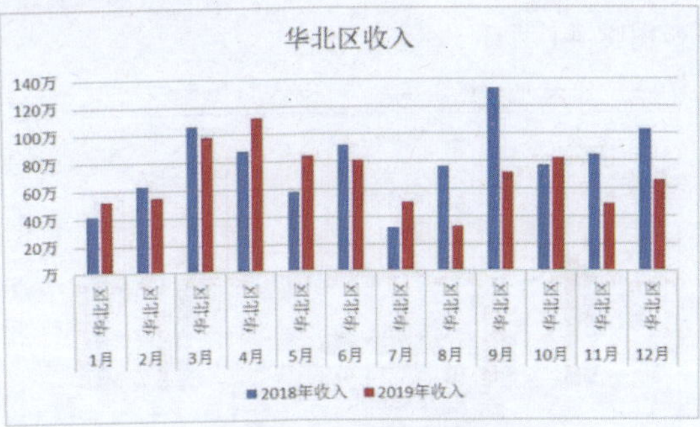

图 8-37　创建柱形图

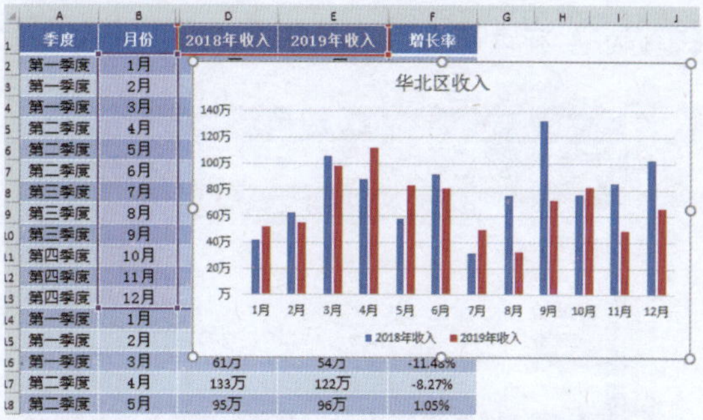

图 8-38　隐藏列

Step 05 单击图表右上方的“图表筛选器”按钮，取消选择要在图表中隐藏的月份，然后单击“应用”按钮，如图 8-39 所示。

Step 06 在图表中隐藏相应的月份系列，效果如图 8-40 所示。若要再次显示，只需选中相应的复选框即可。

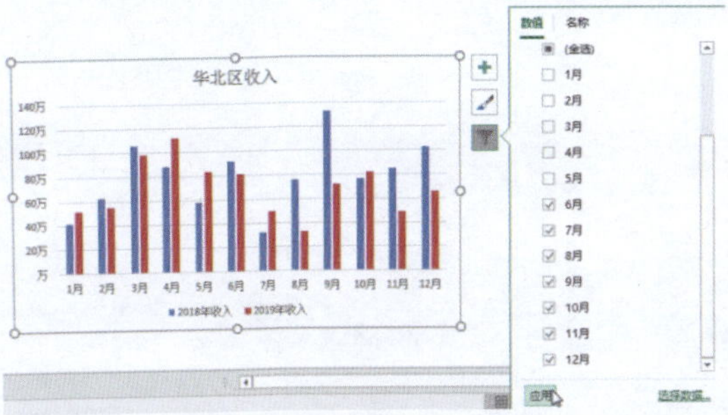

图 8-39　隐藏部分月份

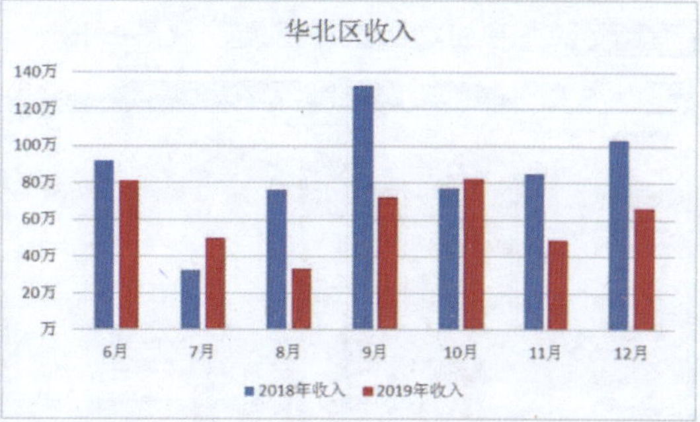

图 8-40　隐藏部分月份结果

实训 2　组合图表的创建

组合图表就是使用两种或多种图表类型来强调不同类型的信息，还可设置次要坐标轴，具体操作方法如下所述。

Step 01 选中图表并右击，选择“选择数据”命令，如图 8-41 所示。

Step 02 弹出“选择数据源”对话框，单击“添加”按钮，如图 8-42 所示。

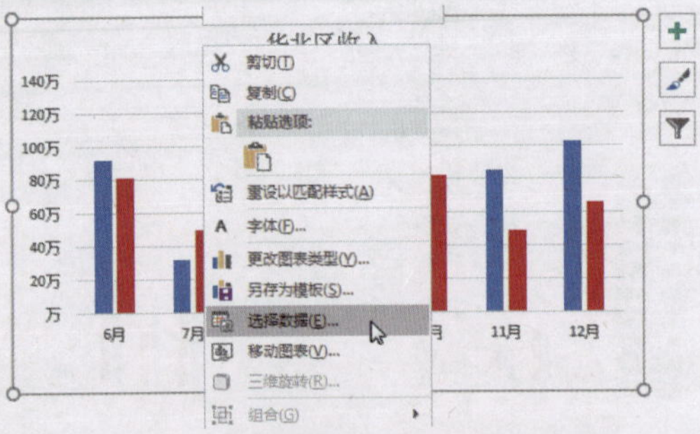

图 8-41　选择“选择数据”命令

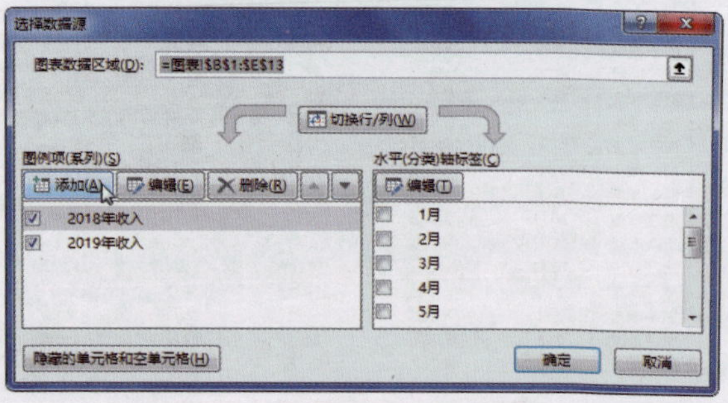

图 8-42　单击“添加”按钮

Step 03 弹出“编辑数据系列”对话框，分别设置“系列名称”和“系列值”单元格引用，然后依次单击“确定”按钮，如图 8-43 所示。

Step 04 右击图表，选择“更改图表类型”命令，如图 8-44 所示。

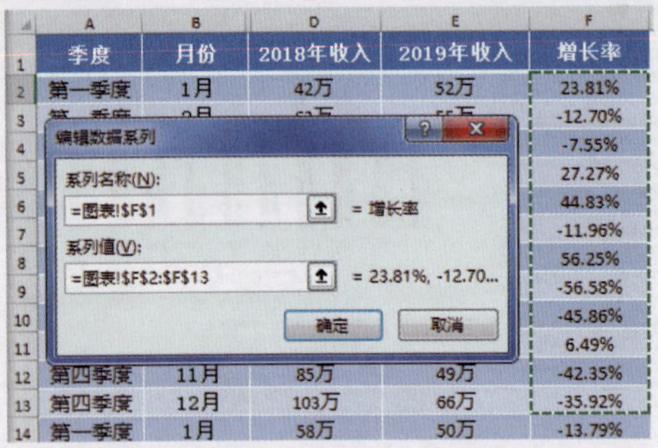

图 8-43　设置系列名称与系列值单元格引用

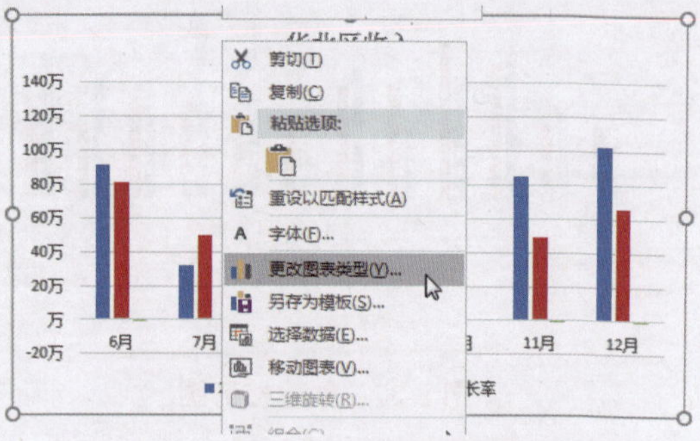

图 8-44　选择“更改图表类型”命令

Step 05 弹出“更改图表类型”对话框，在左侧选择“组合图”选项，在“增长率”右侧的图表类型下拉列表框中选择“带数据标记的折线图”类型，并选中“次坐标轴”复选框，然后单击“确定”按钮，如图 8-45 所示。

Step 06 查看创建的组合图表，效果如图 8-46 所示。

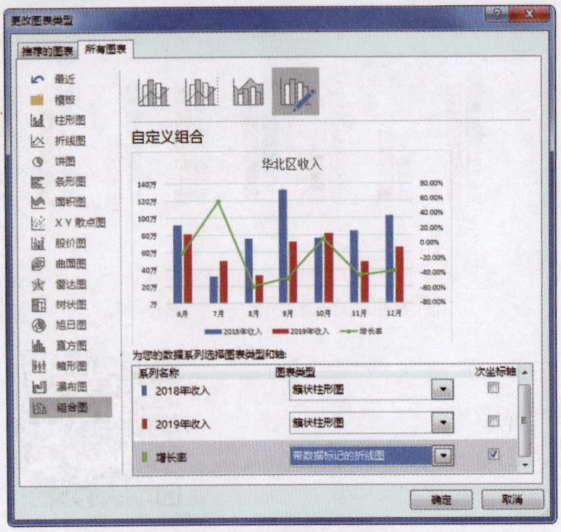

图 8-45　设置组合图表

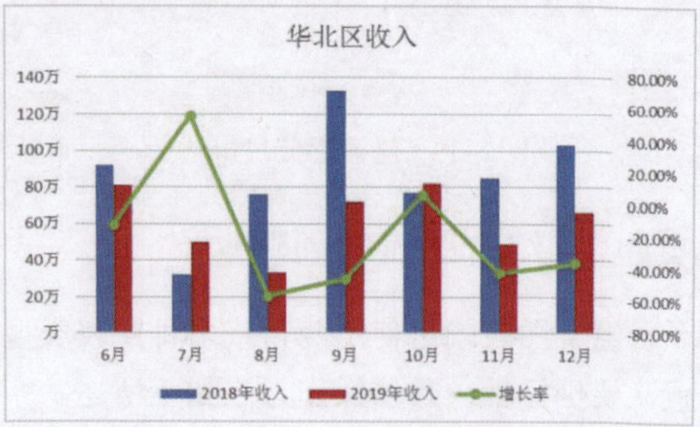

图 8-46　组合图表效果

实训 3　图表格式的设置

Excel 图表中包含多种元素，默认情况下只显示一部分元素，如图表区、绘图区、坐标轴、图例、标题和网格线等，用户可以通过添加图表元素更改图表布局，通过设置图表元素格式美化图表，具体操作方法如下所述。

Step 01 选择“页面布局”选项卡，在“主题”组中单击“颜色”下拉按钮，选择所需的颜色样式，即可更改图表颜色，如图 8-47 所示。

Step 02 在图表中选择网格线，然后按【Delete】键将其删除，效果如图 8-48 所示。

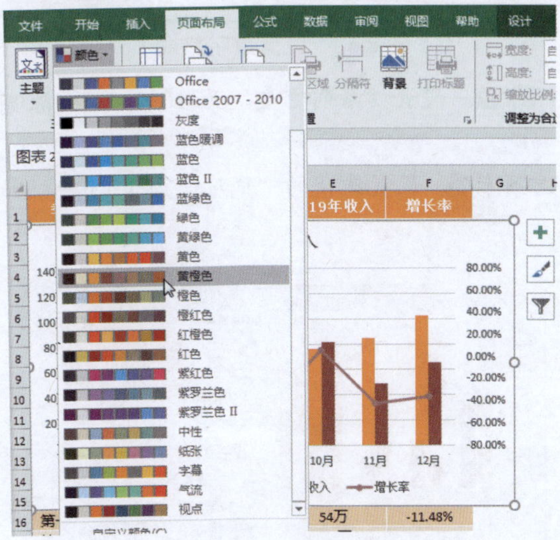

图 8-47　选择颜色主题

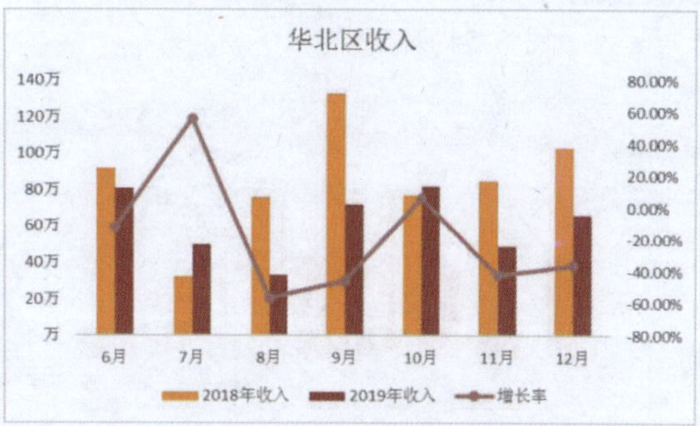

图 8-48　删除网格线

Step 03 在图表中双击纵坐标轴，打开“设置坐标轴格式”窗格，选择“坐标轴选项”选项卡，设置单位“大”为 40，如图 8-49 所示。

Step 04 展开“刻度线”选项，在“主刻度线类型”下拉列表框中选择“外部”选项，如图 8-50 所示。

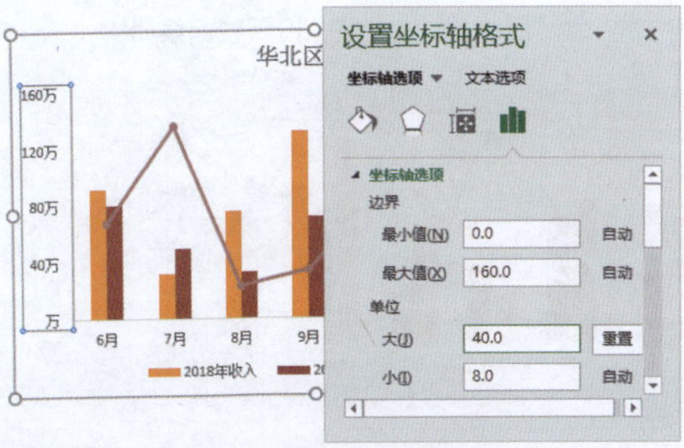

图 8-49　设置坐标轴选项

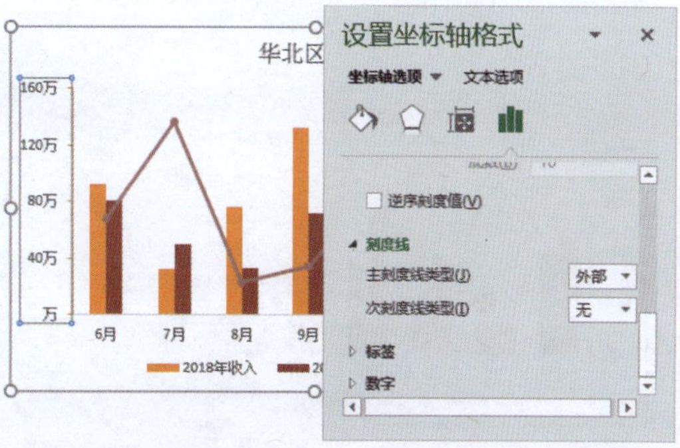

图 8-50　设置主刻度线

Step 05 选择次坐标轴，设置单位“大”为 0.3，然后采用同样的方法设置主刻度线类型为“外部”，如图 8-51 所示。

Step 06 展开“数字”选项，设置“小数位数”为 0，如图 8-52 所示。

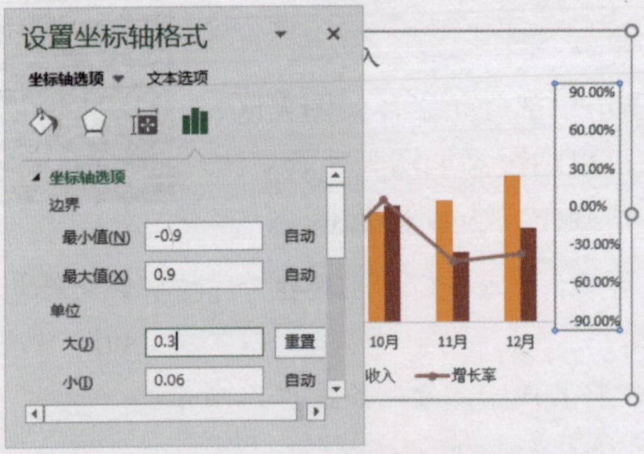

图 8-51　设置坐标轴选项

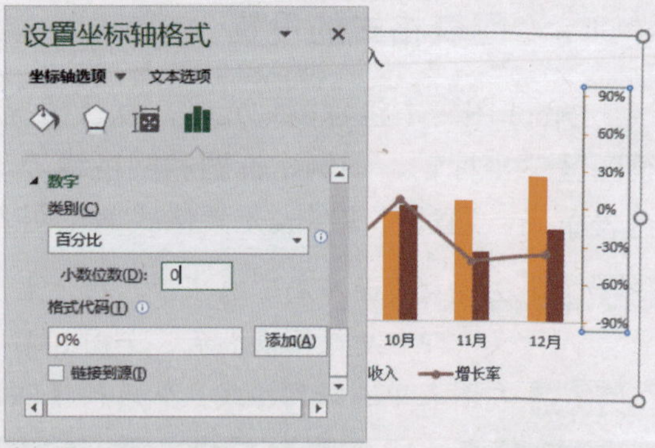

图 8-52　设置数字格式

Step 07 在图表中选择系列，选择“系列选项”选项卡，设置“系列重叠”为-10%，“间隙宽度”为 120%，如图 8-53 所示。

Step 08 在图表中选择折线，选择“填充与线条”选项卡，设置线条的“宽度”为 1.75 磅，如图 8-54 所示。

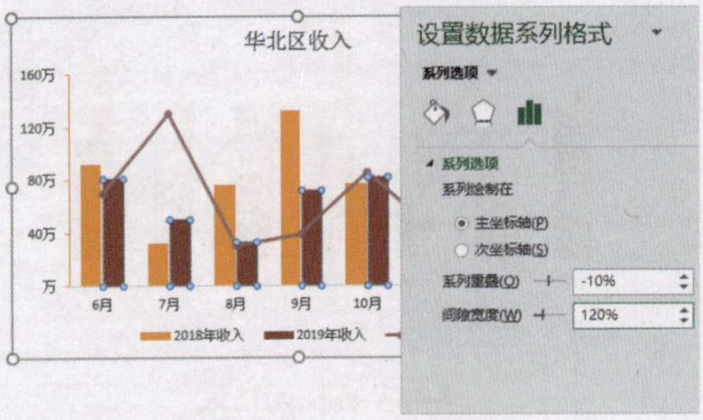

图 8-53　设置系列选项

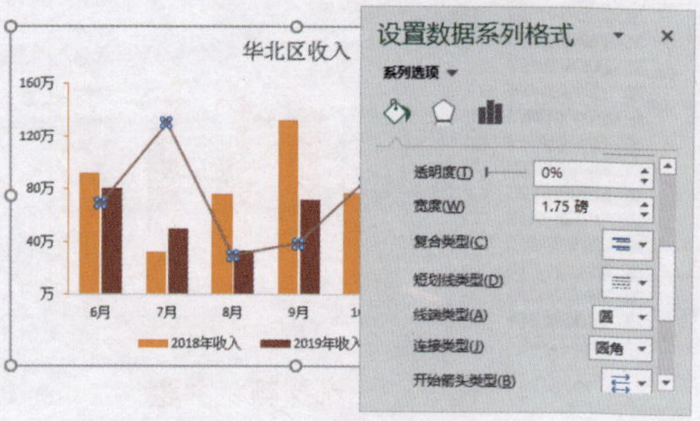

图 8-54　设置线条宽度

Step 09 在下方选中“平滑线”复选框，将折线更改为平滑线，如图 8-55 所示。

Step 10 单击“标记”按钮，在“数据标记选项”下选中“内置”单选按钮，选择标记类型，并设置大小，如图 8-56 所示。

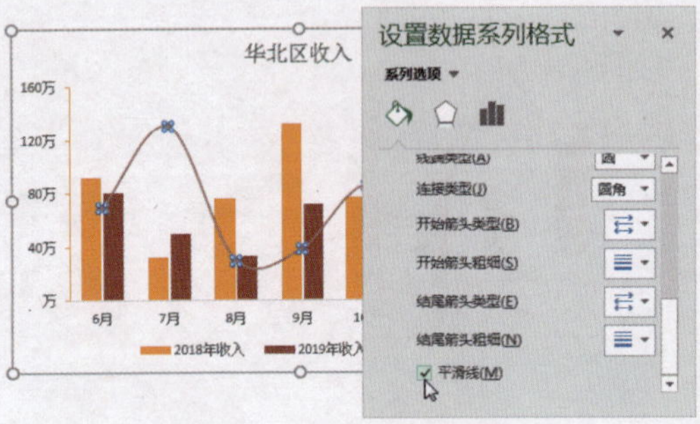

图 8-55　设置为平滑线

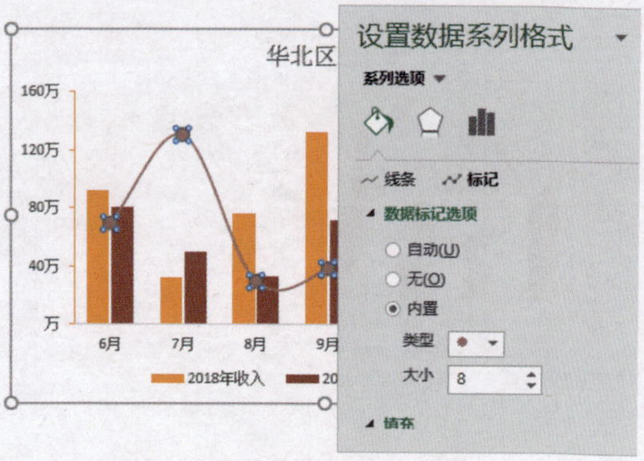

图 8-56　设置数据标记选项

Step 11 在“填充”选项区中选中“纯色填充”单选按钮，并设置颜色为白色，如图 8-57 所示。

Step 12 选择“设计”选项卡，单击“添加图表元素”下拉按钮，选择“数据表”|“显示图例项标示”选项，如图 8-58 所示。

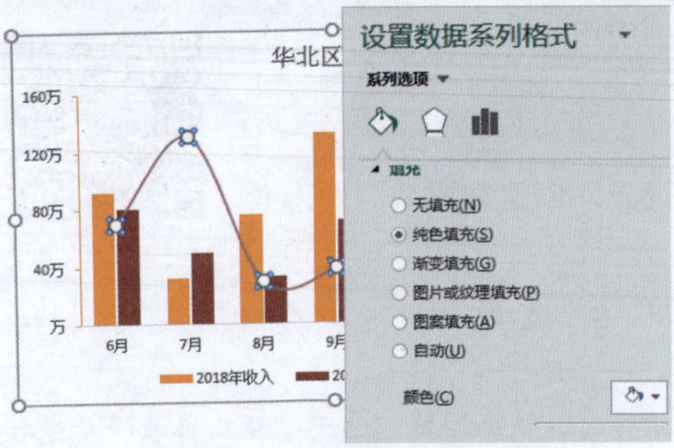

图 8-57　设置数据标记填充

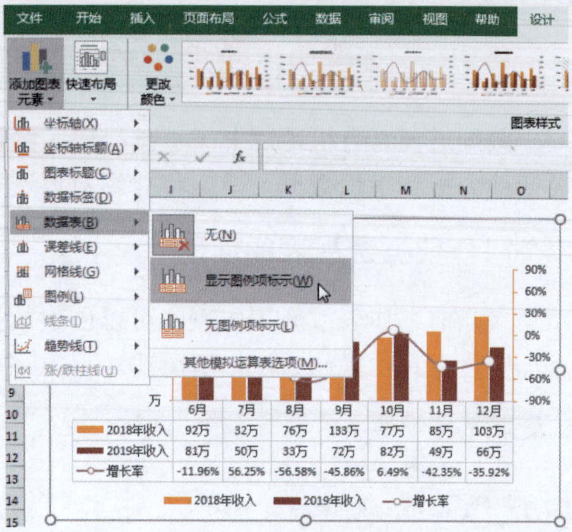

图 8-58　添加数据表元素

Step 13 在图表中删除图例。双击数据表，在“设置模拟运算表格式”窗格中取消选择“垂直”复选框，删除垂直表格边框，如图 8-59 所示。

Step 14 选择“填充与线条”选项卡，在“边框”选项区中选中“实线”单选按钮，并设置线条颜色，如图 8-60 所示。

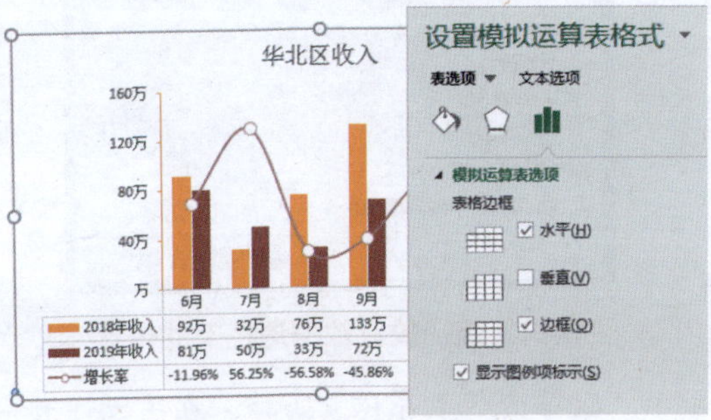

图 8-59　设置数据表选项

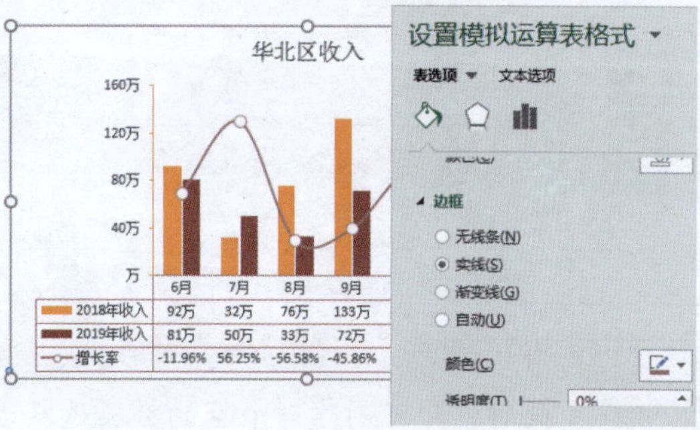

图 8-60　设置数据表边框颜色

Step 15 选择图表标题，在“设置图表标题格式”窗格中选择“大小与属性”选项卡，在“文字方向”下拉列表框中选择“竖排”选项，然后调整图表标题的位置，如图 8-61 所示。

Step 16 根据需要调整图表和绘图区大小，效果如图 8-62 所示。

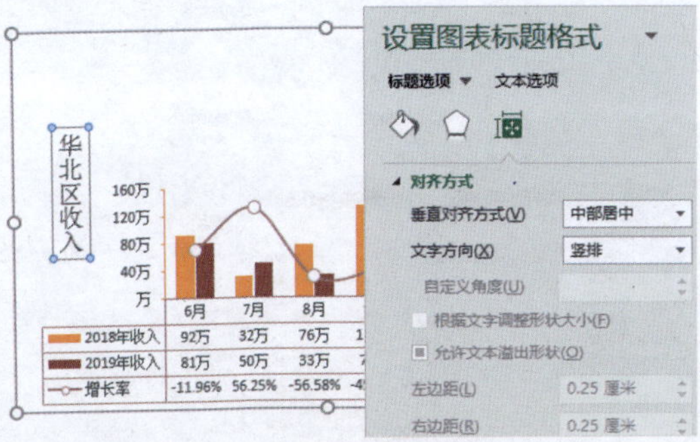

图 8-61　设置图表标题文字方向

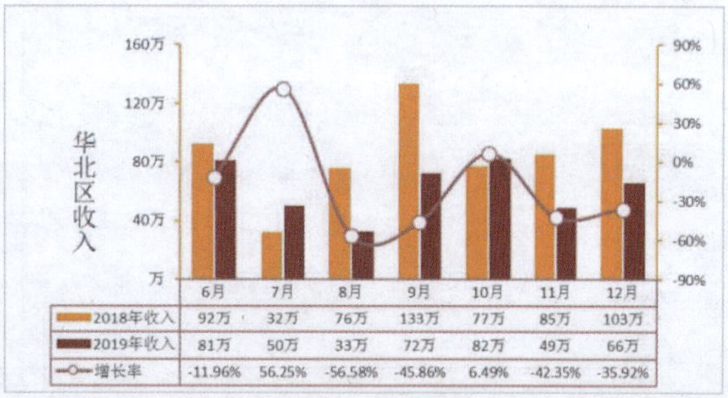

图 8-62　调整图表和绘图区大小

8.4 数据透视表管理与分析数据的使用

数据透视表有机地综合了数据排序、筛选和分类汇总等数据分析的优点，能够帮助用户灵活地分析和组织数据。下面将介绍数据透视表的应用方法。

实训 1 数据透视表的创建

在当前工作表或新工作表中可以创建数据透视表，创建完成后需要为其添加字段，具体操作方法如下所述。

Step 01 选择任意数据单元格，选择“插入”选项卡，在“表格”组中单击“数据透视表”按钮，如图 8-63 所示。

Step 02 弹出“创建数据透视表”对话框，程序将自动选取数据区域。选中“新工作表”单选按钮，然后单击“确定”按钮，如图 8-64 所示。

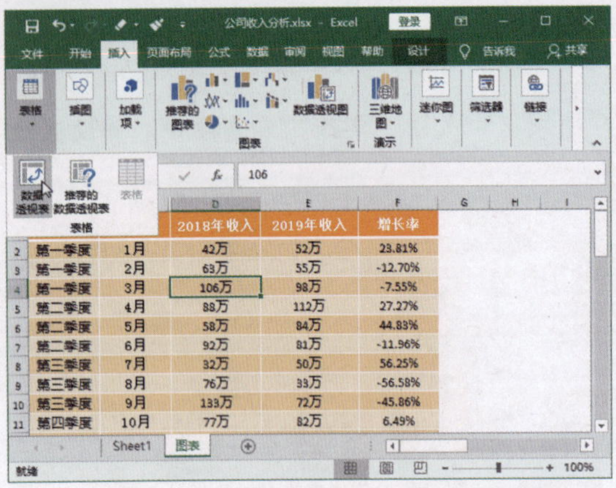

图 8-63 单击“数据透视表”按钮

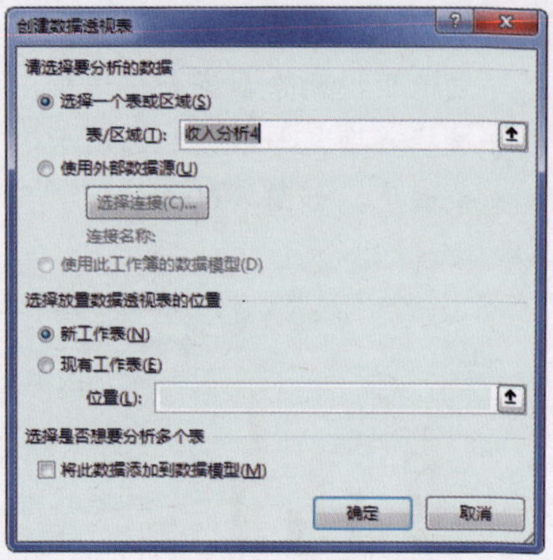

图 8-64 选择放置数据透视表的位置

Step 03 此时，即可创建一个空的数据透视表，并显示“数据透视表字段”窗格。在字段列表中依次将“季度”和“公司”字段拖至“行”区域中，如图 8-65 所示。

Step 04 在字段列表中依次将“2018 年收入”和“2019 年收入”字段拖至“值”区域中，如图 8-66 所示。

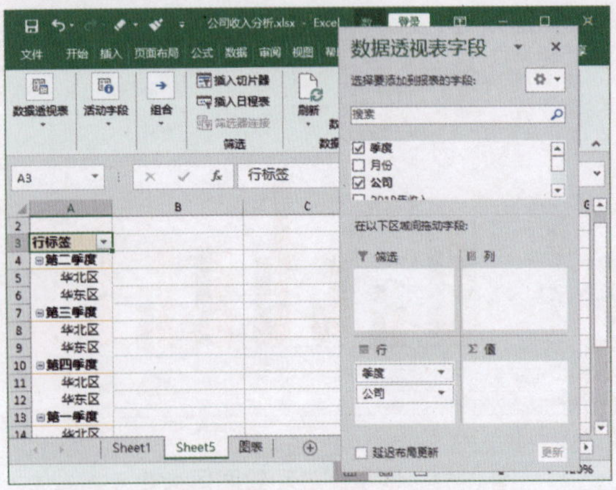

图 8-65 添加字段 1

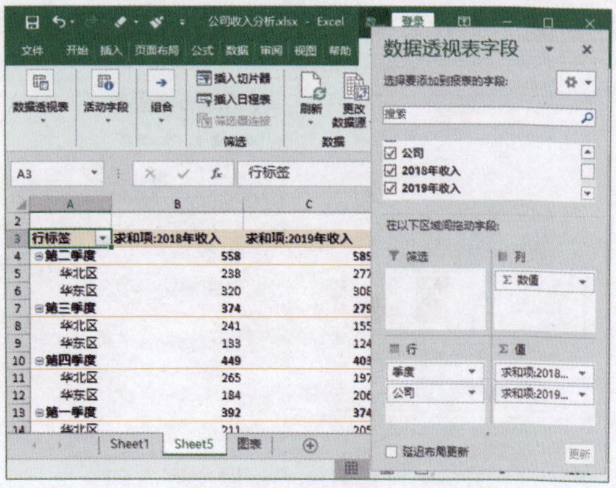

图 8-66 添加字段 2

Step 05 选中“第一季度”单元格，将鼠标指针移至其网格线位置，当指针呈✥样式时按住鼠标左键并向上拖动，调整该字段的位置，如图 8-67 所示。

Step 06 采用同样的方法，将“华北区”字段拖至“华东区”字段下方，如图 8-68 所示。

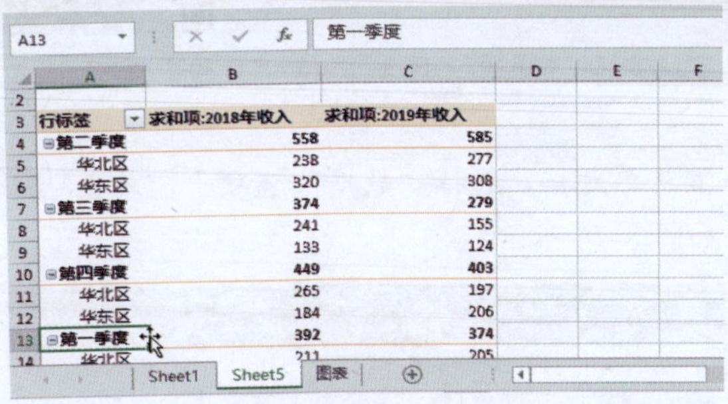

图 8-67　调整字段位置

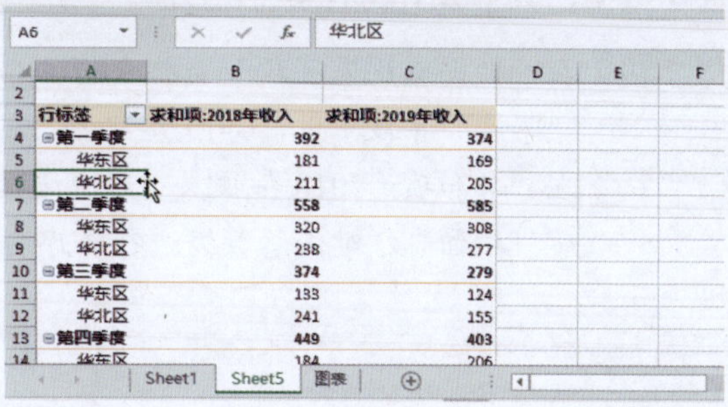

图 8-68　调整字段位置

实训 2　字段的设置

在数据透视表中，可以根据需要更改值的汇总方式和显示方式，具体操作方法如下所述。

Step 01 右击“求和项：2018 年收入”列中任一单元格，选择“值显示方式”|“总计的百分比”命令，如图 8-69 所示。

Step 02 总计的百分比显示该列数据，结果如图 8-70 所示。

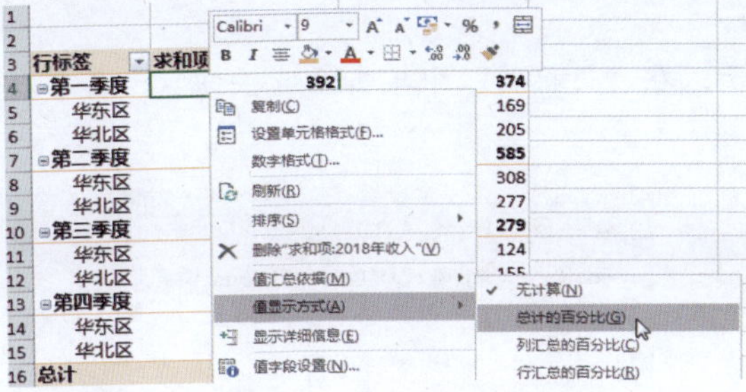

图 8-69　设置值显示方式

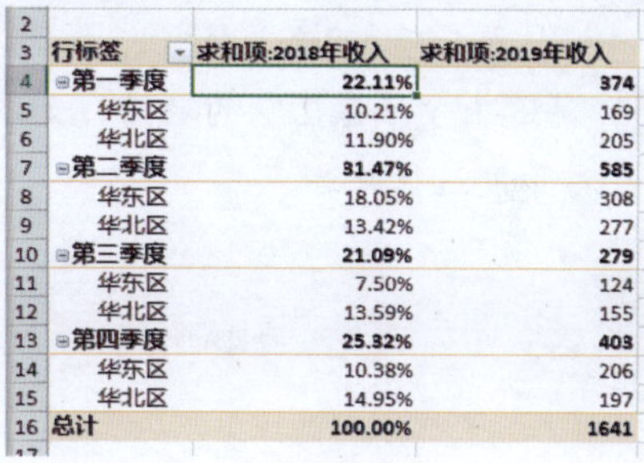

图 8-70　以总计的百分比显示数据

Step 03 右击“求和项：2019 年收入”列中任一单元格，选择“值汇总依据”|“平均值”命令，如图 8-71 所示。

Step 04 数据的汇总方式即可更改为“平均值”汇总，结果如图 8-72 所示。

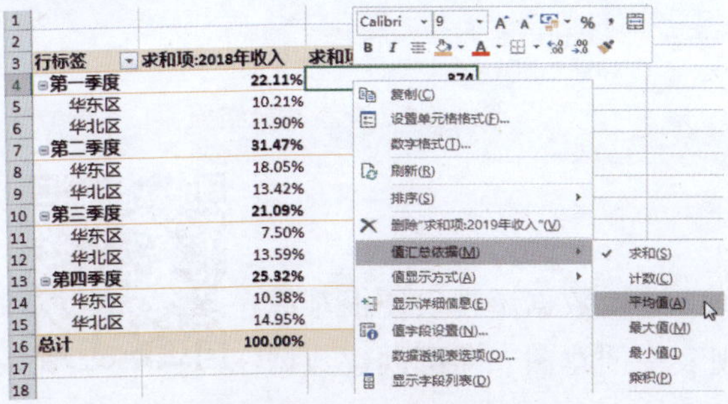

图 8-71　选择值汇总依据

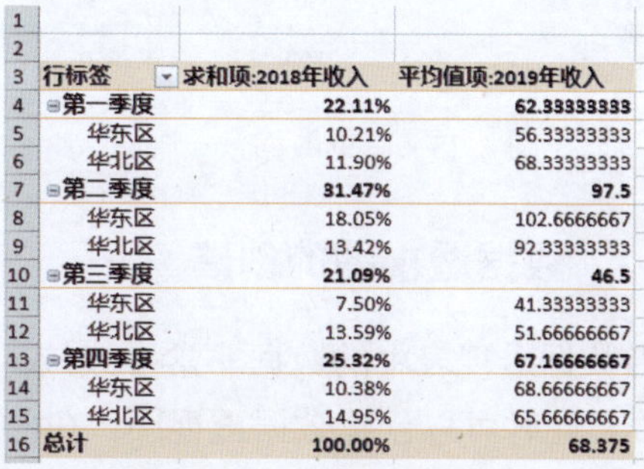

图 8-72　平均值汇总

实训 3　数据的排序和筛选

若数据透视表中包含了大量的数据，可以通过对数据进行排序和筛选来管理数据，具体操作方法如下所述。

Step 01 在“数据透视表字段”窗格中将“公司”字段拖至“筛选”区域，将“月份”字段拖至“季度”字段下方，如图 8-73 所示。

Step 02 在“求和项：2018 年收入”列中选择任一汇总单元格，选择“数据”选项卡，单击“降序”按钮，对汇总数据进行降序排序，如图 8-74 所示。

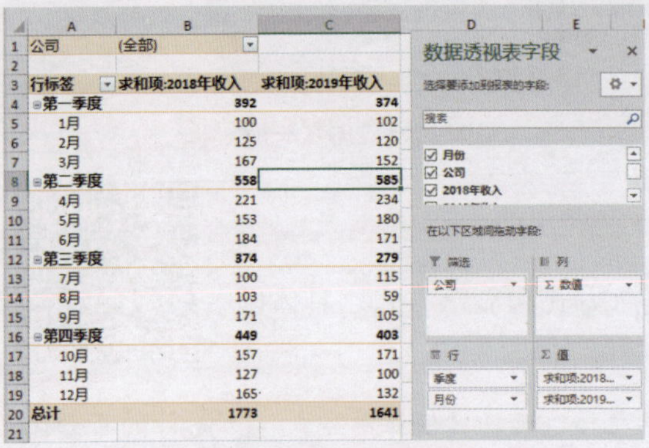

图 8-73　更改数据透视表结构

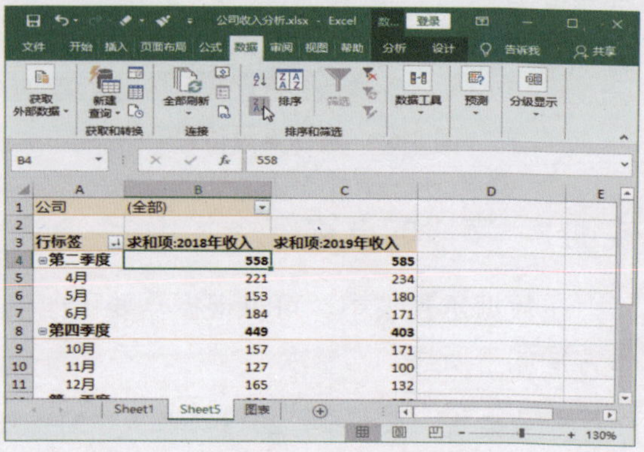

图 8-74　降序排序

Step 03 单击“公司”右侧的下拉按钮，选中“选择多项”复选框，取消选择“华北区”复选框，然后单击“确定”按钮，如图 8-75 所示。

Step 04 筛选出“华东区”的数据，如图 8-76 所示。在“行标签”中单击筛选按钮，还可以对季度进行筛选。

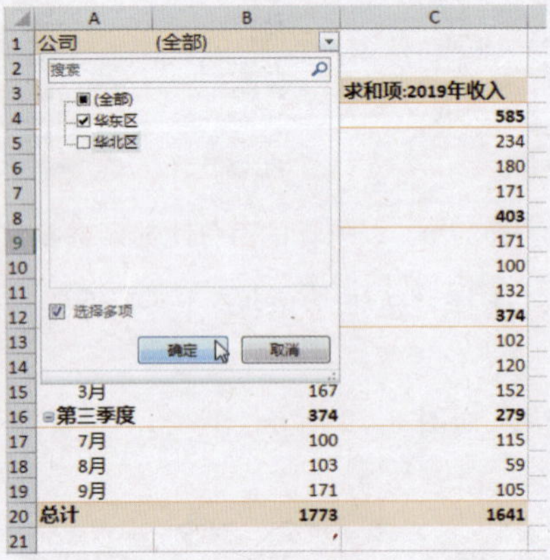

图 8-75　筛选数据

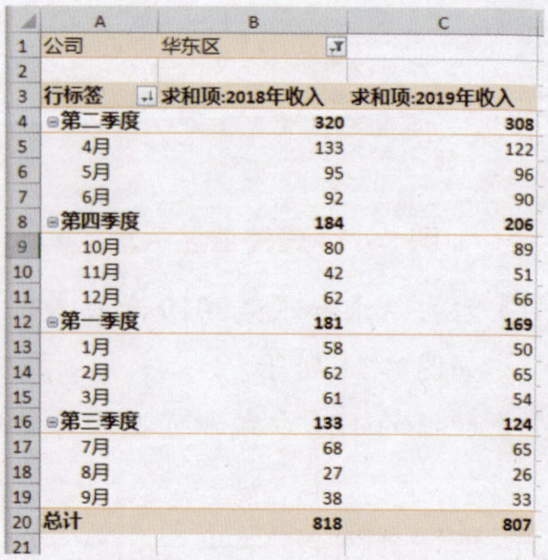

图 8-76　查看筛选结果

实训 4　数据透视图的创建

当数据透视表中的数据非常多或较为复杂时，通过数据透视表便很难纵观全局，此时可以创建数据透视图。在数据透视表中创建图表即可创建数据透视图，具体操作方法如下所述。

Step 01 在“数据透视表字段”窗格中调整各字段的位置，在数据透视表中根据需要手动排序字段，在编辑栏中编辑列标签名称，如图 8-77 所示。

Step 02 选择“插入”选项卡，在“图表”组中单击“插入柱形图或条形图”下拉按钮，选择“簇状柱形图”类型，如图 8-78 所示。

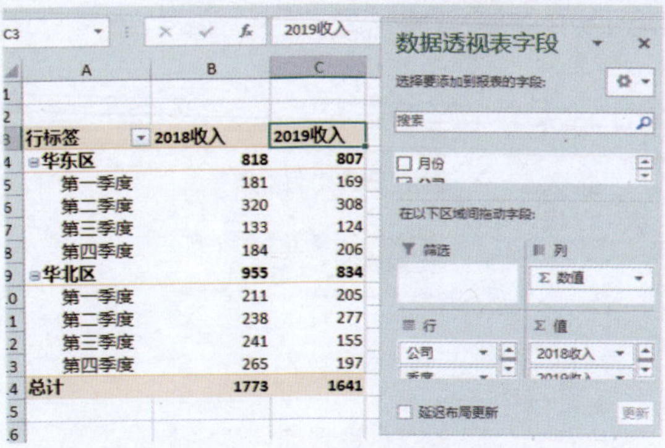

图 8-77　更改数据透视表结构

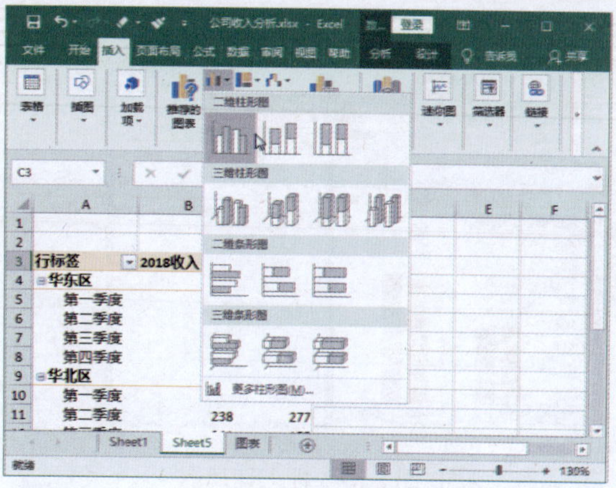

图 8-78　选择图表类型

Step 03 创建柱形图，在图表中按公司展示各季度的收入对比，如图 8-79 所示。

Step 04 打开“数据透视图字段”窗格，在“轴（类别）”区域将“公司”字段拖至“季度”字段下方，在图表中按季度展示各公司的收入，如图 8-80 所示。

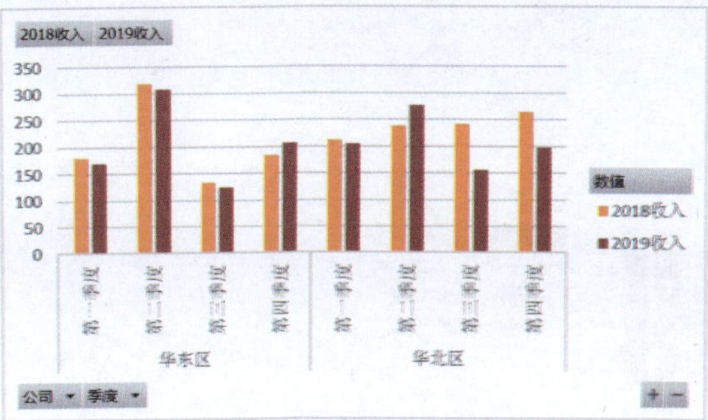

图 8-79　创建数据透视图

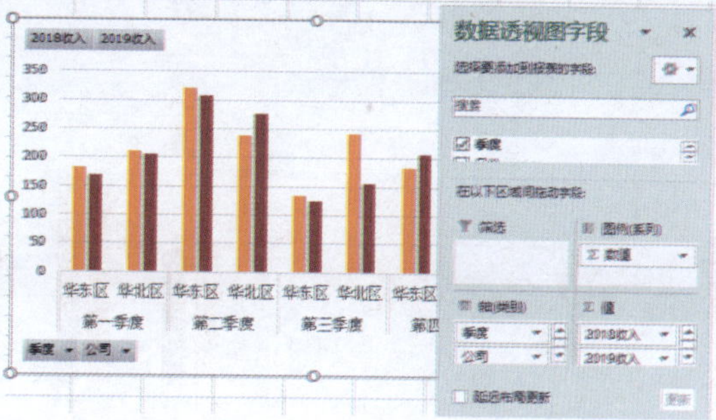

图 8-80　更改“轴（类别）”层次结构

Step 05 单击图表右下方的“折叠整个字段”按钮，即可在数据透视图的水平轴中隐藏“公司”字段，如图 8-81 所示。

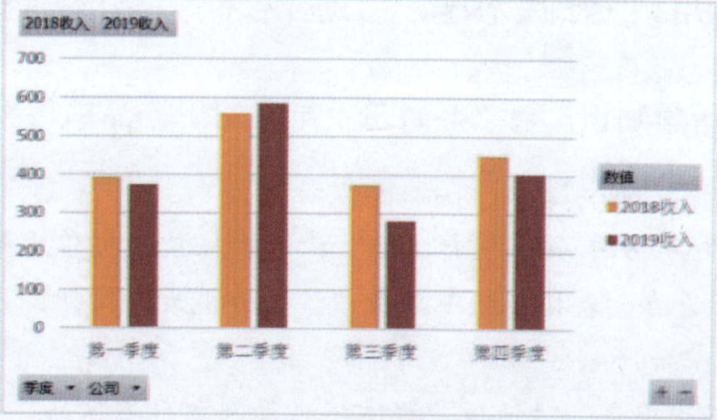

图 8-81　折叠字段

Step 06 在“分析”选项卡下单击“插入切片器”按钮，在弹出的对话框中选择字段，然后单击“确定”按钮，如图 8-82 所示。

Step 07 插入切片器。在“选项”选项卡下设置切片样式，在“按钮”组中设置为 2 列，如图 8-83 所示。

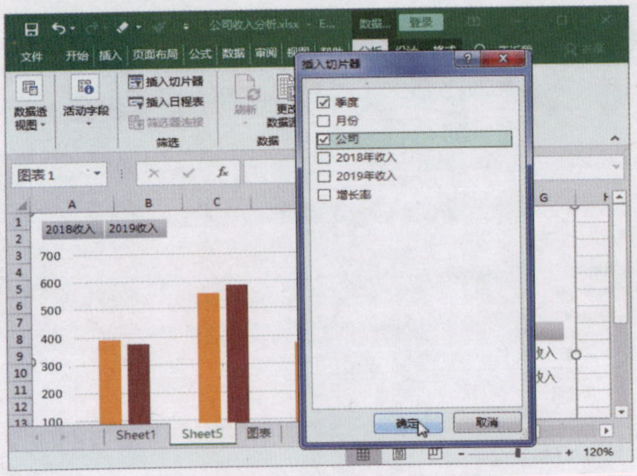

图 8-82 插入切片器

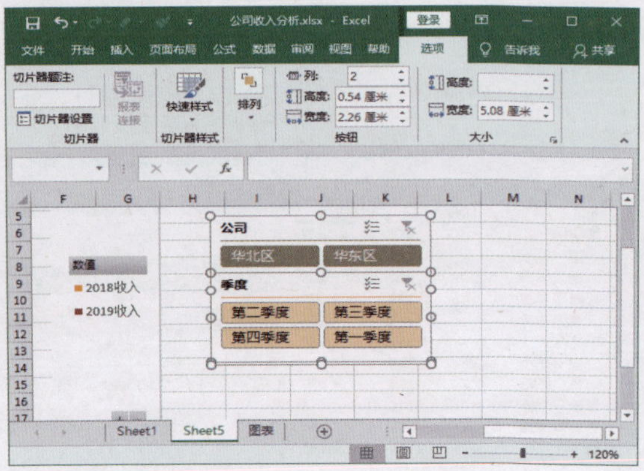

图 8-83 设置切片器

Step 08 设置数据透视图格式，在“分析”选项卡下单击“字段按钮”按钮，在数据透视图中隐藏字段按钮，如图 8-84 所示。

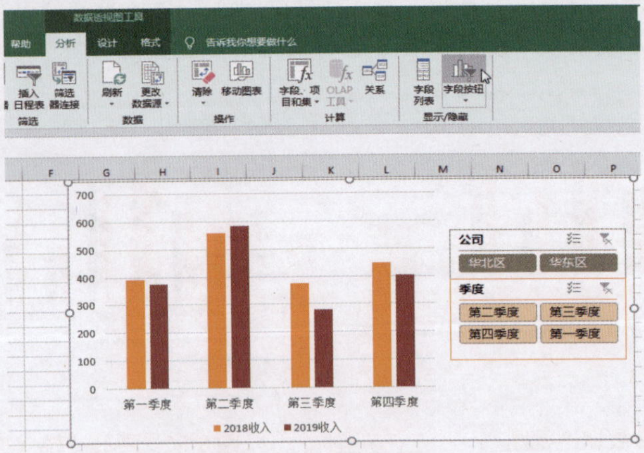

图 8-84 隐藏字段按钮

8.5 综合实训：图表和数据透视表分析销售记录的使用

下面综合运用本章所学知识，对“4 月份上半月厨卫产品销售”数据表进行销售额分析，方法如下所述。

Step 01 打开“素材文件\第 8 章\销售统计.xlsx”，选择任意数据单元格，选择“插入”选项卡，在“表格”组中单击“数据透视表”按钮，如图 8-85 所示。

Step 02 弹出“创建数据透视表”对话框，程序将自动选取数据区域，选中“新工作表”单选按钮，然后单击“确定”按钮，如图 8-86 所示。

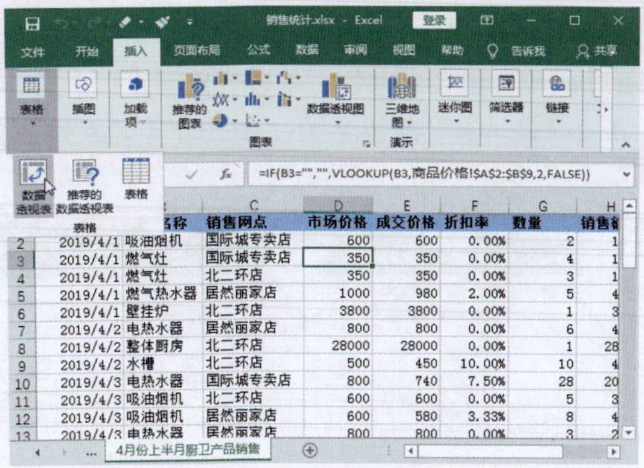

图 8-85　单击“数据透视表”按钮

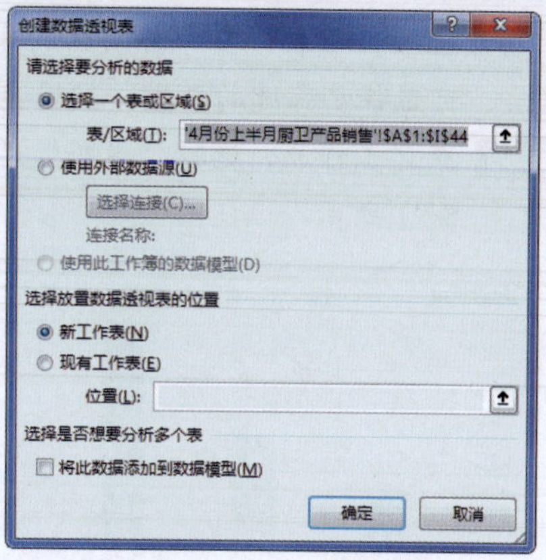

图 8-86　“创建数据透视表”对话框

Step 03 创建数据透视表。依次将“销售网点”和“商品名称”字段拖至“行”区域中，将“求和项：销售额”字段拖至“值”区域中，如图 8-87 所示。

Step 04 在数据透视表中折叠行标签，选择“插入”选项卡，在“图表”组中单击“插入柱形图或条形图”下拉按钮，选择“簇状柱形图”类型，如图 8-88 所示。

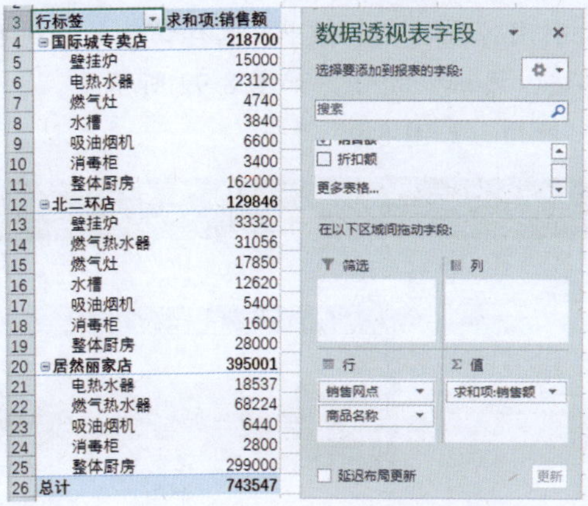

图 8-87　添加数据透视表字段

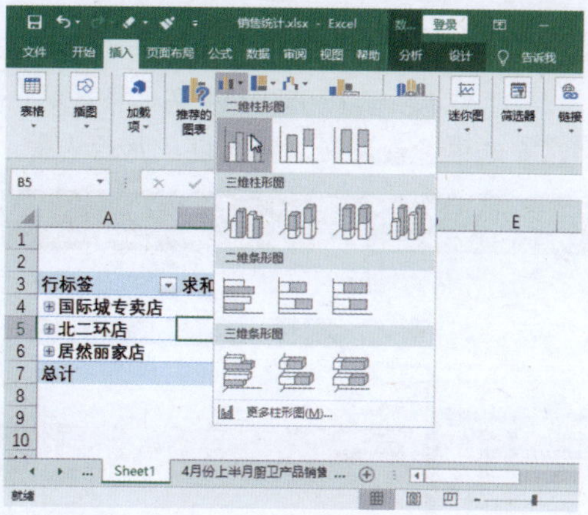

图 8-88　选择图表类型

Step 05 创建数据透视图。选择“分析”选项卡，单击“插入日程表”按钮，在弹出的对话框中单击“确定”按钮，如图 8-89 所示。

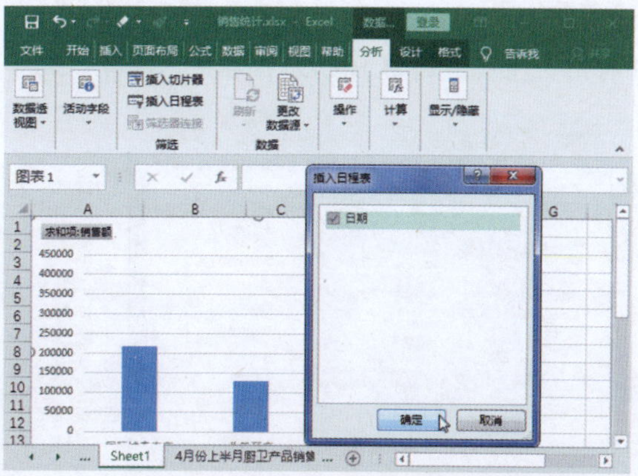

图 8-89　插入日程表

Step 06 插入日程表。在“时间级别”下拉列表框中选择“日”选项，在日程表上拖动鼠标，即可选择要筛选的日期，数据透视图随着时间的变化发生变化，如图 8-90 所示。

Step 07 新建工作表，选择“数据”选项卡，在“数据工具”组中单击“合并计算”按钮，如图 8-91 所示。

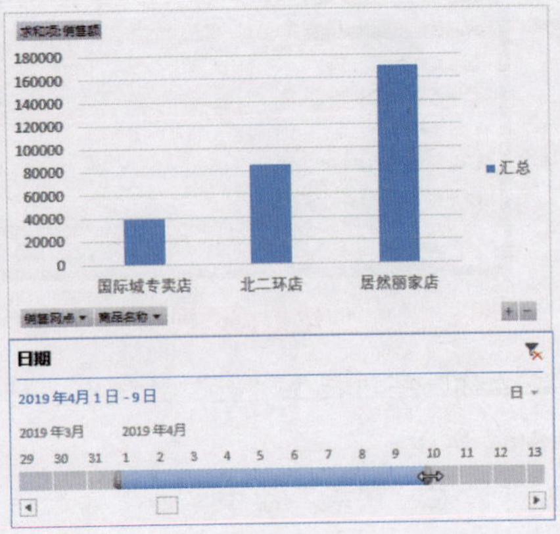

图 8-90　筛选日期

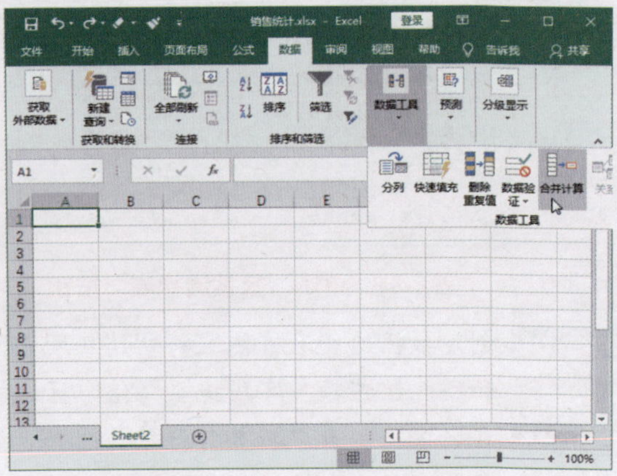

图 8-91　单击“合并计算”按钮

Step 08 弹出“合并计算”对话框，将光标定位到“引用位置”文本框中，选择销售数据所在的工作表，选择 A2:H44 单元格区域，然后单击“添加”按钮，如图 8-92 所示。

Step 09 选中“最左列”复选框，然后单击“确定”按钮，如图 8-93 所示。

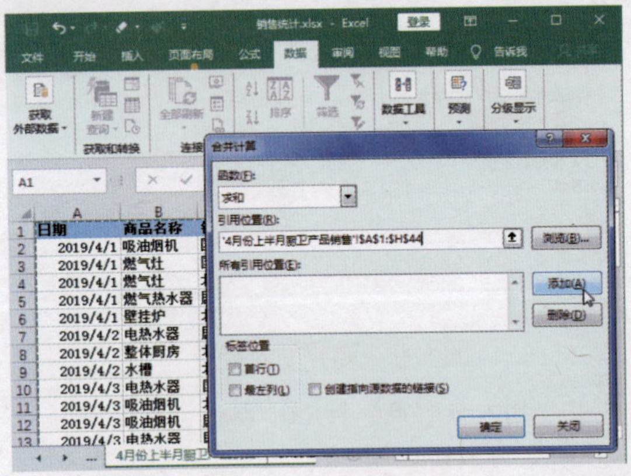

图 8-92　添加单元格引用

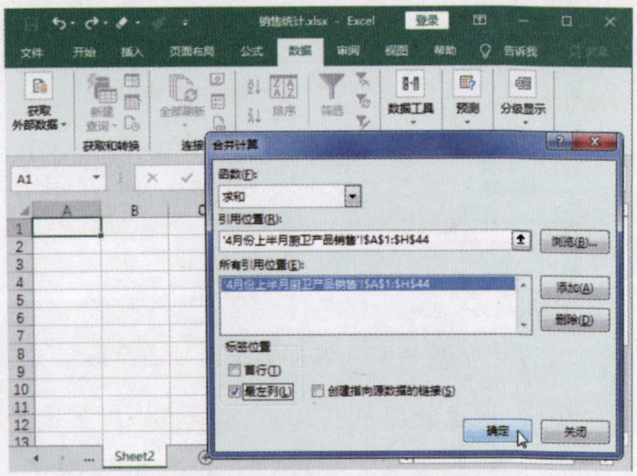

图 8-93　设置标签位置

Step 10 合并计算出每日的销售情况。选中 B:G 列并右击，选择“删除”命令，如图 8-94 所示。

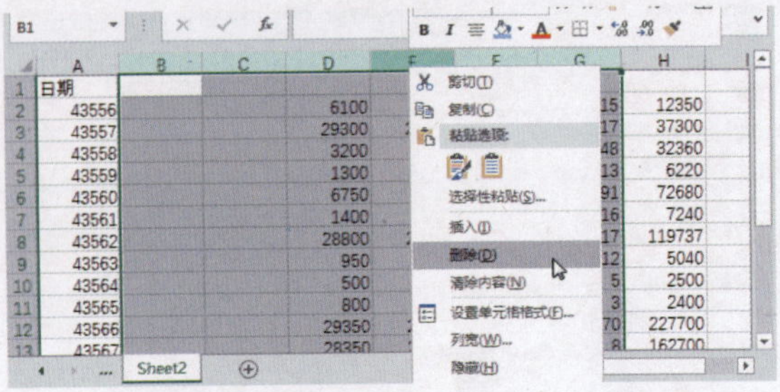

图 8-94　删除列

Step 11 选择 A 列的数据，选择“开始”选项卡，在“数字格式”下拉列表中选择“短日期”选项，如图 8-95 所示。

Step 12 设置 B 列数据为“货币”格式，并设置单元格格式，效果如图 8-96 所示。

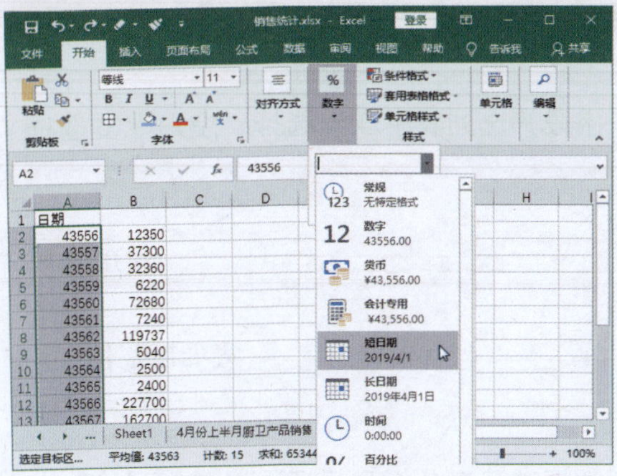

图 8-95 设置数字格式

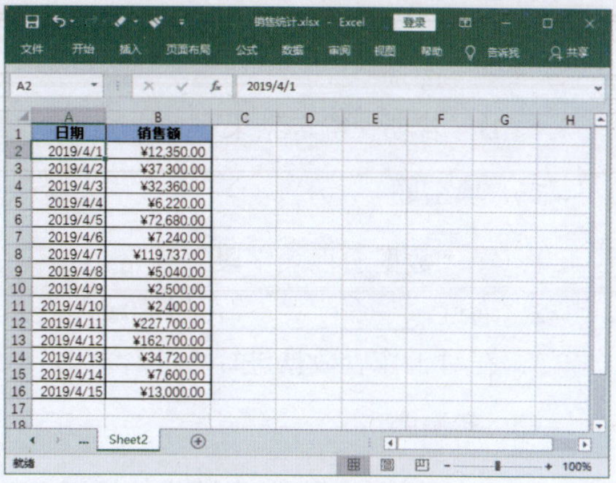

图 8-96 设置数据格式

本章小结

通过对本章的学习，读者应该掌握以下知识。

（1）使用自动筛选和高级筛选功能从数据表中提取满足条件的数据。

（2）使用排序功能快速对数据进行单条件或多条件的升、降序排序，以及按照自定义的序列排序数据。

（3）使用分类汇总功能对表格中的同一类数据按多种方式进行数据的汇总。

（4）使用合并计算功能将多个工作表中同类别的数据合并到一个主工作表中，并按照指定的函数进行合并计算。

（5）将工作表中的数据转换为图形系列展现在图表中，使数据更加清晰，更容易理解。

（6）更改图表布局，对图表格式进行设置。

（7）使用数据透视表，按不同的关系来提取、组织和分析数据。

（8）在数据透视表上生成具有动态交互功能的数据透视图。

本章练习

一、选择题

1. 关于数据透视表，以下哪种说法不正确？（ ）

   A. 通过更改数据的字段布局可以透视数据透视表中的数据

   B. 在“数据透视表字段”窗格中右击字段，可设置将其添加到不同的区域

   C. 在数据透视表中可以应用条件格式

   D. 在“值”区域不能添加一个字段的多个副本

2．关于数据排序与筛选，以下哪种说法不正确？（　）

A．在“排序”对话框中单击“选项”按钮，在弹出的对话框中可以设置按行排序

B．在更改数据后，需要先清除筛选，再重新设置筛选

C．在筛选数据时，根据列中的数据类型会在列表中显示“数字筛选”或“文本筛选”选项

D．若要使筛选结果不包含空值，可以在字段筛选列表中取消选择“空白”复选框

二、填空题

1．在“数据透视表字段”窗格中包含________、________、________和________4 个区域。

2．通过______________可以隐藏图表系列。

3．在对工作表数据进行合并计算时，可以设置__________和__________两个标签位置。

三、实操题

打开“素材文件\第 8 章\销售统计.xlsx”，使用数据透视表分析和管理数据，效果如图 8-97 所示。

	A	B	C	D
1	日期	(全部)		
2				
3	商品名称	销售网点	求和项:数量	求和项:销售额
4	⊟整体厨房		18	489000
5		北二环店	1	28000
6		国际城专卖店	6	162000
7		居然丽家店	11	299000
8				
9	⊟壁挂炉		13	48320
10		北二环店	9	33320
11		国际城专卖店	4	15000
12				
13	⊟消毒柜		21	7800
14		北二环店	4	1600
15		国际城专卖店	10	3400
16		居然丽家店	7	2800
17				
18	⊟吸油烟机		31	18440
19		北二环店	9	5400
20		国际城专卖店	11	6600
21		居然丽家店	11	6440
22				
23	⊟水槽		36	16460
24		北二环店	28	12620
25		国际城专卖店	8	3840
26				
27	⊟燃气灶		73	22590
28		北二环店	59	17850
29		国际城专卖店	14	4740
30				
31	⊟燃气热水器		107	99280
32		北二环店	33	31056
33		居然丽家店	74	68224

图 8-97　销售统计表

第 9 章　PowerPoint 2016 演示文稿快速制作

【本章导读】

PowerPoint 2016 是 Office 2016 系列办公软件中一款非常优秀的幻灯片制作软件，使用它可以制作出带有图片、图形、表格、图表及动画效果的演示文稿，被广泛应用于公司会议、课堂演示、教育培训及各种演示会等场合。在 PowerPoint 2016 中，可以使用文本、图形、照片、视频、动画等来制作具有视觉震撼力的演示文稿。

【本章目标】

- 熟悉 PowerPoint 2016 工作环境。
- 掌握幻灯片的基本操作
- 掌握添加并编辑幻灯片的方法
- 掌握使用主题样式和幻灯片母版的方法

9.1　PowerPoint 2016 基本知识

下面引领读者认识 PowerPoint 2016 的工作界面，熟悉 PowerPoint 的视图模式，以及设置幻灯片大小和方向。

1. PowerPoint 2016 工作界面

PowerPoint 2016 的工作界面主要由功能区、幻灯片编辑区、幻灯片/大纲窗格、备注窗格、状态栏和视图切换区组成，如图 9-1 所示。

图 9-1　PowerPoint 2016 工作界面

- **功能区**：包含了对幻灯片进行编辑和设置格式的各种工具。在功能区内，根据不同的功能分为 9 个选项卡，即“文件”“开始”“插入”“设计”“切换”“动画”“幻灯片放映”“审阅”和“视图”选项卡。

➢ **幻灯片编辑区：**用于显示和编辑幻灯片，演示文稿中的所有幻灯片都是在这个区域中编辑完成。

➢ **幻灯片/大纲窗格：**包括“幻灯片”和“大纲”选项卡。幻灯片模式是调整和设置幻灯片的最佳模式，在这种模式下幻灯片会以序号的形式进行排列，用户可以在此预览幻灯片的整体效果。使用大纲模式可以很好地组织和编辑幻灯片内容。在编辑区的幻灯片中输入文本内容之后，在大纲模式的任务窗格中也会显示文本的内容，用户也可以直接在此输入或修改幻灯片的文本内容。

➢ **备注窗格：**位于幻灯片编辑区下方，是为当前幻灯片添加备注、显示备注的区域。单击“备注”按钮，即可显示“备注”窗格。

➢ **状态栏：**显示当前正在编辑的幻灯片状态，如幻灯片的总页数和当前页数、语言状态、视图状态、幻灯片的放大比例等。

➢ **视图切换区：**位于状态栏右侧，用于切换演示文稿视图的显示方式等。

2．演示文稿的四种视图模式

在使用 PowerPoint 制作演示文稿时，有四种视图模式，即普通视图、备注页视图、幻灯片浏览视图和阅读视图。

（1）普通视图。普通视图是 PowerPoint 的默认视图模式，也是最常用的视图模式。普通视图显示幻灯片窗格与备注窗格，主要以编辑幻灯片为主，如图 9-2 所示。

（2）备注页视图。选择“视图”选项卡，单击“演示文稿视图”组中的“备注页”按钮，即可切换到备注页视图。备注页视图主要用于编辑每张幻灯片的备注内容，备注页分为两个部分：上半部分是幻灯片的缩小图像，下半部分是文本预留区，如图 9-3 所示。用户可以一边观看幻灯片的缩略图，一边在文本预留区内输入幻灯片的备注内容。备注页的备注部分可以有自己的方案，它与演示文稿的配色方案彼此独立，打印演示文稿时可以选择只打印备注页。

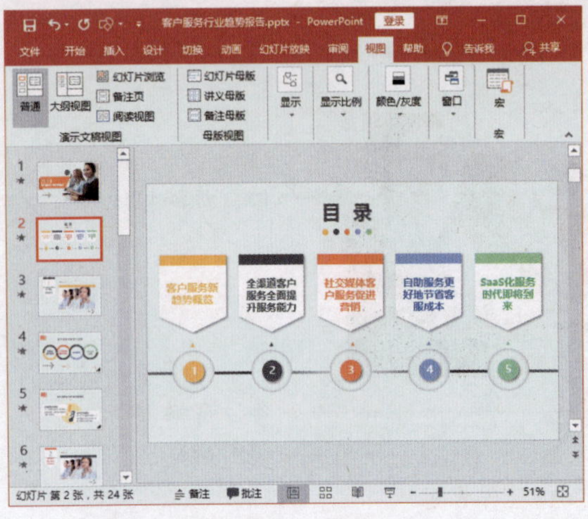

图 9-2　普通视图

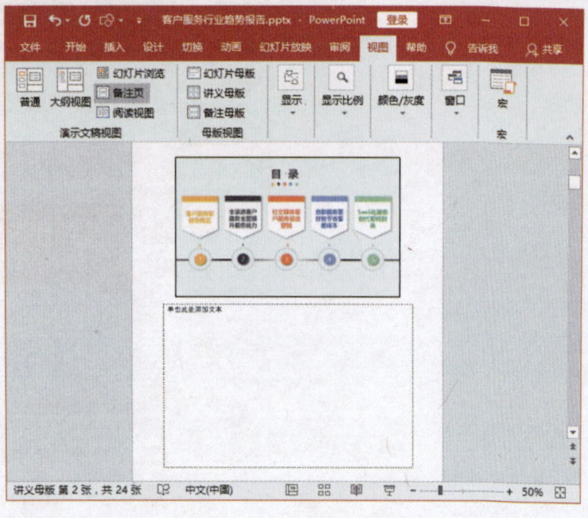

图 9-3　备注页视图

（3）幻灯片浏览视图。在幻灯片浏览视图模式下，幻灯片是以缩略图形式显示的，如图 9-4 所示。在这种视图模式下，可以浏览所有幻灯片的整体效果，可以很直观地了解所有幻灯片的情况，查看各张幻灯片之间的搭配是否协调，而且可以非常便捷地进行幻灯片的复制、移动和删除等操作。但在这种视图模式下，不能直接编辑和修改幻灯片的内容。

（4）阅读视图。阅读视图主要用于制作者自己查看演示文稿，而非通过大屏幕放映演示文稿。若要在 PowerPoint 窗口中放映幻灯片，而不想使用全屏的幻灯片放映视图，也可以使用阅读视图，如图 9-5 所示。在阅读视图下，可以单击状态栏中的视图按钮或按【Esc】键切换至其他视图。

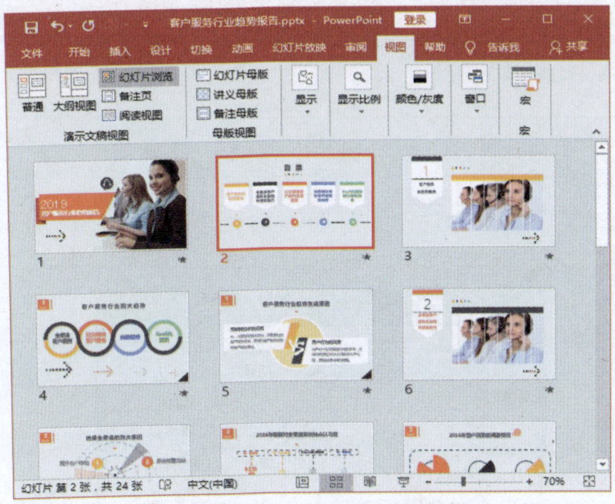

图 9-4　幻灯片浏览视图

图 9-5　阅读视图

实训 1　设置幻灯片大小和方向

在制作幻灯片前，应根据放映要求对幻灯片的大小进行自定义设置，具体操作方法如下所述。

Step 01 选择“设计”选项卡，在“自定义”组中单击“幻灯片大小”下拉按钮，选择需要的显示比例，在此选择“标准（4:3）”选项，如图 9-6 所示。

图 9-6　选择幻灯片大小比例

Step 02 弹出提示信息框，单击“确保适合”按钮，如图 9-7 所示。这样可以在缩放到较小的幻灯片大小时减小幻灯片内容的大小，以显示幻灯片中的所有内容。

Step 03 返回普通视图，查看幻灯片显示效果，如图 9-8 所示。

Step 04 在“幻灯片大小”下拉列表中选择“自定义幻灯片大小”选项，将弹出“幻灯片大小”对话框，设置幻灯片大小与方向，然后单击“确定”按钮，如图 9-9 所示。

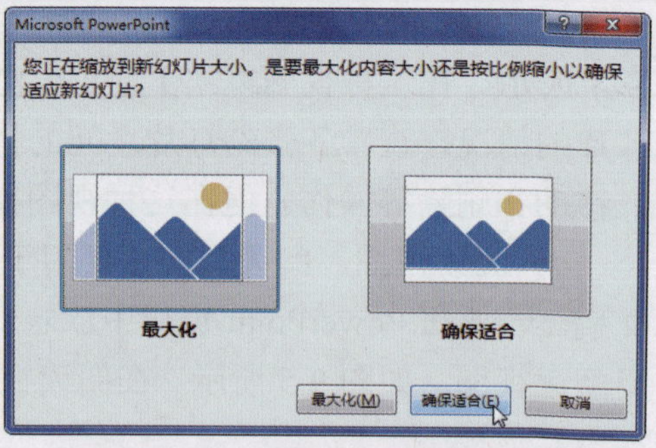

图 9-7　单击“确保合适”按钮

图 9-8　幻灯片显示效果

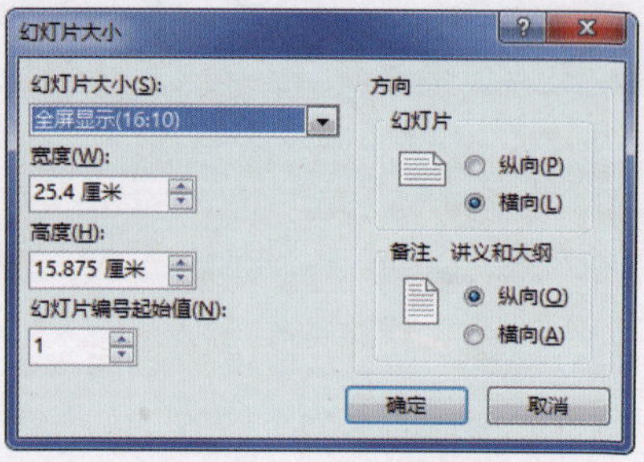

图 9-9　自定义幻灯片大小与方向

9.2　幻灯片的基本操作

在制作演示文稿时，需要对幻灯片进行各种操作，如新建幻灯片，选择幻灯片，复制与移动幻灯片，使用节组织幻灯片等，下面将分别对其进行介绍。

实训 1　幻灯片的新建

一个演示文稿通常是由多张幻灯片组合而成的，为了达到制作目的，经常需要在演示文稿中插入新的幻灯片。用户可以通过以下多种方法在演示文稿中新建幻灯片。

1．在“功能区”组中单击按钮

在功能区中单击“新建幻灯片”按钮，即可新建一张幻灯片。单击“新建幻灯片”下拉按钮，在弹出的下拉列表中选择所需的版式，即可新建相应版式的幻灯片，如图 9-10 所示。

2．使用右键快捷菜单

在左侧幻灯片缩略图窗格中右击要插入幻灯片的位置，选择“新建幻灯片”命令，即可新建一张幻灯片，如图 9-11 所示。

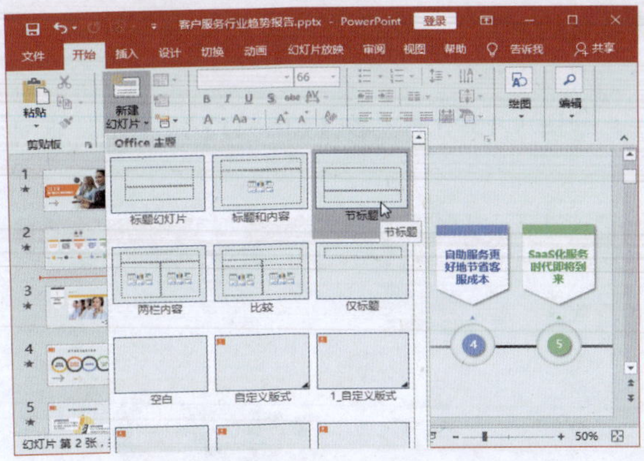

图 9-10　使用功能按钮新建幻灯片

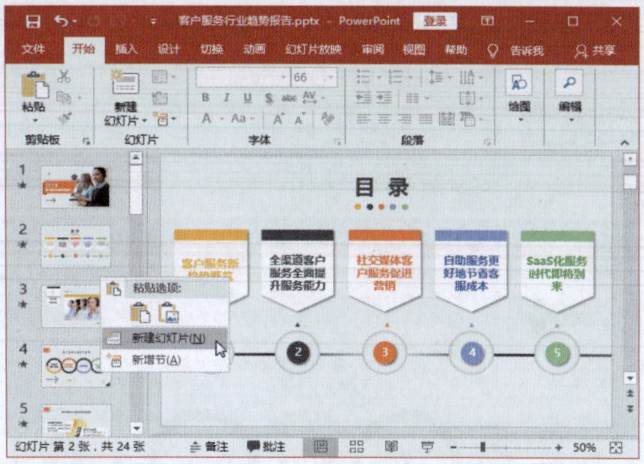

图 9-11　使用右键快捷菜单新建幻灯片

3．使用快捷键

按【Ctrl+M】组合键可快速新建幻灯片。在左侧幻灯片缩略图中定位光标，按【Enter】键可以快速创建相同版式的幻灯片。若要删除幻灯片，只需将其选中后按【Delete】键即可。

实训 2　幻灯片的选择

对单张或多张幻灯片进行编辑操作之前，先要选择幻灯片。在左侧幻灯片缩略图窗格中单击幻灯片即可将其选中，在幻灯片窗格中按住【Shift】键分别单击起始和结尾的幻灯片，即可选择相邻的多张幻灯片，如图 9-12 所示。在幻灯片窗格中按住【Ctrl】键的同时分别单击要选择的幻灯片，即可选择不相邻的多张幻灯片，如图 9-13 所示。按【Ctrl+A】组合键，可以选择所有幻灯片。

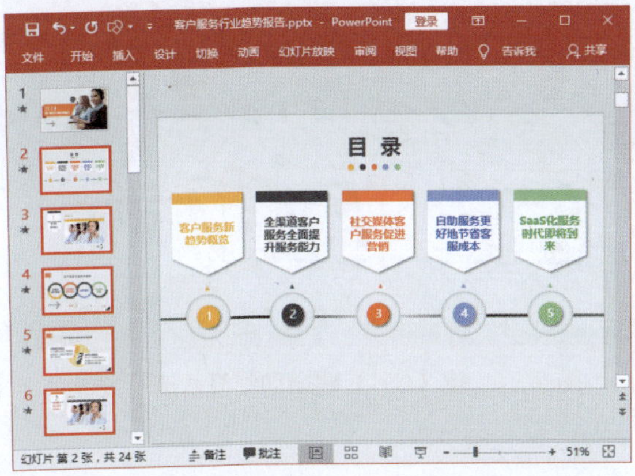

图 9-12　选择相邻的多张幻灯片

图 9-13　选择不相邻的多张幻灯片

实训 3　幻灯片的复制

在制作演示文稿的过程中，可能某些幻灯片的版式和背景等都是相同的，只是其中的部分文本不同。这时只需复制幻灯片，然后对复制的幻灯片进行修改即可。此外，还可将其他演示文稿的幻灯片复制到正在编辑的演示文稿中。复制幻灯片的具体操作方法如下所述。

Step 01 若在相邻的位置复制幻灯片，可以选择要复制的幻灯片并右击，选择“复制幻灯片”命令，如图 9-14 所示。

Step 02 在所选幻灯片的下方会出现复制的幻灯片，如图 9-15 所示。按【Ctrl+D】组合键，也可复制所选幻灯片。

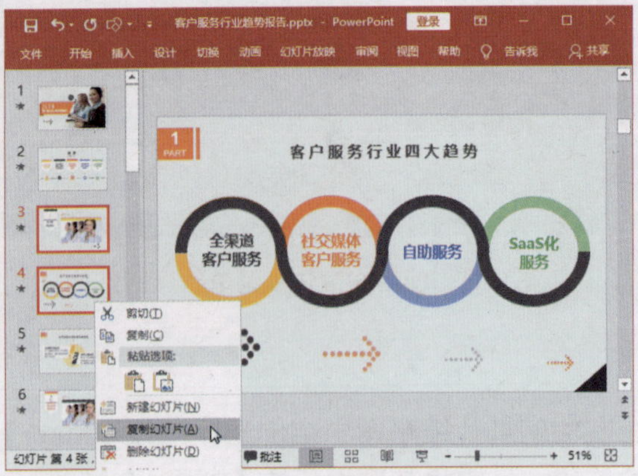

图 9-14　选择“复制幻灯片”命令

图 9-15　复制幻灯片

Step 03 若要复制不相邻的幻灯片，或将其他演示文稿中的幻灯片复制过来，可以使用右键快捷菜单中的“复制”和“粘贴”命令，如图 9-16 所示。

Step 04 切换到幻灯片浏览视图，按住【Ctrl】键的同时拖动幻灯片，也可进行复制操作，如图 9-17 所示。

图 9-16　选择“复制”命令

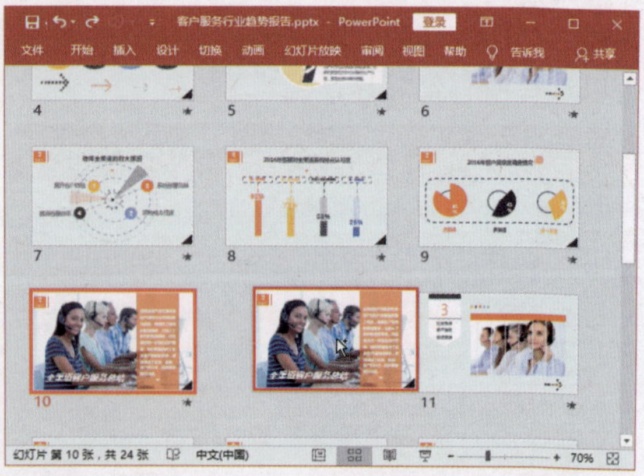

图 9-17　按【Ctrl】键拖动幻灯片进行复制

实训 4　幻灯片的移动

在幻灯片窗格中，各张幻灯片左上方都有一个数字编号，即幻灯片的排列次序，默认情况下 PowerPoint 按照该次序来放映幻灯片。通过移动幻灯片，可以调整演示文稿中幻灯片的放映顺序。

切换到幻灯片浏览视图，选择要移动的幻灯片，如图 9-18 所示，拖动幻灯片到指定位置，然后松开鼠标，即可移动幻灯片位置，如图 9-19 所示。此外，也可使用右键快捷菜单中的“剪切”和“粘贴”命令移动幻灯片。

图 9-18　选择幻灯片

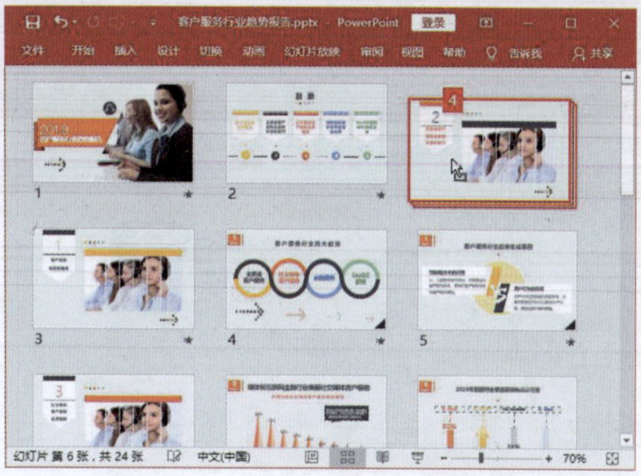

图 9-19　移动幻灯片位置

实训 5　节组织幻灯片的使用

若遇到一个比较庞大的演示文稿，其幻灯片标题和编号混杂在一起，而且不能导航演示文稿时，可以使用节来组织幻灯片。通过对幻灯片进行标记，并将其分为多个节，可以与他人协作创建演示文稿，还可对整个节进行打印或应用效果。

1. 新增/重命名节

下面将介绍如何在演示文稿中新增并重命名节，具体操作方法如下所述。

Step 01 打开“素材文件\第 9 章\客户服务行业趋势报告.pptx”，选择“开始”选项卡，将光标定位在第一张幻灯片的上方，在“幻灯片”组中单击“节”下拉按钮，选择“新增节”选项，如图 9-20 所示。

Step 02 新增一个节，弹出“重命名节”对话框，输入节名称，然后单击“重命名”按钮，如图 9-21 所示。

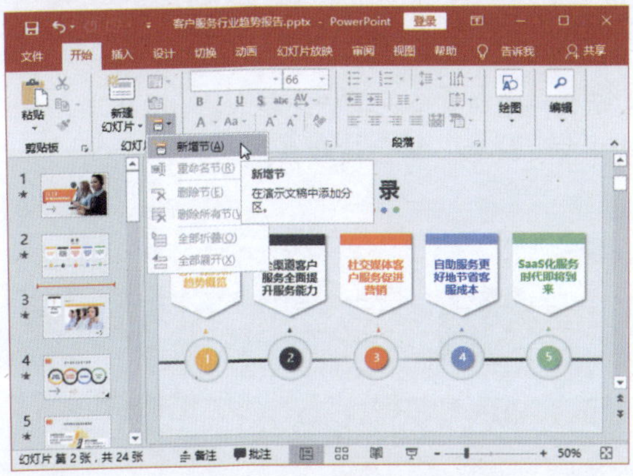

图 9-20　选择“新增节”选项

图 9-21　重命名节

Step 03 单击节名称，即可选择节内的所有幻灯片。右击节名称，选择“重命名节”命令或按【F2】键，可对其进行重命名，如图 9-22 所示。

Step 04 若在幻灯片窗格中不方便操作，可以切换到幻灯片浏览视图，将光标定位在要创建节的位置，单击“节”下拉按钮，选择“新增节”选项即可，如图 9-23 所示。

图 9-22　选择“重命名节”命令

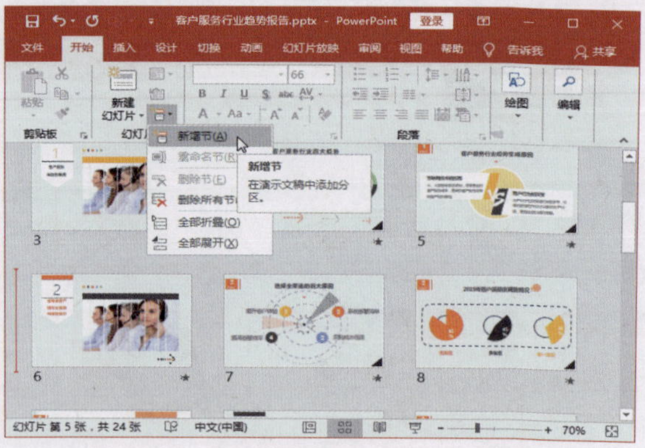

图 9-23　在幻灯片浏览视图下新增节

2．折叠/展开节

通过折叠节和展开节可以快速组织或定位幻灯片，具体操作方法如下所述。

Step 01 单击每节左侧的“折叠节”按钮或双击节标签，即可折叠节，如图 9-24 所示。

Step 02 采用同样的方法折叠其他节，效果如图 9-25 所示。

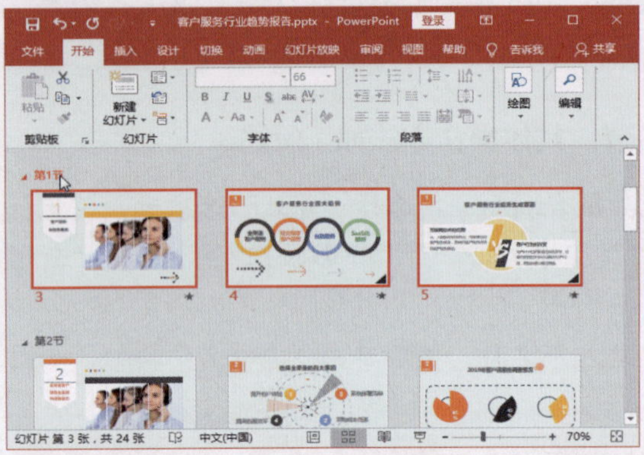

图 9-24　双击节标签

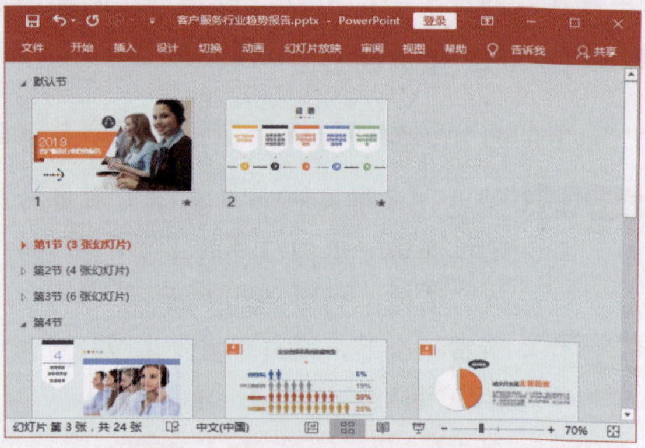

图 9-25　折叠其他节

Step 03 右击节，选择“全部折叠”命令，即可将演示文稿中所有节一次折叠起来，如图 9-26 所示。

Step 04 当节被折叠后，其左侧按钮就会变成“展开节”按钮，单击该按钮或双击节标签，即可将该节展开，如图 9-27 所示。

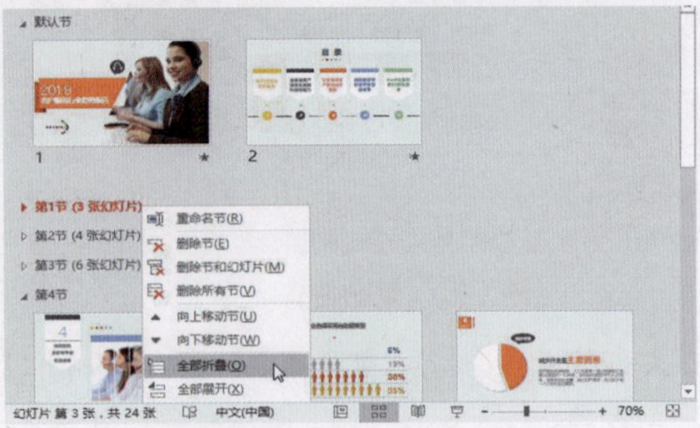

图 9-26　全部折叠节

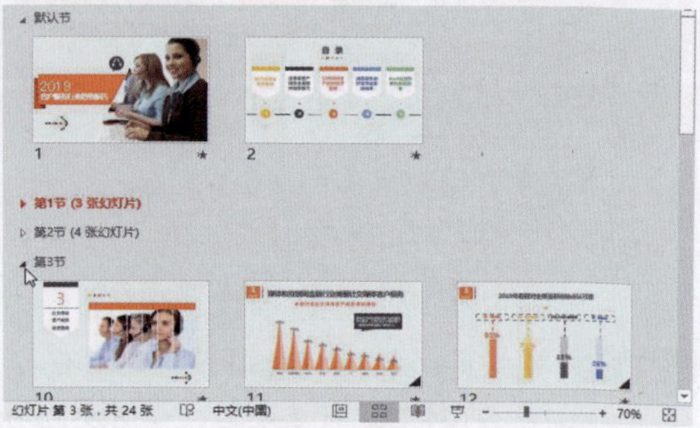

图 9-27　展开节

3．删除/移动节

当不再需要节时，可以右击节标签，选择“删除节”命令，该节内的幻灯片将自动添加到上一节，如图 9-28 所示。若要连同节中的幻灯片一起删除，可选择“删除节和幻灯片”命令。若要移动节的位置，可在要移动的节上按住鼠标左键并拖动，拖到目标位置后松开鼠标即可，如图 9-29 所示。

图 9-28　删除节

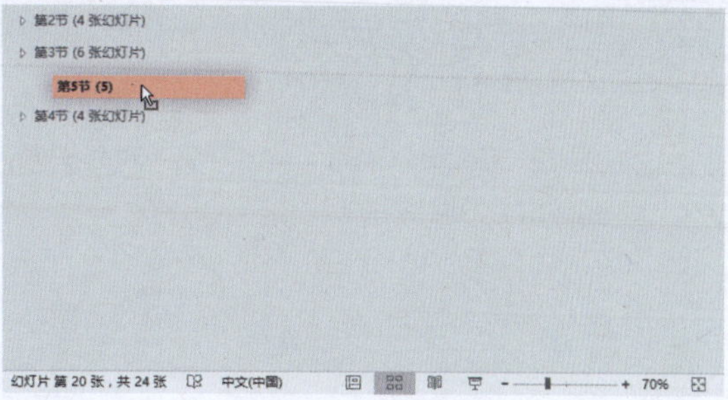

图 9-29　移动节

9.3　幻灯片的添加与编辑

下面介绍如何在演示文稿中添加与编辑幻灯片，其中包括新建幻灯片并输入文本、添加图片、插入文本与图片、插入表格等。

实训 1　新建幻灯片并输入文本

要在幻灯片中输入文本，只需在其中的文本占位符中单击，然后输入文本并进行格式设置即可，具体操作方法如下所述。

Step 01 新建“商品宣传”演示文稿，在左侧幻灯片预览窗格中定位光标，单击“新建幻灯片”下拉按钮，选择“标题和内容”版式，如图 9-30 所示。

Step 02 新建一张“标题和内容”幻灯片，在幻灯片中会显示相应的占位符。在标题占位符中输入标题，选择内容占位符，在“格式”选项卡下单击“形状样式”组右下角的扩展按钮 ，如图 9-31 所示。

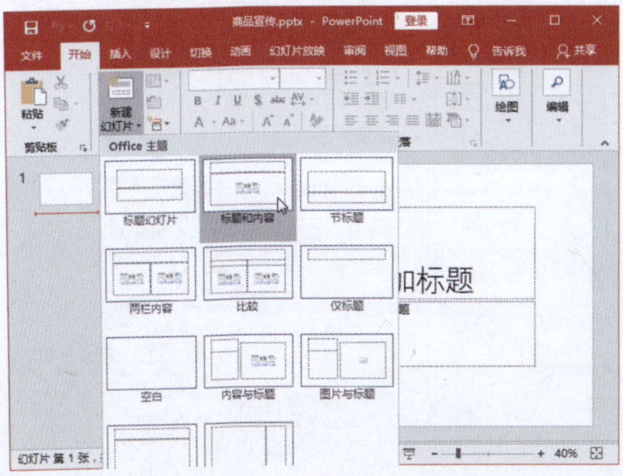

图 9-30　选择幻灯片版式

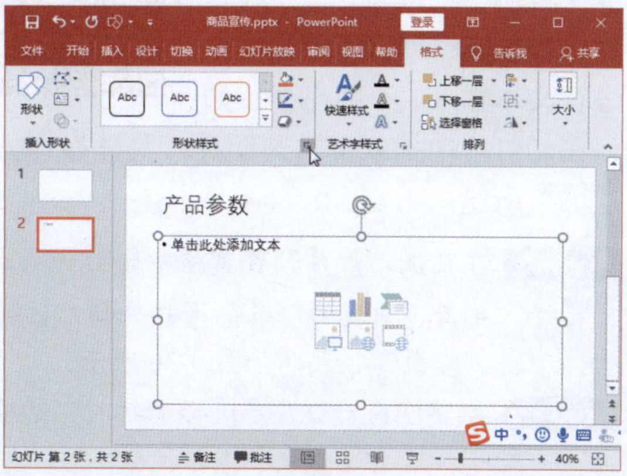

图 9-31　新建幻灯片

Step 03 打开“设置形状格式”窗格，选择“大小与属性”选项卡，在“文本框”选项区中选中“溢出时缩排文字”单选按钮，如图 9-32 所示。

Step 04 在文本框中粘贴产品参数文本，选择内容占位符，在“段落”组中单击“添加或删除栏”下拉按钮，选择“更多栏”选项，如图 9-33 所示。

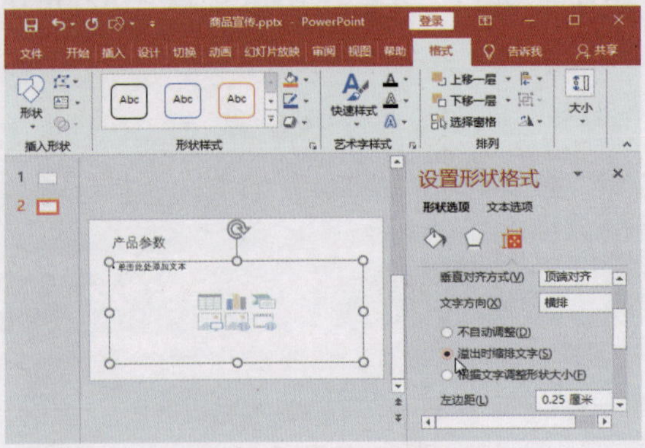

图 9-32 设置文本框属性

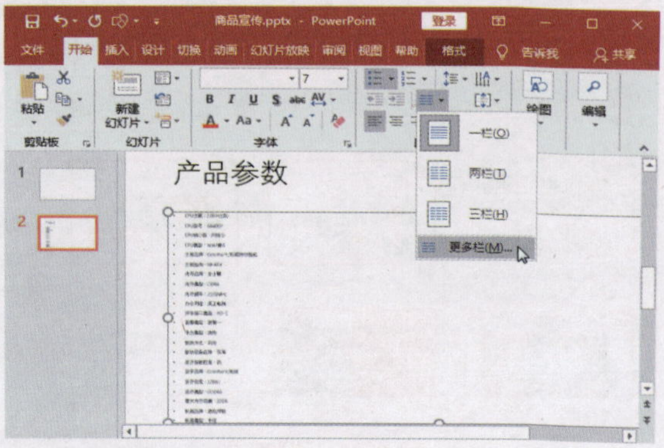

图 9-33 选择“更多栏”选项

Step 05 弹出“栏”对话框，设置栏的数量和间距，然后单击“确定”按钮，如图 9-34 所示。

Step 06 查看分栏效果，如图 9-35 所示。

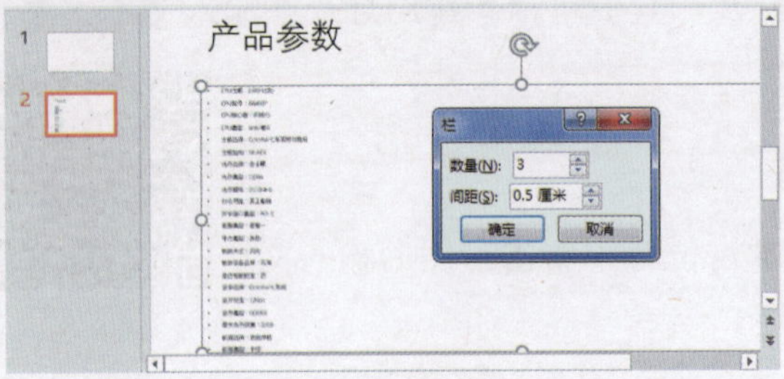

图 9-34 设置分栏

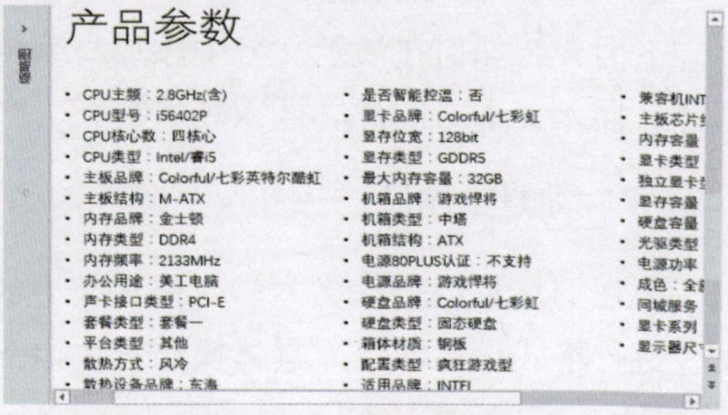

图 9-35 分栏效果

实训 2 文本与图片的插入

在幻灯片中输入文本时，除了在预留的占位符中进行输入以外，还可以使用文本框进行文本输入。下面将介绍如何在幻灯片中插入文本与图片，具体操作方法如下所述。

Step 01 在左侧幻灯片预览窗格中定位光标，单击“新建幻灯片”下拉按钮，选择“空白”版式，如图 9-36 所示。

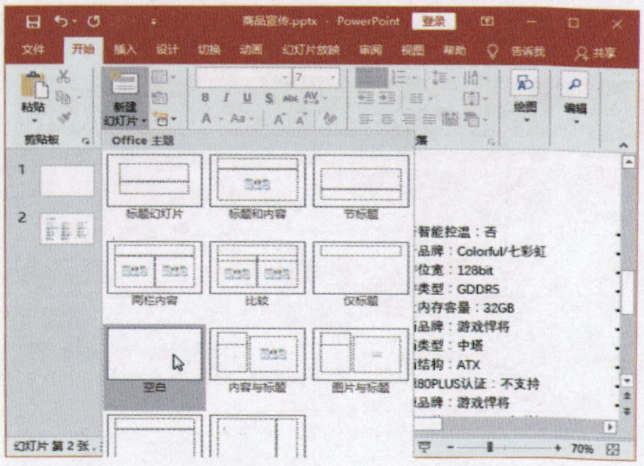

图 9-36 选择幻灯片版式

Step 02 新建空白幻灯片。选择“插入”选项卡，单击“形状”下拉按钮，在“基本形状”组中单击“文本框”按钮，如图 9-37 所示。

Step 03 在幻灯片中单击即可插入文本框，输入所需的文本，在“字体”组中设置字号。采用同样的方法，继续插入文本框并输入所需的文本，如图 9-38 所示。

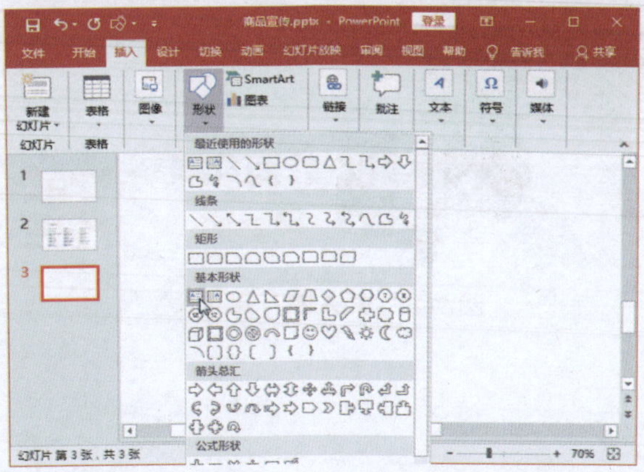

图 9-37　单击“文本框”按钮

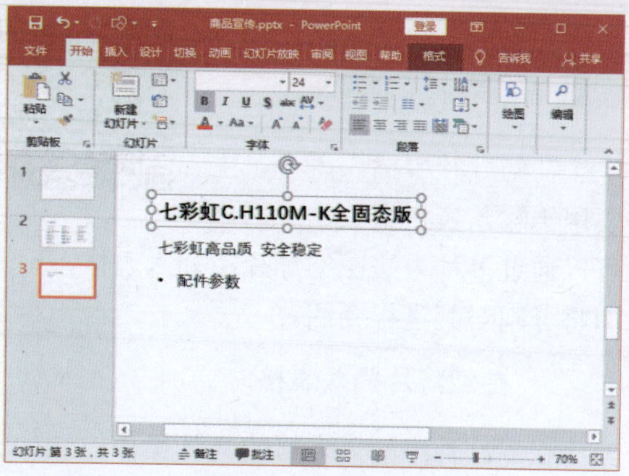

图 9-38　输入文本

Step 04 选择“插入”选项卡，在“图像”组中单击“图片”按钮，如图 9-39 所示。

Step 05 弹出“插入图片”对话框，选择图片，然后单击“插入”按钮，如图 9-40 所示。

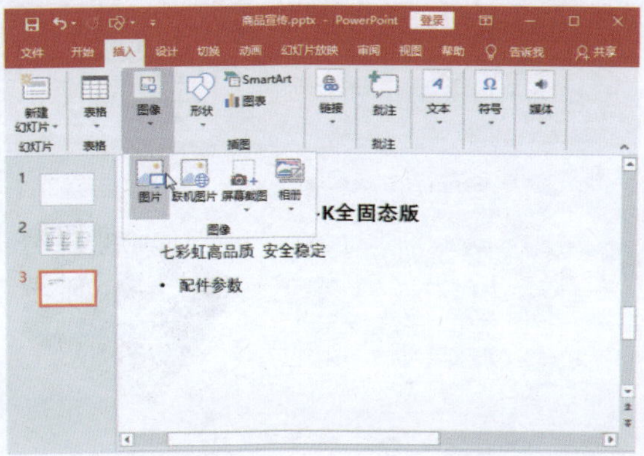

图 9-39　单击“图片”按钮

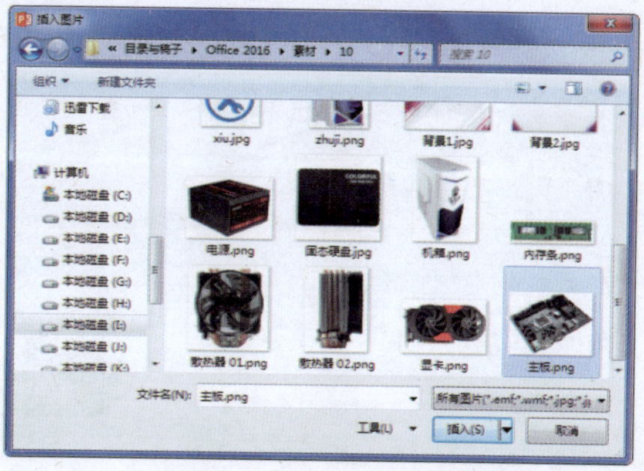

图 9-40　“插入图片”对话框

Step 06 在幻灯片中插入图片，根据需要调整图片的大小，如图 9-41 所示。

Step 07 选择第 1 张幻灯片，选择“开始”选项卡，在“幻灯片”组中单击“版式”下拉按钮，选择“空白”选项，将幻灯片更改为“空白”版式，如图 9-42 所示。

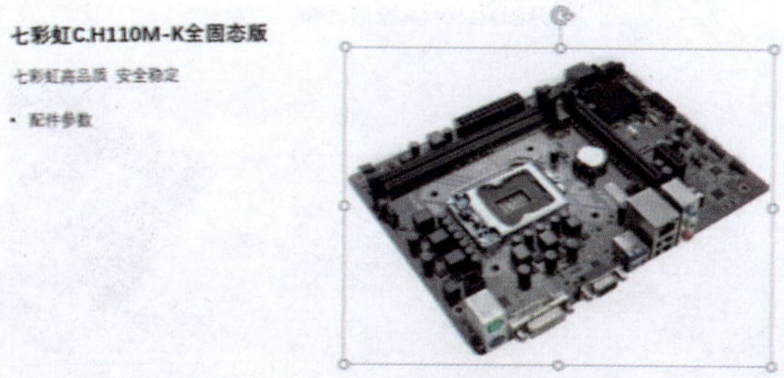

图 9-41　调整图片大小

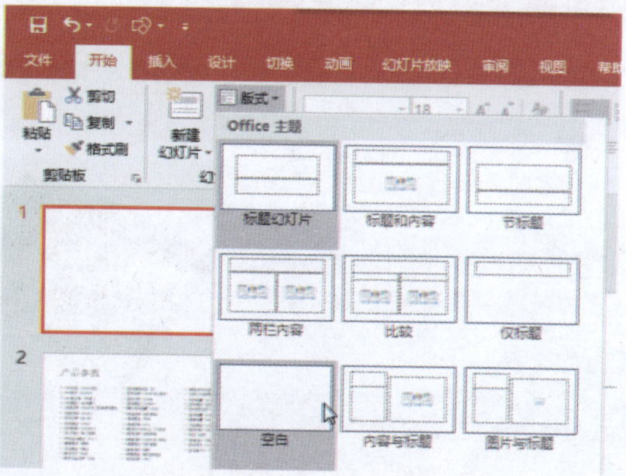

图 9-42　更改幻灯片版式

Step 08 根据需要分别在幻灯片中插入图片和文本，并设置格式，效果如图 9-43 所示。

图 9-43　插入图片和文本

实训 3　表格的插入

在幻灯片中插入表格，主要用于输入表格型数据。用户可以通过多种方法在幻灯片中插入表格，下面将分别对其进行介绍。

1. 在幻灯片插入表格

在幻灯片中插入表格的具体操作方法如下所述。

Step 01 选择“插入”选项卡，单击“表格”下拉按钮，选择网格大小，如图 9-44 所示。

Step 02 在幻灯片中插入表格，根据需要调整表格的大小。选择“设计”选项卡，在“表格样式选项”组中取消选择“标题行”复选框，如图 9-45 所示。

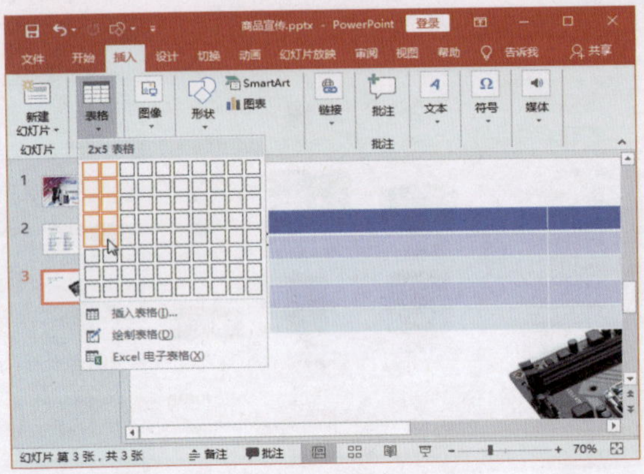

图 9-44　选择网格大小

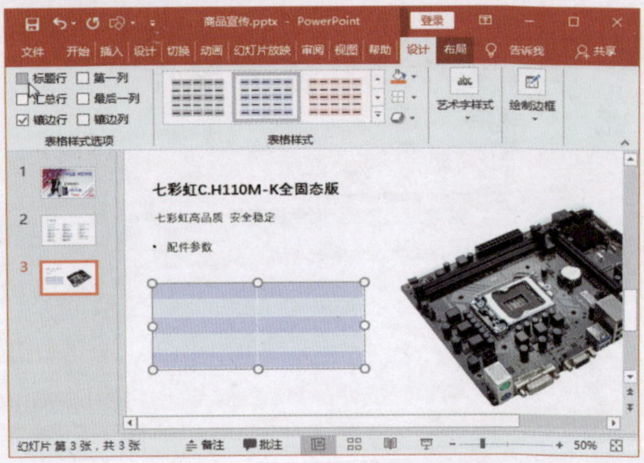

图 9-45　设置表格样式

Step 03 在“表格样式”列表中选择所需的样式，如图 9-46 所示。

Step 04 在表格中输入所需的文本，效果如图 9-47 所示。

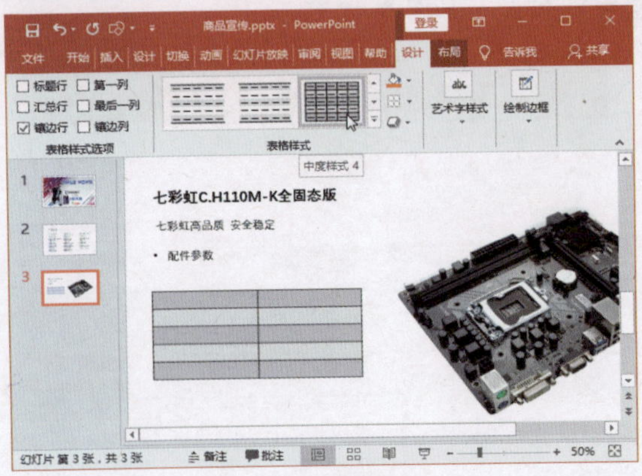

图 9-46　应用表格样式

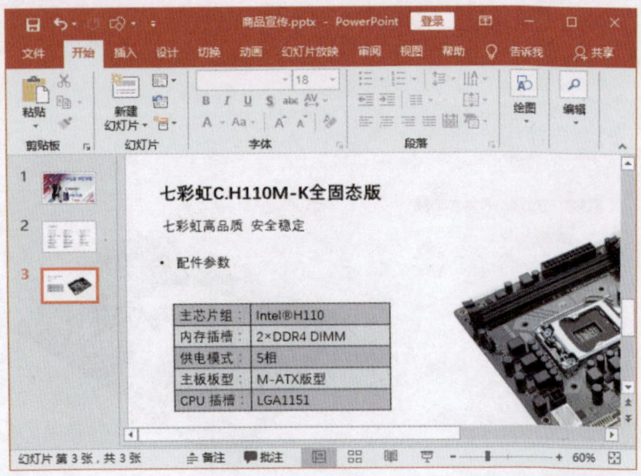

图 9-47　输入文本

2. 插入 Excel 表格

Excel 最适合制作各类表格，对于要放到幻灯片中的表格，用户可以先在 Excel 中制作好，然后将其粘贴到幻灯片中，具体操作方法如下所述。

Step 01 使用 Excel 程序打开 “素材文件\第 9 章\天猫放心购.xlsx”，选择数据表格单元格区域，按【Ctrl+C】组合键复制表格数据，如图 9-48 所示。

Step 02 切换到演示文稿窗口，单击 “粘贴” 下拉按钮，选择 “使用目标样式” 选项，如图 9-49 所示。

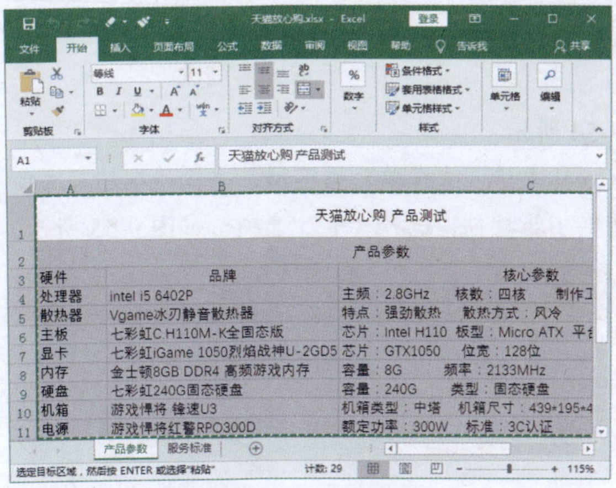

图 9-48 复制表格数据

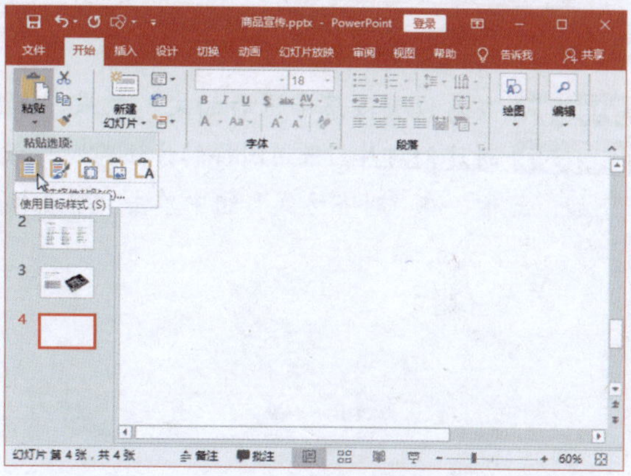

图 9-49 粘贴表格

Step 03 调整表格大小，并设置文本的字体格式，如图 9-50 所示。

Step 04 选择 “设计” 选项卡，在 “表格样式选项” 组中选中 “镶边行” 复选框，在 “表格样式” 列表中选择所需的样式，如图 9-51 所示。

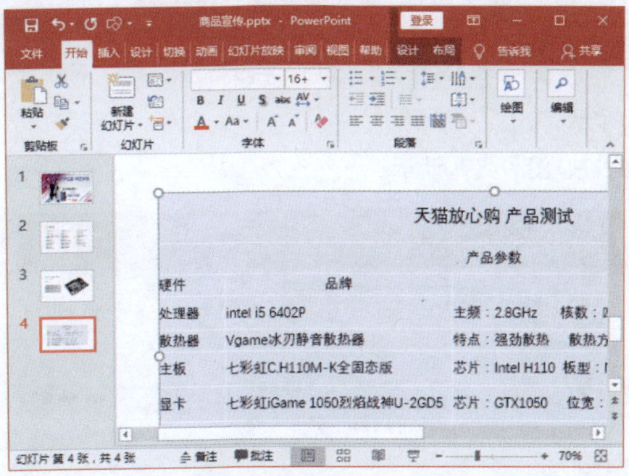

图 9-50 设置字体格式

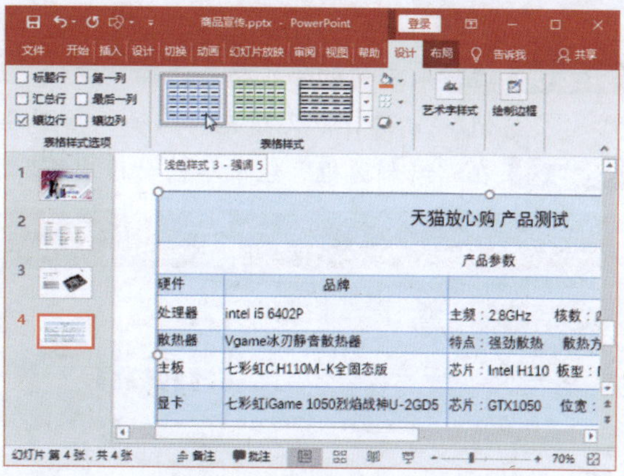

图 9-51 设置表格样式

Step 05 根据需要设置表格中文本的字体格式，选择数据单元格区域，在 “开始” 选项卡下单击 “段落” 组右下角的扩展按钮，如图 9-52 所示。

Step 06 弹出 “段落” 对话框，设置 “文本之前” 缩进 0.4 厘米，然后单击 “确定” 按钮，如图 9-53 所示。

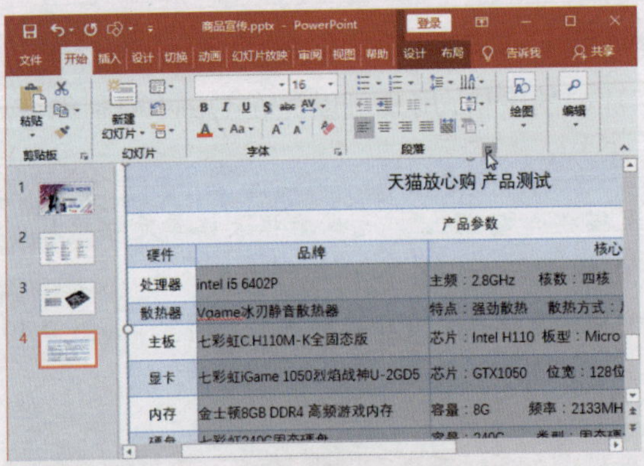

图 9-52　选择数据单元格区域

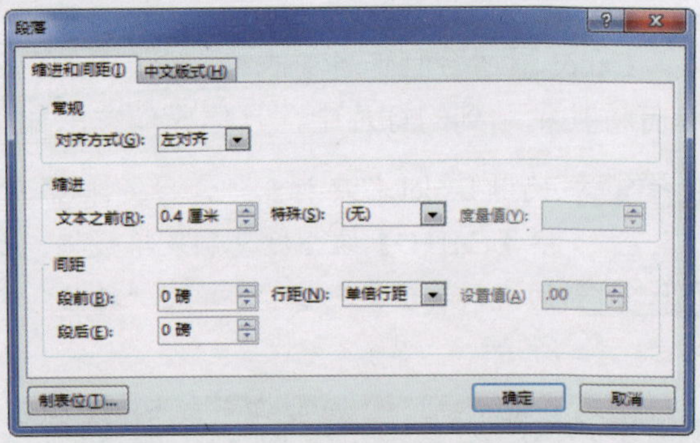

图 9-53　设置段落缩进

Step 07 查看设置段落缩进后的文本效果，如图 9-54 所示。

Step 08 新建幻灯片，采用同样的方法粘贴并设置 Excel 表格。选择单元格区域，选择“布局”选项卡，在“对齐方式”组中单击“单元格边距”下拉按钮，选择“窄”选项，如图 9-55 所示。

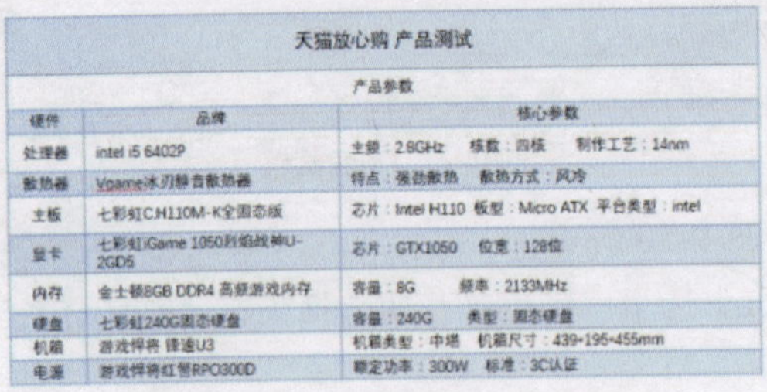

图 9-54　段落缩进后的文本效果

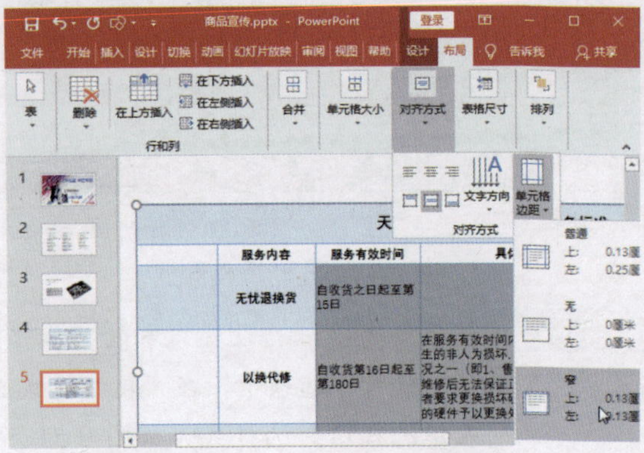

图 9-55　设置单元格边距

Step 09 选择最左列的单元格，选择“设计”选项卡，在“表格样式”组中单击“底纹”下拉按钮，选择“无填充”选项，如图 9-56 所示。

Step 10 在“绘制边框”组中单击“橡皮擦”按钮，如图 9-57 所示。

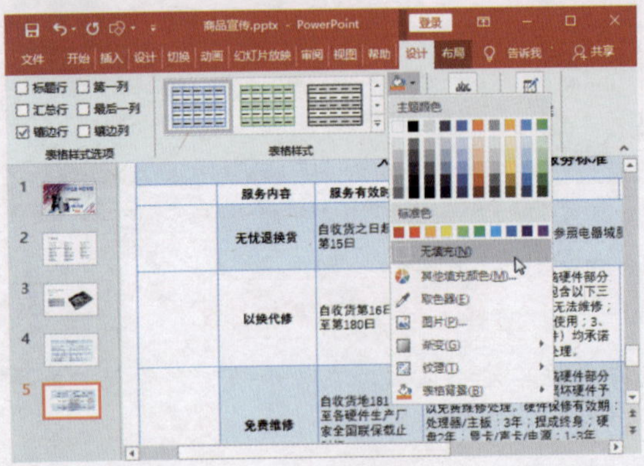

图 9-56　设置无底纹填充

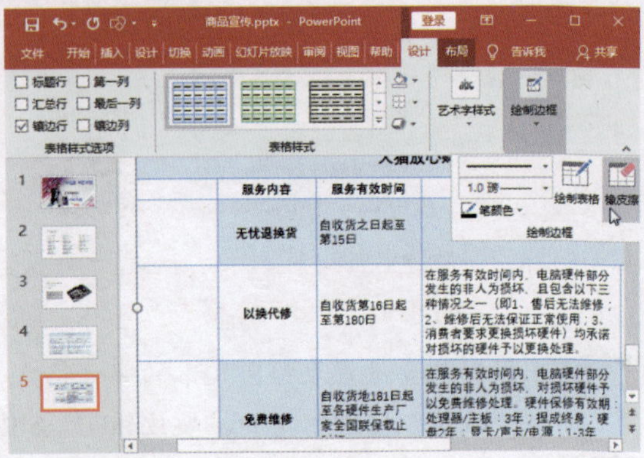

图 9-57　单击“橡皮擦”按钮

Step 11 鼠标指针变为样式，在表格框线上单击即可擦除表格线，如图 9-58 所示。

Step 12 擦除不需要的表格线后，在幻灯片中插入素材图片，效果如图 9-59 所示。

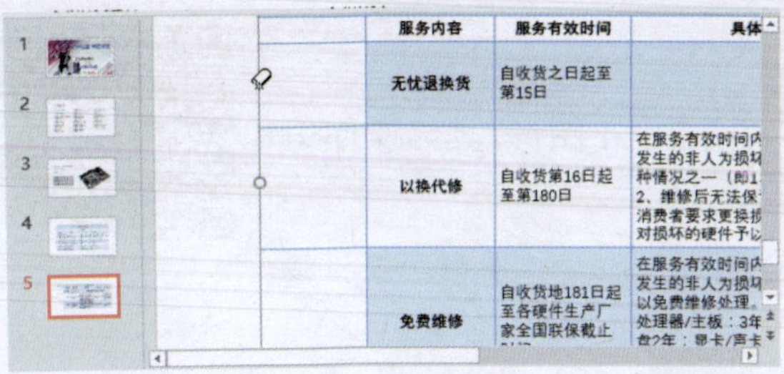

图 9-58　擦除表格线

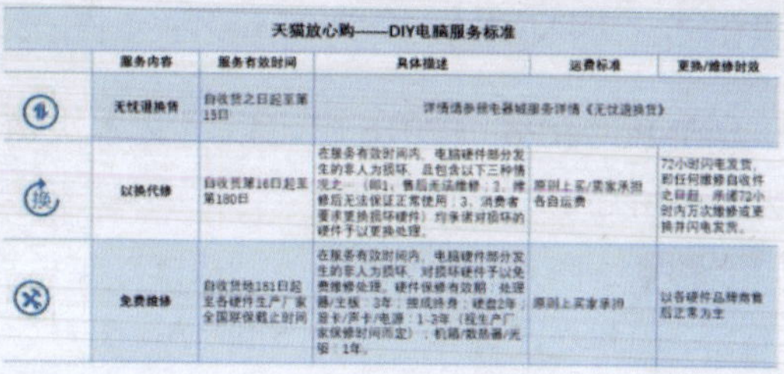

图 9-59　插入图片

实训 4　大纲视图编辑内容的使用

在大纲视图下不仅可以编辑当前幻灯片的内容，还可以看到前后幻灯片中的内容，以便进行对照。在大纲视图下编辑幻灯片内容的具体操作方法如下所述。

Step 01 在任务栏中单击两次“普通视图”按钮，切换到大纲视图，按【Enter】键即可新建一张幻灯片，输入标题内容，如图 9-60 所示。

Step 02 再次按【Enter】键，然后按【Tab】键进行降级处理，此时将降级为内容。要进行升级操作，可以按【Shift+Tab】组合键，如图 9-61 所示。

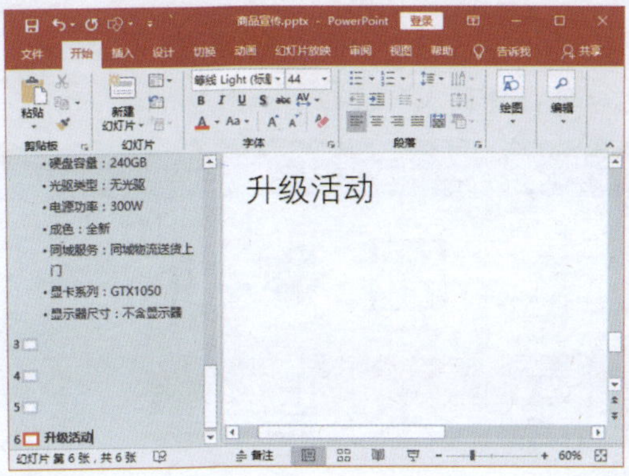

图 9-60　新建幻灯片

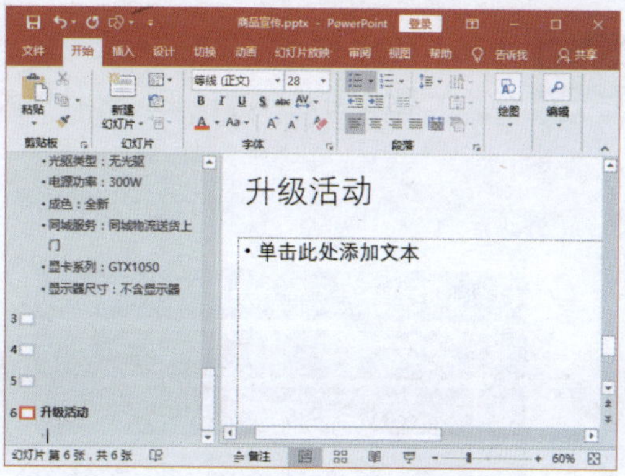

图 9-61　设置降级

Step 03 输入内容文本，然后按【Enter】键，如图 9-62 所示。

Step 04 按【Tab】键进一步降级处理，继续输入所需的内容，如图 9-63 所示。

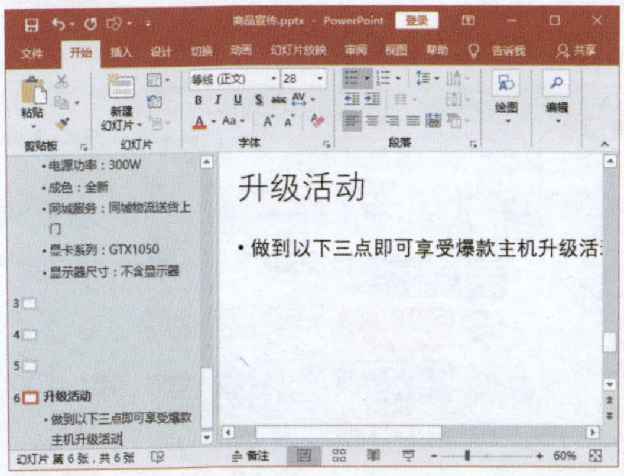

图 9-62　输入内容

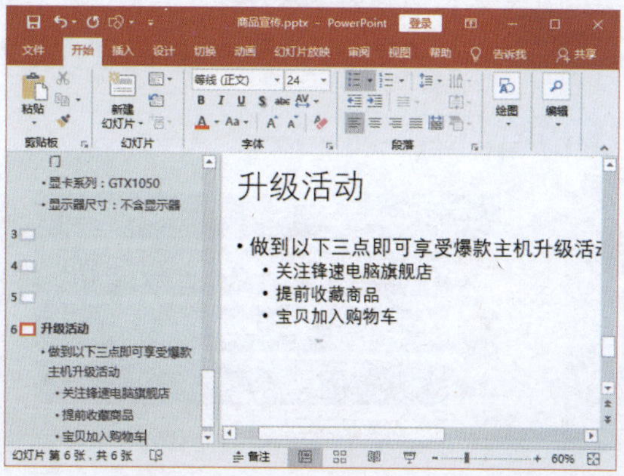

图 9-63　降级并输入内容

实训 5　将文本转换为 SmartArt 图形

在 PowerPoint 2016 中可以将文本快速转换为 SmartArt 图形，具体操作方法如下所述。

Step 01 选择内容占位符，在“段落”组中单击“转换为 SmartArt 图形”下拉按钮，选择“其他 SmartArt 图形”选项，如图 9-64 所示。

Step 02 弹出“选择 SmartArt 图形”对话框，在左侧选择“图片”选项，在右侧选择“图片重点列表”类型，然后单击“确定”按钮，如图 9-65 所示。

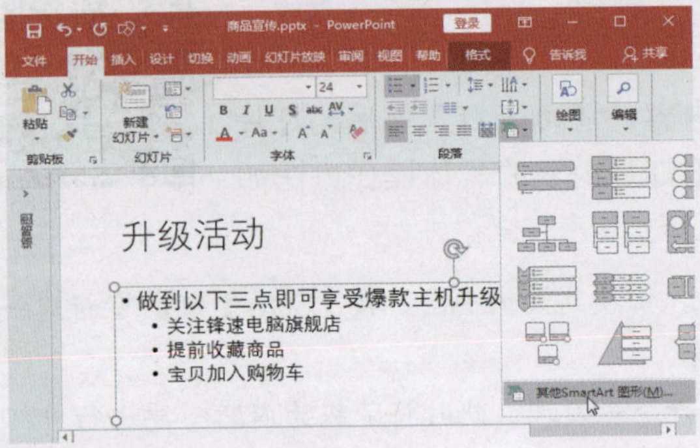

图 9-64　选择“其他 SmartArt 图形”选项

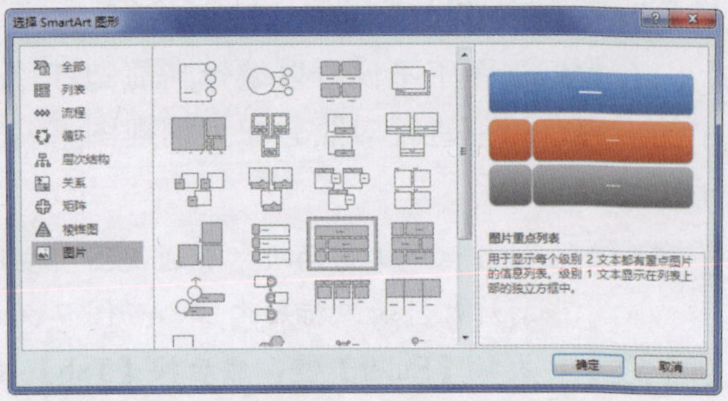

图 9-65　选择图形类型

Step 03 将文本转换为“图片重点列表”图形，单击图片占位符，如图 9-66 所示。

Step 04 弹出“插入图片”对话框，选择图片，然后单击“插入”按钮，如图 9-67 所示。

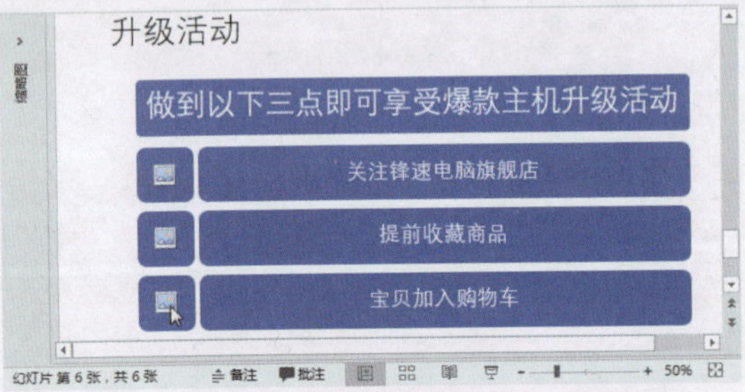

图 9-66　图片重点列表

图 9-67　“插入图片”对话框

Step 05 采用同样的方法，插入其他图片，如图 9-68 所示。

Step 06 选择“设计”选项卡，单击“更改颜色”下拉按钮，选择所需的样式，如图 9-69 所示。

图 9-68　插入其他图片

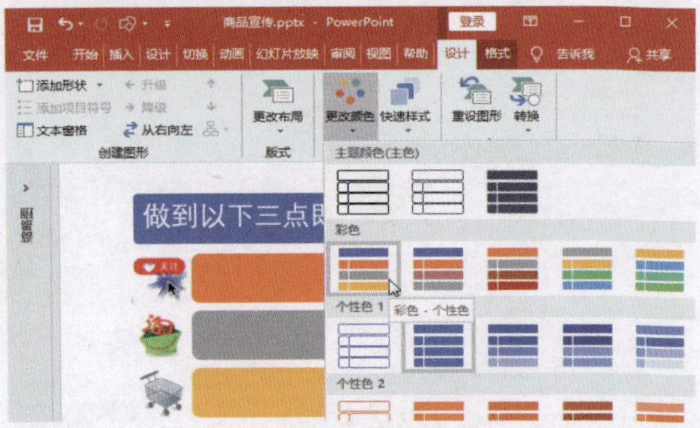

图 9-69　应用颜色样式

Step 07 单击“快速样式”下拉按钮，在弹出的下拉列表中选择“金属场景”样式，如图 9-70 所示。

Step 08 在“设计”选项卡下单击“转换”下拉按钮，在弹出的下拉列表中可以选择将 SmartArt 图形转换为文本或形状，如图 9-71 所示。

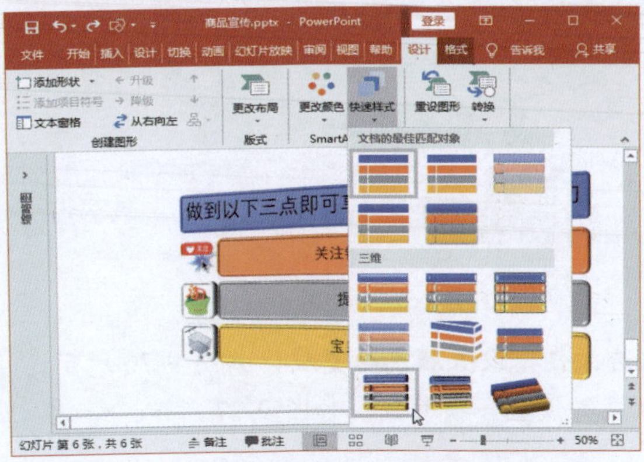

图 9-70　应用外观样式

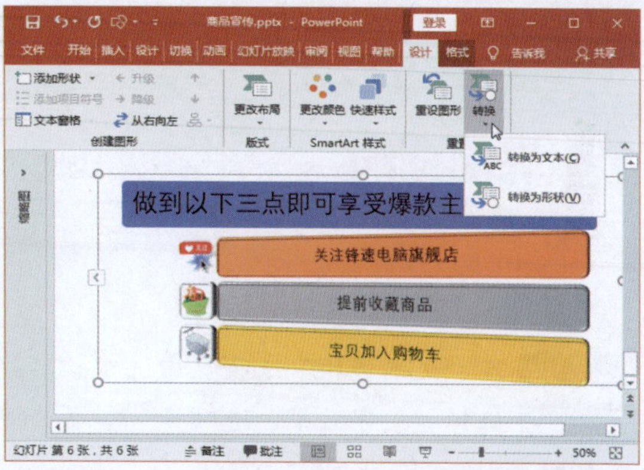

图 9-71　选择转换格式

实训 6　文本效果的设置

为了使幻灯片中的文字更具个性，用户可以为文字添加文本效果，或者使用形状修饰文字，还可根据需要应用艺术字效果。

1. 添加文本效果

在对幻灯片中的文字进行格式设置时，除了设置字体格式外，还可添加多种文字效果，如渐变填充、文本边框、阴影、映像、三维等效果，具体操作方法如下所述。

Step 01 在幻灯片中插入文本框，输入文本，并设置字体格式。选择“格式”选项卡，单击“艺术字样式”组右下角的扩展按钮，如图 9-72 所示。

Step 02 打开“设置形状格式”窗格，选择“文本填充与轮廓”选项卡，选中“渐变填充”单选按钮，单击“预设渐变”下拉按钮，选择所需的渐变样式，如图 9-73 所示。

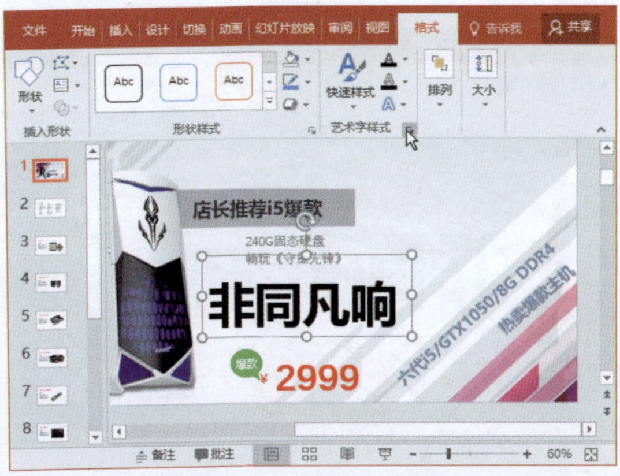

图 9-72　单击扩展按钮

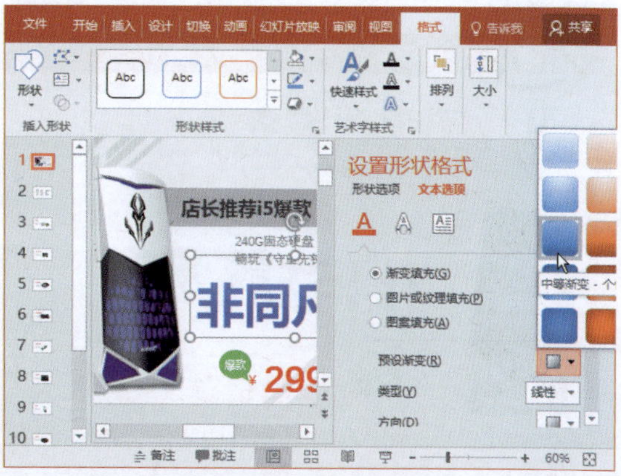

图 9-73　选择渐变样式

Step 03 设置渐变方向、角度、渐变光圈等，如图 9-74 所示。

Step 04 在幻灯片中插入文本框，采用同样的方法设置文本渐变填充，如图 9-75 所示。

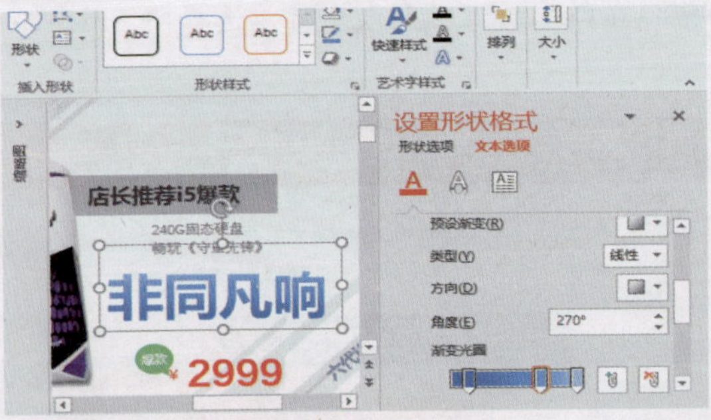

图 9-74　设置渐变参数

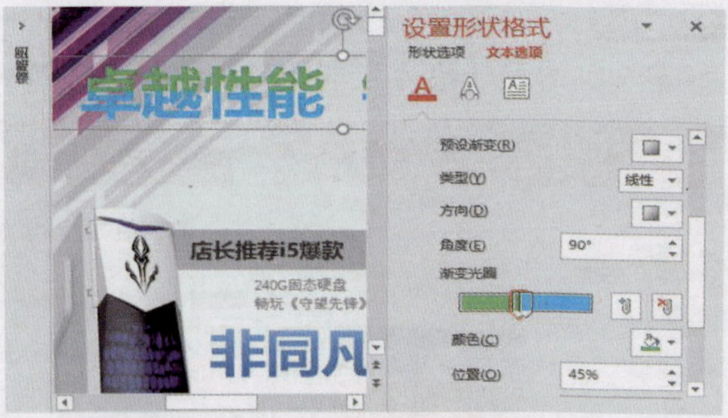

图 9-75　设置渐变填充

Step 05 在“文本边框”选项区中选中“实线”单选按钮，设置颜色与宽度，如图 9-76 所示。

Step 06 选择“文字效果”选项卡，添加阴影效果并设置各项参数，如图 9-77 所示。

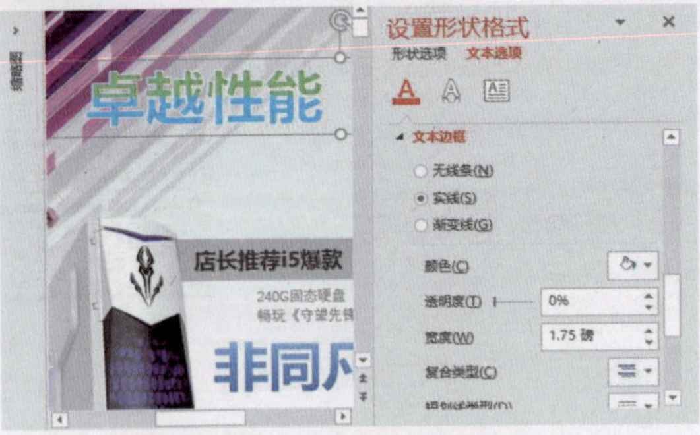

图 9-76　设置文本边框

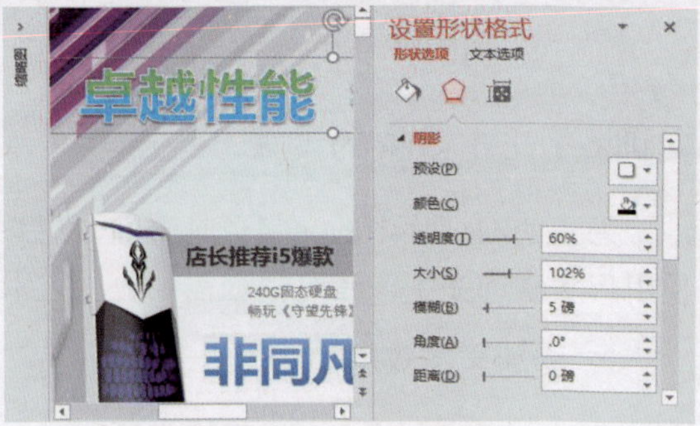

图 9-77　添加阴影效果

2. 使用形状修饰文字

将形状与文字组合起来，可以制作出特殊的文字效果，具体操作方法如下所述。

Step 01 选择第 1 张幻灯片，使用“直线”形状在文字上绘制线条，如图 9-78 所示。

Step 02 选择“格式”选项卡，单击“形状样式”组右下角的扩展按钮，如图 9-79 所示。

图 9-78　绘制线条

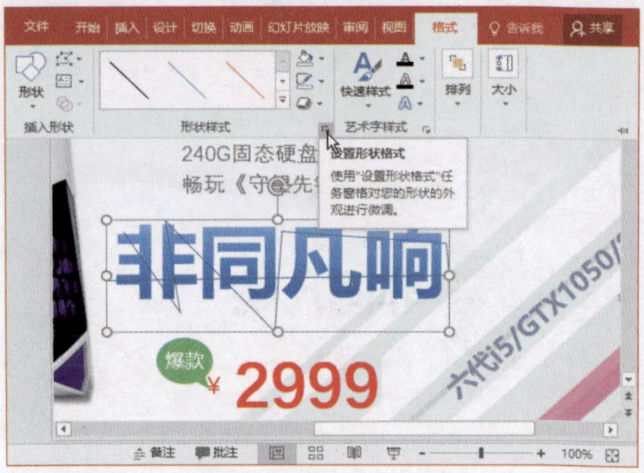

图 9-79　单击扩展按钮

Step 03 打开“设置形状格式”窗格，选择“填充与线条”选项卡，在“线条”选项区中设置线条颜色为白色，宽度为“0.75 磅”，如图 9-80 所示。

Step 04 选择文本框与形状，按【Ctrl+G】组合键组合对象，如图 9-81 所示。

图 9-80　设置线条样式

图 9-81　组合对象

3．应用艺术字效果

为幻灯片中的文字应用艺术字效果后，就可以拉伸文本，对文本进行变形，使文本适应预设形状，或应用渐变填充等。为文本应用艺术字效果的具体操作方法如下所述。

Step 01 新建幻灯片，绘制圆形并输入文本，如图 9-82 所示。

Step 02 选择“格式”选项卡，单击“快速样式”下拉按钮，选择所需的艺术字样式，如图 9-83 所示。

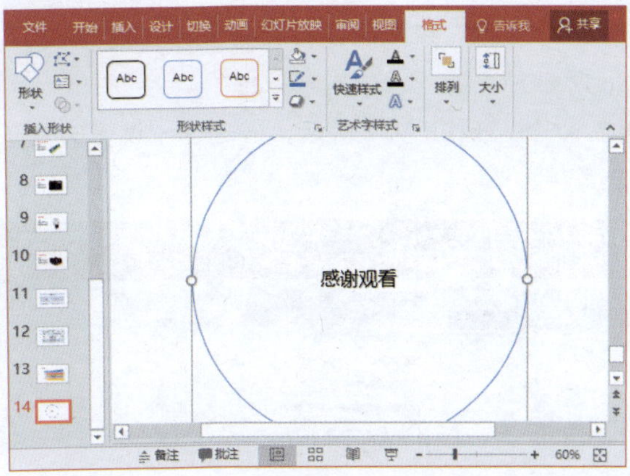

图 9-82　绘制圆形并输入文本

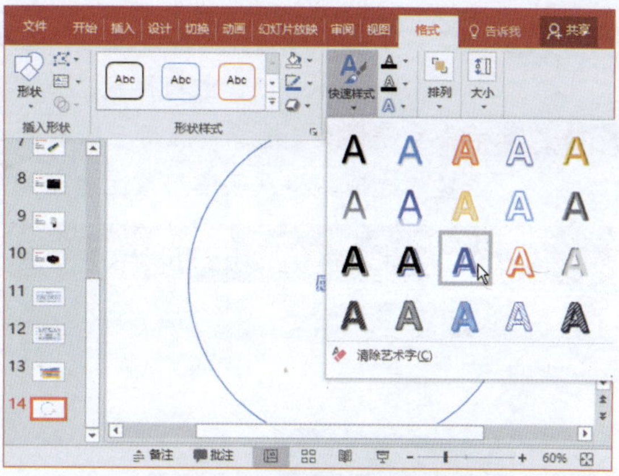

图 9-83　应用艺术字样式

Step 03 在“艺术字样式”组中单击“文本效果”下拉按钮，选择所需的转换效果，即可设置路径文字，如图 9-84 所示。

Step 04 在“形状样式”组中单击“形状轮廓”下拉按钮，选择“无轮廓”选项，如图 9-85 所示。

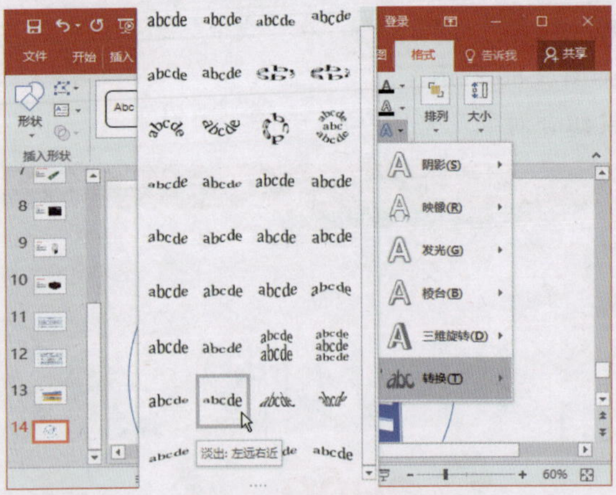

图 9-84　选择转换效果

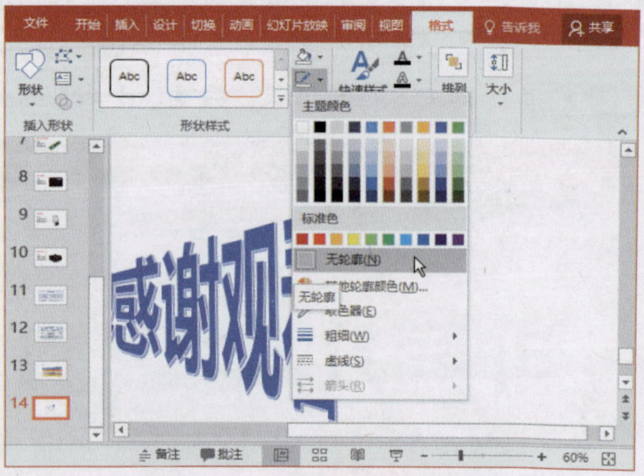

图 9-85　设置无轮廓

9.4　主题的使用

主题是主题颜色、主题字体、效果和背景样式的组合，它可以作为一套独立的选择方案应用于文件中，为演示文稿提供统一的精美外观。使用主题可以简化专业水准演示文稿的创建过程，下面将介绍如何应用与自定义幻灯片主题。

实训 1　应用主题样式

在 PowerPoint 2016 中提供了多种内置主题样式可供用户使用，应用内置主题样式的具体操作方法如下所述。

Step 01 选择第 1 张幻灯片，选择“设计”选项卡，在“主题”组中将鼠标指针置于主题样式上，即可在幻灯片中预览主题样式，如图 9-86 所示。

Step 02 右击主题样式，选择“应用于所有幻灯片”命令，如图 9-87 所示。若选择“设置为默认主题”选项，将默认使用该主题新建演示文稿。

图 9-86　预览主题样式

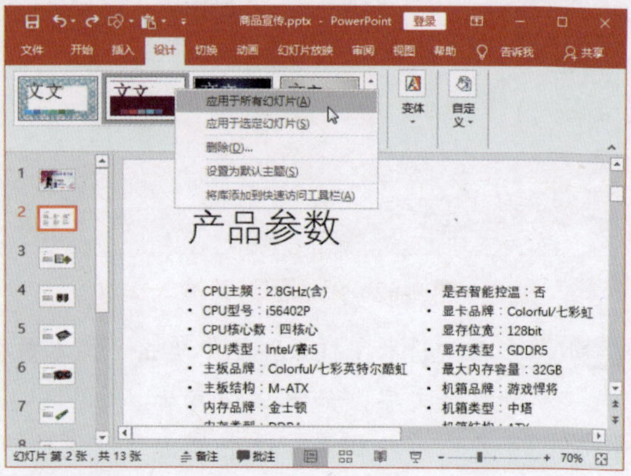

图 9-87　应用主题

Step 03 将所选主题样式应用到所有幻灯片中，如图 9-88 所示。

Step 04 选择其他幻灯片，查看应用主题样式的效果，如图 9-89 所示。

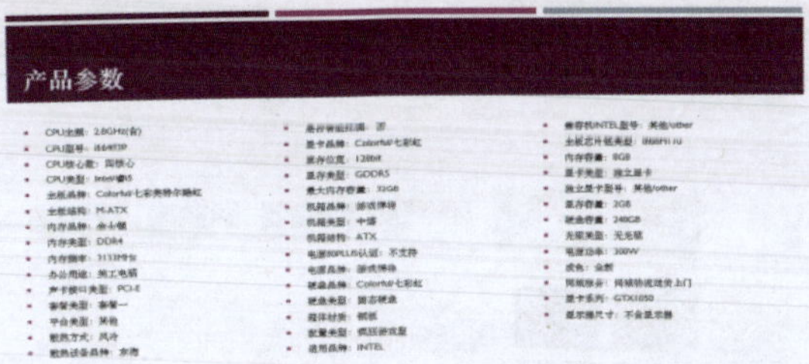

图 9-88　应用主题样式效果

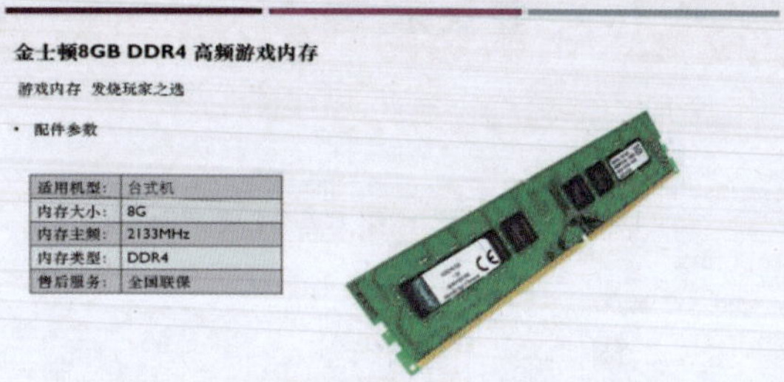

图 9-89　其他幻灯片效果

实训 2　应用变体样式

变体样式是在主题样式的基础上对外观进行更改，如更改背景样式、颜色样式、字体样式、形状效果等。应用变体样式的具体操作方法如下所述。

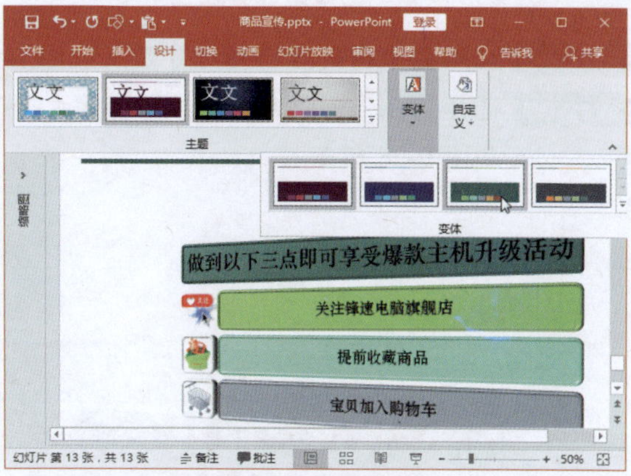

图 9-90　应用变体样式

Step 01 在“变体”组中单击要应用的样式，即可在所有幻灯片中快速应用主题的变体样式，如图 9-90 所示。

Step 02 在“变体”组中单击下拉按钮，选择“颜色”选项，在弹出的列表中选择所需的颜色样式，在此选择“纸张”样式，如图 9-91 所示。

Step 03 在“变体”组中单击下拉按钮，选择“字体”选项，在弹出的列表中选择所需的字体样式，如图 9-92 所示。

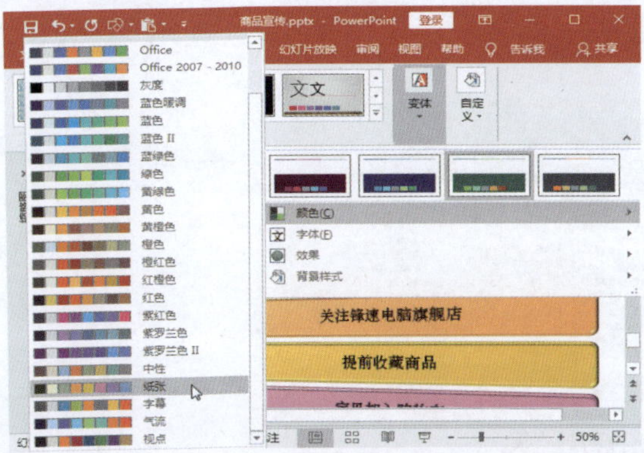

图 9-91　应用颜色样式

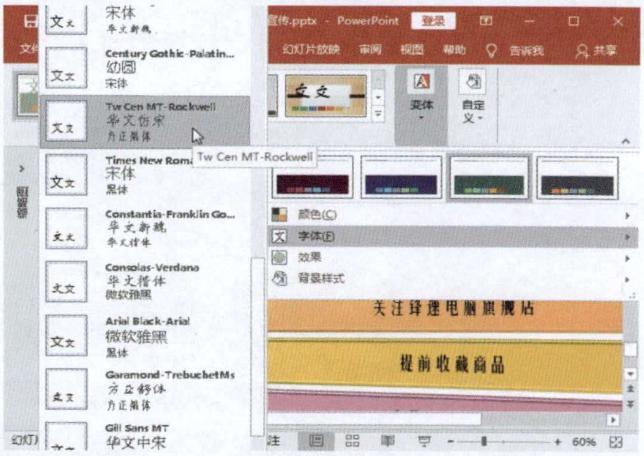

图 9-92　应用字体样式

Step 04 在“变体”组中单击下拉按钮，选择“效果”选项，在弹出的列表中选择“极端阴影”样式，如图 9-93 所示。

Step 05 在“变体”组中单击下拉按钮，选择“背景样式”选项，在弹出的列表中选择所需的背景样式，如图 9-94 所示。

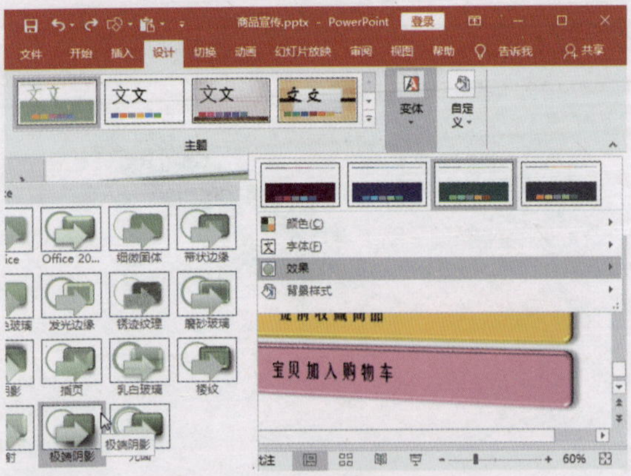

图 9-93　应用效果样式

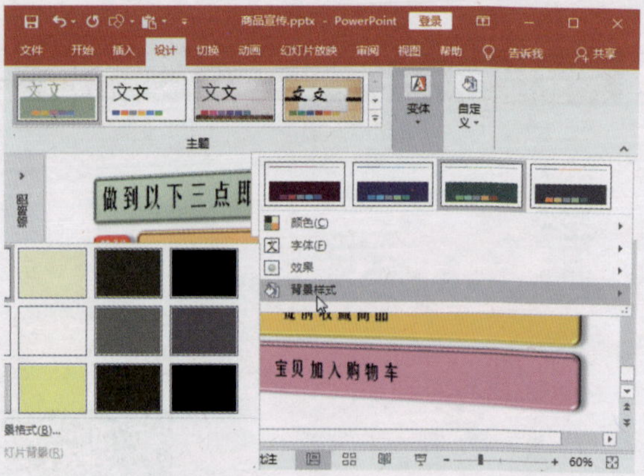

图 9-94　应用背景样式

Step 06 应用变体样式后的幻灯片效果如图 9-95 所示。

Step 07 选择第 2 张幻灯片，在“背景样式”列表中右击样式，选择“应用于所选幻灯片”命令，如图 9-96 所示。

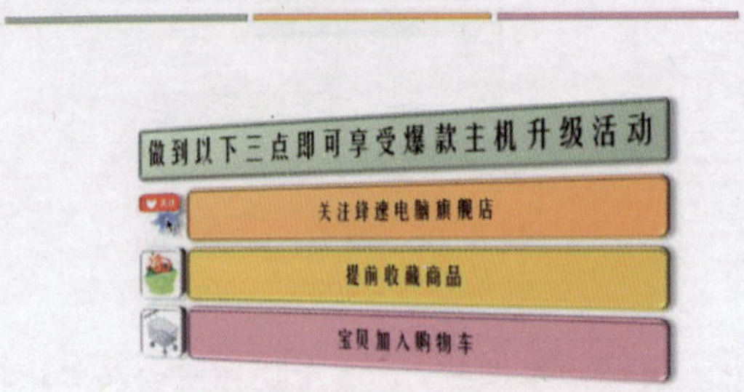

图 9-95　应用变体样式幻灯片效果

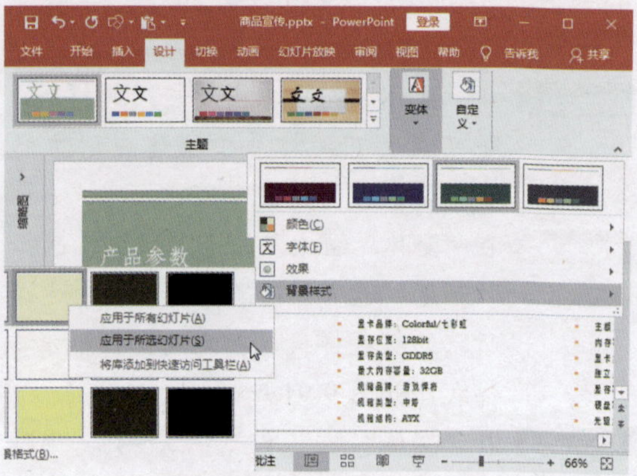

图 9-96　应用背景样式

Step 08 将背景样式仅应用于标题幻灯片，如图 9-97 所示。

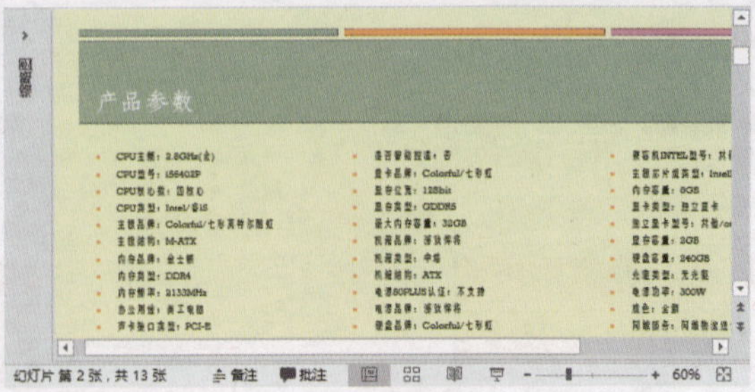

图 9-97　标题幻灯片效果

Step 09 在主题变体中还可根据需要自定义颜色或字体样式，例如，在“颜色”菜单中选择“自定义颜色”选项，如图 9-98 所示。

Step 10 弹出“新建主题颜色”对话框，在此设置文字颜色为深绿色，输入名称，然后单击“保存”按钮，如图 9-99 所示。

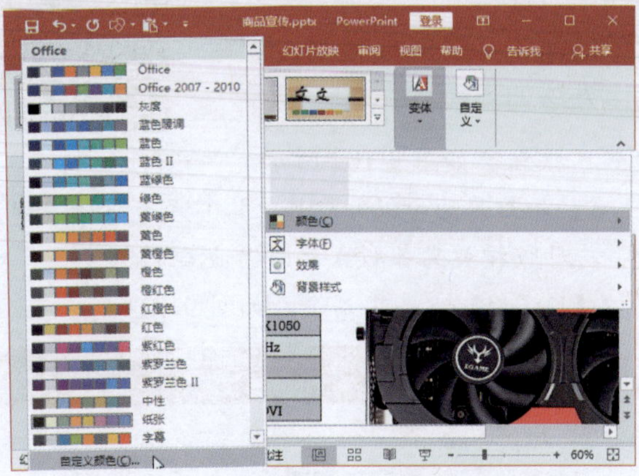

图 9-98　选择“自定义颜色”选项

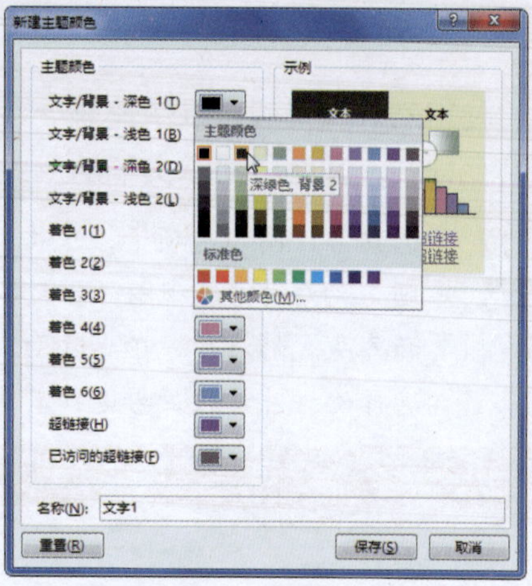

图 9-99　设置主题颜色

9.5　使用幻灯片母版

幻灯片母版是幻灯片层次结构中的顶层幻灯片，用于存储有关演示文稿主题和幻灯片版式信息，包括背景、颜色、字体、效果、占位符大小和位置等。修改和使用幻灯片母版，可以对演示文稿中的每张幻灯片进行统一的样式更改，所以可以节省很多时间。

实训 1　认识幻灯片版式

幻灯片版式包含要在幻灯片上显示的全部内容的格式设置、位置和占位符，如图 9-100 所示。占位符是版式中的容器，可以容纳如文本（包括正文文本、项目符号列表和标题）、表格、图表、SmartArt 图形、影片、声音及图片等内容。版式也包含幻灯片的主题、字体、效果和背景。

PowerPoint 2016 中包含 11 种内置幻灯片版式，用户还可创建满足自己特定需求的自定义版式，并与使用 PowerPoint 创建演示文稿的其他用户共享。图 9-101 为 PowerPoint 2016 中内置的幻灯片版式。

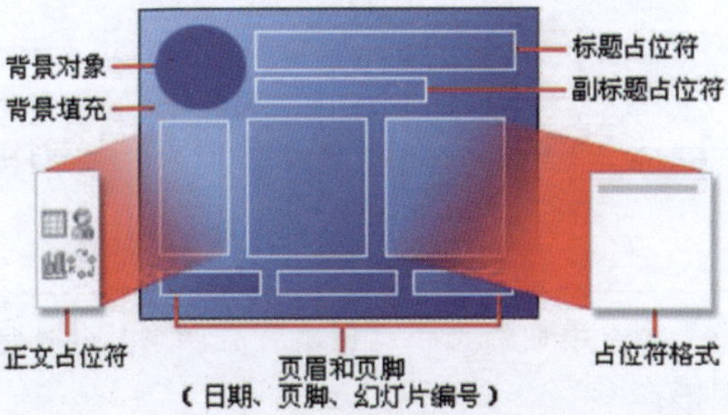

图 9-100　幻灯片版式

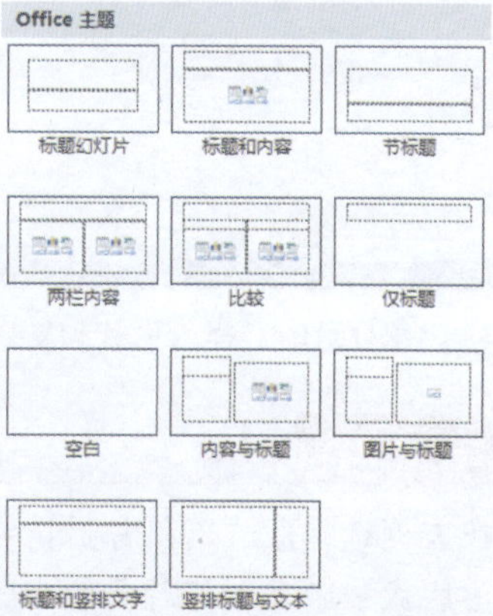

图 9-101　PowerPoint 2016 内置版式

实训 2　自定义幻灯片母版

使用幻灯片母版可以快速统一各张幻灯片中的颜色、字体、标题、徽标和其他样式，并统一演示文稿的形式，具体操作方法如下所述。

Step 01 选择“视图”选项卡，单击“幻灯片母版”按钮，如图 9-102 所示。

Step 02 进入幻灯片母版视图，在缩略图窗格最上方的幻灯片为母版幻灯片，其下方为与母版相关的各版式幻灯片。在更改幻灯片母版时，与母版相关的各版式幻灯片也会得到更改。先选择幻灯片母版，再选择其中的形状，按【Delete】键将其删除，如图 9-103 所示。

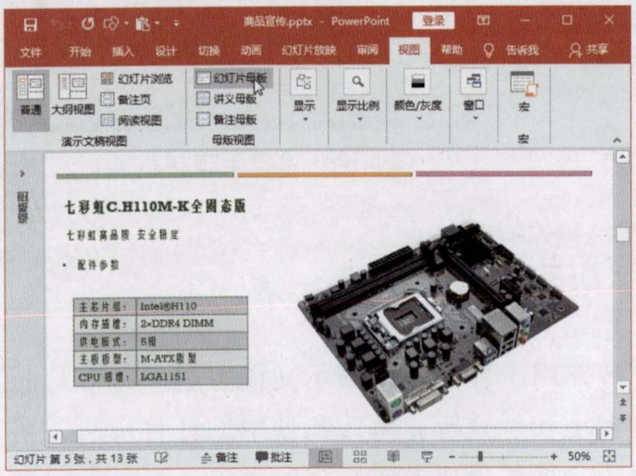

图 9-102　单击“幻灯片母版”按钮

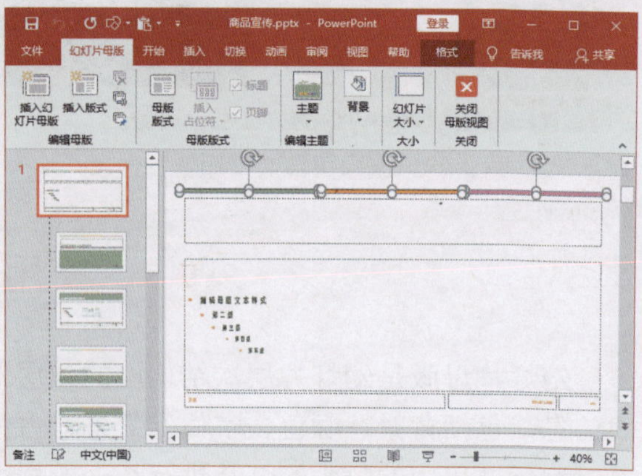

图 9-103　删除形状

Step 03 在幻灯片母版上方和下方插入形状，并设置形状格式。在左下方插入文本框，并输入企业名称，如图 9-104 所示。

Step 04 在左侧选择“标题和内容”幻灯片版式，删除标题占位符中的形状，并设置标题占位符的字体格式，如图 9-105 所示。

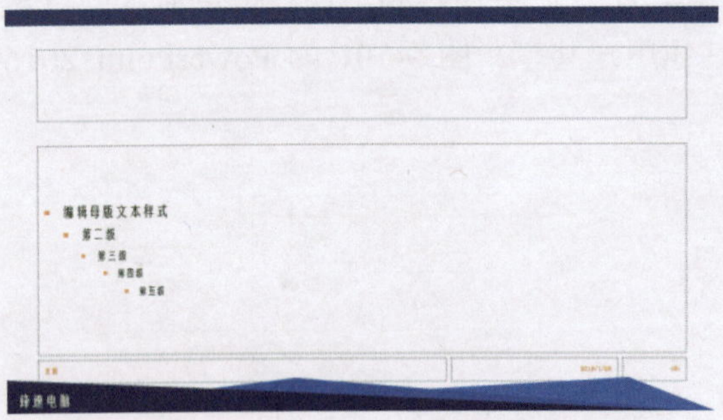

图 9-104　插入形状和文本框

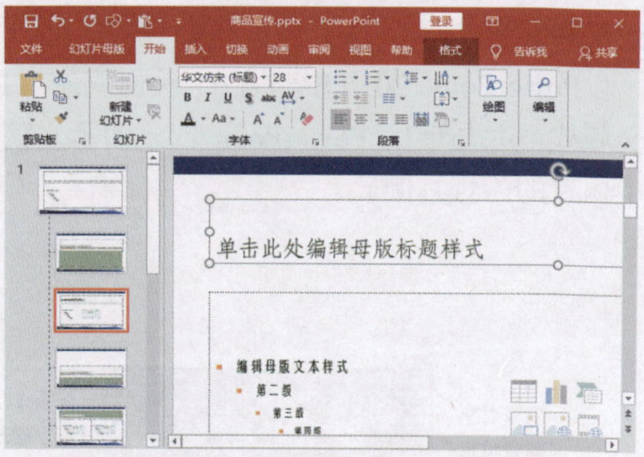

图 9-105　设置“标题和内容”幻灯片版式

课堂解疑

在左侧选择版式幻灯片后，在功能区“背景”组中取消选择“隐藏背景图形”复选框，即可在该版式中隐藏幻灯片母版中设置的背景图形。

Step 05 选择不需要的幻灯片版式并右击，选择“删除版式”命令，如图 9-106 所示。

Step 06 将不需要的版式删除，如图 9-107 所示。

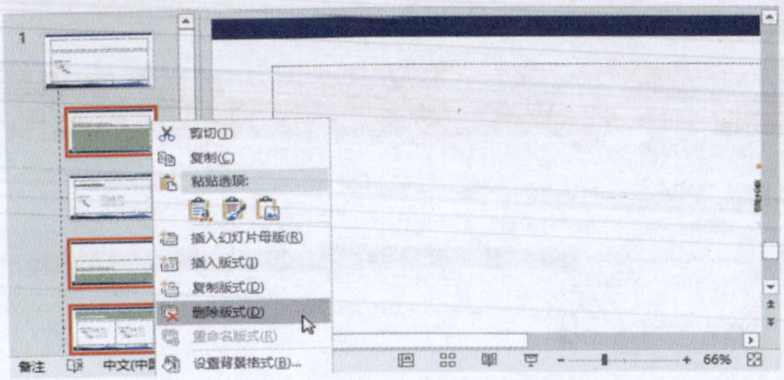

图 9-106　选择“删除版式”命令

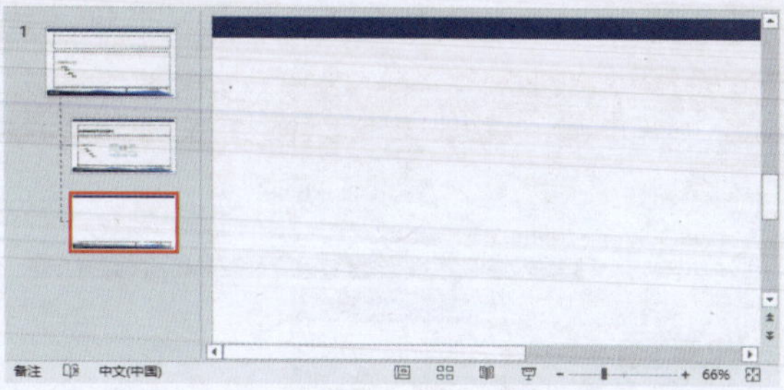

图 9-107　删除版式效果

Step 07 在任务栏中单击“普通视图”按钮，退出幻灯片母版视图，查看第 2 张幻灯片效果，如图 9-108 所示。

Step 08 查看其他幻灯片效果，如图 9-109 所示。

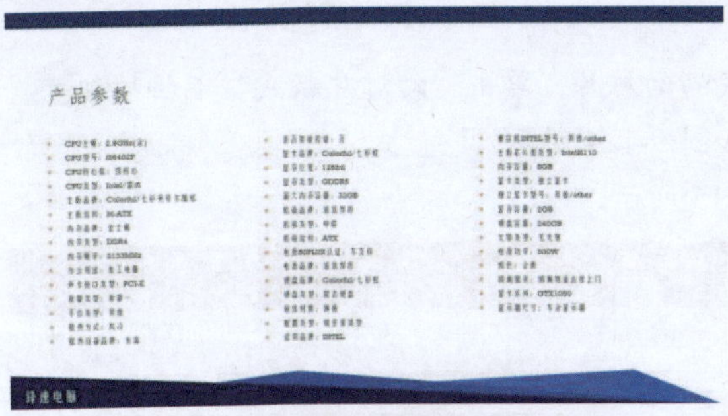

图 9-108　查看第 2 张幻灯片效果

图 9-109　查看其他幻灯片效果

实训 3　创建与应用新版式

若 PowerPoint 2016 中预设的幻灯片版式无法满足需求，可以创建新的版式，具体操作方法如下所述。

Step 01 切换到幻灯片母版视图，右击“空白”幻灯片版式，选择“复制版式”命令，如图 9-110 所示。

Step 02 复制出一个新版式。右击版式，选择“重命名版式”命令，如图 9-111 所示。

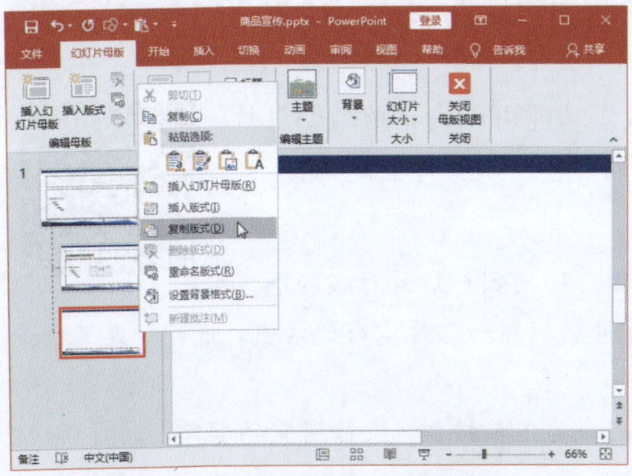

图 9-110　选择“复制版式”命令

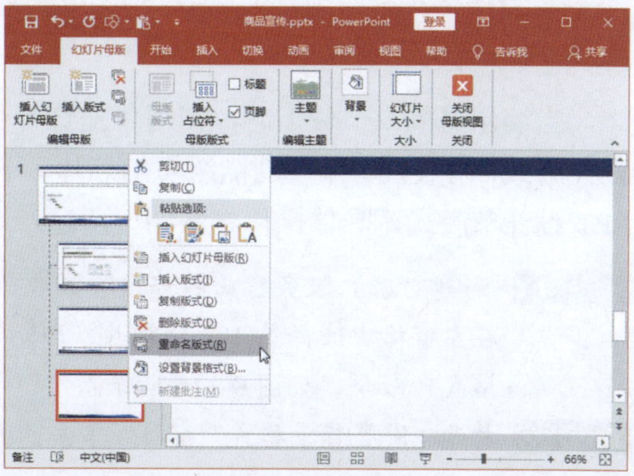

图 9-111　选择“重命名版式”命令

Step 03 在弹出的对话框中输入版式名称，然后单击“重命名”按钮，如图 9-112 所示。

Step 04 在幻灯片中的合适位置插入形状，并设置形状格式，如图 9-113 所示。

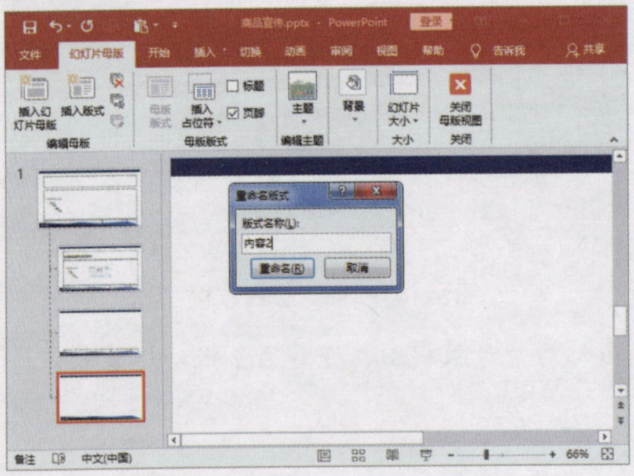

图 9-112　重命名版式

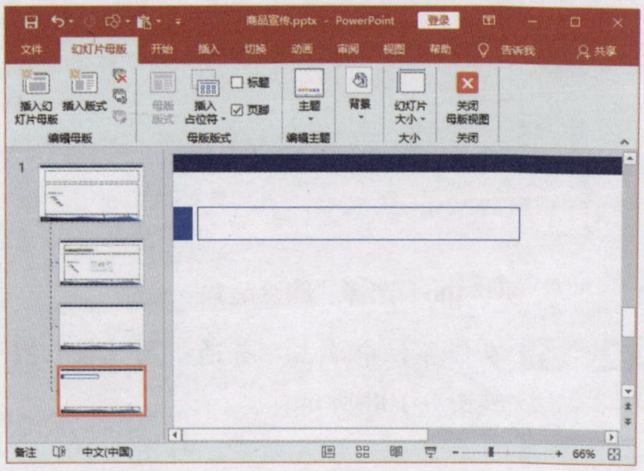

图 9-113　插入形状

Step 05 返回普通视图，在左侧选择要应用新版式的幻灯片，单击“幻灯片版式”下拉按钮，在弹出的下拉列表中选择新建的版式，如图 9-114 所示。

Step 06 为所选幻灯片应用新版式，效果如图 9-115 所示。

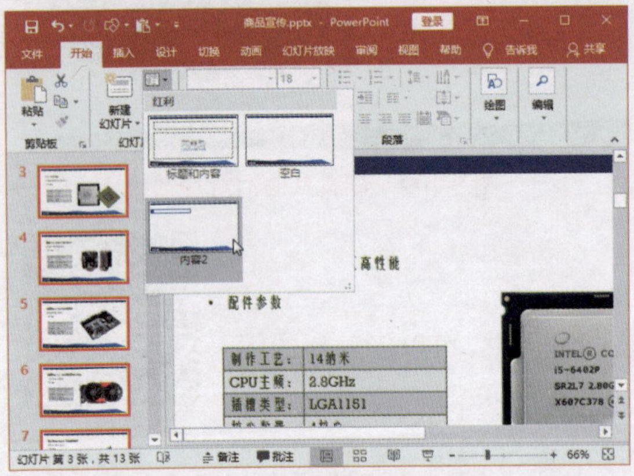

图 9-114　选择新版式

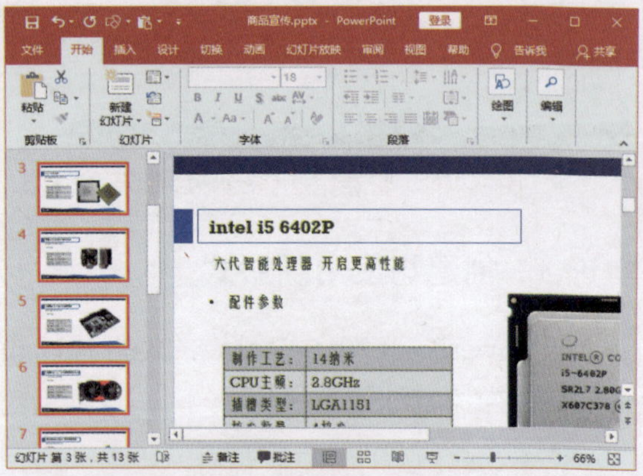

图 9-115　应用新版式效果

9.6　综合实训：为“客户服务行业趋势报告”PPT 设计节版式

当演示文稿章节较多时，使用“幻灯片母版”功能可以为各章节幻灯片设计版式，并使用“节”功能组织幻灯片。下面为“客户服务行业趋势报告”PPT 设计节版式，具体操作方法如下所述。

Step 01 新建“客户服务行业趋势报告”演示文稿，切换到幻灯片母版视图，在左窗格中选择第 1 张幻灯片，即幻灯片母版。在幻灯片空白处右击，选择“设置背景格式”命令，如图 9-116 所示。

Step 02 打开“设置背景格式”窗格，单击“填充颜色”下拉按钮，选择所需的颜色，如图 9-117 所示。

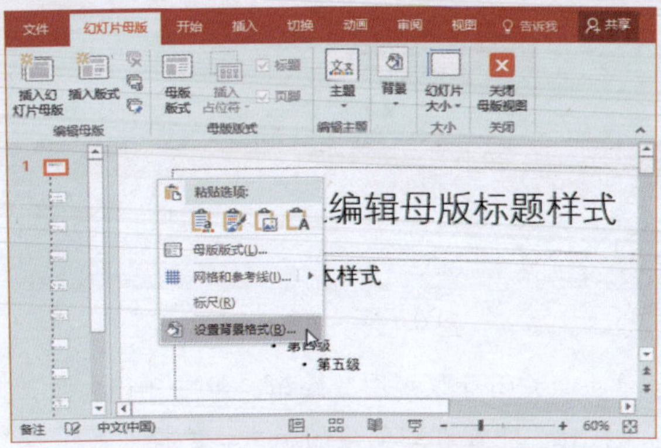

图 9-116 选择“设置背景格式”命令

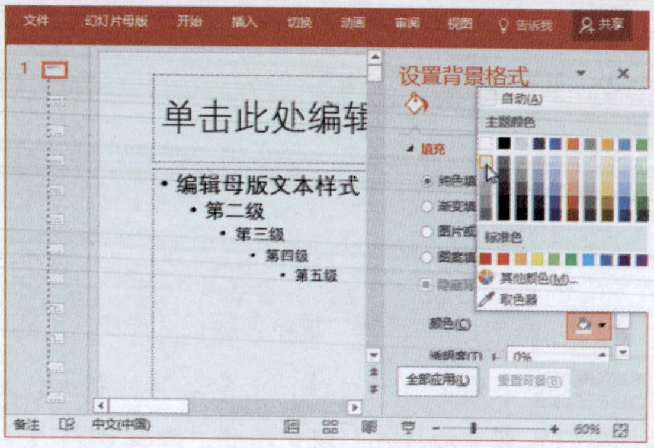

图 9-117 设置背景颜色

Step 03 更改母版下所有版式的背景颜色。在“编辑母版”组中单击“插入版式”按钮，如图 9-118 所示。

Step 04 在新版式中插入形状，并输入文本。选择“格式”选项卡，在“形状样式”列表中选择所需的样式，如图 9-119 所示。

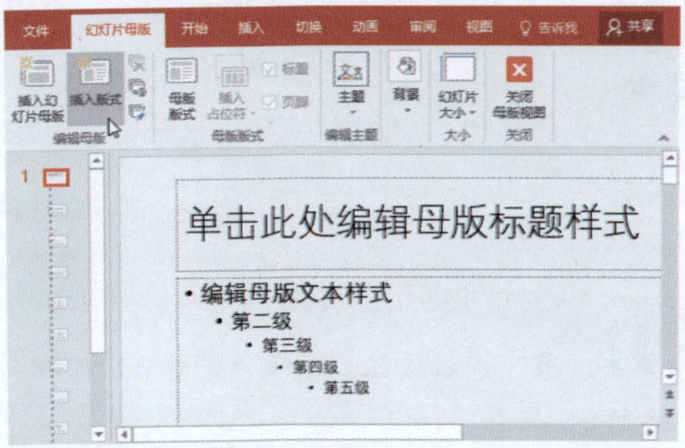

图 9-118 单击“插入版式”按钮

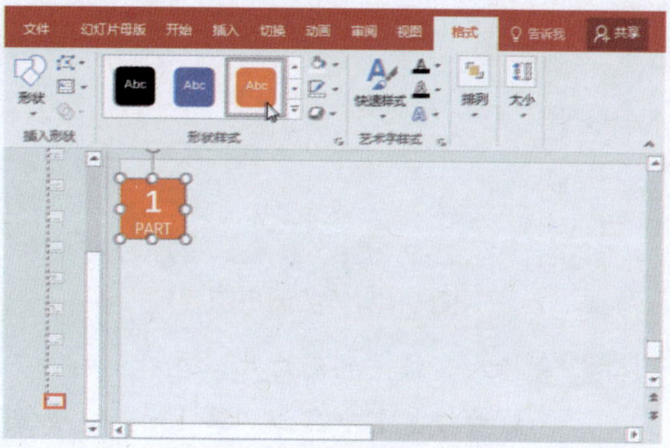

图 9-119 选择形状样式

Step 05 在左窗格中右击当前版式，选择“复制版式”命令，如图 9-120 所示。

Step 06 复制版式，根据需要修改版式中的内容。采用同样的方法，复制多个版式，并根据需要修改版式内容，如图 9-121 所示。

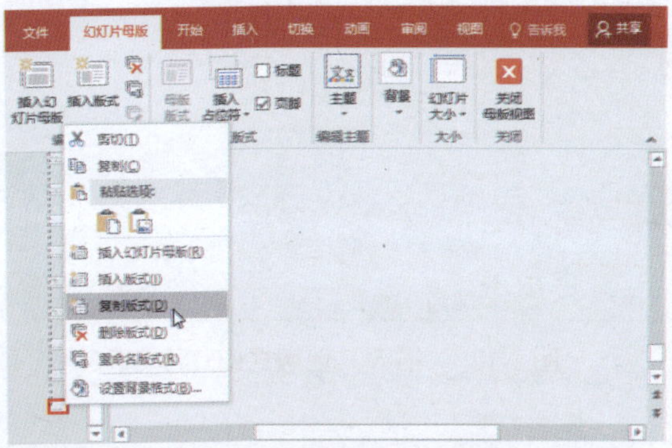

图 9-120 选择“复制版式”命令

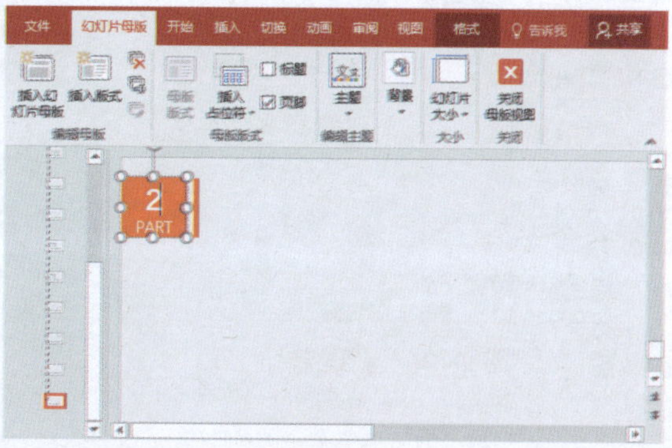

图 9-121 复制版式并修改内容

Step 07 在左窗格中右击第 1 个新建的版式，选择“重命名版式”命令，如图 9-122 所示。

Step 08 弹出“重命名版式”对话框，输入版式名称，单击“重命名”按钮，如图 9-123 所示。

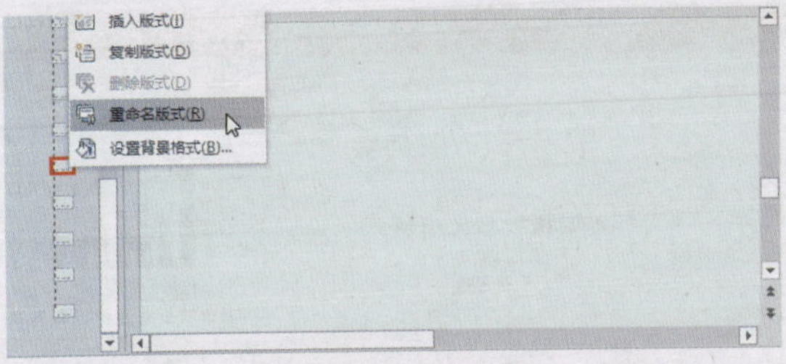

图 9-122　选择“重命名版式”命令

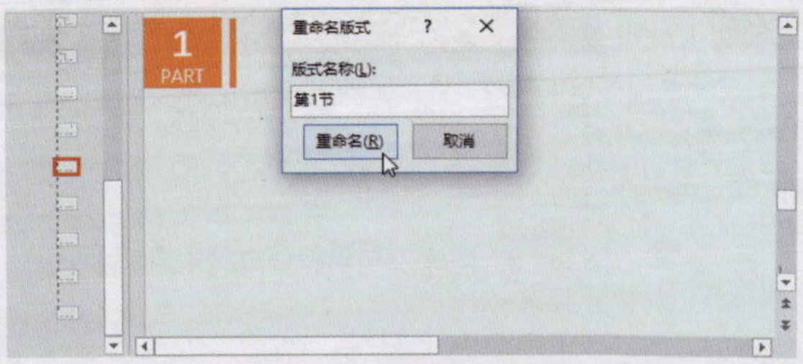

图 9-123　重命名版式

Step 09 采用同样的方法，重命名其他版式，然后单击“关闭母版视图”按钮，如图 9-124 所示。

Step 10 在“幻灯片”组中单击“新建幻灯片”下拉按钮，即可看到创建的版式，选择“第 1 节”版式，如图 9-125 所示。

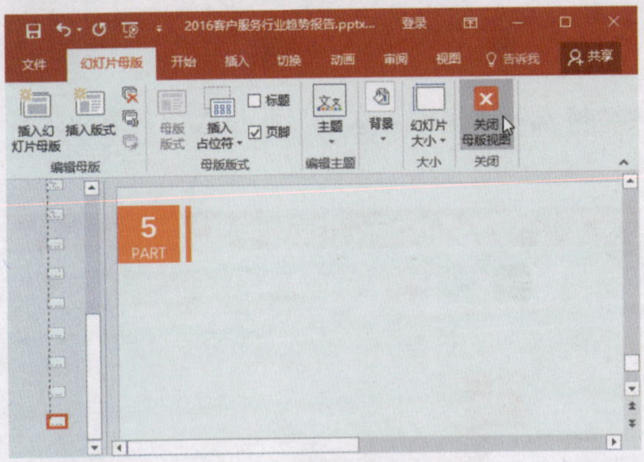

图 9-124　关闭母版视图

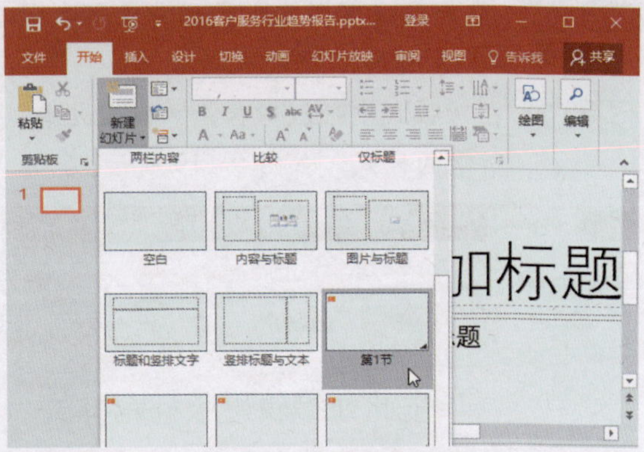

图 9-125　选择版式

Step 11 插入新版式的幻灯片。在“幻灯片”组中单击“节”下拉按钮，选择“新增节”选项，然后将其重命名为“第 1 节”，如图 9-126 所示。

Step 12 采用同样的方法，插入其他版式幻灯片，并创建相应的节，如图 9-127 所示。

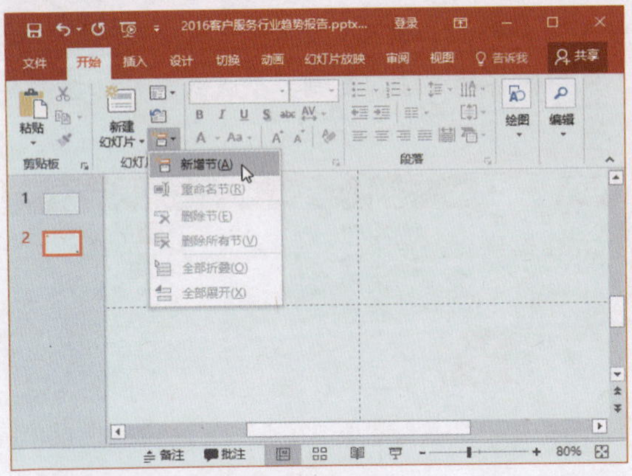

图 9-126　新建节

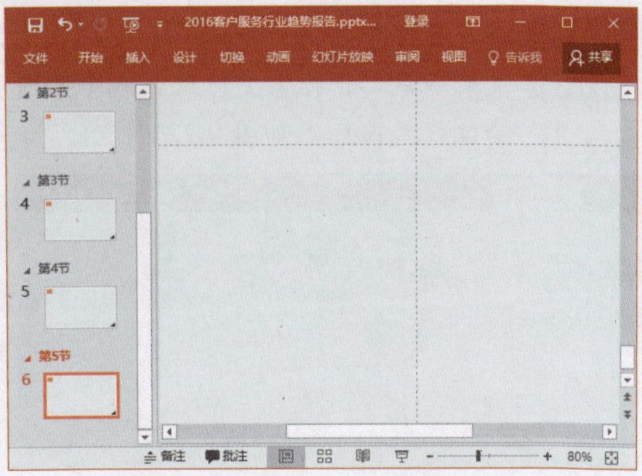

图 9-127　插入其他版式幻灯片

本 章 小 结

通过对本章的学习，读者应该掌握以下知识。

（1）在幻灯片缩略图窗格中对幻灯片进行选择、插入、删除、复制、移动等操作。

（2）使用节对数量庞大的幻灯片进行有效的组织管理。

（3）使用主题样式为幻灯片快速应用统一的外观样式。若 PowerPoint 中内置的主题不能满足操作，还可自定义主题样式。

（4）使用幻灯片母版快速统一各幻灯片中的颜色、字体、标题、徽标及其他样式。

（5）若预设的版式母版不能满足需求，可以创建自定义的版式母版。

本 章 练 习

一、选择题

1．下列操作不能在幻灯片缩略图窗格中设置的是（　）。

A．新建幻灯片　　B．复制幻灯片　　C．重排幻灯片　　D．输入幻灯片内容

2．幻灯片母版中的占位符不包括（　）。

A．形状　　B．表格　　C．图片　　D．页脚

3．以下哪种说法不正确？（　）

A．在浏览视图中可以非常方便地移动幻灯片

B．在幻灯片母版视图中，在缩略图窗格最上方的幻灯片为母版幻灯片，其下方为与母版相关的各版式幻灯片

C．在主题中可以将“字体”样式应用于单独的一张幻灯片

D．在演示文稿中，不可以删除内置主题样式

二、填空题

1．通过__________操作，可以还原幻灯片的版式。

2．主题样式主要包括__________、__________和__________。

3．占位符是版式中的容器，可以容纳如_______、_______、_______、_______、_______、_______、_______等内容。

三、实操题

使用形状和文本框制作一个简单的演示文稿封面页，如图 9-128 所示。

图 9-128　演示文稿封面页

第 10 章　动画与多媒体元素的应用

【本章导读】

动画是演示文稿的重要表现手段，在制作演示文稿时可以为幻灯片添加动画，使原本静态的幻灯片动起来。在演示文稿中使用多媒体元素，可以使演示文稿更具感染力。本章将学习在幻灯片中添加动画与多媒体元素的方法。

【本章目标】

- 掌握幻灯片切换动画的应用方法
- 掌握为幻灯片对象添加动画的方法
- 掌握使用动画窗格调整动画的方法和为 SmartArt 图形添加动画的方法
- 掌握在幻灯片中插入背景音乐和视频的方法

10.1　幻灯片切换动画的使用

在演示文稿中，从一张幻灯片突然跳转至另一张幻灯片会使观众觉得很唐突，这时可以为幻灯片添加切换效果，使其播放起来变得更流畅。下面将介绍如何为幻灯片添加切换动画。

实训 1　切换动画的应用

幻灯片切换效果是指幻灯片从上一张幻灯片移到下一张幻灯片时，幻灯片放映视图中出现的动画效果。在 PowerPoint 2016 中内置了 48 种切换动画，用户可以根据需要为不同的幻灯片添加合适的切换动画。在演示文稿中应用切换动画的具体操作方法如下所述。

Step 01 打开“素材文件\第 11 章\商品宣传.pptx”，选择第 1 张幻灯片，选择“切换”选项卡，单击“切换效果”下拉按钮，选择“擦除”效果，如图 10-1 所示。

Step 02 单击“效果选项”下拉按钮，选择“从右上部”选项。采用同样的方法，为第 2 张幻灯片应用“涟漪”效果，为第 3 张幻灯片应用“切换”效果，为最后一张幻灯片应用“翻转”效果，如图 10-2 所示。

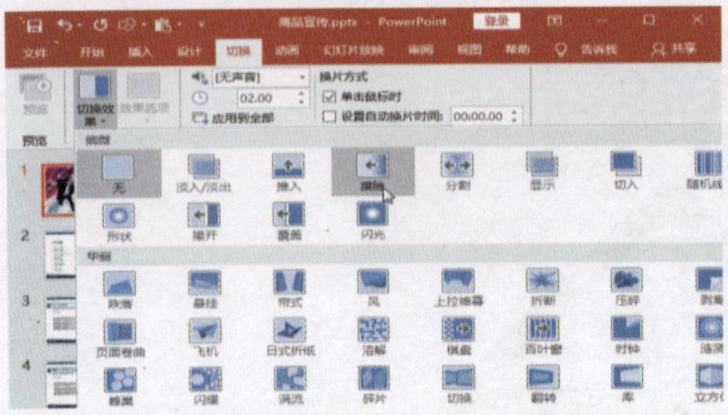

图 10-1　选择“擦除”效果

图 10-2　选择切换效果选项

Step 03 选择第 4 张到第 13 张幻灯片，单击“切换效果”下拉按钮，选择“摩天轮”效果，如图 10-3 所示。

Step 04 在“计时”组中更改“持续时间”数值，设置切换速度，如图 10-4 所示。持续时间越短，表示切换速度越快，反之切换速度越慢。在“计时”组“换片方式”选项区中，可以更改切换幻灯片的方式。若要使幻灯片进行自动切换，可选中“设置自动换片时间”复选框，并对自动换片时间进行设置。

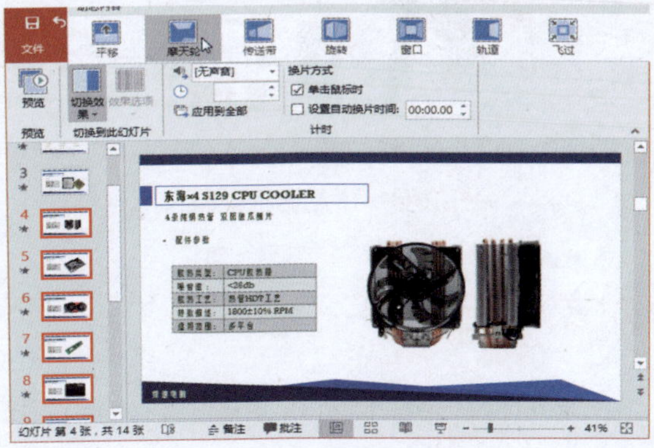

图 10-3　选择切换效果

图 10-4　设置切换速度

实训 2　切换声音的设置

在切换幻灯片时，还可为其添加切换声音。用户可以使用 PowerPoint 2016 内置的切换声音，也可使用电脑中的 WAV 音频文件。为幻灯片添加切换声音的具体操作方法如下所述。

Step 01 选择第 1 张幻灯片，选择“切换”选项卡，单击“声音”下拉按钮，在弹出的下拉列表中选择所需的切换声音，如图 10-5 所示。

Step 02 为第 1 张幻灯片应用切换声音。单击“声音”下拉按钮，在弹出的下拉列表中选择“播放下一段声音之前一直循环”选项，如图 10-6 所示。

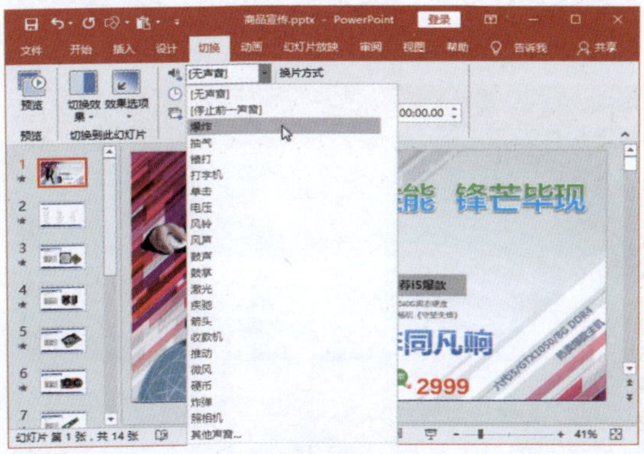

图 10-5　选择切换声音

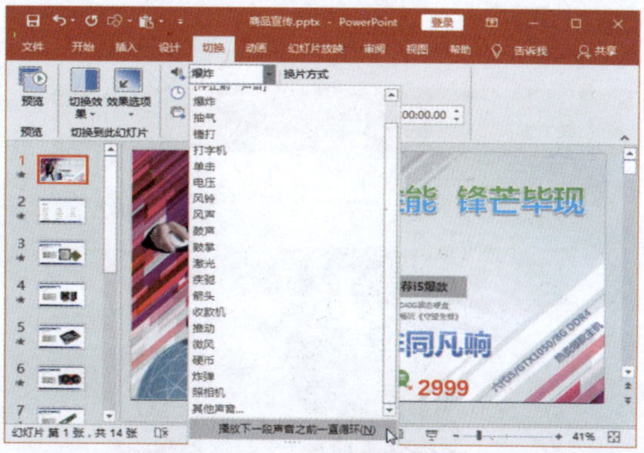

图 10-6　设置循环播放声音

Step 03 若在声音列表中选择“其他声音”选项，将弹出“添加音频”对话框，选择音频文件，然后单击“确定”按钮，如图 10-7 所示。

Step 04 单击“预览”按钮，预览幻灯片切换效果，如图 10-8 所示。

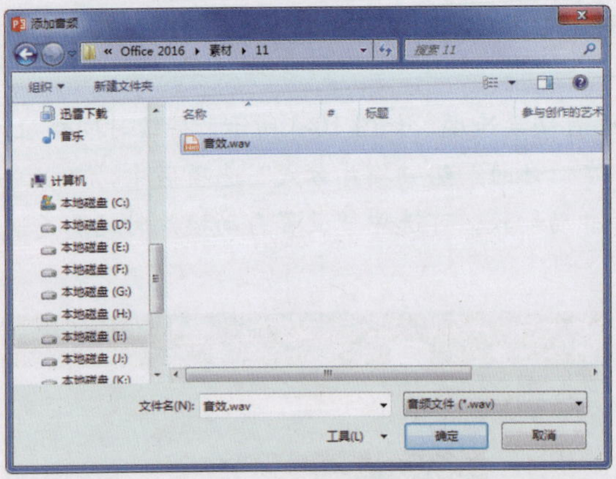

图 10-7　选择音频文件

图 10-8　预览切换效果

10.2　使幻灯片对象动起来

在制作幻灯片时，不仅可以将动画效果应用到切换幻灯片上，还可将其应用到幻灯片中的文本、图片、图形和图表等对象上。通过在幻灯片中添加动画，可以使观众的注意力集中在要点上，控制信息流，并提高观众的观赏兴趣。需要注意的是，动画效果在幻灯片中的应用不是越多越好，对文字等添加太多的动画效果反而会分散观众的注意力。

实训 1　为幻灯片对象应用动画

下面通过对第 1 张幻灯片中的对象应用动画为例，介绍为幻灯片对象添加动画的方法，具体操作方法如下所述。

Step 01 选择第 1 张幻灯片，选择电脑主机图片，然后选择“动画”选项卡，单击“动画样式”下拉按钮，选择“飞入”动画，如图 10-9 所示。为幻灯片元素添加动画后，将在该元素旁显示动画编号标记。

Step 02 选择广告词文本框，单击“动画样式”下拉按钮，选择“更多进入效果”选项，如图 10-10 所示。

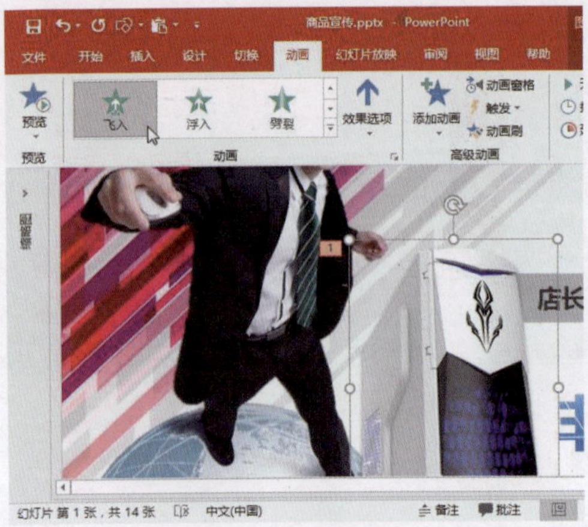

图 10-9　选择动画样式

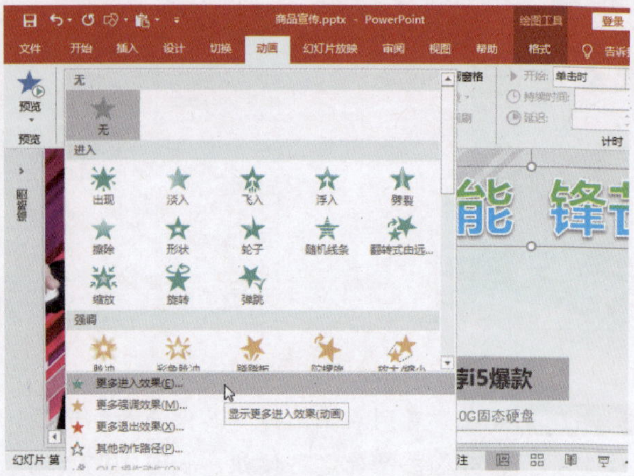

图 10-10　选择“更多进入效果”选项

Step 03 弹出“更改进入效果”对话框，选择“压缩”动画，然后单击“确定”按钮，如图 10-11 所示。

Step 04 选择店长推荐文本框，单击“动画样式”下拉按钮，选择“擦除”动画，如图 10-12 所示。

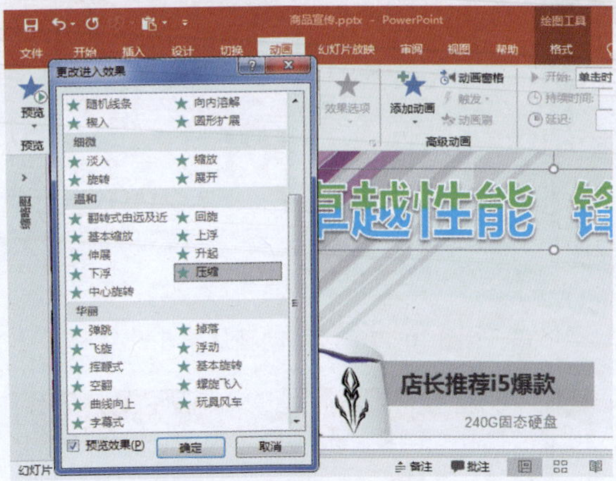

图 10-11　选择动画效果

图 10-12　选择动画效果

Step 05 单击“效果选项”下拉按钮，选择“自左侧”选项，如图 10-13 所示。

Step 06 选择硬盘容量文本框，单击“动画样式”下拉按钮，选择“淡入”动画，如图 10-14 所示。

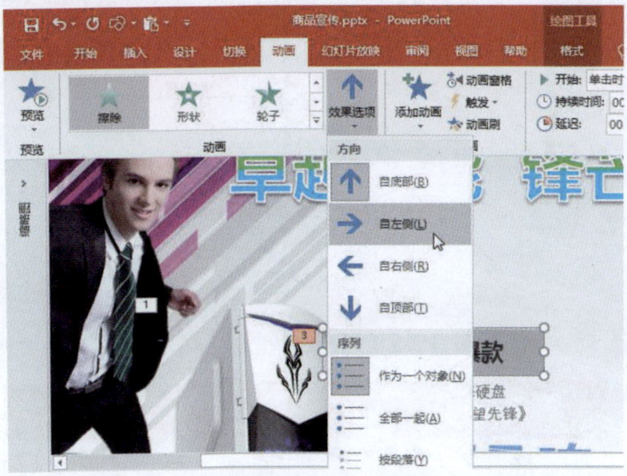

图 10-13　选择效果选项

图 10-14　选择动画效果

Step 07 选择“非同凡响”文本框，打开“更改进入效果”对话框，选择“玩具风车”动画，然后单击“确定”按钮，如图 10-15 所示。

Step 08 选择“爆款”形状，打开“更改进入效果”对话框，选择“升起”动画，然后单击“确定”按钮，如图 10-16 所示。

Step 09 选择价格文本框，打开“更改进入效果”对话框，选择“压缩”动画，然后单击“确定”按钮，如图 10-17 所示。

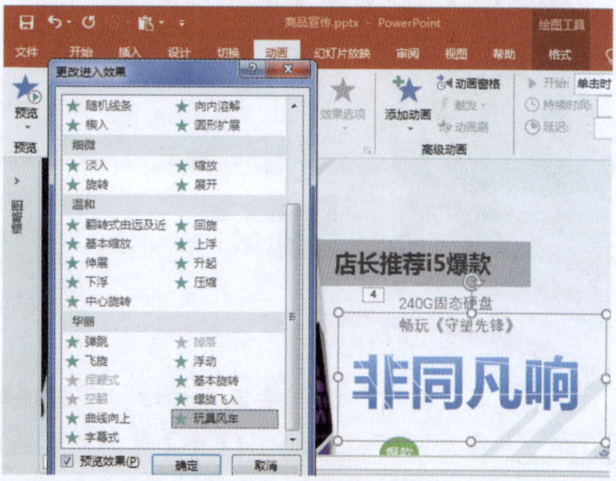

图 10-15　应用动画效果 1

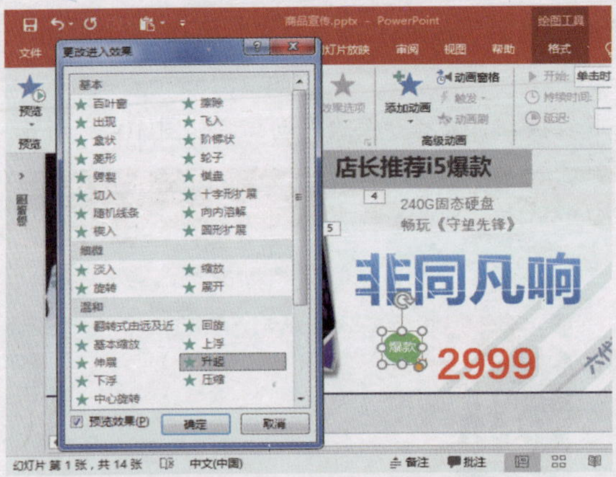

图 10-16　应用动画效果 2

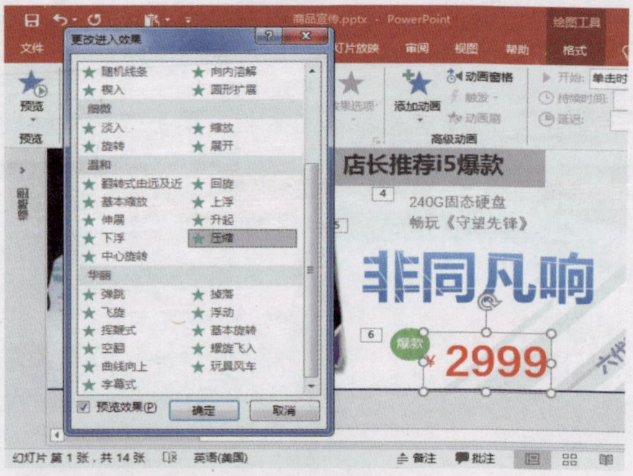

图 10-17　应用动画效果 3

Step 10 选择型号文本框，打开“更改进入效果”对话框，选择“棋盘”动画，然后单击“确定”按钮，如图 10-18 所示。

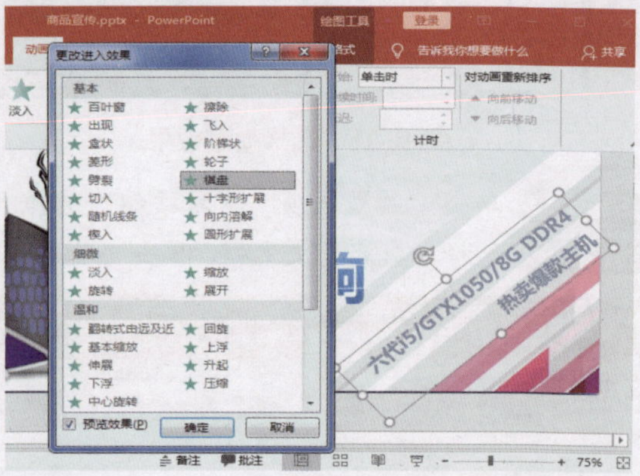

图 10-18　应用动画效果

实训 2　动画窗格调整动画的使用

为幻灯片对象应用动画效果后，可以利用动画窗格选择动画，调整动画顺序，设置动画计时选项，更改动画效果等，具体操作方法如下所述。

Step 01 在“高级动画”组中单击“动画窗格”按钮，如图 10-19 所示。

Step 02 打开动画窗格，按【Ctrl+A】组合键全选动画，如图 10-20 所示。

图 10-19　单击“动画窗格”按钮

图 10-20　全选动画

Step 03 在“计时”组中单击“开始”下拉按钮，选择“上一动画之后”选项，如图 10-21 所示。

Step 04 在动画窗格中按住【Ctrl】键的同时选择动画，在“计时”组中设置延迟时间，如图 10-22 所示。

图 10-21 设置“开始”选项

图 10-22 设置延迟时间

Step 05 在动画窗格中选择第 1 个动画，然后单击“向后移动”按钮，如图 10-23 所示。

Step 06 调整第 1 个动画的排列顺序，如图 10-24 所示。

图 10-23 单击“向后移动”按钮

图 10-24 调整动画排列顺序

Step 07 在动画窗格中选择动画，在“动画”选项卡下单击“动画样式”下拉按钮，选择“随机线条”动画，如图 10-25 所示。

Step 08 在“动画”选项卡下单击“动画窗格”，在“计时”组中设置“持续时间”，如图 10-26 所示。

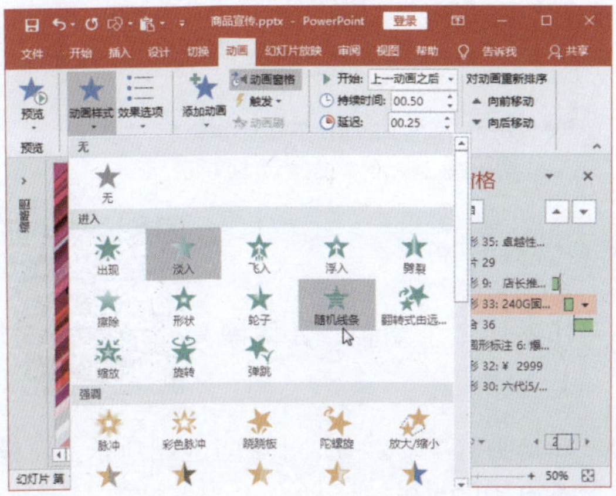

图 10-25 更换动画样式

图 10-26 设置持续时间

实训 3　更多动画效果的设置

虽然可以在“计时”组中对动画效果进行设置，但可设置的项目并不多。通过动画效果选项对话框可以对动画进一步进行设置，如设置平滑、弹跳、声音、重复播放等，具体操作方法如下所述。

Step 01 打开动画窗格，双击图片应用的“飞入”动画，如图 10-27 所示。也可右击动画，选择“效果选项”命令，如图 10-28 所示。

图 10-27　双击动画

图 10-28　选择“效果选项”命令

Step 02 弹出“飞入”对话框，选择“计时”选项卡，在“期间”下拉列表框中选择“快速（1 秒）”选项，如图 10-29 所示。

Step 03 选择“效果”选项卡，设置“平滑开始”和“弹跳结束”参数，然后单击“确定”按钮，如图 10-30 所示。

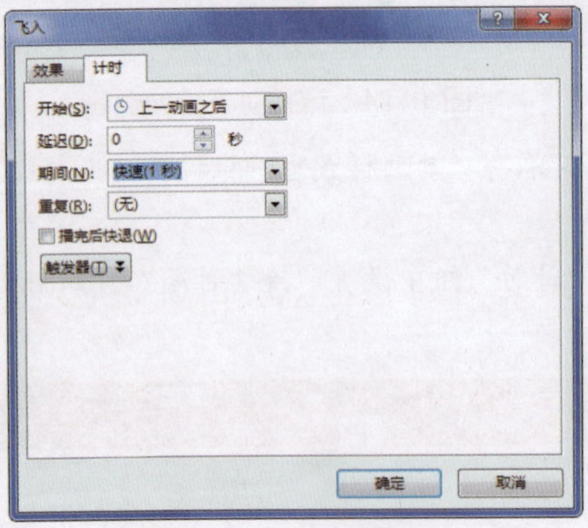

图 10-29　设置持续时间

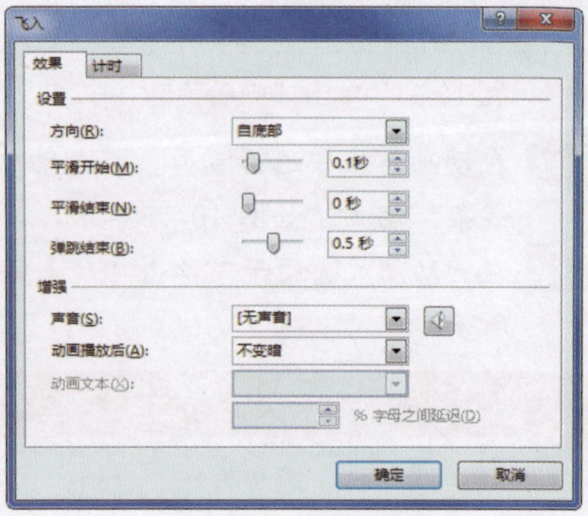

图 10-30　设置动画效果

实训 4　为幻灯片对象添加多个动画

若要为幻灯片对象应用多个动画效果，则需为其添加多个动画，具体操作方法如下所述。

Step 01 选择型号文本框，在“动画”组中单击“添加动画”下拉按钮，如图 10-31 所示。在弹出的下拉列表中选择“波浪形”强调动画，如图 10-32 所示。

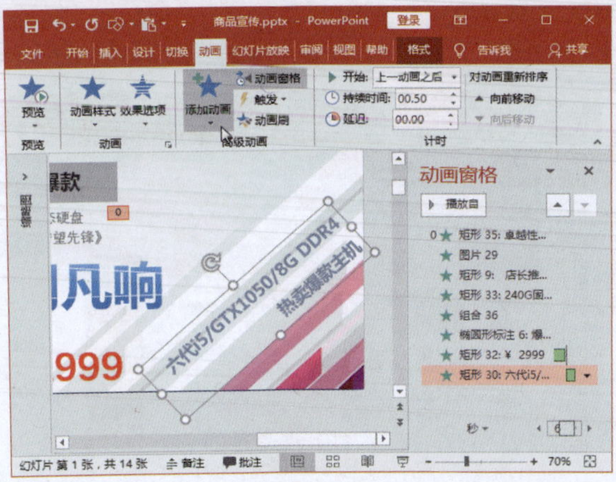

图 10-31　单击“添加动画”下拉按钮

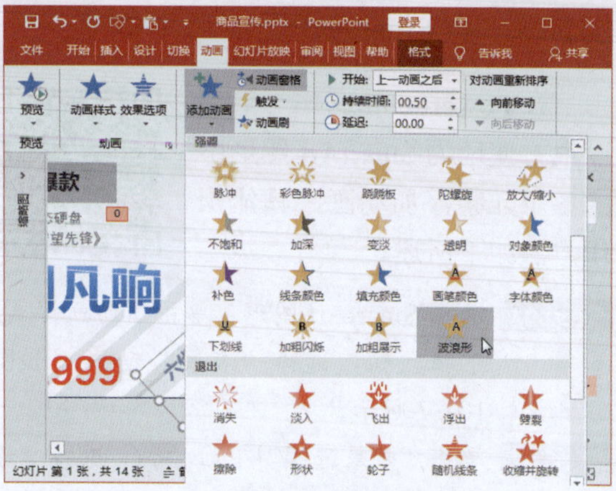

图 10-32　选择动画效果

Step 02 打开动画窗格，即可看到添加的“波浪形”动画，双击该动画，如图 10-33 所示。

Step 03 弹出“波浪形”对话框，在“设置文本动画”下拉列表框中选择“按字母顺序”选项，设置“字母之间延迟%”为 8，如图 10-34 所示。

图 10-33　双击“波浪形”动画

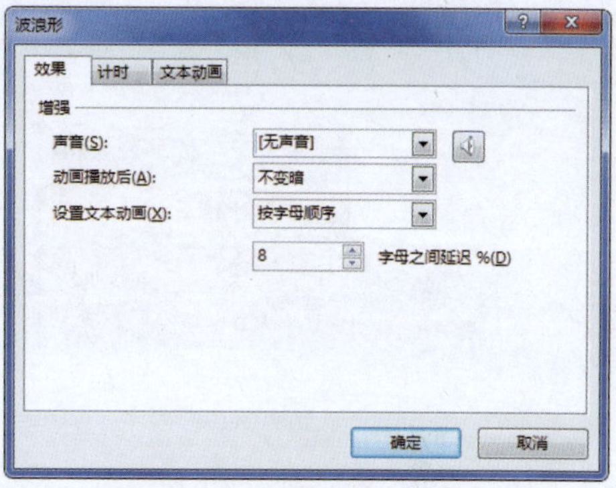

图 10-34　设置字母延迟

Step 04 选择“计时”选项卡，设置延迟时间为 0.5 秒，在“期间”下拉列表框中选择“快速（1 秒）”选项，在“重复”下拉列表框中选择“直到下一次单击”选项，然后单击“确定”按钮，如图 10-35 所示。

Step 05 在幻灯片中拖动控制柄，调整动画路径的位置，如图 10-36 所示。

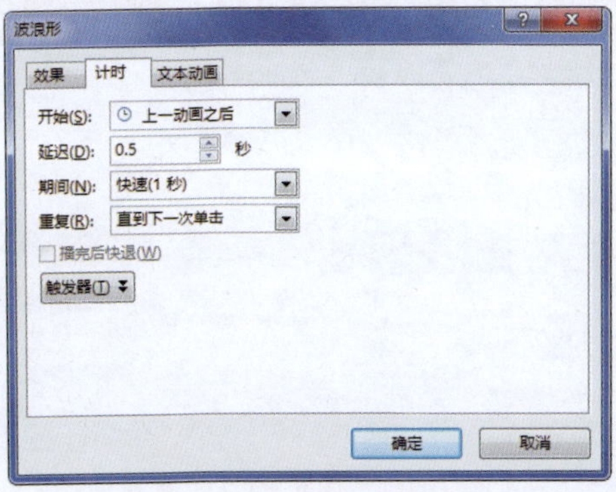

图 10-35　设置计时选项

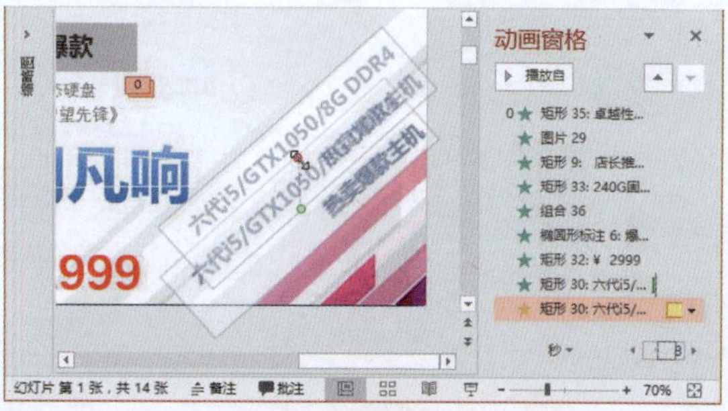

图 10-36　调整动画路径位置

实训 5　为 SmartArt 图形添加动画

在 PowerPoint 2016 中，可以很方便地为 SmartArt 图形中的各个元素添加动画，具体操作方法如下所述。

Step 01 选择 SmartArt 图形，单击“动画样式”下拉按钮，选择“淡入”动画，如图 10-37 所示。

Step 02 单击“效果选项”下拉按钮，选择“逐个级别”选项，如图 10-38 所示。

Step 03 打开动画窗格，单击“单击展开内容”按钮，如图 10-39 所示。

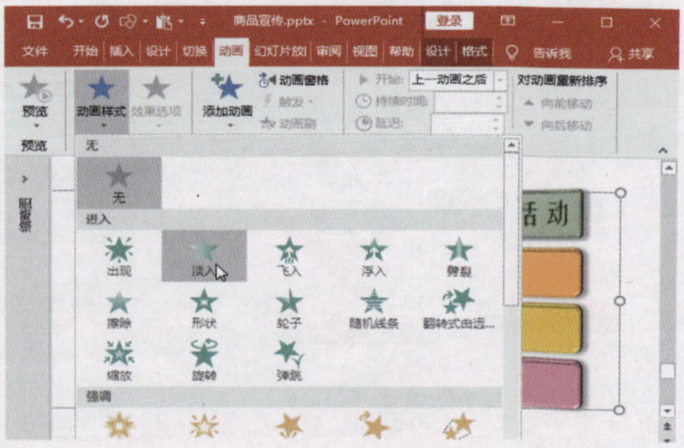

图 10-37　选择动画样式

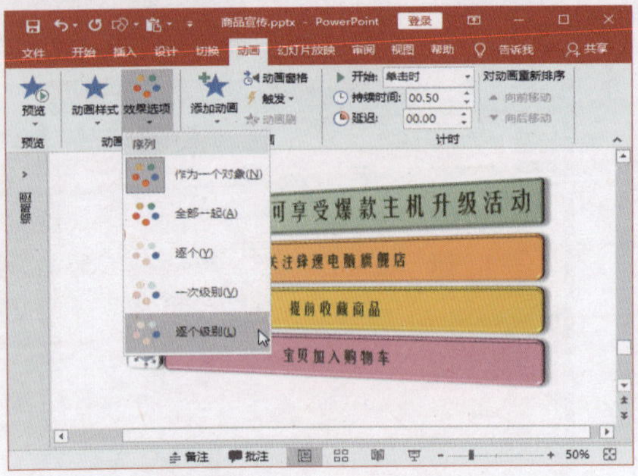

图 10-38　选择效果选项

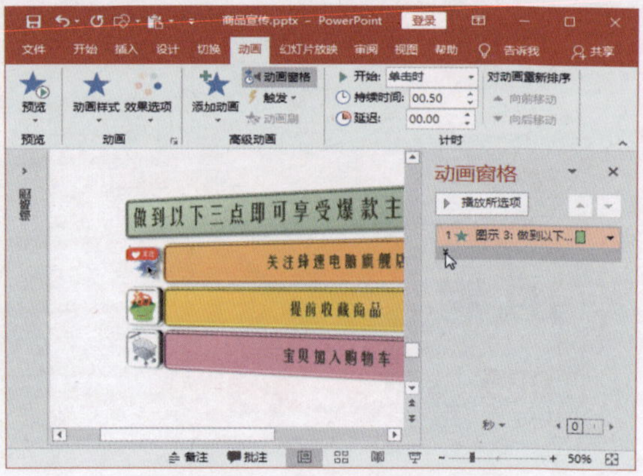

图 10-39　单击展开内容

Step 04 在动画窗格中选择第 1 个动画，单击“动画样式”下拉按钮，选择“无”选项，即可删除动画效果，如图 10-40 所示。

Step 05 按住【Ctrl】键的同时选择三个图片占位符所对应的动画，单击“动画样式”下拉按钮，选择“飞入”选项，如图 10-41 所示。

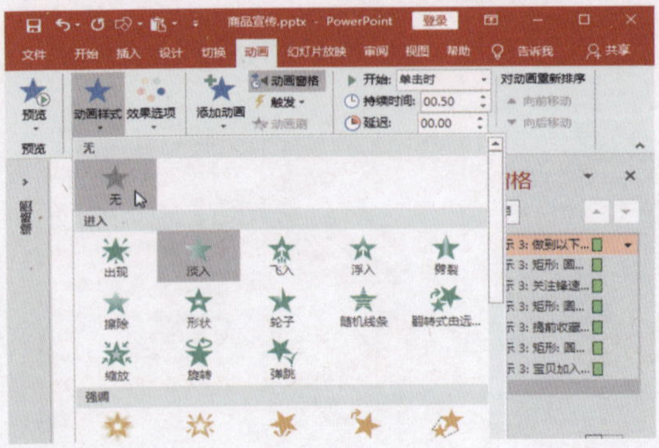

图 10-40　删除动画效果

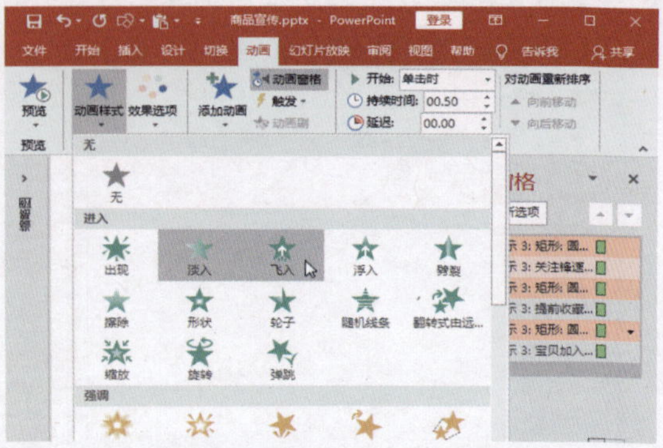

图 10-41　更换动画效果

Step 06 单击“效果选项”下拉按钮，选择“自右侧”选项，如图 10-42 所示。

Step 07 按住【Ctrl】键的同时选择三个矩形图片所对应的动画，在“计时”组中单击“开始”下拉按钮，选择“上一动画之后”选项，如图 10-43 所示。

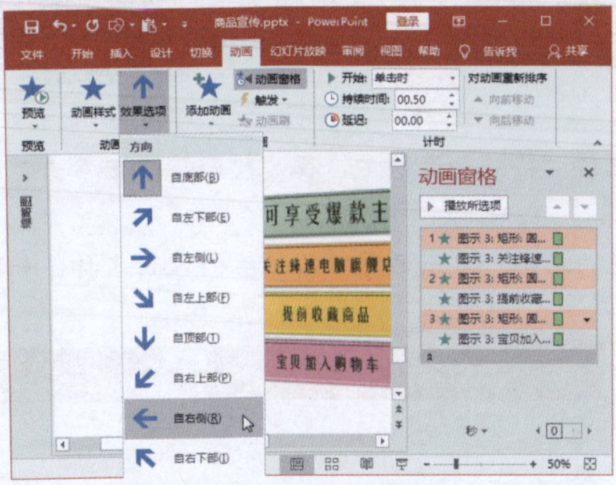

图 10-42　设置效果选项

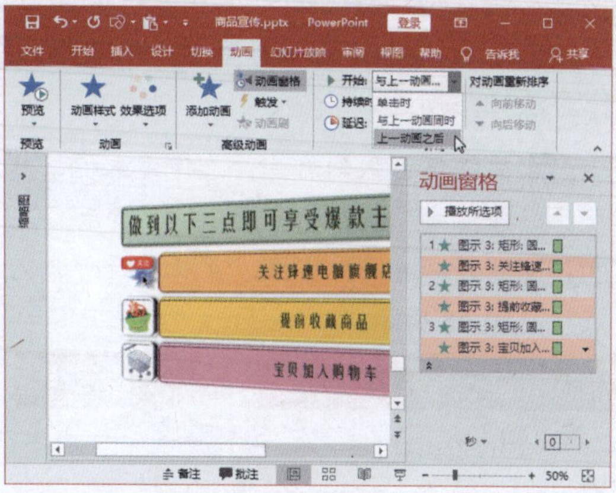

图 10-43　设置“开始”选项

Step 08 在“计时”组中调整延迟时间，如图 10-44 所示。

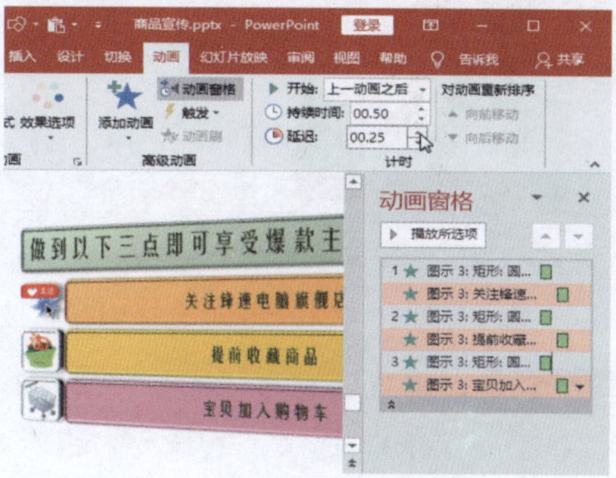

图 10-44　设置延迟时间

实训 6　为幻灯片母版添加动画

为幻灯片母版添加动画后，在演示文稿中应用了该版式的幻灯片都会具有相同的动画效果，从而提高了制作效率。创建母版动画的具体操作方法如下所述。

Step 01 切换到幻灯片母版视图中，在左侧选择幻灯片母版，然后插入图片，选择“动画”选项卡，应用“陀螺旋”强调动画，如图 10-45 所示。

Step 02 打开该动画的高级选项对话框，选择“计时”选项卡，在“开始”下拉列表框中选择“与上一动画同时”选项，在“期间”下拉列表框中选择“非常快(0.5 秒)”选项，在“重复”下拉列表框中选择“直到幻灯片末尾”选项，然后单击“确定”按钮，如图 10-46 所示。

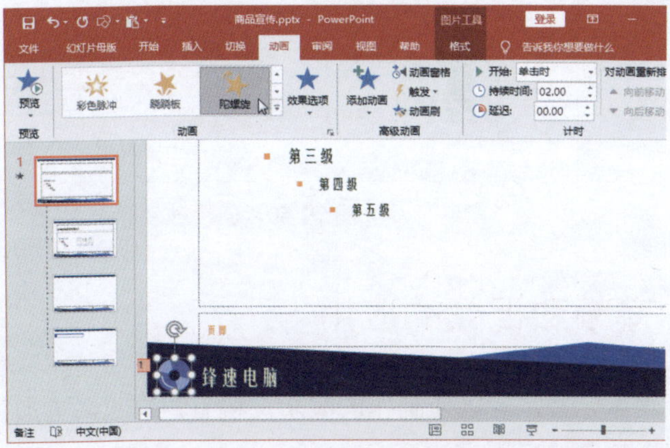

图 10-45　应用强调动画

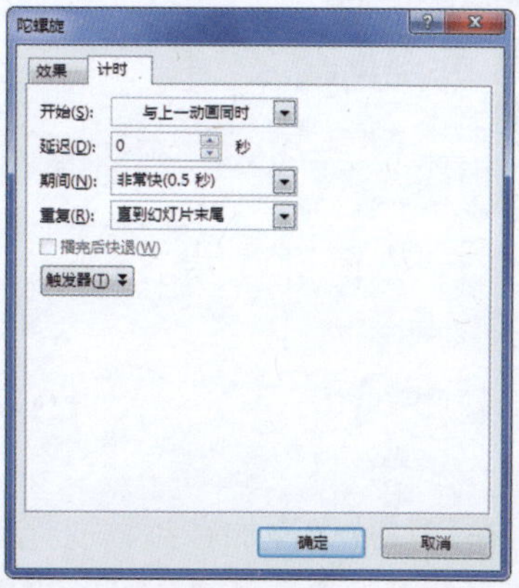

图 10-46　设置动画计时

实训 7　为动画添加触发器

触发器是幻灯片上的某个元素，如图片、形状、按钮、一段文字或文本框等，单击它即可引发一项操作。下面将介绍如何为动画添加触发器，具体操作方法如下所述。

Step 01 选择第 1 张幻灯片，选择文本框，然后选择“格式”选项卡，在“排列”组中单击“选择窗格”按钮，如图 10-47 所示。

Step 02 打开“选择”窗格，可以看到所选文本框的名称。单击名称框，然后输入新名称，如图 10-48 所示。

图 10-47　单击“选择窗格”按钮

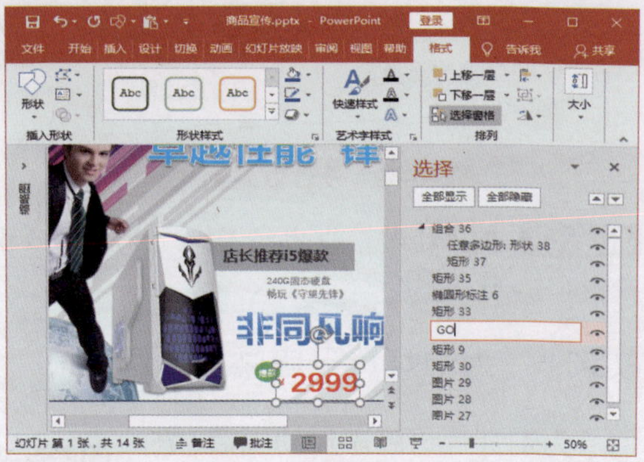

图 10-48　输入新名称

Step 03 打开动画窗格，选择“波浪形”强调动画，在“动画”中单击“触发”下拉按钮，选择“GO”选项，选择文本框所对应的名称，如图 10-49 所示。

Step 04 为“波浪形”强调动画创建触发器。创建触发器后，动画对象上会显示⚡标记。在放映幻灯片时，单击触发器对象才可以播放动画，如图 10-50 所示。

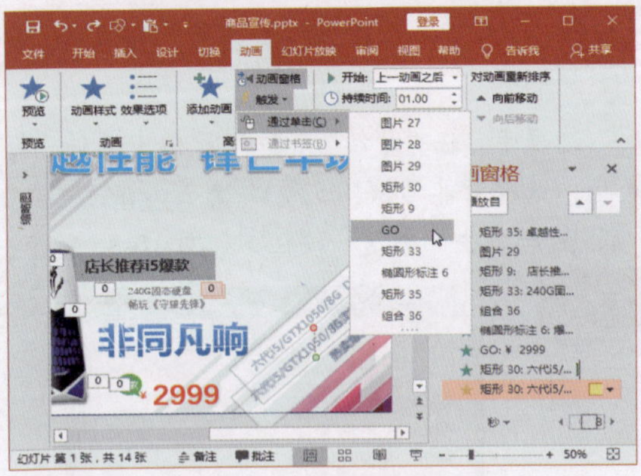

图 10-49　选择触发器

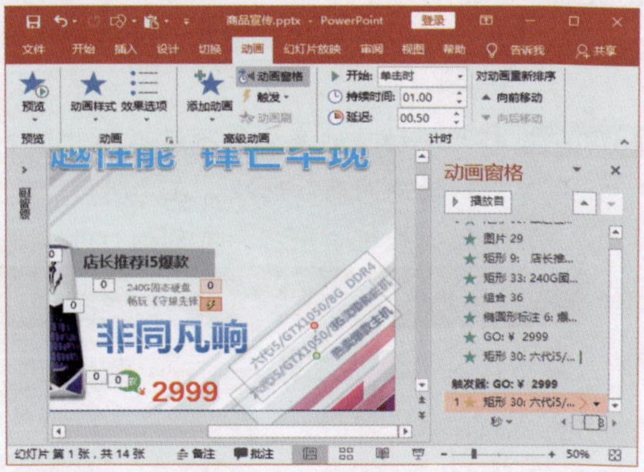

图 10-50　创建触发器

10.3　音频和视频的应用

在幻灯片中添加音频、视频等多媒体元素，可以使制作的演示文稿有声有色，更加富有感染力。下面将介绍多媒体元素在幻灯片中的应用方法。

实训 1　插入背景音乐

在放映幻灯片时，为了渲染气氛，经常需要在幻灯片中添加背景音乐。在幻灯片中插入背景音乐的具体操作方法如下所述。

Step 01 选择第 2 张幻灯片，选择内容占位符，然后选择“动画”选项卡，单击“动画样式”下拉按钮，选择“淡入”动画，如图 10-51 所示。

Step 02 单击“效果选项”下拉按钮，选择“按段落”选项，在“计时”组中分别设置动画“开始”与“持续时间”选项，如图 10-52 所示。

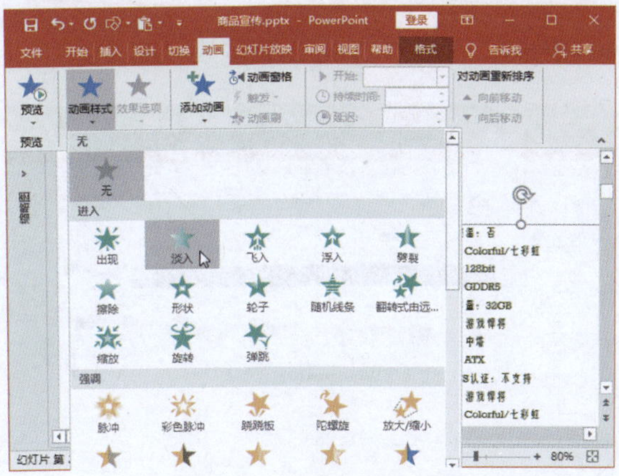

图 10-51　选择动画样式

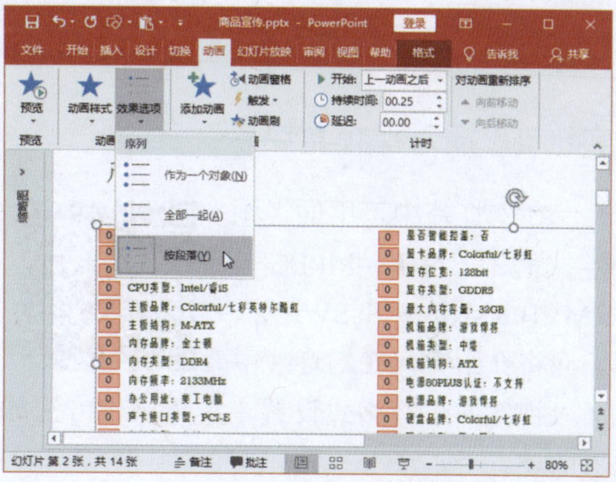

图 10-52　设置效果选项

Step 03 选择“插入”选项卡，在“媒体”组中单击“音频”下拉按钮，选择“PC 上的音频”选项，如图 10-53 所示。

Step 04 弹出“插入音频”对话框，选择音频文件，然后单击“插入”按钮，如图 10-54 所示。

图 10-53　选择“PC 上的音频”选项

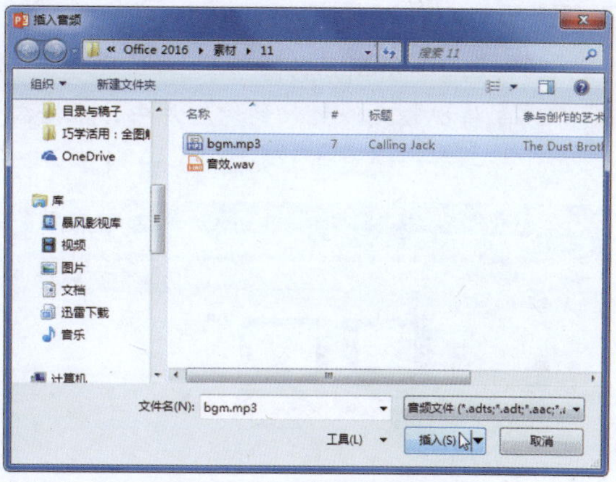

图 10-54　选择音频文件

Step 05 在幻灯片中出现音频图标，单击“播放”按钮▶可以试听音乐，拖动滑块可以调节音量。选择“播放”选项卡，单击“在后台播放”按钮，即可设置为背景音乐，如图 10-55 所示。

Step 06 在“编辑”组中单击“剪裁音频”按钮，弹出“剪裁音频”对话框，拖动滑块设置音频的开始时间和结束时间，然后单击“确定”按钮，如图 10-56 所示。

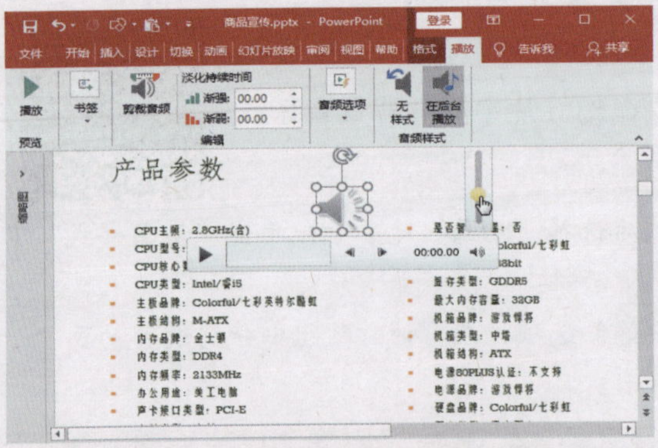

图 10-55 设置背景音乐

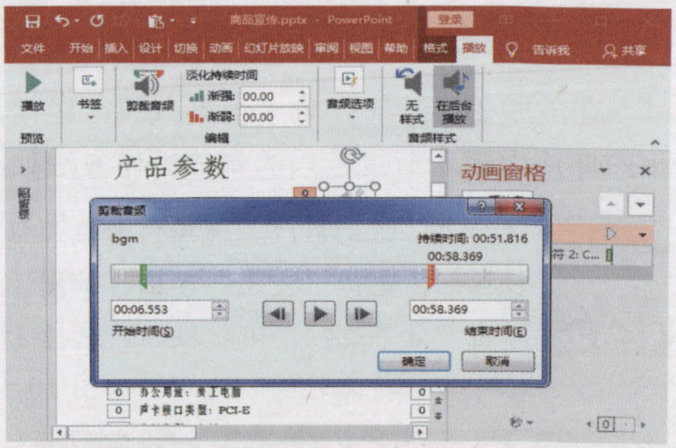

图 10-56 剪裁音频

实训 2 插入视频文件

在幻灯片中可用的视频格式包括 AVI、MPEG、RMVB/RM、GIF 和 SWF 等。下面将介绍如何在幻灯片中插入视频并进行格式设置，具体操作方法如下所述。

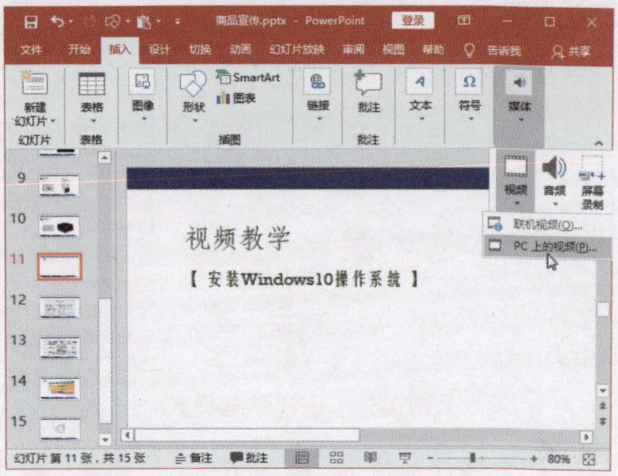

图 10-57 选择“PC 上的视频”选项

Step 01 创建“视频教学”幻灯片，选择“插入”选项卡，在“媒体”组中单击“视频”下拉按钮，选择“PC 上的视频”选项，如图 10-57 所示。

Step 02 弹出“插入视频文件”对话框，选择要插入的视频文件，然后单击“插入”按钮，如图 10-58 所示。

Step 03 将视频文件插入到幻灯片中，根据需要调整视频文件的大小。采用同样的方法，再插入一个视频文件，如图 10-59 所示。

图 10-58 选择视频文件

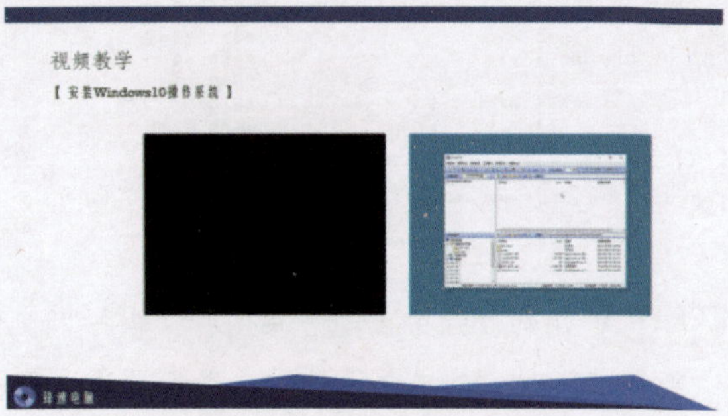

图 10-59 插入视频文件

Step 04 选择视频文件，选择“格式”选项卡，在“调整”组中单击“海报框架”下拉按钮，选择“文件中的图像”选项，如图 10-60 所示。

Step 05 弹出“插入图片”对话框，选择图片，然后单击“插入”按钮，如图 10-61 所示。

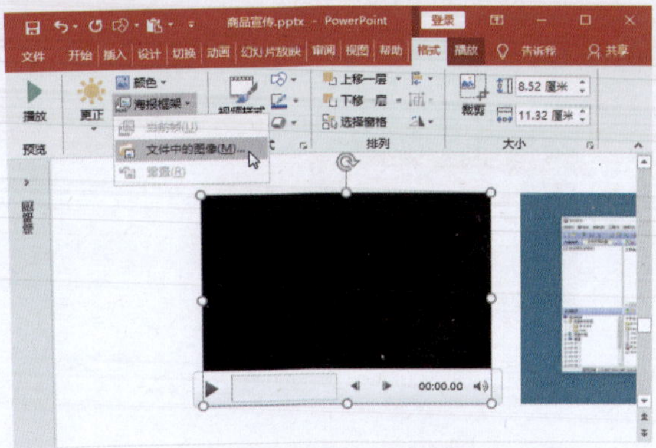

图 10-60　选择“文件中的图像”选项

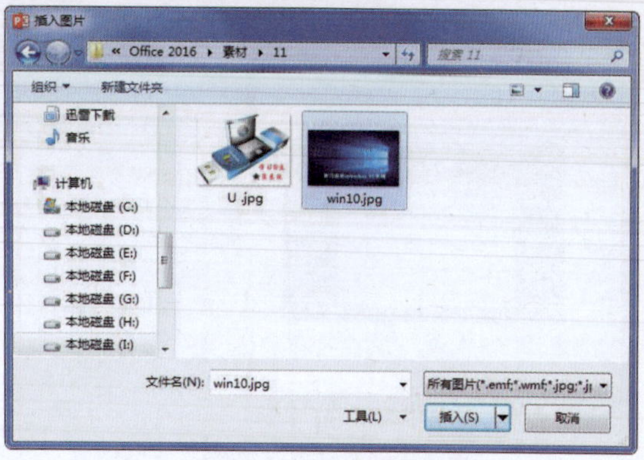

图 10-61　选择图片

Step 06 将图片设置为视频的海报。采用同样的方法，设置另一个视频的海报，如图 10-62 所示。

实训 3　为视频添加触发器

在幻灯片中插入视频后，可以根据需要设置其从不同的位置开始播放，此时需要对视频添加“搜索”动画并设置相应的触发器，具体操作方法如下所述。

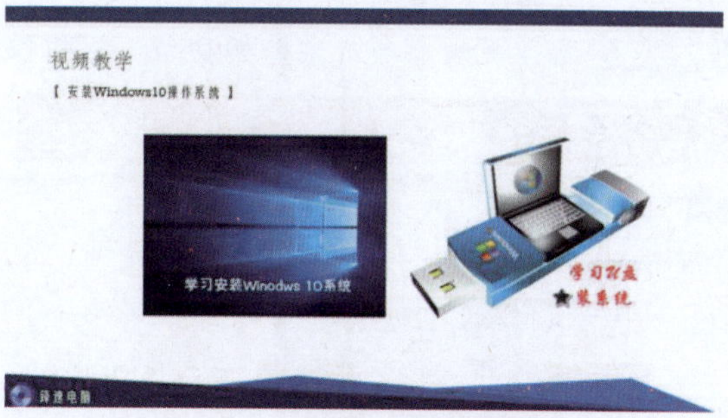

图 10-62　设置视频海报效果

Step 01 在幻灯片中插入文本框，并输入文本。选择视频，在播放进度条上单击定位播放位置，如图 10-63 所示。

Step 02 选择“动画”选项卡，在“高级动画”组中单击“添加动画”下拉按钮，选择“搜索”动画，如图 10-64 所示。

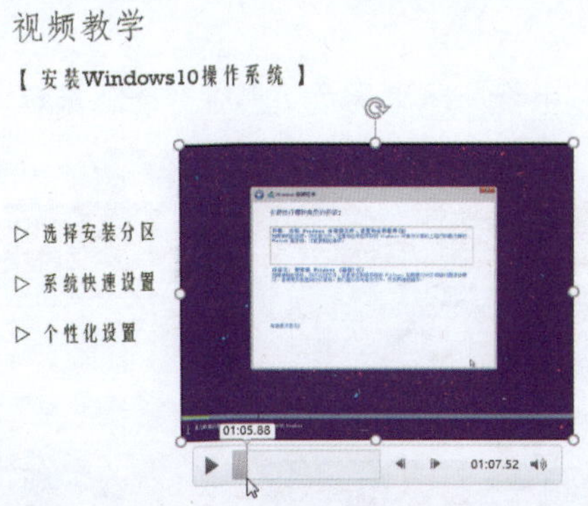

图 10-63　定位播放位置

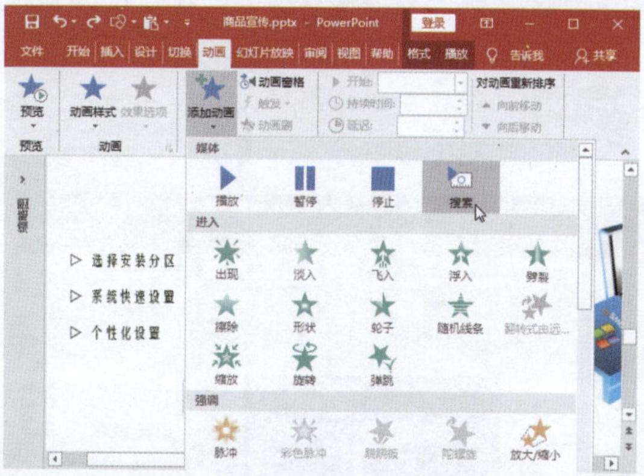

图 10-64　选择“搜索”动画

Step 03 添加“搜索”动画，并在视频播放位置自动添加书签，如图 10-65 所示。

Step 04 在动画窗格中选择“搜索”动画，在“高级动画”组中单击“触发”下拉按钮，选择“通过单击”选项，选择对应的文本框，如图 10-66 所示。

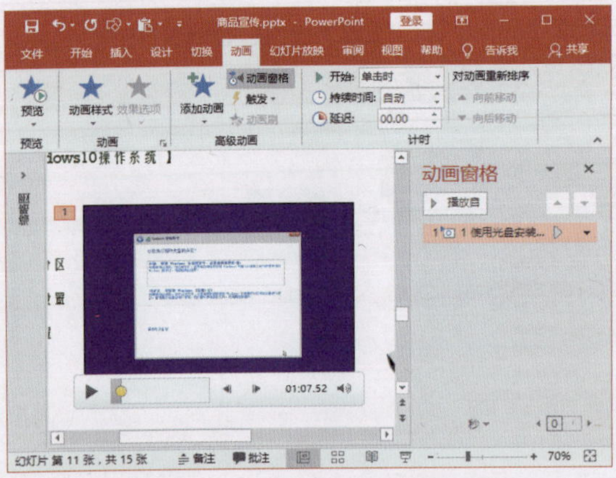

图 10-65 添加“搜索”动画

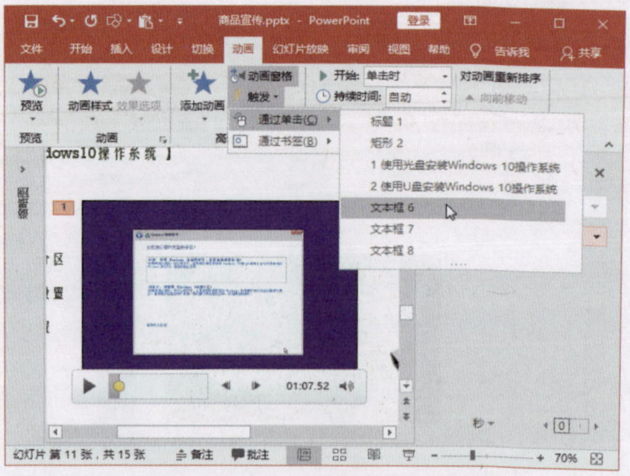

图 10-66 选择触发器

Step 05 为“搜索”强调动画创建触发器。采用同样的方法，继续在视频的不同书签位置创建触发器，如图 10-67 所示。

Step 06 选择视频，单击“添加动画”下拉按钮，选择“播放”动画，如图 10-68 所示。

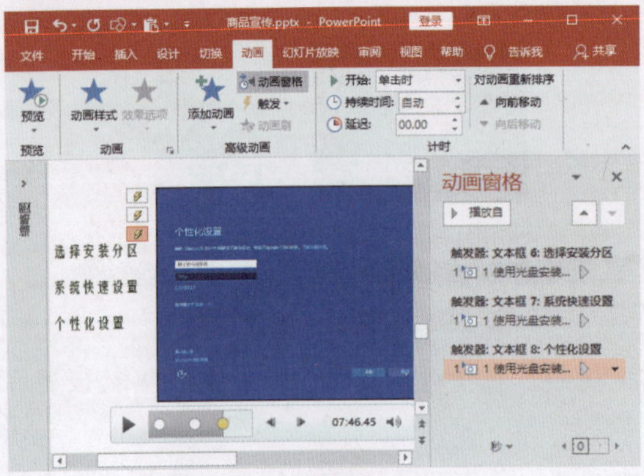

图 10-67 创建触发器

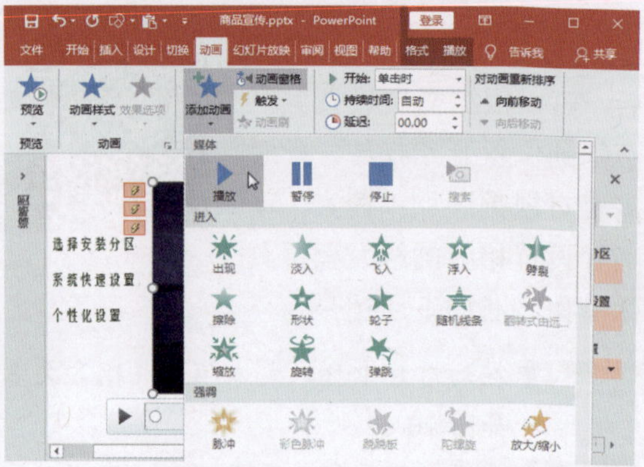

图 10-68 添加“播放”动画

Step 07 为视频添加播放动画，在“计时”组“开始”下拉列表中选择“上一动画之后”选项，如图 10-69 所示。

Step 08 在视频中选择书签，选择“播放”选项卡，在“书签”组中单击“删除书签”按钮，即可删除该书签，如图 10-70 所示。

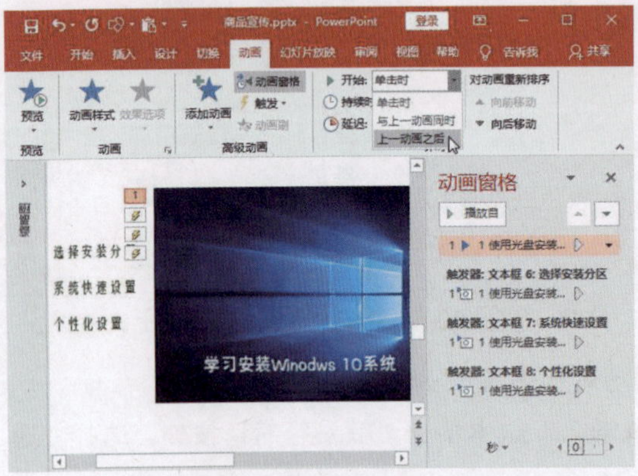

图 10-69 设置动画开始时间

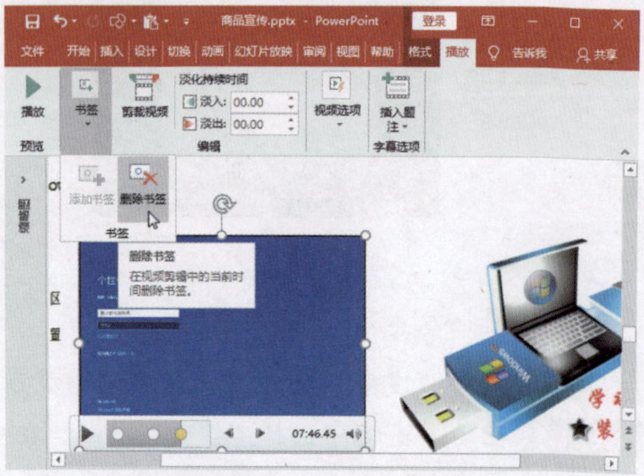

图 10-70 删除书签

Step 09 在任务栏中单击“幻灯片放映”按钮，如图 10-71 所示。

Step 10 放映当前幻灯片，在文本框上单击即可跳转到视频相应的标签位置，如图 10-72 所示。

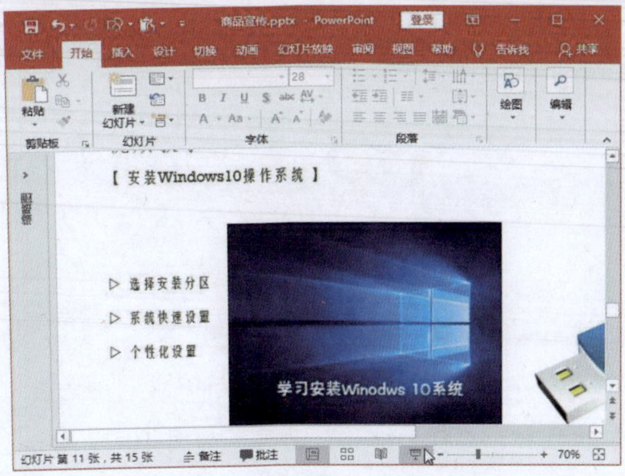

图 10-71　单击“幻灯片放映”按钮

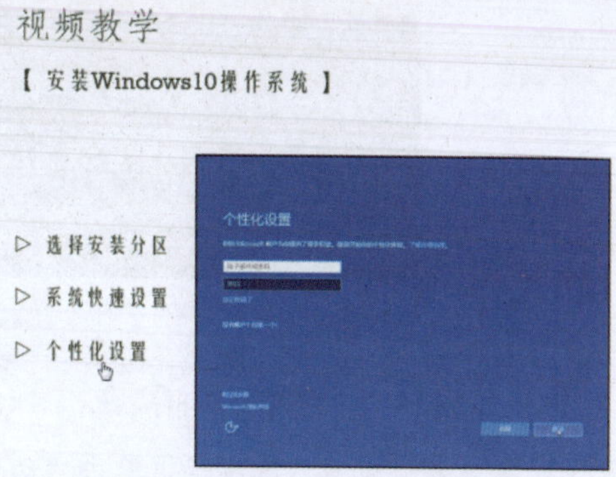

图 10-72　查看触发器效果

10.4　综合实例：为演示文稿节标题幻灯片应用动画

通过插入文本框并为其添加动画效果，可以制作出有趣的转场动画。下面将运用本章所学知识，为“客户服务行业趋势报告”节标题幻灯片添加动画效果，具体操作方法如下所述。

Step 01 在节标题幻灯片中插入文本框，并在文本框中输入多个破折号，如图 10-73 所示。

Step 02 选择“格式”选项卡，单击“文本效果”下拉按钮，选择所需的转换效果，如图 10-74 所示。

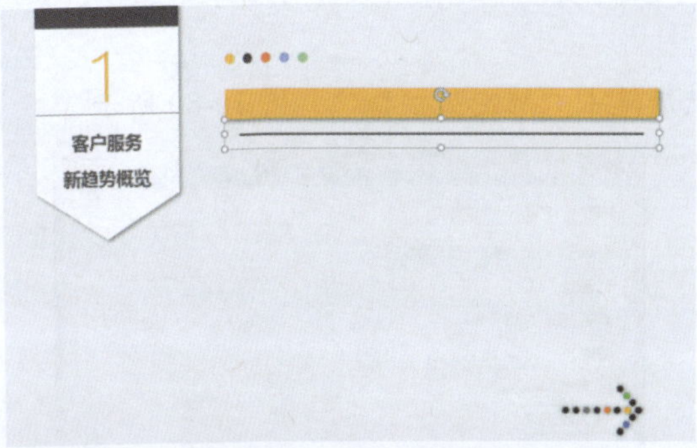

图 10-73　输入破折号

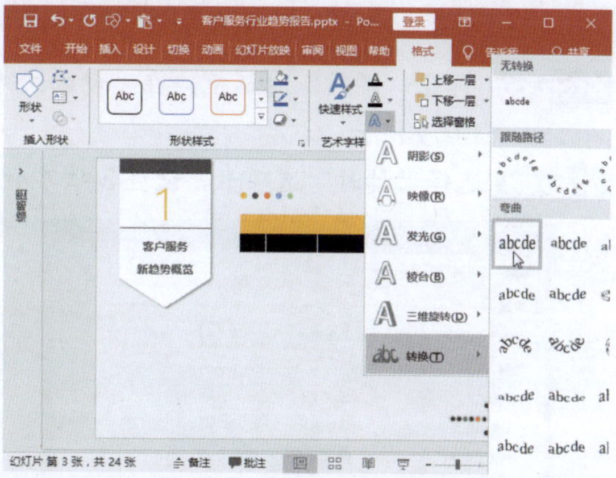

图 10-74　应用转换效果

Step 03 根据需要调整文本框的高度，如图 10-75 所示。

Step 04 单击“艺术字样式”组右下角的扩展按钮，打开“设置形状格式”窗格，选择“文本填充与轮廓”选项卡，设置图片填充，如图 10-76 所示。

图 10-75　调整文本框高度

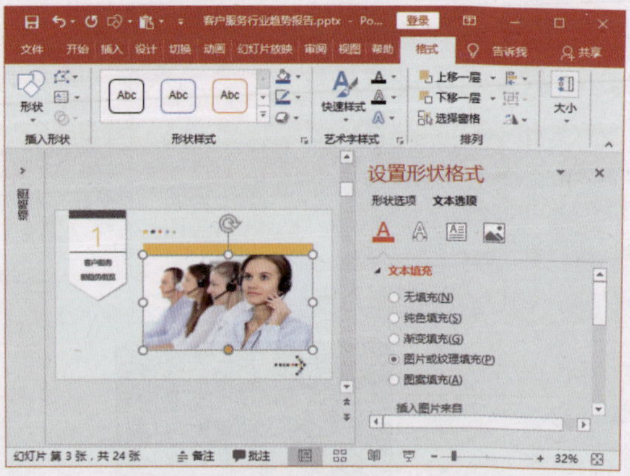

图 10-76　设置文本图片填充

Step 05 选择“动画”选项卡，单击“动画样式”下拉按钮，选择“缩放”动画，如图 10-77 所示。

Step 06 单击“效果选项”下拉按钮，选择“按段落”选项，然后在动画窗格中双击动画，如图 10-78 所示。

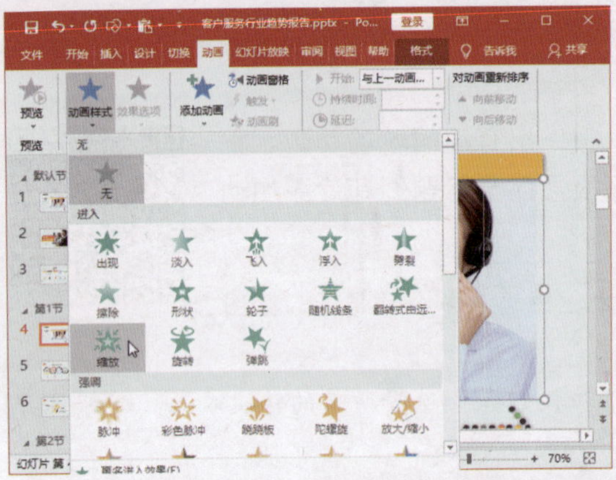

图 10-77　应用“缩放”动画

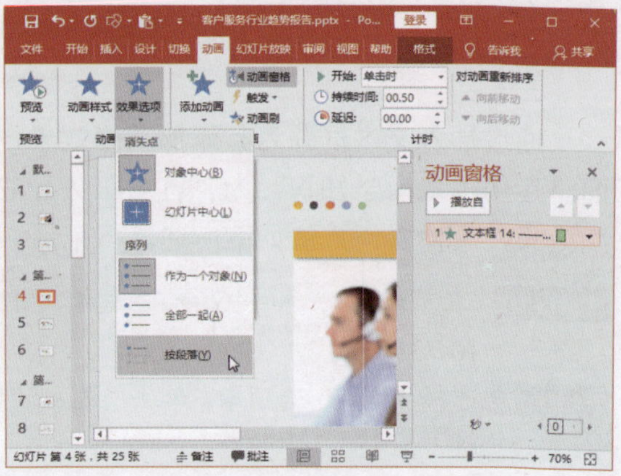

图 10-78　设置效果选项

Step 07 弹出“缩放”对话框，在“动画文本”下拉列表框中选择“按字母顺序”选项，如图 10-79 所示。

Step 08 选择“计时”选项卡，设置各项参数，然后单击“确定”按钮，如图 10-80 所示

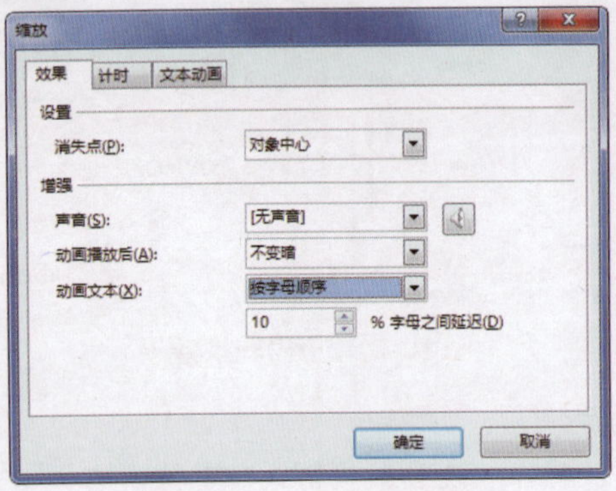

图 10-79　设置动画效果

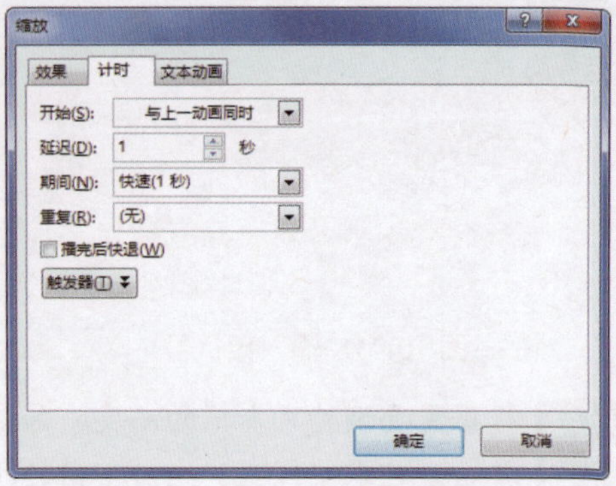

图 10-80　设置动画计时

Step 09 放映当前幻灯片，查看动画效果，如图 10-81 所示。

Step 10 选择幻灯片右下方的箭头图像，为其应用“淡入”动画，在“计时”组中设置各项参数，如图 10-82 所示。

图 10-81　查看动画效果

图 10-82　应用淡入动画

Step 11 单击“添加动画”下拉按钮，选择“直线”路径动画，如图 10-83 所示。

Step 12 设置“效果选项”为“右”，在幻灯片中调整路径末端位置，然后在动画窗格中双击路径动画，如图 10-84 所示。

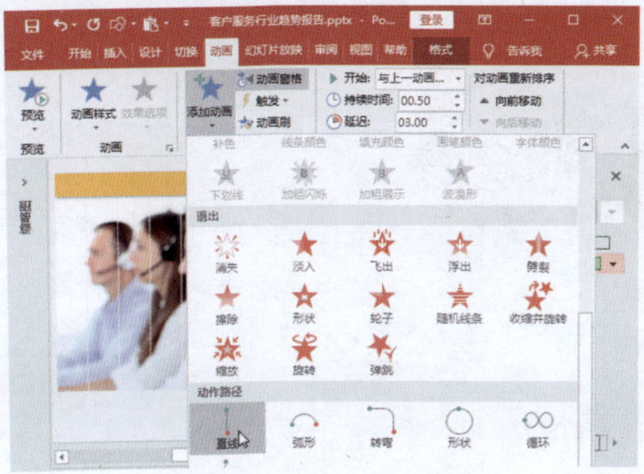

图 10-83　选择路径动画

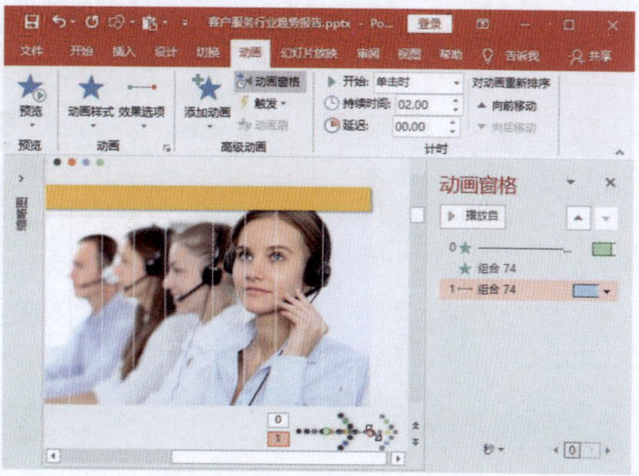

图 10-84　设置动画路径

Step 13 在弹出的对话框中选择“计时”选项卡，设置各项参数，如图 10-85 所示。

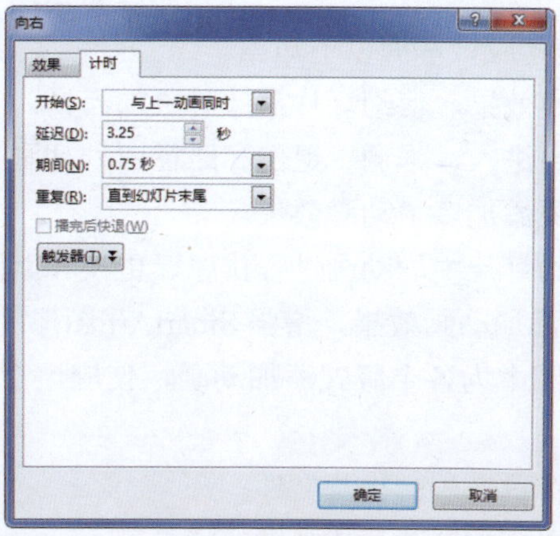

图 10-85　设置动画计时

Step 14 选择“效果”选项卡，分别设置“平滑开始”和“平滑结束”参数，如图 10-86 所示。

Step 15 为幻灯片的其他对象应用所需的动画，如图 10-87 所示。

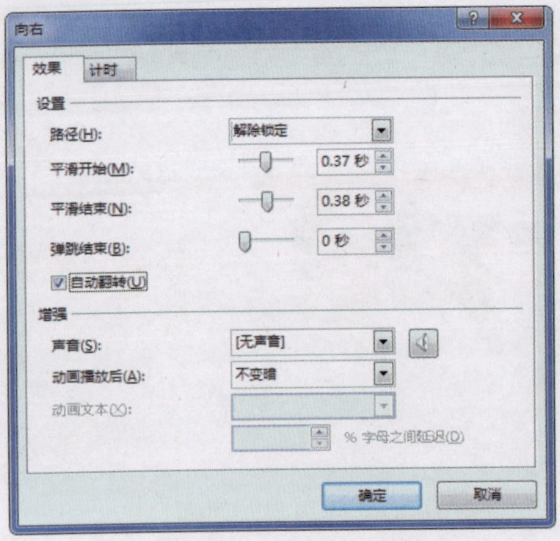

图 10-86　设置动画效果

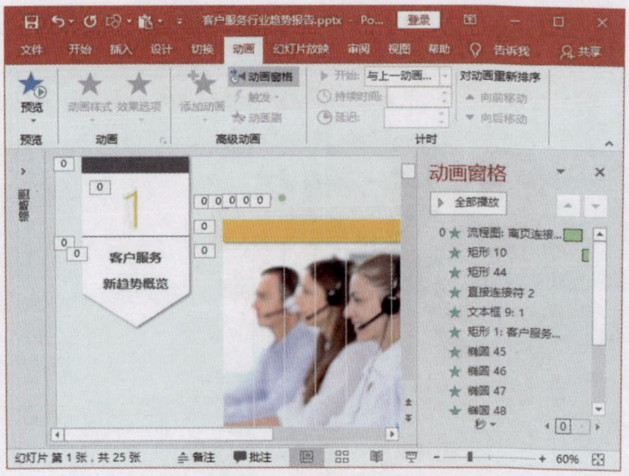

图 10-87　添加其他对象动画

Step 16 按【Shift+F5】组合键放映当前幻灯片，查看节标题幻灯片动画效果，如图 10-88 所示。

图 10-88　放映幻灯片

本 章 小 结

通过对本章的学习，读者应该掌握以下知识。

（1）为幻灯片添加切换效果，使幻灯片播放时更加流畅。

（2）为幻灯片对象应用进入、强调、退出和路径四种动画效果，并进行自定义设置。

（3）为一个幻灯片对象添加多个动画效果。

（4）通过动画窗格对幻灯片中的动画进行排序、更换和删除操作。

（5）为 SmartArt 图形添加动画效果，增强 SmartArt 图形的演示效果。

（6）在幻灯片母版视图中为各个版式添加动画，使应用了这些版式的幻灯片具有统一的动画效果。

（7）在幻灯片中插入背景音乐和视频文件。

（8）为动画添加触发器，控制动画或视频的播放。

本 章 练 习

一、选择题

1．以下哪项操作无法移除动画？（　）

A．在动画窗格选择动画后按【Delete】键删除动画

B．选中幻灯片对象，在动画列表中选择“无”选项

C．选择动画标记，然后按【Delete】键

D．通过设置动画高级选项可以移除动画

2．关于动画，下列哪种说法不正确？（　）

A．对幻灯片中的单个对象可以应用多种动画效果

B．幻灯片上为幻灯片元素添加动画后，将在该元素旁显示动画编号标记

C．在幻灯片中应尽可能多地使用动画

D．一些动画效果（如“旋转”进入效果或“翻转”退出效果）只能用于形状，无法用于 SmartArt 图形

二、填空题

1．PowerPoint 2016 包含________、________、________和________四种不同类型的动画效果。

2．在幻灯片中可以为视频添加____________，以跳转到视频中不同的时刻。

三、实操题

为图表添加动画的方法与为 SmartArt 图形添加动画的方法类似，打开“素材文件\第 11 章\公司收入分析.pptx”，为图表添加动画，并将“演示”形状设置为图表动画的触发器，效果如图 10-89 所示。

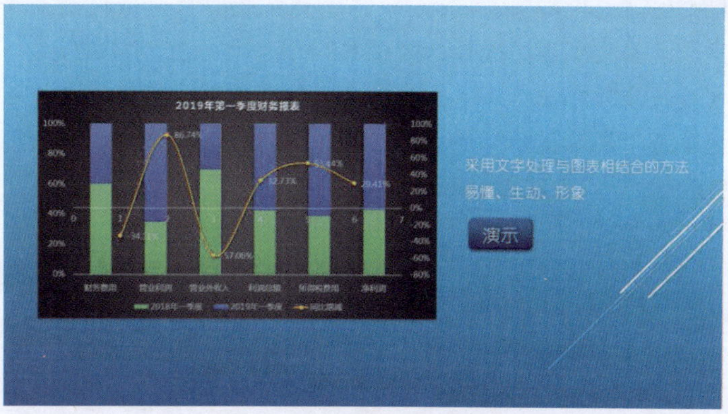

图 10-89　为图表添加动画

第 11 章　演示文稿的放映与导出

【本章导读】

制作演示文稿的目的不是为了存储文本、图形、声音等内容，而是通过放映演示文稿将这些内容展现给观众，传达演讲者的信息和意图。因此，放映演示文稿是制作演示文稿的最后一个环节，也是很重要的一个环节。本章将学习如何对演示文稿进行放映与导出。

【本章目标】

- 掌握为幻灯片对象添加链接的方法和创建自定义放映的方法
- 掌握使用排列计时放映的方法和录制幻灯片放映的方法
- 掌握设置幻灯片放映的方法和导出演示文稿的方法

11.1　为幻灯片对象添加链接

为幻灯片对象插入超链接，可以在放映时轻松地跳转到演示文稿中的另一张幻灯片，或者跳转到其他演示文稿中的幻灯片、电子邮件地址、网页或文件等。下面将介绍如何为幻灯片对象插入超链接与动作。

实训 1　超链接的插入

用户可以为幻灯片中的对象（如文本、占位符、文本框、图片、形状等）创建超链接，下面以为图片创建超链接为例进行介绍，具体操作方法如下所述。

Step 01 打开“素材文件\第 11 章\商品宣传.pptx”，进入幻灯片母版视图，调整公司名称文本框的位置，然后右击文本框，选择“超链接”命令，如图 11-1 所示。

Step 02 弹出“插入超链接”对话框，单击“现有文件或网页”按钮，在“地址”文本框中输入网址，然后单击“屏幕提示”按钮，如图 11-2 所示。

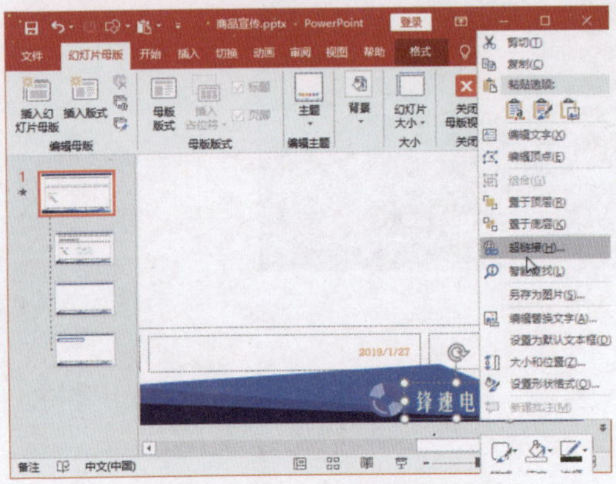

图 11-1　选择“超链接”命令

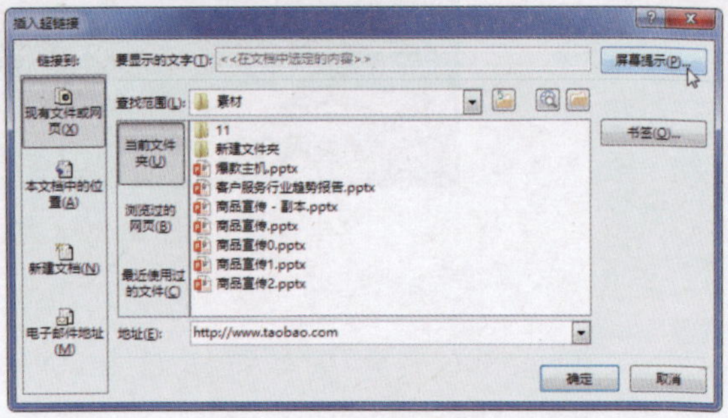

图 11-2　输入网址

Step 03 在弹出的对话框中输入屏幕提示文字，然后单击“确定”按钮，如图 11-3 所示。

Step 04 按【F5】键放映幻灯片，将鼠标指针置于超链接文本上，指针变为样式，并显示提示文字，单击超链接文本即可打开相应的网页，如图 11-4 所示。

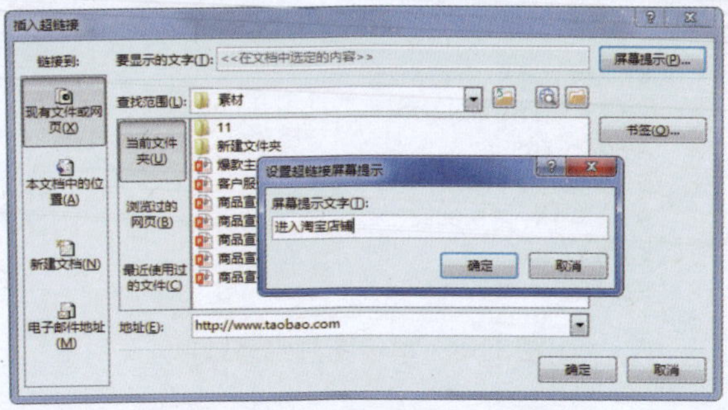

图 11-3　输入屏幕提示文字

图 11-4　链接网页效果

实训 2　动作的插入

除了使用超链接进行幻灯片交互外，还可通过添加动作设置幻灯片交互。通过为幻灯片对象添加动作，不仅可以链接到指定的幻灯片，还可执行“结束放映”“自定义放映”等命令，或运行指定的程序，具体操作方法如下所述。

Step 01 切换到幻灯片母版视图，在幻灯片母版中插入图片。选择“插入”选项卡，在“链接”组中单击“动作”按钮，如图 11-5 所示。

Step 02 弹出“操作设置”对话框，选中“超链接到”单选按钮，在“超链接到”下拉列表中选择“结束放映”选项，如图 11-6 所示。

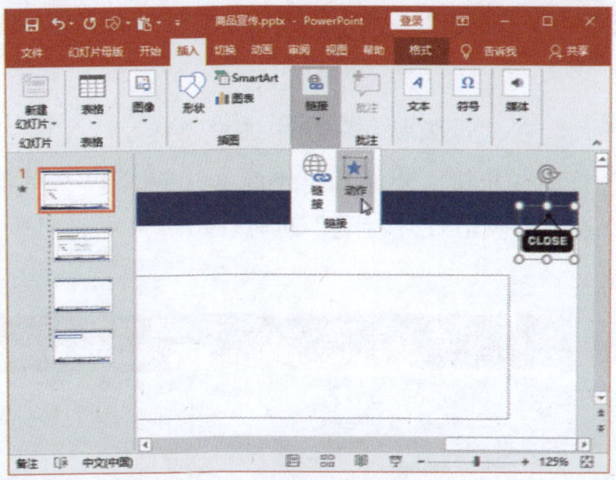

图 11-5　单击“动作”按钮

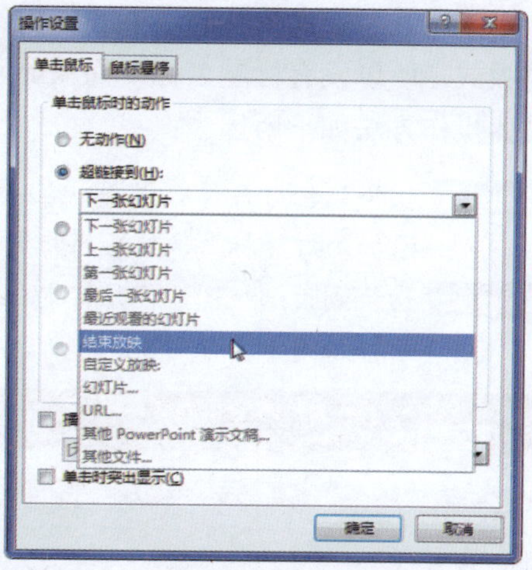

图 11-6　设置动作

Step 03 选择“鼠标悬停”选项卡，选择“播放声音”复选框，在“播放声音”下拉列表框中选择“微风”音效，然后单击“确定”按钮，如图 11-7 所示。

Step 04 按【F5】键放映幻灯片，单击图片即可结束放映，如图 11-8 所示。

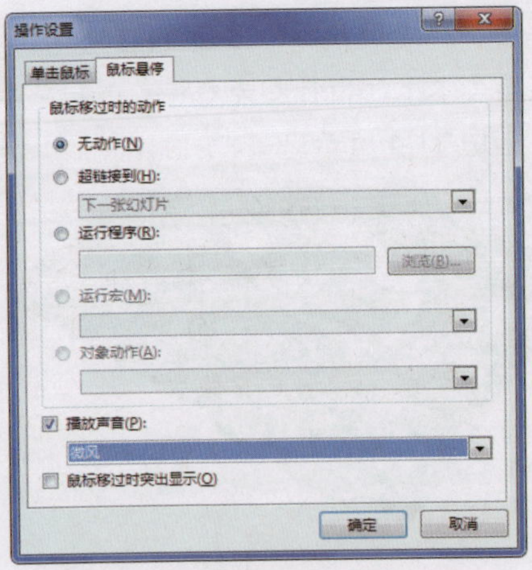

图 11-7　设置鼠标悬停声音

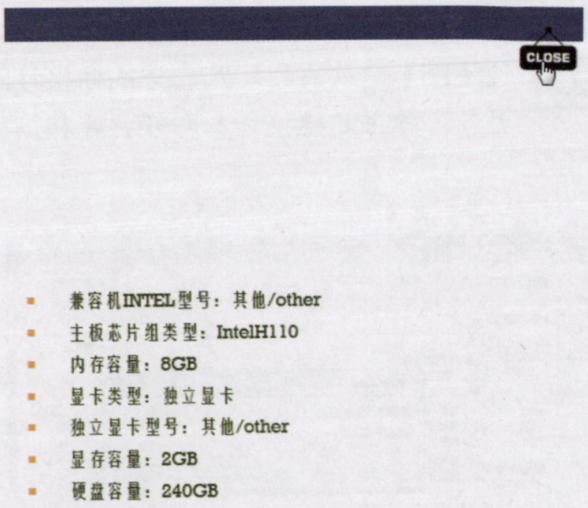

图 11-8　单击图片结束放映

11.2　幻灯片的放映

下面将介绍如何设置幻灯片的放映，如隐藏幻灯片、排列计时、录制幻灯片、设置幻灯片放映等知识。

实训 1　放映指定的幻灯片

创建自定义放映，可以指定需要放映的幻灯片，或调整幻灯片的播放次序，下面将介绍如何放映指定的幻灯片。

1. 幻灯片标题的设置

在设置自定义放映时，需要依据幻灯片的标题名来指定幻灯片。由于本例演示文稿应用的版式，所以没有标题名称，而只显示幻灯片编号，此时可以根据需要为幻灯片添加标题，具体操作方法如下所述。

Step 01 切换到幻灯片母版视图，在左侧选择版式，在“母版版式”组中选中“标题”复选框，添加幻灯片标题，然后将标题占位符移至幻灯片外，并设置字体颜色，如图 11-9 所示。

Step 02 切换到大纲视图，将光标定位到标题位置，输入幻灯片标题，此时在幻灯片中将同步显示标题文字，如图 11-10 所示。

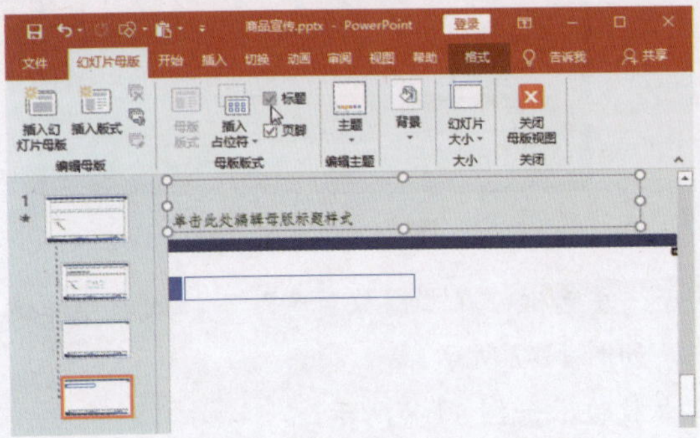

图 11-9　添加“标题”占位符

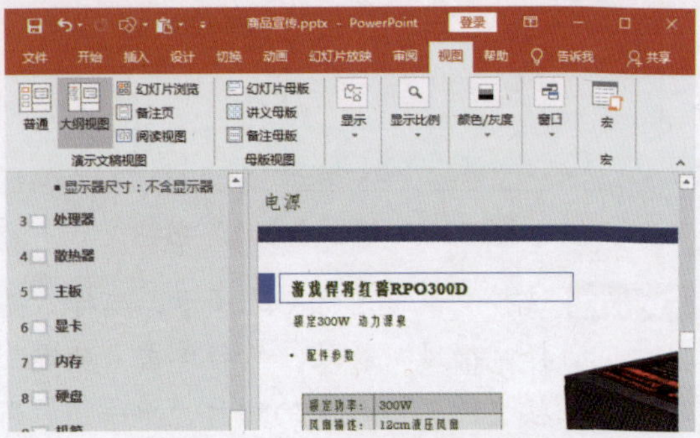

图 11-10　设置幻灯片标题

2．自定义放映的创建

通过创建自定义放映可以放映指定的幻灯片，具体操作方法如下所述。

Step 01 选择“幻灯片放映”选项卡，在“开始放映幻灯片”组中单击“自定义幻灯片放映”下拉按钮，选择“自定义放映”选项，如图 11-11 所示。

Step 02 弹出“自定义放映”对话框，单击“新建”按钮，如图 11-12 所示。

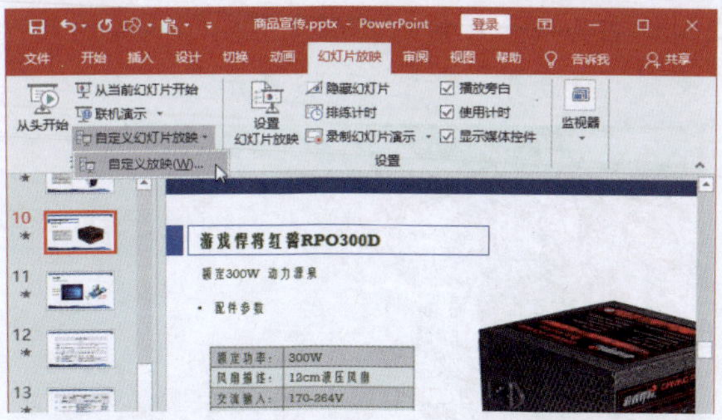

图 11-11　选择“自定义放映”选项

图 11-12　“自定义放映”对话框

Step 03 弹出“定义自定义放映”对话框，输入自定义放映名称，在左侧列表框中选中要放映的幻灯片前面的复选框，然后单击“添加”按钮，如图 11-13 所示。

Step 04 将自定义放映的幻灯片添加到右侧的列表框中。单击右侧的按钮，可以调整幻灯片顺序或删除幻灯片，然后单击“确定”按钮，如图 11-14 所示。

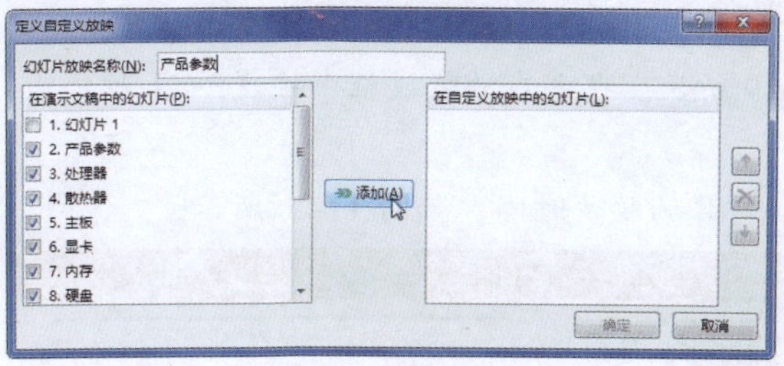

图 11-13　添加幻灯片

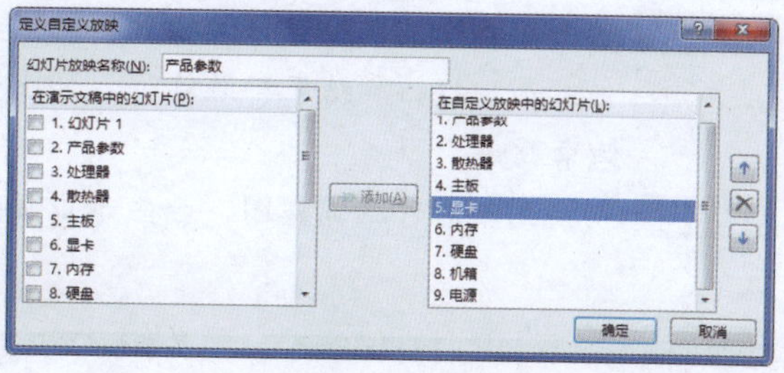

图 11-14　自定义幻灯片放映顺序

Step 05 返回“自定义放映”对话框，可以编辑、删除或复制自定义放映，然后单击“关闭”按钮，如图 11-15 所示。

Step 06 若要播放自定义放映幻灯片，可以单击“自定义幻灯片放映”下拉按钮，选择放映名称即可，如图 11-16 所示。

图 11-15　“自定义放映”对话框

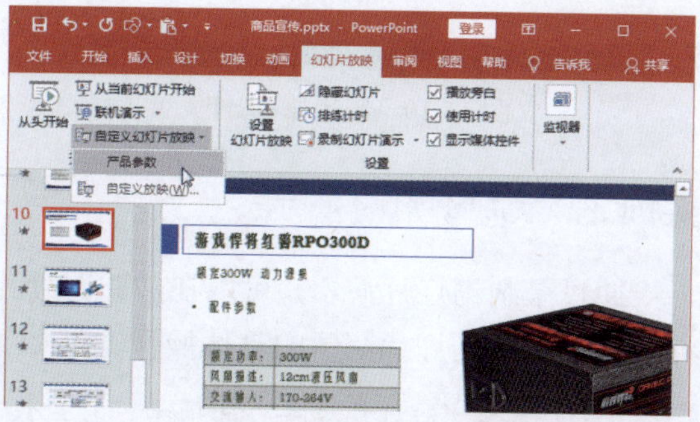

图 11-16　播放自定义放映幻灯片

实训 2　排列计时

对于非交互式的演示文稿而言，在放映时可以为其设置自动演示功能，即幻灯片根据预先设置的显示时间逐张自动演示。使用“排练计时”功能即可实现，具体操作方法如下所述。

Step 01 选择“幻灯片放映”选项卡，在“设置”组中单击“排练计时”按钮，如图 11-17 所示。

Step 02 进入幻灯片放映状态，在左上角出现“录制”工具栏，在该工具栏中显示了放映时间。单击工具栏中相应的按钮，可以设置暂停录制、重复等，如图 11-18 所示。

图 11-17　单击“排练计时”按钮

图 11-18　设置放映计时

Step 03 单击鼠标左键或按空格键放映下一张幻灯片，直到排列计时结束，弹出提示信息框，单击“是”按钮，结束排练计时，如图 11-19 所示。也可在放映过程中按【Esc】键提前结束放映。

Step 04 切换到幻灯片浏览视图，会显示出每张幻灯片的放映时间，如图 11-20 所示。

图 11-19　结束排列计时

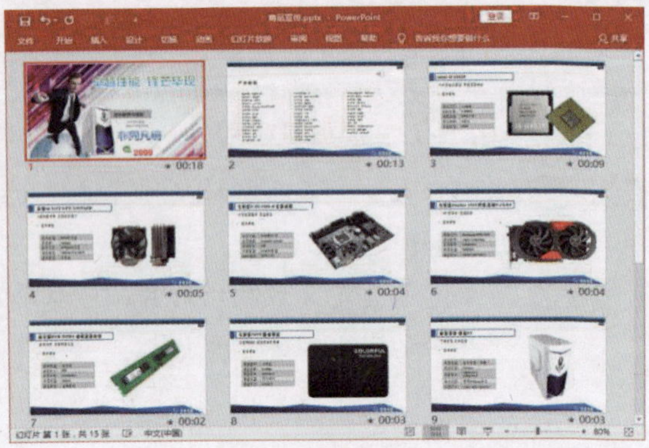

图 11-20　查看排列计时

实训 3　录制幻灯片演示

通过录制幻灯片演示，可以在放映时使用笔或为其添加旁白对幻灯片进行解释。录制幻灯片演示的具体操作方法如下所述。

Step 01 选择“幻灯片放映”选项卡，在“设置”组中单击“录制幻灯片演示”按钮，弹出“录制幻灯片演示”对话框，选择要录制的内容，单击“开始录制”按钮，如图 11-21 所示。

Step 02 开始放映幻灯片，并自动进行录制，用户可以使用麦克风进行录音，为幻灯片添加旁白，如图 11-22 所示。

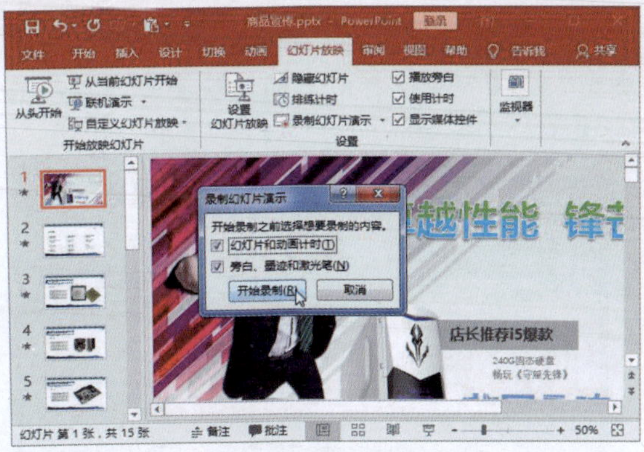

图 11-21　选择录制内容

图 11-22　开始录制幻灯片

Step 03 录制完毕后，切换到幻灯片浏览视图，即可看到计时时间，且在每张幻灯片的右下角多出一个小喇叭图标，如图 11-23 所示。

Step 04 单击“录制幻灯片演示”下拉按钮，选择“清除”选项，在其子菜单中选择要清除的项目，即可清除计时或旁白，如图 11-24 所示。

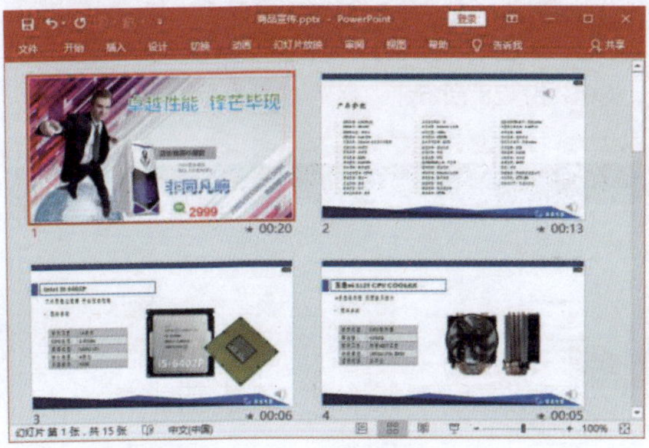

图 11-23　录制完毕

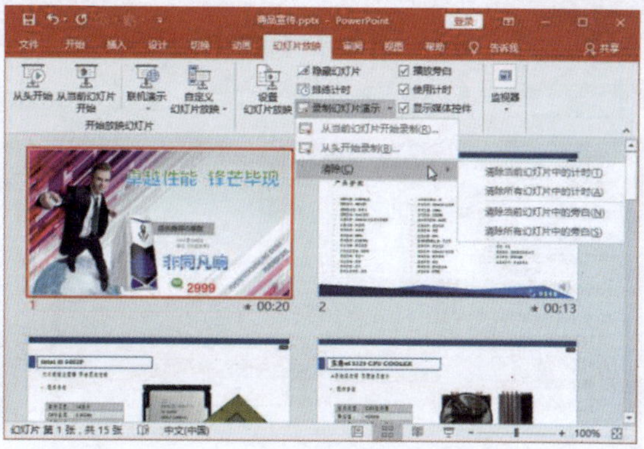

图 11-24　清除计时或旁白

实训 4　幻灯片放映的设置

在 PowerPoint 2016 中，幻灯片有以下三种放映方式。

➢ **演讲者放映（全屏幕）**：最常用的全屏幕放映类型，主要用于演讲者亲自播放幻灯片。在这种类型下，演讲者拥有完全的控制权，可以使用鼠标逐个放映幻灯片，也可设置自动放映，还可进行暂停、回放、录制旁白及添加标记等操作。

➢ **观众自行浏览（窗口）**：适合小规模演示，在放映时演示文稿是在标准 PowerPoint 窗口中进行放映的，并允许用户对其放映进行控制。

➢ **在展台浏览（全屏幕）**：自动播放的全屏幕循环放映方式。在放映结束 5 min 内，若用户没有指令，则重新放映。另外，在这种放映方式下大多数的控制命令都不可用，只有按【Esc】键才能结束放映。

在幻灯片实际放映过程中，演讲者可能会对放映方式有着不同的需求，这时就需要对幻灯片的放映类型进行设置，具体操作方法如下所述。

Step 01 选择“幻灯片放映”选项卡，在“设置”组中单击“设置幻灯片放映”按钮，如图 11-25 所示。

Step 02 弹出“设置放映方式”对话框，在“放映类型”选项区中选择所需的放映类型，在此选中“观众自行浏览（窗口）”单选按钮，如图 11-26 所示。

图 11-25　单击“设置幻灯片放映”按钮

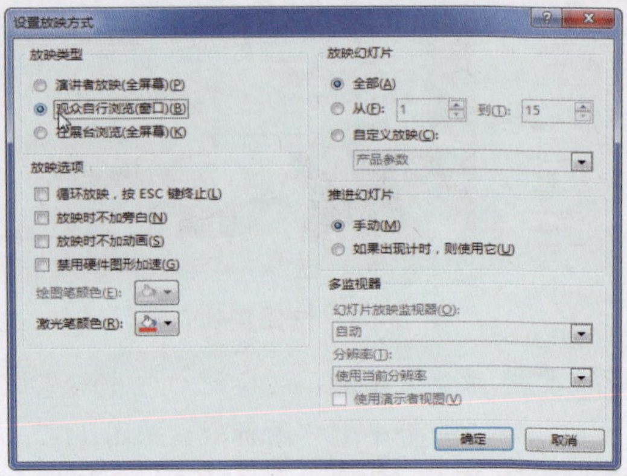

图 11-26　选择放映类型

Step 03 在“放映选项”选项区中设置各项参数，在右侧设置自定义放映及换片方式，然后单击“确定”按钮，如图 11-27 所示。

Step 04 按【F5】键放映幻灯片，查看放映效果，如图 11-28 所示。

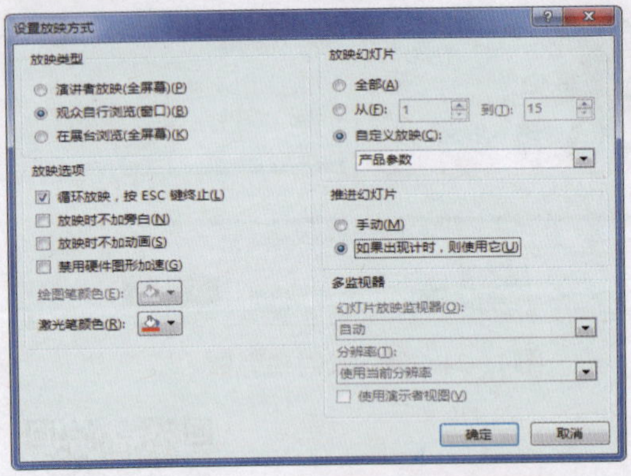

图 11-27　设置其他放映选项

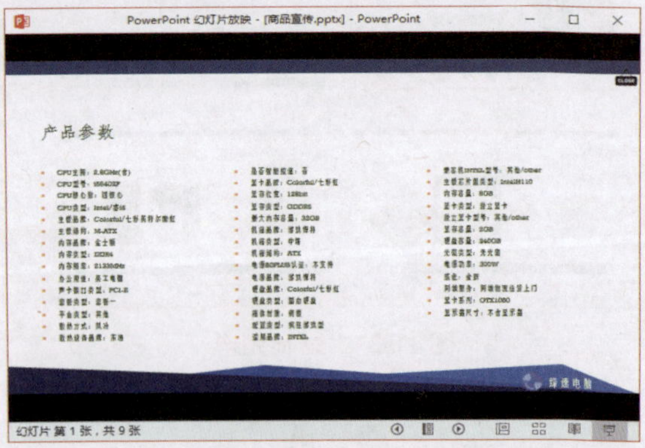

图 11-28　查看放映效果

实训 5　幻灯片放映的控制

下面介绍如何对幻灯片进行放映，以及在放映过程中的一些技巧，操作方法如下所述。

Step 01 为了便于操作，将“从头开始”按钮添加到快速访问工具栏。在快速访问工具栏中单击“从头开始”按钮，如图 11-29 所示。

Step 02 进入全屏模式的幻灯片放映视图。单击左下方的“笔”按钮，在弹出的列表中选择笔及笔颜色，可以在放映过程中进行绘制，如图 11-30 所示。

图 11-29　单击“从头开始”按钮

图 11-30　选择笔及笔颜色

Step 03 单击左下方的按钮，即可查看演示文稿中的所有幻灯片。若要放映某张幻灯片，只需单击它即可，如图 11-31 所示。

Step 04 单击左下方的按钮，然后在幻灯片中选择要放大的区域并单击鼠标左键，如图 11-32 所示。

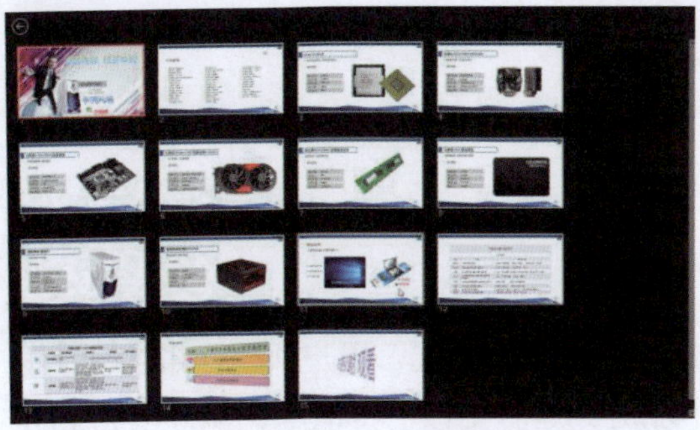

图 11-31　查看所有幻灯片

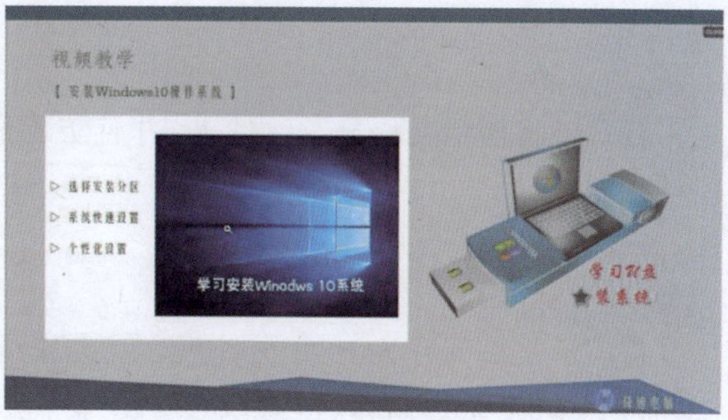

图 11-32　选择放大区域

Step 05 将所选区域放大到整个屏幕，拖动鼠标可以移动屏幕位置，右击可以退出放大状态，如图 11-33 所示。

Step 06 在幻灯片中右击，选择“屏幕”选项，在其子菜单中选择“黑屏”或“白屏”命令，即可进入黑屏或白屏状态，如图 11-34 所示。

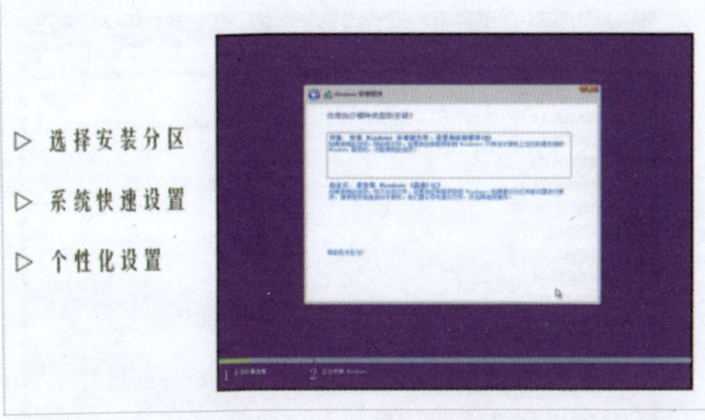

图 11-33　放大所选区域

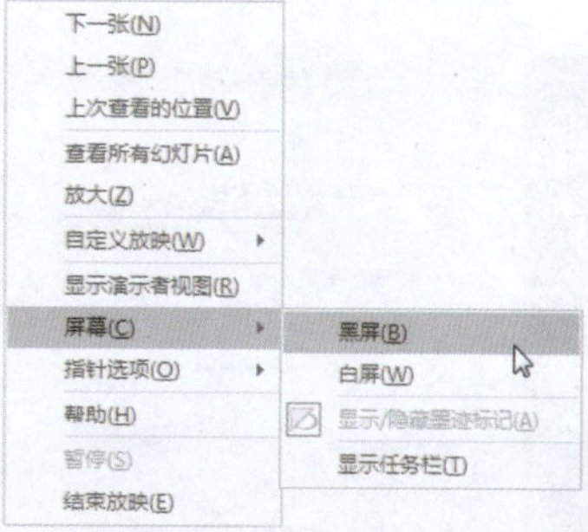

图 11-34　选择进入黑屏或白屏

Step 07 在幻灯片中右击，选择“显示演示者视图”命令，即可进入演示者视图，在该视图中演讲者可以查看备注信息，如图 11-35 所示。要应用演示者视图，需在“幻灯片放映”选项卡下的“监视器”组中选中“使用演示者视图”复选框。

Step 08 按【F1】键打开“幻灯片放映帮助”对话框，在“常规”选项卡下可以查看放映幻灯片时常用的快捷方式，如图 11-36 所示。

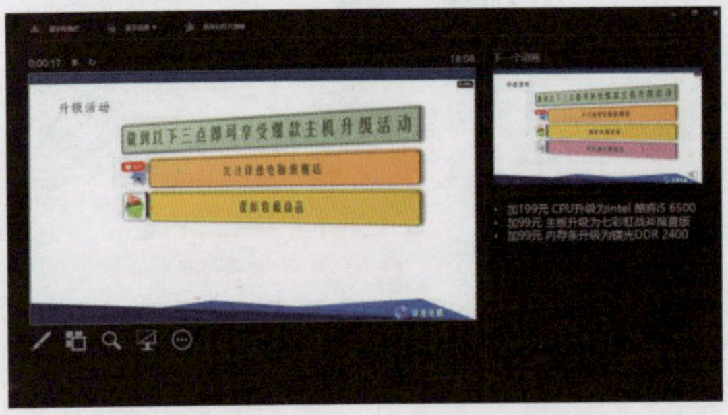

图 11-35　进入演示者视图

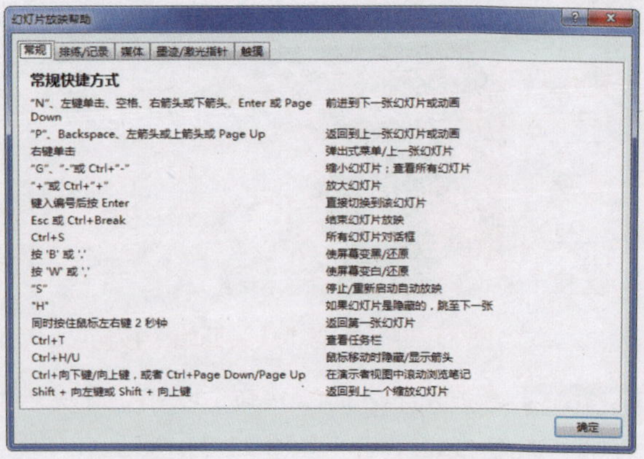

图 11-36　幻灯片放映快捷方式

11.3　演示文稿的导出

若希望将演示文稿分发给他人，并且防止他人对其进行修改，可以将其导出为 PDF 文件、视频或图片。

实训 1　导出为 PDF 文件

将演示文稿保存为 PDF 文件后，就会冻结幻灯片的格式和布局。用户即使没有 PowerPoint 软件，也可以查看幻灯片，但不能对其进行更改。将演示文稿导出为 PDF 文件的具体操作方法如下所述。

Step 01 选择“文件”选项卡，在左侧选择“导出”选项，在中间选择“创建 PDF/XPS 文档”选项，然后单击“创建 PDF/XPS 文档”按钮，如图 11-37 所示。

Step 02 弹出“发布为 PDF 或 XPS”对话框，选择保存位置，然后单击“选项”按钮，如图 11-38 所示。

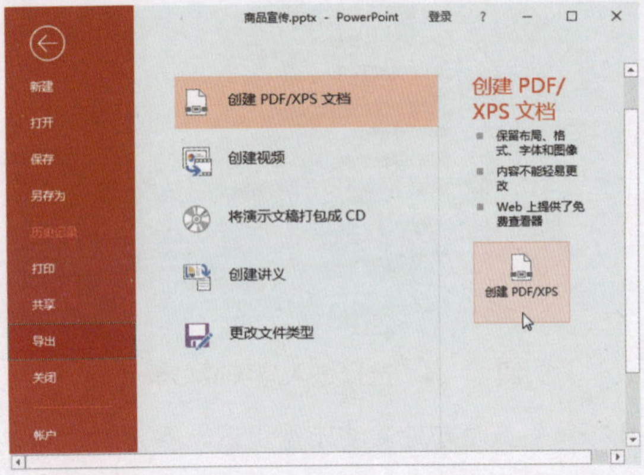

图 11-37　单击“创建 PDF/XPS 文档”按钮

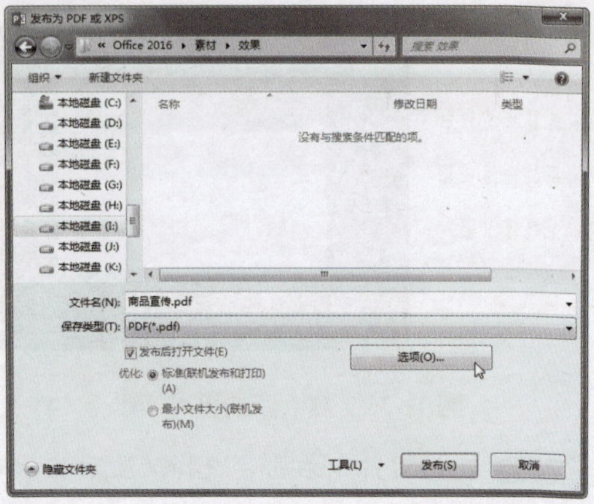

图 11-38　“发布为 PDF 或 XPS”对话框

Step 03 弹出“选项”对话框，对“范围”“发布选项”等参数进行设置，单击“确定”按钮，如图 11-39 所示，然后在“发布为 PDF 或 XPS”对话框中单击“发布”按钮。

Step 04 发布完成后，将自动打开 PDF 文档，如图 11-40 所示。

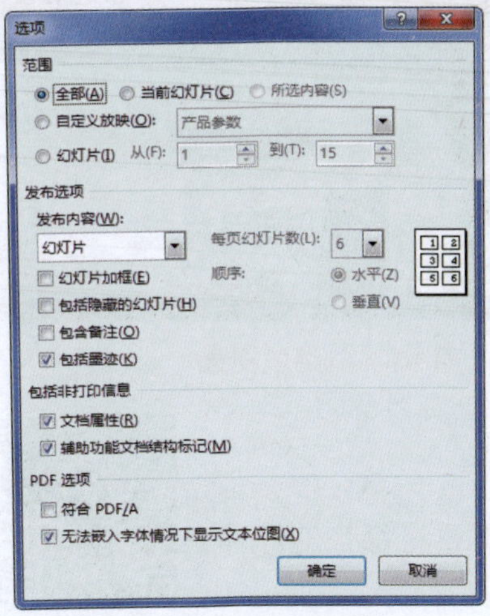

图 11-39　设置发布选项

图 11-40　导出为 PDF 文档

实训 2　导出为视频

在 PowerPoint 2016 中，可以将演示文稿保存为一个全保真的视频文件，这样可以确保演示文稿中的动画、旁白和多媒体内容能够顺畅地播放，将其分发给他人时也更加放心。将演示文稿导出为视频的具体操作方法如下所述。

Step 01 选择“文件”选项卡，在左侧选择“导出”选项，在中间选择“创建视频”选项，如图 11-41 所示。

Step 02 在右侧选择视频质量为“高清（720p）”，然后选择“使用录制的计时和旁白”选项，单击“创建视频”按钮，如 11-42 所示。

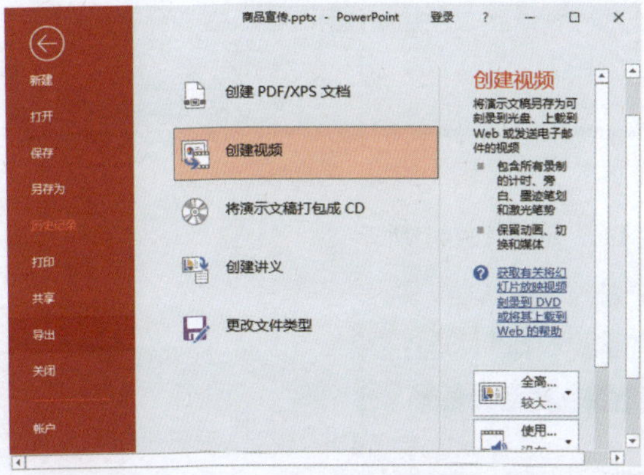

图 10-41　选择“创建视频”选项

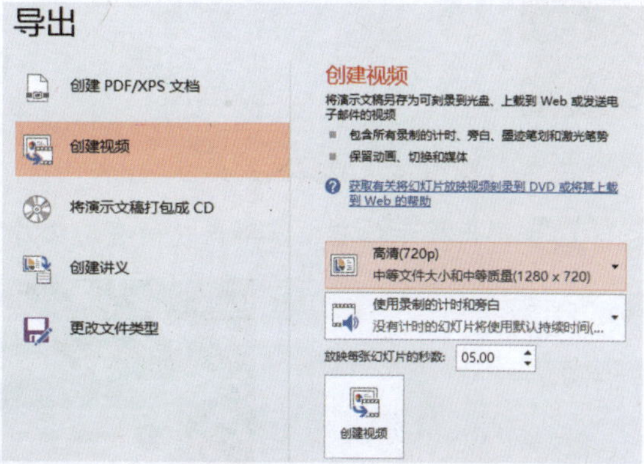

图 10-42　设置视频选项

Step 03 弹出“另存为”对话框，选择保存位置，然后单击“保存”按钮，如图 11-43 所示。

Step 04 创建视频文件，在 PowerPoint 2016 任务栏中会显示导出进度。导出完成后，使用视频播放器打开视频进行播放，如图 11-44 所示。

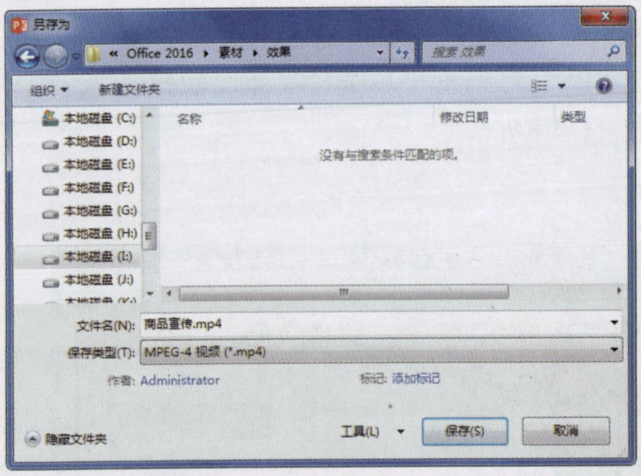

图 10-43 选择保存位置

图 10-44 播放视频

实训 3 导出为图片

除了将演示文稿导出为 PDF 文件和视频外，还可根据需要将每张幻灯片导出为一张图片，具体操作方法如下所述。

Step 01 选择“文件”选项卡，在左侧选择“导出”选项，在中间选择“更改文件类型”选项，在右侧选择“PNG 可移植网络图形格式”选项，然后单击“另存为”按钮，如图 11-45 所示。

Step 02 弹出“另存为”对话框，选择保存位置，然后单击“保存”按钮，如图 11-46 所示。

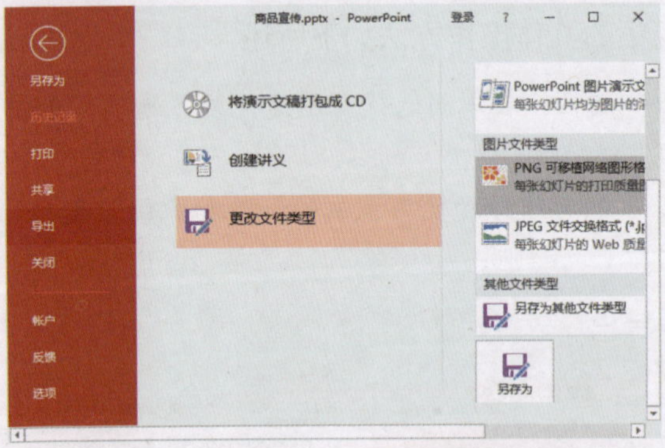

图 10-45 选择图片类型

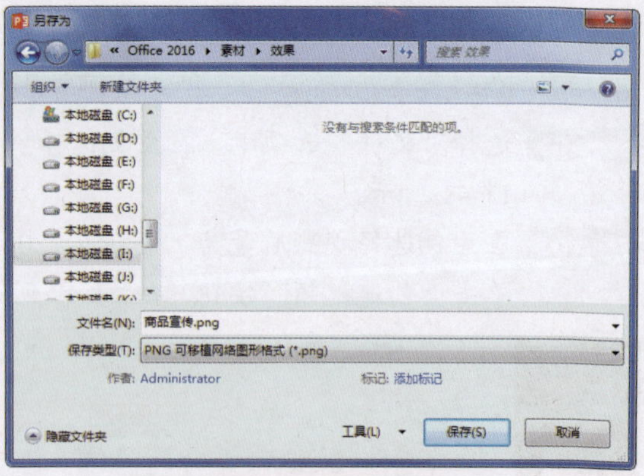

图 10-46 选择保存位置

Step 03 弹出提示信息框，单击“所有幻灯片”按钮，如图 11-47 所示。

图 10-47 单击“所有幻灯片”按钮

Step 04 在保存位置生成一个图片文件夹，其中包含了所有幻灯片对应的图片，如图 11-48 所示。

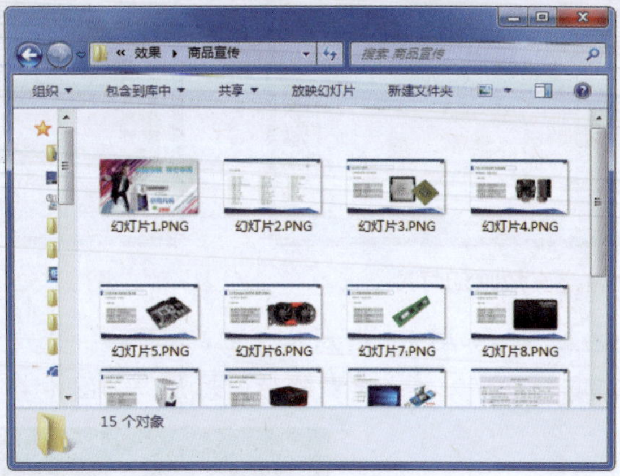

图 10-48　生成图片文件夹

11.4　综合实训："客户服务行业趋势报告"演示文稿的放映

下面综合运用本章所学知识，对"客户服务行业趋势报告"演示文稿进行放映操作，方法如下所述。

Step 01 打开"素材文件\第 12 章\客户服务行业趋势报告.pptx"，切换到大纲视图，选择节标题幻灯片，在左窗格中输入幻灯片标题"第 1 节"，在幻灯片中将标题文本框移出幻灯片，如图 11-49 所示。采用同样的方法，为其他节标题幻灯片添加幻灯片标题。

Step 02 选择"幻灯片放映"选项卡，单击"自定义幻灯片放映"按钮，弹出"自定义放映"对话框，单击"新建"按钮，如图 11-50 所示。

图 11-49　添加幻灯片标题

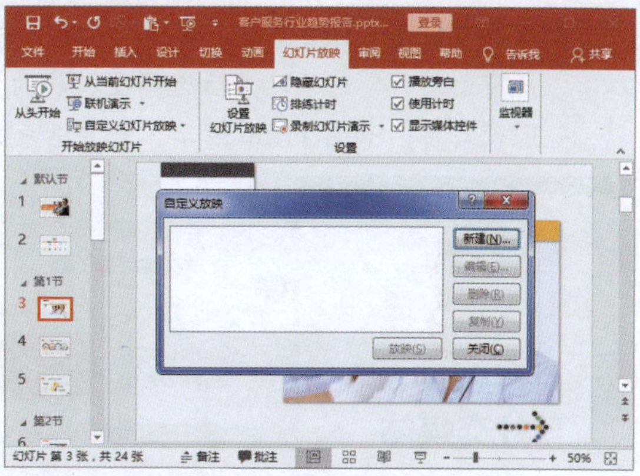

图 11-50　选择自定义放映

Step 03 弹出"定义自定义放映"对话框，输入自定义放映名称，在左侧列表框中选中要放映的幻灯片前面的复选框，单击"添加"按钮，然后单击"确定"按钮，如图 11-51 所示。

Step 04 返回"自定义放映"对话框，为其他节和目录页创建自定义放映，然后单击"关闭"按钮，如图 11-52 所示。

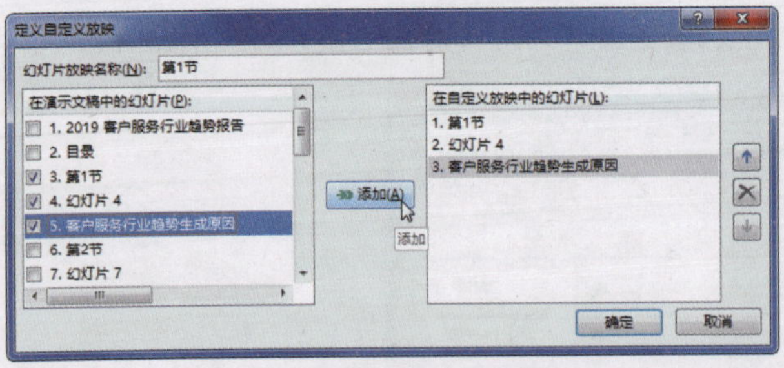

图 11-51　添加自定义放映幻灯片

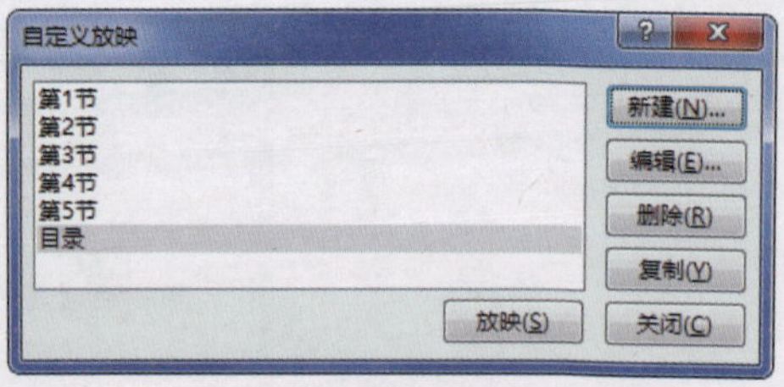

图 11-52　继续创建自定义放映

Step 05 按【F5】键放映幻灯片，如图 11-53 所示。

Step 06 按【G】键浏览所有幻灯片，单击要放映的幻灯片，如图 11-54 所示。

图 11-53　放映幻灯片

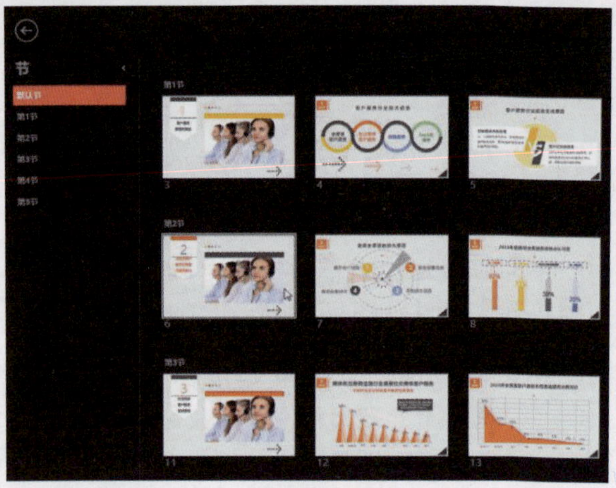

图 11-54　浏览所有幻灯片

Step 07 右击幻灯片，选择“自定义放映”命令，在其子菜单中可以选择要放映的节，如图 11-55 所示。

Step 08 按【Ctrl+S】组合键，弹出“所有幻灯片”对话框，在“放映”下拉列表框中选择“所有幻灯片”选项，然后选择要放映的幻灯片，单击“定位至”按钮，即可快速跳转到该幻灯片，如图 11-56 所示。若要结束放映，可以直接按【Esc】键。

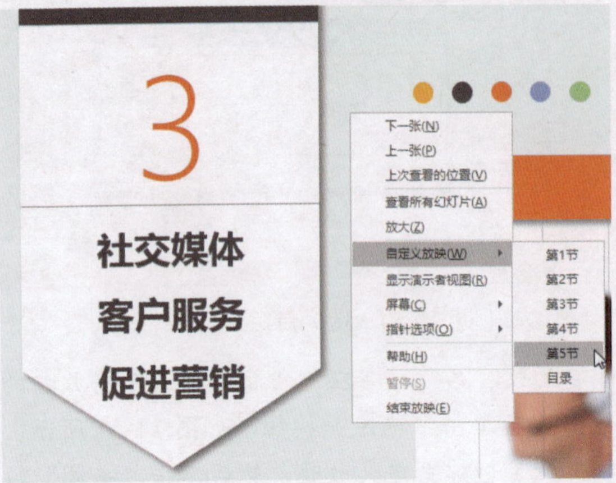

图 11-55　选择要放映的节

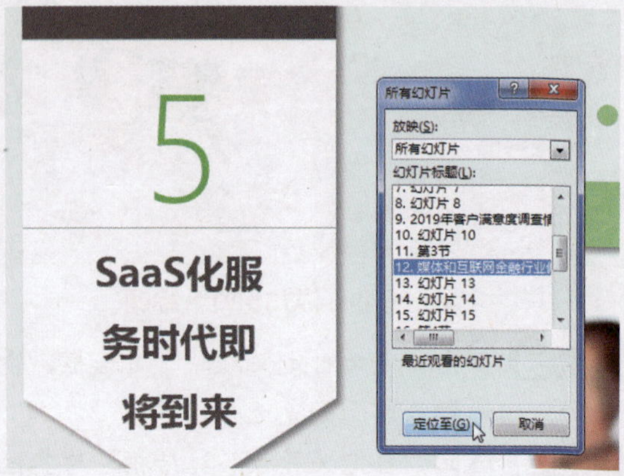

图 11-56　定位到指定的幻灯片

Step 09 选择所有幻灯片，然后选择“切换”选项卡，在“计时”组中选中“设置自动换片时间”复选框，将时间设置为 18 s，如图 11-57 所示。

Step 10 打开“设置放映方式”对话框，选中“循环放映，按 ESC 键终止”复选框，然后单击“确定”按钮，如图 11-58 所示。

图 11-57　设置自动换片时间

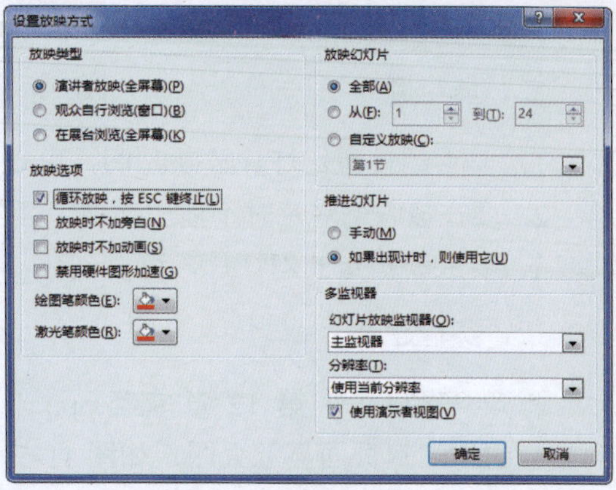

图 11-58　设置放映方式

本 章 小 结

通过对本章的学习，读者应该掌握以下知识。

（1）为幻灯片对象创建超链接，使其跳转到演示文稿的指定幻灯片，或其他演示文稿的幻灯片、文件、网页等。

（2）创建自定义放映，放映指定的幻灯片，根据需要调整放映次序。

（3）对幻灯片放映进行自定义设置，如设置放映类型、放映选项、要放映的幻灯片、换片方式等。

（4）通过排列计时模拟幻灯片放映过程，记录每张幻灯片的持续时间，设置演示文稿自动播放。

（5）根据需要将演示文稿导出为 PDF 文档、视频和图片。

本 章 练 习

一、选择题

1．幻灯片放映类型不包括（　）。

A．排列计时

B．演讲者放映

C．观众自行浏览

D．在展台浏览

2．关于链接，下列哪种说法不正确？（ ）

A．在为幻灯片对象添加超链接时，可以设置链接到网页

B．在演示文稿中，一个幻灯片对象可以添加多个链接

C．在为幻灯片对象添加超链接时，可以使用链接运行程序

D．在为幻灯片对象添加超链接时，可以设置链接到电子邮件

二、填空题

1．要手动设置幻灯片放映时间，可以在“切换”选项卡下________________。

2．要在放映幻灯片时不播放动画，可以在“设置放映方式”对话框中________________。

3．要放映指定的幻灯片，可以创建________________。

三、实操题

打开“素材文件\第 12 章\鸟类.pptx”，通过添加链接，实现单击下方小鸟的缩略图跳转到相应的幻灯片页面显示大图，如图 11-59 所示。

图 11-59　添加链接